人生三要

拿得起，放得下
不生气，要争气
先做人，后做事

建一　德群　编著

中国华侨出版社

图书在版编目（CIP）数据

人生三要：拿得起，放得下；不生气，要争气；先做人，后做事／建一，德群编著；—北京：中国华侨出版社，2012.8（2014.11重印）

ISBN 978-7-5113-2727-7

I.①人… Ⅱ.①建… ②德… Ⅲ.①人生哲学—通俗读物 Ⅳ.①B821-49

中国版本图书馆CIP数据核字（2012）第175085号

人生三要：拿得起，放得下；不生气，要争气；先做人，后做事

编　　著：建　一　德　群

出 版 人：方　鸣

责任编辑：九　萧

封面设计：凌　云

文字编辑：胡宝林

美术编辑：玲　玲

经　　销：新华书店

开　　本：1020毫米×1200毫米　1/10　印张：36　字数：630千字

印　　刷：北京德富泰印务有限公司

版　　次：2012年10月第1版　2018年9月第3次印刷

书　　号：ISBN 978-7-5113-2727-7

定　　价：59.80 元

中国华侨出版社　北京市朝阳区静安里26号通成达大厦三层　邮编：100028

法律顾问：陈鹰律师事务所

发 行 部：（010）88866079　传　真：（010）88877396

网　　址：www.oveaschin.com

E-mail：oveaschin@sina.com

前言

人生在世，每个人都希望获得成功，过得幸福，但为什么起点看起来没有什么差别的人，若干年后却结果大不相同？有人感叹人生无常，有人感慨环境弄人，也有人归咎于自己没有好运气。其实这些都不成为理由，真正的答案在于你是否悟透了“人生三要”。

人生的第一要就是：拿得起，放得下。拿得起是什么？它是一种强者的执著。拿得起需要最准确的眼光，需要超人的自信，需要随时准备的积极心态，需要强有力的行动，需要有勇有谋的智慧头脑，需要钢铁般的坚强意志，等等。拥有这些，你才可能在残酷的竞争中激流勇进，勇往直前，得到自己该得到的一切，成为人们心目中的强者。但是，长江后浪推前浪，一浪总比一浪高，你不可能永远是浪尖，不可能永远是顶峰。人生有顶峰，就会有低谷。生活有时会逼迫你不得不交出权力，不得不放走机遇，甚至不得不抛弃感情。这个时候，苦苦地挽留夕阳的，是傻子；久久地感伤春光的，是蠢人。什么也不愿放弃的人，往往会失去更珍贵的东西。你不可能什么都得到，所以，应该学会放弃。执著是强者的姿态，但放弃才是智者的潇洒。执著有时是一种重负或是一种伤害，放弃却是一种美丽。一个生命背负太多太重的行囊，拖着疲惫的身躯走在人生大道上，结果只能是疲于奔命，违背了生命本来的意义。成功并不总是青睐那些死守一个真理的执著者，还偏爱那些懂得适时放弃的聪明人。要想达到自己的目标，我们固然要拿得起；但与此同时，当我们发现“此路不通”时，就要学会及时地果敢地放下。拿得起，实为可贵；放得下，才是人生的至高境界。达到这种境界，便可鲜花掌声等闲视之，挫折灾难坦然承受。这样，你的人生才会有一个更好的结局。人生最大的挑战是拿得起，生命最大的安慰是放得下。拿得起是勇气，放得下是超脱；拿得起是本事，放得下是智慧。人最大的幸事莫过于这一生能够执著于该执著的，放弃那该放弃的。

人生的第二要就是：不生气，要争气。每个人都希望自己的人生一帆风顺、万事如意、吉祥幸福，但有时也难免会碰到困难，遇到逆境，道路曲折，因为生活给了我们安逸的同时，也给了我们坎坷与磨难；每个人都希望被人重视，受人尊重，受人欢迎，但有时也难免被人嘲笑，受人侮辱，被人排挤，因为生活给了我们快乐的同时，也给了我们伤痛的体验。而这就是生活，这就是我们需要面对的人生。当处于人生低谷时，有的人能够坦然地面对一切磨难与伤痛，并快乐地生活着；有的人却是一味地抱怨、苦恼，不停地哭诉着生活对自己的不公，长期沉溺于其中不能自拔，甚至会为一点小事火上心头，或者悲观丧气，怨天尤人，终日被泪水和无奈的情绪包围着。我们抱怨、折磨自己又有何用？这样只能徒增痛苦，让自己坠落得更深、更惨罢了。其实，仔细想想，很多时候是我们自己小肚鸡肠，斤斤计较那些虚无的名利，而把责任推到别人的身上，我们为什么不想想如果我们自己足够优秀，别人还会看轻自己、冷眼嘲讽吗？所以，让自己快乐的最好办法就是自己争气，去做得更好。在人格上、在知识上、在智慧上、在实力上，使自己加倍成长，变得更加强大，使许多问题迎刃而解。正所谓愚蠢的人只会生气，聪明的人却懂得去争气。生活需要我们面对不幸与失意的时候，进行有效的自我调节，创造争气的条件、树立争气的信念、增加争气的砝码。理性地寻找消除生气的方法，就能突破自身的弱势，摆脱烦恼的小事，塑造美丽的人生，赢得快乐的生活。

人生的第三要就是：先做人，后做事。人生在世，无非是两件事情：一是做人；二是做事。但是，如何把人做好，把事做成，却是一门大学问。总的来说，决定人生成败的，首先在做人，其次才是做事。人生的一切成功归根结底都是做人的成功，人生的一切失败归根结底都是做人的失败。在做事情之前，先要学会做人。人做好了，往往事半功倍，事事顺畅；人没做好，就会事倍功半，甚至一事无成。常言道："做事一阵子，做人一辈子"、"做事有止境，做人无止境"。做人不成功，做事的成功是暂时的；做人成功，做事不成功也是暂时的。一个人只有做人成功了，他才能有机会获得事业上的成功；相反，一个人如果做人失败了，即使他把事情做得很圆满，即使从表面上看来他很风光，但到头来他仍然是一个失败者。只会做事不善于做人的人，在生活中往往要扮演吃亏的角色，累得要死，却得不到领导的赏识、同事的嘉许，提职和晋级更是常常与自己擦身而过；而会做人的人，尽管资历不深、业务不精，但是拥有一套灵活多变的处世手段，只要稍微动动脑筋，就可以潇洒自在地游走于各色人物之间，收获人脉，提升人气，经营人生，可谓"要雨得雨，要风得风"。这种现象不能不引起我们的重视和反思。综观古今中外，真正的成功者无不深谙"先做人，后做事"的奥妙真谛。

本书从历史和现实中取材，对"人生三要"进行了深入浅出的阐释，能让读者在轻松的阅读中得到全面的人生启迪，学会为人处世及立足社会的必备的智慧，更深刻地理解和把握人生，从容地面对生活中的各种问题，在未来的人生旅程中，多一些得，少一些失；多一些成，少一些败。这些凝聚着无数前人智慧和经验的哲理是我们受益一生的法宝。只要你深刻领悟其中的道理，娴熟地掌握、运用，相信你一定能够成就自我，创造成功人生。

目录

拿得起，放得下

第一章 成功人生从“拿得起”开始 2

拿得起是强者的智慧 2

勇谋大事而失败，强如不谋一事而成功 3

只有去拿，才可能拿得起 4

拿得起小事，才能做成大事 5

该出手时决不犹豫 6

敢输才是真英雄 7

用上所有的力量去争取成功 9

负重的生命如夏花灿烂 10

没有拿得起，何谈放得下 11

第二章 瞄准目标——以最准确的眼光拿起 13

优雅、精致的生活来自于远大的目标 13

野心是“治穷”特效药 14

只要你敢想，一切皆有可能 15

别把梦想带进坟墓 17

坚守心灵的骄傲去超越 18

生命太短暂，岂能渺小度一生 19

心有多大，世界就有多大 20

选准一事，选定一生 22

从此，别再瞎奔忙 23

第三章 相信自己——以最好的状态拿起 25

过去并不等于未来 25

每个人都是独一无二的 26

保持自己的本色 27

坚持自己的梦想 29

即使失意，也不可失志 30

做自己的圣人 31
敢为天下先者胜 33
无须过多考虑别人对你的看法 34
真正的自信是一种睿智 36
成功从自信开始 37

第四章　行动第一——以最有力的行动拿起 38

不要让创意“胎死腹中” 38
不管是对还是错，一定要速作决定 39
做行动家，不做空想家 40
有计划的行动事半功倍 41
与其抱怨，不如行动 42
凡事不能拖到明天 43
切莫等到万事俱备 44
别让懒惰伤害了心灵 45

第五章　有勇有谋——以智慧和勇敢拿起 47

做事的成功靠潜心谋算 47
微小的勇气能赢得巨大的成功 48
胆识是决战人生的利器 49
狭路相逢勇者胜 51
理性的勇敢才是最值得称道的勇敢 52
敢“秀”才会赢 52
明智地选择你的战斗 53

第六章　毅力不倒——以钢铁般的意志拿起 55

失败往往由于半途而废 55
人生就是要永不放弃 56
不怕惨烈地“死”一回 57
变逆境为人生的祝福 58
屡败屡战才是英雄 59
真正的强者永不言败 60

第七章　拿得起，还得放得下 62

有一种坚强叫放弃 62
最简单其实最精彩 63
放弃是一种解脱 64
无所求便是追求 65
一切都是最好的安排 67

比上不足是挑战，比下有余是开悟 68
感情不必太强求 70
我看开，我快乐 71

第八章　放下贪欲，赢得幸福的人生 73
贪婪是个无底洞 73
每个人都有 1000 万的财富 74
真正的财富是一种内心的认同 75
算计者永不快乐 76
功名皆为身后事 77
成功，一定要牺牲健康吗 79
欲望太多造成心灵的贫穷 80
去除不必要的欲望 81

第九章　放下固执，赢得变通的人生 83
有一种错误叫固执 83
遇事不钻牛角尖 84
你改变不了事实，但你可以改变态度 85
山不过来，我就过去 86
要生存就要先打破外壳 87
弹性生存是一种艺术 87

第十章　放下狭隘，赢得博大的人生 89
自私就是自我毁灭 89
予人快乐，予己快乐 90
帮助别人就是强大自己 91
让仇恨长出鲜花 92
拥有一颗爱人之心 94
做一个慷慨的人 95
做一个对别人有用的人 96
把财富奉献给社会 97
感恩的心，感谢一切 97

第十一章　放下包袱，赢得悠闲的人生 99
压力，都市人的致命伤 99
太劳累，彩色人生变黑白 100
不为虚名所累 101
不为他人而活 102
劳逸结合才是对自己负责 104

生命警钟为工作狂敲响 105
在休闲中解放 106
以自己喜欢的方式生活 108

第十二章 放下眼前，赢得豁达的人生 110
用发展的眼光看自己 110
绝望是心灵的毒药 111
把“置身绝境”看成是“以身体验” 112
失败是生命必要的投资 113
把希望高擎在手中 114
让“绊脚石”变成“垫脚石” 115
人生没有过不去的坎 117

第十三章 放下苛求，赢得美满的人生 118
原谅自己是个凡人 118
长寿的秘诀——随遇而安 120
世间没有绝对的错与对 121
没有什么不可原谅的错 122
懂得适可而止，以免过犹不及 123
过分追求完美是一种伤害 124
该糊涂时要糊涂 125
世上没有绝对的幸福 126
凡事不必太认真 128

不生气，要争气

第一章 别让自己为小事烦恼 130
放下后才会有快乐 130
别为小事烦恼 131
从逆境中奋起 132
“苦难对于天才是一块垫脚石” 134
学会适应与改变 135
不要为打翻了的牛奶而哭泣 136
亦得亦失，笑看输赢人生 137
没有沟通不了的事 138

第二章 世上没有永远的敌人 141
能屈能伸才彰显智慧 141
用心、用时间去体会人和事 142

学会忍耐，懂得包容 143
做人要有宽容的品质 144
把争斗变成谦让 146
学会感谢敌人 147
嘴巴痛快不算赢 148
为敌人干杯 149
得饶人处且饶人 150
咽下怨气，才能争气 150

第三章 遇事三思，塑造美丽人生 153

过于算计的结果是得不偿失 153
是非成败转头空 154
贪欲为众恶之本 155
走出虚荣的死胡同 156
对手会让你变得更强大 157
风险与机遇同在 159
永远记住自己的诺言 160
生活还是要节俭 162
找到真正的友谊 163
挣脱心灵的枷锁 164

第四章 找准自己的位置 166

选准自己的位置 166
变化才是人生的真谛 167
小爱好可以成就大事业 169
命运之舟掌握在自己手中 170
新的起点也许成就更加辉煌 171
嫉妒是最无能的竞争 172
成功就住在失败隔壁 174
只管去付出，不要计较得失 175
学会克制，你才能做得更好 177
英雄不问出处 178

第五章 可以平凡，但不能平庸 180

珍惜青春时光 180
重要的是做自己 181
命运要由自己主宰 182
在年龄面前，人是无能为力的 183

幸福来源于简单的生活 184
卸掉心灵的铠甲 185
用品格树立自己的旗帜 187
“身体好”才是真的好 188
独辟蹊径表现自己 189
多些坦诚，多些轻松 190
好形象的真谛是秀外慧中 191

第六章 变通豁达的人生才快乐 193

每一小步都能创造奇迹 193
变通豁达的人生才快乐 194
用笑声解除忧愁 196
缺陷也是一种美 197
破除你的固有模式 198
敢于表现自我 199
酸甜苦辣皆人生 201
告诉自己“我一定行” 202
平静是生活的主题 203
生活因“不幸”而多彩 205

先做人，后做事

第一章 做事先做人 208

做大事必先做人 208
人品比才华重要 209
做人从良心开始 209
太过聪明让文豪遗憾终生 210
做人不败在小节上 211
给失败留存有余地 212
不为小钱而失德 213
修身赢长远 213
盖住老板心中的痛 214
大智若愚是一种高明智谋 215
做人与做事的互动双赢 216
以人为本是做人做事的基本点 217
做事与做人是硬币的两面 218

第二章 诚信是做人的根本 220

诚信是立身之本 220

诚信是获得回报的资本 220
擦亮做人的“牌子” 222
声誉如生命 223
诚信是做人的灵魂 223
人格是最高学位 224
承诺是用全部力量去做的事 225
诚实是一笔财富 226
忠诚是诚信的一种高度 227
信誉是运行资本 228
诚信带来成功 229
信用打开成功局面 230

第三章 自制、自助、自信 232

无法管好自己的人也无法管好别人 232
凡成功者无不懂得自制 233
没有规则难成方圆 234
自我克制是成功的基本要素 234
求人先求己 235
天助自助者 235
帮助别人有助于个人成功 236
自信是成功的第一秘诀 238
真正的乐观源于自信 239
自信与自觉相得益彰 239

第四章 做人要方，做事要圆 241

“方”是做人之本 241
让人格成为一生的守护 241
圆通做人是一种必要 242
要适当地隐藏自己的情绪 243
退一步自有妙处 244
“退一步”也是做人境界 245
放下身段等成功时机 246
得志便猖狂要不得 247
退让是成功的加速器 248
以柔克刚看对象 249

第五章 学会吃亏，懂得糊涂 250

悟透“聪明反被聪明误”之理 250
再狡猾的狐狸总会遇到猎手 251

不能一味锋芒毕露……252
不要轻易暴露自己的"底牌"……252
小事糊涂，大事清楚……253
"难得糊涂"之理……255
小事糊涂的三大好处……255
装糊涂的两个方法……256
从聪明中入，从糊涂中出……257
关键时候要敢于吃亏……258
做人不要在乎吃眼前亏……259

第六章　做人要有大格局……260

有容德乃大，无求品自高……260
胸襟广度决定成功高度……261
感恩来自于生活中的爱与希望……261
不为虚名拖累……263
别人渴望着你的宽容……263
忘记惹你生气的人……264
让气量成为你的修养……265
不是原则问题，就不要太较真……266
有容乃大……267
人往高处走……268
不让失败成为人格的试验品……269
尊贵不因曾经的卑微而掉价……270

第七章　心态对了，你的世界就对了……272

心态塑造未来……272
不同的心态导致不同的人生……273
人究竟需要什么样的心态……273
不要被逆境打垮……274
苦难是人生的必修课……275
把困难当机遇……276
挣脱心灵的枷锁……276
打破心中的瓶颈……277
清扫心灵垃圾……278
不良情绪是随时点燃的导火线……279
操纵好情绪的"转换器"……279
不为错过的太阳流泪……280
欲望使自由的翅膀负重……281

活得坦然，给生活松绑 ……282
快乐如此简单 ……283
影由心生……283
别让心智老去 ……284
让不幸赋予你生命的动力 ……285
撕掉心灵标签，实现人生跨越 ……286
追求一种叫做梦想的欲望 ……287

第八章　低调做人，高标做事 ……288

志当存高远 ……288
坚守信念，拥有希望 ……289
放低自己，抬高别人 ……290
接受你无法改变的 ……291
不要把自己当做大人物 ……292
仰头走路势必被撞 ……293
低调为人，创造辉煌 ……294
穷困是成就大业的资本 ……294
规避风头，走顺畅人生路 ……295
主动做事，就是自我创造 ……296
抓住知识带给我们的生存权 ……298
行动决定一切 ……299
成功，不需要借口 ……300
在不显不露中出头 ……301
实在做事，畅达成功 ……303

第九章　扩大自己的影响力 ……304

品读影响力 ……304
谁都需要影响力 ……305
好形象是影响力的潜在资木 ……306
优雅助你脱颖而出 ……306
让别人追随你的思想 ……308
卓越的品质绽放气质芳香 ……310
提升你的人气指数 ……313
储蓄你的人脉 ……314
使你受欢迎的四大途径 ……315
如何赢得长久影响力 ……317
用“西施”效应提升你在爱人心中的影响力……319
危机中，学会做自己的公关人……319

打造威信的影响力 321

第十章　为卓越建立良好的习惯 322

习惯影响一生 322
习惯能成就一个人，也能毁灭一个人 323
习惯的力量 323
别踏着别人的脚印走 324
不让习惯成偏见 325
敢于向权威挑战 325
不为工作而工作 326
不要自我设限 327
莫跟着习惯老化 328
不让习惯老化 329
别让眼高手低害了你 329
整洁有序，从整理办公桌开始 330
适当的时候，把“不”字说出口 331
站在竞争的潮头 332
跳出你的习惯 333
耐心是一种习惯 334
成功从良好的习惯开始 334
让积极思考成为习惯力量 335
微笑是最好的习惯 336
凡事做到尽善尽美 337
甩掉“轻易放弃”的想法 338
不要恐惧承担太多责任 339
让理性代替易怒 340
水满则溢，谦虚更胜一筹 341
打破自我怀疑 342
给不良习惯找个“天敌” 343
时间管理混乱 343
多用“我们”，少用“我” 344
要有改变坏习惯的自控力 345

拿得起，放得下

第一章 成功人生从“拿得起”开始

成功人生从“拿得起”开始，拿得起是强者的智慧。无论做大事或小事，只有你想去做，用上全部的力量迅速采取行动，才有可能收获成功。没有拿得起，何谈放得下。

拿得起是强者的智慧

人与人之间，大人物与小人物之间，强者与弱者之间，最大的差异就在于遇到困难时奋勇向前，拼搏进取，坚持到最后直至达到心中的目标，还是甘于平庸，畏缩不前，直到生命结束都与成功无缘。

自然界遵循着优胜劣汰、强者生存的自然法则。这个世界也永远属于强者，拿得起是强者的智慧。强者的宣言是：目标一旦确立，不在奋斗中成功，就在奋斗中死亡。只要你具备了这样的信念，你就能做成这世界上能做的任何事情。否则，不管你拥有怎样的才华，身处怎样的环境，拥有怎样的机遇，你都不能将一个两脚动物变成一个真正大写的“人”。

苦难对于强者来说是锻炼人的天堂，而对于弱者来说却是折磨人的炼狱。

有一个地方非常贫瘠，荒无人烟，这里只有一户人家。父母早亡，只剩下一对兄弟。哥哥叫强者，身体矫健，这与他常年打猎与猛兽搏斗分不开。弟弟叫弱者，面黄肌瘦，体弱多病，这与他胆小怕事、疑神疑鬼、好逸恶劳有关。

他们家门前有一条叫苦难的河，此河常年汹波恶浪，河水混浊，深不可测。而河的对岸，却十分的富庶，还有一座幸福城，那里人人丰衣足食。

弱者弟弟常常蹲在门前望着那条苦难河，战战兢兢，双手紧紧地抱着脑袋等着出去打猎的哥哥回家。有一天，强者回来看了看那弱不禁风的弟弟说：“弟弟，河的对岸就是幸福城，我想尝试着渡过那条可怕的河，到对岸去。”强者充满希望地看着河的对岸。

弱者抬起头看了哥哥说：“真的吗，就不用住这破房子了，不用担心野兽了，是吗？”

强者笑着说：“对呀，咱们会有一座漂亮的房子，会有一辆马车。”

弱者拍手道：“好哇，那咱们过河吧！”

强者说：“好，咱们马上开始造一条船，现在就去砍一棵大树去。”说完强者进屋取了两把斧子，递给弱者一把。弱者刚要接过斧子，但马上缩回手，摇着头说：“不行，树林里有毒蛇猛兽，我怕，我不去。”说完跑回屋里，用被子蒙住了头。

强者叹了口气，径自进了树林，找了一棵粗大的树，便砍了起来，过了一天，强者终于砍倒了大树，拖回了家。

弱者看到了强者，高兴地说：“哥，咱们就要过上好日子了。”

强者也笑着说：“是啊！咱们开始造船，来，帮哥哥修理一下树枝。”弱者说：“好好。”拿起斧子抡了起来，砍了几下，便“哎哟，哎哟”地叫起来，扔掉斧子，喘着粗气说：“不干啦！”

强者看了看弟弟无奈地说：“那你到一边休息休息吧。”强者风风火火地干了起来。

弱者赶忙躲到一边，坐在地上，看着强者，当他看到飞起的木屑打在强者的脸上时，弱者脸上的肌肉不断地抽搐着，连忙闭上眼睛，双手护紧了头部，哆嗦在那里。

强者挥汗如雨，经过几天的拼搏，船终于造好了。

强者对着弱者说："弟弟，船造好了，咱们马上能过上好日子了。"

弱者那憔悴的脸上也展露出笑容，抚摸着船，激动地说："哥，咱们就要过上好日子啦。"

第二天，兄弟俩上了船，哥哥让弟弟坐稳，强者拿起了双桨划了起来。猛然间，一个浪扑了过来，船摇了一下，弱者吓得脸刷地绿了，双手死死地抓住了船舷，嘴里不住地喊："船要翻了，船要翻了，我不去了，我不去了，我要回家。"

"没事的，弟弟不要怕，坚持一下。"

弱者"哇"的一声哭了起来，嘴里叫嚷着："混蛋，你要害死我呀，混蛋，送我回岸上去，我要死了，呜呜……"便不住地呕吐起来。

强者看着弟弟这副样子，没有办法，只好把他送回岸。

弱者哆嗦地上了岸，回头对哥哥说："别去了，会死的，咱们在这儿不是生活得也很好嘛！干吗要去那儿呢？"

强者站在船上看了看对岸的幸福城，回头对弟弟说："人生难得几回搏，如果遇到困难就退缩，会一事无成的。我不想这样，如果这一次不拼一拼的话，我会后悔一辈子的。"

弱者红着脸，低着头，嗫嚅了几句。

强者又上岸给弱者准备了一些食物，足够弱者吃几个月了。然后，他登上船，回头对弟弟说："保重自己，到了幸福城，我富有了，我会造一条大船来接你的。"说完，迎着风浪走了。

经过千辛万苦，船起船落，强者终于凭着自己顽强的毅力到达了幸福城。几番拼搏，几年后，强者有了自己的家园，强者造了一艘大船，乘风破浪来到北岸，来接弱者。但是弱者吃完哥哥准备的食物后，由于胆小，不敢出门去找食物，不久就饿死了。

现代社会竞争是残酷的，讲究优胜劣汰！这就是强者与弱者的不同的命运。大千世界就是一个适者生存、强者统治的丛林，一个弱肉强食、优胜劣汰的世界。人类在永恒的斗争中壮大，而在永恒的和平中它只会灭亡。如果想生存得更好，想实现自己的梦想，就必须奋斗！不想奋斗就不配生存在这个充满竞争的世界里，这是残酷的客观现实！是强者就得勇敢地选择拿起，否则就只能得到被淘汰的命运！

人生感悟

通往成功、幸福道路上的艰难险阻在有勇气拿得起的强者面前会被一一征服，而在拿不起的弱者面前却是永久的障碍。

勇谋大事而失败，强如不谋一事而成功

生命是一连串的奇迹与不可能所组合的，未来会如何没有任何人能把握，冒险才是生命的真谛。

有一天，龙虾与寄居蟹在深海中相遇，寄居蟹看见龙虾正把自己的硬壳脱掉，只露出娇嫩的身躯。寄居蟹非常紧张地说："龙虾，你怎可以把唯一保护自己身躯的硬壳也放弃呢？难道你不怕有大鱼一口把你吃掉吗？以你现在的情况来看，连急流也会把你冲到岩石去，到时你不死才怪呢？"

龙虾气定神闲地回答："谢谢你的关心，但是你不了解，我们龙虾每次成长，都必须先脱掉旧壳，才能生长出更坚固的外壳，现在面对的危险，只是为了将来发展得更好而做出准备。"

寄居蟹细心思量一下，自己整天只找可以避居的地方，而没有想过如何令自己成长得更强壮，整天只活在别人的护荫之下，难怪永远都限制自己的发展。

每个人都有一定的安全区，你想跨越自己目前的成就，请不要划地自限。勇于接受挑战充实自我，才会发展得比想象中更好。

“衰老的重要标志，就是求稳怕变。所以，你想保持年轻吗？你希望自己有活力吗？你期待着清晨能在新生活的憧憬中醒来吗？有一个好办法——每天都冒一点险。”

在美国优山美地国家公园，有一块垂直高度超过300米的大石，几乎是笔直的岩面，寸草不生。除了中段有个很小的岩洞可以栖身过夜外，整块石头可以说是毫无立足之地。只要光顾这里，导游就会指着这块光秃秃的石头对游客说：“有一位因登山而失去了双腿的登山家曾经攀上了这块石头。当时电视现场直播，万人空巷。”

这是怎样一种人，怎样一种精神。探险，之于当事人来说，并非寻求物质享受。正如张朝阳在珠峰脚下营地的日记所写：“我开始佩服那些勇敢攀登的人们；单只是虚荣心是无法支撑他们面对如此极端而危险的挑战，在那时刻，你不会想到成功归来的鲜花与喝彩；那……还有什么？那是对人生严肃认真态度的毅然选择！那是内心勇敢乐观的无言明证！那是对人类生命力强大的终极的歌颂与赞叹！”

精神的力量，可以散布在人生的每一个角落。而这种体验也是一份生命的感动。

一位主管为了帮助一位长期保持稳定，但一直不愿晋升且无法突破的同事，煞费苦心却无法改变他。

有一天主管换了一种方式，问他的那位同事：“倘若你的独生子小学毕业时愿意继续留在原小学，而不愿升初中，理由是：如果这样的话，他就可以一直保持名列前茅的优势，而免除不及格和落后他人的顾虑。身为人父的你，会同意吗？”他不假思索的答道：“当然不行，怎么可以因为怕不及格和成绩单不好看而留级呢？上学的目的并不在成绩单，而在不断地学习与成长，考试与竞争的压力正是帮助学习与成长的最好方法。我绝对不会同意小孩留级，这样会害了小孩一辈子的。”

主管在旁边不断地点头微笑。最后话题一转，提醒他说：“身教重于言传，你自己应该是勇于接受挑战、突破竞争的时候了，别再担心无法达到目标及在与同行竞争中落后。如此因噎废食将使自己如同不愿升学的小孩，无形中遭到莫大的损失。”这位同仁在猛然顿悟之后果然接受忠告，以最快速度晋升做高职级，如同脱胎换骨一样。

每个人都会担心，怕定高目标后难以达到，怕晋升高职后比赛会输给人，但是唯有接受挑战与压力才能不断地突破与成长。因为，勇谋大事而失败，强如不谋一事而成功。

人生感悟

有些人，成也英雄，败也英雄。因为不管成败，他奋斗进取的精神都是值得称道的。

只有去拿，才可能拿得起

梦想是成功的起跑线，决心则是起跑时的枪声，行动犹如跑者全力的奔驰。没有行动，任何天花乱坠的梦想，山盟海誓的决心，都只能是天桥上的把式——光说不练。现实当中我们要成功得拿起梦想中的一切，就要先有出手去拿的行动。做任何事，只有去行动，才能知道结果。

美国发现新大陆的哥伦布还在求学的时候，偶然读到一本毕达哥拉斯的著作，知道地球是圆的，他就牢记在脑子里。经过很长时间的思索和研究后，他大胆地提出，如果地球真是圆的，他便可以经过极短的路程而到达印度了。

一时间，许多知识渊博的大学教授和哲学家们都耻笑他的天方夜谭：向西方行驶而到达东方的印度，岂不是痴人说梦？他们告诉他：地球不是圆的，而是平的。然后又警告道，他要是一直向西航行，他的船将驶到地球的边缘而掉下去……这不是等于自杀吗？

然而，哥伦布很自信，只可惜他家境贫寒，没有钱让他实现理想。他想从别人那儿得到一点钱，助他成功，却一连空等了 17 年。他决定不再等下去，于是启程去见皇后伊莎贝拉，沿途穷得竟以乞讨糊口。皇后赞赏他的理想，并答应赐给他船只，让他去实现自己的梦想。

接下来，哥伦布去找水手，水手们都怕死，没人愿意跟随他去。于是他鼓起勇气跑到海滨，找到了几位水手，先向他们哀求，接着是劝告，最后用恫吓的手段逼迫他们去。另外，他还请求皇后释放了狱中的死囚，允许他们如果冒险成功，就可以免罪恢复自由。

1492 年 8 月，哥伦布率领三艘帆船，开始了一个划时代的航行。刚航行几天，就有两艘船破了，接着他们又在几百平方公里的海藻中陷入了进退两难的险境。他亲自拨开海藻，才得以继续航行。

在浩瀚无垠的大西洋中航行了六七十天，也不见大陆的踪影。水手们都失望了，他们要求返航，否则就要把哥伦布杀死。哥伦布苦口婆心，总算说服了船员。

天无绝人之路，在继续前进中，哥伦布忽然看见有一群飞鸟向西南方向飞去，他立即命令船队改变航向，紧跟这群飞鸟。因为他知道海鸟总是飞向有食物和适于它们生活的地方，所以他预料到附近可能有陆地。

哥伦布果然很快发现了美洲新大陆。

可以想象，如果哥伦布不去行动，而是一味地等下去，必然会一生蹉跎，“空悲切，白了少年头”，美洲大陆的发现者可能改换他人了，成功的桂冠永远不会属于他了。哥伦布最终成了英雄，以新大陆的发现者名垂千古，这一切都是他勇于行动的结果。当你有了人生的梦想之后，就应该马上为之努力，当然有些时候需要必要的等待，但如果一味地等待下去，就只能空度一生了。切记：很多事，你不出手，是永远不可能成功的。

人生感悟

不出手去拿，是永远不可能知道自己究竟有没有能力拿起的。

拿得起小事，才能做成大事

每个人获得成功的那一秒，事实上是经由无数亿个秒针走动、累积，最后才达成的。

大家一定听说过《只要每秒摆一下》的故事：

一个新组装好的小钟放在两只旧钟中间，两只旧钟“滴答，滴答”一分一秒地走着。

其中一个旧钟说：“来吧，你也该工作了。可是我有点担心，你走完 3200 万次以后，恐怕便吃不消了。”

“天哪！ 3200 万次。”小钟吃惊不已，“要我做这么大的事？办不到，办不到。”

另一个旧钟说：“别听他胡说八道。不用害怕，你只要每秒滴答摆一下就行了。”

“天下哪有这样简单的事情。”小钟将信将疑，“如果这样，我就试试吧。”

小钟很轻松地每秒钟“滴答”摆一下，不知不觉中，一年过去了，它摆了 3200 万次。

每个人都想做大事，但大事往往是由无数个小事组成的，许多看似微不足道的小事，都是成功金字塔上的一块块小砖头，不加以实践，又如何造就出成功？正所谓“一屋不扫安能扫天下”。平时生活当中，只要我们能像那只钟一样，每秒“滴答”摆一下，成功的喜悦就会慢慢浸润我们的生命。

圣经里有一个故事，说耶稣带着他的门徒彼得出外远行，在途中，耶稣看到地上遗落着一块破旧的马蹄铁，于是要求彼得把它捡起来。

但是，彼得却因为旅途劳累，不愿为一块马蹄铁折腰，因此充耳不闻，故意假装没有听到。

耶稣并没有多说些什么，他自己弯腰捡起马蹄铁。

到了城里，他用这块马蹄铁向铁匠交换了微薄的金钱，又用这些钱买了十七八颗樱桃。

师徒两人继续往前行，来到了一片荒野，四周杂草丛生，砾石遍地，简直是个鸟不生蛋的地方。

彼得背着沉重的行李，走得又累又渴，但是身上的水却早已喝光了，正当他苦无对策之际，耶稣悄悄地从衣袋里丢出一颗樱桃，彼得看到了，像是发现什么大宝藏似的，连忙捡起来吃。

于是，耶稣每走一段路就丢下一颗樱桃，彼得也只好每走一段路便弯一次腰，一路上为了甘甜的樱桃，狼狈地弯了不知道多少次腰。

耶稣见到彼得腰酸背痛的模样，知道他受够了教训，于是笑着说："如果你不肯为小事付出，那么你将会为更小的事而付出更多。"

清代中兴名臣曾国藩曾说过一句名言："坚其志，苦其心，劳其力，则事无大小，必有所成。"

世上无小事，许多大事成功的契机，都在看似不起眼的小事里。所以，要想成大事，就要先把手边的小事做到极致，做到无可挑剔。

人生感悟

耕耘贵在脚踏实地，而非幻想着一步登天。大多数人的成功，都是建立在务实的基础上，一步一脚印，路，就是这么走出来的。

该出手时决不犹豫

《致富时代》杂志上，曾刊登过这样一个故事：

有一个自称"只要能赚钱的生意都做"的年轻人，在一次偶然的机会，听人说市民缺乏便宜的塑料袋盛垃圾。他立即就进行了市场调查，通过认真预测，认为有利可图，马上着手行动，很快把价廉物美的塑料袋推向市场。结果，靠那条别人看来一文不值的"垃圾袋"的信息，两星期内，这位小伙子就赚了 4 万块。

相反，一位智商一流、执有大学文凭的翩翩才子决心"下海"做生意。

有朋友建议他炒股票，他豪情冲天，但去办股东卡时，他又犹豫道："炒股有风险啊，等等看。"

又有朋友建议他到夜校兼职讲课，他很有兴趣，但快到上课了，他又犹豫了："讲一堂课，才 20 块钱，没有什么意思。"

他很有天分，却一直在犹豫中度过。两三年了，一直没有"下"过海，碌碌无为。

一天，这位"犹豫先生"到乡间探亲，路过一片苹果园，望见满眼都是长势茁壮的苹果树，禁不住感叹道："上帝赐予了一块多么肥沃的土地啊！"种树人一听，对他说："那你就来看看上帝怎样在这里耕耘吧。"

有些人不是没有成功立业的机遇，只因不善抓机遇，所以最终错失机遇。他们做人好像永远不能自主，非有人在旁扶持不可，即使遇到任何一点小事，也得东奔西走地去和亲友邻人商量，同时脑子里更是胡思乱想，弄得自己一刻不宁。于是愈商量、愈打不定主意、愈东猜西想、愈是糊涂，就愈弄得毫无结果，不知所终。

没有判断力的人，往往使一件事情无法开场，即使开了场，也无法进行。他们的一生，大半都消耗在没有主见的怀疑之中，即使给这种人成功的机遇，他们也永远不会达到成功的目的。

一个成功者，应该具有当机立断、把握机遇的能力。他们只要自己把事情审查清楚，计划周密，就不再怀疑，立刻勇敢果断地行事。因此任何事情只要一到他们手里，往往能够随心所欲，大获成功。在行动前，很多人提心吊胆，犹豫不决。在这种情况下，首先你要问自己："我害怕什么？为什么我总是这样犹豫不决，抓不住机会？"

在成功之路上奔跑的人，如果能在机遇来临之前就能识别它，在它消逝之前就果断采取行动占有它，这样，幸运之神就来到你的面前。

当机立断，将它抓获，以免转瞬即逝，或是日久生变。看来，握住机遇，眼力和勇气是不可缺少的。

机遇是一位神奇的、充满灵性的，但性格怪僻的天使。它对每一个人都是公平的，但绝不会无缘无故地降临。只有经过反复尝试，多方出击，才能寻觅到它。

在通往成功的道路上，每一次机会都会轻轻地敲你的门。不要等待机会去为你开门，因为门闩在你自己这一面。机会也不会跑过来说"你好"，它只是告诉你"站起来，向前走"。知难而退，优柔寡断，缺乏勇往直前的勇气，这便是人生最大的遗憾。

要善于发现机会。很多的机会好像蒙尘的珍珠，让人无法一眼看清它华丽珍贵的本质。踏实的人并不是一味等待的人，要学会为机会拭去障眼的灰尘。

也要善于把握机会。没有一种机会可以让你看到未来的成败，人生的妙处也在于此。不通过拼搏得到的成功就像一开始就知道真正凶手的悬案电影般索然无味。选择一个机会，不可否认有失败的可能。将机会和自己的能力对比，合适的紧紧抓住，不合适的学会放弃。用明智的态度对待机会，也使用明智的态度对待人生。

不要为自己找借口了，诸如别人有关系、有钱，当然会成功；别人成功是因为抓住了机遇，而我没有机遇，等等。

这些都是你维持现状的理由，其实根本原因是你根本没有什么目标，没有勇气，你是胆小鬼，你根本不敢迈出成功的第一步，你只知道成功不会属于你。

如果一生只求平稳，从不放开自己去追逐更高的目标，从不展翅高飞，那么人生便失去了意义。

这是一条生活准则，从你停止把握机会的那一刻起，你就开始死亡了。如果在商业中你总是毫无变化地做相同的事，那你就会破产。如果我们的行为同我们的祖先一样，那么进化过程就会停滞不前。世界会与你擦肩而过——它只为那些不断超越现状的人打开通向生活的大门。

人对于改变，多多少少会有一种莫名的紧张和不安，即使是面临代表进步的改变也会这样，这就是害怕冒风险造成的。

但丁在《神曲》中描述这样一个细节：但丁在古罗马诗人维吉尔的引导下，游历了惨烈的九层地狱后来到炼狱，一个魂灵呼喊他，他便转过身去观望。这时导师维吉尔这样告诉他："为什么你的精神分散？为什么你的脚步放慢？人家的窃窃私语与你何干？走你的路，让人们去说吧！要像一座卓立的塔，绝不因暴风雨而倾斜。"

克服犹豫不决的方法是，先"排演"一场比你要面对的更复杂的战斗。如果手上有棘手活而自己又犹豫不决，不妨挑件更难的事先做。生活挑战你的事情，你定可以用来挑战自己。这样，你就可以自己开辟一条成功之路。成功的真谛是：对自己越苛刻，生活对你越宽容；对自己越宽容，生活对你越苛刻。

只要你认准了路，确立好人生的目标，就永不回头，"该出手时就出手"，向着目标，心无旁骛地前进，相信你一定会到达成功的彼岸。

人生感悟

该出手时就出手，迅速拿下，成功属于你。

敢输才是真英雄

每个人都希望无论何时何时都站在适合自己的位置，说着该说的话，做着该做的事。但不经过挫折磨炼的人是不可能达到这种境界的，人总要从自己的经历中汲取营养的。所以，做人要输得起。

输不起，是人生最大的失败。

人生就犹如战场。我们都知道，战场上的胜利不在于一城一池的得失，而再于谁是最后的胜利者，人生也是如此，成功的人不应只着眼于一两次成败，而是应该不断地朝着成功的目标迈进。当然，一两次的失败确实可能使你血本无归，甚至负债累累。

最要紧的是不应该泄气，而是应该从中吸取教训，用美国股票大亨贺希哈的话讲："不要问我能赢多少，而是问我能输得起多少"。只有输得起的人，才能不怕失败。

当然，我们不一定非要真正经历一次重大的失败，只要我们做好了认识失败的准备，"体验失败"一样能够带来刻骨铭心的教训，而那失败的起点比那些从来没有过失败经历的人要高得多，并且失败越惨痛，起点则越高。

只有惨烈地死过一回的人，才能获得更好的、更为成功的新生。

贺希哈17岁的时候，开始自己创造事业，他第一次赚大钱，也是第一次得到教训。那时候，他一共只有255美元。在股票的场外市场做一名投资客，不到一年，他便发了第一次财：他赚了16万8000美元。他替自己买了第一套像样的衣服，在长岛买了一幢房子。

随着第一次世界大战的结束，贺希哈以随着和平而来的大减价，顽固地买下隆雷卡瓦那钢铁公司。结果呢？他说："他们把我剥光了，只留下4000美元给我。"贺希哈最喜欢说这种话，"我犯了很多错，一个人如果说不会犯错，他就是在说谎。但是，我如果不犯错，也就没有办法学到乖。"这一次，他学到了教训，"除非你了解内情，否则，绝对不要买大减价的东西。"

1942年，他放弃证券的场外交易，去到未列入证券交易所买卖的股票生意。起先，他和别人合资经营，一年之后，他开设了自己的贺希哈证券公司。到了1928年，贺希哈做了股票投资客的经纪人，每个月可赚到25万美元的利润。

但是，比他这种赚钱的本事更值得称道的，就是他能够悬崖勒马，遇到不对劲的情况，能悄悄回顾从前的教训。在1929年灿烂的春天，正当他想付50万美元，在纽约的证券交易所买股票，不知道什么原因，把他从悬崖边缘拉回来。贺希哈回忆这件事情说："当你知道医生和牙医都停止看病而去做股票投机生意的时候，一切都完了。我能看得出来。大户买进公共事业的股票，又把它们抬高。我害怕了，我在8月全部抛出。"他脱手以后，净得40万美元。

1936年是贺希哈最冒险，也是最赚钱的一年。安大略北方，早在人们淘金发财的那个年代，就成立了一家普莱史顿金矿开采公司。这家公司在一次大火灾中焚毁了全部设备，造成了资金短缺，股票跌到不值5分钱。有一个叫陶格拉斯的地质学家，知道贺希哈是个思维敏捷的人，就把这件事告诉了他。贺希哈听了以后，拿出2万5000美元做试采计划。不到几个月，黄金掘到了，仅离原来的矿坑25英呎。

普莱史顿股票开始往上爬的时候，海湾街上的大户以为这种股票一定会跌下来，所以纷纷抛出。贺希哈却不断买进，等到他买进普莱史顿大部分股票的时候，这种股票的价格已超过了两马克。

这座金矿，每年毛利达250万美元。贺希哈在他的股票继续上升的时候，把普莱史顿的股票大量卖出，自己留了50万股，这50万股等于他一个钱都没花，白捡来的。

这位手摸到东西便会变成黄金的人，也有他的麻烦。1945年，贺希哈的菲律宾金矿赔了300万，他发现自己给民族主义原则和币制的限制做砸了，这也使他尝到了另一次教训："你到别的国家去闯事业，一定要把一切情况弄清楚。"

40年代后期，他对铀发生了兴趣，结果证明了比他从前的任何一种事业更吸引他。他研究加拿大寒武纪以前的岩石情况，铀裂变痕迹，也懂得测量放射作用的盖氏计算器。1949～1954年，他在加拿大巴斯卡湖地区，买下了470平方英里蕴藏铀的土地。成为第一家私人资金开采铀矿的公司，不久，他聘请朱宾负责他的矿务技术顾问公司。

这是一个许多人探测过的地区。勘探矿藏的人和地质学家都到这块充满猎物的土地上开采过。大家都注意着盖氏计算器的结果，他们认为只有很少的铀。

朱宾对于这种理论都同意。但是，他注意到了一些看来是无关紧要的“细节”。有一天，他把一块旧的艾戈码矿苗加以试验，看看有没有铀元素。结果，发现稀少得几乎没有。这样，他知道自己已经找到了原因。原来就是，土地表面的雨水、雪和硫矿把这盆地中放射出来的东西不是掩盖住就是冲洗殆尽了。而且，盖氏计算器也曾测量出，这块地底下确实藏有大量的铀。他向十几家矿业公司游说，劝他们做一次钻探。但是，大家都认为这是徒劳的。朱宾就去找贺希哈。

1953 年 3 月 6 日开始钻探。贺希哈投资了 3 万美元。结果，在 5 月间一个星期六的早晨，得到报告说，56 块矿样品里，有 50 块含有铀。

一个人怎样才会成功，这是很难分析的。但是，在贺希哈身上，我们可以分析出一点因素，那就是他自己定的一个简单公式：输得起才赢得起，输得起才是真英雄！

人生感悟

输不起，是人生最大的失败。

用上所有的力量去争取成功

没有一个人可以不依靠别人而独立生活，这本是一个需要互相扶持的社会，先主动伸出友谊的手，你会发现原来四周有这么多的朋友。在生命的道路上我们更需要和其他的同伴体互相扶持，一起共同成长。

星期六上午，一个小男孩在他的玩具沙箱里玩耍。沙箱里有他的一些玩具小汽车、敞篷货车、塑料水桶和一把亮闪闪的塑料铲子。在松软的沙堆上修筑公路和隧道时，他在沙箱的中部发现一块巨大的岩石。

小家伙开始挖掘岩石周围的沙子，企图把它从泥沙中弄出去。他是个很小的小男孩，而岩石却相当巨大。手脚并用，似乎没有费太大的力气，岩石便被他边推带滚地弄到了沙箱的边缘。不过，这时他才发现，他无法把岩石向上滚动、翻过沙箱边墙。

小男孩下定决心，手推、肩挤、左摇右晃，一次又一次地向岩石发起冲击，可是，每当他刚刚觉得取得了一些进展的时候，岩石便滑脱了，重新掉进沙箱。

小男孩只得哼哼直叫，拼出吃奶的力气猛推猛挤。但是，他得到的唯一回报便是岩石再次滚落回来，砸伤了他的手指。

最后，他伤心地哭了起来。这整个过程，男孩的父亲从起居室的窗户里看得一清二楚。当泪珠滚过孩子的脸旁时，父亲来到了跟前。

父亲的话温和而坚定：“儿子，你为什么不用上所有的力量呢？”

垂头丧气的小男孩抽泣道：“但是我已经用尽全力了，爸爸，我已经尽力了！我用尽了我所有的力量！”

“不对，儿子，”父亲亲切地纠正道，“你并没有用尽你所有的力量。你没有请求我的帮助。”

父亲弯下腰，抱起岩石，将岩石搬出了沙箱。

你解决不了的问题，要善于借助别人的力量，比如你的朋友或亲人，他们也是你的资源和力量。

晚清商人胡雪岩在晚清商场上取得辉煌的成就，靠得就是借术。

胡雪岩 12 岁那年在父死家贫的窘境中，告别寡母，只身去杭州信和钱庄里当起了学徒。胡雪岩生得一双八面玲珑的眼睛，一看就是绝顶聪明的主儿。开始时，胡雪岩和其他伙计一样在店里站柜台，后来东家和“大伙”都觉得这个小伙计顺眼，就派他出去收账，胡雪岩认真操办，从来不曾出过纰漏，深得东家赏识。

有年夏天，胡雪岩在一家茶店里碰到一个落魄青年，攀谈后得知他叫王有龄，是一名候补盐大使，打算北上“投供”加捐。王有龄当时境况不好且又举目无亲，穷困潦倒，每天在茶馆穷泡，消磨时光，虽然捐了官却无钱去“投供”。胡雪岩了解这些情况，心头不由一亮，眼前的王有龄绝非等闲之辈，若助他进京“投供”，日后定有出头之日，成为助己飞黄腾达的靠山！

胡雪岩把老板交办给他的银票交给王有龄。事实证明，胡雪岩的判断是对的。他后来正是靠着朋友王有龄的帮助，成为商场上呼风唤雨的人物。后来王有龄自杀身亡，但已踏上官商之路的胡雪岩不能一日无官场靠山，于是他又将目光投向了更有价值的人物左宗棠。

由于有了左宗棠这个大靠山，胡雪岩衰败的生意很快有了生机，而且比以前发展更快。十数年间，左宗棠的购置弹药、筹借洋款、拨饷运粮，无一不经其手，借用其力，胡雪岩的事业亦如日中天，成就了自己红顶商人的一番伟业。

从胡雪岩与王有龄、左宗棠的交往实践证明，所借力的对象实力越雄厚，能够借用的力量也就越大。而他一旦选中权势如日中天的左宗棠，便不顾别人对自己的成见，运用自己的智慧轻轻松松地靠上去。有了左宗棠这棵大树，胡雪岩的成功也就势在必得了。

要想成就一番大事业，单靠自己一方面的力量是不够的，在力量不强大时，就要善于积极借助他方的力量。在他方的大树下，开辟一片新天地，这不仅仅是谋略，也是一种成功经验的智能产物。

人生感悟

借别人的鸡下自己的蛋，就是要积极地利用一切可以利用的力量去成功。

负重的生命如夏花灿烂

遭遇苦难时，肩挑重担时，不妨自豪地说一句，上帝把沉重的十字架挂在我的脖子上，那是因为：我驮得动！让生命负重，其实就是让人在压力下得到锻炼，增长才干。就像船，没有负重的船会被大浪掀翻，就像心灵，没有思想的心灵会飘浮如云。

有两名大学生，毕业后进了某公司的同一个办公室。大学生甲出身农村，为人老实而踏实；大学生乙自幼在城市长大，为人圆滑，善搞人际关系。刚开始，两人分别干着分配给自己的那份工作，都干得很卖劲，也干得很不错。不久大学生甲发现主任竟把一些本属于乙的工作分给自己做，自己每天忙得像个陀螺转个不停，而乙却无所事事。后来听别人说乙的父亲同办公室主任关系密切。他虽心里不快，但想了想最终忍气吞声，继续干着。

但到后来，事情越来越出格，甲每天要干的事越来越多，几乎把乙的工作全做了，每天要加班到很晚，而乙却到办公室点个到就走了。甲觉得自己像一头老黄牛，背负的东西越来越沉，他终于忍无可忍，请了假回到乡下，准备辞职外出闯天下。乡下的父亲听了儿子的诉苦，反而高兴地说：“真的，你一个人能把两个人干的事都给做下了？”

“整天累死，工资又不多拿一分，有啥可高兴的？”儿子没好气地说。

父亲没有说话，随手拿了两张纸，使劲扔出一张，那纸飘飘摇摇落在跟前，然后老父亲又从地上捡了一块石头包进另一张纸里，随手一扔就扔出很远。“孩子，你看石头沉吗？可加了石头的那张纸却扔得远。年轻人多做些事，肩上压重点儿的担子，能锻炼人，是好事！”

听了父亲的话甲大为振奋，回单位仍干着原来的工作，而且更加积极、主动。不久，他一个人干两个人的事竟也能干得得心应手。

一年之后，部门进行优化组合，甲荣升办公室主任，而乙却下岗了。

生活中人们往往容易陷入一个误区：盲目地羡慕轻松、舒适没有压力却有着高回报的工作，可是市场经济时代还有这种工作吗？也有人希望自己的一生轻松自在、愉快无忧，没有痛苦和磨难，甚至连困难也没有，可是又有谁会有这样的“幸运”呢？难道没有压力和困难的人生就是幸运的吗？

有这样一则寓言：

有两艘新造的船准备出海，一艘船上装了很多货物，另一艘船却什么也不肯装。它对装满货物的船说：“老兄，你可真傻，装那么多东西压得多难受呀，你看我一身轻松，多自在啊！”

装满货物的船说：“我们做船本来就是要装货的，什么也不装，那还叫船吗？”

出海的时间到了，它们都驶上了自己的行程。刚开始在海上风平浪静，那艘空船得意扬扬地行驶在前面，它一再嘲笑后面那艘船的笨重。不久，大海上起了风浪。风越刮越猛，浪越来越高。装满货物的船因为重心很稳，仍平稳地在风浪中穿行。而那艘空船却被大浪掀翻，沉入海底。

其实人的一生要负载很多东西，比如苦难，比如沉重的生活和繁重的工作。谁也不知道自己哪天会面临哪些沉重的东西，并把这些东西扛在肩上风雨兼程地向前赶路。如果有些东西注定是我们无法逃避、必须面对的，我们不妨以一种积极的态度去面对。人生什么时候起跑都不算晚，关键是不怕负重，更要进取。

人生感悟

只有不怕让生命负重，才能使生命如夏花灿烂。

没有拿得起，何谈放得下

蔡志忠曾说：“我用 10 年的时间名满天下，赚了 1000 万。倘若重新给我选择的机会，我只用这 10 年去看看高山，听听流水，别的什么也不做。”王蒙说：“我更倾向未成名前简简单单的读书生活。”一些早已体验了世间百味，经历了无数荣誉与挫折，走过了不尽弯曲与坎坷的人说出这样的话是毫不为怪的：为了成功极大付出后，终究要归于平淡。

然而，更多的人并没有成功过，却也标榜着平平淡淡才是真，这与成功人士成功之后回归平平淡淡的心境并无共通之处。不成功却也标榜着追求平淡，其实是无能的一种托辞。

每个人出生时，他只是一张白纸。而后漫漫岁月间，他所做的一切便是尽可能地为这张白纸增添色彩，一幕绚丽的彩画才是我们的最圆满结局。那些饱尝世上滋味的成功者早已将他的人生画卷涂抹得色彩斑斓。他归于平静的原因只是想静下心来做一些最后的修改。或许是真的有些倦了，一旦休息时，他会觉得很是惬意，于是便说出了上面的话语。但是倘若真的让时光倒转，相信蔡志忠依旧会不懈地画他的漫画，王蒙仍然会不倦地做他的文章。

将生活变得更丰富、更有意义、更有价值。体验成功的喜悦，这是每个人最基本的愿望。但是，人生道路往往是多磨难的。一两次挫败过后，我们开始害怕，我们开始放弃努力。努力可能失败，而放弃，永不会遭遇挫伤。于是，我们开始为自己找寻可靠的理论基础，既然如此众多的名人已宣称“平淡为本”，那么我们就“平平淡淡才是真吧”。我们习惯了平凡，我们更习惯了庸俗的快乐。

是的，成功意味着痛苦，意味着超人的付出，意味着这样或那样的代价。但只有这样，我们才真正体验到生活的原味。才使生活中的甜愈甜，苦愈苦，涩愈涩，才真正地了解了生活。而那些看似毫无苦痛，平静的人才是最大的可怜者。

因为不甘心，所以我们必须拒绝平淡。

日本帝国大饭店虽然已有百年历史，但它仍为日本第一流饭店，帝国大饭店的前社长，在年轻的时候，从日本坐了两个月的船到英国去学习“旅馆经营”，他刚到英国时，人家叫他擦玻璃，他好生气，心想：“要擦玻璃，我不会留在日本擦吗？为什么要大老远跑来学擦玻璃？”他除了不愿意，还非常沮丧，有一天，他看到一个英国佬一边吹口哨一边擦玻璃，把玻璃擦得发亮。就好奇地问他："擦玻璃有什么值得高兴的？"那个英国人就回答："你看看我擦的玻璃，照亮了每一个人，而你擦的玻璃却一点都不明亮。"语毕，他恍然大悟：我们做任何事情都要热心、彻底、全心投入，这样才能做得好，做得愉快。

英国人的一句话改变了这位日本青年的一生，日后他回到日本成为帝国大饭店的社长。想想，如果当时人家叫他擦玻璃的时候，他说"我不干了"，就打包回日本，我想，那他恐怕就没有机会当上社长了。有很多年轻人问我："要几年我才可以升到这样的位子？"如果你想成为一个旅馆的总经理，那么就要看你洗了几百个马桶，铺了几百张床单，被顾客骂了多少次……

所以，有了目标之后，就要付出代价，成功的人我们往往只看到他成功的表面，背后所下的苦功有谁知道？

许多人羡慕王永庆，可是谁知道王永庆今天的成就是多少辛劳的日子所累积？他以前在米行工作的时候，知道把米中的石头和脏东西拿掉，让人家吃起来感觉很舒服，而且，他很用心地去算每一家人的人口数，在顾客差不多快吃完米时，他就自动把米送去，不曾让顾客到要煮饭了，才发现没白米，不仅如此，他在送新米时，还会帮顾客把旧米先拿起来，再倒入新米，然后把旧米铺在最上面，让顾客先用掉，如此细心周到的付出，不成功那是不可能的。

新加坡旅游局曾给资政李光耀打过一份报告，大致是这样的意思：我们新加坡不如埃及，埃及有金字塔；不如中国，中国有万里长城；也不如日本，日本有闻名于世的富士山。除了一年四季直射的阳光，我们一无所有，要发展旅游业，简直是巧妇难为无米之炊。李光耀极其生气，他说："你想让上帝给我们多少东西？阳光，阳光就够了！"

是的，阳光，有阳光就足够了。命运也许其实并不公平，唯独分享的阳光，每一个人都是平等地拥有的。对于许多的人，拥有的其实也只有阳光。只是他们中有一部分人，更能接受阳光给予的伟大恩赐，更善于利用阳光的能量补充、发掘和开拓自身蕴藏着的智慧和资源，这是一种伟大的创造力和财富。

当人们感叹太阳的熠熠光辉的时候，新加坡已经成为阳光一样诱人的旅游王国。有谁能够相信，只有阳光同样可以风光无比？

世界上许多东西实际上都是如此，只有有人利用它创造了财富，人们大概才肯承认它内在的发展潜能；但未发掘过的一些东西却依旧深埋着。上帝给我们每个人提供了一样的阳光，但决不会为我们一手创造一样的财富或者代替我们改造世界。我们对上帝的依赖不应该太多，否则我们在这个世界中将失去生存的条件。

别在追求平淡中浪费时日，更不要抱怨，记住，追求平淡是无能的托词！

人生感悟

成功人生拿得起，因拿不起而追求平淡是无能的表现。

第二章　瞄准目标——以最准确的眼光拿起

你为什么没有想象中成功，就是因为你没有立下远大的目标。野心是我们成就事业的基础，是我们行动的源动力。

优雅、精致的生活来自于远大的目标

现实生活中，很多人经常会发出这样的感慨：日子过得没有激情，不过是日复一日、年复一年地打发光阴，除了一天老似一天，一天消沉一天外，别的什么也看不到，生活只是做一天和尚撞一天钟而已。其实造成这种心态的原因，就是因为他们没有明确的高远的人生目标！

我们都有这样的体会：当你确定只走 1 公里路的目标，在完成 0.8 公里时，便会有可能感觉到累而松懈下来，因为想着反正快到目标了，无所谓快慢了。但如果你的目标是要走 10 公里路程，那么在出发之前，你就会作好思想准备和其他准备，调动各方面的潜在力量，这样走七八公里后，才可能会稍微放松一点。由此可见，设定一个远大的目标，才能让人生之路走得更长更远。

你是否听说过这样一个故事？

有一年，一群意气风发的天之骄子从美国哈佛大学毕业了，他们即将开始走向社会。他们的智力、学历、环境条件都相差无几。在临出校门前，哈佛对他们进行了一次关于人生目标的调查。结果是这样的：27%的人没有目标；60%的人目标模糊；10%的人有清晰但比较短期的目标；3%的人有清晰而长远的目标。

25 年后，哈佛再次对这群学生进行了跟踪调查。结果又是这样的：

3%的人，25 年间他们朝着一个方向不懈努力，几乎都成为社会各界的成功人士，其中不乏行业领袖、社会精英。

10%的人，他们的短期目标不断地实现，成为各个领域中的专业人士，大都生活在社会的中上层。

60%的人，他们安稳地生活与工作，但都没有什么特别成绩，几乎都生活在社会的中下层。

剩下 27%的人，他们的生活没有目标，过得很不如意，并且常常在抱怨他人、抱怨社会。

其实，他们之间成功与否的差别仅仅在于：25 年前，他们中的一些人清楚地知道自己的人生目标，而另一些人则不清楚或不很清楚。

还有这样一则关于目标的故事。

唐太宗贞观年间，长安城西的一家磨坊里，有一匹马和一头驴子。它们是好朋友，马在外面拉东西，驴子在屋里推磨。贞观三年，这匹马被玄奘法师选中，出发经西域前往印度取经。

十七年后，这匹马驮着佛经回到长安。它重到磨坊会见驴子朋友。老马谈起这次旅途的经历：浩瀚无边的沙漠，高入云霄的山岭，凌峰的冰雪，热海的波澜……那些神话般的境界，使驴子极为惊异。驴子惊叹道："你有多么丰富的见闻啊！那么遥远的道路，我连想都不敢想。""其实，"老马说，"我们跨过的距离是大体相等的，当我向西域前进的时候，你一步也没停止。不同的是，我同玄奘法师有一个遥远的目标，按照始终如一的方向前进，所以我们打开了一个广阔的世界。而你被蒙住了眼睛，一生就围着磨盘打转，所以永远也走不出这个狭隘的天地。"

故事简单易懂，但我们从中却能看到一些生活的本质。芸芸众生中，真正的天才与白痴都是极少数，绝大多数人的智力都相差不多。然而，这些人在走过漫长的人生之路后，有的功盖天下，有的却碌碌无为。本是智力相近的一群人，为何取得的成就却有天壤之别呢？

事实上，杰出人士与平庸之辈最根本的差别，并不在于天赋，也不在于机遇，而在于有无人生的目标！就像那匹老马与驴子，当老马始终如一地向西天前进时，驴子只是围着磨盘打转。尽管驴子一生所跨出的步子与老马相差无几，可因为缺乏目标，它一生终走不出那个狭隘的天地。

生活的道理同样如此。对于没有目标的人来说，岁月的流逝只意味着年龄的增长，平庸的他们只能日复一日地重复自己。一个人没有人生目标，没有了追求成长与成功的动向与努力，那种生活犹如永久躺在病床上的植物人，物体上存在而心灵上死亡，是可悲的。所以应该铭记，我们要过优雅、精致的生活，就要首先为自己制定下远大的目标。

人生感悟

你为什么没有想象中成功，就是因为你没有立下远大的目标。杰出人士与平庸之辈的根本差别并不是天赋、机遇，而在于有无目标。

野心是"治穷"特效药

美国《时代》杂志加拿大版刊文提到，美国加利福尼亚大学的心理学家迪安·斯曼特研究发现，"野心"是人类行为的推动力，人类通过拥有"野心"，可以有力量攫取更多的资源。

法国一位年轻人很穷很苦，后来，他以推销装饰肖像画起家，在不到10年的时间里，迅速跃身于法国50大富翁之列，成为一位年轻的媒体大亨。他去世后，法国的一份报纸刊登了他的一份遗嘱。在这份遗嘱里，他写道：我曾经是一位穷人，在以一个富人的身份跨入天堂的门槛之前，我把自己成为富人的秘诀留下，谁若能通过回答"穷人最缺少的是什么"而猜中我成为富人的秘诀，他将能得到我的祝贺，我留在银行私人保险箱内的100万法郎，将作为睿智地揭开贫穷之谜的人的奖金，也是我在天堂给予他的欢呼与掌声。

遗嘱刊出之后，有48561个人寄来了自己的答案。这些答案，五花八门，应有尽有。绝大部分的人认为，穷人最缺少的当然是金钱了，有了钱，就不会再是穷人了。另有一部分认为，穷人之所以穷，最缺少的是机会，穷人之穷是穷在背时上面。又有一部分认为，穷人最缺少的是技能，一无所长所以才穷，有一技之长才能迅速致富。还有的人说，穷人最缺少的是帮助和关爱，是漂亮，是名牌衣服，是总统的职位等等。

在这位富翁逝世周年纪念日，他的律师和代理人在公证部门的监督下，打开了银行内的私人保险箱，公开了他致富的秘诀，他认为：穷人最缺少的是成为富人的野心。在所有答案中，有一位年仅9岁的女孩猜对了。为什么只有这位9岁的女孩想到穷人最缺少的是野心？她在接受100万法郎的颁奖之日，她说："每次，我姐姐把她11岁的男朋友带回家时，总是警告我说不要有野心！不要有野心！于是我想，也许野心可以让人得到自己想得到的东西。"

谜底揭开之后，震动法国，并波及英美。一些新贵、富翁在就此话题谈论时，均毫不掩饰地承认：野心是永恒的“治穷”特效药，是所有奇迹的萌发点。穷人之所以穷，大多是因为他们有一种无可救药的弱点，也就是缺乏致富的野心。穷人之所以穷，是因为缺乏对名利、权位的强烈愿望，没有野心的支撑，少了奋斗的动力，这便是穷困的根源。这位法国大富翁说穷人最缺的是野心，并非凭空而言，他是以他的切身经历为佐证的。

野心是我们成就事业的基础，是我们行动的源动力。拿破仑有句名言：“不想当元帅的士兵，不是好士兵。”这句话是对士兵的“野心”的最好鼓励和说明。世俗观念之中，“野心”这个词并不好听，然而许多成功人士都是因为自己拥有一颗“想当元帅”的野心而最后如愿以偿的。如果没有野心，他们照样会流于平庸。其实，野心就是雄心，就是目标，就是方向。

著名黑人领袖马丁·路德·金说过：“世界上的每一件事都是那些揣着野心的人们做成的。”工作中如果我们的野心越大，欲望也就愈强烈，谋取目标就愈可能。正如弓拉得愈满，箭头就飞得愈远一样。

美国的汽车大王亨利·福特，在12岁那年，随着父亲驾着马车到城里，偶然间见到一部以蒸汽机做动力的车子，他觉得十分新奇，并在心中想：既然可以用蒸汽做动力，那么用汽油应该也可以，我要试试！

虽然在当时看来是个遥不可及的野心，但是从那时候起，他便为自己立下了10年内完成以汽油作动力车子的誓愿。

他告诉父亲说：“我不想留在农场里当一辈子农民，我要当发明家。”

然后他离开家乡到了工业大城市底特律，当了一名最基本的机械学徒，逐渐对机械有了更深的认识，他一直没有忘记他的野心，每天疲惫地从工厂下班后，仍孜孜不倦地从事他的研发工作。

29岁那一年，他终于成功了，在试车大会上，有记者来问：“你成功秘诀是什么？”

福特想了一下说：“因为我有野心，所以才成功。”

同样，美国人约翰·富勒的故事对我们也非常有启发：

富勒家中有7个兄弟姐妹，他从5岁开始工作，9岁时会赶骡子。他有位了不起的母亲，他经常和儿子谈到自己的梦想：“穷，但不能怨天尤人，那是因为你爸爸从未有过改变贫穷的欲望，家中每一个人都胸无大志。”这些话深植于富勒之心，他一心想跻身于富人之列，开始努力追求财富，12年以后，富勒接手一家被拍卖的公司，并且还陆续收购了7家公司。他谈及成功的秘诀，还是用多年前母亲的话回答：“我们很穷，但不能怨天尤人，那是因为爸爸从未有过改变贫穷的欲望，家中每一个人都胸无大志。”富勒在多次受邀请演讲中说道：“虽然我不能成为富人的后代，但我可以成为富人的祖先。”

如果你暂时没有成功，没有地位、财富，无关紧要，只要你有野心，有把野心贯彻到底的智慧和毅力，那么站在金字塔的塔顶，指日可待。记住：成功与失败之间有时差距很小，一次动摇也许就彻底改变了你的人生，而野心恰恰就是所有成功因素中最重要的一个。你只要拥有了足够大的野心，就一定能够取得更大的成功。

人生感悟

野心是永恒的特效药，是所有奇迹的萌发点。

只要你敢想，一切皆有可能

凡事敢想就成功了一半，只要你敢想，一切都可能实现！让我们来看一看下面的故事：

故事的主人公，生长在一个普通的农户家里，小时候家里很穷，很小就跟着父亲下地种田。在田间休息的时候，他望着远处出神。父亲问他想什么？他说他将来长大了，不要种田，也不要上班，他想每天待在家里，等人给他邮钱。父亲听了，笑着说："荒唐，你别做梦了！我保证不会有人给你邮。"

后来他上学了，有一天，他从课本上知道了埃及金字塔的故事，就对父亲说："长大了我要去埃及看金字塔。"父亲生气地拍了一下他的头说："真荒唐，你别总做梦了！我保证你去不了。"

十几年后，少年长成了青年，考上了大学，毕业后做了记者，平均每年都出几本书。他每天坐在家里写作，出版社、报社给他往家邮钱，他用邮来的钱去埃及旅行。他站在金字塔下，抬头仰望，想起小时候爸爸说过的话，心里默默地对父亲说："爸爸，人生没有什么能被保证！"

他，就是散文家林清玄。那些在他父亲看来十分荒唐、不可实现的梦想，在十几年后他都把它们变成了现实。

我们每个人小时候都有美好梦想，正是这些梦想，为我们未来种下了成功的种子。因为梦想就是希望，是与我们天性中的潜质最密切相关的。但是梦想又往往和现实有着太遥远的距离，所以需要经营。经营梦想就是通过自己不懈的努力，把看似遥远甚至有些荒唐的梦想一步步变成现实。

林清玄是一个农家子弟，他想让别人给他邮钱，想上埃及看金字塔，看起来十分好笑，连父亲都嘲笑他，但是他为了实现自己的梦想，十几年如一日，每天早晨 4 点就起来看书写作，每天坚持写 3 百字，一年就是 100 多万字，最终实现了自己的梦想。

凡事敢想就成功了一半。人们都知道，美国宇航局门口的铭石上刻着："你能想到的，就会实现。"伟大的人才能成就伟大的事，他们之所以伟大，是因为决心要做出伟大的事。

有这样一则令人难忘的真实的故事，主人公是一个生长于旧金山贫民区的小男孩，从小因为营养不良而患有软骨症，在 6 岁时双腿变成"弓"字型，而小腿更是严重的萎缩。然而在他幼小心灵中一直藏着一个除了他自己，没人相信会实现的梦——那就是有一天他要成为美式橄榄球的全能球员。

他是传奇人物吉姆·布朗的球迷，每当吉姆所在的克里夫兰布朗斯队和旧金山四九人队在旧金山比赛时，这个男孩便不顾双腿的不便，一跛一跛地到球场去为心中的偶像加油。由于他穷得买不起票，所以只有等到全场比赛快结束时，从工作人员打开的大门溜进去，欣赏最后剩下的几分钟。

13 岁时，有一次他在布朗斯队和四九人队比赛后，在一家冰激凌店里终于有机会和心中的偶像面对面地接触，那是他多年来所期望的一刻。他大大方方地走到这位大明星的跟前，朗声说道："布朗先生，我是你最忠实的球迷！"

吉姆·布朗和气地向他说了声谢谢。这个小男孩接着又说道："布朗先生，你晓得一件事吗？"

吉姆转过头来问过："小朋友，请问是什么事呢？"

男孩一副自若的神态说道："我记得你所创下的每一项纪录，每一次的布阵。"

吉姆·布朗十分开心地笑了，然后说道："真不简单。"

这时小男孩挺了挺胸膛，眼睛闪烁着光芒，充满自信地说道："布朗先生，有一天我要打破你所创下的每一项纪录！"

听完小男孩的话，这位美式橄榄球明星微笑地对对他说道："好大的口气。孩子，你叫什么名字？"

小男孩得意地笑了，说："布朗先生，我的名字叫奥伦索·辛浦森，大家都管我叫 O. J. 。"

我们会成为什么样的人，会有什么样的成就，就在于先作什么样的梦。奥伦索·辛浦森后来的确如他少年时所说的话，在美式橄榄球场上打破了吉姆·布朗所写下的所有纪录，同时更创下一些新的纪录。

现在就开始，立刻开始，去尽情地“想高”，因为只有想高才能够攀高。有限的目标会造成有限的人生，所以在设定目标时，要尽量伸展自己。重量级拳王吉姆·柯伯特有一回在做跑步运动时，看见一个人在河边钓鱼，一条接着一条，收获颇丰。奇怪的是，柯伯特注意到那个人钓到大鱼就把它放回河里，小鱼才装进鱼篓里去。柯伯特很好奇，他就走过去问那个钓鱼的人为什么要那么做。钓鱼翁答道：“老兄，你以为我喜欢这么做吗？我也是没办法呀！我只有一个小煎锅，煎不下大鱼啊！”

很多时候，我们有一番雄心壮志时，就习惯性地告诉自己：“算了吧，我想的未免也太过了，我只有一个小锅，可煮不了大鱼。”我们甚至会进一步找借口来劝退自己：“更何况，如果这真是个好主意，别人一定早就想过了。我的胃口没有那么大，还是挑容易一点的事情做就好，别把自己累坏了。”

事实上，很多人之所以没有成功，就是因为他太满足于眼前的一切，不敢去想，也不去想，未来可能会发生的事。切记：世界上没有不可能的事，只要你敢想，一切皆有可能。

人生感悟

我们会有什么样的成就，会成为什么样的人，就在于先做什么梦。只有敢梦想，才有实现的可能。

别把梦想带进坟墓

某医院五官科诊室里同时来了两位病人，都是鼻子不舒服。在等待化验结果期间，甲说，如果是癌，立即去旅行，并首先去拉萨……乙也如此表示。结果出来了，甲得的是鼻癌，乙长的是鼻息肉。甲留下了一张告别人生的计划表离开了医院，乙却住了下来。

甲的计划是：从攀枝花坐船一直到长江口；到海南的三亚以椰子树为背景拍一张照片；在哈尔滨过一个冬天；从大连坐船到广西的北海；登上天安门城楼；读完莎士比亚的所有作品；力争亲临实地听一次瞎子阿炳的《二泉映月》；成为北京大学的一名学生；写一本书……凡此种种，共 27 条。

他在这生命的清单后面这样写道：我的一生有很多梦想，有的实现了，有的，由于种种原因，没有实现。现在上帝给我的时间不多了，为了不遗憾地离开这个世界，我打算用生命的最后几年去实现还剩下的这 27 个梦想。当年，甲就辞掉了公司的职务，去了拉萨和敦煌。第二年，他又以惊人的毅力和韧性通过了成人考试，成为北京大学中文系的一名学生。这期间，他登上过天安门城楼，去了内蒙古大草原，还在一户牧民家里住了一个星期。现在这位“病人”正在实现他出一本书的夙愿。

有一天，乙在报上看到甲写的一篇有关生命的散文，于是打电话去问甲的病情。甲说，我真的无法想象，要不是这场病，我的生命该是多么的糟糕。是它提醒了我，去做自己想做的事，去实现自己想去实现的梦想。现在我才体味到什么是真正的生命和人生。你生活得也挺好吧？乙没有回答。因为在医院时说的，去拉萨和敦煌的事，他早已因患的不是癌症而放到脑后去了。

在这个世界上，其实我们每个人都患有一种癌症，那就是不可抗拒的死亡。我们之所以没有像那位患鼻癌的人一样，列出一张生命的清单，抛开一切多余的东西，去实现梦想的目标，去做自己想做的事，也许是因为我们认为我们还会活得更久。然而也许正是这个量上的差别，使我们的生命有了质的不同；有些人把梦想变成了现实，有些人把梦想带进了坟墓。

有这样一篇文章，名字叫《生命清单——人生 127 目标》，文章讲述了一个美国人约翰·戈达德的故事。说远在 44 年之前的洛杉矶郊区，一个 15 岁、没有见过任何世面的孩子拟了一个表格，表上列出了他的梦想清单：

到尼罗河、亚马逊河和刚果河探险；登上珠穆朗玛峰、乞力马扎罗山和麦特荷恩山；

驾驶大象、骆驼、鸵鸟和野马；探访马可·波罗和亚历山大一世走过的路；主演一部像《人猿泰山》那样的电影；驾驶飞行器起飞降落；读完莎士比亚、柏拉图和亚里士多德的著作；谱一部乐谱；写一本书；游览全世界的每一个国家；结婚生子；参观月球……

他把每一项编了号，共有127个目标。当把梦想庄严地写在纸上之后，他开始有计划、有步骤地进行。

16岁那年，他和父亲到了乔治亚州的奥克费诺基大沼泽和佛罗里达州的埃弗格莱兹去探险，这是他首次完成了表上的一个项目。

他按计划逐个地实现了自己的目标，59岁时，他完成了127个目标中的106个。

戈达德在15岁时对自己在一生中计划要做的事情开了一张清单，清单里有127项目标。他把自己的这张清单称为“我的生命单”。44年后，瘦削、但看上去很年轻的戈达德已59岁了，他实现了106个目标，已做了无数次的远行和探险，他是电影制片人、作家和演说家。他的生命非常精彩。

戈达德说：“之所以要开出那张单子，是因为15岁时，我很明白自己的局限性。我只是个拥有潜能的孩子（而这种秉性人人都具有），我确实想在自己的一生中做些事情。我制订了欲达目标的一份蓝图以使自己永远有所追求。我也很了解周围的一些人，他们因循守旧，从不冒险，从未对自己进行过挑战。我决定不使自己落入这个俗套内。”是啊！人生苦短，岁月如梭。每个人都要给这个世界留下点什么，给这个世界贡献点什么。要贡献，就要有追求的目标。目标未实现之前，可以称为“梦”。这“梦”是一种向往，一项计划，一个理想。古人云：“与其无思不如有梦”，有梦与无梦是人生的两种境界：无梦的人生是动物的人生，必将无所事事；志存高远，目标明确的有梦人生，才有可能贡献社会，获得成功。

列出自己的生命清单，然后一步一个脚印向目标前进，永不停止，最后你会惊讶地发现你创造了奇迹。否则，你的人生必然是一个空白，梦想也只能跟随着失败的心一块进入坟墓，生命将变成一次可悲的历程。

人生感悟

不要在来日方长的观念里任时光飞逝，要知道明日复明日，明日何其多，有梦想就赶快去实现，这样的人生才是有意义的人生。

坚守心灵的骄傲去超越

潘杰客，一个有着传奇跨国经历的成功男人，带给我们无限的启示。

想当初，潘杰客的祖父和父亲都是著名的科学家，而他大学毕业后却在北京一个小小的施工队做预算员。不过4年后，他已经是国家建设部最年轻的中层领导。1988年，近30岁的潘杰客来到美国，一切从送外卖住地下室开始，6年后，被哈佛、剑桥、耶鲁三所大学的管理学院同时录取，1997年在哈佛完成学业后，前往欧洲，在上千名应聘者中，成为唯一被录用的德国奥迪的高级经理，后来作为奥迪中国大区首席顾问回到中国，成功运作了奥迪A6在中国的上市计划。就在这能够让所有人艳羡的时候，他辞去了奥迪终身雇员的职务，加盟凤凰卫视，成为一个财经节目的主持人。而现在，他组建了自己的团队——泛华传播，致力于打造一档“国际的、最知名的、成功人士的、在中国有影响的脱口秀节目”。

上面所说的情况已足以让人刮目相看，其实还只是他跨国人生的一个小部分。用他的自己的话说就是——除了“变化”没有什么是永恒的。

但事实上，潘杰客真正吸引人的地方也许并不在于他的成功，而在于他的“失败”。

潘杰客在他耶鲁大学入学论文的开篇写到“人生舞台上的表演层出不穷、跌宕起伏，它们可以是喜剧、悲剧、哑剧、歌剧、音乐剧、交响乐，不一而足。而我们在生命的不同时期却以不同的角色出现——主角、配角、编剧、导演、灯光师、甚至观众。”

人生如戏，潘杰客为自己编写并导演了一出最跌宕起伏的大剧。

“人是不能低头的，一旦低头，就再也不可能骄傲了。因为一个行动养成一个习惯，低头一次，就会有第二次、第三次……”

“很多人问我，在最困难的关头，是什么力量支撑着我不倒下，挺过去，我的答案是‘心灵的骄傲’。在那种关键的时候，我不可能去考虑成功之后的鲜花与欢呼或失败者所将遭遇的冷遇和失落。我所想的是，我这个生命是否值得再为自己做下去？我通常会问自己：你能否超越自己？超越了就是成功——不是事情上的成功，而是心理上的成功。人在那种时刻，暴露出来的都是人性的弱点；我就是要战胜这种弱点。因为我追求的是心灵的纯粹和强大，一种心灵上的超我。”

“内心必须有一种渴求，你可以改变自己，还可以通过自己去改变别人，这个社会、这个世界就会因此而改变。要在最广泛的范围去影响他人，把社会向更合理的方向推进，这种合理应该为大多数人带来福利。这是个良好的愿望，为了这个愿望，要去做许多其他的事情，而这正是人生价值的体现，它带给我的满足是物质无法带来的。在心灵痛苦时，常常会想，大千世界的痛苦又是多么的深厚。走这条路的人注定是孤独的，精神和灵魂像吉普赛人一样在这个世界流浪，如果这就是命运的话，我已做好准备并且毫不畏惧。”——这是一个理想主义者的自白，是一个勇敢者的宣言，是潘杰客不变的信念。这是一种怎样的超越，怎样的智慧？他是一个把目标与成功分得很清的人，成败得失已无关紧要，他追求的只是个目标、一种执著、一份毅力。对一个人来说，可以没有成功，却不能没有目标。目标有时候很简单，却需要足够的信心与毅力去追求；成功有时候很遥远，却与目标只咫尺之隔。

真正的伟大只有一种，就是看清这个世界的本来面目，并且去热爱它。作为一个自然人，潘杰客无疑非常伟大，这种伟大表现在他始终恪守着自己的原则，给高贵的心灵一个美丽的住所，哪怕是遭遇到最大的阻力，也要想办法抵达胜利的彼岸。

人生感悟

坚守心灵的骄傲去超越，人生永远充满未知数。

生命太短暂，岂能渺小度一生

有这样一个众所周知的寓言故事：

农夫拣到一枚鹰蛋，回家后放到了一个正在孵小鸡的母鸡窝里。结果这枚鹰蛋被母鸡孵化成了一只雏鹰。这只雏鹰自以为也是一只小鸡，每天和小鸡生活在一起，做着与母鸡一样的事情，在垃圾堆里找捉虫觅食，与小鸡一起嬉戏，有时也学母鸡一样咯咯地叫。

雏鹰渐渐长大，变成了一只小鹰，可它从来没有飞过几尺高，因为母鸡们只能飞这么高。它完全认为自己就与母鸡一样。

一天，小鹰看见一只大鸟在万里碧空中展翅翱翔，就问母鸡：“那种飞得好高的大鸟是什么？”

母鸡回答说：“那是一只雄鹰，它是一种非常了不起的鸟。你不过是一只鸡，不能像它那样飞，认命吧。”于是，这只小鹰就接受了这种观点，也不尝试着去飞翔，也从来没想过与母鸡们做不一样的事。

有一天，猎人经过这家农户，看见了这只小鹰。猎人说服农妇，用三只猎获的野兔换走了小鹰。猎人开始训练小鹰飞翔，可是小鹰飞不起来，准确地说，根本不敢飞。猎人没有灰心丧气，他带小鹰爬到一座高山顶上，对小鹰说：“鹰呀鹰呀，你本属于蓝天，你是蓝天的主人，你怎么变得像你的食物——小鸡那样弱小呢？向高处看吧，那些在天空翱翔的雄鹰才是你的同伴。去找它们吧！”

猎人说着，撒手将小鹰抛向悬崖，小鹰呈直线坠落，就在即将落地的那一瞬间，小鹰“呀”地一声尖叫，振翅飞了起来，直冲云霄。

尽快离开你身旁那些不积极、没有目标、不求成功的平庸之辈，和优秀的人在一起，这样，你的潜能就会最大限度的被激发出来，你就会变得更加优秀，最后让优秀成为自己的一种习惯。

贝尔28岁时拜访了著名物理学家约瑟夫·亨利，谈论“多路电报”试验，亨利本来对此不感兴趣。但这回他强打打起精神，去听贝尔的介绍，突然他敏锐地觉察到，这个年轻人在谈一个极有价值的现象。他热情地鼓励贝尔：“如果你觉得自己缺乏电学知识，那就去掌握它。你有发明的天分，好好干吧！”

后来，贝尔写信给父母，描述自己的感受：“我简直无法向你们描述这两句话是怎样地鼓舞了我……要知道在当时，对大多数人来说通过电报线传递声音无异于天方夜谭，根本不值得费时间去考虑。”

几年后，贝尔又说：“如果当初没有遇上约瑟夫·亨利，我也许发明不了电话。”

和积极的人在一起会让你更积极，和消极的人在一起会让你更消极。心态积极的人，他们会及时激励我们，而不是用消极的话来干扰我们的行动。要知道，当一个人在做一件犹豫不决的事时，需要的是积极的支持。与积极者在一起，我们会学着尝试。即使错了，起码也曾经尝试过，无怨无悔。没有人都会百分之百成功，但没有尝试肯定不会成功。

《心灵鸡汤》的作者之一马克·汉森是一位畅销书作家，他的书在全世界已经畅销几千万册。有一次，汉森在与成功学、激励学顶尖高手安东尼·罗宾斯同台讲演结束之后，私下请教罗宾斯，于是有了如下一段对话——

汉森问：“我们都在教别人成功，为什么我的年收入才100万美元，而你一年却能赚进1000万美元呢？”

罗宾斯没有直接回答汉森的问题，却反过来问汉森：“你每天跟谁混在一起？”

汉森说：“我每天都跟百万富翁在一起。”

罗宾斯听后笑了笑说：“我每天都跟千万富翁在一起。”

只有和比自己更成功的人在一起，和成功者合作，我们才会更成功。近朱者赤，近墨者黑。物以类聚，人以群分。我们要想象雄鹰一样在空中翱翔，就得学会雄鹰飞翔的本领。如果我们结交有成就者，那我们终将会成为一个有成就的人。用好莱坞流行的一句话说：“一个人能否成功，不在于你知道什么，而是在于你认识谁。”

假设有两种环境供你去选择：第一种环境你是最好的，你每月的收入800元，而别人都是200元，第二种环境你是最差的，别人都是百万富翁，你的资产只有20万，你愿意选择哪一种呢？要想成为什么样的人，你要选择跟什么样的人在一起，你要变得积极，你要找比你更积极的人在一起，你要永远寻找比你本身更好的环境。无论你是飞黄腾达，还是穷困潦倒，当你选择比你优秀的人在一起，当你落败时，他会帮你检讨总结，为你加油助威。

谨慎地选择那些我们愿意花时间交往的朋友，因为他们对我们的思想、人格，以及发生在我们身上的任何事情都会有影响。与生活态度积极的人在一起，与具有远见卓识的人在一起，与成功者在一起，他们的“花香”肯定会熏陶我们，这样我们才会嗅到更多的芬芳。

生命太短暂，我们不能在碌碌无为中渺小地度过一生。与优秀的人在一起，创造不平凡的人生，才是我们明智的选择。

人生感悟

为了把人生历程抒写得气壮山河，你必须站在比自己优秀的人群里，然后去超越。

心有多大，世界就有多大

有一条鱼在很小的时候便被捕上了岸，渔人看它太小，而且很美丽，便把它当成礼物送给了女儿。小女孩把它放在一个鱼缸里养起来，每天它游来游去总会碰到鱼缸的内壁，心里便有一种不愉快的感觉。

后来鱼越长越大，在鱼缸里转身都困难了，女孩便给它换了更大的鱼缸，它又可以游来游去了。可是每次碰到鱼缸的内壁，它畅快的心情便会黯淡下来。它有些讨厌这种原地转圈的生活了，索性静静地悬浮在水中，不游也不动，甚至连食物也不怎么吃了。女孩看它很可怜，便把它放回了大海。

它在海中不停地游着，心中却一直快乐不起来。一天它遇见了另一条鱼，那条鱼问它："你看起来好像是闷闷不乐啊！"它叹了口气说："啊，这个鱼缸太大了，我怎么也游不到它的边！"

心就是一个人的翅膀，心有多大，世界就有多大。如果不能打碎心中的四壁，即使给你一片大海，你也找不到自由的感觉。

每个人的血管里都流淌着祖先的血液，每个人的身上都或多或少地印刻着先辈的痕迹，但是，每个人来到这个世界上又都是一个崭新的开始。林肯说过："我不在乎我的祖先是谁，我在乎他的孙子会变成什么样子"。

我们不能借口拥有一颗平凡的心就不去奋斗，那是背离了自己生命的本质。只要你愿意选择去超越，人生就会充满未知数。

李斯是秦朝的丞相，辅佐秦始皇统一并管理中国，立下汗马功劳。可少有人知，李斯年轻时只是一名小小的粮仓管理员，他的立志发奋，竟然是因为一次上厕所的经历。

那时李斯二十六岁，是楚国上蔡郡府里的一个看守粮仓的小文书。他的工作是负责仓内存粮进出的登记，将一笔笔斗进升出的粮食进出情况记录清楚。

日子就这么一天天过着，李斯不能说完全浑浑噩噩，但也没觉得这有什么不对。直到有一天，李斯到粮仓外的一个厕所解手，这样一件极其平常的小事竟改变了李斯的人生态度。

李斯进了厕所，尚未解手，却惊动了厕所内的一群老鼠。这群在厕所内安身的老鼠，瘦小枯干探头缩爪，且毛色灰暗，身上又脏又臭，让人恶心至极。

李斯看见这些老鼠，忽然想起了自己管理的粮仓中的老鼠。那些家伙，一个个吃得脑满肠肥，皮毛油亮，整日在粮仓中大快朵颐，逍遥自在。与眼前厕所中这些老鼠相比，真是天上地下啊！人生如鼠，不在仓就在厕，位置不同，命运也就不同。自己在上蔡城里这个小小的仓库中做了八年小文书，从未出去看过外面的世界，不就如同这些厕所中的小老鼠一样吗？整日在这里挣扎，却全然不知有粮仓这样的天堂。

李斯决定换一种活法，第二天他就离开了这个小城，去投奔一代儒学大师荀况，开始了寻找"粮仓"之路。二十多年后，他把家安在了秦都咸阳的丞相府中。

心有多大，你的世界就有多大。红顶商人胡雪岩曾说过："做事一定要看大局，你的眼光看得到一省，就能做下一省的生意；看得到一国，就能做下一国的生意；看得到国外，就能做下国外的生意；看得到天下，就能做天下的生意。"

生活中有些人之所以不成功，就是因为把心拘泥在不起眼的小事上。常常为一件小事而耿耿于怀，常常为害怕遭受到别人的非议而放弃，常常为一些捕风捉影的事而大动干戈，因而失去了很多本应属于自己的机会，一次两次的失去也许不算什么，但一生往往就在这样的过程中消磨掉了……

虽说是"不扫一屋安能扫天下"，但一个人如果只顾低头清扫他的小屋，而看不到外面的广阔的天地，那又怎么可能展翅高飞？

现实生活中，工作过于努力的人没有时间去赚大钱。许多人都抱怨："我工作太辛苦，简直没有时间去读书和思考。"这句话的意思是满足生计的需求已占据了一切，以至于你没时间去考虑远大未来的机会，没有时间去看看更广阔的精彩天地。这就是为什么有人说，懒人往往比勤快人更适合做领导，因为他有时间去思考，有时间补养。在蚁国中，蚁王往往是最懒的。

骑脚踏车的人走不远。假如你过于忙碌地工作而没有时间去开阔自己的心胸，去思考你做的事，去树立更远大的志向，所以像蚂蚁部落里最忙的工蚁一样，忙碌终生而无所作为。假如你过于专注于自己小小的领域，就不会知道其他领域也许对你目前从事的事有极大影响的资讯和思想。除非有时间广泛涉猎、学习他人所做的事，否则你只能是原地踏步。

社会是不公平的，但又是公平的，它会给我们每个人机会，它永远遵循社会发展变化的规律性，关键在于操作的人会不会巧妙地利用它，让它为你服务。

最后，一定要记住，心有多大，世界就有多大！

人生感悟

心有多大，世界就可以有多大。谁说英雄没有用武之地，那是因为他的心没有足够大。

选准一事，选定一生

所谓选定：就是指一生只选一把椅，一生只选一件事，一生选准一个目标。

所谓选定：就是咬定青山不放松，就是几十年风雨如一日，就是将“革命”进行到底！长江因选定向东而波澜壮阔；青松因选定向上而伟岸挺拔；珠峰因选定卓越而傲视群山；流星因选定精彩而亮彻长空；圣贤因选定目标而成功卓越！

有这样一个故事：

一条街上有两家卖老豆腐的小店。一家叫“潘记”，另一家叫“张记”。两家店是同时开张的。刚开始，“潘记”生意十分兴隆，吃老豆腐的人得排队等候，来得晚就吃不上了。潘记的特点是：豆腐做得很结实，口感好，给的量特别大。相比之下，张记老豆腐就不一样了，首先是豆腐做得软，软得像汤汁，不成形状；其次是给的豆腐少，加的汤多，一碗老豆腐半碗多汤。因此，有一段时间，张记的门前冷冷清清。有一天，一个客人走进张记的豆腐店，吃完一碗老豆腐后不客气地说：“你怎么不学学潘记呢？”老板卖关子，脸上颇有几分胜算地说：“我为什么要学他呢？你两个月以后再来，看看是不是会有变化吧。”

大概一个多月后，张记的门前居然真的排起了长队。那客人很好奇，也排队买了一碗，看看碗里的豆腐，仍然是稀稀的汤汁，和以前没什么两样，吃起来，也是从前的味道。老板脸上仍然挂着憨厚的笑，客人便好奇地问：“能告诉我这其中的秘诀吗？”

老板说：“其实，我和潘记的老板是师兄弟。”客人有些惊讶：“那你们做的豆腐不一样呀？”老板说：“是不一样。我师兄——潘记做的豆腐确实好，我真比不上；但我的豆腐汤是加入好几种骨头，再配上调料，再经过 12 个小时熬制而成，师兄在这方面就不如我了。师傅故意传给我们不同的手艺。这样，人们吃腻了我师兄的豆腐，就会到我这里来喝汤。时间长了，人们还会回到我师兄那里。再过一段时间，人们又会来我这里。这样，我们师兄弟的生意就能比较长远地做下去，并且互不影响。”

客人又试探地问：“你难道就不想跟师兄学做豆腐么？”老板却说：“师傅告诉我们，能做精一件事就不容易了。有时候，你想样样精，结果样样差。”

张记老板的话中有话，除与老豆腐有关，与一个人的择业、一个人一辈子的坚守似乎都有些关联……

是的，世界上夺目的事业太多太多，而选定者必须知道：生命有限，时间有限，精力有限，能力有限，空间有限。而每人只有一双手，只有在众多的事业中选定一件自己爱干的该干的事，才能打造自己的完美人生。

因为，成功是一个力学问题，目标的实现全赖于力量的方向、大小和持续力。

若不选定目标，那么，每天清晨起来，我们将茫然四顾。若不能选准一件事，那么，我们每日的思考与行动将毫无意义可言。宇宙万物都是以中心为内核而运转的，人生也莫不如此。有中心我们才有可能聚积四周的能量，才有可能吸引实现目标的人力物力财力。

蚌蛤因有中心而结出珍珠，台风因有中心而力大无穷。

当然，中心只应有一个。世界上有梦想的人太多太多，每天活在不同梦想之中的人也太多太多，唯独一生只有一个梦想的人凤毛麟角，少之又少。梦想多者，一生都在游离不定中摇摆，在举棋不定中反复，在湖光掠影中闪失。他们没有恒心，没有毅力，他们太急于求成，他们太不能等待，有的只是一颗空泛的心，他们总是在期待在祈盼机遇之神光顾，结果呢？恰恰相反，机遇之神总是鄙视他们，且将他们弃在路边，如同敝履。

富可敌国、光芒四射的比尔·盖茨，就是一个一生选定一件事、一生只做一件事的人。正因为这一果断的抉择，使他的软件事业在经过几年的打拼之后，成为了这一领域的“庞大帝国”，而他本人则成为了世界首富。比尔·盖茨在谈到他的成功经验时说：“很多人问我成功的秘密，其实没有什么秘密可谈，我只是选择了我爱做的事，该做的事。其实，我不比别人聪明多少，我之所以走到了其他人的前面，不过是我认准了一生只做一件事，并且把这件事做得更完美而已。正是这个深扎于内心的信条，使我的思想和人生变得更加坚定。我始终认为一个能把一件事做到底的人，更能体现出天才的创造力。”

总之，没有选定，人生就没有主题；没有选定，人生就没有方向没有目标；没有选定，人生就是一盘散沙；没有选定，人生就不可能像滚雪球一样越滚越大；没有选定，人生就会流入肤浅和庸俗！只有选定，泰山才会为之让路；只有选定，险峰也会为之臣服；只有选定，人生的坎坷才会被踏平；只有选定，生命才会乘风破浪，一路凯歌！当然，“选定”它需要钢铁般的意志为后盾，才能实现，才能突破。在这个世界上，强者与弱者之间，成功者与失败者之间，大人物与小人物之间，他们之间唯一区别，就是看谁具有钢铁般的意志力，看谁具有绵绵不绝的激情。没有这两点，所有的选定都是白搭，所有的选定都是枉费心机。

今天，我们一定要吃透“选定”，着手“选定”，迅速作出生命中最大的一次决策——选好自己的位置，一生只做一件事。

是小草，就要为生命增添绿意；是鲜花，就要为人间留下芬芳；是阳光，就要照耀大地；是雨露，就要滋润禾苗……茫茫人海中，你的人生坐标在哪里？

成功的道路千条万条，而属于你的只有一条；三百六十行，行行出状元，你该选择哪一行？试想一下，如果让毕加索写小说，让马克·吐温去作画，他们还会被人们尊为大师吗？这里涉及到一个定位问题，简单地说，就是找准自己的一生要做的事，选准一事，选定一生。

人生感悟

如果你是一颗星星，只要能够找到合适的位置，你将是夜空中最耀眼的一颗。自信人生二百年，会当击水三千里。

从此，别再瞎奔忙

有这样一个非常经典的故事：

有一次，一个人要在客厅里挂一幅画，请邻居来帮忙，画已经在墙上扶好，正准备钉钉子。他说：“这样不好，最好钉两个木块，把画挂上面，这样才会好看。”主人遵从他的意见，让他帮着找木块，找来锯。但是，还没有锯两三下，他说：“不行，这锯不快了，得磨一磨。”

他家有一把锉刀。于是，他丢下锯去拿锉刀。锉刀拿来了，他又发现使用锉刀之前，必须得给锉刀安个把柄。为了给锉刀安把柄，他拿起斧头去校园边的灌木丛寻找小树。在要砍树时，他又发现主人家的那把生满锈的斧头实在是不能用，必须得磨一下。

磨刀石找来后，他又发现，要磨快那把老斧头，得把磨刀石固定好，必须需要制作几根固定磨刀石的木料，为此，他又到郊外去找一位木匠，说木匠家有一个现成的。可是，这一走，就再也没见他回来。当然了，至于那幅画，主人还是一边钉一个钉子把它挂在了墙上。

下午再见到他的时候，是在街上。他正在帮木匠从五金交化商店里往外抬一台笨重的电锯。

这个故事看起来很好笑，那个人最后什么也没做好，而且忘记了自己最初想要做什么事情。

生活中有好多这样的人，他们认为要做好这一件事，必须去做前一件事，要做好前一件事，必须去做更前面的事。他们逆流而上，回归到零，直至把那原始的目的忘得一干二净。这种人看似忙碌，从早到晚一副辛苦的样子。其实，他们不知道自己在忙些什么。

现代生活中，每个人看起来好像都在马不停蹄地奔波，时时刻刻一副很努力、很拼命的样子。人们不断地追求着自己的一个个或大或小的愿望，可结果呢，很多人都搞得身心疲惫，精神上也并不快乐，依然没有满足感。我想，那是因为大多数人其实并不知道自己的内心究竟需要什么。在人生的旅途中，每走完一段，不妨回头看看身后，看看在太阳落山之前，是否还能走回去；或干脆停下来，沉思片刻，问一问：我是谁？我到哪里去？我去干什么？这样或许可以活得简洁些，不至于走得太远，失掉自我。

在一个大学结业典礼上，校长在致辞的结尾引用了一个寓言故事：

草原上，三只猎狗追逐着一只土拨鼠，而土拨鼠机灵地钻进一个洞穴；突然，从洞穴里蹿出了一只兔子，兔子飞快地向前跑，并跳上了一棵树；三只猎狗紧追不舍，尾随而至；兔子在树枝上没站稳，掉了下来，正好砸晕了正仰头观望的猎狗；于是，兔子顺利逃脱。

故事讲完，台下许多学生便提出了各自的疑问：

“兔子怎么会爬树呢？一只兔子怎么可能同时砸晕三只猎狗呢？”

“这些问题提得都不错，显示了故事的荒诞。”校长说完，沉默了好一阵；等学生们纷纷投来疑惑的目光时，他有些失望地说：“可是更重要的，你们却没有问——猎狗当初真正要追捕的是什么？土拨鼠哪儿去了？”

大家都听说过狗熊掰玉米的故事，它不停地掰，可最后走出玉米地的时候，腋下没有剩下一个玉米。

一个人不成功是因为不会选择目标。你要善于丢弃目标，丢弃应该丢弃的目标，你就容易成功。最难成功的人，就是盲目追求新目标的人。

一个6岁孩子的母亲，希望她的孩子多才多艺。但是在给孩子报兴趣班的问题上犯了难。她总是拿不定主意，今天想让她学画，明天想让她学艺术体操，后天又想让她学习钢琴等等，因为没有具体可操作的目标，孩子渐渐长大，什么也学了一点，却样样不能够精通，在各方面都显得很平庸。

与此相反，她的邻居对待这种问题的思路却不一样。因为邻居的孩子最喜欢跳舞，父母便按照孩子的意愿去创造条件，而不管将来孩子能否成为舞蹈家。因为全家人一直朝着这个目标去努力，那个孩子最后果真进入了演艺界并取得了很好的成绩。

一味地苛求最好最完满，最后得到的只能是遗憾。

人一生中精力旺盛的时间是有限的，但是在追求目标的时候，多数人是不考虑时间的，只是一味地盲目追求新的目标，不管它是否适合自己，只要看到新的东西、新的目标就要追求，于是就非常盲目地把自己很多宝贵的时间都浪费了，终日忙碌，不可谓不辛苦，不可谓不努力，然后到最终却一无所获或所获甚微，这就是瞎忙乎的可悲。

所有追求上进的朋友，别再盲目地相信“勤奋是通向成功的唯一出路”了，有时候那些别人以为的“懒人”才往往更容易出人头地，因为他们会抽出时间进行正确的思考，做正确的事，正确地做事！

人生感悟

千万不要再过那种“终日奔波苦，一刻不得闲”的生活了，静下心来想一想，什么才是你最想要的，也许生活会因此而发生惊天动地的变化。

第三章　相信自己——以最好的状态拿起

我们每个人都是上帝眷顾的宝贝，每个人都是从天而降的天使，每个人都是世间独一无二的。所以，一定要满怀信心地相信自己。

过去并不等于未来

过去的都过去了，关键是未来。过去决定了现在，而不能决定未来，只有现在的作为及选择才能决定我们的未来。我们用发展的眼光看待自己，看待成功。目前的境况只是暂时的，漫长的人生充满着未知数。

1920 年，美国田纳西州一个小镇上，有个小姑娘出生了。她的妈妈只给她取了个小名，叫小芳。小芳渐渐懂事后，发现自己与其他孩子不一样：她没有爸爸。她是私生子。人们明显地歧视她，小伙伴们都不跟她玩。她不知道为什么。她虽然是无辜的，但世俗却是严酷的。我们每一个人，一生可以作出多种选择，但不能选择父母。而小芳甚至不知道自己的爸爸是谁。她跟妈妈一起生活。

上学后，歧视并未减少，老师和同学仍以那种冰冷、鄙夷的眼光看她：这是一个没有父亲的孩子，没有教养的孩子，一个不好的家庭的孽种。于是，她变得越来越懦弱，开始封闭自我，逃避现实，不与人接触。

小芳最害怕的事，就是跟妈妈一起到镇上的集市。她总能感到人们在背后指指戳戳，窃窃私语：

“就是她，那个没有父亲，没有教养的孩子？”

小芳 13 岁那年，镇上来了一个牧师，从此她的一生便改变了。小芳听大人说，这个牧师非常好。她非常羡慕别的孩子一到礼拜天，便跟着自己的双亲，手牵手地走进教堂。她曾经多少次躲在远处，看着镇上的人们兴高采烈地从教堂里出来。她只能通过教堂庄严神圣的钟声和人们面部的神情，想象教堂里是什么样，以及人们在里面干什么。

有一天，她终于鼓起勇气，待人们进入教堂后，偷偷溜进去，躲在后排倾听——牧师正在讲：

“过去不等于未来。过去你成功了，并不代表未来还会成功；过去失败了，也不代表未来就要失败。因为过去的成功或失败，只是代表过去，未来是靠现在决定的。现在干什么，选择什么，就决定了未来是什么！失败的人不要气馁，成功的人也不要骄傲。成功和失败都不是最终结果，它只是人生过程的一个事件。因此，这个世界上不会有永恒成功的人，也没有永远失败的人。”

小芳被深深地震动了，她感到一股暖流冲击着她冷漠、孤寂的心灵。但她马上提醒自己：得马上离开，趁同学们、大人们未发现她时，赶快走。

第一次听过后，就有了第二次、第三次、第四次、第五次冒险——但每次都是偷听几句话就快速消失掉。因为她懦弱、胆小自卑，她认为自己没有资格进教堂。她和常人不一样。终于有一次，小芳听得入迷，忘记了时间，直到教堂的钟声敲响才猛然惊醒，但已经来不及了。率先离开的人们堵住了她迅速出逃的去路。她只得低头尾随人群，慢慢移动。突然，一只手搭在她的肩上，她惊惶地顺着这只手臂望上去，正是牧师。

“你是谁家的孩子？”牧师温和地问道。

这句话是她十多年来，最最害怕听到的。它仿佛是一支通红的烙铁，直刺小芳的心上。

人们停止了走动，几百双惊愕的眼睛一齐注视着小芳。教堂里静得连根针掉在地上都听得见。小芳完全惊呆了，她不知所措，眼里含着泪水。这个时候，牧师脸上浮起慈祥的笑容，说：“噢——知道了，我知道你是谁家的孩子——你是上帝的孩子。”然后，抚摸着小芳的头发说：“这里所有的人和你一样，都是上帝的孩子！过去不等于未来——不论你过去怎么不幸，这都不重要。重要的是你对未来必须充满希望。现在就作出决定，做你想做的人。孩子，人生最重要的不是你从哪里来，而是你要到哪里去。只要你对未来保持希望，你现在就会充满力量。不论你过去怎样，那都已经过去了。只要你调整心态、明确目标，乐观积极地去行动，那么成功就是你的。”

牧师话音刚落，教堂里顿时爆出热烈的掌声——没有人说一句话，掌声就是理解，是歉意，是承认，是欢迎！整整13年了，压抑心灵的陈年冰封，被“博爱”瞬间熔化……小芳终于抑制不住，眼泪夺眶而出。

从此，小芳变了……在40岁那年，小芳荣任田纳西州州长，之后，弃政从商，成为世界500强企业之一的公司总裁，成为全球赫赫有名的成功人物。67岁时，她出版了自己的回忆录《攀越巅峰》。在书的扉页上，她写下了这句话：过去不等于未来！

过去不等于未来，一个人不管过去多么糟糕，都已成为历史，每天都一个新的太阳，每天都有新的希望，每天都是完全与众不同的一天，所以一定要满怀热诚地相信你自己，别让别人的一句话将你击倒。不管别人怎么跟你说，不管“算命先生们”如何给你算，记住，命运在自己的手里，而不是在别人的嘴里！古往今来，凡成大业者，“奋斗”的意义就在于用其一生的努力去争取。

人生感悟

过去不等于未来，面朝着太阳充满自信地大步向前，便永远看不到被抛在后面的阴影。

每个人都是独一无二的

这个世界上我们每个人都是独一无二的奇迹，都是自然界最伟大的造化，长得完全一样的人以前没有，现在没有，将来也不会有。

既然你是世上独一无二的个体，你的思考、你的内在，别人都无法模仿，那你就一定要信心十足地活出自我的风采。

当16岁的索菲亚·罗兰刚刚迈入电影业大门时，并没有引起人们的注意。相反，很多摄影师都对她提出了否定看法：鼻子太长，臀部太发达，无法把她拍得美丽动人。在众人的一致反对声中，导演不得不与索菲亚·罗兰商量弥补缺陷的办法。

一天导演把索菲亚·罗兰叫到办公室，以不容分辩地对她说：“我刚才同摄影师开了个会，他们说的结果全一样，那就是关于你的鼻子，你如果要在电影界做一番事业，那你的鼻子就要考虑作一番变动，还有你的臀部也该考虑削减一些。”

也许换了别人，面对这一打击，早就因此而自卑得不再上镜了，而索菲亚·罗兰却认为自己的长相是无可厚非的。她对导演说道：“我当然知道我的外形跟已经成名的那些女演员很不一样。她们都相貌出众，五官端正，而我却不是这样。我的脸毛病太多，但这些毛病加在一起反而会更具魅力！如果我的鼻子上有一个肿块，我会毫不犹豫就把它除掉。但是，说我的鼻子太长，那是毫无道理的。鼻子是脸的主要部分，它使脸有特点。我喜欢我的鼻子和脸本来的样子。我的脸的确与众不同，但是我为什么非要长得和别人一样呢？至于我的臀部，不可否认，我的臀部确实有点发达，但那也是我的一部分。我为自己感到自豪，我什么也不愿改变。”

导演被她这异乎寻常的表现感染了。从这以后，他再也没有提及她的鼻子和臀部。后来，索菲亚·罗兰取得了人所共知的成就，成为了世界超级女影星。

切记：你的最可靠的指针，是接受你自己的意见，尽你所能办到的去好好生活。

一个穷人可比一个国王活得更成功——只要他活得是真实的自己。你，不论贫富老少，都可以尝到成功的滋味——只要能澄清你的思想、心像和意愿的力量——一种成功的感觉。

世间很多优秀的大家名家，就是因为相信独一无二的自己，才取得了巨大的成就。

哲学家苏格拉底曾被人贬为“让青年堕落的腐败者”。

贝多芬学拉小提琴时，技术并不高明，他宁可拉他自己作的曲子，也不肯做技巧上的改善，他的老师说他绝不是个当作曲家的料。

达尔文当年决定放弃行医时，遭到父亲的斥责：“你放着正经事不干，整天只管打猎、捉狗捉耗子的。”另外，达尔文在自传上透露：“小时候，所有的老师和长辈都认为我资质平庸，我与聪明是沾不上边的。”

爱因斯坦 4 岁才会说话，7 岁才会认字。老师给他的评语是：“反应迟钝，不合群，满脑袋不切实际的幻想。”他曾遭到退学的命运。

牛顿在小学的成绩一团糟，曾被老师和同学称为“呆子”。

罗丹的父亲曾怨叹自己有个白痴儿子，在众人眼中，他曾是个前途无“亮”的学生，艺术学院考了三次还考不进去。他的叔叔曾绝望地说：孺子不可教也。

《战争与和平》的作者托尔斯泰读大学时因成绩太差而被劝退。老师认为他：“既没读书的头脑，又缺乏学习的兴趣。”

如果这些人不相信世间有着独一无二的自己，不尽力唱出自己的声音，而是被别人的评论所左右，怎么能取得举世瞩目的成绩？

所以说，真正成功的人生，不在于成就的大小，而在于你是否努力地去实现自我，喊出属于自己的声音。

我们应该明白这样一个道理：不能表现出自我本色者注定要失败，而且失败得更快。一个人想要集他人所有的优点于一身，是最愚蠢、荒谬的行为。你无须按照他人的眼光和标准来评判甚至约束自己，你无须总是效仿他人。保持自我本色，这是最重要的一点。我们每个人都是世上独一无二的，你就是你自己。不要被他人的论断而阻滞了自己前进的步伐，世界因你而独特。

人生感悟

我们每个人都是上帝眷顾的宝贝，每个人都是从天而降的天使。

保持自己的本色

有一位女士姓李，从小就十分敏感和腼腆，身体一直很胖，脸部看起来比实际上还要胖。她的母亲十分古板，在她看来，穿漂亮的衣服是一件很张扬并且愚蠢的事。为此，她从来都不参加别人的聚会，也很少快活过。上学的时候，她很少和其他孩子一起到室外活动，甚至不愿意上体育课。她很害羞，觉得自己与其他人不一样，完全不讨人喜欢。

长大之后，她嫁给一个比自己年长的男人，可是她并没有多大的改变。丈夫及家人都很友善，充满了自信。这正是她所希望的那类人。她尽最大的努力使自己能和他们融为一体，可是却无法做到。他们为了使她变得开朗而做的每一件事情，都使她更加不自然。她变得异常紧张，开始回避所有的朋友，甚至紧张到怕听到门铃响。她总认为自己是一个失败者，却又害怕丈夫发现这一点。所以每一次在公开场合，她都假装十分开心，结果反而做得很不得体。李女士常常为自己的过失而后悔不已，有时候甚至觉得活下去都没有什么意义了——她想到自杀。

是什么东西改变了这个痛苦女人的生活呢？原来不过是一句随口而出的话。

有一天，婆婆谈到自己是怎样教育孩子时，说道："无论如何，我总是要求他们保持自己的本色。""保持自己的本色"，就是这句话启发了李女士。刹那间，李太太突然发现自己之所以如此苦恼，就是因为一直试图让自己生活在别人的目光和影响下。

她说："一夜之间似乎我的人生整个儿地改变了。我开始思考如何保持自己的本色，试着总结自己的个性；我发掘自己的优点，并开始研究色彩和服饰方面的问题，按照适合自己特点的方式穿衣服；我主动地去交朋友，还参加了一个社团组织——一个很小的社团。第一次参加活动把我吓坏了。但每发一次言，都使我增加了一份勇气。尽管它花费了我很长的时间，但却给了我许多快乐，而这些快乐都是以前我想都没敢想得到的。后来，当我在教育自己的孩子时，我经常将自己从这些痛苦中学到的经验告诉他们，让他们牢记，无论如何都要保持本色。"

这其实揭示了一个简单的真理：增强自信心最好的办法，是保持你原有的个性和特质，塑造一个真我。内在的修养是最宝贵的。一个真正懂得与时代共舞的人，绝不会因场合或对象的变化，而放弃自己的内在特质，盲目地去迎合别人。你要作为你自己出现，而不是为了别的什么。我们时常发现一些人，他们总觉得自己不如别人，于是随着环境、对象的变化而不断改换自己，结果弄得面目全非。

保持一个真实的自我并不等于要标新立异，甚至明明知道自己错了，或具有某种不良习惯而固执不改。保持真我，是保持自己区别于他人的独特、健康的个性。这种人是真正具有自信心的人。

那些具有个性的人，当然更具备无穷的魅力。他们无论在何种情况下，都会保持一个真实的自我，并会恰到好处地表现自己独有的一切，包括声调、手势、语言等等。因此，充满自信地在他人面前展现一个真实的自我吧，不必为讨好他人而刻意改变自己，尽力成就真实的自我，用你的坦诚赢得他人的坦诚，以自信的步伐行进在人生的路上。

只有那些没有自信心的人，才会无原则地迎合他人。"如何保持自己的本色，这一问题像历史一样古老，"詹姆斯·季尔基博士说，"也像人生一样的普遍。"不愿意保持自己的本色，包含了许多精神、心理方面潜在的原因。安古尔·派克在儿童教育领域曾经写过数本书和数以千计的文章。他认为："没有比总想模仿其他人，或者做除自己愿望以外的其他事情的人更痛苦的了。"

这种渴望做与自己迥然相异的人的想法，在好莱坞女性中尤其流行。山姆·伍德是好莱坞最知名的导演之一。他说当他在启发一些年轻女演员时，所遭遇到的最令人头痛的问题，是如何让她们保持本色。她们都愿意做二流的凯瑟琳·赫本。"这些套路的演技观众们已经无法容忍了，"山姆·伍德不断地对她们说，"你们更需要塑造出自己新的东西。"

美国素凡石油公司人事部主任保罗曾经与6万多个求职者面谈过，并且曾出版过一本名为《求职的6种方法》。他说："求职者最容易犯的错误就是不能保持本色，不以自己的本来面目示人。他们不能完全坦诚地对人，而是给出一些自以为你想要的回答。"可是，这种做法毫无裨益，没有人愿意聘请一个伪君子，就像没有人愿意收假钞票一样。

著名心理学家玛丽曾谈到那些从未发现自己的人。在她看来，普通人仅仅发挥了自己10%的潜能。她写道："与我们可以达到的程度相比，我们只能算是活了一半，对我们身心两方面的能力来说，我们只使用了很小一部分。也就是说，人只活在自己体内有限空间的一小部分里，人具有各种各样的能力，却不懂得如何去加以利用。"

你我都有这样的潜力，因此不该再浪费任何一秒钟。你是这个世界上一个全新的东西，以前从未有过，从开天辟地一直到今天，没有任何人和你完全一样，也绝不可能再有一个人完完全全和你一样。遗传学揭示了这样一个秘密，你之所以成为你，是你父亲的24个染色体和你母亲的24个染色体在一起相互作用的结果，48个染色体加在一起决定你的遗传基因。“每一个染色体里，”据研究遗传学的教授说，“可能有几十个到几百个遗传因子——在某些情况下，一个遗传因子都能改变一个人的一生。”毫无疑问，我们就是这样“既可怕又奇妙地”被创造出来的。

也许你的母亲和父亲注定相遇并且结婚，但是生下孩子正好是你的机会，也是30亿分之一。也就是即使你有30亿个兄弟姐妹，他们也可能与你完全不同。这是推测吗？不是，这是科学事实。

你应该为自己是这个世界上全新的个体而庆幸，应该充分利用自然赋予你的一切。从某种意义上说，所有的艺术都带有一些自传体性质。你只能唱自己的歌；只能画自己的画；只能做一个由自己的经验、环境和家庭所造成的你。无论好坏，都得自己创造一个属于自己的小花园；无论好坏，都得在属于你生命的交响乐中演奏自己的小乐器。

千万不要模仿他人。让我们找回自己，保持本色。

人生感悟

你应该为自己是这个世界上全新的个体而庆幸，应该充分利用自然赋予你的一切。从某种意义上说，所有的艺术都带有一些自传体性质。

坚持自己的梦想

对你的灵魂来说，实现梦想是再重要不过的事了。

列出你生命中最重要的梦想清单，然后一步一个脚印向目标前进，永不停止，最后你会惊讶地发现你创造了奇迹。否则，你的人生必然是一个空白。所以，当你不断地努力工作时，你应时时冷静下心来好好想一想，你所努力的方法及方向是不是你生命中最想要的？将自己视为主体，时常静下心来想一想：什么才是你最想要的东西。然后，再倾尽一生的力量为最想做的事去奋斗。

你能够成为什么样的人，会有什么样的成就，就在于你构筑了什么样的梦想，因为不同的梦想产生不同的结果。

如果你有梦想，你就会天天活在奋斗之中，天天活在期望里，精神是活跃的，人也是充满活力的。人一旦有了梦想，生命便会苏醒，每件事都充满了意义。同时，你也会发现，混日子与专注于追求梦想实现的两种生活，简直是天壤之别。

梦想有一股强盛的生命力，带着它走人生的路，犹如生命有了后盾，生活有了前瞻，进退有凭有据，不会茫然，不会感到恐惧无助。如果没有梦想，生活容易疲乏，欠缺光彩，不知不觉中，成为行尸走肉，成为生命的游魂。

你是不是很佩服伟人所取得的成就？所有伟人都是追梦者，你若仔细呵护你的梦想，让它安然度过狂风暴雨，你的梦想最终同样也会绽放在阳光下。

有一个人叫蒙提·罗伯兹，他在圣思多罗有座牧马场。他的朋友杰克常借用他宽敞的住宅举办募款活动，以便为帮助青少年的计划筹备基金。

有次活动时，蒙提·罗伯兹在致词中提到：“我让杰克借用住宅是有原因的。这故事跟一个小男孩有关，他的父亲是位马术师，他从小就必须跟着父亲东奔西跑，一个马厩接着一个马厩，一个农场接着一个农场地去训练马匹。由于经常四处奔波，男孩的求学过程并不顺利。初中时，有一次老师叫全班同学写报告，题目是‘长大后的志愿’。

“那晚他洋洋洒洒写了7张纸，描述他的伟大志愿，那就是想拥有一座属于自己的牧马农场，并且仔细画了一张200亩农场的设计图，上面标有马厩、跑道等的位置，然后在这一大片农场中央，还要建造一栋占地4000平方英尺的巨宅。

“他花了好大心血把报告完成，第二天交给了老师。两天后他拿回了报告，第一页上打了一个又红又大的F，旁边还写了一行字：下课后来见我。

“脑中充满幻想的他下课后带着报告去找老师：‘为什么给我不及格？’

“老师回答道：‘你年纪轻轻，不要老做白日梦。你没钱，没家庭背景，什么都没有。盖座农场可是个花钱的大工程；你要花钱买地、花钱买纯种马匹、花钱照顾它们。你别太好高鹜远了。’他接着又说：‘如果你肯重写一个比较不离谱的志愿，我会重打你的分数。’

“这男孩回家后反复思量了好几次，然后征询父亲的意见。父亲只是告诉他：‘儿子，这是非常重要的决定，你必须自己拿定主意。’

“再三考虑好几天后，他决定原稿交回，一个字都不改。他告诉老师：‘即使拿个不及格，我也不愿放弃梦想。’”

蒙提此时向众人表示：“我提起这故事，是因为各位现在就坐在这200亩农场内，占地4000平方英尺的豪华住宅里。那份初中时写的报告我至今还留着。”他顿了一下又说，“有意思的是，两年前的夏天，那位老师带了30个学生来我的农场露营一星期。离开之前，他对我说，‘蒙提，说来有些惭愧。你读初中时，我曾泼过你冷水。这些年来，我也对不少学生说过相同的话。幸亏你有这个毅力坚持自己的梦想。’”

追随梦想，你可能遇见从没发现过的自己，一个更坚强、美好、深刻而才华横溢的自己。一定要呵护你的梦想之火，如果你知道要往哪里走，世界会为你让出一条路。

寻梦旅途上的血与汗、笑与泪，会一点一滴，逐天为生命添加颜色。只要有梦想，人人皆可蜕变，终有一天你会破茧而出，冲破现实局限，飞抵梦想成真的美丽新世界！

伟人之所以伟大，根源于他们有一个伟大的梦想。

伟人之所以伟大，是因为他们在实践一个伟大的梦想；

伟人之所以伟大，是因为他们成就了一个伟大的梦想；

于是有人说：人，因梦想而伟大。

人生感悟

人，因梦想而伟大！请为自己设计一个伟大的梦想，我们的人生自然会开始变得不平凡起来。

即使失意，也不可失志

人生的航船，并非一帆风顺，有风平浪静，也有大浪淘天。风平浪静时，不喜形于色，风吹浪打时，不悲观失望，我自岿然不动。只有这样，人生的大船，才能顺利地驶向成功的彼岸。

人有悲欢离合，月有阴晴圆缺。情场失意、亲人反目、工作不如意……这些事情总会不经意间困扰我们，使我们情绪跌至低谷。人生得意须尽欢，而人生失意时也不能停下脚步，也应该积极进取。条条大路通罗马，此路不通，不妨换条路试试，不妨来个情场失意工作补。处在人生的低谷，悲观、痛苦、怨天尤人都没有用，只会让自己越陷越深。越是逆境，我们越应该积极地去面对。

莎士比亚曾说：假使我们自己将自己比做泥土，那就真要成为别人践踏的东西了。其实，别人认为你是哪一种人并不重要，重要的是你是否肯定自己；别人如何打败你，并不是重点，重点是你是否在别人打败你之前，就先输给了自己。很多人失败，通常是输给自己，而不是输给别人。因为自己如果不做自己的敌人，世界上就没有敌人。

这是一个真实的故事：

美国从事个性分析的专家罗伯特·菲利浦有一次在办公室接待了一个因企业倒闭而负债累累的流浪者。罗伯特从头到脚打量眼前的人：茫然的眼神、沮丧的皱纹、十来天未刮的胡须以及紧张的神态。专家罗伯特想了想，说：“虽然我没有办法帮助你，但如果你愿意的话，我可以介绍你去见本大楼的一个人，他可以帮助你赚回你所损失的钱，并且协助你东山再起。”

罗伯特刚说完，他立刻跳了起来，抓住罗伯特的手，说道：“看在老天爷的分上，请带我去见这个人。”

罗伯特带他站在一块看来像是挂在门口的窗帘布之前。然后把窗帘布拉开，露出一面高大的镜子，他可以从镜子里看到他的全身。罗伯特指着镜子说:“就是这个人。在这世界上，只有这个人能够使你东山再起，你觉得你失败了，是因为输给了外部环境或者别人了吗？不，你只是输给了自己。”

他朝着镜子走了几步，用手摸摸他长满胡须的脸孔，对着镜子里的人从头到脚打量了几分钟，然后后退几步，低下头，哭泣起来。

几天后，罗伯特在街上碰到了这个人，而他不再是一个流浪汉形象，他西装革履，步伐轻快有力，头抬得高高的，原来那种衰老、不安、紧张的姿态已经消失不见。

后来，那个人真的东山再起，成为芝加哥的富翁。

一支小分队在一次行军中，突然遭到敌人的袭击，混战中，有两位战士冲出了敌人的包围圈，结果却发现进入了沙漠中。走至半途，水喝完了，受伤的战士体力不支，需要休息。

于是，同伴把枪递给中暑者，再三吩咐：“枪里还有五颗子弹，我走后，每隔一小时你就对空中鸣放一枪。枪声会指引我前来与你会合。”说完，同伴满怀信心找水去了。躺在沙漠中的战士却满腹狐疑：同伴能找到水吗？能听到枪声吗？会不会丢下自己这个“包袱”独自离去？

日暮降临的时候，枪里只剩下一颗子弹，而同伴还没有回来。受伤的战士确信同伴早已离去，自己只能等待死亡。想象中，沙漠里秃鹰飞来，狠狠地啄瞎了他的眼睛、啄食他的身体……结果，他彻底崩溃了，把最后一颗子弹送进了自己的太阳穴。枪声响过不久，同伴提着满壶清水，领着一队骆驼商旅赶来，找到了一具尚有余温的尸体……

那位战士冲出了敌人的枪林弹雨，却死在了自己的枪口下，让人扼腕叹息之余不免警醒：我们奋斗在人生的旅程中，与天斗、与人斗，我们不轻易服输，相信只要自己努力就没有什么战胜不了的。然而很多时候，面对恶劣的环境，面对天灾人祸，面对尔虞我诈，是我们在心理上先否定了自己，是我们自己选择了放弃，选择了失败。

在生命旅途艰难跋涉的过程中我们一定要坚守一个信念：可以输给别人，但不能输给自己。因为打败你的不是外部环境，而是你自己。失意不失志，生活永远充满希望，很多事情都可能重新再来，我们实在没有理由在悲伤中任时光匆匆飞逝。

人生感悟

人生的战场上，可以输给别人，但决不能输给自己。

做自己的圣人

每一个人的一生都是自己的，走怎样的路都只能由自己决定，从没有什么圣人、高人可以帮你。幸福也是一样，每一个人对幸福都有不同的感觉，真正属于自己的幸福，只有自己能感觉得到。

1947 年，美孚石油公司董事长贝里奇到开普敦巡视工作。在卫生间里，他看到一位黑人小伙子正跪在地板上擦上面的水渍，并且每擦一下，都虔诚地叩一下头。贝里奇感到很奇怪，问他为何如此？黑人说他在感谢一位圣人。贝里奇问他为何要感谢那位圣人？黑人说，是他帮自己找到了这份工作，让他终于有了饭吃。

贝里奇笑了。说，我曾遇到一位圣人，他使我成了美孚石油公司的董事长，你愿意见他一下吗？黑人说，我是个孤儿，从小靠锡克教会养大，我很想报答养育过我的人，这位圣人若使我吃饱之后，还有余钱，我愿去拜访他。

贝里奇说，你一定知道，南非有一座很有名的山，叫大温特胡克山。据我所知，那上面住着一位圣人，能为人指点迷津，凡是能遇到他的人都会前程似锦。20 年前，我去南非登上过那座山，正巧遇到他，并得到他的指点。假如你愿意去拜访，我可以向你的经理说情，准你一个月的假。这位年轻的黑人谢过贝里奇后就上路了。在 30 天的时间里，他一路披荆斩棘，风餐露宿，历尽艰辛，终于登上了白雪覆盖的大温特胡克山，他在山顶徘徊了一天，除了自己，什么都没有遇到。

黑人小伙子很失望地回来了，他见到贝里奇后，说的第一句话是："董事长先生，一路上我处处留意，直至山顶，我发现，除了我之外，根本没有什么圣人。"贝里奇："你说得很对，除你之外，根本没有什么圣人。"

20年后，这位黑人小伙做了美孚公司开普敦分公司的总经理，他的名字叫贾姆讷。2000年，世界经济论坛大会在上海召开，他作为美孚石油公司的代表参加了大会，在一次记者招待会上，针对他的传奇一生，他说了这么一句话：你发现自己的那一天，那就是你遇到圣人的时候。

一个乞丐来到一个庭院，向女主人乞讨。这个乞丐很可怜，他的右手连同整条手臂断掉了，空空的袖子晃荡着，让人看了很难过，碰上谁，都会慷慨施舍的，可是女主人毫不客气地指着门前一堆砖对乞丐说："你帮我把这砖搬到屋后去吧。"

乞丐生气地说："我只有一只手，你还忍心叫我搬砖，不愿给就不给，何必捉弄人呢？"

女主人并不生气，俯身搬起砖来。她故意用一只手搬了一趟，说："你看，并不是非要两只手才能干活。我能干，你为什么不能干呢？"

乞丐怔住了，他用异样的眼光看着妇人，尖突的喉结像一枚橄榄上下滑动了两下，终于他俯下身子，用他那唯一的一只手搬起砖来，一次只能搬两块，他整整搬了四个小时，才把砖搬完，累得气喘如牛，脸上有很多灰尘，几绺乱发被汗水濡湿了，歪贴在额头上。

妇人递给乞丐一条雪白的毛巾，乞丐接过去，很仔细地把脸和脖子擦了一遍，白毛巾变成了黑毛巾。

妇人又递给乞丐20元钱，乞丐接过钱，感激地说了声："谢谢你。"

妇人说："你不用谢我，这是你自己凭力气挣的工钱啊！"

乞丐说："我不会忘记你的，这条毛巾留给我作个纪念吧。"说完深深地鞠了一躬，就上路了。

过了很多天，又有一个乞丐来这里乞讨，那妇人又让他把以前搬到屋后的砖搬到屋前去，可乞丐却以身体有残疾，不能劳动为由，拒绝了妇人的要求，不屑地走开了。

妇人的孩子不解地问母亲："上次你让那乞丐把砖从屋前搬到屋后，为何这次你又让这人搬到屋前呢？"

母亲对他说："砖放在屋前屋后都一样，可搬与不搬对他们却不一样。"

若干年后，一个很体面的人来到这个庭院，他西装革履，气度不凡，美中不足的是，这个人只有一只手。他俯下身，对坐在院中的已有些老态的女主人说："如果没有你，我还是个乞丐，可现在我成了公司的董事长。"

老妇人只是淡淡地对他说："这是你自己干出来的。"

依赖别人就像乞讨，这种习惯会消磨你的斗志，是阻止你步向成功的一个个绊脚石，要想成大事你必须把它们一个个踢开。

对于成大事者而言，拒绝依赖他人是对自己能力的一大考验。这就是说，依附于别人是肯定不行的，因为这是把命运交给了别人，而失去做大事的主动权。

有些人一遇到什么事，首先想到的是求人帮助；有些人不管是有事没事，总喜欢跟在别人身后，以为别人能解决他的一切疑难。这样的人在生活中，到处都是。这样的人，就是有依赖心理的人。

一个完全健康的人的特征之一就是充分的自主性和独立性。每一个人的一生都是自己的，走怎样的路都只能由自己决定，从没有什么圣人、高人可以帮你，你是你自己的圣人。

人生感悟

除自己之外，世上根本没有什么圣人。自己才是最可以依靠的圣人。

敢为天下先者胜

如果没有那些“敢为天下先”的人去进行这些创新，人们现在的好日子就会像房梁上挂烙饼——望得见，吃不着。“敢为天下先”是每一个成功者必不可少的精神，“敢为天下先”是积极进取的精神，是创新的精神；而“不敢为天下先”则是保守、被动的，实质是一种没出息的表现。

由此可见，要在竞争中成为优胜者，必须具备“敢为天下先”的精神。只有具备了这种精神，才有可能前进，才有可能发展，否则，只能永远做一个平庸者，跟在别人后头品尝苦果。

相信自己，敢为天下先，我们才能赢得事业发展的机遇。被称为美容界“魔女”的英国人安妮塔，曾位列世界十大富豪之一，她拥有数千家美容连锁店，不过，安妮塔为这个庞大的美容“帝国”制造商机时，从没有花过一分钱的广告费。这在整个商业社会不能不说是懂得创新，敢为天下先的奇迹。

安妮塔于 1971 年贷款 4000 英镑开了第一家美容小店。她在肯辛顿公园靠近市中心地带的市民区租了一间店铺，并把它漆成绿色。虽然美容小店的这种所谓“独创”的著名风格（众所周知，绿色属于暗色，用它做主色不醒目），其真实缘由完全出于无目的，但这种直觉的超前意识却是新鲜而又和谐的。因为天然色就是绿色。

美容小店艰难地起步了，在花花绿绿的现代社会里并不惹眼，而且尤为糟糕的是，在安妮塔的预算中，没有广告宣传费。正当安妮塔为此焦虑不安时，安妮塔收到一封律师来函。

这位律师受两家殡仪馆的委托控告她，要她要么不开业，要么就改变店外装饰，原因是像“美容小店”这种花哨的店外装饰，势必破坏附近殡仪馆的庄严肃穆的气氛，从而影响业主的生意。

安妮塔又好气又好笑。无奈中她灵机一动，打了一个匿名电话给布利顿的《观察晚报》，声称她知道一个吸引读者扩大销路的独家新闻。黑手党经营的殡仪馆正在恫吓一个手无缚鸡之力的可怜女人——罗蒂克·安妮塔，这个女人只不过想在她丈夫准备骑马旅行探险的时候，开一家经营天然化妆品的美容小店维持生计而已。

《观察晚报》果然上当。它在显著位置报道了这个新闻，不少富有同情心并仗义的读者都来美容小店安慰安妮塔，由于舆论的作用，那位律师也没有来找麻烦。小店尚未开业，就在布利顿出了名。开业初几天，美容小店顾客盈门，热闹非凡。然而不久，一切发生了戏剧性的变化，顾客渐少，生意日淡，最差时一周营业额才 130 英镑。事实上，小店一经营业，每周必须进账 300 英镑才能维持下去，为此安妮塔把进账 300 英镑作为奋斗的目标和成功与否的准绳。

经过深刻的反思，安妮塔终于发现，新奇感只能维持一时，不能维持一世。自己的小店最缺少的是宣传。在她看来，美容小店虽然别具风格，自成一体，但给顾客的刺激还远远不够，需要马上加以改进。

一个凉风习习的早晨，市民们迎着初升的太阳在肯平顿公园，发现一个奇怪的现象：一个披着曲卷散发的古怪女人沿着街道往树叶或草坪上喷洒草泽香水，清馨的香气随着袅袅的晨雾，飘散得很远很远。她就是安妮塔——美容小店的女老板。她要营造一条通往美容小店的馨香之路，让人们认识并爱上美容小店，闻香而来，成为美容小店的常客。

她的这些非常奇特意外的举动，又一次上了布利顿的《观察晚报》的版面。

无独有偶，当初美容小店进军美国时，临开张的前几周，纽约的广告商纷至沓来，热情洋溢要为美容小店做广告。他们相信，美容小店一定会接受他们的热情，因为在美国，离开了广告，商家几乎寸步难行。

安妮塔却态度鲜明：“先生，实在是抱歉，我们的预算费用中，没有广告费用这一项。”

美容小店离经叛道的做法，引起美国商界的纷纷议论，纽约商界的常识：外国零售商要想在商号林立的纽约立足，若无大量广告支持，说得好听是有勇无谋，说得难听无异于自杀。

敏感的纽约新闻界没有漏掉这一“奇闻”，他们在客观报道的同时，还加以评论。读者开始关注起这家来自英国的企业，觉得这家美容小店确实很怪。

这实际上已起到了广告宣传作用，安妮塔并没有去刻意策划，但却节省了上百万美元的广告费。

到了后来，美容小店的发展规模及影响足以引起新闻界的瞩目时，安妮塔就更没有做广告的想法。但是当新闻界采访安妮塔或者电视台邀请她去制作节目时，她总是表现活跃。

安妮塔就是依靠这一系列的标新立异的做法使最初的一间美容小店扩张成跨国连锁美容集团的，她的公司于1984年上市之后，很快就使她步入亿万富翁的行列。

安妮塔虽然没有向媒体支付过一分钱的广告费，但却以自己不断推出的标新立异的做法始终受到媒体的关注，使媒体不自觉地时常为其免费做“广告”，其手法令人拍案叫绝。

“敢为天下先”，做别人没做过的事情，确实要冒一定的风险，弄不好还要跌跟斗；然而，没有这种“敢”的勇气，天下永远是陈规陋习，何来革新、何来创造、何来发展？

在世界科技日新月异发展的今天，创新成为经济和社会发展的主导力量。创新的关键就是要勤于学习，善于思考，解放思想，敢于做前人没做过的事。自信的人，拿出新思维、新模式、新内容、新姿态为世界增添无数的新事物。

人生感悟

要在竞争中成为优胜者，必须具备“敢为天下先”的精神。

无须过多考虑别人对你的看法

许多时候，我们太在意别人的感觉，因而在一片迷茫之中迷失自己。

随意地活着，你不一定很平凡，但刻意地活着，你一定会很痛苦，其实人活着的目的只有一个，那就是不辜负自己。

别人的眼光和议论，你不必太在意，我们又何必太在意那些属于我们生命以外的一些东西呢？我们所应牢牢把握的只是生命本身，如果我们一直活在别人的目光下，那么属于我们自己的生命还有多少呢？

有位名人曾经说过：“生命短促，没有时间可以浪费，一切随心自由才是应该努力去追求的，别人如何议论和看待我，便是那么无足轻重了。”

真正能够沉淀下来的，总是有分量的；浮在水面上的，毕竟是轻小的东西。且让我们在属于我们自己的人生道路上昂首挺胸地一步步走过，只要认为自己做的对，做的问心无愧，不必在意别人的看法，不必去理会别人如何议论自己的是非，把信心留给自己，做生活的强者，永远向着自己追求的目标，执著地走自己的路，也就对了！

莫尼卡·狄更斯二十几岁时虽然已是有作品出版的作家，可是仍然举止笨拙，常感自卑。她有点胖，不过并不显肥，但那已足以使她觉得衣服穿在别人身上总是比较好看。她在赴宴会之前要打扮好几小时，可是一走进宴会厅就会感到自己一团糟，总觉得人人都在对她评头论足，在心里耻笑她。

有个晚上，莫尼卡忐忑不安地去赴一个不大认识的人的宴会，在门外碰见另一位年轻女士。

“你也是要进去的吗？”

“大概是吧，”她扮了个鬼脸，“我一直在附近徘徊，想鼓起勇气进去，可是我很害怕。我总是这样子的。”

为什么？莫尼卡在灯光照映的门阶上看看她，觉得她很好看，比自己好得多。“我也害怕得很。”莫尼卡坦言，她们都笑了，不再那么紧张。她们走向前面人声嘈杂、情况不可预知的地方。莫尼卡的保护心理油然而生。

“你没事吧？”她悄悄问道。这是她生平第一次心不在自己而在另一个人身上。这对她自己也有帮助，她们开始和别人谈话，莫尼卡开始觉得自己是这群人的一员，不再是个局外人。

穿上大衣回家时，莫尼卡和她的新朋友谈起各自的感受。

“觉得怎么样？”

“我觉得比先前好。”莫尼卡说。

“我也如此，因为我们并不孤独。”

莫尼卡想：这句话说得真对！我以前觉得孤立，认为世界其余的人都自信十足，可是如今遇到了一个和我同样自卑的人，迄今为止，我因为让不安全感吞噬了，根本不会去想别的，现在我得到了另一启示：会不会有很多人看来意兴高昂，谈笑风生，但实际上心中也忐忑不安？

莫尼卡撰稿的那家本地报馆，有位编辑总有些粗鲁无礼，问他问题，他只只字答复，莫尼卡觉得他的目光永不和自己的接触。她总觉得他不喜欢自己，现在，莫尼卡怀疑会不会是他怕自己不喜欢他？

第二天去报馆时，莫尼卡深吸一口气，对那位编辑说：“你好，安德森先生，见到你真高兴！”

莫尼卡微笑抬头。以前，她习惯一面把稿子丢在他桌上，一面低声说道：“我想你不会喜欢它。”这一次莫尼卡改口道：“我真希望你喜欢这篇稿，大家都写得不好的时候，你的工作一定非常吃力。”

“的确吃力。”那位编辑叹了口气。莫尼卡没有像往常那样匆匆离去，她坐了下来。他们互相打量，莫尼卡发现他不是个咄咄逼人的特稿编辑，而是个头发半秃、其貌不扬、头大肩窄的男人，办公桌上摆着他妻儿的照片。莫尼卡问起他们，那位编辑露出了微笑，严峻而带点悲伤的嘴变得柔和起来。莫尼卡感到他们两人都觉得自在了。

后来，莫尼卡的写作生涯因战争而中断。她去接受护士训练，再次因感觉到医院里的人个个称职，唯自己不然；她觉得自己手脚笨拙，学得慢，穿上制服看来仍全无是处，引来许多病人抱怨。“她怎么会到这儿来的？”莫尼卡猜他们一定会这样想。

工作繁忙加上疲劳，使莫尼卡不再胡思乱想，也不再继续发胖。她开始感觉到与大家打成一片的喜悦，她是团队的一分子，大家需要她。她看到别人忍受痛苦，遭遇不幸，觉得他们的生命比自己的还重要。

“你做得不坏。”护士长有一天对莫尼卡说。莫尼卡暗喜：她原来在称赞我！他们认为我一切没问题。莫尼卡忽然惊觉几星期来根本没有时间为自己是否称职而发愁担忧。

不要过分关心别人的想法。你过分关心“别人的想法”时，你太小心翼翼地想取悦别人时，你对别人其实是假想的不欢迎过分敏感时，你就会有过度的否定反馈、压抑以及不良的表现。最重要的是，你对别人的看法不必太在意。

把眼光盯住别人不放，以别人的方向为方向，总难超越别人。要想有成就，你得自己开路，而你所开的路是你自己的理想、见解与方式，所以是你所独有的。老子认为：“唯其不争，故天下莫能与之争。”

美国有一位极令人敬佩的年轻女士，她的芳名是罗莎·帕克斯，于1955年的某一天，她在阿拉巴马州蒙哥马利市搭乘公车，理直气壮地不按该州法律规定让位给一位白人。她这个不服从的举动造成轩然大波，招来白人强烈的抨击，然而却也成为其他黑人效法的榜样，结果掀起了随后的民权运动，使美国人民的良知普遍觉醒，为平等、机会和正义重新界定出不分种族、信仰和性别的法律。罗莎·帕克斯当时拒绝让位，可曾想过自己会遭遇什么样的后果？她是否有什么能够改变现有社会结构的高明计划？我们不知道，然而我们相信，她对这个社会抱有更高期许的决定，促使她采取这种大胆的行动。谁能想到这个弱女子的决定，却给后人带来如此深远的影响？

追随你的热情，追随你的心灵，唱出自己的声音，世界因你而精彩。

人生感悟

我们应该成为主宰自己生命的人，走自己的路，让别人说去吧。千万不要被他人的论断而束缚了自己前进的步伐。

真正的自信是一种睿智

有一个墨西哥女人和丈夫、孩子一起移民美国，当他们抵达德州边界艾尔巴索城的时候，她丈夫不告而别，离她而去。留下她束手无策地面对两个嗷嗷待哺的孩子。22岁的她带着不懂事的孩子，饥寒交迫。虽然口袋里只剩下几块钱，她还是毅然地买下车票前往加州。在那里，她给一家墨西哥餐馆打工，从大半夜做到早晨6点钟，收入只有区区几块钱。然而她省吃俭用，努力储蓄，希望能做属于自己的工作。

后来她要自己开一家墨西哥小吃店，专卖墨西哥肉饼。有一天，她拿着辛苦攒下来的一笔钱，跑到银行向经理申请贷款，她说："我想买下一间房子，经营墨西哥小吃。如果你肯借给我几千块钱，那么我的愿望就能够实现。"一个陌生的外国女人，没有财产抵押，没有担保人。她自己也不知能否成功。但幸运的是，银行家佩服她的胆识，决定冒险资助……15年以后，这家小吃店扩展成为全美最大的墨西哥食品批发店。她就是拉梦娜·巴努宜洛斯，曾经担任过美国财政部长。

这是一个平凡女人的自信带来的成功。自信使她白手起家寻求生路；自信给了她战胜厄运的勇气和胆量；自信也给她带来了聪明和智慧。任何人都会成功，只要你肯定自己、相信自己一定会成功，那么你将如愿以偿。

自信与胆量密切相关，自信可以产生勇气，同样，勇气也可以产生自信，而缺乏胆量或过分的自我批判就会削弱自信。

自信是成功人生的最初的驱动力，是人生的一种积极的态度和向上的激情。

同是享用一盘水果，有的人喜欢从最小最坏的吃起，把希望放在下一颗，感觉吃过的每一颗都是盘里最坏的，这盘水果就彻头彻尾成了一盘坏水果了。相反，有的人喜欢从最好最大的吃起，那么吃下去的每一颗都是盘里的最好的，美好的感觉可以维持到最后。

这是一种奇妙的非逻辑性的感觉，充满心理错觉和心理暗示。

自信与自卑，也是如此。主动与被动仅一字之差，但生命情调却如同吃这盘水果，神情感觉悬隔万里。

同是阴雨天气。自信的人在灵魂上打开一扇天窗，让阳光洒在心里，由内而外透射出来，神采奕奕精力充沛，温暖让你感觉得到。自卑的人却在灵魂上打了一排小孔，让阴雨渗进去，潮湿的霉气散发出来，她站在阴暗的边缘，一不小心都看不出来。

同是看一个人，一个比自己优秀的人。自信的人懂得欣赏，并在欣赏的过程中充实自己，相信"我可以更好"；自卑的人萌生嫉妒，并在嫉妒的过程中不断丑化对方，让自己相信"原来我看错了"。

相隔并不遥远，就像在有雾的天气里近处的一盏路灯。灯光暗淡，光影模糊，感觉很有一段距离。然而等太阳出来，云雾散去，才发现原来那盏灯就在眼前。

这个时代充斥着物欲的身影和浮躁的气息，自信在不经意间就成了一种奢侈。时下所谓的自信，多流于无知的轻率或任性的固执，或目空一切，或刚愎自用，或一意孤行。人们把目光短浅的狂妄叫做自信，却不在意其盲目。人们把阻言塞听的自负叫做自信，却不在意其狭隘。人们把掩耳盗铃的鲁莽叫做自信，却不在意其愚昧。自信仿佛成了点缀个性的奢侈之品，体现性格的装饰之物。所以，真正的自信是一种睿智，那是胸有成竹的镇静，是虚怀若谷的坦荡，是游刃有余的从容，是处乱不惊的凛然。

自信不是初生牛犊不怕虎的意气，也不是搬弄教条经验的冥顽。自信不是孤芳自赏，不是夜郎自大，也不是毫无根据的自以为是和盲目乐观。自信的魅力在于它永远闪耀着睿智之光。它是深沉而不浅表的，是一种有着智慧、勇气、毅力支撑的强大的人格力量。

真正自信者，必有深谋远虑的周详，有当机立断的魄力，有坚定不移的矢志，有雍容大度的豁达。它蕴涵在果决刚毅的眉宇之间，是夸父追日，生生不息。它潜藏在宽阔博大的襟怀之中，是高瞻远瞩，胸怀全局。它浮现在力挽狂澜的气势之上，是审时度势，取舍自如。

乐观的态度、自信的人生，是充实而又富有的，是另一种别样的财富，这种财富只有拥有了乐观自信的人才会拥有它。

人生感悟

自信的魅力在于它永远闪耀着睿智之光。它是深沉而不浅表的，是一种有着智慧、勇气、毅力支撑的强大的人格力量。

成功从自信开始

为什么不多给自己一些信心呢？还是那句老话：成功从自信开始，自信是成功的基石。

一位原籍北京的中国留学生刚到加拿大的时候，为了寻找一份能够糊口的工作，他骑着一辆旧自行车沿着环加公路走了数日，替人放羊、割草、收庄稼、洗碗……只要给一口饭吃，他就会暂且停下疲惫的脚步。一天，在唐人街一家餐馆打工的他，看见报纸上刊出了加拿大电讯公司的招聘启事。留学生担心自己英语不地道，专业不对口，他就选择了线路监控员的职位去应聘。过五关斩六将，眼看他就要得到那年薪 3.5 万的职位了，不想招聘主管却出人意料地问他："你有车吗？你会开车吗？我们这份工作时常外出，没有车寸步难行。"

加拿大公民普遍拥有私家车，无车者寥若辰星，可这位留学生初来乍到还属无车族。为了争取这个极具诱惑力的工作，他不假思索地回答："有！会！"

"4 天后，开着你的车来上班。"主管说。

4 天之内要买车、学车谈何容易，但为了生存，留学生豁出去了。他在华人朋友那里借了 500 加元，从旧车市场买了一辆外表丑陋的"甲壳虫"。第一天他跟华人朋友学简单的驾驶技术；第二天在朋友屋后的那块大草坪上模拟练习；第三天歪歪斜斜地开着车上了公路；第四天他居然驾车去公司报了到。时至今日，他已是"加拿大电讯"的业务主管了。

吴士宏是我们耳熟能详的名人。在吴士宏走向成功的过程中，她初次去 IBM 面试那段最值得称道了。当时的她还只是个小护士，抱着个半导体学了一年半许国璋英语，就壮起胆子到 IBM 去应聘。

那是 1985 年，站在长城饭店的玻璃转门外，吴士宏足足用了五分钟的时间来观察别人怎么从容地步入这扇神奇的大门。两轮的笔试和一次口试，吴士宏都顺利通过了。面试进行得也很顺利。最后，主考官问她："你会不会打字？"

"会！"吴士宏条件反射般地说。

"那么你一分钟能打多少？"

"您的要求是多少？"

主考官说了一个数字，吴士宏马上承诺说可以。她环顾了四周，发现现场并没有打字机，果然考官说下次再考打字。

实际上，吴士宏从来没有摸过打字机。面试结束，她飞也似的跑了出去，找亲友借了 170 元买了一台打字机，没日没夜地敲打了一个星期，双手疲乏得连吃饭都拿不住筷子了，但她竟奇迹般地达到了考官说的那个专业水准。过好几个月她才还清了那笔债务，但公司也一直没有考她的打字功夫。

吴士宏的成功经历告诉我们：自信是走向成功的第一步，当你用满腔的自信去迎接考验时，就相当于打响了走向成功的第一炮！

有些人平时会和身边的朋友亲人可以自由地侃侃而谈，而往往遇到陌生的却很关键场面就会变得很怯场，等于人为地为自己的成功之路设置了障碍。

美国一位职业指导专家认为，"21 世纪人们首先应当学会的是充满自信地推荐自己的技能"。可见，在现代社会，面试过程中如何自信自如地把自己推荐给主考官是决定一生的大事。所以，每一个人都应当高度重视，记住：成功从自信开始，要想赢得一生的辉煌，就首先要满怀热诚地相信自己。

人生感悟

自信是人生大厦里最牢固的基石，没有它，再宏伟的大厦也会在顷刻间化为灰烬。

第四章 行动第一——以最有力的行动拿起

再好的创意，不付诸于行动也只能落得“胎死腹中”的下场。所以，行动最有说服力，不管是对是错，都要果敢地采取行动。

不要让创意“胎死腹中”

敢于行动的人改变了这个世界，敢于行动的人才会在21世纪获得成功。再好的创意若没有付诸行动，就看不到成果，便毫无价值可言。虽然行动不一定能带来令人满意的结果，但不采取行动就绝无满意的结果可言。因此，如果你有创意想取得成功，就必须先从行动开始，而且不要惧怕冒险，甚至要有一种赌性。

我国著名企业家史玉柱的成功就在于是敢于把创意大胆的付诸行动。当年在深圳开发M-6401桌面排版印刷系统，史玉柱的身上只剩下了4000元钱，他却向《计算机世界》定下了一个8400元的广告版面，唯一要求就是先刊广告后付钱。他的期限只有15天，前12天他都分文未进，第13天他收到了3笔汇款，总共是15820元，两个月以后，他赚到了10万元。史玉柱将10万元又全部投入做广告，4个月后，史玉柱成为了百万富翁。这段故事至今为人们津津乐道。

婷美集团的创建人周枫，一个卖女人内衣成功的男人，当年带人做婷美，一个500万元的项目，做了2年多，花了440万元还是没有做成。合作伙伴都失去了信心，要周枫把这个项目卖了。周枫就自己把项目买了下来。从此，周枫带着23名员工，把自己的房子抵押上了，还跟几个朋友借了300万元。他把其中5万元存在账上，另外的钱，他算过，一共可以在北京打2个月的广告。从当年的11月到12月底，他告诉员工，这回做成了咱们就成了，不成，你们把那5万块钱分了，算是你们的遣散费，我不欠你们的工资。咱们就这样了！这些话把他的员工感动得要哭，当时人人奋勇争先，个个无比卖力，结果婷美就成功了。周枫成了亿万富翁，他的许多员工成了千万富翁、百万富翁。

在以上两个故事中，如果两个人只有创意，而没有大胆地付诸行动的话，那一切可想而知。

记住：切实执行你的创意，以便发挥它的价值，不管创意有多好，除非真正身体力行，否则，永远没有收获。

天下最可悲的一句话就是：我当时真应该那么做，但我却没有那么做。经常会听到有人说：“如果我当年就开始做那笔生意，早就发财了！”一个好创意胎死腹中，真的会叫人叹息不已，永远不能忘怀。如果真的彻底施行，当然就有可能带来无限的满足。

只有行动会产生结果，比尔·盖茨认为成功就要知道成功的人都采取什么样的行动。有很多人这么说：“成功开始于想法。”但是，只有这样的想法，却没有付出行动，还是不可能成功的。

你必须研究成功者每一天都在做些什么，他们到底做了哪些跟你不一样的事，假如你可以像他们一样勤于行动，那么，你一定会成功。

相形之下，很多人饱食终日，不做运动，不学习，不成长，每天在抱怨一些负面的事情，他们哪来的行动力？

要当一个成功者，必须要积极地努力，积极地奋斗。成功者从来就是行动者，并且，他们不会等到“有朝一日”再去行动，而是今天就动手去干。他们忙忙碌碌尽己所能干了一天之后，第二天又接着去干，不断地努力、失败，再努力、再失败，直至成功。

成功者一遇到问题就马上动手去解决。他们不花费时间去发愁，因为发愁不能解决任何问题，只会不断地增加忧虑、浪费时间。当成功者开始集中力量行动时，立刻就兴致勃勃、干劲十足地去寻找解决问题的办法。

失败者总是考虑他的那些“假若、如何”，所以他们在“如何”和“假若”中度过了他们的一生，最终当然是一事无成。

总是谈论自己可能已经办成什么事情的人，不是进取者，也不是成功者，而只是空谈家。实干家是这么说的：“假如说我的成功是在一夜之间来临的，那么，这一夜乃是无比漫长的历程。”

不要期待时来运转，也不要由于等不到机会而恼火和觉得委屈，要从小事做起，要用行动去争取胜利。再好的创意，不讨诸行动也只能落得“胎死腹中”的下场。

人生感悟

有了创意即刻行动，别给人生留下难言的遗憾。

不管是对还是错，一定要速作决定

有位知名哲学家，天生一股特殊的文人气质。某天，一个女子来敲他的门，她说：“让我做你的妻子吧！错过我，你将再也找不到比我更爱你的女人了！”哲学家虽然也很中意她，但仍回答说：“让我考虑考虑！”

事后，哲学家用一贯研究学问的精神，将结婚和不结婚的好坏所在分别列下来，发现好坏均等，真不知该如何抉择？于是，他陷入长期的苦恼之中，无论他找出什么新的理由，都只是徒增选择的困难。最后，他得出一个结论——我该答应那女人的请求。

哲学家来到女人的家中，问女人的父亲：“你的女儿呢？请你告诉她，我考虑清楚了，我决定娶她为妻！”女人的父亲冷漠地回答：“你来晚了10年，我女儿现在已是3个孩子的妈了！”

哲学家听了，整个人几乎崩溃，他万万没想到，向来引以为傲的哲学头脑，换来的竟是一场悔恨。尔后，哲学家抑郁成疾，临死前，只留下一段对人生的批注——如果将人生一分为二，前半段的人生哲学是“不犹豫”，后半段的人生哲学是“不后悔”。

另外还有一个广为流传的故事。

有两军交战，先头部队的指挥官，同时接到上方指示，争取一个荒废已久，却具有战略价值的碉堡。军机刻不容缓，两军指挥官立即命令开拔，以超越疾行军的速度，赶赴目的地。他们与碉堡的距离相同，他们的部队也都同样地疲惫，沉重的背包、沉重的武器、沉重的心情与沉重的眼皮都告诉他们：不可能以指挥官所命令的速度前进。

甲军的指挥官犹豫不决，不知如何是好，就一边按原速度行军，一边说要报告上级再做决定！

乙军的指挥官下令：冲到底！一分钟也不准休息！为了减轻负担，除了水壶及武器，其余的东西一律扔掉，甚至连干粮也不许带，如果有敢带头停下脚步的，一律视为前线抗命，就地枪决！

乙军提前到达了城堡，两军交战，甲军包括指挥官在内，全战死在碉堡的附近。汩汩的鲜血染遍他们沾满泥沙与汗水的衣服，死不瞑目地望着前方，似乎不服地问：“为什么？”

答案很简单：乙军迅速作出了决定，早到了10分钟，先架好了机枪等着。甲军到达时，一切都晚了！

看到此，难道你还敢拖延吗？有人说不要说："不必紧张，别人不可能更下工夫！"在人生的战场上，不要觉得自己已经用上了所有的力量，更不要怨环境对你的要求过苛。而应想想，是不是自己的对手更拼命，别人的环境要求得更苛刻。否则，你在拼命之后，还是可能落得惨败，而且一败涂地！

仔细观察在这个世界中取得成功的人们，看上去他们的共同点就是：能够作出决定并坚持决定。他们并不总是能又快又轻巧地作出决定，他们的决定也不一定总是正确的，但是，通过作出决定，他们选择了一条行动的路线。成功不可能也不会凭空而至，总要依凭某种行动。只有通过作出决定，我们才能掌握我们的生活和通往成功的方向。

一个是坏决定，一个是好决定。不过，要想成功，作出行动的决定是必须的。那些害怕作决定的人们，不管是害怕天会塌下来砸到他们身上，还是担心会丢掉工作，或者任何其他能找到的放弃对自己的生活的控制权的理由，你们都得记住，你们在消极地选择不作决定时，你们已经作出了选择。与其决定被动地让生活控制你，不如作出行动的决定，对生活产生影响。因此，不管是对还是错，一定要速作决定。

人生感悟

不要在犹豫不决中浪费时光了，速作决定然后去行动才是最紧要的事。

做行动家，不做空想家

世界上有两种人：空想家和行动者。空想家们善于谈论、想象、渴望、甚至于设想去做大事情；而行动者则是去做！空想家，似乎不管怎样努力，都无法让自己去完成那些你知道自己应该完成或是可以完成的事情。

著名作家海明威小的时候很爱空想，于是父亲给他讲了这样一个故事：

有一个人向一位思想家请教："你成为一位伟大的思想家，成功的关键是什么？"思想家告诉他："多思多想！"

这人听了思想家的话，仿佛很有收获。回家后躺在床上，望着天花板，一动不动地开始"多思多想"。

一个月后，这人的妻子跑来找思想家："求您去看看我丈夫吧，他从您这儿回去后，就像中了魔一样。"思想家跟着到那人家中一看，只见那人已变得形销骨立。他挣扎着爬起来问思想家："我每天除了吃饭，一直在思考，你看我离伟大的思想家还有多远？"

思想家问："你整天只想不做，那你思考了些什么呢？"

那人道："想的东西太多，头脑都快装不下了。"

"我看你除了脑袋上长满了头发，收获的全是垃圾。"

"垃圾？"

"只想不做的人只能生产思想垃圾。"思想家答道。

我们这个世界缺少实干家，而从来不缺少空想家。那些爱空想的人，总是有满腹经纶，他们是思想的巨人，却是行动的矮子；这样的人，只会为我们的世界平添混乱，自己一无所获，而不会创造任何的价值。

在父亲的教导下，海明威后来终其一生也总是喜欢实干而不是空谈，并且在其不朽的作品中，塑造了无数推崇实干而不尚空谈的"硬汉"形象。作为一个成功的作家，海明威有着自己的行动哲学。"没有行动，我有时感觉十分痛苦，简直痛不欲生。"海明威说。正因为如此，读他的作品，人们发现其中的主人公们从来不说"我痛苦"、"我失望"之类的话，而只是说"喝酒去"、"钓鱼吧"。

海明威之所以能写出流传后世的名著，就在于他一生行万里路，足迹踏遍了亚、非、欧、美各洲。他的文章的大部分背景都是他曾经去过的地方。在他实实在在的行动下，他取得了巨大的成功。

思想是好东西，但要紧的是付诸行动。任何事情本来就是要在行动中实现的。

播下一个行动，你将收获一个习惯；播下一个习惯，你将收获一种性格；播下一种性格，你将收获一种命运。

不要再做梦了，而是拿出你的具体行动来，在你的满屋都贴上一张张的纸，上面写着："马上行动"、"马上行动"、"马上行动"。从空想家转变为行动者的第一步至关重要："每天都尝试去做一点儿你原本不喜欢的事。"乍一看，这一建议似乎不合逻辑，不仅有点儿冒傻气，还带着点儿自虐的意味。然而，我第一次看这句话的时候，便感受到了它所蕴含的智慧。

行动者比空想家做得成功，是因为，行动者一贯采取持久的、有目的的行动，而空想家很少去着手行动，或是刚开始行动便很快懈怠了。行动者具备有目的地改变生活的能力。他们能够完成非凡的事业，不论是开创一间自己的公司，写作一本书，竞选政府官员，还是参加马拉松比赛，以及其他事业。而与此形成鲜明对比的便是，空想家只会站到一边，仅仅是梦想过这些而已。

是什么阻碍了空想家成就事业？难道只是因为对"开始"的畏惧？或是对失败的担忧？或者，是因为空想家不够聪明，缺乏智慧，能力欠缺，还是运气不佳？而究竟又是什么使得行动者能够去做，从而成就了令人满意的事业，而空想家却注定了一个又一个地失败？答案很简单。给予行动者动力的，同时也是阻碍空想家进步的，那都是同样一件事物：行动的习惯！

如果一个人想成功、想赚钱、想人际关系好，可是从不行动；想健康、有活力、锻炼身体，可是从不运动；知道要设目标、定计划，但从来不去做，就算设了目标、定了计划，也不曾执行过；要早起、要努力，可是就是没有行动力——就这样，一天一天抱着成功的幻想，染上失败者的恶习，虚度年华，到最后便只能以失败收场。

每一个成功者都是行动家，不是空想家；每一个赚钱的人都是实践派，而不是理论派。我开始决定，我要养成马上行动的好习惯。

行动是一种习惯，是一种做事的态度，也是每一个成功者共有的特质。

宇宙有惯性定律。什么事情你一旦拖延，你就总是会拖延，但你一旦开始行动，通常就会一直做到底，所以，我认为，凡事行动就是成功的一半，第一步是最重要的一步，行动应该从第一秒开始，而不是第二秒。

只要从早上睁开眼睛那一刻开始，你就马上行动起来，一直行动下去，对每一件事都要告诉自己立刻去做，你会发现，你整天都充满着行动力的感觉，这样持续下去，你可能就养成了马上行动的好习惯了。

所以，现在看到这里，请你不要再想了，再想也没有用，去做它吧！！任何事情想到就去做！放下书本，现在就做！去行动！

做行动家，不做空想家，为了养成你马上行动的好习惯，请你大声地告诉自己："凡事我要马上行动，马上行动！"连续讲10次，立即行动！只有不断地行动，才能帮你成功。

人生感悟

没有行动的梦想只能是空想，是白日做梦。

有计划的行动事半功倍

有本杂志上刊登过这么一个故事：

有一个商人，在小镇上做了十几年的生意，到后来，他竟然失败了。当一位债主跑来向他要债的时候，这位可怜的商人正在思考他失败的原因。

商人问债主："我为什么会失败呢？难道是我对顾客不热情、不客气吗？"

债主说："也许事情并没有你想象得那么可怕，你不是还有许多资产吗？你完全可以再从头做起！"

"什么？再从头做起？"商人有些生气。

"是的，你应该把你目前经营的情况列在一张资产负债表上，好好清算一下，然后再从头做起。"债主好意劝道。

"你的意思是要我把所有的资产和负债项目详细核算一下，列出一张表格吗？是要把门面、地板、桌椅、橱柜、窗户都重新洗刷、油漆一下，重新开张吗？"商人有些纳闷。

"是的，你现在最需要的就是按你的计划去办事。"债主坚定地说道。

"事实上，这些事情我早在15年前就想做了，但是一直没有去做。也许你说的是对的。"商人喃喃自语道。后来，他确实按债主的主意去做了，在晚年的时候，他的生意成功了！

做事没有计划、没有条理的人，无论从事哪一行都不可能取得成绩。

比如，一群记者抢新闻，为什么其中一位能提前发表，而且早了许多？一群导演抢拍动物电影，为什么有人能提前推出，而且又快又好？一架飞机撞山失事了！成群的记者冲向深山，大家都希望能抢先报道失事现场的新闻，其中有一位广播电台的记者拔得头筹，在电视报纸都没有任何资料的情况下，他却做了连续十几分钟的独家现场报道。

比如，电影界突然一窝蜂地拍摄有动物参加演出的影片。虽然大家几乎是同时开拍，但是其中有一家，不但推出得早了许多，而且动物的表演也远较别人精彩。你知道为什么那位记者能抢个头条吗？因为他未到现场之前，先请司机占据了附近唯一的电话，挂到公司，假装有事通话的样子，所以当他做好现场报道的录音，跑到电话旁边，虽然已经有好几位记者等着，他却只是将录音机交给司机，就立刻通过电话对全国听众做了报道。你知道那位导演为什么成功吗？因为在同一时间，他找了许多只外型一样的动物演员，并各训练一两种表演。于是当别人唯一的动物演员费尽力气，也只能演几个动作时，他的动物演员却仿佛通灵的天才一般，变出许多高难度的把戏。而且因为他采取好几组同时拍的方式，剪接起来立刻就可以将电影推出。观众只见其中的小动物，爬高下梯、开门关窗、卸花送报、装死促狭，却不知道全是不同的小动物演的。

上帝给每个人同样的时间，只有那事半功倍的人才能有过人的成就；也只有知道计划的人，才能事半而功倍。

人生感悟

做事有计划对于一个人来说，不仅是一种做事的习惯，更重要的是反映了他的做事态度，是能否取得成就的重要因素。

与其抱怨，不如行动

有一只乌鸦和一只喜鹊，在飞行中小憩，都停到了同一棵梧桐树上。经过一番寒暄之后，就发生了如下一段十分有意思的对话。

喜鹊问："乌鸦大哥，你那么辛苦地飞行，你到底要飞到哪里去呀？"

乌鸦愤愤不平地说："喜鹊老弟，不瞒你说，我心里真是有点不畅快。其实我真不愿意离开香山东村那个好地方，可是这个村的村民都嫌我吵得慌，因此他们大家都不喜欢我，我也没有什么别的办法，只能想法子飞到别的地方去。"

喜鹊说："你既然已经飞到别的地方去了，问题都解决了，那不是什么烦恼都没有了么？"

乌鸦说："照例说，应该是这样。但事实并非像我们想象的那样。我换了个地方，到香山西头的西村树林里去栖息。可是，那里的村民同样的嫌我的声音不好听，说我吵闹了他们。所以，我只能再飞到别的地方去。大家可以想一想，我是多么的烦心呀。"

听了乌鸦的一番抱怨，喜鹊好心地告诉乌鸦："乌鸦大哥，你别白费力气了。如果你不改变你的声音，恐怕你飞到哪里都不会受到人们的欢迎。”

抱怨是在为自己的失败找借口。也许贫困的生活像枷锁一样困扰着你，没有亲朋好友，无依无靠地生活在异乡他国。你急切地希望减轻自己身上沉重的负担。然而，仿佛陷入黑暗的深渊之中，负担是如此沉重。于是，你不停地抱怨，感叹命运对自己的不公，抱怨自己的父母、自己的老板，抱怨上苍为何如此不公，让你遭受贫困，却赐予他人富足和安逸。

停止你的抱怨吧，让烦躁的心情平静下来。你所埋怨的并不是导致你处于困境的原因，根本原因就在你自身。你抱怨的行为本身，正说明你倒霉的处境是咎由自取。

喜欢抱怨的人在世上没有立足之地，烦恼忧愁更是心灵的杀手。缺少良好的心态，如同收紧了身上锁链，将自己紧紧束缚在黑暗之中。

没有人会因为坏脾气和消极负面的心态而获得奖励和提升。仔细观察任何一个管理健全的机构，你会发现，最成功的人往往是那些积极进取、乐于助人、能适时给他人鼓励和赞美的人。身居高位之人，往往会鼓励他人像自己一样快乐和热情。但是，依然有些人无法体会这种用意，将诉苦和抱怨视为理所当然。

一句古老的格言是这样的：“如果说不出别人的好话，不如什么都别说。”这句格言在现代社会更显珍贵——几乎所有机构，无论大小，吹毛求疵、流言飞语和抱怨永不止息。

“好话不出门，坏话传千里”，在我们面前说人是非的人，也一定会在他人面前非议我们。一来一往容易滋生是非，影响公司的凝聚力。与其抱怨对公司和老板的不满，不如努力地欣赏彼此之间的可取之处，这样一来，你会发现自己的处境大有改善。

如果你不知道自己要什么，就别抱怨老板不给你机会。那些喜欢大声抱怨自己缺乏机会的人，往往是在为自己失败找借口。成功者不善于也不需要编制借口，因为他们能为自己的行为和目标负责，也能享受自己努力的成果。

人往往是在克服困难过程中产生勇气、培养坚毅和高尚的品格的。常常抱怨的人，终其一生都不会有真正的成就。

或许你正住在一间简陋的破屋里，心中梦想着宽大而明亮的殿堂，那么，你首先应该做的是努力将这间小屋变成一个干净整洁的天堂，将你的精神充满这间小屋。

不妨想一想，你喜欢哪一种工作伙伴呢？是那些总在抱怨的人？还是那些乐于助人、有活力、值得信赖的人呢？

抱怨是无济于事的，只有通过行动才能改善你现在的处境。天上不会掉馅饼，与其抱怨，不如行动起来，命运掌握在自己手中。

人生感悟

点亮一支蜡烛总比咒骂黑暗有用。

凡事不能拖到明天

成功的人士都会谨记工作期限，并清晰地明白，在所有人的心目中，最理想的任务完成日期是——昨天。

这一看似荒谬的要求，是保持恒久竞争力不可或缺的因素，也是唯一不会过时的东西。一个总能在“昨天”完成工作的人，永远是成功的。其所具有的不可估量的价值，将会征服一切。

在新世纪的今天，商业环境的节奏，正在以令人炫目的速率快速运转着。大至企业，小至员工，要想立于不败之地，都必须奉行“把工作完成在昨天”的工作理念。

成功存在于“把工作完成在昨天”的速率之中，有则寓言故事说：

某段时间，因为下地狱的人锐减了，阎罗王便紧急召集群鬼，商讨如何诱人下地狱。

群鬼各抒己见。

牛头提议说：“我告诉人类：‘丢弃良心吧！根本就没有天堂！’”阎王考虑一会儿，摇摇头。

马面提议说："我告诉人类：'为所欲为吧！根本就没有地狱！'"阎王想了想，还是摇摇头。

过了一会儿，旁边一个小鬼说："我去对人类说：'还有明天'！"阎王终于点了头。

你可以丢弃良心，因为世上没有地狱，你可以为所欲为。但这都不足以把一个人引向死亡。也许没有几个人会想到可以把一个人引向死亡的竟然是"还有明天"。

一个连今天都放弃的人，哪有能力和资格去说"还有明天"呢？所以古人说，今日事今日毕。人要学会的不是去设想还有明天，而是要将今天抓在手掌里，将现在作为行动的起点。这样做的时候，你就真正有了明天。可惜许多人到老了才明白这一点。

我们要学会的不是去设想无数的明天，而是要将今天抓在手掌里，将现在作为行动的起点。这样做的时候，你就真正有了明天。

今天该做的事拖到明天完成，现在该打的电话等到一两个小时后才打，这个月该完成的报表拖到下一月，这个季度该达到的进度要等到下一个季度……不知道喜欢拖延的人哪儿来的这么多的借口：工作太无聊、太辛苦，工作环境不好，老板脑筋有问题，完成期限太紧，等等。这样的员工肯定是不努力的员工；至少，是没有良好工作态度的员工。他们找出种种借口来蒙混公司，来欺骗管理者，他们是不负责任的人。

凡事都留待明天处理的态度就是拖延，这是一种很坏的工作习惯。每当要付出劳动时，或要作出抉择时，总会为自己找出一些借口来安慰自己，总想让自己轻松些、舒服些。奇怪的是，这些经常喊累的拖延者，却可以在健身房、酒吧或购物中心流连数个小时而毫无倦意。但是，看看他们上班的模样！你是否常听他们说："天啊，真希望明天不用上班。"带着这样的念头从健身房、酒吧、购物中心回来，只会感觉工作压力越来越大。

不要为拖延找借口。习惯性的拖延者通常也是制造借口与托辞的专家。他们每当要付出劳动，或要作出抉择时，总会找出一些借口来安慰自己，总想让自己轻松些、舒服些。对那些做事拖延的人，别人是不可能抱以太高的期望的。

不要为拖延找借口，是法国圣西尔军校奉行的最重要的行为准则，是军校传授给每一位新生的第一个理念。它强化的是每一位学员想尽办法去迅速完成任何一项任务，而不是为拖延完成任务去寻找借口，哪怕看似合理的借口。其核心是敬业、责任、服从、诚实。这一理念是提升企业凝聚力，建设企业文化的最重要的准则。秉承这一理念，众多著名企业建立了自己杰出的团队。

拖延是行动的死敌，也是成功的死敌。拖延使我们所有的美好理想变成真正的幻想，拖延令我们丢失今天而永远生活在"明天"的等待之中，拖延的恶性循环使我们养成懒惰的习性、犹豫矛盾的心态，这样就成为一个永远只知抱怨叹息的落伍者、失败者、潦倒者。

成功学创始人拿破仑·希尔说："生活如同一盘棋，你的对手是时间，假如你行动前犹豫不决，或拖延行动，你将因时间过长而痛失这盘棋，你的对手是不容许你犹豫不决的！"

比尔·盖茨说："我发现，如果我要完成一件事情，我得立刻动手去做，空谈无济于事！"这句话放之四海而皆准。

人生感悟

世界上最宝贵的是"今天"，我们一定要牢牢地把握住今天去行动，不要再拖延。

切莫等到万事俱备

一天，8岁的小勇外出玩耍，发现了一只嗷嗷待哺的小麻雀。他决定带回家喂养。走到家门口，忽然想起未经妈妈允许。他便把小麻雀放在门后，进屋请求妈妈。在他的苦苦哀求下，妈妈答应了。但是，当他兴奋地跑到门后时，小麻雀已不见了，看到的是一只刚饱餐一顿的黑猫。

由此可见，"万事俱备"固然可以降低你的出错率，但致命的是，它会让你失去成功的机遇。企盼“万事俱备”后再行动，你的工作也许永远没有“开始”。世间永远没有绝对完美的事。“万事俱备”只不过是“永远不可能做到”的代名词。

所以，不管从事什么行业，当你打算做某项工作时，抓住工作的实质，当机立断，立即行动，只有这样，成功才会最大限度地垂青于你。

一个电视台记者在报道纽约世贸中心惨剧时，转述了一位遇难者亲友的话：在大厦倒塌前一刻，他收到在大厦内工作的至亲的电话，向他道别。

一瞬间，人就没了。

这突如其来的事故，实在叫人难以接受，但是死亡的到来不总是如此吗？朋友说他太太最希望收到他送的鲜花，但是他觉得太浪费，推说等到以后有钱了天天给她买。结果，在她突然离世后，他只能用最美的鲜花来布置灵堂。

等，等……似乎我们所有的生命，都用在等待。“等到我升职后，我就会……”、“等到我买房子以后……”、“等我把这笔生意谈成之后……”、“等我有了钱以后……”，我们总是这样对自己说。

人人都愿意牺牲现在，来换取未来。

许多人认为必须等到某时某事完成后再做也不迟：明天我就开始运动；明天我就会对他好一点；下星期我们就找时间出去走走；退休后，我们就要好好享受一下。然而，人的生命，是何等脆弱！早上醒来时，原本预期过的只是一个平凡无奇的日子，没想到一个意外：交通事故、脑溢血、心脏病发作等等，刹那间生命的巨轮倾覆离轨，突然闯进一片黑暗之中。

那么，我们要如何面对生命呢？

我们不必等到生活完美无瑕，也不必等到一切都安定平稳，才做自己想做的事。今天，想做什么，就开始做。一个人永远也无法预料未来，所以不要延缓想过的生活，不要吝于表达心中的话，因为生命只在一瞬间。

然而，往往在事情到来之时，总是积极的想法先有，然后头脑中就会冒出“我应该先……”，这样一来，你的一只腿就陷入了“万事俱备”的泥潭。一旦陷入，结果就很难说了。你顾虑重重，不知所措，无法定夺何时开始……时间一分一秒地浪费了，你陷入失望情绪里，最终只有以懊悔面对仍悬而未决的工作。

很多时候，你若立即进入工作的主题，会惊讶地发现，如果拿浪费在“万事俱备”上的时间和潜力处理手中的工作，往往绰绰有余。而且，许多事情你若立即动手去做，就会感到快乐、有趣，加大成功机率。一旦延迟，愚蠢地去满足“万事俱备”这一先行条件，不但辛苦加倍，还会失去应有的乐趣。

难怪有人讥讽地评判，说做事奢求“万事俱备”的人，是最容易被失败俘虏的人。从某种意义上讲，“万事俱备”还是个“窃贼”，它会窃取你宝贵的时间和机遇，让你的工作不能迅速、准确、及时地完成，从而毁掉你走入老板视线的机会。

你若希望自己能有一个“积极者”的形象，赶快鞭策自己摆脱“万事俱备”的桎梏，即刻去做手中的工作吧。只有“立即行动”，才能挟制“万事俱备”的“第三只手”，把你从“万事俱备”的陷阱中拯救出来。

立即行动，可以实现你最大的梦想！没有万事俱备的时候，如果在梦想产生时，没有立即行动，就可能因此而失去成功的机会。

人生感悟

不论你现在如何，用积极的心态去行动，你就能达到理想的境地，切莫等到万事俱备。

别让懒惰伤害了心灵

就像灰尘可以使铁生锈一样，懒惰可以轻而易举地毁掉一个人。

懒惰者不可能成就大事，因为懒惰的人总是贪图安逸，遇到一点风险就吓破了胆，他们缺乏吃苦实干的精神，总在等着天上掉下馅饼来。懒惰会吞噬人的心灵，会毁灭人的肌体。

马歇尔·霍尔博士认为："没有什么比无所事事、空虚无聊更为有害的了。"

下面这则寓言就是一个很好的例子：

大海里有一条小巧玲珑的小鱼，长得十分精致，特别是那双美丽的大眼睛，那么明亮。可它有一个坏毛病，那就是懒惰。

海里的同类都很喜欢它，也想帮它改掉这个坏毛病。

一只螃蟹游到小鱼身边说："漂亮的小鱼，跟我到河口去走走？来个长途旅行，开阔一下视野，也锻炼锻炼身体！"

"到河口去？"漂亮的小鱼摇摇头："那么远，太累了！我可受不了，不去。"

螃蟹失望地游走了。

一只虾游过来对小鱼说："美丽的小鱼，跟我学跳高怎么样？这对身体可有好处。"

"学跳高？"小鱼慢慢吞吞地说，"听说，跳高很累的，还是在松软的水草上躺着舒服，不去。"

虾也失望地游走了。

一条鳟鱼游过来，对小鱼说："可爱的小鱼，和我到大海去漫游吧！那里能看到很多很多新事物，还能学到很多本领。"

"那多累啊，我才不去呢！"小鱼一边打着哈欠说。

鳟鱼失望地走了。

就这样，小鱼还是每天躺在水草上休息。

时光过得好快，一转眼，螃蟹从河口回来了，它变得很健壮。虾也回来了，变得雪亮，动作敏捷。

当鳟鱼从大海旅游回来时，它已经变成了大学者。它想起童年的好朋友——漂亮的小鱼。于是去看它。

它看见的小鱼，身体单薄得像一片秋后的树叶，在水草上目光呆滞地躺着。

"怎么会这样？"鳟鱼有些同情地问。

小鱼长叹一声，说："由于我每天不动，失去了活力，变成现在这样的丑八怪了。"说着悲伤而懊悔地哭了。

鳟鱼学者说："懒惰会改变容貌，毁掉肌体！原来这是真的！"

懒惰者总是有这样那样的借口，在贪图安逸、碌碌无为中等待生命的完结。他们只相信运气、机缘、天命之类的东西，看到人家发展了，就说"人家运气好"；看到他人知识渊博、聪明机智，就说"人家有天分"；发现别人德高望重、影响广泛，说"人家有机缘"。

他们从来看不见人家在实现理想过程中付出的辛劳与汗水，经受的考验与挫折。

比尔·盖茨曾给一位年轻人写信说："你这懒惰行为，所谓没有时间等等，都只是一种借口而已，你总是用种种漂亮的借口来为自己辩解，我看你最根本的一条就是不肯努力，不肯下工夫，你的理论就是每一个人都会把他能干的事情干好的。如果有哪一个人没有干好自己的事情，这表明他不胜任做这件事情。你没有写文章表明你不能够写，而不是你不愿意写。你没有这方面的爱好证明你没有这方面的才干。这就是你的理论体系——多么完整的理论体系啊！如果你这个理论体系能为大众普遍接受的话，它将会产生多大的负面作用啊。"

由于他们不肯付出，因此不可能在社会生活中成为一个成功者，只能是失败者。成功只会眷顾那些勤劳的人。一旦产生懒惰的情绪，就只会整天怨天尤人、精神沮丧、无所事事。

著名哲学家罗素说："真正的幸福绝不会光顾那些精神麻木、四体不勤的人们，幸福只在勤劳和汗水中。"

懒惰会使人们精神沮丧、万念俱灰。所以你要远离可怕的懒惰，努力培养自己勤劳的习惯。因为只有劳动才能创造生活，给你带来幸福和欢乐。

人生感悟

懒惰者总是有这样那样的借口，在贪图安逸、碌碌无为中等待生命的完结。

第五章　有勇有谋——以智慧和勇敢拿起

做大事者一定要有勇有谋。潜心谋算是成功的保障，理性的勇敢才是最值得称道的勇敢。

做事的成功靠潜心谋算

大多数人最向往的一件事就是，能够有一条绝妙的计策在手中，把难以办成的事办成。是的，每个人做事都不一定顺手，有的会曲曲折折，费了九牛二虎之力，尚无好结果。当然也不排除，有些人神通广大，能力超强，一下就能做成事情。但前者毕竟是多数，后者必为少数。天下事都是人做出来的，什么样的想法，就可以导致什么样的行动，什么样的行动就可以引发什么样的结果。

做人办事靠脑子的人可能有一两件事暂时做不成，但最终总会做得大功告成，做到让左右人叹为观止。反之，有的人可能就会由着性子来，想到哪儿做到哪儿，不计后果，这种"莽汉式"做事方法多半是撞大运，成败均在老天爷的照顾与否。

所谓高明、有智慧的人，不过是具有较能精确掌握这种轨迹能力的人。能够见人所未见，并且能够创造形势，以利于自己的未来与期望。而平凡人之所以为平凡人，就是因为对于轨迹充满片断之见，或者常常错误联结，以至于很少能"漂亮"演出，做出"精彩"判断，沦为"智慧"舞台的观众。

以下是战国纵横家苏秦"妙算"未来的精彩故事，读来似乎有些神奇。

苏秦和张仪都是鬼谷子的学生，而且苏秦要比张仪还要早出道。话说苏秦提出"合纵"之策，取得了各方诸侯的信任，身挂六国相印，声名响丁当的时候，张仪却还是个默默无闻的穷书生，尽管如此，在苏秦的眼中，张仪绝对是个不世出的人才，迟早都会冒出头来。

在苏秦声望如日中天的时候，唯一担心的是秦国这个难缠的国家，为了避免秦国离间各个诸侯，破坏他苦心经营的六国联盟计划，苏秦可以说是绞尽脑汁，最后决定运作一个人去当秦国宰相，以利于操控，而张仪便是他口袋中的最佳人选。

当然，这种预先"埋暗桩"的做法并不容易，必须有精妙的安排。于是，苏秦先派人去游说、设计张仪，让张仪为了功成名就，而主动来求见他。结果，张仪真的来到了赵国，想要求见苏秦。

在苏秦的布局中，他事先交代守卫，不要为张仪通报，但也要想办法不要让张仪马上离开。

经过几天的冷处理，苏秦才让张仪见到自己。但是，见面时，苏秦却又故意摆高姿态，一副爱理不理的模样，让张仪在堂下如坐针毡；到了吃饭的时候，苏秦更随随便便地吆喝他去跟奴仆坐一块儿。

眼看张仪快要气炸了，哪还吞得下一口饭，苏秦立刻再将激将气氛拉到最高点，以很不屑的口吻对他说："以你的才能，竟然贫困、卑贱到这种地步，实在是难以想象。"而且还火上加油地说："以我目前的身份地位，当然有办法一句话就让你马上富贵临门，但是看到你现在的样子，我认为实在不值得我这样做。”说完，便下逐客令，要张仪立刻滚蛋。

经过这一番羞辱，张仪当然是气得说不出话来，恨不得马上给苏秦一刀，不过理智告诉他，君子报仇，十年不晚，心想只有秦国才有办法制伏赵国，于是便打算进入秦国寻找机会，以便他日报苏秦一“辱”之仇。

就在张仪气冲冲掉头走人的时候，苏秦早已安排好，向赵王请求配合，让他的一名亲信跟随在张仪左右，而且还送了一套车马和很多金钱，方便张仪四处打点。

就这样，张仪很快地便见到了秦王，没多久之后，也如愿以偿地得到了礼遇与信任，而且还进一步讨论到如何攻伐诸侯的策略。

这个时候，苏秦派来的那名随护，觉得任务已经达成，便向张仪告辞，准备要回去赵国。

张仪不舍地说：“我靠你的帮忙，才有机会出头，正想要报答你的知遇之恩，为何现在就要回去呢？”

这名随护随即回答说：“我并不了解你，了解你的是我的主人苏秦。现在老实告诉你好了，苏秦是因为担心秦国攻伐赵国，破坏他的合纵之策。更重要的是，他认为你具有足够的才识，可以掌握秦国的大政，所以才故意激怒你，让你投奔秦国。而资助你的那些钱财，也都是苏秦吩咐的。现在，我的任务已经完成，要回去交差了。”

张仪这时才恍然大悟，并感叹地说：“我被苏秦掌握在股掌之间，却不自知，显然我的才具并不如苏秦，如何打得过赵国呢？”

张仪便要这名随护回去后代他向苏秦表示感谢，同时捎了口信向苏秦保证，在苏秦担任赵国宰相期间，秦国绝不攻打赵国。就这样，在苏秦担任赵国宰相期间，张仪果然都未曾计划攻打赵国。

苏秦是否真有如此“通天本领”，将世局的“轨迹”掌握得如此精准，几近左右历史的走向，不无疑问，但他这段识人、识才的故事，的确发人深省。

大人物做大人物的事，平凡人走平凡人的路。人世间的是是非非、因因果果，尽管错综复杂，却也不是毫无轨迹可寻。如果愿意费心体察，或许就容易看得见它的细微之处，或者是隐而未发的轨迹；而掌握得愈深入、愈贴近，也必然更有趋吉避凶或主宰未来的能力与机会。机遇不会每天都会幸运地光顾你，做大事，还是要靠潜心谋算的。

人生感悟

做事的成功靠潜心谋算，切勿怀有马虎侥幸心理。

微小的勇气能赢得巨大的成功

美国心理学家斯科特·派克说：不恐惧不等于有勇气；勇气使你尽管害怕，尽管痛苦，但还是继续向前走。在这个世界上，只要你真实地付出，就会发现许多门都是虚掩的！微小的勇气，能够完成无限的成就。

不卑不亢无论是对事还是对人都有一种极强的穿透力，如果你幸运与生俱来就有这种品性，那么很值得恭贺；如果你还没有养成这种性格，那么尽快培养吧，人的生命很需要它！

有一个国王，他想委任一名官员担任一项重要的职务，就招集了许多威武有力和聪明过人的官员，想试试他们之中谁能胜任。

“聪明的人们，”国王说，“我有个问题，我想看看你们谁能在这种情况下解决它。”国王领着这些人来到一座大门——一座谁也没见过的最大的门前。国王说：“你们看到的这座门是我国最大最重的门。你们之中有谁能把它打开？”许多大臣见了这门都摇了摇头，其他一些比较聪明一点的，也只是走近看了看，没敢去开这门。当这些聪明人说打不开时，其他人也都随声附和。只有一位大臣，他走到大门处，用眼睛和手仔细检查了大门，用各种方法试着去打开它。最后，他抓住一条沉重的链子一拉，门竟然开了。其实大门并没有完全关死，而是留了一条窄缝，任何人只要仔细观察，再加上有胆量去开一下，都会把门打开的。国王说："你将要在朝廷中担任重要的职务，因为你不光限于你所见到的或所听到的，你还有勇气靠自己的力量冒险去试一试。"

史东是"美国联合保险公司"的主要股东和董事长，同时，也是另外两家公司的大股东和总裁。

然而，他能白手起家，他创出如此巨大的事业却是经历了无数次磨难的结果，或者我们可以这样说，史东的发迹史也是他勇气作用的结果。

在史东还是个孩子时，就为了生计到处贩卖报纸。有家餐馆把他赶出来好多次，他却一再地溜进去，并且手里拿着更多的报纸。那里的客人为其勇气所动，纷纷劝说餐馆老板不要再把他踢出去，并且都解囊买他的报纸。

史东一而再再而三地被踢出餐馆，屁股虽然被踢痛了，但他的口袋里却装满了钱。

史东常常陷入沉思。"哪一点我做对了呢？""哪一点我又做错了呢？""下一次，我该这样做，或许不会挨踢。"这样，他用自己的亲身经历总结出了引导自己达到成功的座右铭："如果你做了，没有损失，而可能有大收获，那就放手去做。"

当史东16岁时，在一个夏天，在母亲的指导下，他走进了一座办公大楼，开始了推销保险的生涯。当他因胆怯而发抖时，他就用卖报纸时被踢后总结出来的座右铭来鼓舞自己。

就这样，他抱着"若被踢出来，就试着再进去"的念头推开了第一间办公室。

他没有被踢出来。那天只有两个人买了他的保险。从数量而言，他是个失败者。然而，这是个零的突破，他从此有了自信，不再害怕被拒绝，也不再因别人的拒绝而感到难堪。

第二天，史东卖出了四份保险。第三天，这一数字增加到了六份……

20岁时，史东设立了只有他一个人的保险经纪社。开业第一天，销出了54份保险单。有一天，他更创造一个令人瞠目的纪录122份。以每天8小时计算，每4分钟就成交了一份。

在不到30岁时，他已建立了巨大的史东经纪社，成为令人叹服的"推销大王"。

微小的努力能带来巨大的成功，想想当初如果史东没有胆量去推开门，那他就只能选择放弃了。

1968年，在墨西哥奥运会百米赛道上，美国选手吉·海因斯撞线后，转过身子看运动场上的计时长牌，当指示灯显示9.95的字样后，海因斯摊开双手自言自语地说了一句话，这一情景后来通过电视网络，全世界至少有几亿人看到，但由于当时他身边没有话筒，海因斯到底说什么，谁都不知道。直到1984年洛杉矶奥运会前夕，一名叫戴维·帕尔的记者在办公室回放奥运会资料时好奇心大现，找到海因斯询问此事时这句话才被破译了出来。原来，自欧文创造了10.3秒的成绩后，医学界断言，人类肌肉纤维承载的运动极限不会超过10秒。所以当海因斯看到自己9.95秒的纪录之后，自己都有些惊呆了，原来10秒这个门不是紧锁的，它虚掩着，就像终点那根横着的绳子。于是兴奋的海因斯情不自禁地说："上帝啊！那扇门原来是虚掩着的。"

是啊，成功和失败之间就隔着一道虚掩的门，以小小的勇气去推开它，生活就会完全不一样。

人生感悟

以勇敢的姿态去面对所有的挑战，成功并不是你想象的那么难，所有困境都是纸老虎。

胆识是决战人生的利器

优秀的人需要勇气，需要胆识，需要气魄，需要开拓进取，去做别人不敢做的事。这胆识是一种大智大勇，有了它我们才可以力挽狂澜。

台塑成立之初，碰到了一个极大的难题：公司生产的塑胶粉居然一斤也卖不出去，全部堆积在仓库里。王永庆经过调查后，得出结论：产品销不出去的根本原因是价格太贵。

原来，王永庆在计划投资生产塑胶粉时，预计每吨的生产成本在800美元左右，而当时的国际行情价是每吨1000美元，有利可图。然而，市场是变化无常的，等台塑建成投产后，国际行情价已经跌至800美元以下。而台塑因为产量少，每吨生产成本在800美元以上，显然不具备竞争力；加上当时外销市场没打开，台湾岛内仅有的两家胶布机需求量不大，且认为台塑的塑胶粉品质欠佳，拒绝采用。因此，台塑的产品严重滞销也就可想而知了。

为了解决这一困境，王永庆决定：扩大生产，降低成本。

在产品严重积压时扩大生产，显然有违常理，因此，王永庆的决定受到公司内外纷纷反对。公司内部的反对意见更是激烈，他们主张请求政府管制进口加以保护，否则，以现有的产量都已经销不出去，增加产量不是会造成更加沉重的库存压力吗？

王永庆认为，靠政府保护是治标不治本的短视行为，要想在市场上长期立足，唯一的办法就是增强自身竞争力。扩大生产虽然不一定能保证成功，但至少强于坐以待毙。

1958年，在王永庆的坚持下，台塑进行了第一次扩建工程，使月产量在原先100吨的基础上翻了一番，达到200吨。

然而，在台塑扩建增产的同时，日本许多塑胶厂的产量也在成倍增加，成本降幅比台塑更大。相比之下，台塑公司的产品成本还是偏高，依然不具备市场竞争力。怎么办？王永庆决定继续增产。不过，增产多少呢？如果一点一点往上加，始终落在别人后面，仍然不能改变被动局面，不如一步到位。

为此，王永庆召集公司的高层干部以及专门从国外请来的顾问共商对策。会上，有人提议，在原来的基础上再扩增一倍，即提高至月产量400吨；外国顾问则提出增至600吨。

王永庆提议：增至1200吨。这一数字惊得在场的所有人直发呆，他们怀疑是不是听错了。

外国顾问再次建议：“台塑最初的规模只有100吨，要进行大规模的扩建，设备就得全部更新。虽然提高到1200吨，成本会大大降低，但风险也随之增大。因此，600吨是一个比较合理而且保险的数字。”他的意见得到大多数人认同。

王永庆坚持认为：“我们的仓库里，积压产品堆积如山，究其原因是价格太高。现在，日本的塑料厂月产量达到5000吨，如果我们只是小改造，成本下不来，仍然不具备竞争能力，结果只有死路一条。我们现在是骑在老虎背上，如果掉下来，后果不堪设想。只有竭尽全力，将老虎彻底征服！”

终于，王永庆的胆识与气魄折服了所有的人，包括外国顾问在内，都投了赞成票。

1960年，台塑的第二期扩建工程如期完成，塑胶粉的月产量激增至1200吨，成本果然大幅度降低，从而具备了市场竞争的条件。此后，台塑的产品不但逐渐垄断了台湾岛内市场，而且漂洋过海，在国际市场上站稳了脚跟，并逐步拓展领地，成为世界塑胶业的“霸主”。

与众不同的胆识是他抓住机遇、扭转乾坤的最大财富。在危难的时候，是胆识让人坚定、明智地做出别人不敢做的决定。它不是鲁莽和自负，而是胸有成竹的胆识。有位法国哲学家曾经提出这样一个例证：假定有一匹驴子站在两堆同样大、同样远的干草之间，如果它不能决定应该先吃哪堆干草，它就会饿死在两堆干草之间。

事实上，现实生活中的驴子是绝对不会在这样的情境中饿死的，它会很快地作出决定。但是，你又不得不承认真有那么些人，在需要他们出主意、想办法、作决定的时候，却像例证中的驴子那样束手无策，窘迫得进退两难。

在人生旅途中，有许多事需要我们作出决策。

遇事当断则断，当行则行，当止则止，在复杂环境和逆境中能及时作出各种应变和决策，决不含糊和拖泥带水，这是一个能应付命运挑战的人必备的心理品质。

胆识，是理性的创造，合乎规律的举动。

胆识过人，才产生惊人的效益，开拓骄人的新局面。

人生感悟

胆与识，是成功的一对轮子。双轮平衡，车子才走得快，走得远。

狭路相逢勇者胜

19世纪，在英国的名门公立学校——哈罗学校，常常会出现以强凌弱、以大欺小的事情。

有一天，一个强悍的高个子男生，拦在一个新生的面前，颐指气使地命令他替自己做事，新生初来乍到，不明白其中“原委”，断然拒绝。高个子恼羞成怒，一把揪住新生的领子，劈头盖脑地打起来，嘴里还骂骂咧咧：“你这小子，为了让你聪明点，我得好好开导你！”新生痛得龇牙咧嘴，却不肯乞怜告饶。

旁观的学生或者冷眼相看，或者起哄嬉笑，或者一走了之。只有一个外表文弱的男生，看着这欺凌的一幕，眼里渐渐涌出了泪水，终于忍不住嚷起来：“你到底还要打他几下才肯罢休！”

高个子朝那个又尖又细的抗议的声音望去，一看也是个瘦弱的新生，就恶狠狠地骂道：“你这个不知天高地厚的家伙，问这个干吗？”

那个新生用眼睛盯着他，毫不畏惧地回答：“不管你还要打几下，让我替他忍受一半的拳头吧。”

高个子听到这出人意料的回答，不禁怯懦地停住了手。

从这以后，学校里反抗恶行暴力的声音开始响亮，帮助弱者的善举也逐渐增多，两个新生也成为了莫逆之交。那位被殴打的少年，深感爱与善的可贵，后来成为英国颇负盛名的大政治家罗伯特·比尔；挺身而出、愿为陌生弱者分担痛苦的，则是扬名全世界的大诗人拜伦。

人生途中，我们也需要像拜伦一样，在别人只是畏惧地逃避，或幸灾乐祸地观看时，能够拿出罕有的勇气，为了善，为了爱，也为启迪和震撼那些冷漠的心灵。

现实世界的很多斗争都是勇气的较量，常常是勇者得胜。只有具备一颗勇敢的心，我们才能发挥出超过平时双倍的力量，什么都不顾地冲向前方，甚至一鼓作气地到达终点。这就是为什么人们在危急时刻才能爆发出巨大潜力的原因。

我国宋代柳宗元的《黔之驴》中故事是这样的：

贵州本没有驴，有个喜欢多事的人用船运进一头驴来，运到之后却没有什么用途，就把它放在山脚下。一只老虎看到它是个形体高大、强壮的家伙，就把它当成神奇的东西了，隐藏在树林中偷偷观看。过了一会儿，老虎渐渐靠近它，小心翼翼，不知道它究竟是个什么东西。

有一天，驴大叫起来，老虎吓了一大跳，逃得远远的，认为驴子将要咬自己了，非常害怕。可是老虎来来回回地观察它，感到它没有什么特殊本领似的。渐渐听惯了它的叫声，又试探地靠近它，在它周围走动，但终究不敢向驴进攻。老虎又渐渐靠近驴子，进一步戏弄它，碰闯、依靠、冲撞、冒犯它。驴禁不住发起怒来，用蹄子踢老虎。老虎因而很高兴，心里盘算着说：“它的本事不过如此罢了！”于是跳起来大声吼着，咬断驴的喉咙，吃光它的肉，然后才离开。

如果故事中的老虎被驴的叫声吓跑，再也不敢接触它，那老虎就永远不能享受这顿美餐。道理显而易见，面对敌人一定要勇敢，你强他就弱，你弱他就强，很多时候，敌对双方的较量其实就心理上的较量。缺乏勇敢永远不会有大的成就。勇敢面对你的敌人，有时你发现其实你并不懦弱，而且还会有超出你想象的强大力量。正如歌德老人的所说：你若失去了财产，你只失去了一点；你若失去了荣誉，你就丢掉了许多；你若失掉了勇敢，你就把一切都失掉了！如果你想得到，一定具有勇敢地面对困难的态度。狭路相逢勇者胜，为了胜利一定要保持勇敢。

人生感悟

记住，面对敌人，内心不要害怕，只要勇往直前，你一定会胜利。

理性的勇敢才是最值得称道的勇敢

勇敢的定义只有一个，但勇敢的表现却可能多种多样。

有这样一个故事：

老板招聘雇员，有三人应聘。老板对第一个应聘者说："楼道有个玻璃窗，你用拳头把它击碎。"应聘者执行了，幸亏那不是一块真玻璃，不然他的手就会严重受伤。老板又对第二个应聘者说，这里有一桶脏水，你把它泼到清洁工身上去。她此刻正在楼道拐角处那个小屋里休息。你不要说话，推开门泼到她身上就是了。这位应聘者提着脏水出去，找到那间小屋，推开门，果见一位女清洁工坐在那里。他也不说话，把脏水泼在她头上，回头就走，向老板交差。老板此时告诉他，坐在那里的不过是个蜡像。老板最后对第三个应聘者说："大厅里坐个胖子，你去狠狠击他两拳。"这位应聘者说："对不起，我没有理由去击他；即便有理由，我也不能用击打的方法。我因此可能不会被您录用，但我也不执行您这样的命令。"此时，老板宣布，第三位应聘者被聘用，理由是他是一个勇敢的人，也是一个理性的人。他有勇气不执行老板的荒唐的命令，当然也更有勇气不执行其他人的荒唐的命令了。

戴高乐将军也碰到过这样的勇敢者。那是1965年，法国发生民变，巴黎的学生、市民走上街头，要求当时任总统的戴高乐下台。戴高乐黔驴技穷，来到德国的巴登——法军驻德司令部设在这里。戴高乐要求驻德法军司令带兵回到巴黎平息民变。但戴高乐的两次要求都遭到那位驻德法军司令的拒绝，还劝说戴高乐放弃这个命令。后来戴高乐非常感谢那位司令，称颂那位司令勇敢地拒绝执行他的命令。他还写信给那位司令的妻子，说这是上帝在他无能为力时让他来到巴登，又是上帝让他碰到那位司令。不然，他就可能是历史的罪人了。

三个应聘者，前两个坚决执行老板的命令，好像也无可厚非，但后一个拒绝执行老板的荒唐的命令，则更值得赞誉。至于驻德法军的那位司令，敢于拒绝执行当时作为法国总统的戴高乐的有违民意、有违民主原则和精神的命令，就更难能可贵。这在专制制度的国家简直是不可思议的。所以勇敢不勇敢，不只是一种行为的体现，其中也包含着理性，包含着道义。没有理性的、缺乏理性的勇敢，没有道义的、缺乏道义的勇敢，不一定就是好勇敢。

在我们这个世界上，就勇敢而言，绝对执行命令的勇敢多而敢于抗拒执行荒唐的命令的勇敢少。这是因为权力者一般都竭力提倡、培养、制造绝对的执行这种勇敢，而对敢于抗拒自己荒唐命令的勇敢深恶而痛绝，即便他发现自己的荒唐以后，对那些敢于抗拒自己荒唐的勇敢者也决不宽恕。以至有些明明是错误的东西，是荒谬的东西，是反科学的东西，是违法违纪的东西，因为是权力者指使，因为有权力者撑腰，有的人也敢勇敢地去执行，勇敢地去做。

勇敢是一个褒义词，它所体现的是一种好品德。人们教育孩子就要做勇敢的好孩子。但勇敢确实又还有一个是与非的前提。勇敢不是盲从，不分是非的、没有理性的绝对执行命令的勇敢是一种可怕的勇敢，也是一种愚蠢的勇敢，更是一种专制者欣赏和欢迎的勇敢。而坚持真理、敢于同谬误、同荒唐、同发疯对抗的勇敢、理性的勇敢才是最值得称道的勇敢。

人生感悟

盲目的勇敢是一种鲁莽，理智的勇敢是一种值得称道的智慧。

敢"秀"才会赢

古人所言"沉默是金"的年代，早已一去不复返，现代人如果不懂适时地包装好自己的形象，把握机会推销自己，就很难有出人头地的机会。

有个有名的才女，不但琴棋书画无所不通，口才与文采也是无人可与之比肩。大学毕业后，在学校的极力推荐下她去了一家小有名气的杂志社工作。谁知就是这样的一个让学校都引以为自豪的人物，在杂志社工作不到半年就被炒了鱿鱼。

原来，在这个人才济济的杂志社内，每周都要召开一次例会，讨论下一期杂志的选题与内容。每次开会很多人都争先恐后地表达自己的观点和想法，只有她总是悄无声息地坐在那里一言不发。她原本有很多好的想法和创意，但是她有些顾虑，一是怕自己刚刚到这里便"妄开言论"，被人认为是张扬，是锋芒毕露，二是怕自己的思路不合主编的口味，被人看作为幼稚。就这样，在沉默中她度过了一次又一次激烈的争辩会。有一天，她突然发现，这里的人们都在力陈自己的观点，似乎已经把她遗忘在那里了。于是她开始考虑要扭转这种局面。但这一切为时已晚，没有人再愿意听她的声音了，在所有人的心中，她已经根深蒂固地成了一个没有实力的花瓶人物。最后，她终于因自己的过分沉默而失去了这份工作。

我们常说沉默是金，但也不能忘了，沉默同时也是埋没天才的沙土。

或许在某种特殊的场合下，沉默谦逊确实是一种"此时无声胜有声"的制胜利器，但无论如何你也不要把它处处当作金科玉律来信奉。在人才竞争中，你要将沉默、踏实、肯干、谦逊的美德和善于表现自己结合起来，才能更好地让别人赏识你。

记住：再好的酒也怕巷子深。如果想在现代社会谋得一席之地，除了自己努力之外，还要把握机会适时展现自己的优点。

现在是一个讲究张扬自己个性的时代，尤其是身处职场上的人们，在关键时刻恰当地张扬也就是"秀"（show）一下，不失为一个引起领导注意的好办法。

一位刚从管理系毕业的美国大学生去见一家企业的老板，试图向这位总经理推销"自己"——到该企业工作。

由于这是一家很有名气的大公司，总经理又见多识广，根本没把这个初出茅庐、乳臭未干的小伙子放在眼里。没谈上几句，总经理便以不容商量的口吻说："我们这里没有适合你的工作。"

这位大学生并未知难而退，而是话锋一转，柔中带刚地向这位经理发出了疑问："总经理的意思是，贵公司人才济济，已完全可以使公司得到成功，外人纵有天大本事，似乎也无需加以利用。再说像我这种管理系毕业生是否有成就还是个未知数，与其冒险使用，不如拒之于千里之外，是吗？"

总经理沉默了几分钟，终于开口说："你能将你的经历、想法和计划告诉我吗？"

年轻人似乎很不给面子，他又将了总经理一军："噢！抱歉，抱歉，我方才太冒昧了，请多包涵！不过像我这样的人还值得一谈吗？"

总经理催促着说："请不要客气。"

于是，年轻人便把自己的情况和想法说了出来。总经理听后，态度变得和蔼起来，并对年轻人说："我决定录用你，明天来上班，请保持过去的热情和毅力，好好在我公司干吧！相信你有用武之地。"

人生感悟

好酒也怕巷子深。不要犹豫了，大胆地做自己的宣传大使吧！敢"秀"才会赢！

明智地选择你的战斗

80% 的收获，来自于 20% 的付出；80% 的结果，归结于 20% 的原因。如果我们能够知道，产生 80% 收获的，究竟是哪 20% 的关键付出，那么我们就能事半功倍了。

人们做什么事总是有所选择的，这个选择的过程，也是决策的过程。大家常说"拿得起，放得下"，表现一种姿态，一种决断，讲的也是这个意思。

100 多年前，美国加州因发现金矿而吸引了大批淘金者，犹太人莱维·施特劳斯是其中之一，却每天以失望告终。一天，莱维和一位疲惫不堪的矿工坐在一起休息，这位矿工抱怨说："唉，我们一整天拼命地挖呀挖，裤子破了也顾不上补。"莱维眼前一亮，帆布不是耐磨的布料吗？不久，第一条牛仔裤的前身——由帆布制作的工装裤诞生了，并从加州迅速推向全国乃至全世界，莱维也由当初的贫困淘金者一跃而成为世界"牛仔裤大王"。

莱维淘金失败，却发现了"金点子"，生产淘金耐穿的帆布工装裤。"弃金做裤"的成功就在于莱维独具慧眼，另辟蹊径，善于在现实生活中发现被同行忽视的产品潜力和市场需求，并迅速为淘金者提供经久耐用的劳动用品和服务，及时填补市场上的消费空白，从而获得不比淘金差的经济收入。

拿破仑·希尔课题组编著的《我贫穷，我奋斗》一书中讲述了这样一个淘金故事：

19 世纪中叶，不少人听说美国加州有金矿纷纷奔赴该地淘金。

17 岁的小农夫亚默尔也加入淘金者的队伍,渴望圆"淘金梦"。然而,由于加州环境恶劣，气候干燥，加之水源奇缺，许多不幸的淘金者不但没有淘到金子，反而丧命于此。小亚默尔也被饥渴折磨得半死。就在他整天为自己淘不到金子而困惑、苦恼时，却突发奇想：这里不是缺水吗？何不将手中挖金矿的工具变成挖水渠的工具呢？于是,他从远方将河水引入水池，用细沙过滤，变成饮用水，并装进桶里，挑到山谷一壶一壶地卖给那些饥渴的淘金者。

很多淘金者虽解了渴，但对他却不屑一顾：置身淘金宝地，不挖金子而卖水，捡了芝麻丢了西瓜，还能有啥出息？小亚默尔却义无反顾地坚信自己的选择。结果，很多淘金者空手而归，而他则靠卖水赚到一笔可观的收入。

小亚默尔和众多的淘金者一同来到加州，很多人的遭遇惨不堪言，而他却摘取了沉甸甸的果实。和其他淘金者相比，难道他的外部条件更优越？难道他的实力更雄厚？其实都不是，最重要的一点就在于他能保持清醒的头脑，正确分析自己所处的环境，并果断放弃原先确定的虚无缥缈的目标而另辟蹊径，从平凡中奋起，从解决淘金者的饥渴需求做起，从而取得成功。

"淘不到金子就卖水"，从某种意义上讲，是人生的一种睿智、一种豁达、一种境界。一个人有了这样的人生境界，就能自觉地正确对待自己，正确对待机遇，正确看待事业，就能在激烈的市场竞争中，另辟蹊径，寻找机遇，选择切合自身实际的事业。

我国唐代，有位茶商到南方贩茶叶，可等他到达目的地时，当地的茶叶早就被比他先到的商人收购一空，千里迢迢来收购茶叶，却两手空空，怎么办呢？情急之中他心生一计，将当地用来盛茶叶的篾箩全部买下。不久，当比他先到的商人欲将所购的茶叶运回时，才发现街上已无箩筐可买了。只好求助于这位商人，他因此"绝处逢生"，发了一笔大财。

在"第一落脚点"难以成功之下，静下心来，做出调整，因地制宜，另辟蹊径，去努力寻求"第二落脚点"，未尝不是取胜之道。

戴文华威廉·詹姆斯说过："明智的艺术就是清醒地知道该忽略什么的艺术。"不要被不重要的人和事过多打搅，因为成功的秘诀就是抓住目标不放，而不是把时间浪费在无谓的牺牲上。

一个比较明智的生活方式，就是决定哪些战斗值得投入，哪些最好回避。

卡尔森曾忠告美国年轻人：明智地选择你的战斗，要想获得成功，这句话十分重要。在人的一生中充满了机会，每个人都可以选择小题大做，也可以一笑置之，甚至不必在意。但是你明智地选择你的战斗，在有些时候是决定一生成败的关键。

人生感悟

有勇有谋，明智地选择你的战斗，做该做的事，是制胜人生的关键。

第六章　毅力不倒——以钢铁般的意志拿起

胜利者不一定是跑得最快的人，而是最能持久的人。真正的强者永不言败，人生的终场哨让死神去吹。

失败往往由于半途而废

美国推销员协会曾经对推销员的拜访做长期的调查研究，结果发现：48% 的推销员，在第一次拜访遭遇挫折之后，就退缩了；25% 的推销员，在第二次遭受挫折之后，也退却了；12% 的推销员，在第三次拜访遭到挫折之后，也放弃了；5% 的推销员，在第四次拜访碰到挫折之后，也打退堂鼓了；只剩下 10% 的推销员锲而不舍，毫不气馁，继续拜访下去。结果 80% 推销成功的个案，都是这 10% 的推销员连续拜访 5 次以上所达成的。

一般推销员效率不佳，多半由于一种共同的毛病，就是惧怕客户的拒绝。心里虽想推销却有裹足不前，所以纵有满腹知识与技巧也无从发挥。真正的推销家则有顽强的耐心、“精诚所至、金石为开”的态度，视拒绝为常事，且不影响自身的情绪。

坚持就是胜利。其实成功者与不成功者之间有时距离很短——只要后者再向前几步即可。

一位年轻人毕业后被分配到一个海上油田钻井队。在海上工作的第一天，带班的班长要求他在限定的时间内登上几十米高的钻井架，把一个包装好的漂亮盒子送到最顶层的主管手里。他拿着盒子快步登上了高高的狭窄的舷梯，气喘吁吁、满头是汗地登上顶层，把盒子交给主管。主管却只在上面签下自己的名字，就让他送回去。他又快跑下舷梯，把盒子交给班长，班长也同样在上面签下自己的名字，让他再送给主管。

他看了看班长，犹豫了一下，又转身登上舷梯。当他第二次登上顶层把盒子交给主管时，浑身是汗、两腿发颤。主管却和上次一样，在盒子上签下自己的名字，让他把盒子再送回去。他擦擦脸上的汗水，转身走向舷梯，把盒子送下来，班长签完字，让他再送上去。这时他有些愤怒了，他看看班长平静的脸，尽力忍着不发作，又拿起盒子艰难地一个台阶一个台阶地往上爬。当他上到最顶层时，浑身上下都湿透了，他第三次把盒子递给主管，主管看着他，傲慢地说：“把盒子打开。”他撕开外面的包装纸，打开盒子，里面是两个玻璃杯、一罐咖啡、一罐咖啡伴侣。他愤怒地抬起头，双眼喷着怒火，射向主管。

主管又对他说：“把咖啡冲上。”年轻人再也忍不住了，“叭”地一下把盒子扔在地上：“我不干了！”说完，他看看倒在地上的盒子，感到心里痛快了许多，刚才的愤怒全释放了出来。这时，这位傲慢的主管站起身来，直视他说：“年轻人，刚才让你做的这些，叫做承受极限训练，因为我们在海上作业，随时会遇到危险，这就要求队员身上一定要有极强的承受能力，承受各种危险的考验，才能完成海上作业任务。可惜，前面三次你都通过了，只差最后一点点，你没有喝到自己冲的甜咖啡。现在，你可以走了。”

成功与失败往往只是一步之差，如果多坚持一秒钟，就会向成功多迈一步，有时这一步就决定了你的成功与否。遗憾的是，很多人往往是在最后一秒钟的时候放弃了。这一点也是许多人成功的一个重要原因。

人生感悟

胜利者不一定是跑得最快的人，而是最能持久的人。

人生就是要永不放弃

足球与人生一样，“一失足成千古恨”，常常使光芒四射的球队球星黯然失色，遗憾万分。因此，既要勇往直前，又要如履薄冰。这就是足球的艺术，也是人生的艺术。

踢球时，不要盘带过多，倒脚过滥，回敲过频。千万不要“粘球”，要尽快冲向球门。

在生活中也要如此，不要沉醉于“盘带、倒脚、回敲”中，乐此不疲，流连忘返，反而忘记或是耽误了“射门”——你的奋斗目标。

苦练若干年，机遇可能只在一秒半中出现，临门一脚千万千万要踢好！记住，越是射门时，越是有更多阻挠破坏你，越要倾尽全力来命中球门。

人生的道路亦如此，机遇来临时与你竞争的人不计其数，你一定要全力以赴抓住。

除了点球，你很难有机会稳定从容地射门。一场球时间虽长，也许你这一记点球就能决定球队的胜负。所以，你必须控制到位，尤其在凌空抽射时。

人生的道路虽然漫长，但紧要处常常只有几步，关键之时一定要把握好。

丘吉尔一生最精彩的演讲，也是他最后的一次演讲。在剑桥大学的一次毕业典礼上，整个会堂有上万个学生，他们正在等候丘吉尔的出现。正在这时，丘吉尔在他的随从陪同下走进了会场并慢慢的走向讲台，他脱下他的大衣交给随从，然后又摘下了帽子，默默的注视所有的听众，过了一分钟后，丘吉尔说了一句话：“Never give up！”（永不放弃）丘吉尔说完后穿上了大衣，带上了帽子离开了会场。这时整个会场鸦雀无声，一分钟后，掌声雷动。

永不放弃有两个原则，第一个原则是：永不放弃，第二原则是当你想放弃时回头看第一个原则：永不放弃！

曾有一位父亲很为他的儿子苦恼，都已经十六七岁了，却一点男子汉的气概都没有。毫无办法之际，他去拜访一位拳师，请求这位武术大师帮助他训练他的儿子，重塑男子汉的气概。

拳师说：“把你的孩子留在我这里半年，这半年里你不要见他，半年后，我一定把你的孩子训练成一个真正的男子汉！”半年后，男孩的父亲来接男孩，拳师安排了一场拳击比赛来向这位父亲展示这半年来的训练成果，被安排与男孩对打的是一名拳击教练。

教练一出手。这男孩便应声倒地。但是，男孩才刚刚倒地便立即站起来接受挑战。倒下去又站起来……如此来来回回总共二十多次。

拳师问这个父亲：“你觉得你孩子的表现够不够男子气概？”

“我简直无地自容了，想不到我送他来这里训练半年多，我所看到的结果还是这么不经打，被人一打就倒地。”父亲伤心地回答。拳师意味深长地说：“我很遗憾，你没有看到你的孩子倒下去又立刻站起来的勇气和毅力。其实这本身就是真正的男子汉气概！”

成功者与失败者并没有多大的区别，只不过是失败者走了九十九步，而成功者走了一百步。失败者跌下去的次数比成功者多一次，成功者站起来的次数比失败者多一次。当你走了一千步时，也有可能遭到失败，但成功却往往躲在拐角弯后面，除非你拐了弯，否则你永远不可能成功。

除非你不起来，否则你不会被打垮。伟大的希腊演说家德谟克利特因为口吃而害臊羞怯。他父亲留下一块土地，想使他富裕起来，但当时希腊的法律规定，他必须在声明土地所有权之前，先在公开的辩论中战胜所有人才行。口吃加上害羞使他惨败，结果丧失了这块土地。从此他发奋努力，创造了人类空前未有的演讲高潮。历史上忽略了那位取得他财产的人，但一连好几个世纪，世界各地的学童都在聆听德谟克利特的故事。不管你跌倒多少次，只要再起来，你就不会被击垮。

失败后继续坚持，继续努力，你就会成功。

成功者的经验告诉我们，不要因失败而变成一位懦夫。面对挫折，奋勇向前。当你尽了最大的努力还没有成功时，不要放弃，只要继续努力或开始另一个计划就行了。当然，面对失败，也要一定的灵活性，不能一条道上走到黑。

的确，失败很难使人坚持下去，而成功就容易继续下去。如果工作比你想象的还难，请记住美国柯立芝总统的名言："世界上没有一样东西可以取代毅力，才干也不可以，怀才不遇者比比皆是，一事无成的天才很普遍；教育也不可以，世上充满了学无所用的人。只有毅力和决心无往而不胜。"

人生与足球一样，充满机遇，充满挑战。临门一脚如果不进，不要悲哀，不要放弃，要尽力去寻找时机再次进攻。

人生亦是如此。如果一次失败了，不要轻言放弃。成功就在下一步，只要你执著地奋斗就能获得。

永远不要说"没有希望了"。终场前什么都有可能发生，只管奋力去拼搏吧！自己吹响终场哨是犯规和愚蠢的。人生的终场哨就让死神去吹吧！

人生感悟

人生永远充满希望。黑夜无论怎样悠长，白昼总会到来。

不怕惨烈地"死"一回

如果你已经超过30岁，在事业或工作上还没有遭遇任何重大挫败的话，那你快没时间了。

每个人都该在40岁之前至少重重失败过一次。这指的不是小小的失望，比如搞砸一项任务，也不是辞掉一份好工作，更不是被炒鱿鱼。一定要是很严重的失败。敢冒大险，才可能跌得重；跌得越重，以后才有可能爬得越高。

失败降临时，最好你已经老得足够从中真正学到教训；但也最好足够年轻，让你还有本钱振作精神，拍拍灰尘，重新出发。"有些父母担心子女可能会失败，我则担心我的孩子到三十几岁还不曾失败过。如果不赶快的话，想要从中学到什么，对他们而言实在太晚了。如果没有在二十几岁时从小规模失败的经验中所学的教训，就不可能有日后成年时大规模的胜利。"

这是当今全球最大的报纸《今日美国》创办人艾尔·努哈斯自传中的一段话。《今日美国》不是我们今天的话题，事实就是，艾尔·努哈斯执意地做了一件被"权威机构"认定"不可能成功"的事情——在美国创办一份全国性报纸，结果他成功了。

相信，wrong（错误）的反义词不是right（正确），而是learn（学习），你能够正视自己的"错误"以后，自然对他人也变得宽容，有耐心。

生物学家说，飞蛾在由蛹变茧时，翅膀萎缩，十分柔软；在破茧而出时，必须要经过一番痛苦的挣扎，身体中的体液才能流到翅膀上去，翅膀才能充实有力，才能支持它在空中飞翔。

一天有个人凑巧看到树上有一只茧开始活动，好像有蛾要从里面破茧而出，于是他饶有兴趣地准备见识一下由蛹变蛾的过程。

但随着时间的一点点过去，他变得不耐烦了，只见蛾在茧里奋力挣扎，将茧扭来扭去的，但却一直不能挣脱茧的束缚，似乎是再也不可能破茧而出了。

最后，他的耐心用尽，就用一把小剪刀，把茧上的丝剪了一个小洞，让蛾出来可以容易一些。果然，不一会儿，蛾就从茧里很容易地爬了出来，但是那身体非常臃肿，翅膀也异常萎缩，耷拉在两边伸展不起来。

他等着蛾飞起来，但那只蛾却只是跌跌撞撞地爬着，怎么也飞不起来，又过了一会儿，它就死了。

"不经历风雨，怎能见彩虹"，任何一种成功的获得都要经由艰苦的磨炼，"梅花香自苦寒来，宝剑锋从磨砺出。"任何投机取巧或妄图减少奋斗而达到目的的做法都是见识短浅的行为，那只飞不起来的飞蛾的经历就证明了这一切。

当然，我们不一定非要真正经历一次重大的失败，只要我们做好了认识失败的准备，"体验失败"一样能够带来刻骨铭心的教训，而那失败的起点比那些从来没有过失败经历的人要高得多，并且失败越惨痛，起点则越高。

只有惨烈地死过一回的人，才能获得更好的更为成功的新生。

人生感悟

凤凰因有了涅槃的壮举，才获得了重生的希望。

变逆境为人生的祝福

在苏格兰，有一段路，其实顶上就是一片悬崖，所以人们称之为"黑暗里程"。在生活中，我们迟早也要走过这样一段有暗而危机四伏的路程。

人生的际遇像朝阳一样可喜，像绵羊一样可亲，也许像恶魔一样恐怖。可是，你万万想不到会一下子时运不济，处处遭遇打击，被人误解污辱，压榨欺凌，如遇猛虎。更惨的是，有时厄运如同车轮，在你的头上压过，若无其事。

到了世途艰险、日夜不安的时候，我们该怎么办？单单说要行为正直善良还不够。当我们饱经忧患，四肢乏力，不能支持下去的时候；当我们历尽艰险，无法逃遁的时候；当我们的所爱所恋被剥夺时；或者当我们智穷计尽、丧信心的时候，我们该怎么办有？

在如此山穷水尽的时光，我们可以挺直了腰叫人家不要放弃成大事的念头，继续奋斗下去。这句话说来很轻松，甚至有点惹人生厌。可是这种说法聪明不聪明呢？到底有谁到了穷途末路的时候，才知道自己还有办法没有拿出来呢？

英国政治家兼政论家爱德蒙·培克晚年时，他挚爱的儿子不幸逝世，他的身体本来就很孱弱，当时英国也似乎已丧失了其一脉相承的传统精神，文化传统仿佛就要瓦解。所以他大声疾呼："不要绝望，即使你觉得绝望，仍要在绝望中继续为成大事的目标工作下去！"他的确做到了不放弃，不颓丧，不屈服，仍在绝望中继续为成大事的目标工作下去。

虽然英国政治家培克仍怀着丧子之痛，可是乌云终会转为白日的，时势也会转变。时间的确可以医愈许多人心头的创伤，它也改变许多事情，因而能使我们心头沉重的负担得以减轻。

约翰在威斯康星州经营一座农场，当他因为中风而瘫痪时，就是靠着这座农场维持生活。

由于他的亲戚们都确信他已经是没有希望了，所以他们就把他搬到床上，并让他一直躺在那里。虽然约翰的身体不能动，但是他还是不时地在动脑筋。忽然间，有一个念头闪过他的脑海，而这个念头注定了要补偿他的不幸的缺憾。

他把他的亲戚全都召集过来。并要他们在他的农场里种植谷物。这些谷物将用作一群猪的饲料，而这群猪将会被屠宰，并且用来制作香肠。

数年间，约翰的香肠就被陈列在全国各商店出售，结果约翰和他的亲戚们都成了拥有巨额财富的富翁。

出现这样美好结果的原因就在于约翰的不幸迫使他运用从来没有真正运用过的一项资源：思想。他定下了一个明确目标，并且制定了达到此一目标的计划，他和他的亲戚们组成智囊团，并且以应有的信心，共同实现了这个计划。别忘了，这个计划是因为约翰中风之后才出现的。

当你遇到挫折时，切勿浪费时间去算你遭受了多少损失；相反的，你应该算算看你从挫折当中，可以得到多少收获和资产。你将会发现你所得到的，会比你所失去的要多得多。

你也许认为约翰在发现思想力量之前，就必然会被病魔打倒，有些人更会说他所得到的补偿只是财富，而这和他所失去的行动能力并不等值。但约翰从他的思想力量和他亲戚的支持力量中，也得到了精神层面的补偿。虽然他的成功，并不能使他恢复对身体的控制能力，但却使他得以掌控自己的命运，而这就是个人成就的最高象征。他可以躺在床上度过余生，每天只为自己和他的亲人难过，但是他没有这样做，反而带给他的亲人们想都没有想过的安全。

长期的疾病通常会使我们不再看，也不再听。我们应该学习去了解发自内心深处的轻声细语，并分析出导致我们遭到挫折，甚至失败的原因。

凡是不能成大事者，都有一个通病，即在失败、挫折面前一蹶不振，从而在任何事情前都没有信心，甚是脆弱得像一棵小草。他们经常说的一句话是："啊！我没有能力做这件事，真的，我好怕。"这种话，除了给自己留一条退路，为自己的失败寻找借口之外，没有任何积极的意义。

把过去到昨天为止所有令你苦恼、悲伤或失败的事，都作为自己的祝福吧。当清晨天明时就去面对一个崭新的挑战，抹掉旧的悲伤和过去的罪恶，那些未来可预知的痛苦，也要完全擦拭掉。虽然过去是失败的连续，但不管过去怎样，也不管将来可预想到的阻碍是如何，我们都必须把握今天，勇敢又坚强地发挥自己的优势，把成大事者的天梯搬到自己的面前。

人生感悟

挫折逆境最怕人的坚韧意志。顽强的意志，正是陶铸辉煌人生的洪炉。

屡败屡战才是英雄

失败是一个过程，而非一个结果；是一个阶段，而非全部。正在经历的失败，是一个"尚在经受考验"的过程。

"屡战屡败"改为"屡败屡战"，虽是文字上的简单调换，却反映出面对失败的两种心境。

在一次别开生面的人才招聘会上，A君以其绝对的实力闯过了5关，不知最后一关会是什么。A君在揣摩着。而另一位同是某名牌大学毕业的B君，则有两关是勉强通过的。此时，他们都在等待着那第6关考题的公布，这将是对他们的最后一次宣判，因为两个当中只能选一个。

A君入选是无疑了。大家都向他投去赞赏的目光。

主持者在片刻的有些令人窒息的"冷场"之后开始宣布：A君被录取，B君另谋高就。宣布完后，A君兴奋地站起来，抑制不住心中的激动之情带头为自己鼓掌。

这时，B君不卑不亢地起身微笑着说："哦，所谓人各有志，选择人才是择优录取，更何况每个单位都有它用人的标准和尺度，每个人都想找到、也会找到自己适合的位置。好了，再见。"

"B先生请留步！"主持者面带欣喜起身走向B君，"B先生，你也被录取了。"

接着，主持者向大会郑重宣布：成功与失败本是两个相互依存的概念，是相对而存在的，该是平等的，如果把任何一方看得过重，这个天平就要失衡，在这个世上生存或是发展，我们不能只羡慕成功者的辉煌，而应更看重能镇定自若面对失败的人。因为，每一个成功实际上是以许多的失败为起点的，在起点上都坚持不住的人，何谈以后漫漫长途呢！全场响起热烈的掌声。

还有这样一则寓言：

两只青蛙在觅食中，不小心掉进了路边一只牛奶罐里，牛奶罐里还有为数不多的牛奶，但是足以让青蛙们体验到什么叫灭顶之灾。

一只青蛙想：完了，全完了，这么高的一只牛奶罐啊，我是永远也出不去了，于是，它很快就沉了下去。

另一只青蛙在看见同伴沉没于牛奶中时，并没有沮丧，而是不断告诫自己："上帝给了我坚强的意志和发达的肌肉，我一定能够跳出去。"它每时每刻都在鼓起勇气，鼓足力量，一次又一次奋起、跳跃——生命的力量与美展现在它每一次搏击与奋斗里。

不知过了多久，它突然发现脚下黏稠的牛奶变得坚实起来。原来，它的反复践踏和跳动，已经把液状的牛奶变成了奶酪！不懈地奋斗和挣扎终于换来了自由的那一刻。它从牛奶罐里轻松地跳了出来，重新回到绿色的池塘里，而那一只沉没的青蛙就留在了那块奶酪里，它做梦都没有想到会有机会逃出险境。

因此，你应明白：失败是一个过程，而非一个结果；是一个阶段，而非全部。正在经历的失败，是一个"尚在经受考验"的过程。

人生感悟

人生最大的光荣，不在于从不失败，而在于能屡仆屡起。

真正的强者永不言败

林肯生下来就一贫如洗，终其一生都在面对挫败，八次竞选八次落败，两次经商失败，甚至还精神崩溃过一次。好多次，他本可以放弃，但他并没有如此，也正因为他没有放弃，才成为美国历史上最伟大的总统之一。如果你想知道有谁从未放弃，那就不必再寻寻觅觅了！坚持到底的最佳实例可能就是亚伯拉罕·林肯。

以下是林肯进驻白宫前的简历：

1818 年，母亲去世。

1831 年，经商失败。

1832 年，竞选州议员但落选了。工作也丢了，想就读法学院，但进不去。

1833 年，向朋友借钱经商，但年底就破产了，接下来他花了 16 年，才把债还清。

1834 年，再次竞选州议员，获胜。

1835 年，订婚后即将结婚时，未婚妻却死了。

1836 年，精神完全崩溃，卧病在床 6 个月。

1838 年，争取成为州议员的发言人没有成功。

1840 年，争取成为选举人但又失败了。

1843 年，参加国会大选落选。

1846 年，再次参加国会大选。这次当选了，前往华盛顿特区，表现可圈可点。

1848 年，寻求国会议员连任失败。

1849 年，想在自己的州内担任土地局长被拒绝。

1854 年，竞选美国参议员落选。

1856 年，在共和党的全国代表大会上争取副总统的提名，得票不到一百张。

1858 年，再度竞选美国参议员，再度落败。

1860 年，当选美国总统。

"此路艰辛而泥泞。我一只脚滑了一下，另一只脚也因而站不稳；但我缓口气，告诉自己，这不过是滑一跤，并不是死去而爬不起来。”林肯在竞选参议员落败后如是说。

在人生的道路上，很少有人会一举成功，在经历几次正常的失败后，不是每个人都能坚持到底，朝着自己理想的目标继续奋斗。他们选择的往往是向命运低头，干着低等、重复、枯燥、收入微薄的工作。虽然劳动无贵贱之分，但每个人都应当有适合他自身个性和能力的工作。如果他天生只有这个能力还罢，否则，他的才能首先就被自己软弱的意志扼杀了。

机会要靠自己去寻找去把握，不多试几次，怎么知道自己行不行？有时甚至重新走到自己失败的地方，经过拼搏重新站起来。法国大文豪巴尔扎克曾经不顾家人的反对，立志从事文学创作，然而在初期创作失败后，为了维持家庭的生活，他决定投笔从商。他从事出版业受尽人家的欺骗，很快又失败了，接着他又改行当起了印刷厂的老板。可不管他如何拼命挣扎，也还是失败，并欠下了巨额债务。他静下心来，慎重考虑，觉得自己还是从事文学比较有把握，于是他再次走进自己的作坊，夜以继日地工作，终于在文学上取得巨大的成功，成为世界一流的文学巨匠。

再给自己一次机会，常常会有意想不到的收获。你以前作出的努力不会白费，它至少使你积累经验或可避免重蹈覆辙。关键是要有尝试的胆量和面对失败的勇气，只要坚持不懈，梦想总会变成现实。

我们应该相信古老的成功法则：每失败一次就等于走向成功一次，这一次的拒绝就是下一次的赞同，这一次皱起的眉头就是下一次舒展的笑容，今天的不幸，往往预示着明天的好运。当你遭人拒绝时，不妨一试再试直到某一天的成功；当你筋疲力尽时，不妨尝试抵制回家贪图享受的诱惑。不要因为昨日的成功而感到满足，这是失败的先前，也不要因为昨日的失败而感到气馁。我们做任何事，要想成功，就必须坚持到底。

人生感悟

顽强的毅力可以征服世界上任何一座高峰。

第七章　拿得起，还得放得下

拿得起是本事，放得下是智慧。拿得起放不下，包袱就会压在身上，拿得起放得下才是潇洒。所以，拿得起一定还得放得下。

有一种坚强叫放弃

这个世界上有一种坚强叫做放弃，心中贪念使我们放不下，内心的欲望与执著使我们一直受缚，我们唯一要做的，只是将我们的双手张开，放下无谓的执著。放手，带来更大的释放。放弃，不代表对生活的失职，它也是人生中的契机。

有这样一道测试题：

在一个暴风雨的晚上，你经过一个车站，有三个人正在等公共汽车。一个是快要死的老人，好可怜的。一个是医生，他曾救过你的命，是大恩人，你做梦都想报答他。还有一个女人／男人，她／他是那种你做梦都想娶／嫁的人，也许错过就没有机会了。但你的车只能坐一个人，你会如何选择？请解释一下你的理由。

这道题中，无论你选择哪一个答案都可以为自己找到合适的理由：老人快要死了，你首先应该先救他。然而，每个老人最后都只能把死作为他们的终点站，你先让那个医生上车，因为他救过你，你认为这是个好机会报答他。同时有些人认为一样可以在将来某个时候去报答他，但是你一旦错过了这个机会，你可能永远不能遇到一个让你那么心动的人了。

在200个应征者中，只有一个人被雇佣了，他并没有解释他的理由，他只是说了以下的话，“给医生车钥匙，让他带着老人去医院，而我则留下来陪我的梦中情人一起等公车！”

几乎所有的人都认为以上的回答是最好的，但是只有他一个人想到了。

是否是因为我们从未想过要放弃我们手中已经拥有的优势（车钥匙）？有时，如果我们能放弃一些我们的固执、褊狭和一些优势的话，我们可能会得到更多。

富裕社会有两样东西太多：第一是信息，第二是食物。信息喂养脑袋，太多信息叫我们疲惫不堪；食物填饱肚腹，太多食物叫我们身体过重。我们每天接触各种电子媒体诸如电视、收音机、互联网，及传统媒体如报纸、杂志及灯箱广告，它们都用尽办法向受众灌输信息，情形有点像吃自助餐。美食当前，什么都想吃掉，无奈肚子与脑袋有限，我们只有选择。

大家真要好好地想想，我们到底需要的是什么？是不是有些东西是可以放下的？

印度诗人泰戈尔曾说：“在我的生命中有些地方是空白的、娴静的，这些地方都是空旷之区，我忙碌的日子便在那里得到了阳光与空气。”

能舍是领略素朴之美的首一要件，舍弃过多的繁文缛节，包装文饰，让被五光十色、缤纷斑斓刺激得麻木的心灵，能完全释放出来，回到纯粹真实的感觉。这种返璞归真及对素朴之美的向往，不是无知盲从，而是一种生命的自觉圆满和对感官泛滥的省思，全然发自内在的心悦诚服，陶然自得。

有人说，生命是一支铅笔，总是越削越短；也有人说，生命是一根蜡烛，总会燃尽。无论生命是什么，它所证明的只有一个意思：这世上有太多的东西可以重复，唯有生命，一去不返，永不循环！与生命本身相比，浮华名利，外在的不幸遭遇是不是很轻薄？

不要贪图浮华名利，它必然会束缚你的手脚，阻碍你前进的步伐，你的生命将会因此而失色。所以，该放弃的就要放弃，那样的你才能轻装前进，你的步伐显得那样地轻盈，你的速度会令人感到如此惊诧，当然，目标也就离你越来越近。在别人羡慕的目光中，你的人生因此而精彩。

人生感悟

只有懂得放弃，心中的那扇天堂之门，才会为自己敞开。

最简单其实最精彩

中国作家刘心武说："在五光十色的现代世界中，让我们记住一个古老的真理：活得简单才能活得自由。"

的确，简单是一种美，是一种朴实且散发着灵魂香味的美。

简单是一种智慧，是一种经历复杂之后的更上层楼的彻悟。

我们常常会叹息生活这部车太沉、太重，累得我们疲惫不堪，几乎要迷失方向。于是心生疑惑：是自己缺少热情和精力去面对生活，还是生活本身就如此呢？

人来到这个世上，并非为了受苦受累。寻找生活的乐趣、追求人生的幸福才是人类永恒的追求。有人说，没有最好的生活，只有最好的设计，这是很有道理的。生活轻松快乐与生活劳累烦闷的感觉，大半是由自己营造出来的。

现代人的生活太复杂了，到处都充斥着新奇和时髦的事物。被这样复杂的生活所牵扯，我们能不疲惫吗？

梭罗有一句名言感人至深："简单点儿，再简单点儿！奢侈与舒适的生活，实际上妨碍了人类的进步。"他发现，当他生活上的需要简化到最低限度时，生活反而更加充实。因为他已经无须为了满足那些不必要的欲望而使心神分散。

简单做人，不依附权势，不贪求名利、金钱，无怨无争，也是一种人生。这种人生为自己而活，不必看别人的脸色行事，想笑就笑，想哭就哭，快乐自在。虽然没有人送礼，没有人吹捧，但也没有人惦记，出门不用小心坏人，单位不用提防小人，生活反而更轻松。这种人生才更精彩。

简单做人，洒脱自在。简单是一种平淡，但不是单调；简单是一种平凡，但不是平庸；简单是一种美，是一种原汁原味的美。

说有一个人几年前厌倦了城市生活，于是辞去了工作，卖掉房屋，携带妻儿出外漫游。回来以后，他们租了一间宽敞明亮的公寓，这为他们省下很多开支。当他们想再去旅行的时候，也不再觉得房产是沉重的负担。他们看起来就像是生活朴素而逍遥自在的人。

租房子的好处是不会有巨大的经济压力，租房的费用与买房相比简直不值一提。租房也意味着很多的选择，对现在的状况不满意了，就简单地改变一下。很多租房的人他们并没有一点漂泊不定的感觉，相反，从某种意义上说，他们有更多的时间和精力去从事自己喜欢的活动，得到更多快乐。当然这些只是一方面，或许有人更偏爱拥有房子的感觉，那就为它而努力吧，这样你也是快乐的。

在社会中与人更好的相处是正常的，它是生活的一部分。与人相处不好会让我们感到不愉快，甚至非常痛苦。我们需要朋友，这能减少我们的孤独，让我们感觉安全。但当朋友带来的痛苦多于快乐时，你就应该勇敢地结束这种友情。总之，如果学会简化生活，那么生活这部车子就会跑得快跑得欢了。

“简化”是生活中第一要做的事情。就像美丽精致的杂物一样，再好，也是杂物，应该从生活中坚决剔除出去。

简化的第一步就是要知道什么是自己真正想要的。不妨在手边常备一张便条纸、一支笔，把自己想要的东西、想完成的改变列个清单。当达到其中一项目标时，你会有强烈的成就感和满足感；如果暂时做不到，那么只是把它放在清单上就好了。过一段时间，你可能会惊奇地发现有的愿望居然自己实现了；或者你不再那么想要它。

简化生活就是要做到心存简单，不要让太多的欲望拖着上路，不要总认为别人拥有的自己也应当拥有，终日惶惶不安地迷失在自己制造的种种需求中，在物欲的罗网里苦苦挣扎；简化生活，就是要安于淡泊、远离名利，不要让太多的虚荣不停地抽打生活的陀螺，不要让太多的名利思想遮去心头灿烂的阳光；简化生活就是积极创造生活、热爱生活。我们不能以被动的消极姿态去对待生活。

简单的生活是有目的的生活，保证有时间做自己想做的事，而不是让时光在繁乱的家事中流走。

简单的生活是对自身、对环境保持真实，发现生活各个方面的合适位置。这是崇高的。

简单的生活是将生活和现实（有限的收入、时间和精力）与价值结合，并将它们应用到一种舒适、有效的生活方式中。它是一种“生活的艺术”，是一种谋求生存、面对自我和勇于革新的艺术。

记住，最简单的生活往往才是最精彩的！

人生感悟

活得简单才能活得自由。

放弃是一种解脱

现实生活中往往有很多人放不下，总是希望拥有一切，似乎拥有的越多，人越快乐。可是，突然有一天，我们忽然惊觉：我们的忧郁、无聊、困惑、无奈，都是因为我们渴望拥有的东西太多了，或者太执著了。不知不觉中，我们已丧失了一切本源的快乐。

我们肩上的重担，心上的压力，岂止手上的花瓶？这些重担与压力，可以说使人生活过得非常艰苦。必要的时候，佛陀指示的“放下”，不失为一条幸福解脱之道！

我们常说：“拿得起，放得下”，其实，所谓“拿得起”，指的是人在踌躇满志时的心态，而“放得下”，则是指人在遭受挫折或者遇到困难或者办事不顺畅以及无奈之时应采取的态度。一个人来到世间，总会遇到顺逆之境、迁调之遇、进退之间的各种情形与变故的。范仲淹说“不以物喜，不以己悲”，有了这样一种心境，就能对大悲大喜、厚名重利看得很小很轻很淡，自然也就容易“放得下”了。

是啊，该放弃的不放弃，有时候反而是你的一种负累，你什么都想拥有，最终有可能一无所有。生活给予你的是有限的生命、有限的资源，所以你必须放弃一些不该拥有的，选择一些适合你自己应该拥有的。想拥有的太多，你的生命将何以堪？什么也不愿放弃的人，常常会失去更有价值的东西。

不要把你的生命浪费在最终要化为灰烬的东西上，放弃那些不适合自己去充当的角色，放弃束缚你手脚的那些沉重包袱。用你旺盛的精力和灵光的智慧去追求你真正应该有的东西，十分努力地做好自己应该做的事情，追求自己的人生目标，实现自己的人生价值。

你是否抱怨生活太累太累，其实是你没有学会有所放弃，你何不尝试放弃一些包袱和拖累，而轻装前进呢？

放弃那些包袱和烦恼，你就会心情放松。放弃会使你变得更精明，更能干，更有力量。你可以从自身的条件和所处的环境出发，做你自己力所能及的事情，倘若有不切实际的事情，那你就要勇于放弃。因为放弃是走向生活的另一个起点，放弃并不意味着失败，而是另一个希望的诞生。

现在的放弃，是为了将来的得到，放弃这个，是为了得到那个。

想干一番大事业的人都知道何时放弃，放弃什么，如何放弃。你想有所成，就必须学会何时放弃，放弃什么，如何放弃。

两个和尚一道到山下化斋，途经一条小河，两个和尚正要过河，忽然看见一个妇人站在河边发愣，原来妇人不知河的深浅，不敢轻易过河。一个年纪比较大的和尚立刻上前去，把那个妇人背过了河。两个和尚继续赶路，可是在路上，那个年纪较大的和尚一直被另一个和尚抱怨，说作为一个出家人，怎么背个妇人过河，甚至又说了一些不好听的言语。年纪较大和尚一直沉默着，最后他对另一个和尚说："你之所以到现在还喋喋不休，是因为你一直都没有在心中放下这件事，而我在放下妇人之后，同时也把这件事放下了，所以才不会像你一样烦恼。"

放下是一种觉悟，更是一种心灵的自由。

只要你不把闲事常挂在心头，你的世界将会是一片风光霁月，快乐自然愿意接近你！

庄子云："人生如白驹过隙。"哲人的结论难道不能使人有些启迪么？我辈何不提得起，放得下，想得开，做个快乐的自由人呢？

非洲土人会用一种奇怪的狩猎方法捕捉狒狒：在一个固定的小木盒里面，装上狒狒爱吃的坚果，盒子上开一个小口，刚好够狒狒的前爪伸进去，狒狒一旦抓住坚果，爪子就抽不出来了，人们常常用这种方法捉到狒狒。因为狒狒有一种习性，不肯放下已经到手的东西。

人们总会嘲笑狒狒的愚蠢，为什么不松开爪子放下坚果逃命呢？但人们为什么没有审视一下自己呢？并不是只有狒狒才会犯这样的错误。

一个人，背着包袱走路总是很辛苦的，该放弃时就应果断地放弃，生活中有得必有失，正所谓"失之东隅，收之桑榆"。静观世间万物，体会与世一样博大的诗意，适当地有所放弃，这正是获得内心平衡，获得快乐的好方法。

生命如舟，人的一生载不动太多的物欲和奢求。放弃那些根本不可能实现或带你走上悲剧性道路的欲念吧？不然，生命之舟就有沉没的危险。而在放弃之后，你会发现人生更加轻松而坚强！

人生感悟

放弃是一种智慧。有选择就有放弃，学会放弃也是一种生命的解脱。

无所求便是追求

道家的"无为"并非是"无所作为"、"碌碌无为"，什么事也不做，只是不做那些愚蠢的、无效的、无益的、无意义的，乃至无趣无聊，而且有害有伤有损有愧的事。无为是一种超然的智慧，它又体现为一种快乐原则。因为只有无为才能摆脱世俗名利的缠绕和羁绊，才会不为名利所累，金钱所惑，才不会自寻烦恼。当然这里并不是说，人们不应该去追求功名。无论是为官从政，还是经商下海，人人都想功成名就，这是正当的追求，无可厚非。说无为，是"而治"的无为，在名利问题上，要拿得起，放得下，一边享受着名利，一边又不为名利所困扰，所羁绊。

无为的要义在于使自己脱离低级趣味，不纠缠于鸡毛蒜皮之事，不醉心于蝇营狗苟之为。一个事无巨细都上心都操劳的人不会有成绩，一个斤斤计较于蝇头小利的人不会有作为，一个热衷于关系学的人不会有真正的建树，一个拼命做表面文章的人不会有深度，一个孜孜求成的人反而成功不了。一定要放弃许多诱惑，不仅是声色犬马消费享乐的诱惑，而且是小打小闹急功近利窍门捷径事半功倍的做事的诱惑，才能有所为。有心栽花花不发，无心插柳柳成荫，正好说明强求而不得。

我们为什么会有太多的强求呢？这其实是欲望的驱使，是幻想的冲动，是不切合实际的索取。

不知足是一种最原始的心理需求，无所求则是一种理性思维后的达观与开脱。

无所求能使人平静、安详、达观、超脱；不知足使人骚动、搏击、进取、奋斗；知足贵在知不可行而不行。若知不行而勉为其难，势必劳而无功。无所取，无所求，就不会有太多的思想负荷。在知足的心态下，一切都会变得合理、正常、坦然，我们还会有什么不切合实际的欲望和要求呢？

无所求是一种境界。无所求的人总是微笑着面对生活，在无所求的人眼里，世界上没有解决不了的问题，没有淌不过去的河，他们会为自己寻找合适的台阶，而绝不会庸人自扰。

无所求是一种大度。大“肚”能容天下事，在无所求的人眼里，一切过分的纷争和索取都显得多余。在他们的天平上，没有比知足更容易求得心里平衡了。

无所求是一种宽容。对他人宽容，对社会宽容，对自己宽容，这样才会得到一个相对宽松的生存环境，这难道不值得庆贺嘛。知足常乐，此之谓也。

有时候，快乐是不需要理由的，朋友的一声问候，同事或者领导的一句赞扬，都能够让我们感受生命的美好。

人总是要有点精神的，也总是要有点追求的。这无疑也是给我们的生活带来生机和活力，每每获得了一点点收获，有了一点点成就，细心的人，会感受到生命的美好，活着的幸福。

很多人还记得古人写的那首《不知足歌》。这首歌虽然有封建时代的局限性，但却不失诫世的意义。其词是这样的：

终日茫茫只为饥，方得饱来便思衣。
衣食两般俱丰足，房中又少美貌妻。
娶下娇妻并美妾，出入无轿少马骑。
骡马成群轿已备，田地不广用难支。
买得田园千万顷，又无官职被人欺。
七品五品犹嫌小，四品三品犹嫌低。
一品当朝为宰相，又想神仙对局棋。
种种妄想无止息，一棺长盖念方止。

这首歌的作者最后说：“不知足”乃人间活地狱，活百年也无一刻之乐境，每日只生无限之愁叹！

其实，幸福是一种感受。人们不要忽略了就在身边的幸福。比方，一个美满的家庭，成员同舟共济，一片温馨气氛；一份尚可的工资，虽然日子过得紧巴点儿，但粗茶淡饭管饱，全家与富贵病无缘；祖上不曾显赫过，更没有远涉重洋的经历，但却留下为人要靠自己诚实劳动的遗训，活得分外踏实；父母没大本事，没有能力庇荫自己下海发财，入仕高升，但却教给自己乐观向上、诚挚待人，因而人际关系融洽自在；乃至生个孩子，既不是天才，也不白痴，但却懂得孝顺父母，自尊自爱，令父母省去了许多麻烦等等。我们身边的幸福无处不在，这些看来似乎都很平淡，却恰恰是普通人都正在享受的幸福。只不过人的感受不同而已。有的人感觉到了，确实幸福只是一种感觉；有的人却完全没有感到，他们抱怨生活总是亏待了自己。

现在有一个很流行的说法：不要活得太累。这话的意思是告诫人们不要自寻烦恼，而要自寻乐趣，活得自在一些。那么，无所求便是最高意义的追求，达到此境界，必能领会快乐的真意。

人生感悟

不要让自己活得太累，无所求便是追求。

一切都是最好的安排

生命本来就不是能被安排的，因此我们应该相信“所有的安排，都是最好的安排”！

从前有一个国家，地不大，人不多，但是人民过着悠闲快乐的生活，因为他们有一位不喜欢做事的国王和一位不喜欢做官的宰相。

国王没有什么不良嗜好，除了打猎以外，最喜欢与宰相微服私访。

宰相除了处理国务以外，就是陪着国王下乡巡视，如果是他一个人的话，他最喜欢研究宇宙人生的真理，他最常挂在嘴边的一句话就是“一切都是最好的安排”。

有一次，国王兴高采烈的到大草原打猎，随从带着数十条猎犬，声势浩荡。

国王的身体保养得非常好，筋骨结实，而且肌肤泛光，看起来就有一国之君的气派。

随从看见国王骑在马上，威风凛凛地追逐一头花豹，都不禁赞叹国王勇武过人！花豹奋力逃命，国王紧追不舍，一直追到花豹的速度减慢时，国王才从容不迫弯弓搭箭，瞄准花豹，嗖的一声，利箭像闪电似的，一眨眼就飞过草原，不偏不倚钻入花豹的颈子，花豹惨嘶一声，仆倒在地。

国王很开心，他眼看花豹躺在地上许久都毫无动静，一时失去戒心，居然在随从尚未赶上时，就下马检视花豹。

谁想到，花豹就是在等待这一瞬间，使出最后的力气，突然跳起来向国王扑过来。

国王一愣，看见花豹张开血盆大口咬来，他下意识地闪了一下，心想：“完了！”还好，随从及时赶上，立刻发箭射入花豹的咽喉，国王觉得小指一凉，花豹就闷不吭声跌在地上，这次真的死了。

随从忐忑不安走上来询问国王是否无恙，国王看看手，小指头被花豹咬掉小半截，血流不止，随行的御医立刻上前包扎。

虽然伤势不算严重，但国王的兴致被破坏光了，本来国王还想找人来责骂一番，可是想想这次只怪自己冒失，还能怪谁？所以闷不吭声，大伙儿就黯然回宫去了。

回宫以后，国王越想越不痛快，就找了宰相来饮酒解愁。

宰相知道了这事后，一边举酒敬国王，一边微笑说：

“大王啊！少了一小块肉总比少了一条命来得好吧！想开一点，一切都是最好的安排！”

国王一听，闷了半天的不快终于找到宣泄的机会。

他凝视宰相说：“嘿！你真是大胆！你真的认为一切都是最好的安排吗？”

宰相发觉国王十分愤怒，却也毫不在意说：“大王，真的，确确实实，一切都是最好的安排！”国王说：“如果寡人把你关进监狱，这也是最好的安排？”宰相微笑说：“如果是这样，我也深信这是最好的安排。”

国王说：“如果寡人吩咐侍卫把你拖出去砍了，这也是最好的安排？”

宰相依然微笑，仿佛国王在说一件与他毫不相干的事。

“如果是这样，我也深信这是最好的安排。”

国王勃然大怒，大手用力一拍，两名侍卫立刻近前，他们听见国王说：“你们马上把宰相抓出去斩了！”侍卫愣住，一时不知如何反应。

国王说：“还不快点，等什么？”侍卫如梦初醒，上前架起宰相，就往门外走去。国王忽然有点后悔，他大叫一声说：“慢着，先抓去关起来！”

宰相回头对他一笑，说：“这也是最好的安排！”

国王大手一挥，两名侍卫就架着宰相走出去了。

过了一个月，国王养好伤，打算像以前一样找宰相一块儿微服私巡，可是想到是自己亲口把他关入监狱，一时也放不下身段释放宰相，叹了口气，就自己独自出游了。

走着走着，来到一处偏远的山林，忽然从山上冲下一队脸上涂着红黄油彩的蛮人，三两下就把他五花大绑，带回高山上。

国王这时才想到今天正是满月，这一带有一支原始部落，每逢月圆之日就会下山寻找祭祀满月女神的牺牲品。

他哀叹一声，这下子真的是没救了。其实心里却很想跟蛮人说：我是国王，放了我，我就赏赐你们金山银海！

可是嘴巴被破布塞住，连话都说不出口。

当他看见自己被带到一口比人还高的大锅炉前，柴火正熊熊燃烧，脸色变得惨白。

大祭司现身，当众脱光国王的衣服，露出他细皮嫩肉的龙体，大祭司啧啧称奇，想不到现在还能找到这么完美无瑕的祭品！

原来，今天要祭祀的满月女神，正是“完美”的象征，所以，祭祀的牲品丑一点、黑一点、矮一点都没有关系，就是不能残缺。

就在这时，大祭司终于发现国王的左手小指头少了小半截，他忍不住咬牙切齿咒骂了半天，忍痛下令说：“把这个废物赶走，另外再找一个！”

脱困的国王大喜若狂，飞奔回宫，立刻叫人释放宰相，在御花园设宴，为自己保住一命、也为宰相重获自由而庆祝。

国王一边向宰相敬酒说：“爱卿啊！你说的真是一点也不错，果然，一切都是最好的安排！如果不是被花豹咬一口，今天连命都没了。”

宰相回敬国王，微笑说：“贺喜大王对人生的体验又更上一层楼了。”

过了一会儿，国王忽然问宰相说：“寡人救回一命，固然是‘一切都是最好的安排’，可是你无缘无故在监狱蹲了一个月，这又怎么说呢？”

宰相慢条斯理喝下一口酒，才说：“大王！您将我关在监狱，确实也是最好的安排啊！”他饶富深意她看了国王一眼，举杯说：“您想想看，如果我不是在监狱，那么陪伴您微服私巡的人，不是我还会有谁呢？等到蛮人发现国王不适合拿来祭祀满月女神时，谁会被丢进大锅炉中烹煮呢？不是我还有谁呢？所以，我要为大王将我关进监狱而向您敬酒，您也救了我一命啊！”国王忍不住哈哈大笑，朗声说：“干杯吧！果然没错，一切都是最好的安排！”

常常想到一切都是最好的安排，心里会柔和谦虚，待人会更随和亲切。不管是什么样的身份，什么样的环境，都不会惊动你的心，心如止水，这代表的是一种超越的心情，不斤斤计较得与失，不耿耿于怀是与非，因为这一切都是最好的安排。

抱持着这一切都是最好的安排的观念，不是一种消极的思想，反而是超越的自得，如同保罗所言：“随事随在，我都得了秘诀。”

相信一切都是最好的安排，能使我们沉迷时变得清醒，贪求时变得淡泊，软弱时变得坚强，娇纵时变得谦逊，颓丧时变得积极，愁苦时变得欢快，对任何事也便拿得起，放得下，甩得开。任何人达到了这种境界，精神的天空晴空一碧，云卷云舒，多么令人神往！

人生感悟

心中看开，所有的安排，都是最好的安排！

比上不足是挑战，比下有余是开悟

化妆品行业里很少有人会不知道李菁和李礼这两个名字，这两朵姊妹花自 1995 年以来一直效力于法意公司，而这家公司先后作为纪梵希、范思哲、幽兰、安娜苏等国际知名化妆品品牌的中国地区总代理，曾在进口化妆品市场中独霸一方。李菁和李礼的名字也总是一起出现，一个是市场部总监，一个是销售部总监，她们曾为这些品牌在中国的推广创下了骄人的战绩。

这两个女孩都出生于 20 世纪 70 年代，受过良好的高等教育。可任何美好事物的背后都不像表面那么光鲜。

刚出道时的李菁一身学生气，提着满满一箱化妆品的样品去拜访北京各大百货商场的化妆部经理，她曾被不分青红皂白地骂出门去："外语系毕业的小姑娘，不去外企大公司，跑到这儿来卖什么化妆品？也不怕掉价儿……"李礼的运气也好不到哪儿去，为了帮公司争取到优惠的合作条件，她曾在烈日炎炎下的马路上一坐就是6个小时，才把主事儿的人——商场业务主管等回来。

李菁和李礼是幸运的，至少她们选择了一项自己热爱的职业并为之努力。"你不知道刚开始有多苦，"李菁说，"我们根本没有休息日，白天盯销售，晚上盘库存。常常是商场一开门就冲进去，晚上关门后才出来。整日和销售员一起站着，做促销，搞活动。我们之所以可以坚持下来，就是因为从来没有把自己摆得过高。累的时候，想想那些成功的人，就觉得前路有希望；觉得无法忍受的时候，想想那些促销员，他们比我们辛苦多了，这样一想，心里就舒坦了。比上不足，比下有余嘛！"

她们对成功的定义就是要"开心"，要"感觉好"。每当有不顺心的事，就宽慰自己一句"比上不足，比下有余"，烦闷也就随着一笑而散去了。

我们小时候常听到的一首歌谣就是：人家骑马咱骑驴，走路遇见个挑担的，比上不足比下有余。人活着就要经常跟别人比，跟比尔·盖茨比么？跟乔丹、姚明比么？条件能力相差太远，看着人家发财不会眼红。一般还是跟周围的那些自己觉得不如自己的现在过得比自己强的人比，这么一比，就来火了，郁闷了。

人往往就是这样，很多烦恼都是因觉得不如周围的人而徒生出来的，世上本无事，庸人自扰之。人家固然有不如你的地方，但不是处处不如你，人家过得比你好，说明他某些方面还是比你强，想明白了这些也就会没有心结了。如果你还是想不开，那就跟那些不如你的人比比，做一回阿Q！

唐时有一位不太出名的诗人，叫王梵志，写了一首不太出名的打油诗：

他人骑大马，
我独跨驴子，
回顾担柴汉，
心下较些子。

他的意思是，看到别人骑大马，自己只能跨一头瘦驴子，不免有一丝难过，不过，回头一看，看到一个比自己的瘦驴还要瘦的老汉，挑着一担柴去集市卖，于是他马上就释然了。

每个人都应该有一个比较切合自己实际的自我期望值，要承认人是有个体差异的，你不可能什么都比别人强，既要看到自己的优势，也要承认自己的不足。要允许自己在某些方面不如别人。要有"比上不足，比下有余"的心理，坚信"天生我材必有用"，只要自己尽力了，就不要因为没有达到既定的目标而有过多的自责。这样，你的心理肯定可以宽慰许多。

比上不足是挑战，比下有余是开悟。当我们生活顺利、春风得意时，满心开怀之余，一定要提醒自己不能目中无人，自视甚高。谦虚待人，与人为善之外，还要能乐于助人。所谓"人外有人，天外有天"，猴子再会爬树，都有摔下来的一天。无论是工作、家庭、学业、待人、处事等方面，都不能迷失于掌声之中，只有谦卑看自己，才能不断地突破自己更上层楼！相反的，倘若站在高处而忘形忘我，一旦失足坠地，悔之晚矣。

当我们遭遇生活的不顺遂时，看看那些生命的斗士，手足残缺，生命却灿烂无比；绝症患者为争取生命长度，坚强地呼吸着一分一秒的空气。与其沉溺悲情、妄自菲薄、怨天尤人，不如以"比下有余"来惕励自己：四肢健全怎能作"穷途末路"之叹呢？

所谓知足常乐，也不过如此。

人生感悟

做人关键是心态。比上不足是挑战，比下有余是开悟。

感情不必太强求

一个女孩失恋分手了，哭着去见上帝。上帝问她："你为什么这么难过？"

"他离开我了。"

"你还爱他吗？"

女孩重重地点了点头。

"那他还爱你吗？"

女孩想了想，哭了。

上帝笑了说："那么该哭的人是他，你只不过是失去了一个不爱你的人。而他失去的是一个深爱他的人。"

这个故事恰如其分地告诉我们，如果失恋分手了，请不要哭泣！当爱已成往事，潇洒地和他说"再见"吧！

喜欢一个人，就要让他快乐，让他幸福，使那份感情更诚挚。如果你对一份感情过于贪婪甚至疯狂，那你还是放手吧，要有勇气学会放弃，因为放弃也是一种美丽。

许多事情，总是在经历过以后才会懂得。一如感情，痛过了，才会懂得如何保护自己；傻过了，才会懂得适时地坚持与放弃。在得到与失去中我们慢慢地认识自己。其实，生活并不需要这么无谓地执著，没有什么真的不能割舍。学会放弃，生活会更容易。

每一份感情都很美，每一程相伴也都令人迷醉。是不能拥有的遗憾让我们无限眷恋，是夜半无眠的思念让我们更觉留恋。感情是一份没有答案的问卷，苦苦的追寻并不能让生活更圆满。也许一点遗憾、一丝伤感，会让这份答卷更隽永，也更久远。

收拾起心情，继续走吧。错过太阳，你将获得星星；错过他，我才遇见你。继续走吧，你终将收获自己的美丽。

爱情没有永久的保证书。有个男士饱受一位前女友的骚扰，骚扰范围之广，等于古代的"诛九族"，所有亲戚朋友都备受这位不甘离去的女友的电话恐吓。后来他亲自去恳谈和解时才发现，原来他的前女友已经有了新的同居人——她自己有新欢，但就是不让他轻松如意。新的已来，旧爱还不愿割去。

还有一个令人震惊的例子，一位在婚姻关系中不断有外遇的丈夫，在与前妻离婚后，过了几年，还来泼前妻硫酸，导致前妻一眼失明，全身百分之四十烧伤。她失去工作，严重地破了相，必须抚养两个孩子，更担心因伤害罪入狱的前夫假释出狱，继续伤害她。更可怕的是她的前夫沾沾自喜地叫人传话过来："现在你没人要了吧，我还是可以要你，你乖乖把孩子带好……"

一个永远不想失去你的人，未必是爱你的人，未必对你忠心耿耿。有时只是一个脑袋不清的强烈占有欲者，他们会做出各种"损人不利己"的事情，还如此理所当然。

在心中如果有"曾经拥有就永远不要失去"的偏执狂与占有欲，越想要获得爱的永久保证书，就会越走越偏离良心。

有时候，为了强求一样东西而令自己的身心疲惫不堪，是很不划算的。况且，有些东西是"只可远观而不可近瞧的"，一旦你得到了它，日子一久你会发现其实它并不如原本想象中的那么好。如果你再发现你失去的和放弃的东西更珍贵的时候，你一定会懊恼不已。所以也常有这样的一句话，"得不到的东西永远是最好的"。所以当你喜欢一样东西时，得到它也未必是你最明智的选择。

凡事不必太在意，更不需去强求，就让一切随缘。逃避，不一定躲得过；面对，不一定最难过；孤独，不一定不快乐；得到，不一定能长久；失去，不一定不再拥有。你可能因为某个理由而伤心难过，但你总能找个理由让自己快乐。两个人不能快乐，不如一个人快乐；两个人痛苦，不如成全一个人的快乐。

人生感悟

凡事不必太在意，更不需要去强求，就让一切随缘。

我看开，我快乐

第一个故事：

一个人坐在轮船的甲板上看报纸。突然一阵大风把他新买的帽子刮落大海中，只见他用手摸了一下头，看看正在飘落的帽子，又继续看起报纸来。另一个人大惑不解："先生，你的帽子被刮入大海了！""知道了，谢谢！"他仍继续读报。"可那帽子值几十美元呢！""是的，我正在考虑怎样省钱再买一顶呢！帽子丢了，我很心疼，可它还能回来吗？"说完那人又继续看起报纸来。

第二个故事：

一位70多岁的日本老先生，拿了一幅祖传古画上电视节目，要求宝物鉴定团的专家做鉴定。据老先生去世的父亲生前说，这幅画是名家所作，价值数百万。老先生自己不懂，因而想请专家加以鉴定。结果揭晓，专家认为它是赝品，连一万日元都不值，全场欷歔……主持人问老先生："您一定很难过吧？"来自乡下的老先生脸上的线条变得无比的柔和和憨厚，微笑着说："啊，这样也好，不会有人来偷，我可以安心把它挂在客厅里了。"是啊，失去有时反而让我们得到了轻松！

的确，一切看开了，失去的已经失去，何必为之大惊小怪或耿耿于怀呢？

第三个故事：

小李的钱包被盗了，很让人心烦，不光是钱不见了，里面还有他的身份证，这让他愁眉不展，要知道他的户口在邢台，而他在北京打工，办身份证还要来回跑，挺麻烦的，以致这几天他心情都不好。

不过，这样的心情没有持续很久，一位朋友的话让他顿悟，心情也随之好转。朋友对他说："钱包已经不见了，你再怎么想，也不可能重新出现在你的面前。钱丢了事小，如果好心情没了，影响你的情绪，让你忧伤，让你不安，这会影响你的食欲，影响你的健康，就太不值得了。身份证办起来是很麻烦，却让你多回家几次，增加了与家人的沟通，这也是一件挺好的事情呀！"朋友的话让他反思了很久，如果换一个角度来思考问题，生活中又有什么让你感到烦恼的事情呢？

世事难以预料，倒霉和不幸的事谁也不想发生，但如果发生了，你应怎样去面对呢？生活的挫折和磨难来临时，我们应以一颗乐观、豁达、健康的平常心面对，这样生活会美好得多。

许多人都有过丢失某种重要或心爱之物的经历：比如不小心丢失了刚发的工资，最喜爱的自行车被盗了，相处了好几年的恋人拂袖而去了，等等，这些大都会在我们的心理上投下阴影，有时甚至因此而备受折磨。究其原因，就是我们没有调整心态去面对失去，没有从心理上承认失去，只沉湎于已不存在的东西，而没有想到去创造新的东西。人们安慰丢东西的人时常会说："旧的不去新的不来。"事实正是如此，与其为失去的自行车懊悔，不如考虑怎样才能再买一辆新的；与其对恋人向你"拜拜"而痛不欲生，不如振作起来，重新开始，去赢得新的爱情。

人世间就是有许许多多自己制造的烦恼。烦恼是很不讨人喜欢的词，因为它令我们感到无助、劳累。

人生总是在不断地失去和拥有。拥有快乐，失去烦恼；捡到幸福，丢掉悲伤。不管将来你要怎样选择，最重要的是自己能够开心地面对。

生活中，我们难免失去，如果失去什么之后，我们再失去快乐的心情，岂不是失去更多了？

有的人大富大贵，别人看他很幸福，可他自己身在福中不知福，心里老觉得不痛快；有的人，别人看他离幸福很远，他自己却时时与幸福邂逅。

有对下岗的年轻夫妇，在早市上摆个小摊，靠微薄的收入维持全家五口人的生活。这夫妇俩过去爱跳舞，现在没钱进舞厅，就在自家院子里打开收录机转悠起来。男的喜欢喂鸟，女的喜欢养花。下岗后，鸟笼里依旧传出悦耳动听的鸟鸣声；阳台上的花儿依旧鲜艳夺目。他俩下了岗，收入减少了许多，还乐个不停，邻居们都用惊异的目光看着他俩。

是的，我们虽然无法改变我们的境况，但我们可以改变自己的心态。没了工作不要紧，但不能没有快乐，如果连快乐都失去了，那活着还有什么意义。因为快乐是人的天性的追求，开心是生命中最顽强、最执著的律动。

荣启期在泰山，优哉游哉，鼓琴而歌，孔子路过，就问他为何这等快乐？

荣启期回答道："天生万物，惟人为贵，我得为人，何不乐也？"

正如荣启期所说，生而为人即是一种快乐，快乐是人生的主题。只要我们用心去体会，用豁达的胸怀去面对人生，以饱满的热情去对生活，就能快乐度过每一天。

人生感悟

一个人快乐与否，决不依据获得了或失去了什么，而只能在于自身感觉怎样。

第八章　放下贪欲，赢得幸福的人生

一个穷人会缺很多东西，但是，一个贪婪者却是什么都不会令他满足！幸福人生不是用钱堆起来的。放下贪欲，知足常乐，才能赢得幸福的人生。

贪婪是个无底洞

有人说，强烈的愿望使人施展全部的力量，尽力而为即是自我超越，那比做得好还重要。胜利与失败之间不如人们想象的那么大，仅仅一念而已。

正如荀子所说："人，生而有欲。"这欲望包括色欲、贪欲、报复欲、自私欲、好利欲、好权欲、征服欲……欲望可以使一个人的力量发挥到极度，也可逼得一个人献出一切，排除所有障碍，全速前进而无后顾之忧。我们所做的每一件事情，都应当充分发挥我们的能力。不论是参加考试，做工作报告还是参加运动竞赛，都应当如此。当我们尽力施展一切时，生活就很踏实。

欲望是人的本性，是理想的源泉，是人生活的方向，是社会发展的动力。但是千万别忘了，欲望是把双刃剑，一半是天使，一半是恶魔，是划分善恶的起点。

托尔斯泰写过这样一个故事：

有一个农夫，每天日出而作，日落而息，辛苦地耕种一小片贫瘠的土地，每天累死累活，收入却只是勉强可以糊口。

一位天使可怜农夫的境遇，想帮他的忙，于是天使对农夫说，只要他能不停地往前跑一圈，他跑过的地方就全部归他所有。

于是，农夫兴奋地朝前跑去。跑累了，想停下来休息一会儿，然而一想到家里的妻子儿女们都需要更多的土地来生活，又拼命地往前跑……

有人告诉他，你到该往回跑的时候了。不然，你就完了。农夫根本听不进去，他只想得到更多的土地，更多的金钱，更多的享受。于是，他不停地跑，竭尽所能……

可是，他终因心衰力竭，倒地而亡。生命没有了，土地没有了，一切都没有了，欲望使他失去了一切。

故事发人深省，正如《伊索寓言》里告诉我们的"贪婪往往是祸患的根源"，"那些因贪图更大的利益而把手中的东西丢弃的人，是愚蠢的"。

欲望是人前进的动力。可是我们在欲望的驱使下，在前进的同时，也要知道量力而为、适可而止。不然，欲望发展至贪婪成性，就会在欲望中沉沦，迷失方向，甚至走向绝境。

对于我们来说，有些欲望是自然的，另一些欲望则是无益的；在自然的欲望之中，有些是必需的，而另一些纯属自然而已；在必需的欲望之中，有些是幸福之所需，有些是身体安康之所需，有些是维持生命之所需……

苦恼往往源于无益的毫无节制的欲望。然而，倘若一个人能克制欲望，他便为自己赢得了彻悟人生的幸福……在种种欲望之中，所有那些即使无法满足也不导致痛苦者，均属不必需之列。而当其所求之目标难以实现或似乎有可能带来危害时，此类欲望随即烟消云散……有些自然的欲望即使无法实现也不带来痛苦之感，人们却求之不舍。其实，无论是拥有巨额财富，还是荣誉，还是芸芸众生的仰慕，或任何导致无穷欲望的身外之物，都无法了却心灵的烦扰，更不能带来真正的快乐……我们不可悖逆天性，而应顺性而为。懂得适可而止的人，才能怀一颗平常善良之心；才能淡泊名利，对他人宽容；才能对生活不挑剔，不苛求，不怨恨。

世上没有比不知足更大的灾祸了。只有知足，才能经常感到满足，感到满足，精神上就乐观，少有烦恼，这样身心清静，就可以长生久视。

人生感悟

穷奢极欲是通向毁灭的捷径；贪婪到头只能落个竹篮打水。

每个人都有 1000 万的财富

有一位青年，老是埋怨自己时运不济，发不了财，终日愁眉不展。这一天，走过来一个须发皆白的老人，问："年轻人，为什么不快乐？"

"我不明白，为什么我总是这么穷？"

"穷？你很富有嘛！"老人由衷地说。

"这从何说起？"年轻人问。

老人反问道："假如现在斩掉你一个手指头，给你 1000 元，你干不干？"

"不干。"年轻人回答。

"假如斩掉你一只手，给你 1 万元，你干不干？"

"不干。"

"假如使你双眼都瞎掉，给你 10 万元，你干不干？"

"不干。"

"假如让你马上变成 80 岁的老人，给你 100 万，你干不干？"

"不干。"

"假如让你马上死掉，给你 1000 万，你干不干？"

"不干。"

"这就对了，你已经拥有超过 1000 万的财富，为什么还哀叹自己贫穷呢？"老人笑吟吟地问道。

青年突然什么都明白了。

谁也不希望自己遭受挫折，更不愿意自己陷入困境，但它又常常会不期而至：工作失误、竞争失利、失恋、离婚，以及天灾人祸等，无处不有、无人不遇，甚至使人筋疲力尽，走投无路。因而，人们几乎普遍认为挫折、困境总是坏事。

人类的脑子是永远不甘寂寞的，除了用趣味及睡眠把它占住外，当它感到空虚时就会胡思乱想。烦久则厌，闷久则愁，有害于健康。如果我们能够用平常心，乐观豁达地去看待这个世界，你就会发现其实逆境只是一种必然经历。害怕它，它会来；忽略它，他也会来。

其实，如果你早上醒来发现自己还能自由呼吸，你就比刚刚离开人世的人更有福气。如果你从来没有经历过战争的危险、被囚禁的孤寂、受折磨的痛苦和忍饥挨饿的难受，你就该感觉到无限幸福了。

根据联合国"世界粮食日"数据显示，全球有 36 个国家目前正陷于粮食危机当中，有 8 亿人处于饥饿状态，第三世界的粮食短缺问题尤为严重。在发展中国家，有两成人无法获得足够的粮食，而在非洲大陆，有 1/3 的儿童长期营养不良。全球每年有 600 万学龄前儿童因饥饿而夭折！

如果你的银行账户有存款，钱包里有现金，你已经身居于世界上最富有的8%之列！如果你的双亲仍然在世，并且没有分居或离婚，你已属于稀少的一群。如果你能抬起头，脸上带着笑容，并且内心充满感恩的心情，你是真的幸福了——因为世界上大部分的人都可以这样做，但是他们却没有。如果你能握着一个人的手，拥抱他，或者只是在他的肩膀上拍一下……你的确有福气了。

一位女作家在纽约街头遇到一位卖花的老太太。她穿着破旧，身体看上去也很虚弱，但脸上满是喜悦。女作家挑了一朵花，说："你看上去很高兴。""为什么不呢？一切都这么美好。""你很能承担烦恼。"女作家又说。老太太的回答令她吃惊："耶稣在星期五被钉在十字架上时，那是全世界最糟糕的一天，可三天后就是复活节了。所以，当我遇到不幸时，就会等待三天，一切就恢复正常了。"

一个多么平凡的卖花老人，一颗多么不平凡的看待生活的心。她用一双乐观的眼睛看待生活，生活就将快乐回报给她。每个人的心都像一个水晶球，晶莹闪烁，一旦遭受不测，忠于生命的人，总是将五颜六色折射到自己生命中的每一个角落。

人生在世，不可能万事如意，倒是不如意事常有八九，困难挫折常常与我们不期而遇。如果没有精神准备，就会被搞得晕头转向，意志消沉，甚至悲观绝望。

当你遭遇到挫折，当你陷入痛苦无法自拔，不要灰心，不要绝望，无论你此刻已经失去了什么，你仍然拥有着你最宝贵的东西——生命。请试着对着镜子露出微笑，因为当你笑迎生活的时候，生活必定将最美好的一面呈现给你，快乐就会重新出现。时间终究会冲淡一切伤痛，唯有快乐，生命才会成为永恒。

人生感悟

每个人都有1000万的财富，所以，千万不要说自己穷得一无所有。

真正的财富是一种内心的认同

一个富人去拜访一位哲学家，请教他为什么自己有钱后变得越发狭隘自私了。哲学家把他带到窗前，问："向外看，告诉我你看到了什么？"富人说："我看到外面世界的很多人。"哲学家又将他带到一面镜子前，问："现在你又看到了什么？"富人回答："我自己。"哲学家一笑说："窗子和镜子都是玻璃做的，区别只在于多了一层薄薄的银子。但就是因为这一点银子，便叫你只看到自己而看不到世界了。"

雅虎前CEO杨志远说："很多人把钱看成人生目标，或者职业的目标。我不是在有钱的家庭里长大的，有的人家里没有钱，所以很需要钱；也有的人没有钱，但一家人仍然过得很快乐，我属于后一种家庭。所以，在这一点上我认为，有一个快乐的家庭，有很好的朋友；不是在物质上，而是在精神上得到心灵的快乐，这是最重要的。"

不知拜金主义者是什么心态，或许对于他们来说，金钱就是一切。但我们却可以用另一种姿态让他们看到，金钱买不来快乐，买不来朋友，买不来精神上所需要的一切。看来，在这个物欲横流、纸醉金迷的世界里还有金钱所无能为力的事情。

一个人的财富观肯定是受其人生观、价值观等的影响。其实不管一个人的财富状况如何，平和、健康、积极向上的心态是最重要的，它是决定人们行事的根本。如果一个人无论是在腰缠万贯还是一文不名的情况下都能做到"不管风吹雨打，胜似闲庭信步"的从容和优雅，或者我们已经拥有了一生中最大的财富。

《三联生活周刊》推出的新闻人物中有一个陌生的名字：布洛克。这位叫布洛克的美国富翁因为对自己生活方式的毅然改变，引出了一个永恒的话题——什么是财富？

布洛克原是家族大公司的总经理，在他执掌公司几年后，意识到失去了太多与家人相处的时间，于是他决定放弃年薪60万美元的职位，回到亲人中间。他说："我不想等将来回首往事的时候，发现自己除了钱什么也没有。"他在一所中学谋得了一个年薪只有两万美元的数学教师职位。在一年结束之际，他收到了来自学生的贺卡，贺卡上写着一句令他骄傲的赞美："给天下最棒的老师。"

在这个故事中，我们可以读出另一方面的财富：认识亲情。亲情的失去是一个重要的话题。人际社会需不需要亲情，亲情会不会被金钱取代，或许这是一个需要整个社会来思考的问题。布洛克的选择证明了拥有亲情也是某种意义上最大的财富，真正的财富。

真正的财富是一种内心的认同，而不是一种金钱的拥有。当很多的人不顾一切追逐金钱的时候，其实他们在做一个赔本的买卖，结果他们输得精光，除了钱，什么都没有了。

人生感悟

世上最可怜的人，就是除了钱什么都没有的人。

算计者永不快乐

凡是太聪明、太能算计的人，实际上都是很不幸的人，甚至是多病和短命的。美国心理专家威廉通过多年的研究，算计者百分之九十以上都患有心理疾病。这些人感觉痛苦的时间和深度也比不善于算计的人多了许多倍。换句话说，他们虽然会算计，但却没有好日子过。

一个太能算计的人，通常也是一个事事计较的人。无论他表面上多么大方，他的内心深处都不会坦然。算计本身首先已经使人失掉了平静，掉在一事一物的纠缠里。而一个经常失去平静的人，一般都会引起较严重的焦虑症。一个常处在焦虑状态中的人，不但谈不上快乐，甚至是痛苦的。

爱算计的人在生活中，很难得到平衡和满足。反而会由于过多的算计引起对人对事的不满和愤恨。常与别人闹意见，分歧不断，内心布满了冲突。

爱算计的人，心胸常被堵塞，每天只能生活在琐碎的事物中不能自拔。习惯看眼前而不顾长远。更严重的是，世上千千万万事，爱算计者并不是只对某一件事情算计，而是对所有事都习惯于算计。太多的算计埋在心里，如此积累便是忧患。忧患中的人怎么会有好日子过？

太能算计的人，也是太想得到的人。而太想得到的人，很难轻松的生活。往往还因为过分算计引来祸患，平添麻烦。

太能算计的人，必然是一个经常注重阴暗面的人。他总在发现问题，发现错误，处处担心，事事设防，内心总是灰色的。

太能算计的人，目光总是怀疑的，常常把自己摆在世界的对立面。这实在是一种莫大的不幸。太能算计的人骨子里还贪婪。拥有更多的想法，成为算计者挥之不去的念头，像山一样沉重地压在心上。生命变得没有彩色。

威廉自己曾经就是一个极为能算计的人。他知道华盛顿的哪家袜子店的袜子最便宜，哪怕只比其他店便宜几分钱。他知道方圆30里内，哪家快餐店能比其他店多给顾客一张餐巾纸。至于哪辆公共汽车比哪辆公共汽车便宜5分钱，什么时候看电影门票最低等。威廉可以说是全美之最。

正因为这样，威廉得了一身病。30岁之前，他总与医院打交道。当然，他也知道哪一家医院的药费最便宜。不过那时他没有一天好日子过，更不要说快乐了。物极必反。威廉在他32岁那年终于醒悟了。他开始了关于"能算计者"的研究。追踪了几百人，结果得出了惊人的论述。

很多人都曾经说过"难得糊涂"四个字，但真正理解其含义的，又有几人呢？

当初郑板桥为官之时，将官场、世事看得太清楚、太明白、太透彻而又无以为释之时，又因其性情刚直，不谄媚、不圆滑，而不平不公之事太多，凭一己之力却又无能为力的时候，只好在“糊涂”之中寻求遁世之术。

如今，每个人都希望自己聪明，越聪明越好，越聪明越显示自己为人处世的高明。可是，任何事情都不是绝对的，聪明过头，并非是件好事。王熙凤不是机关算尽太聪明，反误了卿卿性命吗？看来一个人还是别过于精明，知道的太多，事事计较，反而会让人伤神。

聪明有大聪明与小聪明之分，糊涂亦有真糊涂、假糊涂之别。

北宋人吕端，官至丞相，是三朝元老，他平时不拘小节，不计小过，仿佛很糊涂，但处理起朝政来，他却机敏过人，毫不含糊。宋太宗称他是“小事糊涂，大事不糊涂”。有一种人恰恰相反，只要是便宜就想占，只要是好处就想贪。为了一点小利，不顾前程；为了一点小过，争个你死我活。这种人看似聪明，其实再糊涂不过。

人毕竟没有三头六臂，当你事事比别人聪明时总会引起别人的反感和嫉妒，终究“明枪易躲，暗箭难防”，导致自己受到无谓的伤害，甚至牺牲。真正聪明的人，正直的人大可不必在一些琐碎小事上锱铢必较，此时“糊涂”一下又何妨？只要能在大事上，原则上保持清醒头脑就行了。为人处世，千万不要在小事上纠缠不休，搞得自己精疲力竭，心绪不宁，而到了大事面前，却又真的糊涂了。这样的生活，太得不偿失了。

小事糊涂者，轻权势、少功利、无烦恼，则终成正果；大事糊涂者，则朽木不可雕也。

俗话说：真正聪明的人，往往聪明得让人不以为其聪明。这句话的本意不也就是难得糊涂的内涵吗？聪明的人表面愚拙。糊涂，实则内心清楚明白，这不是一种更为高明的处事艺术吗？

“糊涂”常可使我们心境平静，无欲无贪，正如“值利害得失之会，不可太分明，太分明则起趋避之私”一样。没学“糊涂”学之人常常在凡尘俗世中难得安宁。

在瞬息万变的现代社会中，许多事情非要寻出个究竟，有时也是不现实的。多一点“糊涂”，少一点计较，何尝不是另一番开朗、超脱的生活风光呢？

人生感悟

凡是太过于算计的人，都是活得相当辛苦的人，又总是感到不快的人。

功名皆为身后事

在岁月的长河中，在历史的篇章中，有许多人被视为伟人。他们崇高的人格、伟大的功绩，使人类牢牢记住他们的名字。他们深邃的目光、深刻而崇高的思想与风范气质超越常人，达到众人难以企及的高度，在人类的社会中，他们如同夜空中灿烂的群星，在黑暗中闪烁着神圣、耀眼的光芒。在美国，就有这样一个被无数人景仰，并且载入史册的伟人，他就是乔治·华盛顿。

在孩提时代，华盛顿就是一个与众不同的孩子，他生来就正直诚实，办事极为公道，这与他受到修养极好的父亲智力上和道德上的熏陶有关。他渴望着成为一名驰骋疆场、威风凛凛的勇敢军人，报效国家和人民。在他的同学中，他总是领导者。

1748 年，英法两国为了争夺在北美的领地和利益而发生冲突，双方都开始备战。由此也为华盛顿提供了一个走入军界的机会。那一年，他 19 岁。

在数年的战争中，华盛顿处事谨慎，富于进取精神，有忍耐力，更有魄力。在每次战斗中，他都骑着自己的白马冲锋陷阵。他用实际行动赢得了身边人的崇拜和信任。

美国独立战争胜利以后，人们希望有一个独揽大权的人物来接管政府。在人们眼里，华盛顿就是这样一个人。军中也有这样的思想，甚至有军官上书要求他做皇帝。但是华盛顿并不想当皇帝，他从不对名利动心，他追求的是得到广大人民的尊敬，他是一个视荣誉重于生命本身的人，有着强烈的共和思想。因此他在向大陆会议索要独立自主的权力时，多次重申，一旦战争结束，他将解甲归田，化剑为犁。他不愿为了一顶金灿灿的皇冠、为了个人的野心而使美国在刚刚摆脱英国的殖民地统治后又重新陷入内战之中。

和平终于来临了，1783 年 3 月下旬，英美签署和平协议。4 月 19 日，历时 8 年的北美独立战争结束。华盛顿时年 51 岁，他辞去军职，向部队告别。面对昔日生死与共的战友，他激动不已，与他们斟酒告别。人们热泪盈眶纷纷与他拥抱，最后为了不使自己过于激动，他一句话也没有说，泪流满面地径直离去。在费城，他与财政部的审计人员一起核查了他在整个战争过程中的开支，账目清楚，准确，他甚至还补贴了许多自己的钱。

辞职的他回到了家，回到了自己的农场，过上了平静的生活。

华盛顿的辞职树立了一个影响深远的先例，让人主动放弃权力是不可思议的，对于一个能随其心愿担任任何职务的人而言，这就更令人称奇。

浮生一世，短短几十年，总有一天连生命都不得不放弃，还有什么看不开的呢？懂得放弃的人往往要比一味追求的人得到的更多些，也更放松些和快乐些。人生的路很宽，为官为民，有钱没钱，一样可以活得有滋有味，只不过各有各的活法而已。民有民的乐，官有官的忧；穷有穷的喜，富有富的悲，此皆随个人与环境的不同而变化，我们真的没有必要处心积虑地去追求不属于自己的东西。

当然，平常心并不是寻常人具有的，它是经历磨难、挫折后的一种心灵上的感悟，一种精神上的升华。“宠辱不惊，去留无意”说起来容易，做起来却十分困难。红尘的多姿、世界的多彩令大家怦然心动，名利皆你我所欲，又怎能不忧不惧、不喜不悲呢？否则也不会有那么多的人穷尽一生追名逐利，更不会有那么多的人失意落魄、心灰意冷了。只有做到了宠辱不惊、去留无意方能心态平和，恬然自得，方能达观进取，笑看人生。

“世人都说神仙好，唯有功名忘不了”，人人都想活得潇洒一点，轻松一点，快乐一点，但终其一生也潇洒不了，轻松不了，快乐不了。他们被什么东西拖住了，缠住了，压住了，这东西就是功名利禄。功名利禄成了人生的境界，似乎功名愈厚，人生也愈美妙滋润。其实功名利禄是一副用花环编织的罗网，只要你进去了，你就无法自在与逍遥。没有功名利禄，于是想得到功名利禄。得到了小的功名利禄想得到更大的功名利禄，得到功名利禄，又害怕失去功名利禄。人生就在这患得患失中度过，哪里品尝得到人生的甘美清纯滋味呢？世人只知道功名利禄会给人带来幸福，殊不知功名利禄也会给人带来痛苦；为了功名利禄，我们劳心、劳神、劳力。为了功名利禄，我们计划、忙碌、奔波；为了功名利禄，我们怀疑、欺诈、争斗；为了功名利禄，我们玩阴谋、耍诡计溜须拍马；为了功名利禄，我们如履薄冰、患得患失。

孔子说：“逝者如斯夫，不舍昼夜。”这世间的事物都像流水一样流动着，没有静止不变的，得失既是永恒的，也是易变的。有了付出才有回报，没有无回报的付出，也没有无付出的回报。付出越多，回报越大，没有付出就没有回报。一分耕耘，一分收获，“为人处，即是为己处”，说得都是这道理。希求不劳而获，像阿里巴巴与四十大盗中的叫声“芝麻开门”就可得到无尽财富一样，那不过是存于人们的幻想之中的“天方夜谭”而已。

在名利问题上，得失的对立似乎特别明显。然而究其实，两者总是相互转化的，得到反而意味着失去，失去反而意味着得到，甚至得失的不仅是名利，还有身家性命。在形式上放弃它，反而能够永久地保存。当刘备将死时，此时三分天下之势已确立，他看到诸葛亮确实是人杰，就劝他如果儿子阿斗可以辅助就加以辅助，如果实在上不了台面就自己做君称王罢了。而诸葛亮未必不是做君主的料，他甘做人臣，这似乎没有得到人主之高位与尊荣，但千载之后，他的英名却比任何一位皇帝都高。一句“鞠躬尽瘁，死而后已”，把他与历史与汉文字永久性地联在一起。如果他废阿斗自立，那他前半生的一切英名，都将被篡权者的恶名所掩盖。这正是最大的得到。

“真正之名誉，在虚荣之外。”“名誉像一条河，轻漂而虚肿地浮在上面，沉重而坚实的东西沉到底下。”（培根语）如同稻田里的稗子一样，与名誉孪生的是虚荣。“虚荣心在人们的心中如此稳固，因此每一个人都希望受人羡慕；即使写这句话的我和念这句话的你都不例外。”（美国，巴斯卡语）这只是指一般人的正常心态，但虚荣心过强会给人带来无穷的烦恼。踏上虚荣的高台阶，必定迈进自私的低门槛。

其实呢，名誉不过是过眼烟云，美的也好，丑的也罢，都不必太在意。俗话说："退一步阳光大道，进一步死路一条。”追求虚名是人类的一大弱点，是害别人也是害自己的祸患。应谈笑看虚名，追求事业，不为名利牵累。

人生感悟

功名心对于伟大的历史人物的活动可能是一种刺激，但多半是一种障碍。

成功，一定要牺牲健康吗

有这么一道选择题：你最宝贵的东西是什么？答案 A：知识；B：财富；C：健康。毫无疑问，绝大多数的人会选择健康，没有健康的身体做载体，代表精神生活的知识和代表物质生活的财富都无从谈起。

“充沛的体力和精力是成就伟大事业的先决条件，这是一条铁的法则！”虚弱无力、没精打采的人有可能过上高雅的、令人羡慕的生活，但他很难走在人生的前列。

伟大的人物往往有着旺盛的生命力，因而身体中焕发出的生命力量是巨大的。

这种力量就是布瑞汉姆领主连续工作 176 个小时的狂热，就是拿破仑 24 小时不离马鞍的精神，就是富兰克林 70 岁高龄还露营野外的执著。格莱斯顿以 84 岁的高龄还能紧握船舵，每天行走数公里，到了 85 岁时还能砍倒大树，无不依赖于此。站在生命的门槛上，清新、年轻、充满希望，清醒地意识到自己拥有应付一切危机的力量，知道自己是世界的主人，还有什么能比这样的状态更重要呢？

“壮志未酬身先死，长使英雄泪满襟”，这是诗人杜甫对古代的一位伟大人物诸葛亮的一句评语。

诸葛亮是我国三国时期一位足智多谋的政治家、军事家。有许多关于他的传说几乎被神化，成为了“智慧”的代名词。

为了统一天下、结束混乱的局面，诸葛亮“六出祁山”，但终因身体不佳而未能完成统一天下的重任。

我们到处可以看见，某些有作为、有智慧、有才能的青年男女，为不健康的身体所羁绊，壮志难酬。天下最大的失望，莫过于有志而不能酬，感觉到自己有着大量的精神能力，而同时没有充分的体力作为拼搏的后盾；感觉到自己有凌云壮志，却没有充分的力量实现它，这是人世间最悲哀的一件事情！

许多人之所以饱尝“壮志未酬”的痛苦，就因为他们不懂得去维持自己身体的健康。

李奋勇是一家银行的计算机专家。2005 年初，他被选拔为单位系统开发小组副组长。开发工作任务极其繁重，常常晚上加班到 12 时左右，平均一天要有十几个小时与计算机相伴而过。越是天热，计算机越“犯脾气”，动不动就死机。人总感觉置身于紧张之中，即使回到家中也不能安下心来。他所负责的那部分工作是核心，所以感觉责任和压力都很大。项目内容总在脑中萦绕，挥之不去，如果不依靠酒力，就难以入眠。有一天在上班途中突然头痛，他以为是感冒了，但此后头痛就频繁发生了。精力也大为减弱，提不起劲儿来。后来在家人的劝说下去医院就诊，被诊断为身心极度疲劳综合症。

于海洋是一家电脑公司技术咨询部门的项目主管。随着互联网的迅速发展，他们所承接的业务急剧增加，完成期限越压越短。他白天在电脑前与顾客商谈，夜里又要编程序，这样持续了一个月左右就撑不住了，先是情绪焦虑、急躁，精神状态极为不好，后来发展到不想跟任何人说话。他还觉得眼睛疲劳难受，眼前似乎总有白色光点一闪一闪的。这些感觉不断加重，他只好去医院就诊，结果被诊断为身心过度疲劳。

21世纪，快节奏的生活方式，已经成为人们身体健康方面的巨大威胁。

当我们满心欢喜享受经济发展带来的舒适生活时，当我们为自己的美好生活和家庭努力打拼时，我们在没完没了应接不暇的劳作、会议、公务、应酬中，拼命在从自己的身体矿藏中索取甚至透支资源。

现在流行这么一句话：40岁之前用健康换金钱，40岁之后用金钱换健康！多么形象地描绘啊！如果我们真正了解了生活的本质，就不会再向健康去透支金钱、地位、荣誉了，因为，身体第一，工作第二！健康是我们为之奋斗、赖以生存的一切，成功可以有1000种，但身体只有一个！我们实在没有必要为了成功去牺牲健康的身体！

正所谓："留得青山在，不怕没柴烧。"

记住，再多的金钱买不来健康，再大的成功也不能与健康等值。

人生感悟

拿健康换取金钱，真是世上最愚蠢的事。

欲望太多造成心灵的贫穷

有座山，山里有一个神奇的洞，里面的宝藏足以使人一生享用不尽。但是这个山洞一百年才开一次。有一个人无意中经过那座山时，正巧碰到百年难得的一次洞门大开的机会，他兴奋地进入洞内，发现里面有大堆的金银珠宝，他急忙快速地往袋子里装。由于洞门随时都有可能关上，他必须动用很快，并且要尽快离开。

当他得意扬扬地装了满满一袋珠宝后，神色愉快地走出了洞口，出来后却发现帽子忘在里面了，于是他又冲入洞中，可惜时刻已到，他和山洞一起消失得无影无踪。

故事很简单，却耐人寻味。

贪婪的人，被欲望牵引，欲望无边，贪婪无边。

贪婪的人，是欲望的奴隶，他们在欲望的驱使下忙忙碌碌，不知所终。

贪婪的人，常怀有私心，一心算计，斤斤计较，却最终一无所获。

古语说："人为财死，鸟为食亡。"人不能没有欲望，不然就会失去前进的动力，但人却不能有贪婪，因为贪欲是个无底洞，你永远也填不满。苏联教育家马卡连柯曾经说过："人类欲望本身并没有贪欲，如果一个人从烟雾迷漫的城市里来到一个松树林里，吸到清新的空气，非常高兴，谁也不会说他消耗氧气是过于贪婪。贪婪是从一个人的需要和另一个人的需要发生冲突开始的，是由于必须用武力、狡诈、盗窃，从邻人手中把快乐和满足夺过来而产生的。"

贫穷的人只要一点东西，就可以感到满足，奢侈的人需要很多东西也可满足，但是贪婪的人却需要一切东西才能满足。所以贪婪的人总是不知足，他们天天生活在不满足的痛苦中，贪婪者想得到一切，但最终两手空空。

有一则寓言：

上帝在创造蜈蚣时，并没有为它造脚，但是它们可以爬得和蛇一样快速。有一天，它看到羚羊、梅花鹿和其他有脚的动物都跑得比它还快，心里很不高兴，便嫉妒地说："哼！脚愈多，当然跑得愈快！"

于是，它向上帝祷告说："上帝啊！我希望拥有比其他动物更多的脚。"

上帝答应了它的请求。他把好多好多脚放在蜈蚣面前，任凭它自由取用。

蜈蚣迫不及待地拿起这些脚，一只一只地往身上贴去，从头一直贴到尾，直到再也没有地方可贴了，它才依依不舍地停止。

它心满意足地看看满身是脚的自己，心中暗暗窃喜："现在，我可以像箭一样地飞出去了！"但是，等它一开始要跑步时，才发觉自己完全无法控制这些脚。这些脚劈里啪啦地各走各的，它非得全神贯注，才能使一大堆脚不致互相绊跌而顺利地往前走。这样一来，它走得比以前更慢了。

任何事物都不是多多益善，蜈蚣因为贪婪，想拥有更多的脚，结果却适得其反，脚却成了束缚它行动的绳索，代价可谓惨重。

《圣经》上曾经说过，如果你得到的是整个世界，而丧失了自我的生命，那么，你也得不偿失。因贪婪得来的东西，永远是人生的累赘。贪婪轻则让人丧失生活的乐趣，重则误了身家性命。生活的压力越来越大，脸上的笑容越来越少，这或许便是贪婪的代价。

法国杰出的启蒙哲学家卢梭曾对物欲太盛的人作过极为恰当的评价，他说："十岁时被点心、二十岁被恋人、三十岁被快乐、四十岁被野心、五十岁被贪婪所俘虏。人到什么时候才能只追求睿智呢？"的确，人心不能清净，是因为欲望太多，欲望的沟壑永远填不满，人心永不知足，精神上永无宁静，永无快乐。

人生的许多沮丧都是因为你得不到想要的东西。其实，我们辛辛苦苦地奔波劳碌，最终的结局不都是只剩下埋葬我们身体的那点土地吗？伊索说的好："许多人想得到更多的东西，却把现在所拥有的也失去了。"这可以说是对得不偿失最好的诠释了。

其实，人人都有欲望，都想过美满幸福的生活，都希望丰衣足食，这是人之常情。但是，如果把这种欲望变成不正当的欲求，变成无止境的贪婪，那我们就无形中成了欲望的奴隶了。在欲望的支配下，我们不得不为了权力，为了地位，为了金钱而削尖了脑袋向里钻。我们常常感到自己非常累，但是仍觉得不满足，因为在我们看来，很多人比自己的生活更富足，很多人的权力比自己大。所以我们别无出路，只能硬着头皮往前冲，在无奈中透支着体力、精力与生命。

扪心自问，这样的生活，能不累吗？被欲望沉沉地压着，能不精疲力竭吗？静下心来想一想，有什么目标真的非让我们实现不可，又有什么东西值得我们用宝贵的生命去换取？朋友，让我们斩除过多的欲望吧，将一切欲望减少再减少，从而让真实的欲求浮现。这样，你才会发现真实的、平淡的生活才是最快乐的。拥有这种超然的心境，你就能做起事来，不慌不忙，不躁不乱，井然有序。面对外界的各种变化不惊不惧，不愠不怒，不暴不躁。而对物质引诱，心不动，手不痒。没有小肚鸡肠带来的烦恼，没有功名利禄的拖累。活得轻松，过得自在。白天知足常乐，夜里睡觉安宁，走路感觉踏实，蓦然回首时没有遗憾。

古人云："达亦不足贵，穷亦不足悲。"当年陶渊明荷锄自种，嵇康树下苦修，两位虽为贫寒之士，但他们能于利不趋，于色不近，于失不馁，于得不骄。这样的生活，也不失为人生的一种极高境界！

人生好像一条河，有其源头，有其流程，有其终点。不管生命的河流有多长，最终都要到达终点，流入海洋，人生终有尽头。活着的时候，少一点儿欲望，多一点快乐，有什么不好？

人生感悟

一个穷人会缺很多东西，但是，一个贪婪者却是什么都不会令他满足！

去除不必要的欲望

人作为高级动物，都有七情六欲。荀子说："人生而有欲。"从一定意义上讲，欲望是生命的动力，欲望贯穿于人的一生。

有这么一个流浪汉，常想着自己如果能有两万元就好了。一天，他在公园躺椅上闭目养神，突然有一只狗用舌头舔他的脸。他看四周无人，便把狗抱起藏了起来。没想到这只狗的主人是个大富翁，爱犬丢失后他非常着急，便在当地媒体发了寻狗启事：如有拾到爱犬者送还后付酬金两万元。第二天，流浪汉看到这则启事，便抱上小狗准备去领酬金。这时，启事上的酬金已升到三万元，他想了想，又把狗抱了回去。第三天、第四天，酬金又涨了，直到第七天，酬金涨到一个天文数字时，他才高兴地去还狗，可没想到，那只可爱的名犬已经饿死了，流浪汉依然是流浪汉。

有一则《神仙赐宝》的寓言，也可谓对欲望这把“双刃剑”作了很好的诠释：

一个穷人为给患重病的母亲治病，卖掉了家里仅有的衣被和锅灶，跋山涉水到深山老林去采药。他的孝行感动了神仙，神仙扮作老翁下凡，送给穷人一个“如意算盘”，说有什么愿望只要拨动算盘珠就可实现。穷人第一个愿望就是希望母亲病愈，他拨一个算盘珠，母亲的病很快就好了。穷人兴奋无比，又连续拨动算盘珠，要吃要穿要金要银，他很快成了富翁。然而他仍不满足，一再拨动算盘珠，没有止境。这一下神仙生气了，便把“如意算盘”和由其带来的所有财富全部收回，使这个穷人又回到以前的状态。

还有一则故事：

一个后生从家里到一座禅院去，在路上他看到了一件有趣的事，他想以此去考考禅院里的老禅者。来到禅院，他与老禅者一边品茗，一边闲扯，冷不防他问了一句：“什么是团团转？”“皆因绳未断。”老禅者随口答道。

后生听到老禅者这样回答，顿时目瞪口呆。老禅者见状，问道：“什么使你如此惊讶？”

“不，老师父，我惊讶的是，你怎么知道的呢？”后生说，“我今天在来的路上，看到一头牛被绳子穿了鼻子，拴在树上，这头牛想离开这棵树，到草地上去吃草，谁知它转过来转过去都不得脱身。我以为师父既然没看见，肯定答不出来，哪知师父出口就答对了。”

老禅者微笑着说：“你问的是事，我答的是理，你问的是牛被绳缚而不得解脱，我答的是心被俗务纠缠而不得超脱，一理通百事啊！”

一只风筝，再怎么飞，也飞不上万里高空，是因为被绳牵住；一匹壮硕的马，再怎么烈，也被马鞍套上任由鞭抽，是因为被绳牵住。那么，我们的人生，又常常被什么牵住了呢？一块图章，常常让我们坐想行思；一个职称，常常让我们辗转反侧；一回输赢，常常让我们殚精竭虑；一次得失，常常让我们痛心疾首；一段情缘，常常让我们愁肠百结；一份残羹，常常让我们蹙眉千度。

为了钱，我们东西南北团团转；为了权，我们上下左右转团团；为了欲，我们上上下下奔窜；为了名，我们日日夜夜窜奔。

快乐哪去了？幸福哪去了？因为一根绳子，风筝失去了天空；因为一根绳子，水牛失去了草原；因为一根绳子，大象失去了自由；因为一根绳子，骏马失去了驰骋。

你看，曾经与鹰同一基因的鸡，现在怎样在鸡埘边打转？你看，曾经遨游江海的鱼，现在怎么上了钓钩而摆上人家的餐桌？你看，曾经蹦蹦跳跳的少年，现在是怎样的满脸愁云惨淡？你看，当年日记本上红笔书写的豪言壮语，现在又怎样成了黑色的点点符号？

大象在木桩旁团团转，水牛在树底下转团团；我们在一件事里团团转，我们在一种情绪里转团团，为什么都挣不脱？为什么都拔不出？皆因绳未断啊。

名是绳，利是绳，欲是绳，尘世的诱惑与牵挂都是绳。人生三千烦恼丝，你斩断了多少根？

老禅者说：“众生就像那头牛一样，被许多烦恼痛苦的绳子缠缚着，生生死死不得解脱。”过度的没有节制的欲望，不仅会使本来可以满足的欲望化为泡影，还有可能把人引向毁灭。正如俄国作家克雷洛夫所说：“贪心的人想把什么都弄到手，结果什么都失掉了。”中国有句俗语叫“人心不足蛇吞象”，说的也是这个道理。前面提到的那个流浪汉和穷人，就是因为欲望太盛，最后弄得一无所有。胡长清、成克杰等人，哪个不是因权欲、物欲、色欲无限膨胀，而最后被钉在历史的耻辱柱上的？如果我们在各种诱惑面前，能够有所节制和约束，不是多欲、纵欲，而是知足常乐，把欲望约束在法律和道德允许的范围内，那就会免除许多烦恼，生活就会充满快乐，人生境界就能得到拓展和升华。

人生感悟

壁立千仞，无欲则刚。

第九章　放下固执，赢得变通的人生

有一种错误叫固执。放下固执，遇事别钻牛角尖，灵活变通一些，万事都有出路。

有一种错误叫固执

在某个小村落，下了一场非常大的雨，洪水开始淹没全村，一位神父在教堂里祈祷，眼看洪水已经淹到他跪着的膝盖了。一个救生员驾着舢板来到教堂，跟神父说："神父，赶快上来吧！不然洪水会把你淹死的！"神父说："不！我深信上帝会来救我的，你先去救别人好了。"

过了不久，洪水已经淹过神父的胸口了，神父只好勉强站在祭坛上。这时，又有一个警察开着快艇过来，跟神父说："神父，快上来，不然你真的会被淹死的！"神父说："不，我要守住我的教堂，我相信上帝一定会来救我的。你还是先去救别人好了。"

又过了一会，洪水已经把整个教堂淹没了，神父只好紧紧抓住教堂顶端的十字架。一架直升机缓缓地飞过来，飞行员丢下了绳梯之后大叫："神父，快上来，这是最后的机会了，我们可不愿意见到你被洪水淹死！！"神父还是意志坚定地说："不，我要守住我的教堂！上帝一定会来救我的。你还是先去救别人好了。上帝会与我共在的！！"

洪水滚滚而来，固执的神父终于被淹死了……神父上了天堂，见到上帝后很生气地质问："主啊，我终生奉献自己，战战兢兢地侍奉您，为什么你不肯救我！"上帝说："我怎么不肯救你？第一次，我派了舢板来救你，你不要，我以为你担心舢板危险；第二次，我又派一只快艇去，你还是不要；第二次，我以国宾的礼仪待你，再派一架直升机来救你，结果你还是不愿意接受。所以，我以为你急着想要回到我的身边来，可以好好陪我。"

其实，生命中太多的障碍，皆是由于过度的固执。

有这样一则寓言：

有只乌鸦，口渴极了，可是附近没有水，只有一只被小孩丢弃的长颈小瓶里，盛有半瓶雨水。乌鸦伸过嘴去，可是瓶口很小，瓶颈很长，它喝不到。于是乌鸦想了一个办法，把一颗颗小石子投进瓶里去，这样，瓶里的水升高了，乌鸦很轻松地喝到了水。

这件事，后来被寓言大师伊索写进了寓言，传遍了全世界，乌鸦也因此出了名，自然扬扬得意。

这只乌鸦是个有名的旅游爱好者。有一次，它飞到一个村庄去看热闹，这儿正发生干旱，溪水完全干了，田里开了裂缝。它渴极了，可是四处找不到水喝。忽然，它在村子后面发现了一口井，低头往里面一看，井口小，井很深，但井底有水，模模糊糊地映照出它站在井洞上的身影。

它试着想飞下去，可几次都碰到井壁上，眼冒金星，只好又回到井台上来。

忽然，它想到自己曾经"投石入瓶喝水"的光荣事迹，不禁高兴地叫道："呱！呱！我怎么把这经验忘了？”

于是它用嘴衔来一颗颗石子，都投到了水井里，谁知投了半天，井水仍然没有上来，树上的喜鹊说：“喳喳！乌鸦先生，您别忙了，这是水井，不是您原先的那个长颈瓶子，怎么还是用那个老办法呢？喳喳！”

“你懂什么？呱呱！”乌鸦不屑地斜了喜鹊一眼，“我的方法是经过专家鉴定的，上过寓言作家的书本，到哪里都可以用，放之四海而皆准，怎么会‘老’呢？哇！哇！”

乌鸦继续向井里投石子……

那结果，大家可想而知。

有一种错误叫固执。思维定式一旦形成，有时是很悲哀的。这就是我们要不断学习新知识、新观念的原因之一。形势在不断变化，必须关注这些变化并调整行为。一成不变的观念将带来毫无生机的局面。

有些人对于约定俗成的规则，通常都是严格遵循而不敢打破的。但如果你能对其多问几个“为什么”，就会发觉其中会有不可理解也没有必要再存在的陋规。事物总是不断发展变化的，如果一成不变地凭老经验办事，不注意发现新情况，就免不了会吃大亏。所以一个人要想在学习或事业上有所成就，一定要适应环境变化以及适应新环境的能力，否则，对于新生事物觉察不到，最终会被环境所逐渐淘汰。

一个民族最危险的是墨守成规，因循守旧，不敢变革；一个人最糟糕的是得过且过，不思进取。要打造生存的资本，就必须破除惰性：乐于接受各种新的挑战；要有实验精神，敢于废除固定的行事风格；主动前进，对每件事都要研究如何改善，对每件事都要订出更高的标准。为了改变我们的生存方式，增加我们的生存资本，我们就要敢于突破，敢于否定自己，敢于创造新生活。

创新的机会无处不在，无处不有。只有不断创新，才能持续成功！

人生感悟

过于固执就无法与人沟通，会使你处于孤立无援、举目无友的境地，最终导致怀疑自己的能力，动摇甚至丧失自信。

遇事不钻牛角尖

有一则脑筋急转弯这么说：“一个人要进屋子，但那扇门怎么拉也拉不开，为什么？”回答是：因为那扇门是要推开的。

生活中我们有时会犯一些诸如只知拉门进屋，不知推门的错误。其中的原因很简单，就是我们有时遇事爱钻牛角尖，不会变通。有时候，周围的环境变了，我们却不知变通，还在固执一端，钻牛角尖，认死理，结果却闹出笑话来。

《吕氏春秋》里记载：楚国有一个人搭船过江，一不小心，身上的剑掉进了河里。同船的人都劝他下水去捞，但他却不慌不忙，从身上拿出一把小刀，在剑落水的船边刻个记号，有人问：“做什么用啊？”他回答说：“我的剑就是从这个地方掉下去的，我作个记号，等会儿船靠岸时，我就从这个记号的地方下水去把剑找回来。”船靠岸时，他就这样去找剑，结果自然没有找到。

刻舟求剑，是一种刻板的，不知变通的思维方式。有时候我们的思想就像那把剑，环境的大船已经变了，而我们却还在那里原地不动；有时候我们也会刻舟求剑。

俗话说：“变则通，通则久。”只要我们学会变通，许多事情都能变不可能为可能，都能变坏事为好事。

两个欧洲人到一个小岛上去推销皮鞋。由于炎热，岛上的人向来都是打赤脚。第一个推销员看到他们都打赤脚，立刻失望起来：“这些人都打赤脚，怎么会要我的鞋呢？”于是，他便沮丧而回。另一个推销员看到小岛上的居民都赤脚，惊喜万分："这些人都没有皮鞋穿，这皮鞋市场大得好呢！"于是，他想方设法引导小岛上的居民购买皮鞋，最后他发大财而回。

第一个人不懂变通，一味钻牛角尖，总以为牛不喝水，便不能强按头。第二个人则不然，他会变通一下，给牛一点盐吃，不就能让它喝水了嘛！

关于皮鞋的由来，据说还有这样一个典故：

早期没有鞋子穿，人们走在路上，都得忍受碎石硌脚的痛苦。某一个国家，有一个太监把国王的所有房间全铺上了牛皮，当国王踏在牛皮上时，感觉双脚非常舒服。

于是，国王下令全国各地的马路上，都必须铺上牛皮，好让国王走到哪里，都会感觉舒服。有一个大臣建议：不需要如此大费周折，只要用牛皮把国王的脚包起来，再拴上一条绳子就可以了。于是无论国王走到哪里，都感到舒服。

故事中的大臣是聪明的，他的变通，使舒服与节约两全其美。假如我们在工作学习之余，能学会变通，随时调整自己的方向和步骤，便会有事半功倍的效果。

生活中，我们也应该学会变通，学会在山穷水尽的时候，转换一下心情，说不定会"柳暗花明又一村"。变通能让我们少一些郁闷，多一些开心，少一些烦恼，多一些幸福。遇事不钻牛角尖，人也舒坦，心也舒坦。

人生感悟

变通是才能中的才能，智慧中的智慧。

你改变不了事实，但你可以改变态度

当你面对镜子，看着那个熟悉的身影，你可曾有些许的厌倦？长久一成不变的风格，让你以为那就是"最适合"的自己。穿着打扮、言谈举止、待人处世，所有的行为都已经形成固定的模式，你是否会觉得生活开始变得单调无趣？改变现状，不一定要换手机、换工作、换环境……改变自己，才是最有效的途径！

人的一生不可能一帆风顺，总会遇到这样那样的困难或者障碍，有时候为了跨越这些障碍，你必须改变原来的样子。有时候，我们太坚持了，总是说："我原来就是这样的啊！为什么现在不可以呢。"那是因为现在已经不是以前了。适当改变自己，懂得顺应潮流，才能找到生存之道，才能跨越重重障碍，实现自己的目标。

一条小河从很远很远的高山上流淌下来，经过草地、森林、村庄，最后流到一个沙漠。这时，它开始感觉一点轻松。"我已经越过了那么多障碍，这么平坦的土地，我肯定也能穿越而过。"它心想。

当它开始迈开自己的脚步时，却发现自己的水分被沙漠吞噬了，成了泥沙，它努力了很多次，结果都是徒劳，它心灰意冷，"难道这是我的归宿，我永远无法到达渴慕已久的浩瀚的大海吗？"它沮丧极了。

突然，它听到一个声音："微风可以穿越沙漠，河流应该也可以。"原来是沙漠在鼓励小河。

小河还是没有信心，"微风可以飞驰而过，而我不能飞啊。"

沙漠这次铿锵有力地说："如果你仍然坚持原来的样子，你就永远也无法穿越这个广袤的沙漠。你可以换一种样子，蒸发到空气里，让风儿带你穿越这个沙漠，你的愿望不就实现了吗？"

"改变我原来的样子，蒸发到空气中？我从来没有想过这样的事情。"小河有些惊惶失措。

"这不可能的，那不是自我毁灭吗？"小河实在无法接受这样的改变。

"那不是毁灭，那是重生。"沙漠耐心地解释道。

"怎么是重生呢？"小河还是充满疑惑。

"你蒸发到空气中，变成了水气，只是你的形态变化了，那样微风就可以把水气飘过沙漠，到了适当的地方，它就把水气释放出来，凝结成雨滴。这些雨滴落到距离大海越来越近的地面，汇集成河流，这不就是你的重生吗？这样就能继续前进，这样，一次，两次……慢慢接近大海，直至汇入你渴慕的大海。”沙漠做了科学的解释。

“那也不是原来的我了。”小河怯怯地说。

“可以说是，也可以说不是。但是，你想，无论你是一条看得见的河流，还是看不见的水蒸气，你的本质并没有任何改变。”

小河只是改变了自己的形态，但它的本质还是水，而且它最终还是能够到达大海，实现自己的梦想。

人也一样，在适当的时候改变一下自己，你就能达到你的目标。也许你也会默默地问自己，你的本质是什么？你紧抓不放的又是什么？你想得到的又是什么呢？其实，生命不只有一种形式，当你无法改变别人或者环境的时候，最好的办法就是改变你自己。形态的改变不会影响你的本质，只要你本质不变，你就还是你，这就足够了。

人生感悟

当你无法改变别人或者环境的时候，最好的办法就是改变自己。

山不过来，我就过去

生活中的许多事情，是我们无法改变的，或者是暂时无法改变的，这个时候，我们只有改变自己。

如果别人不喜欢自己，说明自己还存在缺陷；如果别人不认同自己，说明自己还没有做好；如果别人不能接纳自己，说明自己还不够成熟。

如果我们还没有成功，说明我们没有找到成功的方法。

若要改变事物，首先要改变自己。只有改变自己，才会最终改变别人；只有改变自己，才能改变属于自己的天地。所以说，如果山不过来，还是让我们过去吧。

知人者智，自知者明。胜人者力，自胜者强。

对待他人我们应该换一个角度来想想，那对待自己呢？先看下面的这个故事。

小高有一次在外头玩得太晚，只好走夜路回家，途中经过一片荒地，路上一片漆黑。

小高一边走一边咒骂，懊悔自己早先遗落了打火机，害得现在连一个照明的工具都没有。

正在怨天尤人的同时，突然眼前出现了一点亮光，逐渐向自己靠近，于是小高加快脚步，朝灯光走过去。

等到走进灯光里的时候，小高才发现那个拿着手电筒走路的人，竟然是个双目失明、戴着墨镜的盲人。

小高感到十分诧异，于是开口问那名盲人：“你又看不见，手电筒对你而言一点用处也没有，为什么你还要带着手电筒呢？”

盲人听了小高的话后，缓缓地叹了一口气说：“你有所不知，这条路实在太黑了，别人常常看不到我，匆匆忙忙走过去，一不小心就把我给撞倒了，所以我只好拿着手电筒走路。虽然我看不到别人，但是别人可以看到我，就不会再把我撞倒了。”

英国剧作家萧伯纳曾说过：“当问题发生时，人们往往归咎于环境，事实上，一个人应该努力适应四周的环境，如果无法适应，便要自己去创造环境。”

在这个故事中，聪明的盲人懂得变通，制造了一个适合自己的环境，可以说利人又利己。

人生到处充满着意外和变化，只知道沿袭过去或安于现在的人，最后必然失去未来。

做人就应该和这位盲人一样，懂得适时地转弯，反向思考。为自己的困顿找出路，困难其实没有想象中那么复杂，只要换个角度，你便可以看得更清楚。

人生感悟

切记，换一个角度看问题，你可以看得清楚。

要生存就要先打破外壳

对于农村出身的人来说，谁都知道，小的时候，家里每年都要孵小鸡。

当那只红脸的老母鸡成天无精打采，赖在窝里不肯出来，祖母就拍着手欢天喜地地说："哎呀，抱了，抱了……"于是端来一只大竹筐，蓄上厚厚的稻草，上面再铺上祖父的破棉袄。从米坛子里取出一只只蛋来，祖母说那是鸡公蛋。红脸母鸡仿佛和祖母串通好了似的，急不可待地跳上窝去，咯哒咯哒地一阵乱叫，像在发表什么宣言似的，然后就一声不吭地趴在窝里，连我用它最喜欢吃的油蚱蜢引诱它，它都无动于衷。祖母小声警告我说，它在孵小鸡呢，不要去惊动它。

等待的日子是漫长的。有一天趁着母鸡下窝去进食排便的时间，祖母赶紧用大木盆盛上一盆温水，将鸡蛋放在水里，鸡蛋竟在水里左摇右摆跳起舞来。祖母喜上眉梢，"成了，成了……"原来鸡蛋里已经有了生命。此后的几天，我和祖母都密切地注视着鸡窝的情况。终于有一天，我们听见一阵"唧唧"的叫声，看见一只小鸡已经撞破鸡蛋壳，透过蛋孔用黑亮的小眼睛打量着我们，打量着这个陌生的世界。母鸡更是急不可待，三下五除二地为小鸡解除障碍，小鸡欢腾地扑向母鸡的怀抱，娘儿俩可亲热了。不到一天的工夫，一窝十几只鸡就出得差不多了。

总是有那么一两只小鸡不能破壳而出，祖母说这种蛋是冤蛋。母鸡竟然狠心地准备弃它们而去，我忍不住大声埋怨起母鸡来。祖母笑着说："傻孩子，母鸡是不会去管它们的，小鸡要活下去，必须先打破自己的壳。"事实证明，虽然冤蛋里的小鸡在我和祖母的帮助下出了蛋壳，由于先天发育不良，还是先后死去了。

要生存就必须自己打破自己的外壳，这就是鸡朴素的生存哲学。

人何尝不是如此呢？在我们每个人人生历程中，都会面临一次次的变革与挑战，旧有的自我和各种压力就像一个厚重的外壳，它阻碍我们的视线，使我们看不到前途和光明，扼杀我们于无形。我们就是一只困在壳中的小鸡，犹豫不决、顾虑重重。这时候，你要想想祖母的话，打破自己的外壳，轻装前进，你一定会找到自己的方法，从逆境中突围。

是的，在我们每个人人生历程中，都会面临一次次的变革与挑战，旧有的自我和各种压力就像一个厚重的外壳，它阻碍我们的视线，使我们看不到前途和光明，扼杀我们于无形。很多时候你自己才是你最大的敌人。让小鸡来告诉我们一个朴素的生存哲学：勇敢地打破自己的外壳，开创一个美丽新世界！

人生感悟

只有打破外壳，才能迎来新的生活。

弹性生存是一种艺术

一个人需要具备心理承受能力，比如，面粉放上水揉一下，然后一捏，面粉很容易散开，但是你继续揉，揉过千遍万遍以后，它就再也不会散开了，这是因为它有了韧性。

人进入社会的过程就如同一盘散沙般的面粉，被社会不断地搓揉，最后变成有韧性的面团的过程。蹂躏、折磨、压迫都是对人的考验，你必须能够承受。能屈才能伸。

加拿大魁北克有一条南北走向的山谷。山谷没有什么特别之处，唯一能引人注意的是它的西坡长满松、柏、女贞等树，而东坡却只有雪松。这一奇异景色之谜，许多人不知所以，然而揭开这个谜的，竟是一对夫妇。

那年的冬天，这对夫妇的婚姻正濒于破裂的边缘，为了找回昔日的爱情，他们打算做一次浪漫之旅，如果能找回就继续生活，否则就友好分手。他们来到这个山谷的时候，下起了大雪，他们支起帐篷，望着满天飞舞的大雪，发现由于特殊的风向，东坡的雪总比西坡的大且密。不一会儿，雪松上就落了厚厚的一层雪。不过当雪积到一定程度，雪松那富有弹性的枝丫就会向下弯曲，直到雪从枝上滑落。这样反复地积，反复地弯，反复地落，雪松完好无损。可其他的树，却因没有这个本领，树枝被压断了。妻子发现了这一景观，对丈夫说："东坡肯定也长过杂树，只是不会弯曲才被大雪摧毁了。"少顷，两人突然明白了什么，拥抱在一起。

被称为美国人之父的富兰克林，年轻时曾去拜访一位德高望重的老前辈。那时他年轻气盛，挺胸抬头迈着大步，一进门，他的头就狠狠地撞在门框上，疼得他一边不住地用手揉搓，一边看着比他的身子矮去一大截的门。出来迎接他的前辈看到他这副样子，笑笑说："很痛吧！可是，这将是你今天访问我的最大收获。一个人要想平安无事地活在世上，就必须时刻记住：该低头时就低头。这也是我要教你的事情。"

富兰克林把这次拜访得到的教导看成是一生最大的收获，并把它列为一生的生活准则之一。富兰克林从这一准则中受益终生，后来，他功勋卓越，成为一代伟人。

做人不可无傲骨，但做事不可能总是昂着高傲的头。

生活中我们承受着来自各方面的压力，这些压力积累着终将让我们难以承受。这时候，我们需要像雪松那样弯下身来，释下重负，才能够重新挺立，避免压断的结局。弯曲，并不是低头或失败，而是一种弹性的生存方式，是一种生活的艺术。

人生感悟

该低头时就低头，是一种弹性生存的艺术。

第十章 放下狭隘，赢得博大的人生

自私就是自我毁灭，帮助别人就是强大自己。做一个慷慨的人，做一个对别人有用的人，做一个对社会有用的人，才能赢得博大的人生。

自私就是自我毁灭

自私自利的人脑子里只是满装着自己，他们不会爱别人，更不懂得为别人而付出。他们总是认为自己是这个世界的中心，外在的一切都是他自己的一部分。因而，他们不愿奉献，因为这无异于从他们身上割肉。

从前，有两位很虔诚、很要好的教徒，决定一起到遥远的圣山朝圣。两人背上行囊，风尘仆仆地上路，誓言不达圣山朝拜，绝不返回。

两位教徒走啊走，走了两个多星期之后，遇见一位白发苍苍的圣者。圣者看到这两位如此虔诚的教徒千里迢迢去朝圣，十分感动地告诉他们："从这里距离圣山还有10天的脚程，但是很遗憾，我在这十字路口就要和你们分手了，而在分手之前，我要送给你们每人一件礼物！不过你们当中一个要先许愿，他的愿望会马上实现；而第二个人则可以得到那愿望的两倍。"

其中一个教徒心里想："太好了，我已经想好我要许什么愿了，但我不能先讲，那样的话太吃亏了，应该让他先讲。"而另一个教徒也怀有这样的想法："我怎么可以先讲，让他获得两倍的礼物。"于是，两个教徒就开始假装客气地推让起来。"你先讲！""你比我年长，你先许愿吧！""不，应该你先许愿！"两人彼此推来让去。最后两人都不耐烦起来，气氛一下子变得紧张起来。"你干吗呀？""你先讲啊！""为什么你不先讲而让我先讲？我才不先讲呢！"

到最后，其中一个气呼呼地大声嚷道："喂，你真不识相、不知好歹，你再不许愿的话，我就打断你的狗腿，掐死你！"

另外一见他的朋友居然和自己变脸，而且还恐吓自己，于是想，你无情来我无意，我没法子得到的东西，你也休想得到。于是，他干脆把心一横，狠狠地说道："好，我先许愿！我希望……我的一只眼睛瞎掉！"

很快地，这位教徒的一只眼睛瞎掉了，而与此同时，他的朋友双眼也立即瞎掉了！

本是一件皆大欢喜的事，因为两人的自私而成了悲剧。自私者妄图拥有整个世界，结果却输掉了一切本应属于他的东西，反而变得更加贫穷了。都是自私惹的祸！

有两个重病病人同住在一家大医院的小病房里。房子很小，只有一扇窗子可以看见外面的世界。其中一个病人的床靠着窗，他每天下午可以在床上坐一个小时。另外一个人则终日都得躺在床上。

靠窗的病人每次坐起来的时候，都会描绘窗外的景致给另一个人听。从窗口可以看到公园的湖，湖内有鸭子和天鹅，孩子们在那儿撒面包屑，放模型船，年轻的恋人在树下携手散步，在鲜花盛开，绿草如茵的地方人们玩球嬉戏，后头一排树顶上则是美丽的天空。

另一个人倾听着，享受着每一分钟。他听见一个孩子差点跌到湖里，一个美丽的女孩穿着漂亮的夏装……朋友的诉说几乎使他感觉到自己亲眼目睹了外面发生的一切。

在一个天气晴朗的午后，他心想：为什么睡在窗边的人可以有独享美景的权利呢？为什么我没有这样的机会？他觉得不是滋味，他越是这么想，就越想换位子。他一定得换才行！这天夜里，他盯着天花板想着自己的心事，另一个忽然惊醒了，拼命地咳嗽，一直想用手按铃叫护士进来。但这个人只是旁观而没有帮忙——他感到同伴的呼吸渐渐停止了。第二天早上，护士来时那人已经死了，他的尸体被静静地抬走了。

过了一段时间，这人开口问，他是否能换到靠窗户的那张床上。他们搬动他，将他换到了那张床上，他感觉很满意。人们走后，他用肘撑起自己，吃力地往窗外望……

窗外只有一堵空白的墙。

如果另一个人放下心中的自私，在晚上按铃帮助另一个人，他还可以听到美妙的窗外故事。可是现在一切都晚了，他看到的是什么呢？不仅是自己丑恶自私的灵魂，还有窗外一堵白墙。几天之后，他在自责和忧郁中死去。这就是自私的下场！

现在很多人总在说："人在本质上是自私的，人不为己，天诛地灭。一个人要享乐，是为了不闷死；要工作，是为了不饿死；要恋爱，是为了不孤独死。一切为了生存，生存就是斗争，斗争就意味着自私。"但事实真的是这样吗？大错特错！这只是某些人为自己开脱的理由！

自私就是自我毁灭。人都有需要别人的帮助的时候，当身边的人身处困境的时候，自私的人袖手旁观或幸灾乐祸。时光运转，三十年河东，三十年河西，人总有走背运的时候，当有一天他需要别人的帮助的时候，就会清楚地知道：什么是自私的下场。

人生感悟

凡是自私自利的人终将亲手把自己送上断头台。

予人快乐，予己快乐

英国《太阳报》曾以"什么样的人最快乐"为题，举办了一次有奖征答活动，从应征的八万多封来信中评出四个最佳答案：作品刚刚完成，吹着口哨欣赏自己作品的艺术家；正在用沙子筑城堡的儿童；为婴儿洗澡的母亲；千辛万苦开刀后，终于挽救了危重病人的外科医生。

要使自己成为快乐的人，从第一个答案中，我们知道必须工作，有工作，就会使人快乐；第二个答案告诉我们，要学会快乐，必须充满想象，对未来充满希望;第三个答案告诉我们，要学会快乐，一定要心中有爱，那种无私的、不计报酬的爱；第四个答案告诉我们，要学会快乐，一定要有能力，要有助人为乐的技能。只有这样的人，世人才会给他最美妙的报偿，正所谓予人快乐予己快乐。

给予是快乐的源泉，为别人带来快乐的同时，我们自己也会处于快乐的包围之中。快乐是可以分享的，你给别人带来了快乐，你分享给别人的东西越多，你获得的东西就会越多。你把幸福分给别人，你的幸福就会更多。但是，如果你把痛苦和不幸分给别人，那你得到的也只能是痛苦和不幸。生活中你如果整天以一张愁眉苦脸待人，那别人会全以同样的面孔对你，你看到了更多的愁容；相反，如果你以笑脸相迎，你会看到更多的笑脸，你的快乐心情加倍了。

从前有个国王，非常疼爱他的儿子，总是想方设法满足儿子的一切要求。可即使这样，他的儿子却总是整天眉头紧锁，面带愁容。于是国王便悬赏找寻能给带来儿子快乐之能士。

有一天，一个大魔术师来到王宫，对国王说有办法让王子快乐。国王很高兴地对他说："如果你能让王子快乐，我可以答应你的一切要求。"

魔术师把王子带入一间密室中，用一种白色的东西在一张纸上写了些什么交给王子，让王子走入一间暗室，然后燃起蜡烛，注视着纸上的一切变化，快乐的处方会在纸上显现出来。

王子遵照魔术师的吩咐而行，当他燃起蜡烛后，在烛光的映照下，他看见纸上那白色的字迹化作美丽的绿色字体："每天为别人做一件善事！"王子按照这一处方，每天做一件好事，当他看见别人微笑着向他道谢时，他开心极了。很快，他就成了全国最快乐的人。

真正有涵养的人，在别人适逢痛苦或遭遇不幸时，绝不冷眼旁观，而是尽自己的力量和可能给予同情和帮助。即使是再普通的关系也应该表现出你的热情。只有真诚地待人，别人才会真诚地对你。那种虚情假意，甚至想捉弄人、看别人笑话的人，是注定不会有朋友的。只有互助才会双赢。

两个钓鱼高手到鱼池垂钓，不久收获颇丰。忽然间，鱼池附近来了十多名游客，也开始垂钓。没想到，他们怎么钓也是毫无成果。

那两位钓鱼高手，一位孤僻而不爱搭理别人，单享独钓之乐；而另一位却是个热心、爱交朋友的人。爱交朋友的这位高手，看到游客钓不到鱼，就说："这样吧！我来教你们钓鱼，如果你们学会了我传授的诀窍，而钓到一大堆鱼时，每十尾就分给我一尾。不满十尾就不必给我。"

对方欣然同意。就这样，这位热心助人的钓鱼高手，把所有的时间都用于指导垂钓者，获得的竟是满满一大箩鱼，还认识了一大群新朋友，同时，左一声"老师"，右一声"老师"，备受尊崇。而另一个同来的钓鱼高手，却没享受到这种服务于人们的乐趣。

想要得快乐吗？那就无私地去帮助别人吧！

人生感悟

送人玫瑰，手有余香。予人快乐，予己快乐。

帮助别人就是强大自己

帮助别人就是强大自己，帮助别人也就是帮助自己，别人得到的并非是你自己失去的。在一些人的固有的思维模式中，认为要帮助别人自己就要有所牺牲，别人得到了自己就一定会失去。比如你帮助别人提了东西，你就可能耗费了自己的体力，耽误自己的时间。其实很多时候帮助别人，并不就意味着自己吃亏。如果你帮助其他人获得他们需要的东西，你也因此而得到想要的东西，而且你帮助的人越多，你得到的也就越多。

自我封闭只能是自取灭亡。给别人一条路，也等于给自己一条路；给别人一个机会，也等于给自己一个机会。

寒冷的冬天，一个卖包子的和一个卖被子的同到一座破庙中躲避风雪。天晚了，卖包子的很冷，卖被子的很饿，但他们都相信对方会有求于自己，所以谁也不先开口。

过了一会儿，卖包子的说："吃一个包子。"卖被子的说："盖上条被子。"又过了一会儿，卖包子的说："再吃个包子。"卖被子的说："再盖上条被子。"就这样，卖包子的一个一个吃包子，卖被子的一条一条盖被子，谁也不愿意向对方求助。到最后，卖包子的冻死了，卖被子的饿死了。

有句歌词唱道，只要人人都献出一点爱，这个世界就会变成美好的人间。但其中最关键的，是谁先献出一点爱。第一个人献出的爱，才是最重要也是最宝贵的爱。少一点自私，多一点关心，世界会充满精彩。

有一个人被带去观赏天堂和地狱，以便比较之后能聪明地选择他的归宿。他先去看了魔鬼掌管的地狱。第一眼看去令人十分吃惊，因为所有的人都坐在酒桌旁，桌上摆满了各种佳肴，包括肉、水果、蔬菜。

然而，当他仔细看那些人时，他发现没有一张笑脸，也没有伴随盛宴的音乐或狂欢的迹象。坐在桌子旁边的人看起来沉闷，无精打采，而且皮包骨。这个人发现那些人每人的左臂都捆着一把叉，右臂捆着一把刀，刀和叉都有四尺长的把手，使它不能用来吃。所以即使每一样食品都在他们手边，结果还是吃不到，一直在挨饿。

然后他又去天堂，景象完全一样：同样食物、刀、叉与那些四尺长的把手，然而，天堂里的居民却都在唱歌、欢笑。这位参观者困惑了。他怀疑为什么情况相同，结果却如此不同。在地狱的人都挨饿而且可怜，可是在天堂的人吃得很好而且很快乐。最后，他终于看到了答案：地狱里每一个人都试图喂自己，可是一刀一叉，以及四尺长的把手根本不可能吃到东西；天堂上的每一个人都是喂对面的人，而且也被对面的人所喂，因为互相帮助，结果帮助了自己。

任何人都不能脱离群体而孤立存在。如果你只想自己做好自己的事，而不关心他人，那么你很难得到别人的帮助。只有和别人互相协助，你才能更快地取得幸福。

大家一定都听过这样一个故事：

一个生气的男孩想向他妈妈大喊他恨她，又害怕受到惩罚，就跑出家，来到山腰上对着山谷大喊："我恨你！我恨你！我恨你！"山谷传来回应："我恨你！我恨你！我恨你！"男孩吃了一惊，跑回家去告诉他妈妈说，在山谷里有个可恶的小男孩对他说恨他。于是他妈妈就把他带回山腰上并让他喊："我爱你！我爱你！"男孩按他妈妈说的做了，这回他发现有个可爱的小男孩在山谷里对他喊："我爱你！我爱你！"

许多人活一辈子都不会想到，自己在帮助别人时，其实就等于帮助了自己。他们会问："明明是我去帮助他们，他们受惠，怎么是帮助自己呢？我受的惠在哪里呢？"其实一个人在帮助别人时，无形之中是一种对未来的投资。你不求回报，冥冥之中自有回报。

人生感悟

帮助别人就是强大自己，帮助别人也就是帮助自己。

让仇恨长出鲜花

法国19世纪的文学大师雨果曾说过这样的一句话："世界上最宽阔的是海洋，比海洋更宽阔的是天空，比天空更宽阔的是人的胸怀。"

古希腊神话中有一位大英雄叫海格力斯。一天他走在坎坷不平的山路上，发现脚边有个袋子似的东西很碍脚，海格力斯踩了那东西一脚，谁知那东西不但没有被踩破，反而膨胀起来，加倍地扩大着。海格力斯恼羞成怒，操起一条碗口粗的木棒砸它，那东西竟然长大到把路堵死了。

正在这时，山中走出一位圣人，对海格力斯说："朋友，快别动它，忘了它，离它远去吧！它叫仇恨袋，你不犯它，它便小如当初，你侵犯它，它就会膨胀起来，挡住你的路，与你敌对到底！"

我们生活在茫茫人世间，难免与别人产生误会、摩擦。如果不注意，在我们轻动仇恨之时，仇恨袋便会迅速膨胀，最终会堵塞通往成功之路。所以我们一定要记着在自己的仇恨袋里装满宽容，那样我们就会少一些烦恼，多一些快乐。

拿破仑在长期的军旅生涯中养成宽容他人的美德。作为全军统帅，批评士兵的事经常发生，但每次他都不是盛气凌人的，他能很好地照顾士兵的情绪。士兵往往对他的批评欣然接受，而且充满了对他的热爱与感激之情，这大大增强了他的军队的战斗力和凝聚力，成为欧洲大陆一支劲旅。

在征服意大利的一次战斗中，士兵们都很辛苦。拿破仑夜间巡岗查哨。在巡岗过程中，他发现一名巡岗士兵倚着大树睡着了。他没有喊醒士兵，而是拿起枪替他站起了岗，大约过了半个小时，哨兵从沉睡中醒来，他认出了自己的最高统帅，十分惶恐。

拿破仑却不恼怒，他和蔼地对他说："朋友，这是你的枪，你们艰苦作战，又走了那么长的路，你打瞌睡是可以谅解和宽容的，但是目前，一时的疏忽就可能断送全军。我正好不困，就替你站了一会儿，下次一定小心。"

拿破仑没有破口大骂，没有大声训斥士兵，没有摆出元帅的架子，而是语重心长、和风细雨地批评士兵的错误。有这样大度的元帅，士兵怎能不英勇作战呢？如果拿破仑不宽容士兵，那后果只能是增加士兵的反抗意识，丧失了他本人在士兵中的威信，削弱了军队的战斗力。

宽容是一种艺术，宽容别人，不是懦弱，更不是无奈的举措。在短暂的生命中学会宽容别人，能使生活中平添许多快乐，使人生更有意义。正因为有了宽容，我们的胸怀才能比天空还宽阔，才能尽容天下难容之事。

还有另外一则故事：

杰克和汤姆曾经是好朋友，有一次他们合伙做卖米的生意。

在他们居住的那条街上分布着许多米店，大多数店主把米放在外面，晚上找人看守。他们也和那些店主一样把米堆在商店外面。

可是有一天早上他们起来后发现米少了许多。杰克记得晚上汤姆起了好几次，他怀疑很可能是汤姆把米转移到其他地方，想独吞，因此心中大为不悦。而汤姆说他没有看见那些米，杰克不相信，两人吵了起来。汤姆忍无可忍，动手打了杰克，杰克毫不示弱也狠狠还击，打得汤姆鼻青脸肿。从此他们成为仇人，不再往来。

第三天，杰克要到附近的一个小镇去做生意，一大早推开门发现门口放着一个陶罐，罐里装着几根骨头。按照当地风俗这是不吉利的象征，很晦气。杰克想肯定是汤姆诅咒他生意落败故意放在他家门口的，他非常生气地将陶罐扔到花园里，就出门了。结果那天他的生意很不好，不但没有赚到钱反而亏了不少本。回到家中他给院子里的花松土施肥时，无意中看到那个陶罐，想把它砸碎出气，又觉得很可惜，就顺便移了几株快死的花进去。

过了几天他从外边做生意回来，赚了不少钱。他很高兴地侍弄花草时惊喜地发现，陶罐里开满了鲜花。这让他很高兴，没想到用来出气的陶罐竟给他带来了意想不到的欢乐。看着这些鲜花，他开始为自己狭隘的心胸感到脸红，觉得自己当初不应该迁怒于汤姆，应该心平气和地向他解释。他决定主动向汤姆道歉。

在去汤姆家的路上遇到他的邻居，邻居问他说，前一段时间自家的小孩夜里在外面玩，把一个准备泡药的陶罐和一副兽骨药给弄丢了，不知杰克看见了没有。杰克回家找到陶罐和扔在院子里的兽骨还给了邻居。奇怪的是当他把东西还给邻居时，邻居反而给了他几袋米。

原来就在杰克和汤姆把米放在外面的那天夜里，有人要买杰克邻居家的米，黑暗中邻居错把杰克和汤姆的米卖了，等第二天发现时，买主已不知去向。邻居找杰克时，杰克已到外地去了，后来就把这件事给忘了。杰克觉得自己错怪了汤姆，他带上从陶罐里采摘的鲜花到汤姆家表示真诚的道歉。

后来他们重新成为了朋友，感情比以前好多了。

人与人之间避免不了因互相误解而导致仇恨。最好的方式是以宽容的心态将这种仇恨栽培成一盆鲜花，让自己心里开花才能让周围遍地开花。时间带走一切也考验一切，值得珍惜的是无限春光和快乐的果实，真正的友谊并不因误解、仇恨而变淡，反而因海纳百川的胸怀和气度而更加深厚。

让仇恨长成鲜花是一种智者大彻大悟的境界，也是人生快乐的源泉。

人生感悟

屠格涅夫说"不会宽容别人的人，是不配受到别人宽容的。"

拥有一颗爱人之心

一个极其寒冷的冬日的夜晚，路边一间简陋的旅店迎来一对上了年纪的客人。然而不幸的是，这间小旅店早就客满了。“这已是我们寻找的第16家旅社了，这鬼天气，到处客满，我们怎么办呢？”这对老夫妻望着店外阴冷的夜晚发愁地说。

店里的小伙计不忍心这对老人出去受冻，便建议说：“如果你们不嫌弃的话，今晚就住在我的床铺上吧，我自己在店堂里打个地铺。”老夫妻非常感激，第二天要照店价付客房费，小伙计坚决拒绝了。临走时，老夫妻开玩笑地说：“你经营旅店的才能真够得上当一家五星级酒店的总经理。”

“那敢情好！起码收入多些可以养活我的老母亲。”小伙计随口应道，哈哈一笑。

没想到两年后的一天，小伙计收到一封寄自纽约的来信，信中夹有一张往返纽约的双程机票，信中邀请他去拜访当年那对睡他床铺的老夫妻。

小伙计来到繁华的大都市纽约，老夫妻把小伙计引到第五大街和三十四街交汇处，指着那儿的一幢摩天大楼说：“这是一座专门为你兴建的五星级宾馆，现在我们正式邀请你来当总经理。”

年轻的小伙计因为一次举手之劳的助人行为，美梦成真。这就是著名的奥斯多利亚大饭店经理乔治·波菲特和他的恩人威廉先生一家的真实故事。

另外一个故事是这样的：

有一个女孩，有一天她正在街头行走时，被一个抱孩子的妇人叫住，那妇人说去买点东西，一会儿就回来，让她抱一会孩子，可妇人却再也没有回来。

孩子抱回家后，她才发现孩子似乎健康有问题，到医院检查后，医生说：孩子是先天性心脏病，要5万块钱的手术费。

她在想，我该怎样度过难关呢？我是不是该放弃我的坚持呢？我该去哪给捡来的小姑娘筹集5万块钱的手术费呢？可是，她找不到答案，除了这样漫无目的地行走，她不知道怎样解决这些棘手的问题。

第二天，她去找她的好朋友倾吐心思，或许她能给她出个主意。

她到朋友那里的时候，朋友正在给一位老人画像，这是一个很奇怪的老头，看上去和乞丐差不多，满脸的皱纹、污垢，让人不忍看第二眼。姑娘想：为什么贫穷总是这样折磨人的梦想！既然手中的钱还不足以给孩子做手术，那我想办法先解决这个老人的吃饭问题吧！

就这样，善良的女孩把手伸进了自己的口袋，紧紧攥住了口袋里刚发的那点可怜的工资，犹豫了一会儿，她把工资袋给了这个老人。做完这件事之后，她甚至觉得自己有点伟大！虽然没有足够的钱给孩子做手术，但自己可以把孩子交给有关部门。

她没有想到的是，第二天，她的朋友跑来告诉她，说她撞了好运。朋友说：“昨天那个老头其实是个亿万富翁，昨天他只是想知道自己如果是乞丐会是什么样子，老人只是体验生活。结果被你碰上了，决定培养你，因为他认为你是善良而富同情心的人。他说，孩子他会收养，同时邀请你去他的公司工作。”

还有一个发生在英国的一个真实故事：

有位孤独的老人，无儿无女，又体弱多病。他决定搬到养老院去。老人宣布出售他漂亮的住宅。购买者闻讯蜂拥而至。住宅底价8万英镑，但人们很快就将它炒到了10万英镑。价钱还在不断攀升。老人深陷在沙发里，满目忧郁，是的，要不是健康情形不行，他是不会卖掉这栋陪他度过大半生的住宅的。

一个衣着朴素的青年来到老人眼前，弯下腰，低声说：“先生，我也好想买这栋住宅，可我只有1万英镑。可是，如果您把住宅卖给我，我保证会让您依旧生活在这里，和我一起喝茶、读报、散步，天天都快快乐乐的。相信我，我会用整颗心来照顾您的！”

老人颔首微笑，把住宅以1万英镑的价钱卖给了他。

完成梦想，不一定非得要冷酷地厮杀和欺诈，有时，只要你拥有一颗爱人之心就可以了。有爱心的人，他会关心自己身边的亲人、朋友，他会同情弱者，会伸出自己的双手，尽自己的所能去帮助那些需要帮助的人。

也许他没有能力去扭转世间的苦难，也许他没有能力去拯救战争中流离失所的人们。他用自己的爱温暖着他周围的生命，一点点驱走他们头顶上的乌云，让阳光照进每一处阴暗的空间。当一张张曾经沮丧的脸上重新露出欢颜，他会感到无比的满足与愉悦。

生活中有了爱，寒冷的风雪山会变得温柔。

生活中有了爱，阻路的荆棘也会低头让步。

生活中有了爱，有时连死神也会生出慈爱之心。

人生感悟

在人人为我的时候，做一个像天使一样博爱的人，世界将会因你的存在而到处充满阳光！

做一个慷慨的人

冬日的黄昏，查尔斯和朋友坐在熊熊的炉火旁，气氛宜人，最适合促膝谈心，这位朋友平素沉默寡言，现在却娓娓细语讲述自己的心事。

“我常常感到痛苦，”她说，“我没有力量对别人慷慨一点。要想送人一点东西也办不到。”查尔斯知道她的情形。她丈夫接连生了几场病，家里债台高筑，还有三个孩子在读书，所以她的手头非常拮据，一文钱也不能乱花。可是她似乎并不知道，她自己实在是小镇上最肯帮助别人的人。

“我觉得，你是最慷慨的人了，”查尔斯说，“让我把其中的道理说给你听。”他们首先谈到钱，因为钱所代表的慷慨是大家所最熟悉的。可是事实上，真正的慷慨是另外一种表现。

一位朋友对此讲述了这样一个故事：有一天，他回家比较早，看见邻家的孩子在他的前院挖坑，他觉得很奇怪。

“那孩子告诉我，他知道我的太太要送我一株木兰。他接着说：‘我很穷，但我也想送你一点礼物，就是这个坑’。我心里感动极了！”一方慷慨给予，另一方应该欣然接受。受礼而不领情，反而伤感情。有一次，查尔斯在路上遇见一位朋友的丈夫，他提着一个漂亮盒子，满面春风地告诉我：“我的太太一直想有一件皮大衣。这两年我省吃俭用，现在终于买来了——我要送给她，庆祝我们结婚十周年纪念。来，你到我家来，看看她高兴的样子。”到了他家之后，他的太太打开盒子一看，却说：“哎，你怎么搞的？你晓得，我们现在多需要一块新地毯。”然后才很勉强地补上一句：“当然，我很感谢你，你待我太好了……”但已经太迟了。送礼的快乐遇到了寒流，两年来的一腔热情完全付诸东流。

另外一种受礼的态度却能带来不同的效果。

一位有钱的太太，她想要的东西都有了。有一天，她无意中谈到需要一样小东西，可是没有空上街。查尔斯觉得可以替她效劳。想不到她竟眼泪汪汪地说：“你真好，肯为我跑那么远的路！”

不过花点时间，她那样感激涕零，使查尔斯觉得反而倒欠了她的情似的。事实上，最好的礼物莫过于自己的时间。礼物没有送礼者自身的成分，便没有意义；任何礼物都不如时间所包括的自身成分重。可是许多人宁愿花钱，而吝啬时间。

多数人都有慷慨之心，所幸表达慷慨的方式也很多。为别人的幸运和幸福而庆幸，是一种慷慨；能从别人的观点看事物，容许别人有自己的意见和特色，也是一种慷慨。此外，善解人意，避免鲁莽的言行；耐心倾听别人的诉苦；同情分担别人的悲痛，都是慷慨。

只要你有心去帮助别人，不管贫穷或富有，渺小或强大，你都可以做一个慷慨的人。

人生感悟

只要你愿意，无论何时，你都可以做一个慷慨的人。

做一个对别人有用的人

从前，德国有一位很有才华的年轻诗人，写了许多吟风咏月、写景抒情的诗篇。可是他却很苦恼。因为，人们都不喜欢读他的诗。这到底是怎么一回事呢？难道是自己的诗写得不好吗？不，这不可能！年轻的诗人向来不怀疑自己在这方面的才能。于是，他去向父亲的朋友——一位老钟表匠请教。

老钟表匠听后一句话也没说，把他领到一间小屋里，里面陈列着各色各样的名贵钟表。这些钟表，诗人从来没有见过。有的外形像飞禽走兽，有的会发出鸟叫声，有的能奏出美妙的音乐……

老人从柜子里拿出一个小盒，把它打开，取出了一只式样特别精美的金壳怀表。这只怀表不仅式样精美，更奇异的是：它能清楚地显示出星象的运行、大海的潮汛，还能准确地标明月份和日期。这简直是一只“魔表”，世上到哪儿去找呀！诗人爱不释手。他很想买下这个“宝贝”，就开口问表的价钱。老人微笑了一下，只要求用这“宝贝”，换下青年手上的那只普普通通的表。

诗人对这块表真是珍爱之极，吃饭、走路、睡觉都戴着它。可是，过了一段时间之后，渐渐对这块表不满意起来。最后，竟跑到老钟表匠那儿要求换回自己原来的那块普通的手表。老钟表匠故作惊奇，问他对这样珍异的怀表还有什么感到不满意。

青年诗人遗憾地说：“它不会指示时间，可表本来就是用来指示时间的。我带着它不知道时间，要它还有什么用处呢？有谁会来问我大海的潮汛和星象的运行呢？这表对我实在没有什么实际用处。”

老钟表匠还是微微一笑，把表往桌上一放，拿起了这位青年诗人的诗集，意味深长地说：“年轻的朋友，让我们努力干好各自的事业吧。你应该记住：怎样给人们带来用处。”

诗人这时才恍然大悟，从心底里明白了这句话的深刻含义。

的确，人生一世，对别人有用，才不枉活一生。

一位老妇人重病，医生明确告诉她已无回天之力。她得知这个消息后，就开始每天买一束鲜花，托人送给医院里的老人和孩子，使那些饱受病魔折磨的老人和孩子受到莫大的安慰。后来她的爱心得到了社会的认同，她从中感受到了久违的快乐。她心情愉快了，病竟然奇迹般的好转了！这事使她发现了我们虽然懂却又常常忽略的人生哲理：活着对别人有用才快乐。

有一个独居老人林冷雪用自己的离休工资和积蓄，资助了5位贫困大学生。林冷雪是华东师大的离休教师。有一天，她从电视新闻上得知复旦大学学生丁剑在上大学一年后被查出患上白血病而无钱医治时，林老立即决定资助他治疗。

从那时候起，林老每月拿出1000元给丁剑。几年前因为摔跤而做过腿部大手术的林老每次都乘坐出租车到复旦大学送钱。她认为：“感情是无价的，我每个月把钱送过去，还要看看他，说几句贴心的话。”2004年10月，在丁剑去世的前一个小时，他坚持通过电话最后一次叫了声“奶奶”……

林冷雪老人还在以每年1万元的标准资助着4位贫困生。她说：“爱读书是好事，我能做的只是让他们不会感觉远离梦想。而且，我活着对别人有意义，自己才会拥有一份难得的快乐。”

俗话说“一方有难，八方支援”，我们一定要在别人遇到困难时尽自己所能去主动帮助别人，让别人在你的帮助下渡过难关，找回快乐，那样，你自己也会因此而快乐的。

活着要对别人有用，那才会快乐。

人生感悟

活着对别人有用，才是人生的价值所在。

把财富奉献给社会

现实生活中，没有钱什么事情也办不好，然而有了钱不去合理地花销，也是一文不值。正如托尔斯泰所言："财富就像粪尿一样，堆积时会发出臭味，散布时可使土地变得肥沃。"

美国石油大王洛克菲勒出身贫寒，在他创业初期，人们都夸他是个好青年。当黄金像贝斯比亚斯火山流出岩浆似的流进他的口袋里时，他变得贪婪、冷酷。深受其害的宾夕法尼亚州的居民对他深恶痛绝。

由于洛克菲勒为金钱操劳过度，身体变得极度糟糕。医师们终于向他宣告一个可怕的事实：以他身体的现状，他只能活到50多岁。医生建议他必须改变拼命赚钱的生活状态，必须在金钱、烦恼、生命中选择其一。这时，离死不远的他才开始省悟到是贪婪的魔鬼控制了他的身心。他听从了医师的劝告，退休回家，开始学打高尔夫球，上剧院去看喜剧，还常常跟邻居闲聊。经过一段时间的反省，他开始考虑如何将庞大的财富捐给社会。

开始的时候，人们不愿接受他的捐赠，即使是自视为宽容大度的教会也曾把他捐赠的"脏钱"退回。但诚心终归能打动人，渐渐人们接受了他的诚意。然而，找他捐钱的人太多了：无论早晨或夜晚，上班时间还是用餐时刻，都会有人来请他捐钱。有一次，在一大笔捐款之后，一个月内请求捐助的人数竟超过5万人。由于洛克菲勒要求每一笔捐款都必须有效地使用，所以每一次申请均须经仔细调查。面对那么多的求助者，他急得跳脚。

他的助手盖兹提出忠告："您的财富像雪球般愈滚愈大。您必须赶紧散掉它。否则，它不但会毁了您，也会毁了您的子孙。

洛克菲勒告诉盖兹："我非常了解。请求捐助的人实在太多了，但我一定要先弄清楚他们的用途才肯捐钱。我既无时间也无精力去处理此事，请你赶快成立一个办事处，负责调查事宜。我根据你的调查报告采取行动。"

于是，在1901年，设立了"洛克菲勒医药研究所"；1903年，成立了"教育普及会"；1913年，设立了"洛克菲勒基金会"；1918年，成立了"洛克菲勒夫人纪念基金会"。哲学家史威夫特说过："金钱就是自由，但是大量的财富却是桎梏。"洛克菲勒深谙这个道理，他一生之中共捐了55亿美元，他的捐助，不是为了虚荣，而是出自至诚；不是出于骄傲，而是出自谦卑。

他后半生不做钱财的奴隶，喜爱滑冰、骑自行车与打高尔夫球。到了90岁，依旧身心健康，耳聪目明，日子过得很愉快。他逝世于1937年，享年98岁。他死时，只剩下一张标准石油公司的股票，因为那是第一号，其他的产业都在生前捐掉或分赠给继承者了。财富本身生不带来，死不带走。既然它来之于社会，我们就要让它以更好的方式为社会服务。这样的人生才能痛快潇洒，才有意义，才更加博大！

人生感悟

用金钱去造福社会的富人，才是真正的富翁。

感恩的心，感谢一切

感恩伤害我的人，因为他磨炼了我的心志；
感恩绊倒我的人，因为他强化了我的双腿；
感恩欺骗我的人，因为他增进了我的智慧；
感恩蔑视我的人，因为他唤醒了我的自尊；

感恩遗弃我的人，因为他教会了我该独立；

凡事感恩，学会感恩。

感恩一切使我成长的人！

感恩失败，因为它使我成为了一个有故事的人；

感恩成功，因为它使我生命铺满精彩，写满美丽；

感恩掌声和鼓励，因为它给我更大的能量和勇气！

同时，也感恩批判和挑战，因为它警醒我自知、自制和自明。

有人说，活得快乐的一个要领就是要对生活充满感谢，尽管这种生活十分世俗和平庸。这话有相当的生活哲理。

这个世界诱惑太多。想上帝创业之初，竟如何匆忙地忘了赋予人类一个知足的天性，一个对生活充满感谢的大脑。霓虹闪烁的背后，几多对金钱的追逐、对名利的渴望淹没了生活这首歌。如何把自己交给生活呢？尽量向人道谢或许即是一个方法。有些人长到很大年纪，却至死没学会说“谢谢”。说“谢谢”最少要有三个动作：第一是要真诚地看着对方，第二是微笑，第三是清晰明了地说“谢谢”或“不用了，谢谢你！”

我们非常需要感恩的心态，父母对我们有养育之恩，老师对我们有教育之恩，领导对我们有知遇之恩，同事对我们有协助之恩，社会对我们有关爱之恩，军队对我们有保卫之恩，祖国对我们有呵护之恩……赠人玫瑰，手留余香。一个经常怀着感恩之心的人，心地坦荡，胸怀宽阔，会自觉自愿地给人以帮助，助人为乐。而那些不会感恩的人，血是凉的，心是冷的，带给社会的只能是冷漠和残酷，这样的人如果多了，社会就会变成冷酷而毫无希望的沙漠。

所以，要随时随地真诚地表达谢意，不要太在乎对方是否同样回应。有本书中说得好：如果你开始鼓掌，发现全场只有你一个人这么做，你就继续鼓掌下去，因为真诚的感谢和赞美永远是不会错的，何况快乐会传染，很快地传染给别人。

有个七八岁的聋哑女孩，背着书包去上学，在公共汽车上没站稳，差点摔倒，一位叔叔看到，急忙上前扶她一把。女孩上了车，刚站稳就向这位叔叔打手势，叔叔不明白是什么意思。叔叔要下车了，女孩连忙跑过去，塞给他张小字条。下了车，叔叔打开一看，只见上面歪歪扭扭地写着一行字：“谢谢，谢谢叔叔！”泪水涌出叔叔的眼眶，以后他经常做好事。

生活中，我们要感谢一切值得我们感谢的事物和人。

唯有感恩，才会知足。不要向别人、向自然索取太多，衣能蔽体、食能果腹即可。知足者在乎的是自己能给别人、社会、自然带来什么，而不会为了满足自己的欲望无休止地索取。

唯有感恩，才会保持恬淡自然的心情。一瓢饮、一箪食即可满足，不在乎名利的得失，不在意风起云涌，时时刻刻保持“笑看风云淡”的宽广胸怀。云卷云舒、金乌西坠、玉兔东升，在知足者眼里是那么的美丽浪漫而富有诗意。

唯有感恩，才能清清楚楚地看清自己。没有母亲赐予我生命，世界便没有我这个人；没有大自然赐予我食物，我无法长大；没有磨难，我无法成熟；没有伤害，我无法坚强；没有朋友，我举步维艰；没有对手，我无法进步……没有这一切，我是那么的渺小！！

唯有感恩，才能学会珍惜。感恩者知道自己所拥有的来之不易，知道一切所得皆是上帝所赐，所以会加倍珍惜爱情、友情、亲情、财富、名誉。珍惜爱情使他成为合格的爱人，珍惜友情使他成为你的挚友，珍惜亲情使他成为家庭的脊梁，珍惜财富使他乐善好施，珍惜名誉使他声名远播！

也许，唯有感恩才能使我们的世界充满和平、鲜花、快乐和幸福，才能使我们的人生更加博大。

人生感悟

“谢谢”不仅仅是礼貌。“谢谢”和爱连在一起，“谢谢”有多少，爱就有多少。

第十一章　放下包袱，赢得悠闲的人生

在强大的压力之下，都市人每天总是忙、忙、忙，越忙碌，就越觉得生活茫然。实际上，只有放下压力包袱，过自己想过的生活，才是生命的真义。

压力，都市人的致命伤

压力，这个自诩为前进动力的孪生姐妹，已成了都市人的致命伤，它严重影响了都市人的生活质量。一个女中学生因不能学习的重负而离家出走，某企业老总因再也无法承受整天的员工讨工资、银行讨贷款、老婆闹离婚的生活而跳楼自杀的。生活的压力太大，以致他们无法承受，所以才走上了绝路。

现在都市人在充分体验高科技成果所带来的前所未有的愉悦的同时，也正忍受着它带给人们的巨大压力。在“时间就是效益”、“时间就是金钱”等类似观念的感召下，人们与时间赛跑，丝毫不敢怠慢地填满每一分每一秒，忙工作，忙进修，忙休闲，连吃饭都分秒必争，去吃快餐。在这样快节奏的生活下，工作压力、学习压力、生活压力等一齐向人们袭来。身强力壮，承受力大者，挺身憋气，强自为之;心理素质差，承受力弱者，不免恐慌、失眠。

人不能没有压力，但压力不是越多越好。我们应一分为二地看待压力，应该看到它在督促人们前进中的作用。每一个人都有一个压力的承受极限，即阈值，超过这个极限，如不能及时排解，就要出问题。现代都市人压力普遍已超过压力的警戒线，许多人甚至于已经超过阈值，这也正是心理医生日益红火的原因。当然，如果压力太小或没有压力，人们就会失去动力，不思进取。俗话说：“人要逼，马要骑。”每个人应根据自身条件，把压力维持在最佳程度，只有这样才能临压不惧，真正体验快乐生活。

你有多久没有躺卧在草地上，凝望苍穹，望天空云卷云舒，看夜空繁星闪烁了？你有多久没有亲近大地，观草木荣衰了？你有多久没有陪家人朋友共享一顿丰盛的烛光晚餐了？很久了吧？

在强大的压力之下，都市人每天总是忙、忙、忙，越忙碌，就越觉得生活茫然。不知为何要这么忙，却又是忙、忙、忙。于是，盲目、忙碌、茫然，成天游来荡去，累了、烦了，却还是摆脱不了。忙碌仿佛成了一种惯性，而一旦脱离了这种惯性，整个人又似没有了魂的幽灵，整天晃来荡去不知所措。偶尔工作的余暇有片刻的松懈，又仿佛是偷来的快乐，不敢受用。

加班加点工作在我们这个社会已成为非常普遍的现象，大家工作都太累了，没有时间和精力去享受生活中的其他乐趣，而那些双收入家庭的父母干脆把孩子们送到日托中心哺养。疲劳过度使得大家都成为生活中的失败者。

忙碌已非一种状况，而成了一种习惯。没有人喜欢忙碌，但在巨大的竞争压力下，不忙碌又害怕自己会落伍，会被社会所淘汰。对于大多数人来说，淘汰的危机与发展的危机并存，因此许多人都处在不穷也不富的尴尬阶段，放弃工作便一穷二白，停下脚步便身心皆空。于是，只能马不停蹄地向前奔，只能用透支的身体作为生命中唯一的本钱，为“希望中的未来”而辛苦奔波。

没见过一个发条永远上得十足的表会走得长久；没见过一个马力经常加到极限的车会用得长久；没见过一个绷得过紧的琴弦不易断；也没见过一个心情日夜紧张的人不易得病。人们在尘世的喧嚣中日复一日地进行着各自的奔波劳碌，像蜜蜂般振动着生活的羽翅，难免会有种种不安。所以，我们何不放慢脚步，静下心来想想，在巨大的压力之下，每分每秒的忙碌，除了累坏了身体，增加了脸上的皱纹外，我们又得到了什么？

人生感悟

繁忙劳碌的现代人，千万不要被生活的压力压垮。

太劳累，彩色人生变黑白

“生活真是太累了！”常听一些人喊出这样一句话。其实，生活本身并不累，它只是按照自然规律、按照它本身的规律在运转。说生活太累的人是他本人活得太累了。

是啊，生活的涵盖量是太大了。生活在这个世界上，你要为衣、食、住、行去奔忙，要去应付各种各样的事，要去与各种各样的人相处。可谁又能保证你所接触的事都是好事，你所遇到的人都是谦谦君子呢？即使是上帝掌握在你手中，恐怕也不会那么幸运，更何况并没有万能的上帝呢？所以，生活中必然要有这样或那样的事，有喜就会有悲，有幸运之神也会有不幸的降临。人也是如此，有高尚之士就有卑鄙之徒。事物都是相对而生的，否则生活又怎么能称之为生活呢？只有各种各样的事、各种各样的人糅合在一起，才能构成色彩斑斓的世界，也只有这样的生活才是有滋味的。

在生活中，面对着各种各样不合自己心意的事，与各种各样不与自己性格相符的人相处，你会采取什么样的态度呢？是坦然、磊落、轻松地对待，还是谨小慎微，抬头怕顶破天，走路怕踩到蚂蚁呢？值得告诉大家的是，不要让自己长期生活在紧张、压抑之中，不要让自己的琴弦绷得太紧，也就是别活得那么累。必要的时候，放松一下自己，轻松地活着。

生活毕竟是公平的，对谁都是一样，没有绝对的幸运儿，更没有彻底的倒霉鬼，你有这样的不幸，他还有那样的烦心事；别人有那样的好机会，你还会有这样的好运气。所以，千万别把自己说得那么悲惨，更不要把自己缠绕在自己织的网中，挣扎不出来。

感觉生活太累的人每说一句话都要考虑别人会怎么看待自己，会不会因为这一句话而伤害某人；每做一件事都要瞻前顾后，生怕因为自己的举动给自己带来不好影响。工作中，对领导、同事小心翼翼；生活中对朋友、邻居万分小心，那真是连个臭虫都不敢打死的“谨慎”之人。其实，你的周围有那么多人，而每个人的脾气都不一样，你不可能做到使每个人都满意。即使你样样谨小慎微，还是有人对你有成见。所以只要不违背常情，不失自己的良心，就挺起胸膛来做人做事吧。

感觉活得太累的人往往不能很好地调整自己，每遇不幸之事发生时，不能辩证、乐观地去看待。而且容易对生活产生悲观想法，似乎世界末日就要来临了。哪怕是看电视时看到日本发生了地震，死了许多人，也会紧张得要命，夜里不得安睡，总是疑心地球要爆炸了，说不定哪天自己就上西天了。这不是杞人忧天吗？

如果长此以往，总是生活在心情沉重、感情压抑之中，那将是非常可怕可悲的事。处处都要考虑得失，时时都要注意不必要的小节，你还有更多的时间去干大事，去成就你的大事业吗？回答当然是否定的。因为你连很小的一件事都要左思右虑，时间就在你的犹豫中溜走了。也许，当你老了的时候，你回过头来会发现自己是那么渺小，两手空空，一事无成。到那时，只有眼看着五彩斑斓的人生变成黑白的了。

时刻感觉生活太累的人，必然看不到生活中光明的一面，更感觉不到生活的乐趣。因为他的时间统统用来盯住自己周围狭小的一点空间，而无暇顾及他事。他的生活是非常被动的，因为他不愿主动去做什么，生怕天上飞鸟的羽毛砸了自己。这样的生活不会是幸福，更没有快乐可言、这样的生活是沉重的。

活得累的人很少有幽默感，更不会去放松一下自己，唯恐别人以为自己对生活不严肃。

活得累的人就像身上穿着一件厚重的铠甲：既不能活动自如，又不能脱去它，因为它太沉了，压在身上重如千斤。活得累的人就像永远戴着一副面具，这副面容在人前谨小慎微，在人后愁眉苦脸。真是太累了，让人喘不过气来。既然活得累是件很痛苦的事，既然生命对我们来说又是那么宝贵、那么短暂，我们何不换一种活法，活得轻松、幽默一点，努力去感受生活中的阳光，把阴影抛在后头。即使工作任务很重，也要抽出一点时间来放松一下自己，那样会对你的工作更有益处。

林肯的书桌角上总有一本诙谐的书籍放在那里，每当他抑郁烦闷的时候，便翻开来读几页，不但可以解除烦闷，而且还能使疲倦消除。乐观地对待生活，将使你充满自信。美国富翁柯克在 51 岁那年，把财产全部用完了，他只得又去经营、去赚钱。没多久，他果然又赚了许多钱。他的朋友因此很奇怪，问他道："你的运气为什么总是这样好呢？"柯克回答说："这不是我的幸运，乃是我的秘诀。"朋友急切地说："你的秘诀可以说出来让大家听听吗？"柯克笑了："当然可以，其实也是人人可以做到的事情；我是一个快乐主义者，无论对于什么事情，我从来不抱悲观态度。就是人们对我讥笑、恼怒，我也从不变更我的主意。并且，我还努力让别人快乐。我相信，一个人如果常向着光明和快乐的一面看，一定可以获得成功的。"

是的，乐观、豁达可以使人信心百倍，即使是天大的困难，也能够克服。

多一点幽默感，那将使你觉得生活乐趣无穷。做人就应该多培养点幽默感，这是人类的特性之一。人生中有那么多不如意的事，能够有点幽默感，日子岂不好过得多。

笑对人生，万事都能泰然处之。这样，你就能活得轻松多了。

人生感悟

万事悠着点，别让自己活得太累。

不为虚名所累

虚名不是虚荣，虚荣是一种内心的虚幻荣耀感，会使人脱离现实看世界；而虚名是别人加给他的一种名誉。一般来说，名与实是相符的，一个人的名声和他实际所做出的贡献是相等的。但是，有些人获得了名誉之后，就不再发展自己的才能，也不再做出自己的贡献，这种名誉就和实际渐渐地不相符合了，也就成了虚名。

虚名会使人放弃努力，沉睡在他已经取得的名誉上，不思进取，最后将一事无成。中国古代有一个《伤仲永》的故事，说的就是被虚名所误的人生教训。

仲永小时候是个神童，过目不忘，能吟诗做赋，被人称颂，成为一时的名人。可是在他成名之后，沉醉在虚名之下，不再刻苦努力学习，渐渐地长大成人之后，他就和一般人一样了。他的那些天赋、才能也都离他而去了，一生无所作为。这就是虚名可以毁掉人生的例子。

一位作家朋友，极看重自己在公众心目中的形象，得了肝病，不愿告诉别人，也不去诊治，将病情当秘密一样守护，唯恐自己给人留下一个弱者的印象，结果到了挺不住的那一天已经晚矣，被人送进医院不到两个月便与世长辞，年龄不过 43 岁。可以说，他是被自己的名气累死的。

有个女人曾是一位拥有数处豪宅、开着凌志车出入的款姐，她一掷千金的豪爽大方引得众人的惊羡，也为她自己赢得了"富贵侠女"的美誉。然而，几乎是在一夜之间，女人突然销声匿迹，她的豪宅和名车也都易主。一个千万富姐缘何突然一贫如洗了呢？

女人与丈夫结婚时，丈夫还只是一个被人瞧不起的某化工厂的临时工。为了与丈夫结婚，父母都与她断绝了关系。为此，女人发誓一定要挣回面子。几年之后，女人终于等来了艳阳天。丈夫果然大发了，成了房地产老板，身价千万。

丈夫有出息了，女人觉得应该挣回面子。她对丈夫说："咱们结婚的时候，婚礼办得太寒酸了，我一直在人面前抬不起头。你要是真想给我挣回面子，就给我补办一个风风光光的婚礼！"丈夫二话没说，一口答应了。女人在一家豪华大酒店补办了一场隆重气派的婚礼。那天的酒席一共摆了46桌，迎亲车队是清一色的高档豪华进口轿车，省电视台一位主持人为他们主持了婚礼。女人的父母终于放弃成见，满面春风地出席了女儿的婚礼。

爱慕虚荣撑起了女人越来越大的胃，她要求当了房地产开发商的丈夫每盖一片楼，都要留下一套自住宅。短短四五年的时间，他们就拥有了11套住宅。每次和朋友一起聚会时，女人都慷慨买单，给服务员的小费——出手就是四五百。有一次聚会，女人的一位好朋友被小偷割了包，丢失了两千元现金和一部手机，沮丧得没有心思唱歌。女人听说后，当即打开包甩给她一沓钱说："不就是两三千块钱吗？我补偿你的损失！"女人的豪爽、大方和仗义，使她在圈子里赢得了"富贵侠女"的美誉。然而，在丈夫眼里，妻子变得越来越让他不可理解，越来越让他反感。昔日纯真的妻子，仿佛变成童话故事中的那个不断向小金鱼索要财宝、贪得无厌、俗不可耐的渔婆。终于，两人的婚姻走到了尽头。

离婚之后，女人好不容易挣来的面子又没了，她一下子从无限风光的顶峰跌落了下来。但她把面子看得比生命还重要，她不能让人们看她的笑话，她要不惜一切代价把丢失的面子挽回来。这样，她陆续卖掉了从前夫那里得来的6处房产和豪车来维持富姐的面子。最后甚至是手机……

本来，故事中如果不是为了面子，靠着几处房产下辈子的生活完全不用担心。可是，就是为了保住面子，她丢了婚姻，丢了仅有的财产，甚至还执迷不悟，这不能不说是一个悲剧。

名誉毕竟是人的身外之物，虽然很重要，但是，人的生命更重要。为了追求身外之物的名誉，而影响、损害甚至送掉性命，就是舍本逐末。我们社会上有很多先进人物，他们常常在这种名誉下，生活得很苦很累，失去了常人生活的乐趣，总是想着自己的一言一行、一举一动都要符合自己的身份，这就像给自己带上了名誉的枷锁，失去了生活的自由，也失去了生命的本真。

不为虚名所累，就是一切以人为本，该怎么做就怎么做，该追求自己的人生目标，就不要被眼前的花环、桂冠挡住了前面的道路，你应该毫不犹豫地抛开这一切身外之物，走自己的路，干自己的事，不因小成就妨碍自己的大成功，这样，才能使你获得真正的荣誉。

人生感悟

别为虚名所累，勇敢地面对一切真相。

不为他人而活

人活在这个世界上，所追求的应当是自我价值的实现，并不是为了他人而活。如果你追求的幸福是处处参照他人的模式，那么你的一生都会悲惨地活在他人的价值观里。

生活中的我们常常很在意自己在别人的眼里究竟是一个什么样的形象，因此，为了给他人留下一个比较好的印象，我们总是事事都要争取做得最好，时时都要显得比别人高明。在这种心理的驱使下，人们往往把自己推上一个永不停歇的痛苦的人生轨道上。

事实上，人生活在这个世界上，并不是一定要压倒他人，也不是为了他人而活。人活在世界上，所追求的应当是自我价值的实现以及对自我的珍惜。不过值得注意的是，一个人是否实现自我并不在于他比他人优秀多少，而在于他在精神上能否得到幸福的满足。只要你能够得到他人所没有的幸福，那么即使表现得不高明也没有什么。

有一个叫珍妮的女人，很喜欢弹钢琴，每天都会弹上一段时间，尽管她的水平很一般。有一天下午，珍妮正在弹钢琴时，7 岁的儿子走进来说："妈，你弹得不怎么高明吧？"

不错，是不怎么高明。任何认真学琴的人听到她的演奏都会退避三舍，不过珍妮并不在乎。多年来珍妮一直这样不高明地弹，弹得很高兴。

珍妮也喜欢不高明的歌唱和不高明的绘画。从前还自得其乐于不高明的缝纫，后来做久了终于做得不错。珍妮在这些方面的能力不强，但她不以为耻。因为她不是为他人而活，她认为自己有一两样东西做得不错，其实，任何人能够有一两样做得不错就应该够了。

不幸的是，不为他人而活已不时兴。从前一位绅士或一位淑女若能唱两句，画两笔，拉拉提琴，就足以显示身份。可是在如今竞相比拟的世界里，我们好像都该成为专家——甚至在嗜好方面亦然。你再也不能穿上一双胶底鞋在街上慢跑几圈做健身运动。认真练跑的人会把你笑得不敢在街上露面——他们每星期要跑 30 公里，头上缚着束发带，身上穿着昂贵的运动装，脚上穿着花样新奇的跑鞋。不过，跑步的人还没有跳舞狂那么势利。也许你不知道，"去跳舞"的意思已不再是穿上一身漂亮服装，星期六晚上陪男友到舞厅去转几圈。"跳舞"是穿上紧身衣裤，扎上绑腿，流汗做 6 小时热身运动，跳 4 小时爵士音乐课，每星期如此。

你在嗜好方面所面对的竞争，很可能和你在职业上所遭遇的问题一样严重。"啊，你开始织毛线了，"一位朋友对珍妮说，"让我来教你用卷线织法和立体织法来织一件别致的开襟毛衣，织出 12 只小鹿在襟前跳跃的图案。我给女儿织过这样一件。毛线是我自己染的。"珍妮心想，她为什么要找这么多麻烦？做这件事只不过是为了使自己感到快乐，并不是要给别人看以取悦别人的。直到那时为止，珍妮看着自己正在编织的黄色围巾每星期加长 5~6 厘米时，还是自得其乐。

从珍妮的经历中我们不难看出，她生活得很幸福，而这种幸福的获得正在于她做到了不为了向他人证明自己是优秀的，而有意识地去索取别人的认可。改变自己一向坚持的立场去追求别人的认可并不能获得真正的幸福，这样一条简单的道理并非人人都能在内心接受它，并按照这条道理去生活。因为他们总是认为，那种成功者所享受到的幸福就在于他们得到了我们这个世界大多数人的认可。

人们曾一度耽于一些幻想。假定你确实希冀从他人那儿得到认可，更进一步假定得到这种认可是一种健康的目标，脑子里装满这种假定后，你就会想到，实现你的目标的最好最有效的途径是什么呢？在回答这一问题之前，你的脑子里就会想象你的生命中有这样一个似乎获得了大多数人认可的人。这个人是一个什么样的人呢？他怎样行事呢？他吸引每个人的魅力何在呢？

你的脑中这个人的形象也许就是一个坦率、不转弯抹角的人，也许就是一个不轻易苟同他人意见的人，也许就是一个实现了自我的人。不过，出乎意料的是，他可能很少或没有时间去寻求他人的认可。他很可能就是一个不顾后果实话实说的人。他也许发现策略和手腕都不如诚实正直重要。他不是一个容易受伤的人，而是一个没有时间去想那些巧舌如簧和将话说得很有分寸之类的雕虫小技的人。

这难道不是一个嘲讽吗？似乎得到了生命中最多认可的人却是从不为他人而活的人。

下面的这则寓言也许很能说明问题，因为幸福无须寻求他人的认可。

一只大猫看到一只小猫在追逐它自己的尾巴，于是问："你为什么要追逐你自己的尾巴呢？"小猫回答说："我了解到，对一只猫来说，最好的东西便是幸福，而幸福就是我的尾巴。因此，我追逐我的尾巴，一旦我追逐到了它，我就会拥有幸福。"大猫说："我的孩子，我曾经也注意到宇宙的这些问题。我曾经也认为幸福在尾巴上。但是，我注意到，无论我什么时候去追逐，它总是逃离我，但当我从事我的事业时，无论我去哪里，它似乎都会跟在我后面。"

获得幸福的最有效的方式就是不为别人而活，就是避免去追逐它，就是不向每个人去要求它。通过和你自己紧紧相连，通过把你积极的自我形象当做你的顾问，通过这些，你就能得到更多的认可。

当然，你绝不可能让每个人都同意或认可你所做的每一件事，但是，一旦你认为自己有价值，值得重视，那么，即使你没有得到他人的认可，你也绝不会感到沮丧。如果你把不赞成视作是生活在这一星球上的人不可避免地会遇到的非常自然的结果，那么你的幸福就会永远是自己，因为，在我们生活的这一星球上，人们的认知都是独立的，人人都应该为实现自我而活。

人生感悟

别为他人而活，幸福是自己的感觉。

劳逸结合才是对自己负责

别以为不停地工作是一种幸福的前兆，是一种人生的优点。其实，工作与休息是相得益彰的，而且工作的同时，还需要有时间思考。有这样一个故事：

一个过路的人大起胆子去问一个“卖鬼”的外乡人：“你的鬼，一只卖多少钱？”

外乡人说：“一只要200两黄金！”

“你这是搞什么鬼？要这么贵！它值这么多钱吗？”

外乡人说：“你可不能这样说啊！我这鬼很稀有的。它是只巧鬼。任何事情只要主人吩咐，全都会做。很会工作，是只工作鬼，一天的工作量抵得上100人。你买回去只要很短的时间，不仅可以很快赚回200两黄金，还可以成为富翁呀！”

过路的人感到疑惑：“这只鬼既然那么好，为什么你不自己使用呢？”

外乡人说：“不瞒您说，这鬼万般皆好，唯一的缺点是，只要一开始工作，就永远不会停止。因为鬼不像人，是不需要睡觉休息的。所以您要24小时，从早到晚把所有的事情都吩咐好，不可以让它有任何空闲，只要一有空闲，它就会完全按照自己的意思工作。我自己家里的活儿有限，使唤不了这只鬼，才想把它卖给更需要的人！”

过路的人心想自己的田地广大，家里有忙不完的事，就说：“这哪里是缺点，实在是最大的优点呀！”

于是花200两黄金把鬼买回家，高高兴兴就成了鬼的主人。想着以后什么事也不用做，越来越满意。

主人叫鬼种田，没想到一大片地，两天就种完了。

主人叫鬼盖房子，没想到三天房子就盖好了。

主人叫鬼做木工装潢，没想到半天房子就装潢好了。

整地、搬运、挑担、推磨、炊煮、纺织，不论做什么，鬼都会做，而且很快就做好了。

短短一年，鬼主人就成了大富翁。

但是，主人变得和鬼一样忙碌，鬼是做个不停，主人是想个不停。他劳心费神地苦思下一个指令，每当他想到一个困难的工作，例如在一个核桃核里刻十只小舟，或在象牙球里刻九个象牙球，他都会欢喜不已，以为鬼要很久才会做好。

没想到，不论多么困难的事，鬼总是很快就做好了。

这可难为了主人，他再没有事情可让它做了。有一天，主人实在撑不住，累倒了，忘记吩咐鬼要做什么事。

鬼乱做一气，把主人的房子拆了，将地整平，把牛羊牲畜都杀了，一只一只地种在田里。将财宝衣服全部磨成了粉末。

正当鬼忙得不可开交，主人从睡梦中惊醒，才发现一切都没有了。原来，永远不停地工作正是它最大的缺点呀！主人后悔莫及，但是也无能为力。

通过上面的故事，我们可以看出：人的一生要懂得工作也要懂得休息，否则非累死不可。即使工作再繁忙，也要做到劳逸结合，可乘工作的间隙做做广播体操、跳跳绳，活动一下筋骨。及时地自我调整心理状态，尽量减轻心理负担。感到压力过大时可做几个深呼吸。那么如何正确把握劳逸结合？劳逸结合这个词已经伴随了很多代人，但究竟什么才算是劳逸结合却很难有一个确切的定论。任何事物都有两面性，正所谓没有绝对的好，也没有绝对的不好。如果正确利用就能利大予弊，反之则会弊大予利。工作一定要有节制，适当的休息才能更好工作。

人生感悟

即使工作再繁忙，也要懂得劳逸结合。

生命警钟为工作狂敲响

打工女皇吴士宏的自传《逆风飞扬》十分畅销。这本书记录了吴士宏从一个没有受过正规高等教育的小护士到一名高级管理人员的成长历程，书中也多处提到她为工作付出的健康代价：

由于用眼过狠，她原本弱视的右眼几乎没了视力；由于劳累过度，她在办公室晕倒过、吐过血、犯过心绞痛、闹过肾结石……

加班对这位女强人来说是家常便饭，连续一星期无休止地开会、熬夜至凌晨两三点也不是什么新鲜事。而且她不休病假、不去医院。没有休息好怎么能很好地工作？

吴士宏自称她最终练就了金刚不坏之体，病魔不再闹她。这能让多少人相信？大家能都有她这样的幸运吗？显然是不可能的。近几年来，幸福人士和白领阶层频发健康事故，甚至发生英年早逝的极端事例。医学专家忠告大家：为工作和事业要付出辛劳、付出汗水，但不要付出健康和生命。吴士宏可以成为白领人士如何对待工作的样板，但不能成为如何对待健康的样板。

社会要发展，人类要进步，忙是自然要忙的，然而这绝不是人生的全部。人生不仅需要工作，也需要休息，也需要为了健康而去休闲。人生如果没有休闲，就像一幅国画挤满了山水而不留一点空隙，缺乏美感。人生没有悠闲，就不能领悟、体味、享受人生。所以为了生命的健康，千万不要做个工作狂。

泰戈尔在《飞鸟集》中写道："休息之隶属于工作，正如眼睑之隶属于眼睛。"不会休息的人就不会工作，只有休息好了，才能更好地工作，才会有更好的生活。如果一味地、盲目地去忙，连革命的本钱都搞垮了，那人生也就没有忙的意义了。我们崇拜陈景润，但我们不赞成他那种不顾一切，废寝忘食，以致英年早逝的生存哲学。

人生就像登山，不是为了登山而登山，而着重在于攀登中的观赏、感受与互动，如果忽略了沿途风光，也就体会不到其中的乐趣。人们最美的理想、最大的希望便是过上幸福生活，而幸福生活是一个过程，不是忙碌一生后才能到达的一个顶点。

古人云："一张一弛，乃文武之道。"人生也应该有张有弛，也应该忙中有闲。人生就像条弦，太松了，弹不出优美的乐曲，太紧了，容易断，只有松紧合适，才能奏出舒缓优雅的乐章。

俗话说："磨刀不误砍柴工。"悠闲与工作并不矛盾。处理好二者的关系，最重要的是能拿得起，放得下。工作时就全身心投入，高效运转。放松时就放松，把工作完全放在一边，不要总是牵肠挂肚，去钓鱼、去登山、去观海，想干啥就干啥。隔三差五地安排一个小节目，比如雨中散步、周末郊游、鸳鸯共浴等。适时的忙里偷闲，可以让人适时从烦躁、疲惫中及时摆脱，为了更好地工作而积蓄精力。工作狂，不可取。

人生感悟

为了生命的健康，千万不要做个工作狂。

在休闲中解放

有一位猎人看到一件有趣的事情。有一天，他偶然发现村里一位十分严肃的老人与一只小鸡在做说话游戏。猎人好生奇怪，为什么一个生活严谨、不苟言笑的人会在没人时像一个小孩那样快乐呢？他带着疑问去问老人，老人说："你为什么不把弓带在身边，并且时刻把弦扣上？"猎人说:"天天把弦扣上，那么弦就失去弹性了。"老人便说:"我和小鸡游戏，理由也是一样。"

生活也一样,每天总有干不完的事。但是,你有没有仔细想过,如果天天为工作疲于奔命,最终这些让我们焦头烂额的事情也会超过我们所能承受的极限。

尤其是当今社会，生活节奏不断加快，"时间"似乎对每个人都不再留情面。于是，超负荷的工作给人造成不可避免的疾患。

因为人们的生活起居没了规律，所以患职业病、情绪不稳、心理失衡甚至猝死等一系列情况时有发生，给人们生活、工作及心理上造成无形的压力。

这时，需要我们换一种心情，轻松一下，学会放下工作，试着做一些其他的运动，以偷得片刻休闲，消去心中烦闷。记得有一位网球运动员，每次比赛前别人都去好好睡一觉，然后去练球，他却一个人去打篮球。人有问他，为什么你不练网球？他说，打篮球我没有丝毫压力，觉得十分愉快。对于他来说，换一种心态，换一种运动方式，就是最好的休闲。

你每天行色匆匆，为了生存、为了生活而奔波劳碌，你说根本没有时间。当今社会形势瞬息万变，随着生活节奏的加快，争时间、抢速度已成为市场经济这个大环境中的普遍现象。

据统计，在美国，有一半成年人的死因与压力有关；企业每年因压力遭受的损失达1500亿美元——员工缺勤及工作心不在焉而导致的效率低下。

在挪威，每年用于职业病治疗的费用达国民生产总值的10%。

在英国，每年由于压力造成8亿个劳动日的损失，企业中6‰的缺勤是由与压力相关的不适引起的。

其实，我们都有时间，并且可以试着改变自己。当你下班赶着回家做家务时，你不妨提前一站下车，花半小时，慢慢步行，到公园里走走。或者什么都不做，什么也不想，就是看看身边的景色，放松一下自己的心情，肯定会有意想不到的效果。

在一个美丽的海滩上，有一位不知从哪里来的老翁，每天坐在固定的一块礁石上垂钓。无论运气怎么样，钓多钓少，两小时的时间一到，便收起钓具，扬长而去。

老人的古怪行动引起了商人的好奇。

商人忍不住问："当你运气好的时候，为什么不一鼓作气钓上一天？这样一来，就可以满载而归了！"

"钓更多的鱼用来干什么？"老者平淡地反问。

"可以卖钱呀！"商人觉得老者傻得可爱。

"得了钱用来干什么？"老者仍平淡地问。

"你可以买一张网，捕更多的鱼，卖更多的钱。"商人迫不及待地说。

"卖更多的钱来干什么？"老者还是那副无所谓的神态。

"买一条渔船,出海去,捕更多的鱼,再赚更多的钱。"商人认为有必要给老者订一个规划。

"赚了钱再干什么？"老者仍显出那副无所谓的样子。

"组织一支船队，赚更多的钱。"商人心里直笑老者的愚钝不化。

"赚了更多的钱再干什么？"老者已准备收竿了。

"开一家远洋公司，不光捕鱼，而且运货，浩浩荡荡地出入世界各大港口，赚更多的钱。"商人眉飞色舞地描述道。

"赚了更多的钱还干什么？"老者的口吻已经明显地带着嘲弄的意味。

商人被这位老者激怒了，没想到自己反倒成了被问者。"你不赚钱又干什么？"

老人笑了："我每天钓上两小时的鱼，其余的时间嘛，我可以看看朝霞，欣赏落日，种种花草蔬菜，会会亲戚朋友，优哉游哉，更多的钱于我何用？"说话间，已打点行装走了。

老者以一种休闲的心态在海滩上垂钓、观朝霞、赏日落，这是多么令人神往的人生境界啊！喧嚣的都市、繁忙的工作，到底能给我们带来些什么呢？

当然，我们不可能像那位老者那样做到完全的休闲，因为我们有太多的事情，太多的目标要去实现，但是，在承担来自各方面的压力的同时，我们偶尔是否也应该抽些时间，去放松一下自己，释放一下自己的压力，做到张弛有度不是更好吗？

心理学家说，摆脱眼前的一切，挣脱例行公事的羁绊，能使你远离旧有的困境，带给你新的希望，让你的心理产生正面的前瞻，甚至让熄灭的热情重新点燃，也会让你对自己的认识更深一层。于是，等你返家的时候，你会变得更快乐一些，更健康一些，应付压力时也更有效率一些。美国心理学家希柯斯博士说："你去度假的时候，就逃离了日常生活的单调性。把烦恼抛在脑后。即使你所做的，只是坐在河边、看着溪水流动而已，但这还是一种极为可贵的步调变化，能让你重新充电。于是，等你回去的时候便会觉得精神更为饱满，有活力。"

有的人认为，休闲不就是去玩吗？那没有什么可学的。其实不然，休闲也有学问，要想玩出个花样来，玩出个痛快来，就得去学。

先说休闲方式吧，现在的休闲方式五花八门，你应该耐心思考一下，自己适合哪一种，如果你是个急性子，偏去钓鱼，那岂不是自找没趣？在都市人的休闲活动中，有以下几项休闲活动最受到青睐。

钓鱼是一项培养个人耐性的休闲活动。普通的装备很简单，一根钓竿、一些鱼饵和一个水桶就可以出发了。但真要是老钓客对装备要求就高了。

学画自古就是修身养性的绝佳方式，是一种既高雅又怡情养性的活动。当今工作学习生活节奏紧张的条件下，抽出一点时间来学画写字也是一种很好的休闲活动，对心灵无疑是一种清涤。

跳舞可以陶冶性情、愉悦身心，而且也比较容易学习，适合中老年人。跳舞除了可以增强心肺功能外，还有助于健美减肥。

登山对于年轻人来讲，无疑是既理想又时尚的运动，既放松压力，又可以锻炼一个人的意志和体魄。当然，现在的老年人体格越来越棒，其中也有许多登山爱好者。登山时，不仅水光山色令人大饱眼福，而且清新的空气可以涤荡都市浊气，实在是妙不可言。

网球运动是深受人们喜爱而极富乐趣的一项体育活动。它既是一种消遣，一种增进健康的方式，也是一种艺术追求和享受，当然它还是一种扣人心弦的竞赛项目。打网球，文明、高雅，动作优美，每打出一次好球，都会使人感觉兴奋异常，愉快无比。

打高尔夫球也逐渐受到都市人的青睐，但由于消费过于高昂，一般的人是玩不起的，被人们称为贵族运动。

到农村去度假也很受欢迎。这项活动不仅轻松愉悦，而且经济便宜，一般人都能承受得起，在空气污染严重、生活节奏紧张的都市呆久了，不妨到乡村去体验一下。

此外，别的休闲方式还有击剑、扬帆出海、驾驶飞机等，咱们中国老百姓似乎不太喜欢，就不再介绍了。

休闲是生命本身的一种自然状态。休闲无法刻意去创造，而要靠心去感受。工作之余，偕三五知己一起去公园散步，有的人可以忘情无极，优哉游哉，不知身躯和灵魂之所在，不知不觉地坠入了休闲的境界；而有些人虽然一心想休闲起来，但几点几分还有什么事情要处理的念头会不时冒出来，挥之不去，他是无论如何也休闲不起来的。

休闲也是一种人文品位，醉中舞剑、隔窗看雨，无不情趣欣然。但休闲更是一种生态品位，茶余饭后，老农躺在院坪的竹椅上，"吧吧"地吸着烟，什么也不想，什么也不做，任微笑照亮满脸铜釉般的慈祥；信步由足，樵夫和着扁担的节奏，自由散漫地唱着古老的情歌，你能说这不是休闲？

会休闲的人其实往往都是很出色的人，不仅仅是工作上，更重要的是他们的生活愉快度和幸福感会更出色，因此，心累了，我们为什么不学会休闲呢？让心灵在休闲中得以解放吧！

人生感悟

休闲是生命本身的一种自然状态。

以自己喜欢的方式生活

去年，香港服务行业爆出冷门——专为富人带狗散步，创立人是一位化学药品推销员，长期的推销工作使他心力交瘁，无法专注投入其中，因而业绩平平。他有两个嗜好，喜欢狗和散步，一天，他突发奇想，主动上门为人家带狗散步，结果证明他的想法很好，顾客多得一发不可收拾，找他带狗散步的人预约不断，于是他支起了门面，招聘了员工，刚开业的第一个月便获利 8000 元。

类似的例子很多，比尔·盖茨玩起电脑总是没完没了，他的父母曾一度担心他将来一事无成，而今他已成为世界顶尖巨富；黛比·菲尔德钟情于烘烤饼干，于是造就了马尔斯·菲尔德的企业王国。

如果你能真正对某一项工作感兴趣，而且愿意为之尽最大的努力，那么你所选的这份工作都能很赚钱，反之，如果你仅仅因为某某生意有钱可赚而决定做这项生意的话，这种决定就近乎愚蠢了，即使别人能赚钱，你却很有可能是空手而归。

加州最大的牧场主弗莱特开始是从事报业工作，在他改行从事牧场经营时曾有过这样的忧虑："我已有太太和两个女儿，可以想象太太在得知我想放弃一份收入丰厚的工作，改行到偏远的牧场去养牛时，会怎样嘲笑和愤怒啊！"

有一天，他终于将这个想法如实地告诉了他的妻子。然而，妻子在了解他的所有计划后，高兴地说："我十分赞成你的做法，我们什么时候开始搬家？"接着妻子还说出了一个太太能够对丈夫说的最美好的话："跟你结婚，并不是因为你的一份好工作才嫁给你，想开牧场是你的兴趣爱好，它将使你焕发新的生命活力，这正是我想要的，这才是真正重要的事情。"这使弗莱特简直不敢相信。弗莱特先生终于成为一名牧场主人，几年的苦心经营，他便成了很有名气的一方霸主。

弗莱特的成功为我们树立了楷模——按照自己喜欢的方式生活，必然成功。做自己感兴趣的事情，你就会信心十足。

多年以来，我们已经渐渐习惯了依赖外界对自己的肯定。我们这一代的普通男性从小到大接受的都是这样一种教义：对于男人而言，成功取决于他的收入以及他在公司里混出的地位。男人一生中的首要任务就是尽量多赚钱。

银行存款额的多少、工作地位以及汽车档次的高低等等，造就了一个男人的身份地位。而"女权运动"则鼓励新女性走向社会，从男人那里夺回"不平等的一切"，于是妇女们也开始了在同一条道路上为"成功"而进行的跋涉。

这是件令人悲伤的事情。我们能否创造一个注重个人素质而不是银行存款多少的社会？一旦我们变得更真实，不那么在乎世人的目光，不那么在乎已有的过去，也许我们就可以为自己和世人重新对成功下一个定义。

所谓认真就是要层层剖析自己，就像剥葱头那样，一层层剥下去，看看里面究竟是什么。我们大多数人都是干脆跟着潮流走，一辈子按照别人的期望去生活。从小到大我们都认为得到外界对自己的认可没有什么错。我们觉得自己应当尽力争取干本行业薪水最高的工作，所以我们就这样去做了。可到头来又怎么样呢，我们可能得到这些，却没有得到心灵的满足。

风靡欧美的《简单生活》一书的作者丽莎指出："……每天都给自己一段独处的时间，

好好问问自己，到底想过什么样的生活？什么是可有可无的？什么是必须去不懈追求的，这样的追问可以一直延续下去。还可以把每天的想法记录下来，这样你会看到，随着生活阅历的增加，思考地深入，你的回答也在不断成熟。只要我们不再一味追求外界的认可，疲惫无耐地生活在他人的注视之下，我们就会真诚生活，成为自己命运的主宰者。”

苏珊曾是一位律师，她在夏天的时候去找住在意大利的姐姐。由于没什么事好做，她姐姐建议她去拜访隔壁的雕刻工作室。苏珊那时虽然完全不懂得雕刻艺术，但是却从此找到了真正可以改变她一生的兴趣。出于巨大的热情，她开始频繁地出入雕刻坊，学习所有和雕刻有关的知识。此后，她一边从事日常工作，一边利用业余时间进行雕刻。渐渐地，雕刻在她生活中所占的位置越来越重要，各种各样的材料和工具把她的房间挤得满满的，以至于她不得不在家里开设工作室。她的努力很快就得到了回报，她的作品不断出现在最新的艺术展上，还有不少艺术馆要求收藏。最后，她辞掉了事务所的工作以全力投入雕刻，现在，她已是一位很有影响的艺术家了。

有一个医生，他的工作是物理治疗，而他却酷爱飞行。所以他选择在偏远的游乐区工作。在假日，那里会有一些旅行者意外受伤，他用直升机把伤员带来城市进行治疗。这样，他的工作不再是令人烦闷厌倦了，每天他都觉得精神抖擞，在飞行中感觉到了生活的美好。

如果你还在为选择什么样的工作发愁，那么，弄清自己的兴趣所在，然后从此下手，这是把你引向快乐之巅的最简单的办法。

人生感悟

以自己喜欢的方式去生活，生命才充满意义。

第十二章　放下眼前，赢得豁达的人生

让一个人无比强大的是什么？是财富？是官爵？都不是，是信念，是一种“永不绝望”的信念。放下眼前，豁达一些吧。冬天既然已经来临，春天还会远吗？

用发展的眼光看自己

事物都是不断向前发展的，我们也是在岁月的流逝中不断进步的。或许，现在我们很贫穷，但不代表我们以后不会富甲天下；或许我们暂时学识很少，但不代表以后我们不会学富五车，才高八斗。用发展的眼光看自己，人生充满未知数。

我国汉代著名学者承宫出生在一个穷苦贫寒之家。父母一年辛劳忙碌，全家人只能勉强糊口，过着饥寒交迫的生活，终日挣扎在温饱线上。

承宫七岁那年，该读书了，但他只能眼巴巴望着左邻右舍的孩子欢天喜地进学堂——饭都吃不饱，父母哪来钱供他上学呢？

不仅上不起学，小小年纪还要分担家计重担，去替人放猪。

为这事，他不知偷偷哭过多少回。

不久，同村的学者徐子盛先生开办了一所乡村学堂。承宫放猪每天都要从那里经过。起初，他每次路过学堂，只敢望几眼学堂大门，竖起耳朵偷听一会儿里面的读书声，然后就赶紧离开。渐渐地，承宫在学堂附近停留的时间越来越长，最后竟不由自主地来到学堂门口，偷听先生讲课，听学童读书。常常听得入了神，把猪都忘了。

终于有一天，承宫在学堂门口听讲，没有照看好猪，让猪跑散了几只。东家寻来，不由分说，一顿毒打，打得小承宫鼻青脸肿，哭叫不止。哭声委屈哀切。

正在授课的徐子盛先生闻声跑了出来。当得知事情缘由后，先生便对东家说：“怎么能这样对待一个爱读书的孩子呢，像对盗贼一样残酷无情？从今以后，他不再为你放猪了，请你另雇他人吧！”说完，将小承宫领进了学堂。从此，承宫就被收留在徐先生门下。他一边帮老师做杂活，一边随课听讲，并抓紧一切空余时间读书。他的学习成绩总是名列前茅。数年后，承宫读遍了先生的所有藏书，并写得一手好文章，远近闻名。

承宫最后成了一名在学术上有很深造诣的学者，名垂青史。

还有一个三国时的吕蒙的故事。吕蒙是三国时东吴将领，英勇善战。虽然深得周瑜、孙权器重，但吕蒙十五六岁即从军打仗，没读过什么书，也没什么学问。为此，鲁肃很看不起他，认为吕蒙不过草莽之辈，四肢发达头脑简单，不足与谋事。吕蒙自认低人一等，也不爱读书，不思进取。有一次，孙权派吕蒙去镇守一个重地，临行前嘱咐他说：“你现在很年轻，应该多读些史书、兵书，懂的知识多了，才能不断进步。”

吕蒙一听，忙说：“我带兵打仗忙得很，哪有时间学习呀？”

孙权听了批评他说："你这样就不对了。我主管国家大事，比你忙得多，可仍然抽出时间读书，收获很大。汉光武帝带兵打仗，在紧张艰苦的环境中，依然手不释卷，你为什么就不能刻苦读书呢？"

吕蒙听了孙权的话十分惭愧，从此后便开始发愤读书补课，利用军旅闲暇，遍读诗、书、史及兵法战策，如饥似渴。功夫不负苦心人，渐渐地，吕蒙官职不断升高，当上了偏将军，还做了寻阳令。

周瑜死后，鲁肃代替周瑜驻防陆口。大军路过吕蒙驻地时，有谋士建议鲁肃说："吕将军功名日高，您不应怠慢他，最好去看看。"

鲁肃也想探个究竟，便去拜会吕蒙。

吕蒙设宴热情款待鲁肃。席间吕蒙请教鲁肃说："大都督受朝廷重托，驻防陆口，与关羽为邻，不知有何良谋以防不测，能否让晚辈长点见识？"

鲁肃不屑地回答他："临时想办法就行。"

"这样恐怕不行。当今吴蜀虽已联盟，但关羽如同熊虎，险恶异常，怎能没有预谋，做好准备呢？对此，晚辈我倒有些考虑，愿意奉献给您作个参考。"

吕蒙于是献上五条计策，见解独到精妙，全面深刻。

鲁肃听罢又惊又喜，立即起身走到吕蒙身旁，抚拍其背，赞叹道："真没想到，你的才智进步如此之快……我以前只知道你一介武夫，现在看来，你的学识也十分广博啊，远非从前的'吴下阿蒙'了！"吕蒙笑道："士别三日，当刮目相看。"从此，鲁肃对吕蒙尊爱有加，俩人成了好朋友。吕蒙通过努力学习和实战，终成一代名将而享誉天下。

千百年来，"士别三日，当刮目相看"这句话，之所以成为一句成语，就说明人们对"现在不代表未来"的普遍认同。因此，我们一定要用发展的眼光看自己，身处低潮不悲伤，身处高潮不张狂，走一步，看十步，人生之路会走得更远。

人生感悟

用发展的眼光看事物，不要局限于眼前而徒生烦恼！

绝望是心灵的毒药

没有绝望的处境，只有对处境绝望的人。

有个年轻人，有一天，因心情不好，他走出家门，漫无目的到处闲逛，不知不觉间来到了森林深处。在这里他听到了婉转的鸟鸣，看到了美丽的花草，他的心情渐渐好转，他徜徉着，感受着生命的美好与幸福。忽然，他的身边响起了呼呼的风声，他回头一看，吓得魂飞魄散，原来是一头凶恶的老虎正张牙舞爪地扑过来。他拔腿就跑，跑到一棵大树下，看到树下有个大窟窿，一棵粗大的树藤从树上深入窟窿里面，他几乎不假思索，抓住树藤就滑了下去，他想，这里也许是最安全的，能躲过劫难。

他松了口气，双手紧紧地抓住树藤，侧耳倾听外边的动静，并时不时伸出头去看看。那只老虎在四周踱来踱去，久久不肯离去。年轻人悬着的心又紧张起来，他不安地抬起头来，这一看又叫他吃了一惊，一只坚牙利齿的松鼠在不停地咬着树藤，树藤虽然粗大，可经得住松鼠咬多久呢？他下意识地低头看洞底，真是不得了！洞底盘着四条大蛇，一齐瞪着眼睛，嘴里摇卷着长长的芯子。恐惧感从四面八方袭来，他悲观透了。爬出去有老虎，跳下去有毒蛇，上不得，也不下得，想这么不上也不下吧，却有那只松鼠在咬树藤，他甚至已经听到了树藤被咬之处咯巴咯巴欲断未断的响声。

年轻人想：悬挂不动已不可能，树藤已不让你悬了；跳下去也是绝路，那是个死胡同，连逃的地方都没有；可是外面呢，有可怕的老虎，但也有鸟鸣，有花香。年轻人想，难道这就是人生的宿命？冥冥之中，他听到一个声音在喊："别怕，跑吧。"于是他不再作多余的考虑，一把一把向上攀登，他终于爬到了地面，看到那只老虎在树底下闭目养神（是的，苦难也有闭上眼睛的时候），他瞅住这个机会，拔腿狂奔，终于摆脱了老虎，安全回到了家。

电视剧《篱笆、女人和狗》的主题曲中唱道："生活，是一团麻，也有那解不开的小疙瘩；生活，是一条路，也有那数不尽的坑坑洼洼……人生的大道不可能永远是坦途，困难、挫折，甚至是绝境都是在所难免的。绝境并不可怕，只要人不绝望，只要心中与困境作斗争的勇气仍在，即使山穷水尽，也会有柳暗花明的时候。

重大的挫折压倒的，只是人的躯壳，而它万万压不倒的是人们"永不绝望"的信念！日本松下集团总裁松下幸之助曾经说过，人的一生，或多或少，总是难免有浮沉，不会永远如旭日东升，也不会永远痛苦潦倒。反复地一浮一沉，对于每一个人来说，正是一次磨炼。因此，浮在上面的，不必骄傲；沉在底下的，更用不着悲观。必须以率真、谦虚的态度，乐观进取，向前迈进。

事实上，即使是创造了丰功伟绩的人，也不敢说自己不曾失败过。正因为有过多次的失败，才会得到多种的经验；只有经过多次的教训之后，才能够成熟起来。如果不敢正视失败，就永远不会进步。要是在失败面前强调客观原因，抱怨他人，就只会使自己一再地处于失败和不幸的旋涡之中。

把先前所遇的挫折、失败全当过眼烟云，不必在意，也许下一步你会走得更舒坦、更轻松，何乐而不为呢？当挫折临近时，即可自如地展望前方，心中默念："永不绝望"。相信吧，如果你将这四个字作为你的座右铭，成功定会接踵而至。

绝望是心灵的毒药，它会吞噬一个人的意志，腐蚀一个人的斗志。世界上从来没有什么真正的"绝境"，只有心里感到绝望的人。无论黑夜多么漫长，朝阳总会冉冉升起；无论风雪多么肆虐，春风终会吹绿大地。冬天既然已经来临，春天还会远吗？

人生感悟

让一个人无比强大的是什么？是财富？是官爵吗？都不是，是信念，是一种"永不绝望"的信念。

把"置身绝境"看成是"以身体验"

松下幸之助被誉为"经营之神"。他不是一个社会的幸运儿，不幸的生活却促使他成为一个永远的抗争者。松下幸之助 9 岁起就去大阪做小伙计；父亲的过早去世使得 15 岁的他不得不担负起全家生活的重担，他体会到了做人的艰辛。

1910 年，松下幸之助来到大阪电灯公司做一名室内安装电线练习工，一切从头学起，后来，他诚实的品格和上乘的服务赢得了公司的信任。22 岁那年，他晋升为公司最年轻的检察员。就在这时，他遇到一次人生的挑战。

有一天，他发现自己咳的痰中带血，这使他非常害怕，因为这种奇怪的家族病史，已经有 9 位家人在 30 岁前离开了人世，这其中包括他的父亲和哥哥。当时的境况使他不可能按照医生的吩咐去休养，他没了退路，反而对可能发生的事情有了充分的精神准备，只能边工作边治疗，这也使他形成了一套与疾病作斗争的办法：不断调整自己的心态，以平常之心面对疾病，调动肌体自身的免疫力、抵抗力与病魔斗争，使自己保持旺盛的精力。这样的过程持续一年，他的身体也变得结实起来，内心也越来越坚强，这种心态也影响了他的一生。

患病一年来的苦苦思索，改良插座希望得到公司采用的愿望受挫，使他下决心辞去公司的工作，做插座生意，开始独立经营。

松下电器公司不是一个一夜之间成功的公司。创业之初，正逢第一次世界大战，物价飞涨，而幸之助手里的所有资金还不到 100 元，困难可以想象。公司成立后最初的产品是插座和灯头，然而当千辛万苦才生产出的产品遇到棘手的销售问题时，工厂竟到了难以为继的地步，同事们相继离去，使松下幸之助的境况变得很糟糕。

但他把这一切都看成是创业的必然经历，他对自己说："再下点工夫总会成功的！已有更接近成功的把握了。"他相信：坚持下去取得成功，就是对自己最好的报答。功夫不负有心人，生意逐渐有了转机，直到6年后拿出第一个像样的产品也就是自行车前灯时，公司才慢慢走出了困境。走出困境的松下电器公司所面对的并不是一帆风顺的坦途，而是一系列汹涌波涛的开始。1929年经济危机席卷全球，日本也未能幸免，松下电器公司的产品销量锐减，库存激增。

一次又一次的打击并没有击垮松下幸之助，他享年94岁高龄，向人们表明，一个人只有从心理上、道德上成长起来时，他才可以长寿。他之所以能够走出遗传病的阴影，安然度过企业经营中的一个个惊涛骇浪，得益于他永葆一颗年轻的心，并能坦然应对生活中的挫折和磨难。松下幸之助说过："只要有一颗谦虚和开放的心，你就可以在任何时候从任何人身上学到很多东西。无论是逆境或顺境，坦然的处世态度，往往会使人更聪明。"

逆境给人宝贵的磨炼机会。只有禁得起逆境考验的人，才能算是真正的强者。如果不能坦然处之，那么，在逆境时就容易卑躬屈膝，而顺境时又得意忘形。其实，顺境和逆境都是命运的安排，只有坦然去面对，才是最好的方式。坦然的处世态度会使人更加聪明。

一个坦然面对逆境而挣扎过来的人，与一个从顺境中谋得发展的人，经历的过程虽不大相同，但必然都具备了坚忍、正直和聪明的条件。总之，不论处境如何，为人处世之道就在于不迷惘、不矫揉，以坦然态度处世，这才是最正确的。

在黑暗中徘徊时，阳光可以指引你前行的路，而在悲叹之中，才能领略人生真义。广阔的世界、漫长的人生，未必都充满称心如意的事情。倘若可以没有任何苦恼和忧虑，平平安安地享受太平，就是求之不得了。然而，事实往往不能如此，有时候日坐愁城，有时候一筹莫展，陷于进退维谷的绝境。

尽管如此，人往往在悲叹之中，才能领略到人生的深奥；置身绝境，才可以体验到生活的真滋味。

凭借智力去了解，固然重要，亲身去体验，更加重要。盐巴的咸味，必须尝过才能知道。

把"置身绝境"看成是"以身体验"的珍贵的机会。明白这点，则面临艰难，能勇气百倍、精力充沛。唯有如此，才能涌出新的智慧，转祸为福。心中有这种认识，就像一道阳光，照射黑暗的地方，引领人鼓起勇气，勇往直前。

人生感悟

把"置身绝境"看成是"亲身体验"，每一份磨难都是上帝带给我们的最好礼物。

失败是生命必要的投资

人生的成败，全系于自己的抉择。具有坚强意志力的人，遇到任何艰难障碍，都能坚持自己的抉择，想方设法克服困难，消除障碍。

有这样一个人，他的父亲是一个赌徒，母亲是一个酒鬼。在这样的环境下，他的学业一无所成，不久就离开了学校，成了街头混混。直到20岁的时候，一件偶然的事刺激了他使他醒悟反思："不能，不能这样做。如果这样下去，我和父母岂不是一样吗？成为社会垃圾、人类的渣滓，带给众人、留给自己的都是痛苦——不行，我一定要成功！"

他下定决心，要走一条与父母迥然不同的路，活出个人样来。但是做什么呢？他长时间思索着，找份白领工作几乎是不可能的。经商，又没有本钱……他想到了当演员——当演员不需要过去的清名，不需要文凭，更不需要本钱，而一旦成功，却可以名利双收。但是他显然不具备演员的条件，长相就很难使人有信心，又没有接受过任何专业训练，没有经验，也无"天赋"。然而，"一定要成功"的驱动力，使他认为这是他今生今世唯一出头的机会，最后的成功可能。在成功之前，决不放弃！

于是，他来到好莱坞，找明星，找导演，找制片……找一切可能使他成为演员的人，四处哀求："给我一次机会吧，我要当演员，我一定能成功！"

很自然，他一次又一次被拒绝了。但他并不气馁，他知道，失败定有原因。每次被拒绝之后，他就把它当作是一次学习。一定要成功，痴心不改，又去找人……不幸得很，两年一晃过去了，钱花光了，他便在好莱坞打工，做些粗重的零活，这两年来他遭受到1000多次拒绝。

他暗自垂泪，痛哭失声。难道真的没有希望了吗，难道赌徒、酒鬼的儿子就只能做赌徒、酒鬼吗？当然不行，我一定要坚持下去，我要成功！他想到了换个方法试试。他想出了一个"迂回前进"的思路：先写剧本，待剧本被导演看中后，再要求当演员。幸好现在的他，已经不是刚来时的门外汉了，两年多耳濡目染，每一次拒绝都是一次口传心授、一次学习、一次进步。因此，他已经具备了写电影剧本的基础知识。

一年后，剧本写出来了，他又拿去遍访各位导演，"这个剧本怎么样，让我当男主角吧！"但人们认为他的剧本挺好，但要让他当男主角是不可能的，他再一次被拒绝了。

他不断对自己说："我一定要成功，也许下一次就行，再下一次，再下一次……"

在他一共遭到1300多次拒绝后的一天，一个曾拒绝过他20多次的导演对他说：

"我不知道你是否能演好，但至少你的精神令我感动。我可以给你一次机会，但我要把你的剧本改成电视连续剧，先只拍一集，就让你当男主角，看看效果再说。如果效果不好，你便从此断绝这个念头吧！"为了这一刻，他已经做了3年多的准备，终于可以一试身手。机会来之不易，他自然拼尽全力，全身心地投入其中。

这部电视剧创下了当时全美最高收视纪录——他成功了！

现在，这个人是世界顶尖的电影巨星，他就是大家熟悉的史泰龙。

失败就像一条河，不怕河中的滔天巨浪，不怕在渡河中淹死，才很能游到成功的彼岸。人们赞美游到彼岸的成功英雄，却经常忘记在失败的大河中泅渡的必要。

尽管我们说失败乃成功之母，许多道理都是成败对举，但着眼都是成功，甚至整部"成功学"关注更多的也是成功。然而，从一种过程而言，从一种思维方式、一种实事求是的态度而言，充分地关注失败更有意义。失败是生命走向成功的必要投资。

许多杰出的人物、许多名垂青史的成功者，他人生的成功，并不是得益于旗开得胜的顺畅、马到成功的得意，反而是失败造就了他们。这就正如孟老夫子所说的"天将降大任于斯人也，必先苦其心志，劳其筋骨，饿其体肤，空乏起身，行拂乱其所为，所以动心忍性，增益其所不能"。

孟子说的这一串话，重点就是：一个人要有所成，有所大成，就必须忍受失败的折磨，在失败中锻炼自己，丰富自己，完善自己，使自己更强大，更稳健。这样，才可以水到渠成地走向成功。像苏秦搞六国合纵就是这样，像韩信找出路也是这样，像刘邦打天下，像刘备找安身立业的地方都是这样。还有像科学实验中科学家的反复试验，为着提炼稀有金属镭，居里夫人几乎耗尽了大半生的精力，而且这又使几代科学家的构想成真。这样的例子太多了。

失败是生命必要的投资。失败是进步的里程碑，是勇者、强者与懦夫的天然国界。经受失败，对成功太重要了。

人生感悟

没有失败的沉淀，就没有真正意义上的成功。

把希望高擎在手中

1952年7月4日清晨，加利福尼亚海岸笼罩在浓雾中。在海岸以西21英里的卡塔林纳岛上，一个34岁的女人涉水进入太平洋中，开始向加州海岸游去。要是成功了，她就是第一个游过这个海峡的妇女。这名妇女叫费罗伦丝·柯德威克。在此之前，她是从英法两边海岸游过英吉利海峡的第一个妇女。那天早晨，海水冻得她身体发麻，雾很大，她连护送她的船都几乎看不到。时间一个钟头一个钟头过去，千千万万人在电视上注视着她。在以往这类渡海游泳中她的最大问题不是疲劳，而是刺骨的水温。15个钟头之后，她被冰冷的海水冻得浑身发麻。她知道自己不能再游了，就叫人拉她上船。她的母亲和教练在另一条船上。他们告诉她海岸很近了，叫她不要放弃。但她朝加州海岸望去，除了浓雾什么也看不到。几十分钟之后，人们把她拉上了船。而拉她上船的地点，离加州海岸只有半英里！

当别人告诉她这个事实后，从寒冷中慢慢复苏的她很沮丧，她告诉记者，真正令她半途而废的不是疲劳，也不是寒冷，而是因为在浓雾中看不到希望。

希望，是引爆生命潜能的导火索，是激发生命激情的催化剂。一个人，只要活着，就应该拥有希望。只要抱有希望，生命便不会枯竭。

据说在沙漠中远行也是同样一个道理，最可怕的不是眼前的一片荒凉，而是心中没有一壶清凉的希望。

在茫茫无垠的沙漠中，有一支探险队在负重跋涉前进。

沙漠中阳光很强烈。干燥的风沙漫天飞舞，而口渴如焚的队员们没有了水。

当队员们失望地准备把生命交付给这茫茫戈壁时，探险队的队长从腰间拿出一只水壶。说："这里还有一壶水。但穿越沙漠前，谁也不能喝。"

水壶从队员们手里依次传递开来，沉沉的，一种充满生机的幸福和喜悦在每个队员濒临绝望的脸上弥漫开来。

终于，探险队员们一步步挣脱了死亡线，顽强地穿越了茫茫沙漠。当他们相拥着为成功喜极而泣的时候，突然想到那壶给了他们精神和信念以支撑的水。

拧开壶盖，汩汩流出的却是满满一壶沙。

无论生命处于何种境地，只要心中藏着一片清凉，生命自会有一个诗意的栖息地。

人生最宝贵的财富之一便是希望，所以罗素说："从感情上讲，未来比过去更重要，甚至比现在还重要。"

古希腊之神普罗米修斯为人间盗取了天火之后，众神之王宙斯不仅严惩了普罗米修斯，还决定向人类进行报复。他让美女潘多拉带着一个宝盒来到人间，当这个宝盒被潘多拉打开时，有数不清的祸害从里面飞了出来，布满尘世，而盒盖重新盖起来时，里面就剩下一件东西，那就是"希望"。

在这个世界上，有许多事情我们无法预料，每天给自己一个希望，我们就有勇气和力量面对生活的种种不幸福。

只要活着，就有希望，只要每天给自己一个希望，我们的人生就一定不会失色。

把希望高擎在手中，让它照亮自己的生命之路。这样，你永远会活得生机勃勃，激昂澎湃，你的人生也会因此而丰盈富足！

人生感悟

人活着就要满怀希望，有希望才有一切。

让"绊脚石"变成"垫脚石"

人生的不幸就如你成长路途上的每一个绊脚石。

我们走向成功的路上，绊脚石很多，有些是轻易绕过去了，有些却一直堵在你的面前，无法绕跃，有些只是使你磕破脚趾头，有些甚至使你摔倒，更有些绊脚石可以让你摔断脚骨手骨。

绊脚石就是那么的可恶、可恨。

绊脚石永远都是我们深恶痛绝的东西，我们不愿意碰到，可是偏偏还是要碰到的，于是很多人只是懂得如何小心翼翼，只是在摔倒之后埋怨几句就继续走了，把每一次被绊脚石绊倒的经历都忘得一干二净。

有一个走夜路的人遇到了绊脚石，他重重地跌倒了。他也是跟一般人一样，爬起来，揉着疼痛的膝盖，埋怨了几句，然后继续向前走。

不久，不幸的事情发生了。他走进了一个死胡同。前面是墙，左面是墙，右面也是墙，无法绕过去了。

大的不幸是很难绕过去的，就像掉进枯井的驴子，无法通过绕的方式逃生。

这种不幸的事情也经常发生在我们的生活中，发生在我们的职场上。

这时候，是回去重新选择另一条路再走呢？还是在这里消极地等待什么天外飞来的帮助呢？

可是，若重新选择一条路再走的话，得再花去多少时间成本和精力成本呢？而且你能保证走另一条路就不会再走进死胡同吗？

这是我们在事业路上经常遇到的事情。

往往，你走出了这个死胡同，就会有一个豁然开朗的新世界，那时你的事业将更上一层楼，发展路上也会更加顺畅。

所以选择最短的路，也就是选择绊脚石最多的路，因为短路一般都是比较崎岖的，而且很有可能前面就是一个死胡同。

可是，这个人没有悲哀地绝望，而是静下心来，好好地观察了一下周围的形势。

可以给他带来幸运的“秘密”让他发现了，他用一颗乐观和冷静思考的心发现了助他一臂之力的好运。

他发现前面的墙刚好比他高一头，但他费了很大力气，还是攀不上去，这时候，对待不幸，靠的不是你的力量了，而是要当一个生活的有心人，用你的心去发现破解“死胡同”的难题。忽然，他灵机一动，想起了刚才绊倒自己的那块石头，为什么不把它搬过来垫在脚底下呢？想到就做，他折了回去，费了很大力气，才把那块石头搬了过来，放在墙下。

踩着那块石头，他轻松地爬到了墙上，轻轻一跳，他就越过了那堵墙，果然前面豁然开朗，别有洞天，而且很快就顺畅地到达目的地了。

不幸，人人都会遇到，但是更多的人在被绊脚石绊倒以后就再也爬不起来了，即使有人爬起来了也忘记了曾经绊倒过他的那块顽石，所以这些人都不懂得化不幸为幸运，把绊脚石变成垫脚石。

有很多不幸确实很难对付，但往往又是很简单的事情，那就是看你用什么样的心态去对待它，是消极地等待，还是回头再来，还是用你的乐观和平静的心去寻找给你带来幸运的“机遇”。

以平常心来看待成功和失败，并不意味着我们不努力向成功迈进，在通往成功的道路上，失败就是一个个大石块，当我们可以以平常心坦然面对这些石块的时候，再经过自己的奋斗就会把这些绊脚石变成垫脚石。

罗纳德·皮尔曾经给别人讲过自己的亲身经历：

每当我失意时，我母亲就这样说：“最好的总会到来，如果你坚持下去，总有一天你会交上好运。并且你会认识到，要是没有从前的失望，那是不会发生的。”

母亲是对的，当我于1932年大学毕业后，我发现了这点：我当时决定试试在电台找份工作，然后，再设法去做一名体育播音员。我搭便车去了芝加哥，敲开了每一家电台的门——但每次都碰了一鼻子灰。在一个播音室里，一位很和气的女士告诉我，大电台是不会冒险雇用一名毫无经验的新手的。“再去试试，找家小电台，那里可能会有机会。”她说。我又搭便车回到了伊利诺斯州的迪克逊。虽然迪克逊没有电台，但我父亲说，蒙哥马利·沃德公司开了一家商店，需要一名当地的运动员去经营他的体育专柜。由于我在迪克逊中学打过橄榄球，于是我提出了申请。那工作听起来正适合我，但我没能如愿。

我失望的心情一定是一看便知。“最好的总会到来。”母亲提醒我说。父亲借车给我，于是我驾车行驶了70英里来到了爱荷华州达文波特的WOC电台。节目部主任是位很不错的苏格兰人，名叫彼得·麦克阿瑟，他告诉我说他们已经雇用了一名播音员。当我离开他的办公室时，受挫的郁闷心情一下子发作了。我大声地问道：“要是不能在电台工作，又怎么能当上一名体育播音员呢？”

我正在那里等电梯，突然听到了麦克阿瑟的叫声：“你刚才说体育什么来着？你懂橄榄球吗？”

接着他让我站在一架麦克风前，叫我凭想象播一场比赛。前一年秋天，我所在的那个队在最后 20 秒时以一个 65 码的猛冲击败了对方。在那场比赛中，我打了 15 分钟。回想当时的情形，我激动地描述着每一个场景，之后，彼得告诉我，我将主播星期六的一场比赛。

不要拘泥于眼前，任何“绊脚石”都有可能变成我们生命中的“垫脚石”。

人生感悟

乐观地看待事物，我们就能化解不幸，把“绊脚石”变成“垫脚石”。

人生没有过不去的坎

古希腊神话传说中，有这样一个耐人寻味的故事：

天神西齐弗因为在天庭犯了法，遭到宙斯惩罚，降到人世间来受苦。宙斯对他的惩罚是：推一块石头上山。每天，西齐弗都费了很大的劲儿把那块石头推到山顶，然后回家休息时，石头又会自动地滚下来。于是，西齐弗又要把那块石头往山上推。这样，西齐弗不得在永无止境的失败命运中，受苦受难。西齐弗每次推石头上山时，其他天神都打击他，告诉他不可能成功。但西齐弗不肯认命，一心想着推石头上山是他的责任，只要把石头推上山顶，责任就尽到了。至于石头是否会滚下来，那不是他的事。

所以，当西齐弗努力地推石头上山的时候，他心中显得非常的平静，因为他安慰着自己：明天还有石头可推，明天还有希望。

宙斯对西齐弗无可奈何，最后只好赦免他。

人生没有过不去的坎，把困难当做机遇，把命运的折磨当做人生的考验，把今天的苦楚寄希望于明天的甘甜，这样的人，即便是上帝对他也无能为力。

现实生活中，我们没有人不追求和向往美好，但老天好像就是要与人作对，总是在人生的道路上布满坎坷，总是不让人一帆风顺，各种各样的挫折总是在人不经意间横亘道上。意志薄弱者遇到困难时，便心灰意冷，顾影自怜，整天精神萎靡，怨天尤人。而意志坚强者，则坚信人生没有过不去的坎，往往是愈挫愈奋，义无反顾，勇往直前，从哪里跌倒再从哪里爬起来。

人生的道路充满荆棘与坎坷，但生命是美丽的，生活是美好的。我们应该笑对坎坷。生活中不可能总是阳光明媚的艳阳天，狂风暴雨随时都有可能光临。但只要我们有迎接厄运的勇气和胸怀，在打击和挫折面前不低头，跌倒了再重新爬起来，将自己重新整理，以勇敢的姿态去迎接命运的挑战，只要我们坚信人生没有过不去的坎，就能走出人生的辉煌。

人的一生绝不可能是一帆风顺的，有成功的喜悦，也有无尽的烦恼；有波澜不兴的坦途，更有布满荆棘的坎坷与险阻。当苦难的浪潮向我们涌来时，我们唯有与命运进行不懈地抗争，才有希望看见成功女神高擎着的橄榄枝。

苦难，在不屈的人们面前会化成一种礼物，这份珍贵的礼物会成为真正滋润你生命的甘泉，让你在人生的任何时刻，都不会轻易被击倒！

朋友，你一定见过瀑布吧。美丽的瀑布迈着勇敢的步伐，在悬崖峭壁前毫不退缩，成就了自己生命的壮观。有谁能说，这不是生命的美丽呢？

人生感悟

豁达地看待苦难，人生没有过不去的坎。

第十三章　放下苛求，赢得美满的人生

万事太苛求，只能让自己徒增烦恼。世上没有绝对的事情，何必非要争出个谁是谁非，糊涂也是一门高深的学问。

原谅自己是个凡人

理想是生命的动力，但一旦人们过分苛求它就会变成一种生命的桎梏，你的生命也必将因此而倍感沉重，最后在不断失望的重负中委顿、死亡。切记“平凡的即是伟大的”这样一句格言。一切伟大的事物都是在“平凡”的积累过程中诞生的。

有一天，一个国王独自到花园里散步，使他万分诧异的是，花园里所有的花草树木都枯萎了，园中一片荒凉。后来国王了解到，橡树由于没有松树那么高大挺拔，因此轻生厌世死了；松树又因自己不能像葡萄那样结出许多果实，也嫉妒而死；葡萄呢？则哀叹自己终日匍匐在架子上，不能直立，不能像桃树那样开出美丽的花朵，于是也死了；牵牛花也病倒了，因为它叹息自己没有紫丁香那样芬芳。其余的花草树木等植物也都是因为自己的平凡而垂头丧气，没精打采，只有顶细小的心安草在茂盛地生长。

国王看了看这根渺小得几乎不能再渺小，平凡得几乎不能再平凡的心安草问道：“小小的心安草啊，别的植物全都枯萎了，为什么你这小草却这么勇敢乐观、毫不沮丧呢？”

小草回答说：“国王啊，我一点也不灰心失望。因为我知道，如果您想要一株榕树，或者一株松柏、一些葡萄、一颗桃树、一株牵牛花、一棵紫丁香什么的，您就会叫园丁把它们种上。而我知道您希望于我的是要我做小小的心安草。”

也许你会认为，甘心作一棵“无人知道的小草”的想法过于消极。一些聪明能干、有远大抱负的年轻人总是瞧不起那些平凡过日子的人。他们认为这些人“没出息”、“微不足道”，“活得没意思”，而且他们发现自己奋斗失败，无所作为时，面对和常人一样平淡无奇的生活时，他们就会觉得生活无聊透了。因而生出了无尽的烦恼。

其实平凡中有时候也含有一些伟大的道理。或者说是因为平凡所以伟大。荀子的思想中，有这么一句话，大意是：没有大烦恼与灾祸的日子，就是天大的幸福。而古希腊的大哲人伊壁鸠鲁说得更经典：“幸福，就是身体的无痛苦和灵魂的无纷扰。”

生活有目标，想出人头地，可以说是一种相当积极的心态，可是这必须建立在对平凡生活的肯定之上。唯有对平凡生活的肯定，才能让人更发愤向上。相反的，如果对平凡生活的状况一直抱着不满的态度，那么想出人头地的想法，反而会给你带来负面的影响。

不管再怎么平凡渺小，一个能把一家大小的生活都照顾得很好的母亲，就已经有足够的理由值得我们尊敬了。不仅我们需要这样想，这些默默耕耘的人更需要有这样的自信。那些不懂得成功艺术的人，通常是那种不懂得从平凡中找出伟大的人。

"如果能够抛掉一切的野心，平平和和地孝顺父母，照顾他们终老，再也没有比这个更大的成就了。"田山花袋说。是的，每个人都有不同的成功哲学，只要你能够打心底深处对自己的生活方式感到满足，那么你就已经离成功不远了。一个人如果无法成功对待人生的话，那么他的一生就会变得毫无意义。为了做到这点，最重要的是必须在心里面描绘出自己成功的样子来。

有着敏锐的感性，也是艺术至上主义者的芥川龙之介说过这样一句话："希望自己的人生过得幸福快乐，必须从日常的琐事爱起。"这句话你不用担心无法理解，只要照字面的意思解释就可以了。人生其实就是由一大堆琐事堆积起来的。然而就是因为是琐事，所以我们大多都不会去在意它，甚至也记不得它。然而，想去爱这些琐事，并且把它们都做好，必须有相当的努力与能力才能做到。

在公司中我们经常可以发现这种人，他们看起来朴素踏实，也没有什么过人的能力，可就是能够把事情做得有条不紊，并且步步高升。

"为什么像那样的人也当得上经理呢？"

"也许因为他善于拍马逢迎吧！"

像这样的想法，是绝对错的。那是因为这种人善于处理公司中的琐事才有今天的地位。相反的，那些叱咤风云于一时的人，往往到了最后都会被遗忘，因为他们虽然相当的抢眼，可是对公司而言，他们的贡献却不如那些善于处理琐事的人。

因为平凡是一种十分积极而有意义的心态，因为只要你把自己对人生的苛求抛开了，你就不会再有挑肥拣瘦的想法而愉快地接受现实中的繁杂琐事了。

从这里我们可以发现一个生活的道理，如果你觉得自己并没有特别杰出的能力，那就尽可能地试着做一个平凡的人物，把琐事都做好，因为公司和人生的事务有九成以上都是烦人的琐事。如果你能够把那些琐事做好的话，那么你就可以和那些有能力的人一样，受到很高的评价。

千万不可以小看这些琐事，它有时候也可能是改变历史的关键也说不定。到那时候可能会在无意中成为人们眼中的英雄。丰臣秀吉之所以被他的主人信长认可，就是因为他把草鞋弄暖这件琐事而来的。

被人们认为是迄今为止最有智慧的人物之一的爱因斯坦曾告诉我们："不要努力去做一个成功的人，宁可努力去做一个有价值的人。"他不但给我们指明了一个人生发展的取向，而且也教给了我们一种对待人生的方式。这应该是最有智慧的人生箴言吧！

在一处荒芜的山脚下，一群正在玩耍的孩童见到一位行动迟缓的老人，背上背着一袋沉重的树种，手中握着一个小铲子。老人用铲子吃力地将树种埋入地里。

大家好奇老人的动作，老人对小孩说："我在这附近已经种了一万粒种子了。但其中可能只有1%会发芽成长。虽然机会不大，我仍希望在我晚年可以做点有用的事。"

20年之后，小孩都长大成人，又回到这个山脚。这里的景象让他们大吃一惊。因为老人当年的付出，使得这一片不毛之地成为树木参天的森林，一大片的绿色林木，令人赏心悦目。

你现在默默地付出，或许不能一下子看到成果，然而当树籽植入土中，总有发芽滋长的一天，若干年之后，当后代子孙望着这片茂盛的森林而感慨前人的恩惠的那一刻，他们心中想的不一定是什么大英雄，而是类似这样行动迟缓的平凡的老人，此时英雄是谁？谁又会在天堂里笑得更开心呢？

人生感悟

有些人一心想成为伟大的神，却不明白做个凡人的乐趣。

长寿的秘诀——随遇而安

随遇而安，是指能较好地适应周围生活环境，无论有多么大的变化也能入乡随俗，随方就圆。

能随遇而安的人遇上别人级别高、条件好及待遇优厚时不眼红；遇上飞扬跋扈者能进能退，会斗争也会保护自己；遇上喜争风吃醋爱占便宜的人能常常尽量容忍，谦让他人；遇上种种不良风气而个人的力量又一时纠正不过来时能适可而止，不生真气，必要时也不妨"闭上一只眼睛"。这种人对自己与自家的一切生活现状始终知足与常乐，好到天天鸡鸭鱼肉不嫌腻，次到顿顿白菜豆腐也不怕太素。会随遇而安的人一定能眼光远大，胸怀宽阔，把世间的一切变化都看得很平常，很太平，很安宁。所以，能随遇而安的人必然长寿。

芬兰特库大学的科学家们就"生活的满意程度和死亡率"这一问题对两万名芬兰男子进行了跟踪调查，调查的结果表明，凡是对自己的生活"随遇而安"的男子能多活整整20年的时间。负责调查的特库大学教授霍卡纳说："如果说男子的寿命同坦然处理生活中的挫折有如此密切联系的话，我认为，女性在这方面的忍受力比男子更强，她们无疑将更容易长寿。"

这位教授说，男性在遭遇挫折后，平息自己情绪的办法常常是喝酒、抽烟，而女性的做法是找知心朋友哭诉或寻找心理医生的帮助。这两种截然不同的处理问题的方法说明了造成男女生命期差异的一大原因。

调查报告以翔实的数据统计表明，对生活中的挫折长期愤愤不平的男性的死亡率是那些"把酒临风，宠辱皆忘"的男性的两倍，如果因为心中不痛快而酗酒，他们提前结束生命的概率就更高。最后的结论是：升官发财固然可以带来健康的体魄，但是如果没有"一颗平常心"，不重视精神健康的话，一旦"丢官破财"，就意味着末日的来临。

所以，长寿的秘诀就是"随遇而安"。

"随遇"者，顺随境遇也，"安"者，一可理解为听天由命，安于现状；二可理解为心灵不为不如意之境遇所扰，无论何种处境，均能保持一种平和安然的心态，并继续坚持自己的追求。前者之"安"，或许可以称之为"消极处世"，而后者之"安"，则需要一种良好的心理调节能力，甚至需要一种超脱、豁达的胸襟，不是人人都能做到的。

苏轼的友人王定国有一名歌女，名叫柔奴，眉目娟丽，善于应对，其家世代居住京师，后王定国迁官岭南，柔奴随之，多年后，复随王定国还京。苏轼拜访王定国时见到柔奴，问她："岭南的风土应该不好吧？"不料柔奴却答道："此心安处，便是吾乡。"苏轼闻之，心有所感，遂填词一首，这首词的后半阙是："万里归来年愈少，微笑，笑时犹带岭梅香。试问岭南应不好？却道：此心安处是吾乡。"在苏轼看来，偏远荒凉的岭南不是一个好地方，但柔奴却能像生活在故乡京城一样处之安然。从岭南归来的柔奴，看上去似乎比以前更加年轻，笑容仿佛带着岭南梅花的馨香，这便是随遇而安，并且是心灵之安的结果了。

生活中拂逆的事情是很多的。俗话说："不如意事常有八九。"人生际遇不是个人力量所可左右的，而在诡谲多变、不如意事常有八九的环境中，唯一能使我们不觉其拂逆的办法，就是使自己"随遇而安"。

有一次，王先生从台中搭公家运东西的车回台北。车到中途，忽然抛锚。那时正是夏天，午后的天气，闷热难当。在赤日炎炎的公路上无法前进，真是让人着急。可是，他当时一看情形，就知道急也没用，反正得慢慢等车修好才可以走。于是，他问了问司机，知道要三四个小时才可修好，就独自步行到附近的海滨游泳去了。

海滨清静凉爽，风景宜人，在海水中畅游之后，暑气全消。等他尽兴回来，车已经修好待发，趁着黄昏晚风，直驶台北。之后，他逢人便说："真是一次最愉快的旅行！"

随遇而安的妙处由此可见一斑，假如换了别人，在这种情形之下，怕不只好站在烈日之下，一面抱怨，一面着急？而那辆车既不会提早一分钟修好，那次旅行也一定是一次最痛苦最烦恼的旅行。

人生在世，很不容易。风风雨雨，沟沟坎坎，苦辣酸甜都可能遇到。因此，要保持一种随遇而安的平常心态。这种心态并非消极的，而是提示人们在不断进取中，无论是成功，还是失败；无论是车水马龙，还是门庭冷落；无论是辉煌夺目，还是默默无闻，都要有个良好心态，笑对人生，继续拼搏。

所以说，一个人如能不管际遇如何都不较真儿，都能保持快乐的心境，那真比拥有百万家产更有福气！

人生感悟

水在流淌时是不择道路的，树在风中摇摆时是自在的，它们能做到随遇而安，所以它们是快乐的。

世间没有绝对的错与对

同一件事情、同一样东西，因为情境不同、认知不同，就容易产生不同的道理。公说公有理，婆说婆有理，只要能够说得出道理来，对和错，又有什么差别呢？

著名的寓言作家伊索，年轻时曾经当过奴隶。

一天，他的主人要他准备一桌最好的酒菜，以款待一些德高望重的哲学家。当菜一盘盘端上来时，主人发现满桌都是动物的舌头，牛舌、猪舌、羊舌、鹿舌……简直就是一桌舌头大餐。

全桌客人出于礼貌，只敢小声地相互议论，机灵的主人发现宾客们的窃窃私语和怀疑的神色，连忙气急败坏地把伊索叫进来兴师问罪。

主人严厉地斥责说：“我不是叫你准备一桌最好的菜吗？你准备这些东西究竟是什么意思？”

伊索不慌不忙、谦恭有礼地回答：“在座的贵客都是知识渊博的哲学家，他们高深的学问需要用舌头来阐述。对他们来说，我实在想不出还有什么比舌头更珍贵的东西了。”

哲学家们听了他这番对舌头的吹捧，都不禁转怒为喜，纷纷开怀大笑。

第二天，主人又要伊索准备一桌最不好的菜，招待别的客人。这批客人是主人住在乡下的亲戚，主人一向看不起他们，认为他们只是一群老土的乡巴佬，只有在逢年过节时，主人才会勉强招待他们来家里吃饭。

宴会开始后，菜一盘盘地端上来，却仍然还是一桌舌头大餐。主人火冒三丈，气冲冲地跑进厨房质问伊索：“你昨天不是说舌头是最好的菜，怎么这会儿又变成了最不好的菜了？”

只见伊索镇静地回答：“祸从口出，舌头会为我们制造灾难，引起别人的不悦，所以它也是最不好的东西。”

主人听了，不禁哑口无言。

尼采曾说：“没有真正的事实，只有诠释。”

我们上学时，老师总讲究标准答案，正是这标准答案束缚了我们的创造性思维。曾经还听到这样一件事情。有一次对学生进行语文测试，问学生“雪化了变成了什么”。有回答变成“水”的，也有回答变成“泥水”的，都被判为正确。只有一个学生回答“雪化了变成了春天”，结果这个答案被判为“零分”，因为“雪化了变成了春天”不符合“标准答案”。而实际上，这该是一个多么富有创造力和诗意的答案呀。

世上没有绝对的对与错，更没有什么标准答案，只要我们能够讲出道理来，都是可以理解的。世上每一条名言，都能找到与之相对的名言，就是这个道理。因为，任何道理只有放到一定的环境里才是对的，离开了相应的环境，可能就是谬误了。

现在很多人都喜欢跟风，人家考研他就跟着考，人家就业他就跟着找工作，完全不去认真分析自身条件是不是适合。其实，很多事他做可能是正确的，但你做就可能是错误了，因为你不适合。所以，世上没有绝对的对与错，我们只能冷静地去做自己认为最正确的事。

人生感悟

世上没有标准答案，对与错最重要的是自圆其说。所以，实在没有必要较真儿。

没有什么不可原谅的错

如果你仔细观察周围，你就会发现，在我们宁静的生活中，大多数人都是亲切的，富有爱心的，也是宽容的。如果你犯了错，而且真诚地希望他人宽恕时，绝大多数人不仅会原谅你，他们也会把这事儿忘得一干二净，使你再次面对他们时一点愧疚感也没有。

可贵的是，我们这种亲切的态度对所有人都一样，没有什么人种、地域、民族的分别；但就只对一个人例外。谁？没错，就是我们自己。

也许你会怀疑："人类不都是自私的吗？怎么可能轻易原谅别人，却不原谅自己呢？"仔细观察你就不难发现，生活中总有那么一些人喜欢无休止地苛求自己，他们总是会反复地自责："为什么我会那么笨？当时要是细心一点就好了。"或是："我真该死，这样的错怎能让它发生？"

没错，我们是犯了错。但这个世界上谁能无过？犯了错只表示我们是人，不代表就该承受如下地狱般的折磨。我们唯一能做的只是正视这种错误的存在，由错误中学习，以确保未来不会发生同样的憾事。接下来就应该获得绝对的宽恕，再下来就得把它给忘了，继续往前进。

人的一生中会犯很多错误，要是对每一件事深深地自责，一辈子都背着一大袋的罪恶感生活，你还能奢望自己走多远？

犯错对任何人而言，都不是一件愉快的事情，一个人遭受打击的时候，难免会格外消沉。在那一段灰色的日子里，你会觉得自己就像拳击失败的选手，被那重重的一拳击倒在地上，头昏眼花满耳都是观众的嘲笑和那失败的感觉。在那时候，你会觉得简直不想爬起来了，觉得已经没有力气爬起来了？可是，你会爬起来的。不管是在裁判数到十之前，还是之后。而且，你还会慢慢恢复体力，平复创伤，你的眼睛会再度张开来，看见光明的前途。你会淡忘掉观众的嘲笑和失败的耻辱。你会为自己找一条合适的路——不要再去做挨拳头的选手。

玛丽·科莱利说："如果我是块泥土，那么我这块泥土，也要预备给勇敢的人来践踏。"如果在表情和言行上时时显露着卑微，每件事情上都不信任自己、不尊重自己，那么这种人得不到别人的尊重。

造物主给予人巨大的力量，鼓励人去从事伟大的事。这种力量潜伏在我们的脑海里，使每个人都具有宏韬伟略，能够精神不灭、万古流芳。如果一个人不尽到对自己人生的职责，在最有力量、最可能成功的时候不把自己的力量施展出来，那么你不可能成功。

记住，宽恕，忘怀，前进。宽恕自己，才能把犯错与自责的逆风化为成功的推力。也唯有宽容待己，爱自己的人，才会真正懂得宽容地对待他人，才会爱他人。

一位美国医生曾做过这样的一个研究：有200名参加宴会的宾客品尝了同样的食物之后，其中一半的人食物中毒，但另一半人却安然无恙，他觉得好奇，想了解其中的奥妙，结果发现那些未中毒的人生活态度较积极，自我价值极高，对事情较看得开，处事较有弹性，用一句精神心理学的话来说，就是他们的心灵的力量，也就是心能较大、较强，换句话说心能越大，人越健康，因为免疫系统较强些。其实关于心能的大小强弱对人的各方面都有影响，医生、心理学家等人早已提出各种理论与实验结果。

喜欢自己，因为你是你今生的唯一；善待自己，你将获得对自己的认同和理解；只有爱自己，才能更好地给予他人，让别人喜欢自己。

26岁的公关部经理苏琪失恋后变成一个泄了气的皮球。她说，我是一只折断翅膀的丑小鸭，整个世界都把我抛弃了。可是，她忘了，这个失恋的苏琪是天下独一无二的苏琪。

如果她学会喜欢自己，爱自己，她就不这么傻了。

你应该这样告诉自己：若没有我，我的自我将变成一纸空文；若没有我，我的生命将戛然而止；若没有我，我的世界将变成一片废墟。尽管在整个宇宙我不过是沧海一粟，但对于我自己，我是我的全部。为此我首先珍重自己，才能得到别人的珍重;我必须善待自己，才对得起造物主的恩赐。

美丽的苏琪终于学会了自省，晚上躺在床上对自己说，我这是怎么了？为什么要这样虐待自己？从前做项目时我是那样地能说服别人，为什么自己就不能走出这段伤情呢？仔细想想，我没有什么不对。是他不对，是他玩弄了我的感情。应该难过的是他而不是我。那我究竟是为了什么呢？经过几夜的反省，苏琪终于找到了问题的症结：自尊，狭隘的自尊。原来，从小众星捧月的她从未受过别人的冷漠，她的痛苦归根结底不是为了失去的那个男人而是为了自己狭隘的自尊。于是她对自己说，现在我明白了，那样的自尊不能要，它不过是虚荣的幻影，一个坚实的自尊来自于真正的自爱。我爱自己，还有什么可以自惭形秽的呢。就这样，否定了自己的虚荣，苏琪不再痛苦了，她很快走出了失恋的伤情，坦然地接受了成熟的庆典。

自爱并非自恋，自爱的人懂得“将心比心”的厚重，自恋的人只想一味索取，不肯给予。自爱的人懂得生命来之不易，为使自己在有限的生命里获得无限的充实，他会挖掘自身的潜能，并为自己的目标竭尽全力；自爱的人像爱护自己的生命一样爱护自己的名誉和尊严，他不会为眼下的利益卑躬屈膝，更不屑于为自己的成功对他人狂妄自大，蛮横无理；自爱的人在精神上是独立的，他无需掠夺他人，更不会出卖自己；最后，真正自爱的人因为自己的充实而平静，他走入了“不以物喜，不以己悲”的自由与和谐。

其实，心灵的力量是很容易培养的，因为人的心灵是很单纯的，唯一的要求是要相信你自己，肯定你自己，相信你自己是个好人，勤奋、努力、认真、节俭，肯定自己的大方、仁慈、善良……但是，要人相信自己的最大困难，就是人永远与别人比较：我不够好，因为别人比我更好；我不够仁慈，因为有人比我更仁慈；我不够漂亮，因为……

活着，是一种责任，最重要的是要有爱，爱自己、爱他人，这才是生命的意义。学会爱自己的第一步，是不再用别人的标准来评判自己，而必须建立起自己的一套价值，作为生活的依据。我们还必须学习如何与自己相处，不要常常批判自己，对自己多一些宽容。

人生感悟

没有什么不可原谅的错，对自己也要多一份宽容。

懂得适可而止，以免过犹不及

几个年轻人一同外出度假，在海边他们看见一栋5层的小旅馆，他们决定在这家旅馆过夜。

旅馆的门童向他们解释道：“我们一共有5层楼，你们可以一层一层地走上去，一旦觉得某一层的设施令你们满意，你们就可以停留下来。为了帮你们作出决定，我们在每一层楼都立了块告示牌，上面写明了这一层都有些什么。但是要记住，一旦决定再向上走，就不能再折回来选择下面的楼层了。不能再反悔。”

年轻人听明白这规则后，都很感兴趣，他们走进了旅馆。

在第一层楼，他们看到告示牌上写着：“这里的房间床板都很硬，地毯也是旧的，而且没有上门早餐服务。”看了这个，年轻人哄笑起来，他们毫不迟疑地向楼上走去。

第二层的告示牌上写着：“这里的房间还好，床板不太硬，地毯半新，但没有上门早餐服务。”这个当然也没能留住几个年轻人的脚步。

他们行进到第三层楼，告示牌上写的是：“这里的房间很舒适，床很软，而且还有上门早餐服务，唯一不足的是地毯有些旧了。”

这个看起来不错，年轻人讨论着，可是上面还有两层楼呢。于是，他们还是放弃了。

到了第四层，这一层的告示牌上的内容几乎是完美的：“这里不仅房间舒适，而且所有用品都是新的，并且，明早会有上门早餐服务，我们还会送您水果。”

这一次，年轻人都非常感兴趣了。他们商量了一会儿，结果却没有达成一致，因为有人还想到第五层看看。

他们终于来到了第五层，然而，他们都傻眼了，这一层空荡荡的，连一个房间也没有，告示牌上写着一行字：“这里没有房间，更不用说一个舒适的夜晚。设置这一层楼的目的只是为了开个玩笑，但遗憾的是，您是又一个被玩笑捉弄的人。”

我们往往会遇到某种选择的机会，就像这家5层楼的旅馆，每一层都比前一层好，每走一步都可能比前一步得到更多。但是，在你一个劲儿往前冲，争抢着获取最丰厚的礼物时，你学会适可而止了吗？别忘了，有时候，多走一步，不如冷静地站在原地，多想想。

停下来是一种简单、直接的技巧，就是在一小段可能的时间内“什么事也不做”，在这个时间之中你才能再度认清自己，记起自己的方向。如此才能更强而有力、更怡然自得地活下去。

中国的禅宗有一种大智慧，认为人的物欲妨碍了人对生命本来快乐的享有，把人引向了歧途，使人变成了苦役犯。因而它主张祛除欲望，体味真的生活。禅诗云：“春有百花秋有月，夏有凉风冬有雪。若无闲事挂心头，便是人间好时节。”这意思是不为物欲所缚便能获得幸福。中国儒家圣贤中也不乏这类觉悟。当年孔子夸奖他的学生颜回，说“一箪食，一瓢饮，在陋巷，人不堪其忧，回也不改其乐”，人生本来的喜悦绝不是贫困所能剥夺的。只要你在幸福来到之时适时止步，幸福就会留在你身边。

从前有个故事，说两个人去拣金子，那个捡了几块就跑的人最后安享天年，那个贪心弄了一袋子金子的人反而丢了性命。其实做事情往往就是这样，应该学会适可而止。这样的例子简直举不胜举，比如报载四川某大学一个品学兼优的漂亮女孩儿，毕业后到了一个重点中学教高中，课本来教得蛮好，但是她力求完美，结果长期苦恼，造成了心理疾病，又无人可以沟通，领导长辈对其关怀不够，结果自杀身亡。遗憾惋惜之余带给我们很多思考。

我们在说话的时候常常会提到适可而止，意思是凡事不要太过，过犹不及。如同少许的盐可以使菜味道鲜美，但过咸就会觉得苦；少许的糖可以感觉到甜蜜，过甜则会腻。平衡是宇宙之法。任何事物都不会太过，太过就会滑向反面。于是我们开始提倡适度，但这个“度”究竟如何界定呢？身为凡人的我们大伤脑筋，似乎很少有人能很准确地约束自己的行为，因此，“不及”和“过”这两个词慢慢出现，其实效果都是一样的，都是“不及”。

有时，我们在做事情的时候，往往力求完美，这样似乎也有些过。其实世界上没有什么完美的事物，太完美了也就显得不真实。

人生感悟

凡事不要太过，过犹不及。

过分追求完美是一种伤害

从前，一位老和尚想从两个弟子中选一个做衣钵传人。

一天，老和尚对两个徒弟说：“你们出去给我拣一片最完美的叶子。两个弟子遵命而去。不久，大徒弟回来了，递给师傅一片树叶说：这片树叶虽然并不完美，但它是我看到的最完整的叶子。二徒弟在外面转了半天，最终却空手而归，他对师父说，我看到了很多很多的树叶，但总也挑不出一片最完美的……”自然，老和尚把衣钵传给了大徒弟。

“拣一片最完美的树叶”，人们的初衷总是最美好的，但如果不切实际地一味找下去，一心只想十全十美，最终往往是两手空空。直到有一天，我们才会明白：为了寻找一片最完美的树叶，而失去了许多机会是多么得不偿失。

世间许多悲剧，正是因为一些人热衷于追求虚无缥缈的完美，而忘却了任何一种正常的选择都可以走向完美，完美不是一种既定的现象，而是一种日臻完善的执著追求过程。

其实，任何一种平淡的选择或开始，只要后面的过程得当，其间必定蕴含着许多奇迹，按客观规律办事，不能脱离实际而片面追求完美。

寻找一片最美的树叶，需要拥有一份理智、一份思索、一份对自身实力的审视和把握。

爱因斯坦上小学时，老师让学生交一件劳动作品。爱因斯坦把一只笨拙又丑陋的小板凳交给了老师。老师看后很不满意，爱因斯坦又从身后拿出两只更为丑陋的小板凳，对老师说："刚才交的是我第三次做的，虽然它不太令人满意，但是它要比这两只强得多。"

人生中，我们应该具备爱因斯坦的勇气，不要只是好高骛远，而应该静下心来，一步一个脚印地去拣你认为是相对完美的树叶。

人生的缺憾有其独特的意义，我们不能杜绝缺憾，但我们可以升华和超越缺憾，并且在缺憾的人生中追求完美。缺憾可以当做我们追求的某种动力，如果我们能这样看，就不会为种种所谓的人生缺憾而耿耿于怀呢？

有了缺憾就会产生追求的目标，有了目标，就如同候鸟有了目的地，即使总在飞翔，累得上气不接下气，有期望的目标，总是能够坚持下去。

如果事事追求完善，都要拼命做好，这会使我们自己陷入困境，不要让尽善尽美主义妨碍我们参加愉快的活动，而仅仅成为一个旁观者，我们可以试着将"尽力做好"改成"努力去做"。

人生确有许多不完美之处，每个人都会有各式各样的缺陷。其实，没有缺憾我们便无法去衡量完美。仔细想想，缺憾其实不也是一种完美吗？

生活也不可能完美无缺，也正因为有了残缺，我们才有梦，有希望。当我们为梦想和希望而付出我们的努力时，我们就已经拥有了一个完整的自我。生活不是一场必须拿满分的考试，生活更像一个足球赛季，最好的队也可能会输掉其中的几场比赛，而最差的队也有自己闪亮的时刻。我们的所有努力就是为了赢得更多的比赛。当我们能继续在比赛中前进并珍惜每场比赛时，我们就赢得了自己的完整。

失去也是得到，有缺憾的地方正好给人们留下了广阔的想象空间。没有最好，只有更好，有志者总是在这样的信念下追求着。要做到这一点，就要打开两扇心灵窗户，只开一扇窗户，就会视野狭隘，使自己变得孤陋寡闻，只能看到比自己逊色的人；多打开一扇窗，眼前就会变得豁然开朗，不仅会欣赏到自然美景，而且还会接触到智慧和才能比自己更优秀的人。

追求完美没有错，可怕的是追求而不得后的自卑与堕落。即使缺陷再大的人也有其闪光点，正如再完美的人也有缺陷一样。能够充分发挥自己的长处，照样可以赢得精彩人生。

哲人说："完美本是毒。"因为这个世界本来就不是完美的，过去不是、现在不是、将来也不是，它本来就是以缺陷的形式呈现给我们的。人如果事事追求完美，那无疑是自讨苦吃。

人生感悟

事事追求完美是一件痛苦的事，它就像是毒害我们心灵的药饵。

该糊涂时要糊涂

西汉大臣霍去病曾六次出击匈奴，为汉朝打通了通往西域的道路。霍去病出身贫寒，自小过着奴仆的生活，但没有失去自己的志向。

公元前123年，汉武帝考虑到霍去病精于骑马射箭，作战英武勇猛，于是下令，派大将军卫青挑八百名精锐的骑兵归于霍去病的帐下，让其指挥出击匈奴。霍去病在带领骑兵作战中出奇制胜，活捉了单于的叔父、相国及将军多人，开战告捷，大快人心。在以后的抗击匈奴战争中霍去病又屡建奇功，汉武帝龙颜大悦，对他加官晋爵，大加赏赐。

这一年，汉武帝为霍去病建造了一座豪华的府邸，他带着霍去病参观了一遍，出门后以为霍去病会谢主龙恩。哪知，霍去病看着这些雕梁画栋、富丽堂皇的深宅大院后，对皇上深深地一拜，说道："多蒙皇上赐爱，匈奴一日不灭，去病一日不安，又何来雅兴享受荣华富贵，深居广厦呢？还望皇上多多包涵。"说完，翻身上马，急急朝军营奔去。汉武帝望着他远去的背影，一股暖流涌上心头。

"淡泊明志，宁静致远"，见利让利，处名让名，这种态度常人认为你太糊涂，然而在背后，自然是名利双收，迈向更大的成功。

人是不可能没有欲望的。然而，在一般情况下，忍住显示自己才智的欲望，可以获得更多才能，保持不自满的心态同时也可以避免因为炫耀自己的才能，招致他人对自己的失望、妒忌、攻击、陷害。

常听人说起难得糊涂，过于显露自己的才能和智慧，过分地招摇，首先会招致对自己的损害。大凡历史上的名人能人、英雄豪杰，都常常身怀绝技，但他们也都知道，"山外有山，天外有天，能人背后有能人"的道理，所以要想赢得胜利，后发制人，就要深藏不露，大智若愚，大巧若拙。

全球最大的网上书店亚马逊公司的总裁杰夫·贝索斯小时候，经常在暑假随祖父母一起开车外出旅游。

贝索斯 10 岁那年，有一次在旅游途中，他看到一条反对吸烟的广告上说，吸烟者每吸一口烟，寿命就会缩短两分钟。看到这个，贝索斯想起自己的祖母也在吸烟，而且已经有 30 年的烟龄了。于是，他便自作聪明地开始计算祖母吸烟的次数。计算的结果是：祖母的寿命将因吸烟而缩短 16 年。小孩子无知，他得意地马上就把这个结果告诉了车上坐的祖母，祖母却伤心地放声大哭起来。

祖父见状，便把贝索斯叫下车，然后拍着他的肩膀说："孩子，总有一天你会明白，仁爱比聪明更难做到。"祖父的这句话虽然只有短短的19个字，却令贝索斯终生难忘。从那以后，他一直都按照祖父的教诲做人。

有一位学生刚刚从大学毕业，凭借自己的出色表现，很快在一家公司找到了工作。由于他的专业知识扎实，头脑又灵活，很快就适应了当前的工作，获得了同事的羡慕和上司的赞扬。可他却有点恃才傲物，别人的事情，他都爱插手，虽然提的意见有时很有见地，但别人都不买他的账。有一次开会时，上司提了一个方案，他马上进行了反驳，并提出了自己的意见，上司表面点头允许，心里却对他产生了怨恨心理。后来上司找了一个借口，将他辞退了。

真正聪明的人，不会自以为是，他们为人处世，以谦虚好学为荣。常以自己的无知或不如人而惭愧，能够得到更多的学习机会，向别人求教，丰富和完善自我是他们的目的。即使自己确有才智，也不会四处去出风头，不去刻意地炫耀或展示自己。

难得糊涂是一种很智慧、很艺术的为人处世之道，掌握起来真不容易。当然，这也是"糊涂"之所以"难得"的原因。因为只有"大智"才能"若愚"。

我们自己为人处世是不是也该这样？一律糊涂，不可取；每事糊涂，要不得；该糊涂时则糊涂，能糊涂就糊涂；不该糊涂则旗帜鲜明，执著坚持。——这才是郑板桥"难得糊涂"的要领。

人生感悟

糊涂也是一门学问，要糊涂得当。

世上没有绝对的幸福

从前，在一座高山顶上，住着一位年老的智者，至于他有多么的老、为什么会有那么多的智慧，没有一个人知道。人们只是盛传他能回答任何人的任何问题。有两个调皮的小男孩并不以为然，甚至认为可以愚弄他，于是就抓来了一只小鸟在手心，一脸诡笑地问老人：

"都说你能回答任何人提出的任何问题，那么请你告诉我，这只鸟是活的还是死的？"老人想了想，完全明白这个孩子的意图，便毫不迟疑地说："孩子啊，如果我说这鸟是活的，你就会马上捏死它；如果我说它是死的呢，你就会放手让它飞走。孩子，你的手掌握着生杀大权啊！"

同样的，我们每个人都应该牢牢地记住这句话，每个人的手里都握着关系成败与哀乐的大权。

一位朋友讲过他的一次经历：

一天下班后我乘中巴回家，车上的人很多，过道上站满了人。站在我面前的是一对恋人，他们亲热地相挽着，那女孩背对着我，她的背影看上去很标致，高挑、匀称、活力四射，她的头发是染过的，是最时髦的金黄色，穿着一条最流行的吊带裙，露出香肩，是一个典型的都市女孩，时尚、前卫、性感。他们靠得很近，低声絮语着什么。女孩不时发出欢快笑声，笑声不加节制，好像是在向车上的人挑衅：你看，我比你们快乐得多！笑声引得许多人把目光投向他们，大家的目光里似乎有艳羡。不，我发觉他们的眼神里还有一种惊讶，难道女孩美得让吃惊？我也有一种冲动，想看看女孩的脸，看看那张倾城的脸上洋溢着幸福会是一种什么样子。但女孩没回头，她的眼里只有她的情人。

后来，他们大概聊到了电影《泰坦尼克号》，这时那女孩便轻轻地哼起了那首主题歌，女孩的嗓音很美，把那首缠绵悱恻的歌处理得很到位，虽然只是随便哼哼，却有一番特别动人的力量。我想，只有足够幸福和自信的人，才会在人群里肆无忌惮地欢歌。这样想来，便觉得心里酸酸的，像我这样从内到外都极为平凡的人，何时才会有这样旁若无人的欢乐歌声？

很巧，我和那对恋人在同一站下了车，这让我有机会看到女孩的脸，我的心里有些紧张，不知道自己将看到一个多么令人悦目的绝色美人。可就在我大步流星地赶上他们并回头观望时，我惊呆了，我也理解了在此之前车上那些惊诧的眼睛。我看到的是张什么样的脸啊！那是一张被烧坏了的脸，用"触目惊心"这个词来形容毫不夸张！真搞不清，这样的女孩居然会有那么快乐的心境。

朋友讲完他的故事后，深深地叹了口气感慨道："上帝真是公平的，他不但把霉运给了那个女孩，也把好心情给了她！"

其实掌控你心灵的，不是上帝，而是你自己。世上没有绝对幸福的人，只有不肯快乐的心。你必须掌握好自己的心舵，下达命令，来支配自己的命运。

你是否能够对准自己的心下达命令呢？倘若生气时就生气，悲伤时就悲伤，懒惰时就偷懒，这些只不过是顺其自然，并不是好的现象。任何时候都必须明朗、愉快、欢乐、有希望、勇敢地掌握好自己的心舵。

有一个人夜里做了一个梦，在梦中他看到一位头戴白帽、脚穿白鞋、腰佩黑剑的壮士，向他大声叱责，并向他的脸上吐口水……于是从梦中惊醒过来。

次日，他闷闷不乐地对他的朋友说："我自小到大从未受过别人的侮辱。但昨夜梦里却被人骂并吐了口水，我心有不甘，一定要找出这个人来，否则我将一死了之。"

于是，他每天起来便站在往来熙攘的十字路口寻找梦中的敌人，他始终没有找到这个人。

人常常会假想一些敌人，然后累积许多仇恨，使自己产生许多毒素，结果把自己活活毒死。

你是不是心中也还怀着一股怒气呢？要知道这样受伤害最大的是你自己，何不看开点，放自己一马呢？莎士比亚曾告诫我们："使心地清静，是青年人最大的使命。"

快乐是自己的事情，只要愿意，我们可以随时调换手中的遥控器，将心灵的视窗调整到快乐频道。

人生感悟

世上没有绝对不幸的人，只有不肯快乐的心。

凡事不必太认真

人生福祸相依，变化无常。少年气盛时，凡事斤斤计较，锱铢必究，这还有情可原。一个人年事渐长，阅历渐广，涵养渐深，对争取之事应看得淡些，凡事不必太认真，顺其自然最好。如果少年就能如此，那就可称得上少年老成了。

话说师徒二人东游，来到一个地方感觉腹中饥饿，师傅就对徒弟说："前面一家饭馆，你去讨点饭来。"徒弟领命就到了饭馆，说明来意。

那饭馆的主人说："要饭吃可以啊，不过我有个要求。"徒弟忙道："什么要求？"主人回答："我写一字，你若认识，我就请你们师徒吃饭，若不认识乱棍打出。"徒弟微微一笑："主人家，恕我不才，可我也跟师傅多年。慢说一字，就是一篇文章又有何难？"主人也微微一笑："先别夸口，认完再说。"说罢拿笔写了一"真"字。徒弟哈哈大笑："主人家，你也太欺我无能了，我以为是什么难认之字，此字我五岁就识。"主人微笑问："此为何字？"徒弟回答说：不就是认真的"真"字吗。店主冷笑一声："哼，无知之徒竟感冒充大师门生，来人，乱棍打出。"

徒弟就这样回来见老师，说了经过。大师微微一笑："看来他是要为师前去不可。"说罢来到店前，说明来意。那店主一样写下"真"字。大师答曰："此字念'直八'。"那店主笑道："果是大师来到，请！"就这样吃完喝完不出一分钱走了。徒弟不懂啊，问到："老师，你不是教我们那字念'真'吗？什么时候变'直八'了？"大师微微一笑："有时候是认不得'真'啊。"

凡事不必太较真，夫妻生活中也是一样。俗话说：金无足赤，人无完人。作为夫妻，食的是人间烟火，谁也不可能完美无缺，所以双方都应当学会宽容对方的缺点，只要不是原则性的大问题，就不要求全责备，该装糊涂就装糊涂，该和稀泥就和稀泥。对方无意间带给你的小小伤害或不悦，不要放在心上或挂在嘴边，过去了的事就让它过去。适时的宽容对方，可以消除婚姻的阴影。

婚姻的密码在于"求大同，存小异"。有人比喻夫妻就像两块拼在一起的木板，双方的结合并非天衣无缝，质地和纹路也不尽相同。夫妻不会像两滴水一样，他们在性格、爱好、生活方式上都存在着差异，任何一方都不能用自己的特点去消灭对方的特点，也不能按照自己的标准去塑造对方。夫妻双方应允许各自保留一块独具特色的"自留地"。

凡事不必太认真，如果太较真，由于人是相互作用的，你表现出一分敌意，他有可能还以二分，然后你则递增为三分，他又会还回来六分……把敌意换成善意，你会有多么大的收获。当"冤冤相报何时了"的双负，能成为"相逢一笑泯恩仇"的双赢时，不是人生最大的成功吗？

对周围的环境、人事，假如你有看不惯的地方，不必棱角太露，过于显示自己的与众不同。万事不必太认真，否则，只能是自寻烦恼。

人生感悟

凡事不必苛求，不要求全责备，该装糊涂就装糊涂，才是潇洒的处世哲学。

不生气，要争气

第一章　别让自己为小事烦恼

当苦难的浪潮向我们涌来时，我们不能责怪命运的不公，不能让生气的情绪压制了自己的斗志，要坚定让自己更争气的信念，才有希望看见成功女神高擎着的橄榄枝。

放下后才会有快乐

要想采撷一束清新的山花，就得放弃城市的舒适；要想争做一名登山健儿，就得放弃娇嫩白净的皮肤；要想倾听永远的掌声，就得放弃眼前的虚荣；要想不为小事烦恼，就得放弃你“背囊”的小事、闲事。生活万象，人的能力和生命都很有限，你不可能什么都得到，所以生活中应该有所选择，有所放弃。我们应该选择让自己心情愉快的事，放弃让自己烦恼的小事、琐事。一旦放弃这些生活中的小事、琐事，你将获得别样的轻松、别样的快乐、别样的人生。

有一种虫子，长得十分弱小，它本来应该有自知之明，知足常乐，可是，却因为太贪婪给活活累死了。这种虫子在爬行时，只要是看到了自己的中意之物，就会将其驮在背上。它所喜欢的东西实在太多了，结果身体不堪重负，最后一命呜呼。虫子不愿舍弃，到头来为物所累，而丢了性命，岂不悲哉！

无舍弃即无幸福，此话一点不虚。舍弃可以宽松心境，滋润心灵，让精神得到冲刷、荡涤和革新，它能把人生的忧愁、痛苦化为乌有，使人变得坚强和超脱。所以放下是一种觉悟，更是一种心灵的自由。

只要你不把闲事常挂在心头，你的世界将会是一片风光霁月，快乐自然愿意接近你！

其实，生活原本是有许多快乐的，只是我们常常自寻烦恼，“空添许多愁”。许多事业有成的人常常有这样的感慨：事业小有成就，但心里却空空的。好像拥有很多，又好像什么都没有。总是想成功后坐豪华游轮去环游世界，尽情享受一番。但真正成功了，仍然没有时间没有心情去了却心愿，因为还有许多事情让人放不下……

对此，作家吴淡如说得好：好像要到某种年纪，在拥有某些东西之后，你才能够悟到，你建构的人生像一栋华美的大厦，但只有硬体，里面水管失修，配备不足，墙壁剥落，又很难找出原因来整修，除非你把整栋房子拆掉。你又舍不得拆掉。那是一生的心血，拆掉了，所有的人会不知道你是谁，你也很可能会不知道自己是谁。

仔细咀嚼这段话，其中的味道，我们不就是因为“舍不得”吗？

很多时候，我们舍不得放弃一个放弃了之后并不会失去什么的工作，舍不得放弃已经走出很远很远的种种往事，舍不得放弃对权力与金钱的角逐……于是，我们只能用生命作为代价，透支着健康与年华。不是吗？现代人都精于算计投资回报率，但谁能算得出，在得到一些自己认为珍贵的东西时，有多少和生命休戚相关的东西像沙子一样在指掌间溜走？而我们却很少去思忖：掌中所握的生命的沙子的数量是有限的，一旦失去，便再也捞不回来。

佛家说“要眠即眠，要坐即坐”，是多么自在的快乐之道啊，倘使你总是“吃饭时不肯吃饭，百种需索；睡眠时不肯睡，千般计较”，这样放不下，你又怎能快乐呢？

庄子云：“人生如白驹过隙。”哲人的结论难道不能使人有些启迪么？我们何不提得起，放得下，想得开，做个快乐的自由人呢？

知道自己“有限”的聪明是一件幸运的事。

有一个聪明的男孩，有一天妈妈带着他到杂货店去买东西，老板看到这个可爱的小孩，就打开一罐糖果，要小男孩自己拿一把糖果。但是这个男孩却没有任何的动作。几次的邀请之后，老板亲自抓了一大把糖果放进他的口袋中。回到家中，母亲很好奇地问小男孩，为什么没有自己去抓糖果而要老板抓呢？小男孩回答得很妙：“因为我的手比较小呀！而老板的手比较大，所以他拿的一定比我拿的多很多！”

这是一个聪明的孩子，他知道自己的有限，而更重要的，他也明白别人比自己强。凡事不只靠自己的力量，学会适时地依靠他人，是一种谦卑，更是一种聪明。

但我们更欣赏那种大聪明。

二战结束后，以美英法为首的战胜国几经磋商，决定在美国纽约成立一个协调处理世界事务的联合国。美国著名的家族财团洛克菲勒家族经商议，果断出资870万美元，在纽约买下一块地皮，无条件地赠给了这个刚刚挂牌、缺乏经费的国际性组织。同时，洛克菲勒家族也把毗邻这块地皮的大面积地皮全买下了。

对洛克菲勒家族的这一出人意料之举，当时许多美国大财团都吃惊不已。人们纷纷嘲笑说：“这简直是愚人之举！”

但是，奇怪的是，联合国大楼刚刚建成，毗邻它四周的地价便立刻飙升，相当于捐赠款数十倍、近百倍的巨额财富源源不断地涌进了洛克菲勒财团。

“将欲取之，必先与之”，洛克菲勒家族敢于在放弃中挣大钱之举，无疑是“大智若愚”的经典。

敢于放弃，取决于真正的聪明、绝大的智慧。而一切斤斤计较、机关算尽的聪明，归根结底都是“小聪明”，到头来往往是聪明反被聪明误。

人生之路少有平坦，更多的是曲折、坎坷，能够留下坚实的足迹，走进“柳暗花明”的境界，靠的是意志和奋发。一个人要有所作为，不知要经受多少艰难险阻的考验。主动放弃，并不都是弱者和懦夫的表现。有时候主动放弃，是一种理性和智者的行为。明知不可为而为之，逞匹夫之勇，结果只能是碰得头破血流，以失败告终。

人生感悟

懂得放弃，就是打点行囊，清理出那些不必要的东西，轻装上路，这样你才有心情和时间来领略和欣赏人生路上的美景。懂得放弃，你就不会为名利所累，卸去心头之重负，活得一身轻松和自在。不懂得放弃的人和轻言放弃的人，是领略不到成功的喜悦的。

别为小事烦恼

生活在凡尘俗事中的我们，难免会遇到摩擦、做事不顺的时候，此时控制自己的情绪，不让烦乱的小事影响生活、影响工作就是很重要的一件事。那么，如何才能让自己不为这些烦乱的小事破坏幸福与快乐呢？

《读者》2007年第二期的卷首语《解忧轶书》，全文如下：

数年前，我和博学睿智的心理学家史米利共同负责一些书籍的编纂工作。一天，我因为一本书不能按期付印而心绪烦乱。“我无法帮你解决这个问题。”史米利先生微笑着说，“但我可以给你一个自制的小秘方，或许它能减轻一点你的烦恼。”

史米利先生告诉我这样一个小故事："我在田纳西州长大，小时候我非常喜欢我的伊莱扎舅妈，每当我遇到烦心事需要安慰的时候，伊莱扎舅妈总是用'尽管……但是……'这样的句式开导我。她让我意识到，不开心的事情总是有补偿的。'尽管，'她说，'野餐因为上午的一场大雨泡汤了，但是下午我们可以去看电影啊。每一次，伊莱扎舅妈总能让我从沮丧中解脱出来，甚至让我快乐起来。"

"直到今天，我依然认为'尽管……但是……'句式是个非常有效的好药方。"史米利先生总结，"尽管你编纂的书不能按期付印的确让人感到心烦，但是一定有一些事情去补偿它，有时候，补偿甚至会超过你的失去。将你的眼光从眼前的悲伤转到将来的某种可能上，你的情绪就会变好。"

史米利先生说得不错。生活总是会呈现给我们无数个可以套用"尽管……但是……"句式的境况，倘若我们只将眼光盯在"尽管"那个阶段，我们的心情就会一直处在灰暗之中；倘若我们及时地将眼睛移向"但是"，积极寻觅、挖掘甚至创造某种潜伏着的补偿，心情自然就会开朗起来。

我决定将烦恼暂时抛下，做我应该做的事情。我打电话告诉书的作者，因为出版商的缘故，这本书将延期一个月才能出版。作者竟然很高兴地对我说："尽管不能早一天看到自己写的书的确有些遗憾，但是，一个月后，正赶上学生放寒假，他们有更多的机会逛书店，我专为他们而写的这本书不是可以卖得更多吗？"

《解忧轶书》一文短小精悍，但容纳了太多的人生哲理，很值得认真思考和学习。

此文中，作者"因为一本书不能按期付印而心绪烦乱"，和他一起负责编纂书籍的心理学家史米利把"尽管……但是……"这个好药方告诉了他。结果，作者的心情开朗了起来，甚至那本书的作者也用"尽管……但是……"这个句式高兴地回答此文的作者。

由此文来看，如果一个人真的能够同史米利那样，用句式来剖析人生，那么生活就会多一种平和，少了一些烦忧。

"尽管"使我们的心情处在灰暗之中，"但是"使我们积极挖掘失意之中的某种补偿，使我们的人生态度变得积极起来。

由"塞翁失马，焉知祸福"的故事可知，我们的祖先早就认识到了这一点——任何好的事情可能潜伏着不好的因子，而任何不好的事情也往往潜伏着好的因子，祸福可以在旦夕之间互相转化。

而现代人的竞争观念，使大多数人有了"只许成功，不许失败"的心理，使我们只能心安理得、理所当然地接受成功，而不能坦然接受失败。

于是，在没有"常胜将军"的考场、职场、商场、股场……我们看到一个个昔日的赢家，在面对突如其来的失败时，变得疯疯癫癫，甚至极端到选择跳楼自杀。

人需要活得潇洒一点，轻松一点。只有理解了"尽管……但是……"这一句式真谛的人，才能在任何竞争中，立于不败之地。所以，不要为小事烦恼，不要患得患失，要让自己更争气。

如果一直想着"尽管"，你会为每天做不完的工作心烦意乱；如果一直想着"尽管"，你会为同事不公平待你而怨声载道……但就是"尽管……但是……"这个简单的关联词，足可以让大家学会换个角度去看待问题，学会自制，学会婉转。

人生感悟

"尽管……但是……"这个句式很简单，可富含的内容不简单，理解了它，学会了它，就远离了忧伤，远离了烦恼！

从逆境中奋起

大仲马说："烦恼与欢欣，成功与失败，仅系一念之间。"生活中不如意的事是不可避免的，问题在于我们如何对待它。不要让一些不愉快的事情占据我们的心，影响我们的情绪，干扰我们的生活，要多从不同的角度看待事物。这时候，就要求我们鼓起勇气，不要气馁，不要中途自暴自弃，只要我们锐意进取，用百折不回的精神向前进，终有一天会摆脱逆境的困扰，成为一个成功的人。

鲁迅曾经说过："真正的勇士，敢于直面淋漓的鲜血和惨淡的人生。"华罗庚也曾说过："只有在逆境中挣扎过、奋争过的人才可以说无愧于人生。"知难而上，挑战挫折，是人应该具备的精神精髓。

曾经听过这样一个故事：

一头驴不小心掉进一口枯井里，农夫千方百计想救出驴子，但一切都是徒劳。最后，农夫觉得这头驴子年纪大了不值得大费周章去把它救出来。不过无论如何，这口井还得填起来。于是农夫便请人帮忙一起将井中的驴子埋了，以免除痛苦。

当人们把泥土铲进枯井中，这头驴知道了自己的处境，便哭得很凄惨。过了一会儿，驴子就安静了下来，原来驴子找到了求生的办法——当泥土落到驴子的背部时，驴子就将泥土抖落在一旁，然后站到铲进井里的泥土堆上面。就这样，驴子将大家铲倒在它身上的泥土全数抖落在井底，然后再站上去。很快地，这头驴子便升出井口，得意地在众人惊讶的表情中快步地跑开了！

在人生的旅途中，我们所遭遇的种种困难挫折就是加诸在我们身上的"泥沙"，然而，换个角度看，它们也是一块块的垫脚石。只要我们坚持不懈地将它们抖落掉，然后站上去，那么即使是掉落到最深的井里，我们也能安然地脱困。

一切的困难、一切的挫折对我们都很重要，都有价值，千万不要暴殄上天所赐给我们的这些宝贵资源，只要我们把它们视为盟友、老师、教练，它们将会指引我们走出人生的低谷，攀上巅峰。

黄生是早年留学美国的清华学子。他在回国期间给清华的学子们讲过这样一个真实的故事。

那天，他有事要到乔治亚州大西洋城一家旅馆。在黄生踏入电梯的时候，注意到一个断掉两条腿的人，这个人看上去非常开心，坐在一张放在电梯角落里的轮椅上。当电梯停在他要去的那一层楼时，他很开心地问黄生是否可以往旁边让一下，让他转动他的椅子。"真对不起，"他说，"这样麻烦你。"——他说这话的时候脸上露出一种非常温暖的微笑。

黄生非常欣赏他的坦然，有一次他专门去拜访这位了不起的残疾人，请他讲讲自己的故事。

"事情发生在1929年，"他微笑着说道，"我砍了一大堆胡桃木的枝干，准备做菜园里豆子的支撑架。我把那些胡桃木枝干装在我的车上，开车回家。恰好是在车子急转弯的时候。一根树枝滑到车下，卡在车轮里，车子冲出路外，把我撞在树上。我脊椎受了伤，两条腿都麻痹了。那年我才24岁，从那以后就再也没有走过一步路。"

黄生问他怎么能够这样勇敢地接受这个事实。这个乐观的残疾人说他当时充满了愤恨和难过，抱怨他的命运。可是时间仍一年年过去，他终于发现愤恨使他什么也做不成。"我终于了解，"他说，"大家都对我很好，很有礼貌，所以我至少应该做到的是，对别人也有礼貌。"

后来，这个了不起的残疾人告诉面前的黄生，当他克服了震惊和悔恨之后，就开始生活在一个完全不同的世界里。他开始看书，对好的文学作品产生了喜爱。他说，在14年里，至少念了1400多本书，这些书为他带来崭新的境界，使他的生活比他以前所想到的更为丰富。可是最大的改变是，他现在有时间去思想。"我能让自己仔细地看看这个世界，有了真正的价值观念。我开始了解到，以往我所追求的事情，大部分其实一点儿价值也没有。"

看书的结果，使他对政治有了兴趣。他研究公共问题，坐着他的轮椅去发表演说，由此认识了很多人，很多人也由此认识了他。他成了一个受人尊重的演说家。

黄生——这个在海外打拼过多年的清华学子，回国后第一件事就是给学弟学妹们讲了这个故事。是啊，逆境是人生难以避免的，假如我们遇上了，不应惧怕，而应欢喜，因为它很可能就是锻造你性格的熔炉。

人生感悟

无论是走路还是做事，大部分人都喜欢走直线，不喜欢走曲线。但是现实环境有时使我们遭受挫折，走一段弯路。人身处逆境也许是一种不幸，但不幸却可充分锤炼人的意志、自信。

“苦难对于天才是一块垫脚石”

人的一生绝不可能是一帆风顺的，有成功的喜悦，也有无尽的烦恼；有波澜不惊的坦途，更有布满荆棘的坎坷与险阻。但是当苦难的浪潮向我们涌来时，我们不能责怪命运的不公，不能让生气的情绪压制了自己的斗志，要坚定让自己更争气的信念，才有希望看见成功女神高擎着的橄榄枝。苦难只不过是我们人生中的小插曲，是考验我们意志的试金石，我们不能让自己为这种小事烦恼。

穷困与逆境是锻炼豪杰的一座熔炉，能受其锻炼者，则身心受益，不能承受其锻炼者，则身心受损。作家巴尔扎克所说：“世界上的事情永远不是绝对的，结果完全因人而异，苦难对于天才是一块垫脚石……对能干的人是一笔财富，对弱者是一个万丈深渊。”

月有阴晴圆缺，人有旦夕祸福。人生不可能永远一帆风顺，人生旅程中，如同穿越崇山峻岭，时而风吹雨打，困顿难行，时而雨过天晴，鸟语花香。当苦难当道时，有的人自怨自艾，意志消沉，从此一蹶不振；而有的人则不屈不挠，与困难做斗争，他们是生活的强者。

“经营之神”松下幸之助从不向命运低头。9岁时，因为家境贫困，他不得不外出赚取生活费。他远赴大阪谋职，母亲为他准备好行囊，并送他到车站。临行前，母亲饮泣地向同行的人诚恳地拜托：“这个孩子要单独去大阪，请各位在旅途中多多关照。”母亲悲凄的背影给了他深刻的印象。

不久，松下幸之助来到大阪，在船场火盆店当学徒，从此开始了艰苦的谋生。小小年纪，远离亲人，在那个陌生的世界里他感到孤单无助，似乎丧失了生活的信心。

有一次，店主叫住他，递给他一个5钱的白铜货币，说是薪水。他吃惊极了，他从来没有见过5钱的白铜货币，这对穷人家的孩子来说，是一个相当可观的数目。报酬激起了他工作的狂热，也扬起了他奋斗的风帆。

靠着不可思议的欲望的支持，他变得更坚强。他不辞辛苦地打杂，磨火盆，有时，一双手被磨得皮破血流，连提水打扫的活儿都干不了，但他咬牙挺了下来。渐渐地，松下幸之助掌握了自己的命运。

上帝是公平的，他在把苦难撒向人间的时候，往往准备好了等量的回报等着勇士去拿。当苦难不期而至时，我们要视苦难为财富、为机遇，向它宣战。当你成功地征服它之后，就能拿到上帝的回报，捧起金灿灿的奖杯，真切地感受到生活的甘甜、人生的价值。

古人云：“天将降大任于斯人也，必先苦其心志，劳其筋骨，饿其体肤，空乏其身，行拂乱其所为，所以动心忍性，增益其所不能。”苦难是锻炼人意志的最好的学校。与苦难搏击，它会激发你身上无穷的潜力，锻炼你的胆识、磨炼你的意志。也许，身处苦难之时你会倍感痛苦与无奈，但当你走过困苦之后，你会更加深刻地明白：正是那份苦难给了你人格上的成熟和伟岸，给了你面对一切无所畏惧的能力，以及与这种能力紧密相连的面对苦难的心态。

苦难，在不屈的人们面前会化成一种礼物，这份珍贵的礼物会成为真正滋润你生命的甘泉，让你在人生的任何时刻，都不会轻易被击倒！

苦难是人生的必修课，强者视它为垫脚石，视它为一笔财富，他们的成绩是优秀；而弱者视苦难为绊脚石、万丈深渊，被它压垮，他们的成绩是不及格。天降大任于人，必先苦其心志。苦难是人生的沃土，是磨炼意志的试金石。

人生感悟

苦难从古至今都是人生的一笔宝贵财富。勇者在苦难面前永远都不会低下高贵的头。

学会适应与改变

个人的成败往往取决于他的弱势。比如桶，假设它的弱势在底部，它就注定无法承担一桶水，假如它的弱势在颈部，它就可满载。世上有滴水不漏的桶，但没有十全十美的人。假如弱势在颈部，我们可以装水，假如弱势在桶底，那么可以用来种花。人的定位与产品和企业的定位是相同的。只有把自己的希望和梦想与企业的最高目标联系在一起，你才有可能超越自身的弱势；一个产品，一个企业只有把希望和梦想融入到更高的追求、更高的目标中才有可能超越自身的弱势。所以，作为个人，大可不必为自己的弱势而烦恼，恰恰相反，我们还应该像发现"桶"的弱势一样，去学会适应与改变自己的弱势，并充分地利用它。

一位搏击高手参加比赛，自负地以为一定可以夺得冠军，却不料在最后的竞赛上，遇到一个实力相当的对手。双方皆竭尽了全力出招攻击，搏击高手警觉到，自己竟然找不到对方招式中的破绽，而对方的攻击往往能够突破自己的防守。

他愤愤不平地回去找他的师父，在师父面前，一招一式地将对方和他对打的过程再次演练给师父看，并央求师父帮他找出对方招式中的破绽。

师父笑而不语，在地上划了一道线，要他在不擦掉这条线的情况下，设法让这条线变短。

搏击高手苦思不解，最后还是放弃继续思考，请教师父。

师父在原先那条线的旁边，又划了一道更长的线，两者相较之下，原先的那条线看来变得短了许多。

师父开口道："夺得冠军的重点，不在于如何攻击对方的弱点。正如地上的长短线一样，只要你自己变得更强，对方正如原先的那条线一般，也就无形中变得较弱了。如何使自己更强，才是你需要苦练的。"

大自然的法则就是：物竞天择，适者生存。现在是竞争时代，这是世人皆知的道理。人们所欣赏的那些成功人物都是通过竞争和不断地创新而逐渐脱颖而出，成为各个领域的佼佼者的。他们具有常人所不具备的坚韧毅力，勇于创新，不断进取。真可谓与天奋斗，其乐无穷；与地奋斗，其乐无穷；与人奋斗，其乐无穷！

被人称誉为"乐圣"的贝多芬，到了晚年耳朵完全聋了，他指挥的交响乐队在演奏，自己却听不到。听众向他发出雷鸣般的掌声，他也不知道，同伴向他示意的时候，他才猛醒地向观众致谢。

就在我们身旁，不是也有许多这样的人物吗？

一个先天性四肢瘫痪的青年，长年坐着轮椅，每动一步，都得靠人推着。他没有读过书，靠自学学完了小学和初中的课程。他闯到北京，想在歌坛有所发展。很多人替他担忧：那么多艺术寻梦者都在北京拼搏，却难以成功，以他的状态，又能怎样？然而，一年后，他在北京产生了一定的影响，并被特邀为中国残联艺术团的演员。中央电视台、中国青年报等各大媒体也相继报道了他。这是很多闯北京的正常的艺术寻梦者都不能做到的。

弱势既然已经属于你，你就应该正确地面对它。善待弱势，善待自己吧！如果拥有一颗晶莹剔透、美丽善良的心，为什么还要奢求完美呢？不必太在意自身身体上的弱势，努力地做好自己该做的事，使自己更充实，更有内涵，做一个开朗、善良，并且积极进取的人。我们无法使自己的外貌完美，但我们绝对有能力使自己的内心完美，不会被弱势和完美的种种所累！

理想就在我们自身之中，同时，妨碍我们实现理想的各种障碍，也是在我们自身之中。

一个人，要想取得成功，将不得不面对的第一大障碍就是他自身。然而克服自身的障碍事实上也是最困难的事情，绝大多数人不能成功，主要应该责备的不是别人，而是他本人。固然，不是说所有能克服自身障碍的人就一定能成功，因为成功路上的障碍不仅仅是自身的障碍，事实上其他障碍的力量也是非常巨大的，它们也足以让许多的人幻想和希望彻底破灭。

一个人如果连自身的障碍都克服不了，那他根本没有克服其他障碍的可能。因此，克服自身的障碍是成功的第一必要条件，也是想要成功者必须跨越的第一道阶梯。

你想重新塑造自己，也必须跨越这道阶梯，现在你就做好准备吧。先了解你自身存在哪些障碍，一个一个加以克服，直至彻底消灭。

每个人都有自己的长处和短处。然而，有的人却将注意力过多地集中到自己身上的某些弱势上，看不到自己的长处和优点。他们万般苦恼自卑，认为是因为有了那些弱势而不能获得人生的成功。其实，尺有所短，寸有所长，金无足赤，人无完人，每个人身上都会有某种弱势，关键看你怎么对待它。有些所谓的弱势，对个人的工作和生活并无什么妨碍，与其花大量的心思去讨厌它，弥补它，不如将时间精力用来关注、发展自己的长处，开发自己独特的天赋。当你的优势被发挥到极致时，你的劣势就不再引人注目，你也就成功了。

人生感悟

成功取决于弱势，其前提是你知道自己的弱势并以此挑战自己的潜能。而一旦你超越了自己的弱势，你便同时超越了你自己，成功也便会尾随而来。

不要为打翻了的牛奶而哭泣

有人曾经这样说过，决定我们烦恼或快乐的不是我们手上所拥有的条件，而在于我们想要烦恼或快乐的心理。换句话说就是，你无法控制已经发生了的事情，但是，你完全可以控制你对它的反应，你是你眼前所发生的事的主人。要不要为“打翻了的牛奶”而哭泣，完全由你自己掌握。

令人后悔的事情，在生活中经常出现。许多事情做了后悔，不做也后悔；许多人遇到要后悔，错过了更后悔；许多话说出来后悔，说不出来也后悔……人的遗憾与后悔情绪仿佛是与生俱来的，正像苦难伴随生命的始终一样，遗憾与悔恨也与生命同在。

人生一世，花开一季，谁都想让此生了无遗憾，谁都想让自己所做的每一件事都永远正确。从而达到自己预期的目的。可这只能是一种美好的幻想。人不可能不做错事，不可能不走弯路。做了错事，走了弯路之后，有后悔情绪是很正常的，这是一种自我反省，是自我解剖与抛弃的前奏曲，正因为有了这种“积极的后悔”，我们才会在以后的人生之路上走得更好、更稳。

但是，如果你纠缠住后悔不放，或羞愧万分，一蹶不振；或自惭形秽，自暴自弃，那么你的这种做法就真正是蠢人之举了。

古希腊诗人荷马曾说过：“过去的事已经过去，过去的事无法挽回。”的确，昨日的阳光再美，也移不到今日的画册。我们又为什么不好好把握现在，珍惜此时此刻的拥有呢？为什么要把大好的时光浪费在对过去的悔恨之中呢？

覆水难收，往事难追，后悔无益。

一位很有名气的心理学老师，一天给学生上课时拿出一只十分精美的咖啡杯，当学生们正在赞美这只杯子的独特造型时，教师故意装出失手的样子，咖啡杯掉在水泥地上成了碎片，这时学生中不断发出了惋惜声。可是这种惋惜也无法使咖啡杯再恢复原形。今后在你们生活中如果发生了无可挽回的事时，请记住这破碎的咖啡杯。

破碎的咖啡杯，恰恰使我们懂得了：过去的已经过去，不要为打翻的牛奶而哭泣！生活不可能重复过去的岁月，光阴如箭，来不及后悔。从过去的错误中吸取教训，在以后的生活中不要重蹈覆辙，要知道“往者不可谏，来者犹可追”。

错过了就别后悔。后悔不能改变现实，只会消弭未来的美好，给未来的生活增添阴影。最后，让我们牢记卡耐基的话吧：要是我们得不到我们希望的东西，最好不要让忧虑和悔恨来苦恼我们的生活。且让我们原谅自己，学得豁达一点。

尽管忘记过去是十分痛苦的事情，但事实上，过去的毕竟已经过去，过去的不会再发生，你不能让时间倒转。无论何时，只要你因为过去发生的事情而损害了目前存在的意义，你就是在无意义地损害你自己。超越过去的第一步是不要留恋过去，不要让过去损害现在，包括改变对现在所持的态度。

如果你决定把现在全部用于回忆过去、懊悔过去的机会或留恋往日的美好时光，不顾时不再来的事实，希望重温旧梦，你就会不断地扼杀现在。因此，我们强调要学会适当地放弃过去。

当然，放弃过去并不意味着放弃你的记忆，或要你忘掉你曾学过的有益道理，这些道理会使你更幸福、更有效地生活在现在。

面对亲人的逝去，你痛苦难言，但是生死乃是自然法则，任何人也不能超越这一法则。你应当克制自己的痛苦，不要想不开，但也不要压抑悲痛，压抑对心理健康不利。虽然有时这并不容易做到，如果你一味沉浸于过去的辉煌或是阴影之中，不把自己解脱出来，不回到现实生活中，你就有永远生活在过去的危险，会产生一种强烈的自我挫败的感觉。

人生感悟

要是我们得不到我们希望的东西，最好不要让忧虑和悔恨来苦恼我们的生活。且让我们原谅自己，学得豁达一点吧。

亦得亦失，笑看输赢人生

有个可以快乐起来的方法，那就是改变我们思考的重心试着去想美好的东西。不是抱怨你的薪水，而是感激你拥有一份工作；不是期望你能去夏威夷度假，而是想到你家附近亦有乐趣。因为人的成长，不在于某一次的输赢及有无得失，而在于学习如何对待得失。聪明的人从不担心失去什么，而会思考应该得到什么；愚笨的人，则只惶惶于失去一丁点东西，而不曾思考真正要的是什么。

16 世纪法国的一位大思想家有这样一句话：“什么都来一点的人，什么都得不到。”

居里夫人是一位原籍为波兰的法国科学家。她与她的丈夫皮埃尔·居里都是放射性元素的早期研究者，他们发现了放射性元素钋（Po）和镭（Ra），并因此与法国物理学家亨利·贝克勒尔分享了 1903 年诺贝尔物理学奖。之后，居里夫人继续研究了镭在化学和医学上的应用，并且因分离出纯的金属镭而又获得 1911 年诺贝尔化学奖。

1895 年居里夫人和皮埃尔·居里结婚时，新房里只有两把椅子，正好两人各一把。皮埃尔·居里觉得椅子太少，建议多添几把，以免客人来了没地方坐，居里夫人却说：“有椅子是好的，可是，客人坐下来就不走啦。为了多一点时间搞研究，还是算了吧。”

从 1953 年起，居里夫人的年薪已增至 4 万法郎，但她照样“吝啬”。她每次从国外回来，总要带回一些宴会上的菜单，因为这些菜单都是很厚很好的纸片，在背面写字很方便。难怪有人说居里夫人一直到死都“像一个匆忙的贫穷妇人”。

有一次，一位美国记者寻访居里夫人，他走到村子里一座渔家房舍门前，向赤足坐在门口石板上的一位妇女打听居里夫人的住处，当这位妇女抬起头时，记者大吃一惊：原来她就是居里夫人。

居里夫人天下闻名，但她既不求名也不求利。她一生获得各种奖金 10 次，各种奖章 16 枚，各种名誉头衔117个，却全不在意。有一天，她的一位朋友来她家做客，忽然看见她的小女儿正在玩英国皇家学会刚刚颁发给她的金质奖章，于是惊讶地说："居里夫人，得到英国皇家学会的奖章是极高的荣誉，你怎么能给孩子玩呢？"居里夫人笑了笑说："我是想让孩子从小就知道，荣誉就像玩具，只能玩玩而已，绝不能看得太重，否则就将一事无成。"

继居里夫人和她的丈夫获诺贝尔奖之后，由居里夫人培养成才的两对后辈也相继获得诺贝尔奖：长女伊伦娜，核物理学家，她与丈夫约里奥因发现人工放射物质而共同获得诺贝尔化学奖。次女艾芙，音乐家、传记作家，其丈夫曾以联合国儿童基金组织总干事的身份荣获1956年诺贝尔和平奖。

居里夫人淡泊处世，冷对人生，得而不喜，失而不忧的人生境界，值得现代人借鉴。

当下是一个信息化的时代，也是一个浮躁的时代，能够安静下来，看一本书、听一首歌、写一行诗，似乎也是一种奢侈。其实，只要宁静、淡泊，随时调整自己的心态，就会活得充实、轻松。

中国古语中"非淡泊无以明志"，是指养德方面；"非宁静无以致远"，是指修身治学方面；"夫学须静也，才须学也。"是求学的道理；也就是有追求不苛求，既出世又入世。

失落身外之物，而不致失去自我的人，肯定会获得更多的机会；然而不曾失落任何东西的人，却会因为找不到自我，而终至失去一切。一时失败并不可怕，失去自我才值得担忧。有时候，不曾有过挣扎的考验，付出的代价更大。

的确如此，如果我们所得到的是我们从来不曾拥有的，又有什么好欢喜的呢？淡然视之吧。

有时绝望孕育着希望！失去意味着新收获的来临！当你面对生活中的不如意时，不要放弃，不要以为迎接自己的就是失去，要拿出自己的平常心，也许换个角度，就跨越了得与失的界限。

世上万物，生命最为宝贵，人生的乐趣在于奋斗和创造中，在于不断克服困难前进的过程，它使人产生成就感和荣誉感，使人充分享受万物之灵的人类不断战胜神秘而广大无际的宇宙的能力的自豪，不断超越自我、挑战自我的进取心。金钱、地位、荣耀和物质享受虽然能满足一时的心理和口腹享受，却填补不了心灵的空虚和思想的苍白。

两千多年前的老子，清醒地认识到人类贪欲自私的弱点，告诫世人要千万不要因争名逐利而丧身，要克制自己的欲望，"见素抱朴，少私寡欲"。顺应自然，知足知止，要知道"甚爱必大费，多藏必厚亡"的道理，物极必反，过分的爱惜会导致极大的耗费，过多的敛取必定导致重大的损失，盛极而衰，是历史所证明了的。所以，在名与利、得与失上，要时时刻刻保持清醒的头脑和明智的选择，只有这样，才可以"知足不辱，知止不殆"，你的生命、名声、利益才"可以长久"。

倘若你的心境因凡尘变得支离破碎，请别消极，请尝试站在新的角度，以一颗积极健全的心去对待生活中的输与赢、得与失。也只有这样，我们才能轻松、愉悦地走过人生的风风雨雨！

人生感悟

学会满足并不是说你不能、不会或不该想得到比你的财产更多的东西，只是说你的幸福不要依赖于它。你可通过着眼于现在，而不是太注重你想得到的东西来学会安享现有的一切。

没有沟通不了的事

心胸开阔是非常重要的，谁能没有言谈上的失误和过错？对于别人无意间造成的过错应充分谅解，不必计较无关大局的小事情。法国有一句格言说过："两个都不原谅对方细小过错的人不可能成为老朋友。"如果以老朋友的态度进行合作，许多冲突是可以避免的。

世界上没有完全相同的两片树叶，也没有完全相同的两种意识，人和人不同的思想意识构成了纷繁美丽的世界。同时，也正是由于阵线不同，团体与团体之间，人和人之间，不可能永远保持一致，难免会出现意见相左，会出现误会与争执，但关键在于，你怎样去解决这些问题。

争执大多始于日常生活中鸡毛蒜皮的小事，一句笑话、一个脸色、一篇文章、一封书信、一道传闻、一件用具等等都可以成为产生误会的原因。

有些争执初时不深，若未及时消除，可能会随着时间的加长而裂痕愈益增大，误会愈益加深。有的因误会加深而成为仇敌。

人生在世，精神的愉快胜过一切，而和谐美好的人际关系无疑是构成心情愉快的重要因素；由于各种原因，有些人际关系是无法达到和谐的。但是误会则使本可以做到和谐或本来是和谐的关系，只因理解和认识的误会而形成人际关系中的遗憾。所以说，它比直接的、不良的人际关系更多一层痛苦。它是对美好关系的破坏。这种破坏并非主观的、有意识的、故意的，而只是因为互相的隔膜、意识的不可通性、感情的客观障碍所致。

争执既已形成，不论是你遭到了误解或你可能正在误解别人，唯有互相沟通才能达到理解，使误会消除。

通常，人际关系中容易产生争执的是这样一些人：交谈交往极少者、互不了解个性者、性格内向者、个性特别者、自视清高者、狂妄傲慢者、神经过敏者、常信口开河者、爱挑剔小节者等。

与上述这些人交往，不论是初次的或多次的，你都要注意你的言行是否容易产生歧义，是否可能遭到误解，或者你是否对他存有偏见和误会。

任何人都有他独立经营着的那一片小小的天地，形成他之所思、他之所言、他之所行，形成他自己的特色。有的人的这片小天地呈开放张扬的状态，可以随时接纳所有的人。有的人则呈封闭压抑的状态，这是不好交际、不善交际、不易交际的人。与他交往首先得启开那扇封闭的门。待你走进去后才可能发现真正的他。否则，你只能在门外与他交往，这时，各种各样的误会都可能产生。

我们都知道，林黛玉是个特别难打交道的人，随便一句话中的一个用词不妥，可能就得罪了她。她发了脾气，你还不知道为了何事。生活中这样的人并非罕见。

如果你已经自觉意识到遭到了误解，最简便直接的办法当然是直接与误解你的人解释交流，推心置腹，真诚相见，不要搁在胸中，更不要犹豫猜忌。你可以借一次家宴、一场舞会、一次公关活动、一次约会或一个电话互诉衷肠，以你心换他心，以他心换你心。疙瘩解开，冰消雪融，重归于好。

可能你和对方没有这种直接交流的机会，或者你觉得直接解释交流的方式有些难为情，那么你可以用书信的方式，详尽地阐明自己，也许可以化干戈为玉帛。

如果对方对你误解太深，已经对你形成偏见，乃至于把你视同仇敌。消除误解当然要困难许多。一是要有恰当的方式，二是要有一定的时间。你首先可以通过间接的方式，动用和对方亲近的人，让他在你们中间做桥梁、做媒介，把对方的怨气和意见，把你的诚意、你的本心都通过这位中间人在双方间予以传达疏导。传达疏导到一定时机，你们就可以发展到直接解释交流了。

天下没有解不开的疙瘩，没有打不破的坚冰，没有过不去的火焰山。

当你受到误解的时候，误不在你而在于对方，但你对对方之误却能够宽容大度不予计较，反倒主动地想法去消除对方之误。此为君子度量。

圣人说：“能受国之垢，是谓社稷主。”能承担全国的屈辱，才算得国家的君主。如果你在小小的人际关系圈内也受不得丝毫委屈，吃不得半点亏，头低不下一毫，话多不得半句，那你就只能茕茕孑立、形影相吊了。

避免争执的另一重要建议是回避顶撞或辩论。当你将要陷入顶撞式的辩论漩涡里的时候，最好的办法就是绕开漩涡，避免争论。你不可能指望仅仅以摇唇鼓舌的口头之争，来改变对方已有的思想和成见。把细枝末节的小事当做天大的原则问题来加以辩论，是因为我们坚持成见的缘故。只要你争胜好斗，喋喋不休，坚持争论到最后一句话，就可以体验到辩论的“胜利”，可是，这种胜利不过是廉价的、空洞的、虚荣心的产物，它的结果引发一个人的怨恨。

谁能够克服喜好争论的弱点，谁就能在社交中获得成功。

在争论中可能你有理，也可能以雄辩取胜，但要想轻易改变别人的主意，你就大错而特错了。

日常工作中容易发生争执，有时搞得不欢而散甚至使双方结下芥蒂。人是有记忆的，发生了冲突或争吵之后，无论怎样妥善地处理，总会在心理、感情上蒙上一层阴影，为以后的相处带来障碍。最好的办法，还是尽量避免它。

我们常用这么一句话来排解争吵者之间的过激情绪：有话好好说。这是很有道理的。争吵者往往犯三个错误：第一，没有明确而清楚地说明自己的想法，话语含糊，不坦白；第二，措辞激烈、专断，没有商量余地；第三，不愿意以尊重的态度聆听对方的意见。调查说明，在承认自己容易与人争吵的人中，绝大多数说自己个性太强，也就是不善于克制自己。

同事之间有了不同的看法，最好以商量的口气提出自己的意见和建议，语言的得体是十分重要的。应该尽量避免用“你从来不怎么样……”、“你总是弄不好……”、“你根本不懂”之类的语言，这必然会引起对方反感。即使是对错误的意见或事情提出看法，也切忌嘲笑。幽默的语言能使人在笑声中思考，而嘲笑他人则包含着恶意，这是很伤人的。真诚、坦白地说明自己的想法和要求，让人觉得你是希望合作而不是在挑人的毛病，同时，要学会听，耐心、留神听对方的意见，从中发现合理的成分并及时给予赞扬。这不仅能使对方产生积极的心理反应，也给自己带来思考的机会。如果双方个性修养、思想水平及文化修养都比较高的话，做到这些并非难事。

如果遇到一位不合作的人，你就要冷静，不要让自己也成为一个不能合作的人。忍让可能一时让你觉得委屈，但这却能表现你的修养，也能使对方在你的冷静态度面前平静下来。当时不能取得一致的意见，不妨把事情搁一搁，认真考虑之后，或许大家能共同找到解决问题的好办法。

人生感悟

善于理解体谅别人在特殊情况下的心理、情绪是一种较高的修养。有的人生性敏感，有的人恰恰遇到不顺心的事没处发泄怒气，也许对方正生病，这些都可能是造成态度、情绪反常或过激的原因。对此予以充分谅解，会得到相应的回报。

第二章 世上没有永远的敌人

人要有所成就需要朋友，要有大的成就需要的往往是敌人。是敌是友就看怎么来鉴定，帮助自己成功的敌人亦是最好的朋友。所以为敌人干杯就是为朋友干杯。只看你有没有这个气量。

能屈能伸才彰显智慧

生活在纷繁复杂的大千世界里，和别人发生着千丝万缕的联系，磕磕碰碰，出现点摩擦，在所难免。此时，如果仇恨满天，得理不饶人，后果只能是两败俱伤，鱼死网破，而如果采取忍让之道，则会“退一步海阔天空，忍一时风平浪静”。哪个更划算，不言自明。

大凡英雄豪杰，胸怀大志，打算干一番轰轰烈烈的事业的人，均为能屈能伸之人。韩信年少时曾受过胯下之辱，但他并不是懦夫。他之所以忍受这样大的屈辱，是因为他的人生抱负太大了，他懂得小不忍则乱大谋。后来跟随刘邦逐鹿中原，风云际会，先后做过齐王和楚王。在他与部下谈起这件事时说：“难道当时我真没有胆量和力量杀那个羞辱我的人吗？而是如果杀了他，我的一生就完蛋了，我忍住了，才有今天这样的地位和成就。”

人们在制定理想目标时，往往在实践过程中都会遇到这样那样的困难和挫折，致使你气愤、胆怯、自卑、情绪冲动、灰心丧气、意志动摇等。立志愈高，所遇到的困难就愈大，猝然临之而不惊，无故加之而不怒，这就是大丈夫能屈能伸、乐观坚毅精神的表现。

苦难是一种前兆，也是一种考验，它选择意志坚韧者，淘汰意志薄弱者。要达到奇伟瑰丽的人生境界，要成就任重道远的伟业，必须具有远大的志向和极端坚韧的品质。

一场大雪过后，树林子出现了有趣的现象，只见榆树的很多枝条被厚厚的积雪压得折断了。而松树却生机盎然，一点儿也没有受到伤害。原来榆树的树枝不会变曲，结果冰雪在上面越积越厚，直到将其压断，实在是备受摧残。而松树却与之相反，在冰雪的重压超过自己的承受能力时，便会把树枝垂下，积雪就掉落下来。松树树枝因能向下，使雪易滑落，所以枝干依旧挺拔，巍然屹立。能屈能伸，刚柔相济，正是这种气度和风范使松树经受了一场暴风雪的洗礼。

人生的道路是变化无常的，当你在遇到困难走不通时，或许退一步就会海阔天空；当你在事业一帆风顺的时候，一定要有谦让三分的胸襟和美德，应该把功劳让与别人一些，不要居功自傲，更不要得意忘形。该进则进，该退则退，能屈能伸。

一个人要想在世上有所作为，“低头”是少不了的。低头是为了把头抬得更高更有力。现实世界纷纭复杂，并非想象得那么一帆风顺，面对人生旅途中一个个低矮的“门框”，暂时的低头并非卑屈，而是为了长久地抬头；一时的退让绝非是丧失原则和失去自尊，而是为了更好地前进。缩回来的拳头，打起人来才有力。只有采取这种积极而且明智的处世方法，才能审时度势，通过迂回和缓而达到目的，实现超越。对人生中的一些障碍视而不见，傲气不敛，硬碰硬撞，结果只能是头破血流。

自然界所有的事物都知道如何以及何时作出让步或屈服。遭遇强风时，树枝的明智之举是弯曲而不是逆风折断。在飓风中，棕榈树会以各种方式向地面弯曲，之后又迅速恢复到笔直的状态。屈服也可以说是一种胜利。懂得如何屈服的最大好处在于，在你取得胜利的时候，你的对手不会感到被击败。

人生感悟

忍是一种宽广博大的胸怀，忍是一种包容一切的气概。忍讲究的是策略，体现的是智慧。"弓过盈则弯，刀过刚则断"，能忍者追求的是大智大勇，决不做头脑发热的莽夫。

用心、用时间去体会人和事

相信起码有90%以上的人都遭遇过别人的误会与不理解。对此，有的人会据理力争，而另有一些人就是不去解释、不去争辩，甚至当误会解除时，依然不动声色。久而久之，这些人得到的评价便是"不会与人沟通，不会处事"。

早年在美国阿拉斯加，有一对年轻人结婚了，婚后太太因难产而死，遗下一孩子。

失去妻子的丈夫忙生活，又忙于看家，因没有人帮忙看孩子，就训练一只狗，那狗聪明听话，能照顾小孩，咬着奶瓶给孩子喂奶，抚养孩子。

有一天，主人出门去了，叫它照顾孩子。

他到了别的乡村，因遇大雪，当日不能回来。第二天才赶回家，狗立即闻声出来迎接主人。他把房门打开一看，到处是血，抬头一望，床上也是血，孩子不见了，狗在身边，满口也是血。主人发现这种情形，以为狗兽性发作，把孩子吃掉了，大怒之下，拿起刀来向着狗头一劈，把狗杀死了。

之后，忽然听到孩子的声音，又见他从床下爬了出来，于是他抱起孩子；孩子虽然身上有血，但并未受伤。

他很奇怪，不知究竟是怎么一回事，再看看狗，腿上的肉没有了，旁边有一只狼，口里还咬着狗的肉；狗救了小主人，却被主人误杀了。

你看，误会的事，往往在人们不了解、无理智、无耐心、缺少思考，未能多方体谅对方、反省自己，感情极为冲动的情况之下发生。误会一开始，即一直只想到对方的千错万错，因此，会使误会越陷越深，弄到不可收拾的地步。人对无知的动物小狗发生误会，尚且会有如此可怕严重的后果，人与人之间的误会，其后果更是难以想象。

下面这位主管就采取了一种很聪明的做法。

单位里调来了一位新主管，据说是个能人，专门被派来整顿业务。可是，日子一天天过去，新主管却毫无作为，每天彬彬有礼进办公室，便很少再出门，那些紧张得要死的坏分子，现在反而更猖獗了，一个个心里想着，他哪里是个能人，根本就是个老好人，比以前的主管更容易唬。4个月过去了，新主管却发威了，坏分子一律开除，能者则获得提升。下手之快，断事之准，与4个月中表现保守的他相比，简直像换了一个人。

年终聚餐时，新主管在酒后致辞：相信大家对我新上任后的表现和后来的大刀阔斧，一定感到不解。现在听我说个故事，各位就明白了。我有位朋友，买了栋带着大院的房子，他一搬进去，就对院子全面整顿，杂草杂树一律清除，改种自己新买的花卉。某日，原先的房主回访，进门大吃一惊地问，那名贵的牡丹哪里去了。我这位朋友才发现，他居然把牡丹当草给割了。后来他又买了一栋房子，虽然院子更是杂乱，他却是按兵不动，果然冬天以为是杂树的植物，春天里开了繁花；春天以为是野草的，夏天却是花团锦簇；半年都没有动静的小树，秋天居然红了叶。直到暮秋，他才认清哪些是无用的植物而大力铲除，并使所有珍贵的草木得以保存。

说到这儿，主管举起杯来："让我敬在座的每一位！如果这个办公室是个花园，你们就是其间的珍木，珍木不可能一年到头开花结果，只有经过长期的观察才认得出啊。"

人生感悟

误会一旦发生，会让人沮丧，使双方尴尬，也给自己带来一些烦恼，甚至更不好的事情发生。我们每一个人都希望能让误会尽快地解决，实现彼此间的顺畅交流。所以，陷入误会的圈子后，必须调整自己，采取有效的方式予以排除，使自己与他人都尽快地轻松、舒畅起来。

学会忍耐，懂得包容

生活中，人与人之间发生冲突是难免的，但是面对冲突时态度不同，结果就不同。

面对冲突，如果你剑拔弩张，对方只会攥紧拳头，决一死战，结果只能是两败俱伤；面对冲突，如果你伸出双臂，对方也会面带微笑，伸手迎接，结果一定是双方幸福地拥抱；面对冲突，如果对方是火山，你就化为大海，因为大海能包容火山；面对冲突，如果对方是冰山，你就化为太阳，因为阳光能融化冰山。

一位日本的心理学大师说过一句话：心理变，态度亦变；态度变，行为亦变；行为变，习惯亦变；习惯变，人格亦变；人格变，命运亦变。换句话说，一个人要想运势好，他的心理状态首先要好。你不能总是让别人跟你在一起不舒服，这样做人就缺少亲和力，所以人在有自知之明之后能够像古人说的那样每日“三省吾身”很重要,不能总是自我感觉太好。自我感觉好的这种人其实很吃亏。

有一位朋友开车去上班，突然，马路上杀出一个醉汉拦住了他的车，硬说撞了他并让下车道歉。这在以前，他会上去给醉汉两拳，这一次他却没有。他想了想就下了车，和颜悦色地对醉汉说:“对不起，请你原谅我。”那位醉汉拍了拍他肩膀说:“哥们儿，冲你这句话，走人。”他回到车上，一点也没觉得受了委屈，反而有一种战胜自我的愉悦感。

其实，人是一条鱼，社会是一缸水，如果我们是一条热带鱼的话，那么我们必须要降自己的体温而不是希望水升温。生存是先具备一定的素质后再适应社会，现在让你低头你低不了，你就过不去，所以，一个有目标的人在坚持内心准则的情况下还要学会忍耐甚至是忍辱。在以退为进的策略中，我们需要告诫自己的是，要学会忍耐，坚持到底，把握最后胜利。

一位名人曾说：“真正能够成功的人，不管怎么计划，都会了解，人都有一段除了忍耐以外再也没有任何方法可通过的阶段和时期。但是最危险的是，在这期间，我们都很容易灰心。”

所以，所谓忍耐，并不是消极地等待，等着从天上掉下馅饼，而是忍受等待的痛苦，并继续努力。这就又回到了我们的主题——以退为进。

忍耐，可以成为处世的一个策略，甚至成为一种艺术。

忍耐，实际上是让时间、让事实来表白自己，这样做可以摆脱相互之间无原则的纠缠或者不必要的争吵。忍耐因此成为坚持的一个代名词。坚持和忍耐,两者也许就是分不开的。如果两者都具备，我们的生活也许因此多了一笔财富。

忍耐不是懦弱可欺，相反，它的内涵是自信和坚韧的品格。古人讲“忍”字，至少有如下两层意思：其一是坚韧和顽强。晋朝朱伺说：“两敌相对，惟当忍之；彼不能忍，我能忍，是以胜耳。”这里的忍是顽强的精神体现。其二是抑制。宋代爱国诗人陆游，胸怀“上马击狂胡，下马草战书”的报国壮志，不也写下过“忍志常须”以自勉吗？汉代韩信深知“包羞忍耻是男儿”，大庭广众之下从别人的胯下钻过去。这自然是奇耻大辱，但若不是这么做，会有日后的封侯拜将吗？种种和忍耐有关的故事之中，凝聚的不正是主人公顽强、坚韧的可贵品格吗？又有谁说他们懦弱可欺呢？“凡事得忍且忍，饶人不是痴汉，痴汉不会饶人。”很显然，忍让并不是完全被动的退让，而是主动有意识地忍耐。这种忍耐，是一种生活哲学。

在你心中的庭院，培植一棵忍耐的树，虽然它的根很苦，可是果实一定是甜的。在忍耐时期，你要努力把根扎得很深很深，汲取养料，树干在不知不觉中成长，最终你将得到甘甜的果实。

人生感悟

比利时作家耶洛斯当说“每个人或多或少都有一些缺点，我们应该像宽容自己一样宽容朋友。”多一点包容，对冲突坦然面对，相信与人相处会更快乐。

做人要有宽容的品质

人生就像一篇童话，有开始，有发展，有高潮，有结束，在这波澜起伏，曲直迂回的历程中，人人都要走好每一步，不能一失足成千古恨。但人究竟应该如何走好每一步呢？其实宽容便是最好的方式。

明朝年间，山东济阳人董笃行在京城做官。一天，他接到家信，说家里盖房为地基而与邻居发生争吵，希望他能借权望来出面解决此事。董笃行看后马上修书一封，道：“千里捎书只为墙，不禁使我笑断肠；你仁我义结近邻，让出两尺又何妨。”家人读后，觉得董笃行有道理，便主动在建房时让出几尺。而邻居见董家如此，也有所感悟，同样效法。结果两家共让出八尺宽的地方，房子盖成后，就有了一条胡同，世称“仁义胡同”。这个“仁义胡同”的典故非常准确地诠释了宽容的含义。

人与人相处，难免会有些摩擦与不愉快，在铜墙对铁壁，互不相让，僵持不下时，宽容是最有效的，退一步海阔天空，俗话说得好：“宰相肚里能撑船。”人有了宽容，人的理性就会提高。有了理性就不会冲动，不会为鸡毛蒜皮的小事大动干戈，而是大事化小，小事化了。

林则徐曾经说过：“海纳百川，有容乃大。”人就像大海一样，只有广泛吸取周围的河浪，包容天下的雨水，才会广阔无垠。如果人不愿像大海一样心胸宽广，而愿像羊肠小道那样心胸狭窄，不愿容纳别人的一点过失，更不愿吸取别人的一点教训，那么他永远都是井底之蛙，看不到广阔的天空。

人非圣贤，孰能无过。面对别人的过错，明智的人会选择宽容，既容许人犯错误，更容许人改错。而愚蠢的人会选择冷嘲热讽。他们会锱铢必较，给犯错误的人无情地进攻，那么此时想改错的人心中便会产生一种愤恨——为抵抗指责的愤恨。

我们常听人说：“有理走遍天下，无理寸步难行。”其实，“有理”与“无理”仅是一步之遥。在我们的现实生活中，有的人常常喜欢“得理不让人”，一批评起人来总是穷追不舍，气势汹汹地予以指责，大有痛打落水狗，恨不能打死的架势。其实，这样做不仅于事无补，而且也让有理变成无理，授人以权柄，反过来制服自己。成功的人生，不应是这个样子，而应学会宽容。

当别人的失误给自己带来损失时，不同的人表现是不同的。有的人会大发雷霆，甚至用抱怨和责罚来发泄自己心中的怒气，这样会失去一个好朋友；而有的人却会对自己的损失表现得不屑一顾，用宽容和体谅消除自己内心的不满，这反而会赢得朋友进一步的信任和尊重。

一位德高望重的长老，在寺院的高墙边发现一把座椅，他知道有人借此越墙到寺外。长老搬走了椅子，凭感觉在这儿等候，午夜，外出的小和尚爬上墙，再跳到“椅子”上，他觉得“椅子”不似先前硬，软软的甚至有点弹性。落地后小和尚定眼一看，才知道椅子已经变成了长老，原来他跳在长老的身上，长老是用脊梁来承接他的。小和尚仓皇离去，这以后一段日子他诚惶诚恐等候着长老的发落。但长老并没有这样做，压根儿没提及这“天知地知你知我知”的事。小和尚从长老的宽容中获得启示，他收住了心再没有去翻墙。通过刻苦的修炼，成了寺院里的佼佼者，若干年后，成为这儿的长老。

无独有偶，有位老师发现一位学生上课时常低着头画些什么，有一天他走过去拿起学生的画，发现画中的人物正是龇牙咧嘴的自己。老师没有发火，只是憨憨地笑道，要学生课后再加工画得更神似一些。而自此那位学生上课时再没有画画，各门课都学得不错，后来他成为颇有造诣的漫画家。

通过上面的例子，设想一下除去其他因素，归集到一点：主人公后来有所作为，与当初长老、老师的宽容不无关系，可以说是宽容唤起的潜意识，纠正了他们人生之舵。

宽容不仅需要“海量”，更是一种修养促成的智慧，事实上只有那胸襟开阔的人才会自然而然地运用宽容；反之，长老若搬去椅子对小和尚“杀一儆百”也没什么说不过的，小和尚可能从此收敛但绝不会真正反省，也就没以后的故事。同样，老师对学生的恶作剧通常是大发雷霆继而是狠狠批评，但也因为方式太“通常”了，就很难取得“不通常”的效果。

所以说，如果生活是大海，那美德就是汇成这汪洋大海的河流，而宽容这条小河，别看它不起眼，但却是不可缺少的。

宽容是一门交往的艺术。它可以润滑彼此间的关系，消除彼此间的隔阂，扫清彼此间的顾忌，增进彼此间的了解。宽容能打开两颗相对封闭的心灵，像一种明澈而柔润的调剂，使之相融相知。“大度能容，容天下难容之事”，懂得宽容的人生是美丽的。

俗话说：“水至清则无鱼，人至察则无徒。”用宽容来安慰别人因失误而愧疚的心，让别人心存感激，是最容易得到别人的信任和尊重的。宽容是安慰剂，如一江春水，抒写着温馨、闲适与融洽，让人在柔和舒适间倍感亲切，教人在壮美和激情中意气风发。世间因为有了宽容而爱意浓浓，美丽祥和。当我们深陷苦闷，孤独难捱，山重水复之时，突然获得别人的理解与鼓舞，谁不会因之心潮澎湃，热泪盈眶，感激之情溢于言表呢？

宽容是一门修身养性的学问。它可以戒除急躁，抑制悔憎恨怨，平息郁闷烦恼，避免嫉妒猜疑，舒展沉郁的思绪，如一缕清风，将自己化作一朵漂泊的云，游于碧空之上，悠然自得。

宽容不是怯懦，不是在威逼利诱前诚惶诚恐、阿谀奉承、低头哈腰；不是在是非曲直面前唯唯诺诺、人云亦云、颠倒黑白。是着眼于向前看，以大局为重，即使是仇深似海，也可相逢一笑泯千愁，化干戈为玉帛；不共戴天之敌也会伸出和解之手。

宽容也不是交易，不是为了得到别人的信任，而故意甜言蜜语，口是心非，笑里藏刀；不是为了获取更多的利益而故意用小恩小惠、虚情假意收买人心。

蔺相如因为“完璧归赵”有功而被封为上卿，位在廉颇之上。廉颇很不服气，扬言要当面羞辱蔺相如。蔺相如得知后，尽量回避、容让，不与廉颇发生冲突。蔺相如的门客以为他畏惧廉颇，然而蔺相如说：“秦国不敢侵略我们赵国，是因为有我和廉将军。我对廉将军容忍、退让，是把国家的危难放在前面，把个人的私仇放在后面啊！”这话被廉颇听到，就有了廉颇“负荆请罪”的故事。

宽容是火，它能使两个人冰释前嫌，化除心中的冰块；宽容是水，它能熄灭人心中的那股怨气；宽容是美，它是品质的试金石。宽容是无价之宝，拥有它，就拥有世界上最大的财富。在生活中，在学习上，在方方面面，我们都不能失去宽容。只有宽容，才能消除人与人之间的一切隔阂，才能使人与人之间相互理解，相互尊重，才能得到别人对你的信赖。如果你想要得到宽容，你就要先学会宽容。

世界上没有绝对的对和错，重要的是自己看开，自己过得开心。生活质量很重要，但是生活态度和为人更加重要，调整自己的看法，原谅别人，也是在体谅自己。

歌德说：“人不能孤立地生活，他需要社会。”良好的人际关系，不仅能给人生带来快乐，而且能助人走向成功。而宽容的品质则是建立良好人际关系的基石，在相互宽容谅解中求得共同的发展和进步是一种良好的愿望。

人生感悟

一个人只有具备了宽容的品质，才会懂得理解和尊重他人，才会有爱人之心，有容人之量，成为识大体、顾大局的人。

把争斗变成谦让

在一个原始森林里，一条巨蟒和一头豹子同时盯上了一只羚一羊。豹子看着巨蟒，各自打着"算盘"。豹子想：如果我要吃到羚羊，必须首先消灭巨蟒。巨蟒想：如果我要吃到羚羊，必须首先消灭豹子。于是几乎在同一时刻，豹子扑向了巨蟒，巨蟒扑向了豹子。豹子咬着巨蟒的脖颈想：如果我不下力气咬，我就会被巨蟒缠死。巨蟒缠着豹子的身子想：如果我不下力气缠，我就会被豹子咬死。于是双方都死命地用着力气。最后，羚羊安详地踱着步子走了，而豹子与巨蟒却双双倒地。

如果两者同时扑向猎物，而不是扑向对方，然后平分食物，两者都不会死；如果两者同时走开，一起放弃猎物，两者都不会死；如果两者中一方走开，一方扑向猎物，两者都不会死；如果两者在意识到事情的严重性时互相松开，两者也都不会死。它们的悲哀就在于把本该具备的谦让转化成了你死我活的争斗。

上面只是一则寓言故事，但却很明确地道出了谦让的道理。而在我们的生活当中也常会看到，有些"血气方刚"的人因为一些鸡毛蒜皮的琐碎小事、一点微不足道的蝇头小利而互不相让、恶语攻击，甚至大打出手，像巨蟒和豹子那样使事情发展到不欢而散直至无法挽回的地步。这样做不仅使双方怒火中烧，破坏了各自的心情，而且损害了双方的形象，还可能会付出金钱又搭命的惨重代价。试问，这样做有意义吗？这样做值得吗？不相谦让、斤斤计较的结果既然是害人又害己，那为什么不能学着控制自己的情绪，展示自己的涵养，表现自己的大度，谦让一下别人呢？

格琳琴就是一位懂得谦让的小女孩：经济大萧条时期，一位面包师找来20个城里最穷的孩子，让他们在这段时间每天早晨都来面包师那儿拿一条面包。于是，每天早晨，这些饥饿的孩子蜂拥而上，都想抢到最大的面包，他们拿到面包后，也不对面包师说声谢谢，就走了。不过这20个孩子中，格琳琴总是站在一旁，等其他孩子离去后，才拿起最后一条、最小的面包，然后亲吻面包师的手表示感激，然后才高高兴兴地捧着面包回家。

直到有一天，格琳琴得到一条比以往更小的面包。回家后，她的妈妈切开面包一看，里面竟然有几枚闪闪发亮的银币。妈妈赶紧让格琳琴把银币还给面包师。面包师对格琳琴说："不，我的孩子，这没有错，是我特意把它们放进去的。我要告诉你一个道理：懂得谦让的人，上帝会给予他幸福。愿你永远保持一颗宁静、感恩的心。"

是啊，懂得谦让的人，上帝会给予他幸福。亲爱的小格琳琴不正是这样吗？

我们也应该学会谦让，谦让会使我们感到充实、感到更大的满足，这就是上帝给的奖赏。

遇到纷争时，忍一时风平浪静，退一步海阔天空。谦让会使"大事化小"、"小事化了"，同时，别人也会感激、欣赏、佩服你的谦让和大度。谦让，意味着不要"无理夺三分"，意味着不要"得理不饶人"，如果无理者主动向有理者道歉，有理者向无理者说声没关系，双方以和平的方式解决，那种场面不知会让多少人的心中暖意融融呢。

谦让是一种风度和境界，如果人人都能谦让，那人人都能受益。举一个很浅显的例子：比如走在山间小路上，两个人不能同时通过时，如果争先恐后就有堕入深谷的危险，最终会导致同归于尽，但如果自己先停住脚步，让他人先过去，那么每一个人都能安全地走过这条小路。所以在生活中，只有相互谦让友爱，才能避免纠纷，得到开心。

俗话说得好："与人方便，与己方便"，谦让不但能让你得到别人的尊重和感激，而且会使你拥有很多知心朋友，当你遇到困难时，他们会伸出无私的援助之手，这是对你谦让别人的最大回报。而一个自私自利的人是永远品尝不到帮助别人的乐趣的，他也只能是孤家寡人，没有知心的朋友和他同舟共济，这样的人不是很可悲也很可怜吗？

“径路窄处，留一步与人行；滋味浓时，减三分让人尝。此是涉世一极安乐法”。为了把我们的社会变得美好而又和谐，让我们用谦让来对待别人，用微笑来面对别人，用双手来帮助别人，用心灵来关爱别人吧！

人生感悟

在关于格琳琴的这个故事中，我们能感觉到，格琳琴是个心灵美的女孩子。谦让是一种美德，格琳琴因为懂得谦让而美丽。如果一个人懂得谦让，那么不管他外表怎么样，我们都会愿意与他相处，真正的美丽是精神上的美丽。正如塞万提斯所说的那样：“美丽只有同谦逊结合在一起，才配称作美丽。没有谦逊的美丽，不是美丽，顶多只能说是好看。”

学会感谢敌人

生活中，我们都有自己的朋友来增色添彩、携手共游，以消除烦恼。而上帝偏偏在赠与你友谊的同时，也会送你点敌意；在赠你朋友的同时，也搭配你几个敌人。人人都喜欢朋友，人人都不愿树敌，但人人都无法回避。敌人对你不择手段，你对敌人煞费心机。

而今回头想想，当你憎恨敌人的时候，是不是更加珍惜友谊？当你面对敌人的时候，是不是百倍在意？当你失败后又重新站起，是不是经过了百倍努力？而每每战胜一个敌人，你是不是感觉自己又提高了一个层次？是的，是敌人在促使你自强，是敌人在迫使你努力，是敌人使你更坚强，是敌人带走了你人生路上的好多空虚。

培根说：“奇迹多在厄运中出现。”是的，人们应该感谢人生的额外磨难甚至生活进程里遭遇的敌人。要是没有金鸡、百花奖以后一系列的人生跌宕，刘晓庆或许至今依然还在“做名女人更是难上加难”的人生境界里徘徊。历史是一面镜子，已经无数次证明了培根的名言。文王拘而演《周易》；仲尼厄而作《春秋》；屈原放逐，乃赋《离骚》；左丘失明，厥有《国语》；孙子膑脚，《兵法》修列；不韦迁蜀，世传《吕览》；韩非囚秦，《说难》、《孤愤》、《诗》三百篇，这些可都是先前圣贤在遇难遇敌后取得的伟大成就。

刘邦正因为有了强大的对手项羽的存在，敢于忍辱负重，处处小心谨慎，四处广纳贤才，最后终于建立了强大的西汉；诸葛亮正因为有了司马懿和周瑜等强大的敌人，才在战争中学习战争，成为令后人钦佩的军事家；中国乒乓球的日益进步，正是因为有乒坛“常青树”瓦尔德内尔在前后 20 年的大多数时间里，顽强与不屈地挑战不断改革的乒乓规则，以坚毅与执著挑战 7 代中国乒乓国手。感谢你的敌人吧，是它们迫使你不断进步，不断超越，给你酿造了一个又一个生命的春天。

一位哲人说要感谢你的敌人，这话更是道理深刻，意味深长。

是的，人有优秀的一面，也有不足的地方。你在发现和利用敌人的不足，敌人也在发现和利用你的不足，而为了战胜敌人，你又不得不积极发挥自己的长处，积极弥补自己的不足。

敌人能送给你好多的知识，敌人能提高你生存的能力，敌人也能让你的人生更趋完美。我们可以恨敌人，但我们不能不感谢敌人。因为，真正使你成功，让你坚持到底的，真正激励你，让你昂首阔步的不是顺境和优裕，不是亲人和朋友，而是那些常常可以置你于死地的打击、挫折，甚至死神。现实就是这样，处处一帆风顺、事事顺心如意，没有困难、没有厄运甚至连愤怒和烦恼都没有的人，很难成为强者，很难成为栋梁，更难成为伟人。

是敌人教会了我们坚强，是敌人让我们更加斗志昂扬，是敌人让我们最后取得了成功。没有敌人，我们可能会变得没有激情；没有敌人，我们可能会变得日趋懒惰；没有敌人，我们的生活可能不再精彩。

人生感悟

学会感谢敌人，才能更深层地感受生活的意义，才能感知生命的轻松和快乐，才能享受人生更多的幸福。

嘴巴痛快不算赢

“鸡毛蒜皮事因小，意气用事当街吵。双方竞争口才好，怒目相向嗓门高。口无遮拦失礼貌，睚眦必报让人笑。平心静气烦恼少，原本小事可化了。”这首打油诗非常幽默地诠释了“嘴巴痛快不算赢”的道理。

最没有风度的莫过于在公共场合粗言粗语，试图在嗓门上一争高下。更不要以为在争论中能占上风就是英雄，更不能以为在争吵中得便宜就很自豪，此乃舒服了嘴巴，损害了形象，得不偿失呀。

于谦在他大学刚毕业时，有一次参加朋友的婚礼，席间有一位年轻人在说明新郎与新娘的关系时，用了“青梅竹马”这个成语，同时他还说出了“青梅竹马”的出处，即李白的原诗：“郎骑竹马来，绕床弄青梅。”不过，这位年轻人却把诗的作者搞错了。本来他所念的这首诗是唐代诗人李白所写的《长干行》，而他却误以为是宋代女词人李清照所写的诗，可能因为这首诗蕴含的感情深厚，害得他误会是出自女性作家之手。而于谦也是当时年轻气盛，又认为中国文学是他的特长。为了夸耀这点，于谦毫不客气地当着众人的面，纠正那人的错误；可是不说还好，这样一说，那人反倒更加坚持自己意见了。

就在于谦和那人争论不休时，恰巧于谦看见他的大学老师坐在隔桌，他的这位老师是专攻唐代文学的博士，现在任教的课程也都是和诗有关，于是于谦和那年轻人去见他的老师，那年轻人也听过于谦老师的大名，所以同意让于谦老师当裁判。于谦和那年轻人都把各自的论点说完，而那位老师却只是静静地听着。然后在盖着桌布的桌下，用脚轻踢了于谦一下，态度庄重地对他说着：“你错了，那位先生说的才对。”

回家的路上于谦越想越不服气，于谦不相信老师这么有学问的人，竟会忘记这首诗。于是于谦一到家就从书架上找出“唐诗三百首”，第二天连班都不上了，拿着书去学校找老师，要他还他一个公道。

在教授研究室里于谦遇上了老师，还没等于谦把书拿出来，老师就先说了：“你昨天说的那首诗是李白的《长干行》，一点也没错。”这时于谦更纳闷了，老师看了看于谦温和地说：“你说的一切都对，但我们都是客人，何必在那种场合给人难堪？他并未征求你的意见，只是发表自己的看法，对错根本与你无关，你与他争辩有何益处呢？在社会上工作别忘记这点，永远不和人做无谓的争辩。”

“永远不和人做无谓的争辩。”这句话永远值得人去深思和品味。

卡耐基曾经说：“你赢不了争论。要是输了，当然你就输了；如果赢了，还是输了。”在争论中，并不产生胜者。因为，十之八九，争论的结果都只会使双方比以前更相信自己绝对正确，或者，即使你感到自己的错误，也决不会在对手跟前俯首认输。在这里，心服与口服没法达到应有的统一，人的固执性，将双方越拉越远，到争论结束，双方的立场已不再是开始时的并列，一场毫无必要的争论造成了双方可怕的对立。所以，天底下只有一种能在争论中获胜的方式，就是避免争论。

有一次，林肯呵斥了一个与同事发生冲突的年轻军官。林肯说：“一个成大事的人，不能处处挑剔别人，把时间浪费在与人家争论上。无谓的争论不仅会损害自己的性情，而且会让自己一步步丧失自制力。在尽可能的情形下，不妨对别人宽容点，与其和一只疯狗同行，不如让疯狗先走一步。如果不幸被狗咬上一口，即使你把这只狗打死，也治不好自己的伤口。”正如富兰克林所说：“如果你总是抬杠、反驳，也许偶尔能获胜，但那是空洞的胜利，因为你永远得不到别人的好感。”你在争论中可能有理，但要想改变别人的主意，你就错得太徒劳了。

人生感悟

人生之中，何必事事都要去争论，以赢取那无谓的胜利。避免争论，我们才能赢得好感，才能在人海中不再孤立！

为敌人干杯

一位动物学家对生活在非洲大草原奥兰治河两岸的羚羊群进行过研究，他发现东岸羚羊群的繁殖能力比西岸的强，奔跑速度也不一样，每分钟要比西岸的快13米。这些差别，这位动物学家曾百思不得其解，因为这些羚羊的种类和生存环境都是相同的，全属羚科类，并都生长在半干旱的草原地带，饲料来源也一样，都以一种叫莺萝的牧草为主。

有一年，他在动物保护协会的赞助下，在东西两岸各捉了10只羚羊，把它们送往对岸。结果，运到西岸的10只一年后繁殖到14只，运到东岸的10只还剩下3只，另外7只全被狼吃了。这位动物学家全明白了，东岸的羚羊之所以强健，是因为它们附近生活着狼群；西岸的羚羊之所以弱小，正是因为缺少了这么一群天敌。

没有天敌的动物往往最先灭绝，有天敌的动物则会逐步繁衍壮大。大自然中的这一悖论在人类社会也同样存在。换个角度讲，真正使罗马帝国灭亡的正是因为没有了强大的对手，在东方的秦帝国，建立不久就迅速覆灭，可以说也是出于同样的原因。

清朝的康熙皇帝是一代英主、明君，他缔造的康乾盛世影响了整个时代，他的成功虽然有自身的经世智慧和大臣们的努力，最重要的还是得益于他的劲敌。他在70岁寿辰举行的千叟宴会上举杯感慨："我大清有今天的基业，一是要感谢支持和帮助过我的朋友，二是要感谢与我对峙的敌人，没有他们就没有我的今天，是他们给我提供了机会，是他们成就了我的现在，他们是我的敌人也是我的朋友。在此我首先为鳌拜、噶尔丹、吴三桂、郑经、索额图、明珠及所有与我过不去的'战友'干杯。"这其中，噶尔丹是康熙的女婿，索额图、明珠是康熙昔日的亲信朋友，他们后来反叛，让世人感叹人生有时就是这么残酷，在权势、名利面前，亲情、友情也不堪一击。没有永远的敌人，也没有永远的朋友。取舍之间存乎一心，用之得当，敌即是友，用之不当，友即是敌。凡成大事者，不必计较个人恩怨，"为国者不为家"，王者风范就是这样。鳌拜、吴三桂、郑经则是康熙不共戴天的敌人，因为有他们的失败才有康熙的胜利，康熙以胜利者的姿态为失败的敌人干杯，有庆典亦有祭奠。

我们在现实生活中，总会有"冤家对头"，这不一定全是坏事，其实应该也算是一件好事。虽然我们可能会因此受到各种各样的伤害，来自朋友的、知己的、同事的，也许这些伤害曾经给你带来过疼和痛，给你带来过煎熬和伤心，可也正是这些曾经的伤害让你真正思索什么是友谊和信任，让你真正认识和了解一个人真实的内心世界，让你懂得人生的真正含义，让你深切地体会人生路上的坎坷与艰难，从而造就你坚强的性格，它能使你成熟，使你理智，有什么能比你真正地认识一个人更重要的呢？这不也是你人生经历中的一笔宝贵的财富吗？

感受生活里的每一次艰难与重创，感谢所有曾伤害过你的人吧，是他们给你睿智，给你生活的宝藏，给你成熟的性格和丰富的人格魅力。奥运冠军罗雪娟在取得金牌的时候，道出了这样的金色声音：感谢所有关心我、爱我的人，感谢所有支持和帮助过我的人，同时也感谢憎恨我的人。是的，如果没有别人的憎恨，也许她不一定能够获取奥运会的金牌。因为没有他们的憎恨、嫉妒，也就没有了前进的动力或者说是一种压力。正是因为这种动力还有压力才使你拼搏、奋进。

朋友们，让我们学会感谢敌人，感谢曾经的伤害，如果你能在磨炼中不断完善、成长、成就，相信你的将来一定会阳光灿烂！

人生感悟

人要有所成就需要朋友，要有大的成就需要的往往是敌人。是敌是友就看怎么来鉴定，帮助自己成功的敌人亦是最好的朋友。所以为敌人干杯就是为朋友干杯。只看你有没有这个气量。

得饶人处且饶人

做了对不住人的事，心里有愧疚，能向人家赔礼道歉，人家气不过说几句难听的，这是理所当然的。反过来，有人做了对不起你的事，人家赔礼道歉了，只要无大碍，就不要得理不饶人，非掰扯清楚甚至故意报复不可。真要是那样，反而没了理，也许会因“防卫过当”而违法犯罪。

下面是一则非常有意思的寓言：

一头大象在森林里漫步，无意中踏坏了老鼠的家。

一天，老鼠看见大象躺在地上睡觉，心想，机会来了，我要报复大象，至少我可以咬它一口。

但是，大象的皮特别厚，老鼠根本咬不动。忽然，老鼠发现大象的鼻子是个进攻点。

老鼠钻进大象的鼻子里，狠劲地咬了一口大象的鼻腔粘膜。

大象感觉鼻子里有点痒，猛烈地打了一个喷嚏，将老鼠射出好远，老鼠被摔了个半死。

老鼠对前来探望它的同类们说：“要记住我的惨痛教训，得饶人处且饶人！”

这虽然是一则寓言，但用在现在社会中，一样适用。原谅人不等于窝囊。只要是这亏吃在明处，那就是有意为之的高尚，也就没气可生。

待人宽厚是一种美德。事情本来不大，就要得饶人处且饶人，而且是得理也要让三分。中国传统美德讲恕道，讲究“推己及人”，“己所不欲，勿施于人”，今天讲待人能宽容，能原谅人也是一种美德。

人要能站到高处，往开处想，便能理解别人，宽恕别人。看着像是“窝囊”，其实那是人格的完美高尚！带来的那种崇高美感，是一种千金难买的精神享受。

生活中常常有些人，无理争三分，得理不让人，小肚鸡肠。相反，有些人真理在握，不吭不响，得理也让三分，显得绰约柔顺，君子风度。前者，往往是生活中的不安定因素，后者则具有一种天然的向心力，一个活得叽叽喳喳，一个活得自然潇洒。有理没理，饶人不饶人，一般都在是非场上、论辩之中。假如是重大的或重要的是非问题，自然应当不失原则地论个青红皂白甚至为追求真理而献身。但日常生活中，也包括工作中，往往为一些非原则问题争得你死我活，谁也不肯甘拜下风，说下句儿，说着论着就较起真来，以至于非得决一雌雄才算罢休，结果大打出手，闹个不欢而散，鸡飞狗跳。越是这样的人越对甘拜下风的人瞧不顺眼。争强好胜者未必掌握真理，而谦下的人，原本就把出人头地看得淡，更不消说一点小是小非的争论，根本不值得称雄了，你越是有理，越表现得谦让，往往越能显示出你的胸襟之坦荡、修养之深厚。

人生感悟

与人相处，要有宽广的胸怀、容人的气量，学会宽容人、体谅人、饶恕人。遇事时，多替对方想想，各人后退一步，那么，天大的事，也能通过和平的方式得到解决。

咽下怨气，才能争气

阿光今年刚从大学毕业，他学的是英文，自认为无论听、说、读、写，对他来说都只是雕虫小技。

由于他对自己的英文能力相当自豪，因此寄了很多英文履历到一些外资公司去应征，他认为英文人才是就业市场中的绩优股，肯定人人抢着要。

然而，一个礼拜接着一个礼拜过去了，阿光投递出去的应征信函却了无回音，犹如石沉大海一般。

阿光的心情开始忐忑不安，此时，他却收到了其中一家公司的来信，信里刻薄地提到：“我们公司并不缺人，就算职位有缺，也不会雇用你，虽然你认为自己的英文程度不错，但是从你写的履历看来，你的英文写作能力很差，大概只有中学生的程度，连一些常用的文法也错误百出。”

阿光看了这封信后，气得火冒三丈，好歹也是个大学毕业生，怎么可以任人将自己批评得一文不值。阿光越想越气，于是提起笔来，打算写一封回信，把对方痛骂一番，以消除自己的怨气。

然而，当阿光下笔之际，却忽然想到，别人不可能会无缘无故写信批评他，也许自己真的太过自以为是，犯了一些错误是自己没有察觉的。

因此，阿光的怒气渐渐平息，自我反省了一番，并且写了一张谢卡给这家公司，谢谢他们举出了自己的不足之处，用字遣词诚恳真挚，把自己的感激之情表露无遗。

几天后，阿光再次收到这家公司寄来的信函，他被这家公司录取了！

人往往只看得见别人的过错，看不见自己的缺失，面对别人的指责，也常不加自省，反倒以恶言相向来掩饰自己的心虚。

不中听的话是一把锐利的剑，可以刺穿你的心脏，但是你也可以伸手握住它，使它成为你的利器。

言者无意，听者有心，一切在于你如何用心来面对人生的挫折，你可以反驳别人的批评，斥责别人的无知，但这样并不会使你在别人心目中的地位提高，反而得不偿失。

只有痛定思痛、反求诸己的人，才可以化干戈为玉帛，知过能改胜过学富五车，千金也难买。

麦金莱任美国总统时，因一项人事调动而遭到许多议员政客的强烈指责。在接受代表质询时，一位国会议员脾气暴躁、粗声粗气地给总统一顿难堪的讥骂。但麦金莱却若无其事地一声不吭，听凭这位议员大放厥词，然后用极其委婉的口气说：“你现在怒气该平和了吧？照理你是没有权力责问我的，但现在我仍愿意详细解释给你听……”说罢，那位气势汹汹的议员只得羞愧地低下了头。

的确，在生活中，遭到别人的指责和抱怨的事常可碰到。遭人指责抱怨，是件极不愉快的事，有时会使人觉得很尴尬，尤其是在大庭广众面前受到指责，更是不堪忍受。但从提高一个人的处世修养角度讲，无论你遇到哪种情况的指责，都应该从容不迫，别人说得对则改之，说得不对则耐心解释，泰然处之。为摆脱指责的尴尬局面，不妨采纳心理学家提出的以下建议：

（1）保持冷静。被人指责总是不愉快的，面对使你十分难堪的指责时，要保持冷静，最好暂时能忍耐住，并作出乐于倾听的表示，不管你是否赞同，都要待听完后再作分辩。因对方的一两句刺耳的话，就按捺不住，激动起来，硬碰硬，不仅解决不了问题，还易将问题搞僵，将主动变为被动。

（2）让对方亮明观点。有些指责者在指责别人时，往往似是而非，含糊其辞，结果使人不知所云。这时，你可向对方提出讲清问题的要求，态度要和气，如“你说我蠢，我究竟蠢在哪里”或者“我到底干了什么傻事”，以便搞清对方究竟指责和抱怨你什么，让对方及时亮明自己的观点和看法。这一策略往往能有效地制止指责者对你的攻击，并能将原来的攻防关系转变为彼此合作、互相尊重的关系，使双方把注意力转向共同感兴趣的问题。

（3）消除对方的怒气。受到指责，特别是在你确实有责任时，你不妨认真倾听或表示同意对方对你的看法，不要计较对方的态度好坏，这样，指责完毕，气也消了一半。即使当你确信对方的指责纯属无稽之谈时，也要对其表示赞同，或者暂时认为对方的指责是可以理解的。这会使对方无力再对你进行攻击，相反，你却可以获得更多的机会和时间进行解释，从而消释对方的怒气，使隔膜、猜疑、埋怨和互不信任的坚冰得以化解。

（4）平静地给恶意中伤者以回击。也许大多数指责者并不是出于恶意而指责别人的。

但是，在现实生活中，确有极少数人为了其个人目的而对他人进行恶意中伤的。对于这样的寻衅挑战者，应该坚定地表示自己的态度，不能迁就忍耐，更不能宽容而不予回击，但应注意态度，以柔克刚。这样，会使你显得更有气魄、更有力量。

人生感悟

社会是一个大家庭，面对别人的指责需要的是宽容、理解和关怀爱护。而指责他人、讥笑他人，对自己是没什么帮助的。

第三章　遇事三思，塑造美丽人生

心灵是自己做主的地方，你能把地狱变成天堂，也能把天堂变成地狱。其实，人心很容易被种种烦恼和物欲所捆绑，那都是自己把自己关进去的。解除心中的枷锁，遇事三思，定能塑造美丽的人生。

过于算计的结果是得不偿失

陶朱公范蠡住在陶时，生下了他的小儿子即第三个儿子。后来，陶朱公的次子因杀人，被楚国拘囚起来。陶朱公说："杀人偿命是应该的，但我听说有千金之家财，其子可以不被处死于市中。"于是准备齐千金，准备让小儿子前去探视。但大儿子也坚持要去，并说："父亲不让大儿子去，而让小弟去，一定是父亲认为我是不肖之子。"说着竟要自杀。夫人见此，再三强劝陶朱公，陶朱公不得已，只得让大儿子去，并附信一封，叫他交给自己过去的好友庄生。并对大儿子说："到了以后，把礼金送上，然后一切客随主便，不要与他争辩。"大儿子到后，便按照父亲的嘱咐去做了。庄生对他说："你快走，不要再继续留在这里了。即使你弟弟被放出来，也不要问是什么原因。"大儿子走后，并没有按庄生吩咐回去，而是偷偷地住在楚贵人那里。庄生虽穷，却标榜廉洁耿直，楚王以下的大臣们都非常尊重他。陶朱公的儿子所送千金之礼，庄生并无意收下。原本想把事情办成后，再退还给陶朱公，以此为信守之据，然而陶朱公的长子并不理解他的这番良苦用心。

一天，庄生找了个理由觐见楚王，说天上有星相显示，有事不利于楚国，只能用做好事的方法才能消除。楚王一贯信任庄生，于是就命人封住三钱之府，准备大赦天下。楚贵人欣喜地将此喜讯告诉了陶朱公长子。不料大儿子想，大赦时弟弟一定会出来，千金岂不白送庄生了。于是就又去见庄生，庄生吃惊地问："你怎么还没离开这里？"陶朱公长子说："弟弟今将大赦，故而特来告辞。"庄生明白他的意思，就把钱还给了他。

庄生被陶朱公大儿子耍弄，感到是一种奇耻大辱，于是就又觐见楚王说："楚王大赦是为了修德去凶，可楚国的百姓都说，陶地的富翁陶朱公的儿子杀了人被囚在楚，他们家里就用金钱来贿赂楚王左右的人，所以说楚王大赦并非为楚国百姓，只是为陶朱公的儿子一人着想罢了。"楚王听后大怒，下令对陶朱公的儿子立即处斩，然后才下大赦令。

当大儿子拿着弟弟死亡通知回到家，母亲及乡亲都很悲伤，陶朱公说："我听说你的行动，就知道你一定会害死你的弟弟。这并非是你不爱他，只因为你从小与我一同创业，备尝生活的艰辛，所以很看重钱财。至于你小弟，本来就生长在富裕的环境里，出门乘车、骑马，不知钱财来得不易。我派他去只因为他能抛舍钱财，而你却不能，最终是你杀了你弟弟，我早就料想你会带丧报回来！"

这是一个充满机遇和挑战的时代，人们对生活的要求越来越多。

伟大的作家托尔斯泰曾讲过这样一个故事：有一个人想得到一块土地，地主就对他说，清早，你从这里往外跑，跑一段就插个旗杆，只要你在太阳落山前赶回来，插上旗杆的地都归你。那人就不要命地跑，太阳偏西了还不知足。太阳落山前，他是跑回来了，但人已精疲力竭，摔个跟头就再没起来。于是有人挖了个坑，就地埋了他。牧师在给这个人做祈祷的时候说："一个人要多少土地呢？就这么大。"

人生的许多沮丧都是因为你得不到想要的东西。其实，我们辛辛苦苦地奔波劳碌，最终的结局不都是只剩下埋葬我们身体的那点土地吗？伊索说得好："许多人想得到更多的东西，却把现在所拥有的也失去了。"这可以说是对得不偿失最好的诠释了。

其实，人人都有欲望，都想过美满幸福的生活，都希望丰衣足食，这是人之常情。但是，如果把这种欲望变成不正当的欲求，变成无止境的贪婪，那我们就无形中成了欲望的奴隶了。我们常常感到自己非常累，但是仍觉得不满足，因为在我们看来，很多人比自己的生活更富足，很多人的权力比自己大。所以我们别无出路，只能硬着头皮往前冲，在无奈中透支着体力、精力与生命。

扪心自问，这样的生活，能不累吗？被欲望沉沉地压着，能不精疲力竭吗？静下心来想一想，有什么目标真的非让我们实现不可，又有什么东西值得我们用宝贵的生命去换取？朋友，让我们斩除过多的欲望吧，将一切欲望减少再减少，从而让真实的欲求浮现。这样，你才会发现真实的、平淡的生活才是最快乐的。拥有这种超然的心境，你就能做起事来不慌不忙、不躁不乱、井然有序。面对外界的各种变化不惊不惧、不愠不怒、不暴不躁。而对物质引诱心不动，手不痒。没有小肚鸡肠带来的烦恼，没有功名利禄的拖累。活得轻松，过得自在。白天知足常乐，夜里睡觉安宁，走路感觉踏实，蓦然回首时没有遗憾。

人生感悟

看重钱财者心中往往薄情寡义，他们的典型逻辑就是无论做事还是为人，都以利来交往，算计来算计去，却总是得不偿失。他们永远不会明白，淡泊名利者以德服人，才能掌握为人处世的奥妙。

是非成败转头空

"滚滚长江东逝水，浪花淘尽英雄。是非成败转头空。"这是电视剧《三国演义》的主题歌歌词中的一句。此句甚为豪迈、悲壮，其中有大英雄功成名就后的失落、孤独感，又含高山隐士对名利的淡泊、轻视。多少英雄豪杰的伟业像滚滚长江一样，汹涌东逝，不可拒。历史给人的感受是浓厚、深沉的，不是单刀直入的快意，而是历尽荣辱后的沧桑。

其中"是非成败转头空"这七个字颇能表达我们偶尔对人生所兴起的感触。三国中无论是足智多谋的诸葛亮、勇猛豪爽的张飞、义薄云天的关羽，还是雄姿英发的周瑜、雄才大略的曹操等无数英雄豪杰都随滚滚长江向东流去，纵横驰骋的战场早已硝烟散尽，风平浪静。艺术家的彩笔为我们道尽人世的悲欢离合，但终如南柯一梦。人生无常，是非成败转头空。

人生无常，无物永驻。天下没有什么事物、对象、情势、局面是永远不变的。明月曾经照古人，古人不见今世月；好花不常开，好景不常在；年年岁岁花相似，岁岁年年人不同；人无百日好，花无千日红。物有生、死、毁、灭；人有生、老、病、死。盛极必衰，否极泰来；月有阴晴圆缺，人有悲欢离合；天下大势是分久必合，合久必分；官无常位，境遇常变；三十年河东三十年河西，风水轮流转。老子说："金玉满堂，也无法永远守住。"人生聚散、浮沉、荣辱、福祸，这一切都在不断地转化，相辅相成。"百年随手过，万事转头空。"明白此理，你就会视一切变化为正常，就会对一切事情的发生有思想准备，就不会抢天呼地，不撞南墙不回头与天道死顶下去。做人，不能逆天道而行事。

人生无常还指事物变动的不可预见性、偶然性，事情的不期而遇。俗话说天有不测风云，人有旦夕祸福；福无双至，祸不单行；运去金成土，时来土做金；屋漏偏逢连夜雨，船迟又遇顶头风……人生之中不可预测的事太多太多。

人生无常，天道有常。人生无常，正是天道有常的表现。对于那些觊觎权势、玩弄阴谋的人来说，既有小人得志飞黄腾达之时，也有时运不济，栽跟头之日。秦桧玩弄诡计、陷害忠良，落得个骂名；严嵩专横跋扈、不可一世，终落得满门抄斩。多行不义必自毙，逞一时之能称一世之雄又能存于几时？爬得越高跌得越惨。也许对爬得高的这个人来说，这是他人生际遇的无常，对于群体和社会来说则正是有常的表现。一个肆无忌惮、伤天害理的人早晚会受到正义的惩罚。这对于他本人是天道无常的表现，对于别人则恰恰证明了天道有常。正所谓天网恢恢，疏而不漏。

感叹人生之无常，并不完全出自无奈的悲愁，相反，它可能出自人心对幸福的追求与对永恒的向往。哲学家努力透视人生真谛，帮助人们建构精神家园。宗教家则超越于无常的罗网之上，打通生死的障碍，引人走向永恒的乐土。可惜的是，现代人对哲学存着怀疑的眼光，对宗教抱着利用的心态，因而陷于变幻不已的现实世界，无法解开内心深处的愁结。

聪明的人总是在变化无常中力争主动，在变化之前或之初看到变化的端倪，去把握有常，居安思危，未雨绸缪，处变不惊，临危不惧，从而在恶劣的处境下，能登高望远，看到转机，看到希望，有所准备，不失时机地转败为胜，扭转乾坤。

人生感悟

唐伯虎诗中说："钓月樵云共白头，也无荣辱也无忧；相逢话到投机处，山自青青水自流。"如果人人都能了然于山自青青水自流，就自然会宠辱不惊，物我两忘，也不会去徒自贬抑，自招屈辱。

贪欲为众恶之本

贪乃人之本性，人人都有贪欲，只是有人可以克制住贪欲，知足常乐，而有人却贪得无厌，不会感到丝毫知足！

在A城，一个腰缠万贯的亿万富翁只因为他的股票下跌了一个百分点，然后孤注一掷，将全家财产用来买股票，结果输得一贫如洗。当他一无所有时，一下子投河自尽了！而他曾经用了10000元，买了一份股票，转眼间就变成了亿万富翁，可他还不满足，继续买股票。终于有一天，他输了，股票下跌了一个百分点，他本可以收手不干，可他却不甘心，结果反赔上了自己的性命！可以说，是贪欲害了他，他也为自己的贪欲付出了代价！

同样在A城，一对卖烧饼的夫妇因为刚卖完烧饼，数了数钱，发现比平常多卖了两元人民币，就高兴得合不拢嘴！他们用这两元钱，多买了一些烧饼的原料。就这样，过了几年，他们成了A城的烧饼大王，成了百万富翁！可是，他们将一些钱捐给慈善组织，仍然卖着烧饼，尽管他们已经拥有了全国几百家连锁店，可是他们还是喜欢自己在街上卖烧饼，价钱仍然是5角钱一个烧饼，丝毫不多卖一分钱，他们想为他人更好地服务！他们对着夕阳微微笑着，他们活着已经有意义了！

贪得无厌必定会自食恶果，人类还是知足常乐的好。

"贪欲者，众恶之本；寡欲者，众善之基。"人的不满和愤懑、不快和痛苦，往往是把自己的得失看得太重，把眼前利益看得太重。很多人期望能有万贯家财，却只能勉强维持生计；期望权倾朝野，却失意官场。理想未能实现，便表现出郁郁不乐，口出怨言，甚至萌生不良之心，采用不义手段来为自己谋利，其实这种做法于事无补，到头来还是害人害己，哑巴吃黄连有苦说不出。

过于贪婪者，往往都是虚荣心在作祟。我们难以忍受别人的虚荣，是因为它伤害了我们的虚荣。通常是虚荣而非是恶意使人们变得更凶恶、变得更贪婪。当我们不得不承认我们的缺点和错误，承认我们有贪婪的欲望时，往往是为了满足我们的虚荣心。人们对受耻辱和被猜忌感到非常痛苦的原因，是因为虚荣心忍受不了它们。虚荣心比理智做了更多不合我们口味的事。

贪欲常常产生各种对立的效果：许多人为了未来某些不确定的结果，而牺牲他们的所有财产；另一些人却为了现在的蝇头微利，而放弃将要来临的重大利益。

春秋末期，晋国贵族智伯，是一个蛮横不讲理、只知贪欲的人。他不满足于自己的土地范围，毫无理由地向其他人索要土地。贪欲者利欲熏心，索要无度，必会遭到众人的联合反对，智伯后来因此而遭到灭亡的命运。所谓得道多助，失道寡助，就是这个道理。

贪欲是由利益在后面推动着前行的。利益以各种形式玩弄各种人，甚至玩弄无私者。在利益的驱使下，有些人盲目贪欲，有些人眼明心清。一个精明的人必须安排好他的利益等级，使之井然有序。在我们同时着急做着许多事情的时候，我们的贪婪常常会扰乱这一次序，不要因为贪图太多的很不重要的东西，而错过那些最重要的事情。

贪婪者因贪欲而看不到过去某人给予他们的利益，其实是想要别人不计较他现在给别人造成的损失。贪欲犹如死亡一样令人害怕，然而我们又像渴望不死那样渴望一切。假如我们完全清楚我们在渴望什么，我们大概就不会那样热烈地追求那些东西了。贪欲正是因为人于无知而欲求有知，所以才产生的。

切记，勿贪得无厌，小心自己的贪欲，不要一直不满足，知足是上天给予你的财富，好好珍惜！

古代的有识之士在做人问题上主张“淡泊明志”、“宁静致远”，是十分有道理的。少些物欲会使精神富有，看淡名利能增强心理承受能力，不计较个人得失就会有一个平和的心态。

贪欲起于私心。私心过重，则患得患失，贪心过重，则嗜欲太过，乃至于不顾一切，以不正当手段谋求自己所求，受不得穷，立不得品。

人生感悟

古人云：“达亦不足贵，穷亦不足悲。”这句话对于我们如何直面生活，确是足资凭借的箴言。

走出虚荣的死胡同

法国著名文学家莫泊桑的小说《项链》中，描写了一个虚荣心招来灾祸的故事：骆塞尔夫人虚荣心十足，她为了在一次宴会上出风头，特意从女友那里借来一条金刚石项链。当她戴着项链在宴会上出现的时候，引起了全场人的赞叹与奉承，她的虚荣心得到了极大的满足。不幸的是，在回家的路上，这条项链丢失了。为了赔偿这价值 36000 法郎的金项链，她负了重债。之后，她整整十年节衣缩食才还清了债务。而颇具讽刺意味的是这时对方告诉她丢失的项链是假的。骆塞尔夫人通过“打肿脸充胖子”的方式来显示自我，面子观念的驱动，使她吃尽了苦头。

人性有很多的弱点，虚荣是很普遍的弱点。我们不难发现在公共场所喜欢张扬自己、爱出风头的人也常常容易惹上麻烦，太过招摇的人会成为众人注目的对象，而经常被抢手机、背包的人往往也是因为虚荣、喜欢引人注意带来的结果。在生活中，一个漂亮的人如果招摇，那么必然会引来妒忌的目光和议论。而一旦有了麻烦，解决就费力了。

要想在世上寻找一个毫无虚荣的人，就和寻找一个内心毫不隐藏低劣感情的人一样困难。

有一个人做生意失败了，但是他仍然极力维持原有的排场，唯恐别人看出他的失意。为了能重新起来，他经常请人吃饭，拉拢关系。宴会时，他租用私家车去接宾客，并请了两个钟点工扮作女佣，佳肴一道道地端上，他以严厉的眼光制止自己久已不知肉味的孩子抢菜。虽然前一瓶酒尚未喝完，他已砰然打开柜中最后一瓶 XO。当那些心里有数的客人酒足饭饱告辞离去时，每一个人都热烈地致谢，并露出同情的眼光，却没有一个主动提出帮助。

希望博得他人的认可是人的一种无可厚非的正常心理，然而，人们在获得了一定的认可后总是希望获得更多的认可。所以，人的一生就常常会掉进为寻求他人的认可而活的爱慕虚荣的牢笼里面。事实上，这也就流露了需要征得他人的认可和同意的虚荣心理：你对我的看法比我对自己的看法更重要。

你也许把非常多的时间用在了努力征得他人的同意上，或者说用在了担心他人不同意你做的那些事情上。如果他人的赞同或同意成了你生命中的“必需”，那么，你又多了一件要干的事。

你可能开始时认为，我们都喜欢掌声、恭维和表扬。别人拍我们的马屁时，我们感觉都非常好。谁不愿意被人奉承、恭维呢？没有必要不允许人们这样做。他人的赞同本身并没有害处，事实上，谄媚使人感到愉悦。寻求他人的赞许只有在它成了一种必需而非一种渴望的时候才是一种误区，才成为一种爱慕虚荣的表现。

如果你渴望他人的赞许或同意，那么，一旦获得了他人的认可，你就会感到幸福、快乐。但是，如果你陷入这种无法摆脱的虚荣之中，那么，一旦没有得到它，你就会感到身价暴跌。这时候，自暴自弃的因素就会潜入进来。

同样，一旦征求他人的同意成了你的一种“必需”，那么，你就把你自己的一大部分交给了“外人”。在爱慕虚荣心理的驱使下，为得到他人的认可，“外人”的任何主张你都必须听从，甚至在很小的事情上。

如果“外人们”不同意你，你就不敢轻举妄动。在这种情况下，虚荣心使得你选择的是让他人去决定你的尊严或留给你面子。只有当他们给予你表扬时，你才会感觉良好。

这种征得他人同意的虚荣心极其有害，但是，真正的麻烦随着事事必须请示他人而来。如果你果真具有这样一种虚荣心，那么，你的人生就注定会有许多痛苦和挫折。而且，你会感到自己的自我形象是软弱无力的，是没有社会地位的。

如果你想获得个人的幸福，你必须将这种征得他人同意的虚荣心从你的生命中根除掉。这种虚荣心是心理上的死胡同，绝不可能使你从中得到任何好处。

要想从根本上解决人的虚荣问题，不在如何破坏它，而是在于如何改善它，诱导它走向有用的方面去。倘有人因为有钱而虚荣，只要告诉他，把他的钱拿出来经营一种事业，使人类的生活多一种安全的保障，那么，他便不再虚荣，因为钱花得有意义。

人生感悟

姚雪垠说：“谁能闯过不爱虚名的关，谁就能做出更好的成绩。”我们要搬掉虚荣这块挡在前进路上的绊脚石，脱去镶金镀玉的外衣，用汗水换取荣誉，用荆棘编织成功。

对手会让你变得更强大

在很久很久以前，有一只小老鼠住在一个树洞之中。而在外面不远的地方，居住着一只想捕食它的鼬鼠。所以，每一次小老鼠想要出去找食物时都会非常小心，也全靠如此，才多次逃得性命。

有一天早晨，它正准备出去时，发现那只可怕的鼬鼠正在不远处行走。哇，今天真险！我要让它先过去，免得自己变成它的午餐。但突然之间，一只灰猫跳了出来，一下子就咬住了鼬鼠，开始吞食起来。惊魂初定的小老鼠，不禁得意起来。哇，今天我真走运，现在危险已经过去，从此之后，我可以大摇大摆地出去觅食。开心的小老鼠还没有在森林中自由玩耍多大一会儿，就在贪婪的灰猫口中丧失了性命。就像这个小老鼠，在面临着鼬鼠的威胁时，才会变得异常机警，从而逃过一场又一场的劫难。相反，在缺乏对手之后，忘乎所以，放松了警惕，自然就会跌落失败的深渊了。

对手究竟是什么？也许在许多情况下，对手就是让自己变得更加成熟、更加完美的人。也许你要感谢一个个给你带来麻烦甚至是痛苦的对手，因为只有这样，你才能在成功的道路上，走得更远更长。

也许要感谢你的对手。在这个复杂的社会中，总是存在着各种竞争，甚至是你死我活的断杀。于是，无论是在职场还是商场，几乎每一个人的面前，都或多或少存在着对手。

那也许是自己的同事，也许是同行，甚至是你完全不知道的人，都会通过一个个途径，让你的生活充满了紧张感。但对手是否都是负面与不必要的呢？答案也许出乎你的意料之外。有这样一个故事：

在某一家公司里，有一位掌管销售的副总经理，我们可以称之为张先生，总是与掌管财务的刘女士存在许多矛盾。在经理办公室里，时常可以听到张副总的抱怨声："这也不能报销，那也不能支出，她哪知道我们在外面开发业务的艰难啊！"确实，目前的经济不景气，业务员们通常要花费更多的气力，才能获得一定的成绩，各种说不清楚的支出自然会较多了。但这位较为死板的刘会计也不知道变通，整天只会按章办事，难怪让这位张副总愤愤不平，产生不少争执。公司的员工们也都知道，张副总与刘会计是一对难以共事的冤家对头。不久之后，善于运用智谋的张副总，就使了一个坏招，让老实的刘会计背上了一个黑锅，成为代罪羔羊，被迫辞职。而不久之后，年迈的总经理，也已退休，让他顺利升职，成为新的总经理。坐在宽敞的总经理办公室，张先生得意洋洋，现在公司里面的一切，都顺心如意，再也没有人敢和自己做对了，花起钱来，也自然大胆了。

但不久之后，公司的业绩却不见起色，面对董事会的压力，焦急不安的张总经理，想了许多方法，都不见成效，到最后，终于想出了一个新的点子：更改公司的账目，让亏损的数字统统都变成赢利，不就可以让董事会满意了吗？想到这里，他找来了公司的新会计，幸好他非常合作，立即就更改了账目。顿时间，在董事会，这位新总经理获得了一阵叫好声，诸位董事对他的成绩非常满意，还准备送给他高额的红股。但纸始终包不住火，不久之后，东窗事发，他不仅被董事会免职，还受到检察部门的追究，弄得身败名裂。有一天，当他面对记者的追问时，深有所感地说道："要是我不将那个刘会计赶走就好了，她肯定不会让我这么做，我也不会弄得如此的下场。"只不过，一切都晚了。

相信类似的故事，许多人都听到过。记住：将对手看成是朋友，将每一次指责与批评，都看成是改正的良机。这也许才是最佳的处世之道。

达尔文的进化论，得出了"物竞天择，适者生存"的重要结论。人类要生存和发展就要优于自己的竞争对手，这是个很简单的道理。反过来某人在一定阶段优先于自己进步，或先于自己被提拔，就证明这个人在某些方面必然取胜于自己，这是一个必然的前提。

所以敢于竞争，善于竞争，才能使自己在人群中脱颖而出，在事业发展上卓尔不群。

美国第35届总统肯尼迪的家族有句口号："不能甘居第二。"以这种必胜的竞技心理状态，肯尼迪投入了与尼克松竞选的行列。当时，尼克松的声誉和影响及其竞争选票的工作主要集中在名人云集的首都华盛顿，相对而言，在各州的影响就小一些，并且对各州的选票抓得也不如华盛顿紧。于是肯尼迪投入精力从薄弱环节开始突破，把重点放到各州，在1960年，他乘飞机飞行6.5万英里，访问了24个州，发表演说350次，从而赢得了广泛的声誉，获得了大量州民选票，一举击败实力强大的尼克松，成为美国第35任总统。有的人不敢竞争，惧怕失败，须知没有竞争，就没有成功的希望，竞争是不可避免的。我们无法回避，只能迎头而上。

追求成功的过程，是个不断吸取、不断进步、不断竞争的过程。竞争是手段，进步是武器，而从竞争中吸取经验则是一个基础性的工作。每一个人要想成功，首先要学习别人的经验，以此来提高自己的水平，最后才可能和其他选手同台竞技，一争高下。

知识、经验的多少，决定我们自身素质的好坏高低。因此，绝对不能忽略学习的重要性。

同时，我们还要从竞争中去吸取经验。竞争是智慧、体力、临场发挥的综合素质较量。每个人在竞争中都会尽全力争取胜利，使出浑身本领抓住所有有利于自己的机会。因此，在竞争中最容易学习到别人的长处，吸取到别人最好的经验。很多人以为学习知识只是个人的事，只要努力就足够了，殊不知更重要的是视野开阔，在同别人的竞争中来充实自己。

那些优秀人士看待比自己成功的人士，自有一套方法。他们敬佩而不嫉妒，羡慕而不怨恨，模仿而不伤害。他们接近成功人士的目的，是学习别人的优点，了解别人的优势，为我所用，以便充实和武装自己，使自己变得更强大。因为他们清楚一点：具有那些优秀人才的特质，才有同别人一较高低的资本。

当然，真正善于吸取的人，除了向比自己优秀的人学习，也应经常向那些看起来弱小、贫困、失败甚至愚蠢的人学习。他们理解“三人行，必有我师”的道理，因而不论何种场合，与什么人相处，总是抓住机会学习更多的东西。

生活有各种层面，每个层面均有不同的现象。而我们每个人的经验和学识，多半来自我们熟知的生活环境和人际圈子。一旦脱离我们固有的圈子，就会感到陌生、不解、无所适从。事实上，这正是绝佳学习的机会。

对于个体的人来说，每个人都是一个丰富的独立的世界。他所看到的、听到的、想到的都和我们不同，我们永远无法彻底明晰他内心的秘密。因此，即使是乞丐、精神病人，仍然可能让我们深受启发。

人生感悟

一个人往往在对手的督促下，才能谨小慎微，少犯许多错误。相反，如果没有对手的监督，一意孤行，往往会落于失败的陷阱之中。

风险与机遇同在

很多人都把世界看做是上帝安排的一个赌场，把人间看做冒险家的乐园，认为人生就是冒险。

曾经有一个朋友到沙漠去探险，炙热的天气把他的方向感都搞乱了，渴得连喉咙都发不出声，但四周除了黄沙还是黄沙，他只能拖着沉重的脚步，一步步地挨下去。

挥着汗，他抬头张望，忽然眼睛一亮，发现不远处有一间破旧的房子，他立刻奔向前去。

令他兴奋的是，发现了一个抽水泵，忘了一身的疲惫，欣喜的他往前冲去，使尽了全力抽着水泵，却因为没有引水，怎么抽也抽不出来。

他沮丧地坐了下来，手顺势往下一摆，竟碰到一个水壶和一张便条纸，便条上写着：“用这一壶水引水，引出水后，一定要再装满这壶水。”

他打开壶塞，里面果然装满了水，只是他迟疑了：“真的要把这救命水倒进那干涸污浊的抽水机吗？”

顿了一下，他转个念头，决定冒险一试。于是，他把水倒进了水泵，开始使劲地抽水，不一会儿工夫，水真的涌了出来。

他开心地喝个饱足，接着将水壶装满，还在便条上加了几句：“相信我，冒险一试，你才有机会品尝泉水的甘甜。”

面临压力和困境，习惯逃避的人往往不愿考虑如何冒险取胜，当然就不会知道成功之后的幸福和感动。

每一件事都需要冒险的因子，也得承受失败的风险，但仍得勇敢前进，因为人生最大的危险不是冒险，而是裹足不前。

从出生开始，我们一直都在冒险，而生活最大的享乐就是在难以预料的环境之中发现惊奇。

如果每一次行动尚未展开前，就开始退缩，或自寻烦恼地加重压力码，那就别再高谈自己的梦想，因为，一切都是你永远不会实现的空想。所以别出声，先行动了再说吧！

机会只会留给勇于冒险的人，那些只顾着害怕担心的人，即使机会送到他们的面前，仍将白白浪费。

有两个住在乡下的年轻人决定出外打工，一个准备到上海，另一个则要到北京去。

两个人同时坐在大厅等车，这时在他们的耳边，不时传来人们的议论，有人说：“上海人可精明了，连外地人问路都要收费呢！”

另外有人说："听说北京人比较有人情味，看见没饭吃的人，不仅会送馒头给他吃，甚至还会送衣服呢！"

准备到上海打拼的年轻人，听到人们这么说，想了想："幸亏还没上车，到北京好了，反正挣不到钱也不会饿死。"

而另一位准备上北京去的年轻人却这么想："还是到上海去，居然给人带路也能赚钱，在那里一定有很多赚钱的方法；幸亏还没上车，不然我可失去发财的机会了。"

两个人同时来到退票处，相互询问之后，刚好可以互相交换车票，分别前往北京和上海。

来到北京，果然如人们传言的那样，年轻人初到北京的一个月里，什么事都没做，却每天都能饱餐一顿。他在银行的大厅喝免费的白开水，在卖场里有免费试吃，生活就这么日复一日地度过。

而来到上海的青年，发现上海果然到处都有赚钱的机会，不仅带路有钱，看厕所也有钱，甚至拿盆水给人也有钱赚，只要脑子多转转，再花点力气，到处都有钱可以赚。

凭着乡下人对泥土的感情和认识，第二天起，他便在建筑工地，向工头要了十包含有沙子和树叶的废土，经过处理包装后，他以"盆栽土"之名，向上海人兜售。

喜欢花朵却连块泥地都难得看见的上海人，发现这个新鲜的玩意儿，不禁上前询问价钱；当天，他在城郊间就往返了6趟，净赚了50块钱。

一年后，他凭着贩售"盆栽土"，在上海买下了一间小店面。

有一天，他走在街弄里，忽然发现许多商店楼面很亮丽，但是招牌却又脏又黑；经过打听之后，他才知道那些清洁公司只负责清洗门面，却不负责擦洗招牌。

于是，聪明的他立即买了梯子、水桶和抹布，成立一个小型的清洁公司，专门负责擦洗店家的招牌。

如今，他的公司已经小有规模，有150位员工，业务也由上海发展到杭州和南京。

这天他搭乘火车，准备到北京考察市场，当他来到北京车站时，有个拾荒者把头伸进车窗，向他要了一个啤酒罐。

就在递拿瓶子的时候，两个人相互望了一眼，同时都愣住了，因为他们同时想起当年两个人交换车票的那一幕。

两个年轻人两种完全不同的结果，其中的关键，正是有无冒险的勇气。

机会只会留给勇于冒险的人，那些只顾着害怕担心的人，即使机会送到他们的面前，仍将白白浪费。

故事中我们看见，成为乞讨一族的青年，只是听说上海居住不易就退缩，连尝试的勇气都没有，以穷困潦倒结局，似乎早可预知。而成为上海商人的年轻人，则以不同的角度解读，明白现实生活的势利苛刻反而让他更有斗志，所以，一下车他的人生便有了全新的开始；在努力求生存的过程里，他便已经走在成功的道路上了。

面临压力和困境，习惯逃避的人往往不愿考虑如何冒险取胜，当然就不会知道成功之后的幸福和感动。英国诗人雪莱曾说："过于珍爱自己羽毛的人，最后将失去两只翅膀，永远不再能够凌空飞翔。"

人生感悟

只要勇于冒险，问题都能解决，而且，在冒险的过程中，无疑是发现自己才能的最佳时机。

永远记住自己的诺言

韩信，淮阴人，汉初名将。他从小喜欢读兵书，有着满腹的学识，一意想着能披挂上阵，在战场上建立自己的功业，当个大将军。可是在他年轻的时候，没有人赏识他的才华，因而他总是郁郁不得志。

那时候，韩信很穷，日子过得很清苦。为了糊口，他经常到江边钓鱼，如果运气好的话，一天能钓上几条鱼，这样不但能够解决自己的肚子问题，还能换几个钱补贴日子。可是，钓鱼也不是一件容易的事情，并不是天天都能钓到鱼的，如果钓不到，他就只能饿肚子了。

有一天，韩信又到江边去钓鱼，眼看着已经晌午了，自己却连一条鱼都没有钓上来。韩信又饿又累，没有办法，就坐在那里望着自己的鱼竿发呆。江边有一个洗衣服的老大娘，看到韩信一个人坐在江边发呆，垂头丧气的，就走过来，十分关心地问道："年轻人，你怎么了，有什么不开心的事情吗？"韩信抬起头，见是一位和蔼可亲的老大娘，就如实告诉她说："大娘，我家里没有吃的了，想到这里钓几条鱼换钱买吃的，可是我钓了一上午也没有钓到一条鱼，我现在饿得不行了。"

老大娘听了，不由得生起怜悯之心，就对他说："年轻人，如果你不嫌弃，就到我家先吃点东西，填填肚子吧。"韩信当时饿得快要发疯了，哪里还管什么好坏，只要有吃的就成，因而，他非常高兴地收起鱼竿，和大娘一同回家吃饭去了。

韩信和老大娘一边走一边说话。老大娘从韩信的口中了解到韩信的家世和自己的抱负，从心里喜欢这个虽然生活贫困，但是却很有理想的年轻人。从此以后，老大娘经常送给韩信一些饭菜以接济他。韩信对此感激不已。

一天，老大娘又给韩信送来一些饭菜，韩信很感动，对老大娘说："大娘，您对我真好，总是接济我，等以后我做了大事，一定要好好报答您老人家！"老大娘听后，却生气了，说："你以为我是为了让你报答我才帮助你的吗？你错了，我看你是个堂堂大丈夫却不能养活自己，因为同情你我才帮助你的。"韩信听了老大娘的话，默默地吃着饭，心里却不停地泛起了波澜。不久，韩信就告别了老大娘，离开了家乡，出外去闯荡了。

很多年过去了，韩信成了刘邦军中有名的将军，帮助刘邦打天下，建立了汉朝。刘邦封他做了楚王，他也获得了很高的声望。但是，在他心中一直惦记着那个曾经接济过他的老大娘。于是，韩信就派人打听老大娘的近况，得知老大娘仍旧在他家乡过着清贫的日子，韩信就派人给她送去各种物品，让老大娘不再过那种劳碌贫困的生活，而且还特意回家乡看望老大娘，并给老大娘送去了一千两黄金。

老大娘说："你不要把这些黄金给我，一来我已经老了，活不了多少天了，要这么多钱也没有用，将来我也不能把它们带到棺材里；二来我也没有为你做过什么大不了的事，哪能要你这么多钱呢？"韩信恳切地说："当年我肚子饿的时候，您给我的虽然是粗茶淡饭，但对我来说这帮助是很可贵的，更何况您那时生活也很艰难，即使在这种情况下，您还是来帮助我。现在我有地位，有钱了，理应报答您。而且当年我也说过，等我以后做了大事，一定要好好的报答您！"老大娘感动得热泪盈眶。韩信接着说："我知道，当年您并不是为了要我报恩才帮助我的。也正是因为如此，我才更感到您是真心对我好，所以，我就更该好好地感谢您、报答您啊！"

俗话说"滴水之恩，当涌泉相报"。自古以来，中华民族就有济困、报恩的传统美德。韩信在困顿的时候得到那位老大娘的接济，度过了生命中最难熬的时光，韩信深受感动，并声称将来一定要报答她老人家，这自然是常理。韩信做了大将军，帮助刘邦打了天下后，仍旧没有忘记当年对那位老大娘的承诺，这就是践诺，这是守信的表现啊。

自己许过的诺言，无论过了多长时间，都应该记得，也许你的不经意间的一句诺言，对你来说早已忘记，但是对别人来说却铭刻在心，所以说许出的诺言就一定要兑现，否则就不要轻许诺言。

诚信是做人立身之根本，其基本要求就是诚实守信，要做到言必信，行必果。

人生感悟

唯其难能所以可贵，那些经受了考验、没有被玷污并且能保持诚实的人会得到人们的信任，他们将被赋予更重大的任务，也就有机会获得更伟大的成就。他们的人格也成了人生的最大财富。

生活还是要节俭

节俭是人的一种美德。“俭以养德”是古人的一句名言。如果你以为节俭仅仅是为了积累财富，那还不够全面。

世界零售巨头创始人萨姆·沃尔顿有一次派一员工去租车，很快萨姆又叫他退租，原因很简单，因为他不愿租用任何一种比小型汽车更大的车。这位员工进一步介绍了萨姆一些良好行为：不愿意让人看见他用的东西比他属下的人使用的更好，也不会住在比他属下所住更好的旅馆里，也不到昂贵的饭店进餐，也不会去开名牌昂贵的汽车。萨姆·沃尔顿说：“我从小时候起就知道，要自己挣一个美元是多么艰辛，而且也体会到，当你这样做了，这是值得的。有一件事我和爸爸妈妈的看法一致，即对钱的态度：决不乱花一分钱！”萨姆这种富而不乱花一分钱的精神值得我们学习。

有人说萨姆·沃尔顿是一个特别抠门的老头，他一生都过着节俭的生活，然而正是这个名不见经传的人后来创建了世界上最大的零售企业——沃尔玛。萨姆一直以勤奋、诚实、友善、节俭的原则要求自己。

1918 年，萨姆·沃尔顿出生在美国阿肯色州的一个小镇上。萨姆小时候家里并不富裕，这使他养成了节俭的习惯。1936 年，萨姆进入密苏里大学攻读经济学学士学位，并担任过大学学生会主席。1940 年毕业时恰逢二次世界大战爆发，萨姆毅然报名参军，在美国陆军情报部门服役。

二战结束后，结束服役的萨姆回到故乡，向岳父借了两万美元，加上萨姆当兵时积攒的 5000 美元，他和妻子海伦在纽波特租到几间房子开了一家小店，专卖 5 ～ 10 美分的商品。由于萨姆待人和善，附近的住户都愿意到他店里来买东西。谁知，房东嫉妒萨姆的小生意红红火火，找借口收回了店面。无奈之下，萨姆来到本顿维尔。1962 年，他开了一家连锁性质的零售店，取名沃尔玛。

沃尔玛一开始就获得很大的成功。第一年，本顿维尔的商店营业额就已经达到了 70 万美元。1964 年，沃尔玛已经拥有 5 家连锁店，1969 年增至 18 家商店。沃尔玛把中小城市和大的村镇放在优先地位。经营模式是一致的：低利润、小库存、大批量进货、多在成本上下工夫并且积极利用信息工具。

萨姆自幼便尝尽了生活的艰辛，在他心目中早已根深蒂固地扎下了“对每一个美元都珍重不已”的观念，这对他后来形成的经营风格不无影响。他说：“我们并肩合作，这就是秘诀。我们为每一位顾客降低生活开支。我们要给世界一个机会，来看一看通过节约的方式改善所有人的生活是个什么样子。”

萨姆的“薄利多销”政策是沃尔玛成功的最重要因素。他的“女裤理论”就是对沃尔玛营销策略的最好阐释：女裤的进价 0.8 美元，售价 1.2 美元。如果降价到 1 美元，会少赚一半的钱，但却能卖出 3 倍的货。此外，萨姆开店还坚守着一个信念，“只要商店能够提供最全的商品、最好的服务，顾客就会蜂拥而至”。因此，他向员工提出了两条要求：“太阳下山”和“10 英尺态度”。

“太阳下山”是指每个员工都必须在太阳下山之前完成自己当天的任务，而且，如果顾客提出要求，也必须在太阳下山之前满足顾客；“10 英尺态度”是指，当顾客走进员工所处 10 英尺的范围内时，员工就必须主动地询问顾客有什么要求，而且说话时必须注视顾客的眼睛。

遵循着萨姆·沃尔顿的信念，沃尔玛的连锁店越开越多，1980 年，萨姆的资产达到 6.4 亿美元。

尽管萨姆成了亿万富翁，但他节俭的习惯却一点也没变。他没购置过豪宅，一直住在本顿维尔，经常开着自己的旧货车进出小镇。镇上的人都知道，萨姆是个“抠门儿”的老头儿，每次理发都只花 5 美元——当地理发的最低价。但是，这个“小气鬼”却向美国 5 所大学捐出了数亿美元，并在全国范围内设立了多项奖学金。

1985 年 10 月，《福布斯》杂志将萨姆·沃尔顿列为全美富豪排行榜的首位。萨姆和沃尔玛商店一夜之间成为全美公众关注的焦点。大批的记者拥向萨姆的住地。然而，当他们看到这位美国第一富豪过着最简朴的生活时，不禁大失所望：萨姆穿着一套自己商店出售的廉价服装，开着一辆破旧不堪的小货运卡车上下班，车后还安装着关猎犬的狗笼子，戴着一顶折价的棒球帽。就是这样一个"乡巴佬"造就了一个财富神话。到2001年，沃尔顿家族财产总额达到931亿美元，2004年10月，靠沃尔玛超市起家的沃尔顿家族5位股东包揽了美国《福布斯》杂志全球富豪榜的第6至第10位，总资产1000亿美元，约为世界首富比尔·盖茨个人资产（528亿美元）的两倍。沃尔玛这5名持股人组成了名副其实的全球最富家族。

美国大公司一般都有豪华的办公室，沃尔玛总裁萨姆·沃尔顿的办公室却只有20平方米，公司董事会主席罗伯逊·沃尔顿的办公室则只有12平方米，而且他们办公室内的陈设也都十分简单。罗伯逊还继承了父亲的传统，他深居简出，开老式拖车。一位理发师说："我给沃尔顿理发都85次了，他从来没多给过我一美分。"在沃尔玛网站上，没有一张罗伯逊的照片。以至于很多人把沃尔玛形容成"穷人"开店"穷人买"。

"节俭"的沃尔玛在短短40年时间内迅速扩张。截至2001年，该公司在海内外共有4249家连锁店（其中国内3144家，国外1105家），它们有折扣商店、购物广场、萨姆会员店、家居商店4种形式，全部由总公司控股，实行直营连锁。1996年，沃尔玛选择了中国深圳，在那里建起了第一家中国沃尔玛分店。2001年底，沃尔玛正式加入北京超市大战的行列。

人生感悟

原来那些亿万富翁往往都是崇尚节俭的，我们又有什么理由和资本来铺张浪费呢？虽然现在已经不需要缝缝补补又三年的节俭，但是对于个人来说，那些毫无用处的奢华更是不需要的，一个不懂得节俭的人是一个不懂得生活的人，一个真正会生活的人会合理利用手中的每一分钱。还是萧伯纳说得好："以为节俭是一种不漂亮的行为的人，是最荒唐无稽的。"

找到真正的友谊

开心的时候有人知道你在开心并与你分享，伤心的时候有人安慰与分担，孤独的时候有人陪。这也许就是你需要朋友的原因。好的朋友，可以点缀你的生命，使你的生活色彩斑斓。但是朋友不是仅仅靠缘分等到的，你必须修炼自己，让自己成为一个让别人欣赏并愿意接近的人，当然，你也要去接近别人，做他人的朋友，体会做朋友的快乐。

公元前4世纪，古罗马的一个叫皮斯阿司的小伙子触犯了暴虐的国君犹奥尼索司，被判处绞刑。身为孝子的他请求回家与老父老母诀别，可始终得不到暴君的同意。就在这时，他的朋友达蒙愿暂代他服刑，并同意："皮斯阿司若不如期赶回，我可替他临刑。"这样，暴君才勉强应允。

行刑之期临近，皮斯阿司却杳无踪迹，人们都嘲笑达蒙，竟然傻到用生命来担保友情！当达蒙被带上绞刑架，人们都悄无声息于这悲剧性的一幕时，突然，远处出现了皮斯阿司，飞奔在暴雨中的他高喊："我回来了！"既而热泪盈眶地拥抱着达蒙作最后的诀别。这时，所有的人都在拭泪。国君出人意料地特赦了皮斯阿司，他说："我愿倾己所有来结识这样的朋友。"

下面是一首纪伯伦诠释友谊的优美诗歌：

一个青年说：请给我们谈友谊。
他回答说：
你的朋友是你的有回应的需求。
他是你用爱播种，用感谢收获的田地。
他是你的饮食，也是你的火炉。
因为你饥渴地奔向他，你向他寻求平安。
当你的朋友向你倾吐胸臆的时候，你不要怕说出心中的"否"，也不要瞒住你心中的"可"。

当他静默的时候，你的心仍要倾听他的心。

因为在友谊里，不用言语，一切的思想、一切的愿望、一切的希冀，都在无声的喜悦中发生而令人可以共享了。

当你与朋友别离的时候，不要忧伤。

因为你觉得他最可爱之处，当他不在时愈见清晰，正如登山者在平原上望山峰，也加倍地分明。

除了寻求心灵的深邃之外，友谊没有别的目的。

因为那只寻求着要显露自身神秘的爱，不算是爱，只算是一张撒下的网，只能网住一些无益的东西。

把你最佳美的事物，都给你的朋友。

假如他必须知道你潮水的下退，也让他知道你潮水的高涨。

你找只为陪你消磨光阴的人，他还能算作你的朋友么？

你要在成长的时间中找他。

因为他的时间是满足你的需要，不是填满你的空虚。

在友谊的温柔中，要有欢笑和共同的喜悦。

因为在那微末事物的甘露中，你的心因寻到他的清丽而焕发精神。

获得朋友的唯一方法，就是先学会做他的朋友。

这道理说来简单，做起来却不容易。现代人强调以自我为中心，讲得好听一点是非常独立，实际上却是自私，往往一味要求对方配合自己。如果不能如愿，就大发“知音世所稀”的慨叹，最后只能在寂寞中走完一生。要知道，友谊不是凭空掉下来的，它需要培养、浇灌才能不断成长。

生活就像园林，朋友就是风景。不断前行，移步换景，新人依次登场，相见颇多欢喜；蓦然回首，旧人却在时间、空间的更迭里与自己不经意地走散。虽说衣不如新，人不如旧，可朋友之流失，终究是躲避不了的现实。比流失朋友更可怕的，是心情的淡漠。所以只要不丢掉那份与人交往的兴致和诚挚，或许那些渐行渐远的温馨友情，还是会在前路的某处，暖暖地在我们心底回流……

许多时候，我们用自己的方式与标准去经营友谊，却往往忽略了对方的存在。坚持只用自以为是的方法经营友谊，会带来许多压力。你会认为付出许多，对方却无动于衷。拉扯之间，友谊即出现裂痕。积怨压在双方心中，时间一到，火山就会在瞬间爆发，友谊就此寿终正寝。

虽然世间知音难寻，但如能学习先做别人的朋友，你就会找到真正的友谊。一个有智慧的人，会先选择交往的对象，其后视情况决定交往的程度。有的朋友在特定时空中如鱼得水，换个环境则船过水无痕。唯有知音，历经岁月沧桑而更加灿烂，双方的付出却是先决条件。

因此，当你在人生旅途中巧遇好友时，最好用经营事业的心情来处理友谊。许多人跟着感觉走，最后多半抱憾终生。人会改变，但许多特质却恒久不变，例如喜欢别人了解自己的爱好与背景，不喜欢被人捉弄，渴求对方的谅解，厌恶朋友的疑心等等。人们多半希望受苦时朋友伸出双手，成功时也赢得对方的祝福，而后者却往往很难做到。

人生感悟

真正的友谊是人们高尚的精神追求，是一种催人向上的力量，是人们生活的强大精神支柱；真正的友谊，对人的一生产生积极的影响；真正的友谊，就是彼此间坦诚相待，无私支持，是生命中最伟大的一种感情。

挣脱心灵的枷锁

心灵是自己做主的地方，你能把地狱变成天堂，也能把天堂变成地狱。

我们总觉得只要让自己忙碌起来就会有收获，只要让自己和身体一刻不停地忙碌就能有所成。你有多久没有唱歌，没有到大自然中走一走，没有读诗？是啊，对有着极大工作压力、繁重的生活负担的现代人来说，我们有多久没有关照过我们日益憔悴的心灵了？

其实，每天忙忙碌碌的人，并不见得就不能洒脱。关键是要在忙中求闲，苦中见乐，紧张中求轻松。只要你学会享受生活，学会体验生活的快乐，世间一切皆美好。

或许，在某一个夏日的午后，你一觉醒来突然发现，由钢筋水泥簇拥而起的高楼将狭长的影子倾覆在熙熙攘攘的街道上，空中纵横的电线密如蛛网，偶尔栖落的几只可爱的小麻雀，远远望去，如活蹦乱跳的音符，透过喧嚣，竟给人以一种恬淡澈明的美妙。

在这样一个美丽的午后，你何不走出去，带着自己的心灵一起散步，带着自己的心灵一起看看天呢？

是的，抬头看看天吧，朋友，看看苍穹云卷云舒，你会发现，你的心灵从来没有这么惬意过！看看头顶上的那片天，浮云逍遥地飘在广阔的苍穹，似奔马，似群羊，似高山，似游丝。好白的云，好美的云，就在我们的头顶上，悄然无声地上演着一幕幕精彩绝伦的剧目。

你肯定会慨叹：生活中原来有这么美的天空，生活中原来有这么美的云彩！可是，为什么你的步履总是那么匆匆，你的鞋子总是蒙着一层细土，你的履底无缘阅读洁白美丽的云朵？你的心遗忘在何处了？你的眼睛在追逐着什么？你为什么从来没有发现头顶上这片可供心灵散步的青天？

仔细阅读头顶上的这片天吧，你的答案就在其中，天上的云彩，最能明白你水一般的心境！

有个长发公主叫雷凡莎，她头上披着很长很长的金发，长得很美。雷凡莎自幼被囚禁在古堡的塔里，和她住在一起的老巫天天念叨雷凡莎长得很丑。

一天，一位年轻英俊的王子从塔下经过，被雷凡莎的美貌惊呆了，从这以后，他天天都要到这里来，一饱眼福。雷凡莎从王子的眼睛里认清了自己的美丽，同时也从王子的眼睛进而发现的自己的自由和未来。有一天，她终于放下头上长长的金发，让王子攀着长发爬上塔顶，把她从塔里解救出来。

囚禁雷凡莎的不是别人，正是她自己，那个老巫婆是她心里迷失自我的魔鬼，她听信了魔鬼的话，以为自己长得很丑，不愿见人，就把自己囚禁在塔里。

其实，人在很多时候不就像这个长发公主吗？人心很容易被种种烦恼和物欲所捆绑。那都是自己把自己关进去的，就像长发公主，对老巫婆的话信以为真，自己认为自己长得很丑，因此把自己囚禁起来。

就是因为自己心中的枷锁，我们凡事都要考虑别人怎么想，把别人的想法深深套在自己的心头，从而束缚了自己的手脚，使自己停滞不前。就是因为自己心中的枷锁。我们独特的创意被自己抹杀，认为自己无法成功；告诉自己，难以成为配偶心目中理想的另一半，无法成为孩子心目中理想的父母、父母心目中理想的孩子。然后，开始向环境低头，甚至于开始认命、怨天尤人。

仔细想想，很多时候，在人生的海洋中，我们就犹如一只游动的鱼，本来可以自由自在地游动，寻找食物，欣赏海底世界的景致，享受生命的丰富情趣。但突然有一天，我们遇到了珊瑚礁，然后自己就不愿再动弹了，并且呐喊着说自己陷入绝境。这，想想不可笑吗？自己给自己营造了心灵的监狱，然后钻进去，坐以待毙。

既然心狱是自己营造的，人自己就有冲出心狱的本能，那么，还是让我们自己动手，拆除心灵的监狱，挣脱心灵的枷锁，还自己一份亮丽的心灵吧！

人生感悟

人的一生的确充满许多坎坷、许多愧疚、许多迷茫、许多无奈，稍不留神，我们就会被自己营造的心灵监狱所囚禁。而心狱是残害我们身心的罪魁祸首，它在使我们的心灵凋零的同时又严重威胁我们的健康！

第四章　找准自己的位置

在我们的人生道路上有无数风景美不胜收，有无数的金钱名誉的诱惑，但我们不能失去自己的位置。若我们能积极进取，扎根在自己的位置上，人生必将会是一番旖旎的风景。

选准自己的位置

山里人有一尊巨大的石像，石像面朝下躺在门前的泥地里，他毫不理会。对于他来说，这不过是一块石头。

一天，一个城里的学者经过他家，看到了石像，便问这个人能不能把石像卖给他。这个山里人听了哈哈大笑，十分怀疑地说："你居然要买这块又脏又臭的石头，我一直为没法搬开它而苦恼呢？"

"那我出一个银元买走它。"学者说。山里人很高兴，因为他得到了一个银元，又搬走了石头，这使他的门前场地宽敞多了。

石像被学者设法运到了城里。几个月后，那个山里人进城在大街上闲逛，看见一间富丽堂皇的屋子前面围着一大群人，有一个人在高声叫着："快来看呀，来欣赏世界上最精美、最奇妙的雕像，只要两个银元就够了，这可是世界上顶尖的作品！"

于是，他付了两个银元走进屋子去，想要一睹为快。而事实上他所看到的正是他用一个银元卖掉的那尊石像，可是他已无法认出这曾经属于他的石像了。

宝贝放错了地方就是废物。其实人与人之间没有什么本质的区别，就像天空中的繁星，都有自己的位置，虽然有的灿烂，有的暗淡，但是只要换一个位置，我们就能发现星星各自的光辉。对于成功而言，最关键的是选准自己的位置和目标。

现实中，人最不了解的便是自己。想要做到更好地了解自己，那首先要学会敢于不如人。因为敢于不如人其实就是承认自己的不足，这是一种期待成长的过程及勇气。每个人都有长有短，真正看清这一点，你才能最后胜于人。只有敢于不如人，才能更好地认识自己。才能找到属于自己的位置，因为自己的位置是用自己的努力垫起来的。

在这个竞争激烈的世界里，只有学会了比较，才能发现自己的弱小，然后化不平的心理为奋斗的动力，你才有超越一切的可能。

一位怀才不遇者去寺院拜访一位高僧。

"施主，"高僧合掌问道，"你为什么愁眉苦脸？"

"我已经快 40 岁了，大师，"怀才不遇者说，"至今找不到自己的位置！"

"你要找什么样的位置？"

"不知道，"怀才不遇者想了想，又改口说，"适合我的位置！"

"你的位置就在你的脚下！"高僧说毕，弯腰拾起一片落梅的花瓣，拈花微笑。

怀才不遇者一愣，顿悟。自己正站在高僧的对面，头顶是一树怒放的腊梅，脚底是落满梅花的土地，夕阳西下，暗香浮动，感觉真好，这不正是自己目前所处的位置吗？

每个人都在寻找中奋斗，到头来呢？奋斗好比马拉松赛跑，跑到终点又能如何？冠军只有一个！实际上，这个冠军也未必心满意足，因为他的眼睛不是在俯视芸芸众生，而是在仰视万里无云的晴空。他确信，他的位置是天上的某一个星座，为此，他还需继续拼搏。

位置并不完全取决于自己的选择，寻找也无异于海中捞月。父母生了你，你一呱呱坠地，你的位置就注定是做父母的孩子。上学去，你是学生，排座位，也不是你想坐哪儿，就能坐哪儿。你生在中国，你就是中国人，即使你移民加拿大，你仍是加籍华人。你走进会场，你坐的总是属于你的位置。没有你的位置，你就不会去开会。

位置可遇不可求。你可以奋斗，但不可以死盯着某一个位置，认定非己莫属。安于自己的位置，才会使自己真正安心。

人生感悟

在我们的人生道路上将有无数风景美不胜收，将有无数的金钱名誉的诱惑，但我们不能失去自己的位置。站在自己的位置上，扎根在自己的位置上，你的人生必将会是一番旖旎的风景。

变化才是人生的真谛

一只鲷鱼和一只蝾螺在海中，蝾螺有着坚硬无比的外壳，鲷鱼在一旁赞叹着说："蝾螺啊！你真是了不起呀！一身坚强的外壳一定没人伤得了你。"

蝾螺也觉得鲷鱼所言甚是，正扬扬得意的时候，突然发现敌人来了，鲷鱼说："你有坚硬的外壳，我没有，我只能用眼睛看个清楚，确知危险从哪个方向来，然后，决定要怎么逃走。"说着，说着，鲷鱼便"咻"的一声游走了。

此刻呢，蝾螺心里在想，我有这么一身坚固的防卫系统，没人伤得了我啦！

我还怕什么呢？便关上大门，等待危险的过去。

蝾螺等呀等的，等了好长一段时间，也睡了好一阵子了，心里想危险应该已经过去了吧！

蝾螺探出头透透气时，向周围一看，不禁扯破了喉咙大叫："救命呀！救命呀！"此时，它正在水族箱里，对面是大街，而水族箱上贴着的是：蝾螺 ×× 元一斤。

此时，不知你的感想如何，这篇禅学寓言告诉我们：过分封闭自己的人，都将丧失自我成长的机会，自陷危险之境而不自知！

同样的道理，你也听过煮青蛙的故事吧，当把一只青蛙放进一锅烧得滚烫的开水中时，它一下子就会从里面跳出来，但是把青蛙放在温水里，然后在锅底下慢慢加温，青蛙在温水里自由地游泳，当水温慢慢升高的时候这只青蛙丝毫没有感觉，当它感觉到不舒服想跳出来的时候，双腿已经没有力量——它被煮熟了！

面对改变，我们时常会觉得有些不习惯，或者感觉有些压力，甚至是恐惧，可是这正是你成长的时刻！

迅猛的变化、爆炸的资讯、时间和空间的巨大变革，人与人之间的距离极大地缩小了！整个地球也只是一个"地球村"而已！

竞争的游戏规则已在不知不觉中改变……

人们曾引以为豪的成功经验也在一夜之间褪去了它往日的魔力，"一招鲜"似乎也不一定能吃遍天了……

面对着变化，很多人开始感到困惑、压力重重……最后麻木或者习惯！

有一点肯定无疑，我们正在激烈地告别传统：传统的技术、传统的知识、传统的教育、传统的制度、传统的道德，甚至是传统的智慧！变化已经是这个时代唯一不变的特征！

你愿不愿意进入这个充满变化的21世纪呢？

谁都会发现，不管你愿不愿意，时代的步伐总是向前，它不会以你我的意志为转移，更不会等我们半步！

更多的变化、更多的挑战，当然其中也包含更多的机会！

《第五项修炼》的作者彼得·圣吉说，在这个时代，你唯一的竞争优势就是比你的竞争对手学习得更快、更多、更好！

而学习的实质到底是什么呢？

没错，它就是“改变”！

相对于这个时代而言，我觉得“改变”一词还来得不够有力度，不如我们用“颠覆”一词！

颠覆你自己，否则竞争将颠覆你！

从前有两个年轻人，一个叫小山，一个叫小水，他们住在同一村庄，成为最要好的朋友。由于居住在偏远的乡村谋生不易，他们就相约到远处做生意，于是同时把田地变卖，带着所有的财产和驴子远行了。

他们首先抵达一个生产麻布的地方，小水对小山说：“在我们的故乡，麻布是很值钱的东西，我们把所有的钱换取麻布，带回故乡，一定会有利润的。”小山同意了，两人买了麻布细心地捆绑在驴子背上。

接着，他们到达了一个盛产毛皮的地方，那里也正好缺少麻布，小水就对小山说：“毛皮在我们故乡是更值钱的东西，我们把麻布卖了，换成毛皮，这样不但我们的本钱回收了，返乡后还有很高的利润！”

小山说：“不了，我的麻布已经很安稳地捆在驴背上，要搬上搬下多么麻烦呀！”

小水把麻布全换成毛皮，还多了一笔钱。小山依然有一驴背的麻布。

他们继续前进到一个生产药材的地方，那里天气苦寒，正缺少毛皮和麻布，小水就对小山说：“药材在我们故乡是更值钱的东西，你把麻布卖了，我把毛皮卖了，换成药材带回故乡一定能赚大钱的。”

小山拍拍驴背上的麻布说：“不了，我的麻布已经很安稳地在驴背上，何况已经走了那么长的路，卸上卸下太麻烦了！”小水把毛皮都换成了药材，还赚了一笔钱。小山依然有一驴背的麻布。

后来，他们来到一个盛产黄金的城市，那充满金矿的城市是个不毛之地，非常欠缺药材，当然也缺少麻布。小水对小山说：“在这里药材和麻布的价钱很高，黄金很便宜，我们故乡的黄金却十分昂贵，我们把药材和麻布换成黄金，这一辈子就不愁吃穿了。”

小山再次拒绝了：“不！不！我的麻布在驴背上很稳妥，我不想变来变去呀。”小水卖了药材，换成黄金，又赚了一笔钱，小山依然守着一驴背的麻布。最后，他们回到了故乡，小山卖了麻布，只得到蝇头小利，和他辛苦的远行不成比例。而小水不但带回一大笔财富，还把黄金卖了，便成为当地最大的富豪。

谁能让思维变得更及时更快，谁就能赢得精彩；那些固守死理、一成不变的人，则只能永远平庸。

在职场中，要有自己坚持的东西，更要有自己灵活变通的一面。对于自己的工作要有乐趣，永远乐在工作是我们应该坚持的东西。再者就是恒心与毅力，但还要善于应对变化，掌握时机，当机会来临的时候，不可错过。不可故步自封，要有面对充满弹性与变化的灵性。具备这些，你定可以成为职场上的成功者。

人生感悟

成功者也可能遭逢失败，但只要不故步自封，掌握时机，终有再站起来的一天。

小爱好可以成就大事业

一位拉丁作家这样描述过“机会女神”的样子：机会女神的前额上长着头发，但她的后脑没有头发。如果你能够抓住她前额上的头发，你就能够抓住她。然而，如果被她挣脱逃走的话，即使万神之王宙斯也无法将她捉住。所以，要想抓住“机会女神”，必须注意生活中的每一个细节，要从身边的小事做起，特别是自己喜欢的事情，这可能就是“机会女神”的藏身所在。

列宁曾经说过：“要成就一件大事业，必须从小事做起。”小事情往往具有大价值，往往能让人成就一番事业，如果对小事情不屑一顾，没有一点自己的小爱好，那碰到大事情又怎能应付得了呢？正所谓：“一屋不扫，何以扫天下”？

美国总统富兰克林·罗斯福即使在战争最艰苦的年代里，仍然坚持每天抽出一点时间来从事自己的小爱好——集邮。做自己喜欢做的事，可以让他忘记周围的一切烦心事，让心情彻底放松，让大脑重新清醒起来。

小爱好不但可以愉悦身心，放松心情，而且还有延年益寿之功。有人做过这样的研究，他们试图找到长寿老人的共同特点。他们研究了食物、运动、观念等多方面因素对健康的影响，结果令人惊讶，长寿老人们在饮食和运动方面几乎没有完全共同的特点，但有一点却是共同的，即他们都有自己的小爱好，并且把这作为自己的人生目标而为之奋斗，这是他们的精神寄托。

所以，无论你对生活多么不满，一定要有人生目标，要有点爱好，有点精神食粮，因为它能使你看轻人生的使命，能让你找到心灵家园，从而使人生更有意义。

在美国长岛，有一位名叫莱伯曼的百岁老人，他头发花白，但精神矍铄，老人看上去最多不超过80岁。据老人讲，他根本没想到自己能活这么大年纪，因为在他80岁的时候，曾对生命失去了兴趣，以为自己到了寿终正寝的时候，那时他健康状况很差，看上去像是真的要不行了，可一次偶然的机会，他与绘画结缘，从此，他迎来了自己人生的第二次青春。

莱伯曼是在一家老年人俱乐部里和绘画结下缘分的。那时，老人歇业已多年，他常到城里的俱乐部去下棋，以此消磨时间。一天，女办事员告诉他，往常那位棋友因身体不适，不能前来做陪。看到老人的失望神情，这位热情的办事员就建议他到画室去转一转，还可以试画几下。

“您说什么，让我作画？”老人好奇地问道，“我从来没来摸过画笔。”

“那不要紧，试试看嘛！说不定你会觉得很有意思呢！”

在女办事员的坚持下，莱伯曼到了画室，平生第一次摆弄起画笔和颜料，但他很快就入迷了，周围的人也都认为他简直就是一个天生的画家。81岁那年，老人开始去听绘画课，开始学习绘画知识。从此，老人感到重新找到了生活的乐趣，精神一天天好了起来。

1997年，洛杉矶一家颇有名望的艺术陈列馆专门为莱伯曼举办了一次画展。此时，已年过百岁的莱伯曼笔直地站在入口处，笑容满面，迎接参加开幕式仪式的来宾，许多有名的收藏家、评论家和新闻记者全都慕名而来。作品中表现出来的活力，赢得了许多观众的赞赏。

老人在展后接受采访时兴致勃勃地说：“我不说我有101岁的年纪，而是说有101年的成熟。我要借此机会向那些自认为上了年纪的人表明，这不是生活暮年，不要总去想还能活到哪年，而要想还能做什么，着手做点自己喜欢的事，这才是生活。”

亨利·梭罗曾经说：“我从没找到过这样一个伙伴，他能像这一小时那样长期地陪伴着我。”生命的质量是以所做的而不是以人度过的光阴来衡量，生活中每天抽出一点时间来做自己喜欢做的事，能使心灵更美、生活更有情趣、木生命也更有意义。

“要成就一件大事业，必须从小事做起。”小事情往往具有大价值，往往能让人成就一番事业，如果对小事情不屑一顾，没有一点自己的小爱好，那碰到大事情又怎能应付得了呢？

人生感悟

我们从身边诸多事例中能够发现，本能是天生的，而爱好基于后天的培养，爱好在丰富美丽人生的同时，在机遇来临时还具有助事业起跳的神奇力量。正如比尔·盖茨所言“在你最感兴趣的事物上，隐藏着你人生的秘密。”

命运之舟掌握在自己手中

也许你根本就没有在意，在你的生活中有多少次抱怨老天的不公平。有时，你也许真的遭遇到了某些不公平的待遇，既得的利益被无端地剥夺，自己的荣誉拱手让给了他人，公平的分配却怎么也轮不到自己……于是，常见许多人处于生命低谷时一味地抱怨、苦恼，大声地哭诉着生活对自己是如此的不公，长期沉溺其中不能自拔，终日被泪水和无奈的情绪包围着。其实，仔细想来，抱怨、折磨自己又有何用？只能徒增自己的痛苦，让自己坠落得更深、更惨罢了！

面对生活，有很多事情不能如己所愿，别人得到了幸运你却与机会擦肩而过，别人获得了成功你却陷入困境，别人一帆风顺你却遭遇不幸……于是，你感叹生活是如此的刻薄，命运是如此的不公。其实，当你有这样的感叹的时候，你已经把自己的命运的掌控权交了出去。

如果把人生的旅途描绘成图，那一定是高低起伏的曲线，它可比呆板的直线丰富多了。

威尔逊先生是一位成功的商业家，他从一个普普通通的事务所小职员做起，经过多年的奋斗，终于拥有了自己的公司、办公楼，并且受到了人们的尊敬。

有一天，威尔逊先生从他的办公楼走出来，刚走到街上，就听见身后传来“嗒嗒嗒”的声音，那是盲人用竹竿敲打地面发出的声响。威尔逊先生愣了一下，缓缓地转过身。

那盲人感觉到前面有人，连忙打起精神，上前说道：“尊敬的先生，您一定发现我是一个可怜的盲人，能不能占用您一点点时间呢？”

威尔逊先生说：“我要去会见一个重要的客户，你要什么就快说吧。”

盲人在一个包里摸索了半天，掏出一个打火机，放到威尔逊先生的手里，说：“先生，这个打火机只卖一美元，这可是最好的打火机啊。”

威尔逊先生听了，叹口气，把手伸进西服口袋，掏出一张钞票递给盲人：“我不抽烟，但我愿意帮助你。这个打火机，也许我可以送给开电梯的小伙子。”

盲人用手摸了一下那张钞票，竟然是一百美元！他用颤抖的手反复抚摸这钱，嘴里连连感激着：“您是我遇见过的最慷慨的先生！仁慈的富人啊，我为您祈祷！上帝保佑您！”

威尔逊先生笑了笑，正准备走，盲人拉住他，又喋喋不休地说：“您不知道，我并不是一生下来就瞎的。都是23年前布尔顿的那次事故！太可怕了！”

威尔逊先生一震，问道：“你是在那次化工厂爆炸中失明的吗？”

盲人仿佛遇见了知音，兴奋得连连点头：“是啊是啊，您也知道？这也难怪，那次光炸死的人就有93个，伤的人有好几百，可是头条新闻哪！”

盲人想用自己的遭遇打动对方，争取多得到一些钱，他可怜巴巴地说了下来：“我真可怜啊！到处流浪、孤苦伶仃，吃了上顿没下顿，死了都没人知道！”他越说越激动，“您不知道当时的情况，火一下子冒了出来！仿佛是从地狱中冒出来的！逃命的人群都挤在一起，我好不容易冲到门口，可一个大个子在我身后大喊：‘让我先出去！我还年轻，我不想死！’他把我推倒了，踩着我的身体跑了出去！我失去了知觉，等我醒来，就成了瞎子，命运真不公平啊！”

威尔逊先生冷冷地道：“事实恐怕不是这样吧？你说反了。”

盲人一惊，用空洞的眼睛呆呆地对着威尔逊先生。

威尔逊先生一字一顿地说：“我当时也在布尔顿化工厂当工人，是你从我的身上踏过去的！你长得比我高大，你说的那句话，我永远都忘不了！”

盲人站了好长时间，突然一把抓住威尔逊先生，爆发出一阵大笑："这就是命运啊！不公平的命运！你在里面，现在出人头地了，我跑了出去，却成了一个没有用的瞎子！"

威尔逊先生用力推开盲人的手，举起了手中一根精致的棕榈手杖，平静地说："你知道吗？我也是一个瞎子。你相信命运，可是我不信。"

同是不幸的遭遇或失败，有人只能以乞讨混日子为生，有人却能出人头地，这绝非命运的安排，而在于个人奋斗与否。

面对自己的不幸，屈服于命运，并企图以此博取别人的同情，这样的人只能永远躺在自己的不幸中哀鸣，不会有站起来的一天。可失败并不意味着失去一切，靠自己的奋斗一样可以消除失败的阴影，赢得尊重。

确实，世界总是不公平的，没有必要去抱怨，我们的世界就是不公正的。这个事实让人难以接受，但我们不能自欺欺人：几千年来，人类确实从没有实现可以平均分配财富、不让穷人产生的经济制度。社会中的各种制度，只有靠我们不断地完善而绝不可能到达完美；社会中的种种福利，只能要求当事人做到绝对的公正而不可能达到绝对的公平。

所以，你大可不必为自己的点点得失而大喊不公，应该正视现实，承认生活确实是不公平的。

承认生活并不公平这一事实可以激励我们去尽己所能，而不再自我伤感。我们知道让每件事情完美并不是"生活的使命"，而是我们自己对生活的挑战。承认这一事实也会让我们不再为他人遗憾，每个人在成长、面对现实、作种种决定的过程中都有各自不同的能力和难题，每个人都有感到成了牺牲品或遭到不公正对待的时候。

人生感悟

承认生活并不公平这一事实并不意味着我们不必尽己所能去改善生活，去改变整个世界；恰恰相反，它正表明我们应该这样做。当我们没有意识到或不承认生活并不公平时，我们往往怜悯他人也怜悯自己，而怜悯自然是一种于事无补的失败主义的情绪，它只能令人感觉比现在更糟。

新的起点也许成就更加辉煌

36岁的沈敏是娟娟美容美发形象设计中心总经理，她原本是西南工具总厂游标卡尺装尺工，1996年下岗。

如今的沈敏，是贵阳市的名人。她有很多"头衔"：国务院授予的"全国青年兴业领头人"；省"十大下岗创业明星"；省个协、私协美容美发委员会副会长。

可是，提起沈敏5年的创业历程，她自己都说，在开美容院之前，她是一个不成功的"商人"。

1996年，西南工具总厂进入困难时期，沈敏与丈夫一起下岗待工，两人的收入已不能支持家庭开支。

看着上学的女儿、多病的母亲、正上大学的妹妹，沈敏与丈夫商量后决定，自己下岗做生意，丈夫则继续待工。

下岗后，沈敏像很多下岗职工一样，首先想到的就是摆地摊，批发小百货来卖。

每天，她蹲在路边，守着小摊，眼巴巴地盼着有人光顾。就这样看着来来往往的人群守了一个月，连盒饭都舍不得买，一算账，竟还亏了几十元。

小百货不好卖，就卖别的吧。沈敏从家里挤出120元，从水果批发市场批发了樱桃来卖。可这回，樱桃一颗颗烂在家里，紧赶着处理，还是亏了50元。卖用的、吃的都贴钱，沈敏又改卖穿的。东挪西借后，她去进了一批皮鞋，每天她把几大捆鞋装在蛇皮口袋里，用自行车驮着，四处叫卖。

一个秋雨蒙蒙的傍晚，她去卖鞋，艰难地在凹凸不平、泥浆四溅的路上骑行。这时蛇皮袋绞入后车轮，她连人带车栽入烂泥中，几次想爬都爬不起来。

幸好一个钓鱼的老人路过，将她拉了起来，还帮她把散落满地的皮鞋捡拢来。

就这样，皮鞋生意也半途而废了。家里也没有钱让她再去“折腾”，经朋友介绍，她到雅芳公司当了化妆品推销员。

由于长期的风吹日晒，东奔西跑，沈敏患上严重的胃病和美尼尔氏综合症，脸部皮肤粗糙，还有大块大块的黄褐斑。

这样的形象去推销化妆品，就有顾客公开奚落她：“看看你自己的样子，也来搞化妆品推销。”

沈敏没有气馁，她觉得很多人下岗后不再创业是因为不肯放下国企职工的架子，这对于她来说不算什么，生活嘛，谁还不都得过几道坎，她一定能干好。

于是，沈敏每天穿梭于大街小巷，四处苦口婆心推销，终于让自己的生活有了转机。

但是，顾客的奚落一直是她胸口的病，也让她看到商机——美容业。沈敏放弃了已能养家糊口的推销工作，到一家美容院当起一个月只有150元工资的“学徒”。

在美容院打工3个月，是她学习的3个月，她全部的工资都变成了有关书籍，加上师姐的指点，她的技艺突飞猛进。

3个月时间，这家美容院已不能满足她的求知欲，在丈夫支持下，她变卖了家中唯一的电器——电视机和部分家具，来到贵阳一家专业美容美发培训中心学习，拿到高级美容师职称。

学成后，沈敏借了1万元，租了一间12平方米的门面，开了只有两张美容床的“娟娟美容院”。

有了自己的目标，有了自己的天空，沈敏更加努力，摸索出一套属于自己的洗脸按摩手法，更在化妆、文眉上有了突飞猛进的提高。从此，沈敏的生活步入坦途，生意越做越大。

现在，沈敏的美容院更名为美容美发形象中心，有240平方米，上下两层楼：有员工10余人，美容床21张，有自己的美容美发培训学校。

沈敏成功了，其实奋斗之后迎来辉煌也是水到渠成。

人生感悟

我们不能因为自己资质平凡就不去奋斗，那背离了自己生命的本质，是消极厌世。要以一颗平常心面对这浮躁的世界，踏踏实实地履行自己神圣的职责，一步一个脚印地走好人生路。但人生路从没有一帆风顺的，所以，不妨有意发展，无意成功，锲而不舍，功到自然成。

嫉妒是最无能的竞争

相传在一座城市里，有两个人是一墙之隔的邻居。其中一个嫉妒另一个，见人家好就眼红，竭力想算计人家。他无时无刻不嫉妒人家，而且嫉妒心越来越重，以至于达到饭也吃不下、觉也睡不着的程度。哪知那被嫉妒的人境况却越来越好，邻居越嫉妒，他的日子过得越好。被嫉妒的人听说隔壁的人嫉妒他、算计他，就搬走了，走得远远的，他说：“为了他，我可以搬到天涯海角，远离人世都行。”

他搬到另一座城市住了下来，还在那里为自己买了一块地。那块地里有一口古井，他就在井旁建起了一座小房子。他在那里乐善好施，四面八方的人都投奔到他的门下了，他在那座城里名声大振。后来，有关他的事也传到原先嫉妒他的那位邻居的耳朵里。那家伙听说他现在过得那么好，就同城里的一些豪绅去找他。那家伙进了被嫉妒人的家，被嫉妒的邻居对他表示热情的欢迎，并热情地款待了他。嫉妒者做出一副神秘的样子对他说：“我有话要对你说，我就是为了这个，大老远地跑来的。我要告诉你一个消息，你跟我到你的你的房子里去好了。”

被嫉妒者站起身来，拉着嫉妒者的手，两人走到房间的尽头。嫉妒者说："你让那些门客都进自己的屋里去吧，我要跟你说的是机密事，别人谁也不能听。"

被嫉妒者对那些门客说："你们都回到自己的屋子里去吧！"

人们都照他的吩咐做了。他们两人走了一会儿，等走到古井边上时，嫉妒者竟神不知鬼不觉地将被嫉妒者推进了井里。他以为对方必定淹死无疑了，就出门溜走了。

那井里住着一群精灵，有人跌进井里的时候，精灵们就用手把他托住，把他放在一块大石头上。精灵们相互问道："你们知道这是谁吗？"

精灵又都摇着头说："不知道。"

其中有的就说了："这就是那个受人嫉妒的人。他远离了那个嫉妒他的人，住到我们这座城里。可是那个嫉妒他的人又找来了，见到他又用计骗他，把他推进了咱们这里。有关他的消息昨天晚上就传到了这座城邦的国王那里。国王为了公主的事，正打算明天拜访他呢。"

一个精灵问道："国王拜访他有什么事呢？"

那位消息灵通的精灵答道："国王的女儿疯了，他若是知道治她这种病的药方，就一定会把她治好，其实这个药方非常简单。"

有的精灵问："那是什么一个药方呢？"

那精灵就说："这个人有一只黑猫，猫尾巴尖上有一块银钱大小的白点。他若是从那上面拔出七根白毛，点着了熏一熏她，她就可以永远摆脱开病魔而立即痊愈。"

发生的这一切，那位受人嫉妒的人全都听在耳朵里，记在心上了，第二天一大早，天刚刚亮，那些门客都去见被嫉妒者。一看，他竟从那口井中出来，在他们眼中，他就变得更加了不起了。此后，那位受人嫉妒的人捉住了那只黑猫，从它尾巴上的那个白点里拔下了七根毛，预备着。

太阳一出来，国王便带着大队人马来了，国王让随行官兵留在门口，只带着几位朝廷重臣走进屋去。受人嫉妒的人一见国王进门，赶紧趋步迎上前去，表示欢迎，并热情招待。随后对国王说道："我是否可以坦诚说出您此行的目的。"

"你说吧。"

"您来看我，实际上是要向我打听公主的事。"

国王答道："好心的人，正是这样。"

受人嫉妒的人说："那您就派人把她接来好了。我想她马上就会被治好的。"

国王一听这话，非常高兴，就马上派手下人把公主捆着手脚接了来。那好心的人让公主坐下，用布单盖在她身上，然后取出毛，燃着熏她。公主脑中的病魔被驱走了，她又恢复了神智，用手捂着脸，问："这是怎么回事？我是怎么到这里来的？"

国王见状，喜出望外，亲吻着女儿的两眼，又吻着那位受人嫉妒的人的两手。然后，回头望着他的大臣们，问道："你们说，对于治好公主病的恩人该当如何？"

大臣们说："可以娶她为妻。"

国王说："你们说得对。"

国王就把公主嫁给了他。这样一来，受人嫉妒的人就成了国王的驸马。过了不久，宰相死了。国王又问："我们推选谁当宰相呢？"

大家就说："让驸马爷当吧。"

于是这位受人嫉妒的人又被推选为宰相。过了不久，国王也死了。大家商量："我们推选谁来当国王呢？"

"宰相吧。"

这样一来，这位受人嫉妒的人又成了一呼百应、权倾朝野的国王。

有一天，他乘车外出，文武百官、大队人马前呼后拥地保驾随行，那位嫉妒者正好路过，被嫉妒的国王在车上看见了那位嫉妒他的人，就回头对一位大臣说："你们把那个人给我叫来，别吓着他。"

过了一会儿，大臣们把那位爱嫉妒人的人带到国王面前。国王看着这位老邻居，对随从们吩咐道："从我的库存里取出一百两黄金给他，再给他打点二十驮货物，还要派一个人送他回乡。"

然后，国王为他送行，离他而去，对他过去对自己的伤害毫不追究。

你瞧瞧那位受人嫉妒的人对那个原先嫉妒他的人的宽恕：想当年那家伙如何嫉妒他，算计他，他都搬走了，那家伙还找去，竟把他推下井去，想害死他，可是他对那个家伙并没有冤冤相报，而是饶了他，宽恕了他。

这则故事是《天方夜谭》中的一则关于嫉妒者和被嫉妒者的故事。

由这则故事我们很容易看到，嫉妒是一种缺乏自信、深感失落的心理感受，它是邪恶的开端，有着丑陋的本性，最终只能害人更害己。

一位美国作家说过："当朋友取得成功时，我们心中就有一些东西被摧毁了。"你是否也有过这种感觉：当你听到别人成功的消息，会不会变得很脆弱？当你看到别人春风得意的时候，是不是感觉自己好像失去了什么？当你的快乐和满足被老同学或老朋友们的好消息冲淡时，你是不是觉得自己很失败？

这就是嫉妒。嫉妒就是比较，我们都被教导要去比较，某人有较好的房子，某人有优美的身材，某人有更多的钱，某人有更具魅力的人格。比较，继续跟你周遭的每一个人比较，嫉妒就会产生，它就是"比较"这个习惯的副产物。

嫉妒天然带着羞耻。嫉妒让人孤立，让人走到不见光的地方。嫉妒的人生活在地狱里。放弃比较，嫉妒就会消失，卑鄙就会消失，虚伪就会消失，但是唯有当你开始培养你内在的财富，你才能够放弃它，没有其他的方式。

人生感悟

不断成长，变成一个越来越真实的个人，依照神造出你的样子来爱你自己、尊敬你自己，那么天堂之门就会立刻为你打开。

成功就住在失败隔壁

在生活中，成功不仅仅意味着取得胜利，而且包括从失败中奋起的闪光意志。我们每个人身上都存在着一种失败机制，它产生于以往的挫折。这种失败机制的构成要素有惧怕、怒气、自卑、孤独、无常、不满、空虚。

在某种程度上，遭遇厄运的境况和遭受失败是一样的。每一个人都遭受过失败，而且不止一次，正如我们经常会遇到倒霉事一样。从未遭受过失败的人，从未遭受过挫折的人，那他一定什么事都没做过。不做事固然不会有失败与挫折，当然也没有成功与战胜挫折的体验。

《包法利夫人》的作者福楼拜曾说："你一生中最光辉的日子，并非是成功的那一天，而是能从悲叹和绝望中涌出对人生挑战的心情和干劲的日子。"

研究失败者，你会发现他们都患有一个通病，那便是为自己找借口。

借口很好地向你解释了为什么有的人能不断进取，而有的人却原地踏步。借口千千万万，其中最糟糕的莫过于以健康、智力、年龄和运气等为借口。越是成功的人，越少寻找借口。而那些停滞不前的人却总有无限的借口可寻。平庸的人总能很快地自我辩解为什么他没有或不能成功。

我们所有的人，现在或过去，都不免在某件事中失败。失败使我们焦躁不安，失去安全感。有些人因失败而愧悔不已，终日为曾经遭受的困顿挫折左右，不能自拔。有时，我们正准备尽心尽力去干某件值得一干的事情时，却因以往的失败经历而彷徨不前、左右为难，深怕重蹈覆辙。

如果我们被这些畏惧失败的心理所慑服，我们便会背离正常的生活。因为，我们忽略了自身具备的珍贵财富，即自身固有的获得成功的能力，失败最终吞噬安宁，导致紧张不安，信心丧失殆尽。

我们必须学会接受自己的现状。我们永远不是完美无缺的，可能犯错误，自我形象遭到扭曲，但我们必须从中吸取教训，而不是因噎废食，从此抛弃我们辛辛苦苦开拓的事业。从失败中奋然而起，最终带来的是信心和快乐。

最大的失败莫过于害怕失误，不敢冒一个使我们的生活更富有意义的风险。如果我们能战胜这一担忧，那么自我就自动得到了改善，这必将为我们带来梦寐以求的幸福。

我们没人喜欢面对困难和不幸，但聪明的人善于把它当做成长的机会。

人一生是由幸福和悲伤、成功和失败、欢乐和痛苦交织而成的，只有当你经受得住成功和失败的考验，才能展示你的真正价值。

挫折与失败是一种挑战和考验。适度的失败与挫折，可以帮助人们驱走惰性，促使人奋进。英国哲学家培根说过："超越自然的奇迹多是在对逆境的征服中出现的。"

挫折助人成长。人的成长过程是适应社会要求的过程，如果适应得好，就觉得宽心和谐；如果不适应，就觉得别扭、失意。而适应就要学会调整自己的动机、追求和行为。一个人出生时，根本不知道什么是对，什么是错，正是通过鼓励、制止、允许、反对、奖励、处罚、引导、劝说，甚至身体上的体罚与限制才学会举止与行为的适应和得当，学会在不同环境、不同时间、不同对象、不同规范条件下调整行为。反之，从小无法无天的孩子，一旦独立生活就会被淹没在矛盾和挫折之中。

如德国天文学家开普勒，从童年开始便多灾多难，在母腹中只呆了 7 个月就早早来到了人间。后来，天花又把他变成了麻子，猩红热又弄坏了他的眼睛。但他凭着顽强、坚毅的品德发愤读书，学习成绩遥遥领先于他的同伴。后来因父亲欠债使他失去了读书的机会，他就边自学边研究天文学。在以后的生活中，他又经历了多病、良师去世、妻子去世等一连串的打击，但他仍未停下天文学研究，终于在 59 岁时发现了天体运行的三大定律。他把一切不幸都化作了推动自己前进的动力，以惊人的毅力，摘取了科学的桂冠，成为"天空的立法者"。

人生难免会遇到挫折，没有经历过失败的人生不是完整的人生。巴尔扎克说："挫折和不幸，是天才的晋身之阶，信徒的洗礼之水，能人的无价之宝，弱者的无底深渊。"

生活中的失败挫折既有不可避免的一面，又有正向和负向功能；既可使人走向成熟、取得成就，也可能破坏个人的前途。关键在于你怎样面对挫折。

挫折增强你的意志力。现在的青少年长期生活在被服务的环境中，从进小学到读大学，都由父母去承受压力，因而他们对各种困难体验都不深，缺乏忍耐力，没有坚强的意志，一旦遇到挫折就被击垮了。实际上生活中许多轻度挫折，是意志力的"运动场"，当你大汗淋漓地跑完全程，克服了生活的挫折，就会获得愉快的体验。心理学家把轻度的挫折比作"精神补品"，因为每战胜一次挫折，都强化了自身的力量，为下一次应付挫折提供了"精神力量"。

要认识到，挫折的价值就是刺激你奋起，只有当你失去信心时，你才真的被打败了。

人生感悟

逆境是达到真理的一条通路。不懂得在痛苦中丰富和提高自己的人，多半是愚蠢和懦弱的。对我们遇到的麻烦和问题，既不回避，也不沮丧，而是多想办法，这样才能使自己与智慧结下缘分，成为生活的强者。

只管去付出，不要计较得失

很多刚刚踏入社会的年轻人，往往把薪水当成衡量事情是否值得去做的标准。事实上怎样呢？许多刚从学校毕业的年轻人，没有什么工作经验，老板是不会把重要的职务交给他们来担任的。既然这样，他们又凭什么向老板去索取高薪呢？

现在的很多年轻人都把社会看得十分现实。在他们眼中，工作成了这样一条简单的定义：我为公司工作，公司付给我同样价值的报酬，等价交换。他们绝对不会去为公司多做一点点事情。

在他们眼中，薪水就是一切，学生时代的梦想早已消逝。他们以应付的姿态对待工作，能偷懒就偷懒，能逃避就逃避，他们绝对是“到点才来，下班就走”的那种。他们工作最多是为了对得起老板付给他的薪水，而从来没想过工作会跟自己的前途有何联系。

很多人缺乏对薪水的认识和理解，他们总认为老板付给自己的薪水太低，只可惜的是，他们放弃了比薪水更重要的东西。

微软总裁比尔·盖茨说：“当你拥有上亿资产的时候，金钱对你来说无疑只是个符号而已。”也许，你现在还远远没有达到那种境界，但如果你是一个准备有所成就的人，就会发现薪水只不过是你所获得的报酬的其中一小部分。

去问那些事业成功的人，如果在没有利益回报的情况下，他们是否还愿意努力去做自己的工作呢？你得到的答案一定是：我会一如既往全力以赴地去工作，因为，我热爱我的工作。

一个人要想获得快速的成长，捷径就是选择一种哪怕没有任何报酬自己也愿意努力去做的工作。当你这样做时，金钱就会自然地追随你而来，所有的公司也将竞相聘请这样的人才，而且他们也愿意为此付出更高的报酬。

薪水不等于工作的报酬。通过工作让自己的潜能得到充分的发挥让自己快速成长，比什么都重要。假如工作仅仅为了生计，你的生命的价值将因此而大打折扣。

你的追求不要只局限于满足生存，而要有更高的目标。千万别对自己说，工作就是为了薪水。你应看到比薪水更重要的东西——快速成长。

确实如此，工作不是我们为了谋生才做的事，而是我们要全力以赴用生命去做的事。

把自己喜欢的并且乐在其中的事情当成使命来做，就能发掘出自己特有的能力。即使是辛苦枯燥的工作，也能从中感受到价值。

如果年轻的厨师想早日使自己的手艺精湛，仅仅想着“我要做美味的料理”就以为能实现心愿，那简直是天方夜谭！如果不只是“要做美味的料理”，而是要抱持“做美味的料理是上天赐予我的最完美的工作”的念头，料理的手艺就能进步了。为什么呢？因为如果这样想的话，做菜这件事就会变成一件愉快的事情了。

做事的第一步是学会如何去做。事情可以做好，也可以做坏。你可以高高兴兴和骄傲地做，也可以愁眉苦脸和厌恶地做。如何去做完全在于我们，这是一个选择的问题。没有卑微的工作，只有卑微的工作态度，而我们的工作态度完全取决于我们自己。

一个人的工作，是他亲手制成的雕像。是美丽还是丑恶，可爱还是可憎，都是由他一手造成的。而一个人的一举一动，无论是写一封信、出售一件货物或是打一个电话，都在说明雕像或美或丑，或可爱或可憎。

如果一个人轻视他自己的工作，而且做得很粗陋，那么他决不会尊敬自己。如果一个人认为他的工作辛苦、烦闷，那么他的工作决不会做好，这一工作也无法发挥他内在的特长。

在社会上，有许多人不尊重自己的工作，不把自己的工作看成创造事业的要素和发展人格的工具，而视为衣食住行的供给者，认为工作是生活的代价、是不可避免的劳碌，这是多么错误的观念啊！原因很简单，抱怨和推诿其实是懦弱者的自白。

一个人对工作所持的态度，和他本人的性情、做事的才能有着密切的关系。要看一个人能否达成自己的心愿，只要看他工作时的精神和态度就可以了。如果某人做事的时候，感到受了束缚，感到所做的工作劳碌辛苦，没有任何趣味可言，那么他决不会做出伟大的成就。

不论做何事，务必全力以赴，这种精神的有无可以决定一个人日后事业上的成功与失败。一个人工作时，如果能以生生不息的精神、火焰般的热忱，充分发挥自己的特长，那么不论所做的工作怎样，都不会觉得劳苦。

在工作中，常常有许多人认为自己在为主管工作，为公司工作，他们没有得到期待的回报，以致心中不平，想借此怠工，或以其他动作来报复，甚至想要轰主管下台。

但是，我们平心静气地坐下来想一想，如果我全力以赴，业绩辉煌，谁最占便宜？如果我偷懒，表现不佳，谁最吃亏？固然主管也许会因我们表现的好坏而受到不同程度的影响，但真正影响最大的是你自己。是你自己不能成长，是你自己在浪费光阴！

你有理由觉得自己是在为主管工作，而常常闷闷不乐，工作提不起劲；但你更应该告诉自己，你是在为自己工作！这样你就会全力以赴，常有一颗快乐的心。因为不管工作表现如何，真正影响最大的绝对不是主管或别人，而是你自己。你自己成长步伐的快慢，只意味着你付出的多与少，工作的勤与惰而已。

不管你的工作看起来是怎样的卑微，你都应当付之以艺术家的精神，用生命去做。

在任何情形之下，都不允许对自己的工作表示厌恶。厌恶自己的工作，最终也会遭到工作的厌恶。如果你为环境所迫而做一些乏味的工作，你也应当设法从这些乏味的工作中找出乐趣来。

人生感悟

凡是应当做而又必须做的事情，总能找出事情的乐趣，这是我们对于工作应抱的态度。有了这种态度，无论做什么工作，都能有很好的成效。

学会克制，你才能做得更好

大学毕业后，小李到一家外资企业上班。小李的工作有点像秘书，但大家都叫他“助理”。在大学里，小李曾经出尽风头，也很高傲。

从一个学生领袖到做别人的“助理”，小李很难受，特别是办公室的其他人动不动就唤他去打杂时，他就会发无名火，觉得很没尊严。他又不是奴才，凭什么指挥自己干这个又做那个？不过，事后冷静一想，他们并没有错，自己的工作就是这些。刚进来时，王经理也这么事先对小李说过，但一旦涉及具体事情，小李的情绪就有点失控。有时咬牙切齿地干完某事，又要笑容可掬地向有关人员汇报说：“已经好了！”如此违心的两面派角色，自己都感到恶心。有几次，还与同事争吵起来。从此以后，小李的日子更不好过了，他们几乎不理他，他孤傲不成，倒是孤独了。

这天，女秘书小吴不在，王经理便点名叫小李到他办公室去整理一下办公桌并为他煮一杯咖啡。

小李硬着头皮去了。王经理是很厉害的。他一眼就看出了小李的不满，便一针见血地指出：“你觉得委屈是不是？你有才华，这点我信，但你必须从这个做起。”

小李心里一惊，他竟懂！小李笑了笑，表示感谢。王经理还叫小李先坐下来，聊聊近况。可小李身旁没有椅子呀！总不能与他并排在长条双人沙发上坐下吧！他到底在开什么玩笑？

这时，王经理意有所指地说：“心怀不满的人，永远找不到一个舒适的椅子。”难得见到他如此亲切和慈祥的面孔，小李放松了很多。原来，他不像一个“剥削者”，他更像自己的一个合作伙伴，只不过，他是长辈，自己需要尊重他。

手脚忙乱地弄好一杯咖啡后，小李开始整理他老人家的桌子。其中有一盆黄沙，细细的，柔柔的，泛着一种阳光般的色泽。小李觉得奇怪，这干吗用呢？又不种仙人球，这人真怪！

王经理似乎看出小李的心思。伸手抓了一把沙，握拳，黄沙从指缝间滑落，他神秘地一笑：“小伙子，你以为只有你心情不好，有脾气，其实，我跟你一样，但我已学会控制情绪……”

原来，那一盆精致绝伦的沙子，是用来“消气”的。那是他的一位研究心理学的朋友送的。一旦他想发火时，可以抓抓沙子，它会舒缓一个人紧张激动的情绪。朋友的这盆礼物，已伴他从青年走向中年，也教他从一个鲁莽少年打工仔，成长为一名稳重、老练、理性的管理者。王经理说：“先学会管理自己的情绪，才会管理好其他。”

小李的心一下子清爽了许多。

有一句话说得好：处理好心情，才能处理好事情。小李对额外的工作不能心平气和地对待，因此也肯定干不好。经理以黄沙为喻，现身说法，给小李上了一堂十分重要的人生课。

人生感悟

生活环境变了，工作状况变了，人的社会角色也会相应地改变。在这种改变中，你是积极地改变自己还是固守过去的美丽？每一个角色都需要我们自己去控制情绪，将自己调整到最佳状态，才会做得更好。

英雄不问出处

韩琦、范仲淹刚到陕西的时候，有人向他们推荐，当地军官中有个狄青，英勇善战，有大将的才干。范仲淹正需要将才，听了这话，很感兴趣，要部下把狄青的事迹详细说一下。

原来，狄青本是京城禁军里的一个普通兵士。他从小练得一身武艺，骑马射箭，样样精通，加上力壮胆大，后来被选拔做了小军官。

西夏的元昊称帝以后，宋仁宗派禁军到边境去防守，狄青被派到陕西保安（今陕西志丹）。

不久，西夏兵进攻保安。保安的宋军多次被西夏兵打败，兵士们一听说打仗都有点害怕。守将卢守勤为了这件事正在发愁。狄青主动要求让他担任先锋，抗击西夏军。

卢守勤见狄青愿意当先锋，自然高兴，就拨给他一支人马，跟前来进犯的西夏军交战。

狄青每逢上阵，先换一身打扮。他把发髻打散，披头散发，头上戴着一个铜面具，只露出两只炯炯的眼睛。他手拿一支长枪，带头冲进敌阵，东挑西杀。西夏兵士自从进犯宋境以来，没有碰到过这样厉害的对手。他们看到狄青这副打扮，已经胆寒了。经狄青和宋军猛冲了一阵，西夏军的阵脚大乱，纷纷败退。狄青带领宋军冲杀过去，打了一个大胜仗。

捷报传到朝廷，宋仁宗十分高兴，把卢守勤提升了官职，狄青提升四级。宋仁宗还想把狄青召回京城，亲自接见。后来因为西夏兵又进犯渭州，调狄青去抵抗，不得不取消了召见的打算，叫人给狄青画了肖像，送到朝廷去。

以后几年里，西夏兵不断在边境各地进犯，弄得地方不得安宁。狄青前后参加了二十五次大小战斗，受了八次箭伤，从没有打过一次败仗。西夏兵士一听到狄青的名字，就吓得不敢跟他交锋。

范仲淹听了部下的推荐，立刻召见狄青，问他读过什么书，狄青出身兵士，识字不多，要他说读过什么书，他答不上来。

范仲淹劝他说："你现在是个将官了。做将官的如果不能博古通今，只靠个人的勇敢是不够的。"接着，他还介绍给狄青读一些书。

狄青见范仲淹这样热情鼓励他，十分感激。以后，他利用打仗的空隙时间刻苦读书。过了几年，他把秦汉以来名将的兵法都读得很熟，又因为立了战功，不断得到提升，名声更大。后来，宋仁宗把他调回京城，担任马军副都指挥。

宋朝有个残酷的制度。为了防止兵士开小差，在兵士的脸上刺上字。狄青当小兵的时候也被刺过字。过了十多年，狄青当了大将，但是脸上还留着黑色的字迹。

有一次，宋仁宗召见他以后，认为当大将脸上留着黑字，很不体面，就叫狄青回家以后，敷上药，把黑字除掉。

狄青说："陛下不嫌我出身低微，按照战功把我提到这个地位，我很感激。至于这些黑字，我宁愿留着，让兵士们见了，知道该怎样上进！"

宋仁宗听了，很赞赏狄青的见识，更加器重他。

后来，因为狄青多次立功，被提拔为掌握全国军事的枢密使。一个小兵出身的人当上枢密使，这是宋朝历史上从来没有过的事。有些大臣嫌狄青出身低，劝仁宗不该把狄青提到这么高的职位，但是宋仁宗这时候正在重用将才，没有听这些意见。

狄青当了枢密使，有人总觉得他的出身和地位太不相称。有一个自称是唐朝名相狄仁杰后代的人，拿了狄仁杰的画像，送给狄青说："您不也是狄公的后代吗？不如认狄公做祖宗吧！"

狄青谦虚地笑了笑说："我本来是个出身低微的人，偶然碰到机会得到高位，怎么能跟狄公高攀呢。"

这是一则狄青不怕出身低的历史故事，这则故事就充分说明了英雄不问出身的道理。下面则是一则国外企业家的出身故事。

著名企业家迈克尔出身贫寒，家境穷困潦倒。在从商以前，他曾是一家酒店的服务生。干的就是替客人搬行李、擦车的活儿。

有一天，一辆豪华的劳斯莱斯轿车停在酒店门口，车主人吩咐一声："把车洗洗。"迈克尔那时刚刚中学毕业，还没有见过世面，从未见过这么漂亮的车子，不免有几分惊喜。他边洗边欣赏这辆车，擦完后，忍不住拉开车门，想上去享受一番。这时，正巧领班走了出来，"你在干什么？穷光蛋！"领班训斥道，"你不知道自己的身份和位置？你这种人一辈子也不配坐劳斯莱斯！"

受辱的迈克尔从此发誓："这一辈子我不但要坐上劳斯莱斯，还要拥有自己的劳斯莱斯！"他的决心是如此强烈，以至于这成了他人生的奋斗目标。许多年以后，当他事业有成时，果然买了一部劳斯莱斯轿车！如果迈克尔也像领班一样认定自己的命运，那么，也许今天他还在替人擦车、搬行李，最多做一个领班。人生的目标对一个人是何等重要啊！

在现实中，总有这样一些人：他们或因受宿命论的影响，凡事听天由命；或因性格懦弱，习惯依赖他人；或因责任心太差，不敢承担责任；或因惰性太强，好逸恶劳；或因缺乏理想，随波逐流……总之，他们给自己定低调，遇事逃避，不敢为人之先，不敢转变思路，而被一种消极心态所支配，不求进取。

从他们这一类人的故事中，我们可以发现这样一个事实：造化有时会把它的宠儿放在平凡人中间，让他们操着卑微的职业，使他们远离金钱、权力和荣誉，可是在某个有意义、有价值的领域中却让他们脱颖而出。

霍兰德说："在最黑的土地上生长着最娇艳的花朵，那些最伟岸挺拔的树木总是在最陡峭的岩石中扎根，昂首向天。"

英雄不问出处，只在乎成就的大小。

在现实生活中，我常看到这样的人，他们常因自己角色的卑微而否定自己的智慧，因自己地位的低下而放弃自己的梦想，有时甚至因被人歧视而消沉，因不被人赏识而苦恼。这是一个多么大的错误啊！

人生感悟

其实造物主常把高贵的灵魂赋予卑贱的肉体，就像我们在日常生活中，总是把贵重的东西藏在家中最不起眼的地方。

第五章　可以平凡，但不能平庸

热爱生命、热爱生活、热爱事业；平凡而不平庸，这就是凡人的生活；用自己的汗水换取成功，用真诚换取尊重，这就是凡人的追求。只要自己争气，同样可以获得属于自己的一片天。

珍惜青春时光

“莫等闲，白了少年头，空悲切。”这是民族英雄岳飞写的《满江红》一词中的语句。他告诉人们要珍惜青春时光，切不可“少壮不努力，老大徒伤悲。”在这方面，岳飞本人就是一个典范。他在青年时期就为实现崇高的理想——“精忠报国”而有所作为。

青年时期是一个人的黄金时期，有许多中外著名的革命家、科学家、文学家都是在青年时期做出卓越成就的。马克思、恩格斯写出《共产党宣言》时为 29 岁和 27 岁；牛顿创立微积分、发现万有引力时也只有 26 岁；我国著名的文学家、思想家鲁迅年仅 23 岁就写出了著名的诗篇《自题小像》。可见，青年时期是一个最容易出成就的时期。

然而，在现实生活中，并非每一个人都能珍惜青春。当青春来临时，有的人还在少年时代的无忧无虑之中，没有领悟到青春的价值，结果任青春漂流而去；有的人把大好的时光耗在无意义的填空上，没有感悟到青春的意义。结果与青春告别时，事业还没有任何着落。

有一对兄弟，他们的家住在 80 层楼上。有一天他们外出旅行回家，发现大楼停电了！虽然他们背着大包的行李，但看来没有什么别的选择，于是哥哥对弟弟说，我们就爬楼梯上去！于是，他们背着两大包行李开始爬楼梯。爬到 20 楼的时候他们开始累了，哥哥说“包包太重了，不如这样吧，我们把包包放在这里，等来电后坐电梯来拿。”于是，他们把行李放在了 20 楼，轻松多了，继续向上爬。

他们有说有笑地往上爬，但是好景不长，到了 40 楼，两人实在累了。

想到还只爬了一半，两人开始互相埋怨，指责对方不注意大楼的停电公告，才会落得如此下场。他们边吵边爬，就这样一路爬到了 60 楼。到了 60 楼，他们累得连吵架的力气也没有了。弟弟对哥哥说，“我们不要吵了，爬完它吧。”于是他们默默地继续爬楼，终于 80 楼到了！兴奋地来到家门口兄弟俩才发现他们的钥匙留在了 20 楼的包包里了。

有人说，这个故事其实就反映了我们的人生：20岁之前，我们活在家人、老师的期望之下，背负着很多的压力、包袱，自己也不够成熟、能力不足，因此步履难免不稳。20 岁之后，离开了众人的压力，卸下了包袱，开始全力以赴地追求自己的梦想，就这样愉快地过了 20 年。可是到了 40 岁，发现青春已逝，不免产生许多的遗憾和追悔，于是开始遗憾这个、惋惜那个、抱怨这个、嫉恨那个，就这样在抱怨中度过了 20 年。到了 60 岁，发现人生已所剩不多，于是告诉自己不要在抱怨了，就珍惜剩下的日子吧！于是默默地走完了自己的余年。到了生命的尽头，才想起自己好像有什么事情没有完成。原来，我们所有的梦想都留在了20岁的青春岁月。

对每个人来说，青春都是别人无法夺去的内在财富。人生富有，要从青春时期开始积累。没有意识到青春的价值，人生就好像是落了潮的荒滩；没有珍惜过青春年华，人生的火焰就会像黯淡的残烛；青春不是在搏击与进取中度过，人生的回忆便是一杯平淡的白水。青春会在春夏秋冬的洗礼中悄然逝去，但是青春时期创造的社会价值，却会像玫瑰香一样飘在人生征途上，时时可以使你获得欢悦，闻到清香。

组成青春光环的是每一分钟的耕耘和付出。为了留住青春，就得珍惜生活赐予我们的每一分钟；为了永葆青春，就得开拓进取，不断创新，不断前进。古人说得好："盛年不重来，一日难再晨。及时当勉励，岁月不待人。"只要我们珍惜青春，理想就一定能闪烁光芒。

时光把我们带入最令人羡慕的年龄，这正是我们将青春的光芒毫无保留地释放出来的人生的最佳阶段。因为这是由少年变为青年，由孩子变成大人的临界点，我们有着比孩子们多一点的成熟与思想，又有着比成年人多一点的童稚与调皮，有如此的年龄优势，我们难道不该珍惜青春？

人生感悟

珍惜青春，并且对生活永怀热情，在青春时期做自己喜欢做的事，不虚度每一天，发挥青春最大的光芒。这样当你回首往事，也许不是每个人都是辉煌灿烂，但至少少了一份遗憾与悲怆。

重要的是做自己

英国文学家兰伯曾说过："人的面貌是世界上最美的景物。虽然它只是一个小小的椭圆体，只有几英寸见方的面积，可是外形也好，神采也好，都是如此生动。"容貌是与生俱来的，是父母给的，有的人漂亮，有的人丑陋，也有的人既不美丽，也不丑陋。

一个人的容貌本来也没什么，可是人是一种追求完美的高级动物。况且，人还有意识，总希望自己眼前的东西能够"赏心悦目"，因此容貌的美丑就极为重要了。

不论容貌好坏，带给人们的烦恼往往是一样多的。

容貌美丽所带来的烦恼，往往是容貌平平的人所体会不到的；容貌平平所带来的烦恼，也是容貌美丽的人所体会不到的。

美好的容貌，可能给你带来幸运，却不一定能带给你幸福。

从一定意义上讲，美好的容貌是一张通行证，不过这张通行证，可以使人上天堂，也可以使人下地狱。

人，大可不必为容貌平平而沮丧。如果你留意的话，就不难发现，在你周围容貌不般配的恋人或夫妻，并不比容貌般配的恋人或夫妻少。由此，就可以知道，容貌并不像想象中那么重要。一个容貌一般的人在热恋着他（她）的恋人眼里，无异天仙之美。一朵花，甲喜爱得入了迷，乙、丙、丁却不一定欣赏；推而至一支曲、一幅画、一篇文章，莫不如是。美好容貌没有一个客观标准，其美感因人而异。

人，要相信自己，爱自己，然后才能期望赢得别人的信任，别人的爱。

如果一个人自以为是美的，她真的就会变美；如果她心里总是嘀咕自己一定是个丑八怪，她果真就会显出一脸傻相。

一个人如自惭形秽，那她就不会变成一个美人；同样，如果她不觉得自己聪明，那她就成不了聪明人；她不觉得自己心地善良，即使只是在心底隐隐地有这种感觉，那她也就成不了善良的人。

有这么一个例子说明了同样的道理。

心理学家从一班大学生中挑出一个最愚笨、最不招人喜欢的姑娘，并要求她的同学们改变以往对她的看法。在一个风和日丽的日子里，大家都争先恐后地照顾这位姑娘，向她献殷勤，陪送她回家，大家以假作真地打心里认定她是位漂亮聪慧的姑娘。结果怎样呢？不到一年，这位姑娘出落得妩媚婀娜，姿容动人，连她的举止也同以前判若两人。她高兴地对人们说：她获得了新生。确实，她并没有变成另一个人，然而在她的身上却展现出每一个人都蕴藏的美，这种美只有当我们相信自己拥有，周围的所有人也才会相信你拥有。

为了获取美，我们必须自信，必须坚信自己内心的美丽。

有时你看到一个长相一般的女人，却觉得她是美的。她把你吸引住了，你看到她就感到愉悦，这是什么原因？就是因为她对自己的美丽的自信。世界上没有一种力量能比对美的自信更能使女人显得美丽。

车尔尼雪夫斯基曾经讲过一个故事：

有一次，他去拜访一位多年不见的朋友，这位朋友已经结婚了。他有幸结识了朋友的妻子，这位年轻、美丽的主妇对他亲切而殷勤，没有一点矫柔造作和卖弄风情，待他像丈夫的老友自然大方得体。车尔尼雪夫斯基对他的老友说："你的太太很可爱，我并不是恭维你，她真是个美人。"

可是他们第二次见面的时候，是在一个豪华的舞会上。这个自小在穷乡僻壤长大的太太，完全被舞会迷住了，她的眼睛流露出对这种社交的追求和向往，但她却学着那些贵妇人的模样，故意装腔作势地说："舞会使我厌倦了，我厌倦这上流而空虚的社交。"这种言行不一的举止，使车尔尼雪夫斯基顿然忘了她的美貌，只记得她那一副矫揉造作的样子，觉得她滑稽可笑。

又过了一个月，他再去拜访这位老友时，朋友的工厂（他的唯一的资产）遭了火灾，朋友陷入了前所未有的困境中。而这时他的妻子说："别伤心呀，亲爱的，卖掉我们的家产，卖掉我的银器和衣物，那就够还债了。我出外可以步行，必要的时候，我可以自己弄饭。你还年轻，只要你不沮丧，将来一切都会好转的。"当她的丈夫表示过意不去时，她说："只要你像以前一样爱我，我便像以前一样幸福了。"目睹这一幕的车尔尼雪夫斯基感动极了，觉得她是名副其实的最高尚的妇女。

同一个人，在三个不同场合，给人三种不同的印象，起决定作用的，并不是她的外貌，因为在这样短暂的时间内，她的外貌是不会有多大变化的，而主要是她的内心。她一度变得虚伪，而这虚伪的心灵使人感到丑恶，再美的面貌也引不起美感来。可是当她在家庭遭到变故，她丢掉虚荣，又显出穷家女纯真的本色时，她在人们的心目中，不仅是可爱，而且是崇高了。

可见，决定一个人美与否，主要不是外貌，而是心灵。一个人的外貌是无法选择的，而内在的美，却是可以由自己来塑造的。再美貌的女子，也无法牵住逝去的岁月，无法红颜永驻。而内心的美，却将随着岁月的增加，心灵的日益净化，而越加显示它的光华，受到人们的敬重。

人生感悟

人无完人，容貌更是次要的，不要被世俗所束缚，要活出快乐的自己。

命运要由自己主宰

当我们为渴望已久的东西付出很多的时间和心血，却发现自己依然与它失之交臂的时候，我们便常会想到命运。

命运，一种神秘莫测、若有若无的力量，总是在同我们的执著做着无休止的人生游戏。它就像一个无情的指挥棒，全然不顾我们的喜好，把我们推入一个个陌生的地方、危险的领域，让我们的生命起起落落。它又是张大网，我们被束缚其中，苦苦挣扎，刚刚感到有些光明，有些希望，却又立刻被它毫不费力地拉了回来。

在命运面前，我们能说什么？无奈、叹息、愤懑抑或是坦然、平静？

当你历经艰难险阻，却发现自己不仅没有到达目的地，反而迷失在路途上时；当你夜以继日地苦读，却总是与理想的学校无缘时；当你辛辛苦苦，兢兢业业的奋斗换来的却是一无所有时；当你愿意赴汤蹈火、一生相守的他毅然决然地离你远去时；当你被突然而来的灾难砸得麻木，几乎没有知觉时，你是否感到了命运朝你做出的狰狞鬼脸？

而当你获得了意外的财富，比如无心而赢得一笔大奖，比如得到丰厚的馈赠，比如突然间，由一只“丑小鸭”变为翱翔在天空的“天鹅”时，你是否觉得命运实在是一个奇妙的精灵，向你现出美丽的微笑？

没有一个人能在完全的好运中度过一生，每个人都会遇到坏的命运，都需要面对灾难，只是我们对它的态度不同罢了。

记忆中有很多不敢向命运说“不”的人。伟大诗人陆游，对于自己深爱着的唐婉，对于他们的幸福婚姻，没敢坚持抗争到底，只因自己母亲不喜欢唐婉，陆游就将自己爱人的幸福，将自己的幸福交给了无情的东风。陆游在向命运低头的同时，也离他的快乐远了更多。尽管他后来明白了这一点，但一切都已晚矣，偌大的沈园，只剩下诗人的叹息：“错！错！错！莫！莫！莫！”

虽然我们后人因此而得到两首凄艳哀婉的人间绝唱，但这比之两颗彼此相爱的心所受的煎熬，实在让人不忍卒读。我们更愿意用两首或者更多首的诗，去交换他们的美满爱情。因为，美满的爱情本来就是至高无上的。我们选择“认命”的时候，其实是想逃避现实，因为我们觉得，将要面对的是沉重的压力，可是我们忽视了，在“认命”的同时，我们就已给自己背上更沉的包袱，而且这种包袱，随着岁月的流逝，会更使你感到窒息。躲避了一时，又怎能躲过一世？

记忆中也有很多敢于向命运说“不”的人。为我们熟知并景仰的音乐家贝多芬，就经历了非常不幸的命运，正当他的音乐创作进入成熟期时，他的听力急剧衰退，50岁左右，他就再也无法听见自己的音乐了。一个聋子和音乐，几乎是无法想象的组合。很多人都为贝多芬感到惋惜，但他并没有向命运低头，而是凭着自己对音乐的挚爱，用心去聆听、去感受音乐，终于创作出了震撼人心的《命运交响曲》、《英雄交响曲》等。这些音乐，是用生命谱就的，它象征着贝多芬在命运面前顽强拼搏的精神，也象征着人类在命运面前顽强拼搏的精神。对命运的不屈从，对音乐的挚爱，让贝多芬征服了命运，创造了奇迹。

人生感悟

我们选择“抗拒”的时候，就选择了艰难。但你一旦选择面对艰难，它就已经开始脆弱了。

在年龄面前，人是无能为力的

树有树轮，人有人龄。万物苍生，都有它发生、发展和死亡的过程。年龄对我们每一个人来说，都熟悉得不能再熟悉了。谁能没有年龄呢？可是，又有谁真正地考虑过年龄这个问题呢？

小孩常会问爸爸妈妈：“我什么时候才能长大？”在孩子的眼中，长大意味着可以自己决定去什么地方玩，穿什么衣服，自己决定干什么或不干什么。长大，在他们眼里意味着自由与独立；在少男少女的眼中，年龄意味着美丽，意味着激情与活力；在青年的眼中，年龄意味着成熟，意味着权力，是一切可以骄傲的资本的根源；在中年人眼中，年龄意味着不断失去的过去，意味着负担、压力，意味着责任与义务；在老年人眼中，年龄意味着美好的过去和叵测的未来，意味着生与死的界限。

在年龄面前，人是无能为力的，因为它既不会因为孩子的企求而加快脚步，也不会因为老人的感慨而放慢脚步。它平等地对待每一个人，无论是总统，是科学家还是罪犯，它就像一个忠诚的仆人，一丝不苟地记录着你所走过的每一分、每一秒，一旦走过，再好的化妆品也无法掩盖岁月写在脸上的沧桑，再注重保养的机体也无法避免衰弱的命运。

年龄，人们之所以在乎它，是因为人们在乎它背后的生命，在乎它带给人的心理的舒适与满足。

老人的生命必然是在走向衰退，这种衰退是人所难以接受的，所以他们希望忘记自己的年龄，而青年人的生命正是辉煌的时候，所以他们希望留驻年龄，儿童的生命正在走向希望，这种希望给人力量，所以他们渴望增长自己的年龄。

所以，年龄在很大程度上，也意味着一种资本。年龄大的人一般会有更多的经历，也就有了较深的阅历，这本无可厚非，但也给人一种错觉，觉得年龄大的人懂得的当然要多些，处理事情要妥当些，有些所谓“大人”就据此倚老卖老，摆老资格：“你小小年纪，懂什么？”好像年龄大就有资格、有条件去教训别人一样。年龄成了一个人的权力、权威、威严等的象征，成了可以随意教训人的资本。

在我们这个以尊重老人为美德的国度里，传统道德潜移默化地影响着人们。在老人面前，我们习惯于恭恭敬敬，习惯于唯命是从，于是，年轻的在年纪大的人面前、在权威面前唯唯诺诺，不敢大声，不敢思想，只是顺着年纪大的人的思想向下走，失去了一个年轻人应有的激情与活力，失去青年时代最可宝贵的东西——激情的创造。

年轻人做错事，尤其没有按上一辈意思去做的时候，经常会被骂“不听老人言，吃亏在眼前”。年轻人好像注定是老年人的出气筒。

小的总想着长大，“三十年媳妇熬成婆”，可以说：“我吃过的盐比你吃过的饭都多，过的桥比你走过的路还要多。”青年人容易把年龄和青春容貌划等号，中年人为小的欣喜，为即将来临的老而内心焦虑，老人却想着能有朝一日“返老还童”，再活他一次。

“长江后浪推前浪，世上新人换旧人。”老的终将逝去，小的也会变老。

年龄犹如四季。不能春光永驻是一种遗憾，可是倘若永远生活在春天里，没有机会品味夏日的茂盛，秋色的灿烂，冬雪的绮丽，也会是一种遗憾。

有这样一个寓言。

未来的一天，地球人的代表来到太空，他向太空酋长提出抗议：“地球人的寿命实在太短暂了，我们要求长生不老。”无奈之中，太空酋长带他到天鹅星上，指给他看地上密密麻麻的白毛般的生物告诉他：“这些生物已经存在了两万年了，他们的文明高度发达，他们的人口密度也远超过极限，但因这些贪婪的生物都想永远占有自己所得到的一切，他们都不愿意去死，我就把长生不老的秘方给了他们，这样，他们再也没死掉，但他们活得更痛苦，没有死亡也没有了希望，他们又怀念有死亡存在的日子，但他们已不可能去死，连自杀也不可能，你看，他们正在强烈恳求我赐予死亡呢。”地球人看罢，心生恐惧，便匆匆回去复命了。因此，人类依然有年龄，有生老病死。

同样的年龄，有的人要比实际年龄苍老许多，有的人却要比实际年龄年轻许多。一张苍老的脸上，写满的是逝去的流金岁月和历经的人世间的沧桑；一张光洁的脸上，映照的是生活的智慧。

人生感悟

我们无法抗拒容颜的衰老，却可以拒抗心灵的衰老。活出你自己来，保持着一颗永不衰老的心，世界才真正在你的年龄中掌握。

幸福来源于简单的生活

当今世界纷繁复杂，但大多数都是人为制造使然。美国作家莉萨·普兰特说：“幸福来源于简单生活。简单其实是一种全新的生活哲学，当你用一种新的眼光观察生活、对待生活，你就会发现简单东西才是最美的。”

是的，幸福来源于“简单生活”。文明只是外在的依托，成功、财富只是外在的荣光，真正的幸福来自于发现真实独特的自我，也就是要你永远保持心灵中的那份宁静。

有一个女孩子，她生性乐观积极，也很懂得过日子，更知道要如何排解自己的不快。

清晨醒来，她会对镜中的自己大声说："今天是个好日子。"即使昨天的坏情绪尚未消除，她还是会大声地说。

然后刷着牙，想着刷牙是一件多么令人愉快的事，牙齿将变得洁白干净，不会受到蛀虫的侵袭，口气清新。

洗脸也是一件非常愉快的事，因为清水的湿润，会使脸上的皮肤感到无比的舒畅。这都使她的脑细胞感到无比快乐。

如果我们身上的每一个细胞都很快乐，我们自身当然也会非常的快乐。因为人的身体是由细胞组合而成的，所以让所有细胞感到舒服，是生活中最重要的一桩大事。

女孩的细胞快乐论正是告诉人们必须从内心深处去爱身体中的每一个细胞，不停地与它们对话，让这些原本就健康、活跃的细胞更新苏醒，并发挥正常的功能。

虽然有人觉得这种与细胞对话的方式有些可笑，不过既然是一个不错的方法，就值得试试。渐渐地，你的生活模式就会发生改变。

每天清晨起床，对镜中的自己说："今天将是美好的一天。"

总是保持着笑容，变得比以前开朗，不再把事情看得太严重，反正天塌下来还有别人顶着，无论何时、何地，总是积极地挑战明天。开始懂得与大家和睦相处，而不是明争暗斗，从心底去爱人，而不是做做表面文章……

幸福很简单，比如，杨万里的"儿童急走追黄蝶，飞入菜花无处寻"是一种回归童真的简单；陶渊明的"采菊东篱下，悠然见南山"是一种回归自然的简单；读书人的"平生不慕黄金屋，灯下窗前自满足"是一种回归自我的简单；李白的"举杯邀明月，对影成三人"是一种回归天地合一的简单；苏东坡的"归去，也无风雨也无情"是一种超然物外的简单……还有如此种种的数不尽的"简单"铸就了永恒的洒脱和美丽，吟唱在历史的长河中。

所以，不要过于以自我为中心，不要将工作、赚钱的行为视作生活的全部，而是要把它当做游戏般去处理。

当消极心情出现时，要让自己的心情转换成积极心态；当忧郁心情出现时，要立即想办法将自己的心情调适到开朗的地步。

当身体有苦痛时，除了休息及看医生外，还要时常与自己的细胞对话："我们必须联合起来共同摆脱生理困境。"自己一定要具备比以往更坚强的意志力，并试图回想让心情愉快的往事。

人生只有一次，无可取代，为什么要因身外之物而烦恼，无辜损伤了自己的细胞。

简单是一种生活态度，简单是一种人生智慧，简单是一种人生境界。著名作家冰心也说过："如果你简单，那么这个世界也就简单。"让我们回归简单的生活，用一双清澈的双眸来欣赏这个世界的美丽，用一颗纯洁的心灵来解读这个人间的真情。简单的生活能让我们抛弃浮华，实现心境的宁静致远；简单的生活能让我们跨越平庸，焕发生命的无穷张力。

《易经》有句名言："乾以易知，坤以简能。"让我们的生活在简单中海阔天空、返璞归真、知足常乐。人生归于简单，伟大归于平凡。

人生感悟

呼唤简单的行为和心境，让简单呈现淳朴本真，消除生活的羁绊；让简单保持清醒认识，提炼纷繁的人生。最后，不妨品味一下巴金的话"我的经验很简单，很平常，一句话，简傲绝俗……"

卸掉心灵的铠甲

铠甲，最先是用来保护将士的。要冲锋陷阵，首先得保护自己，于是就有了铠甲。铠甲既是遮羞布，又是挡箭牌，可以遮住自己丑陋、阴暗的一面，而露出的明亮、坚硬的外壳，则可以抵挡他人的进攻。

背诵着“人之初，性本善”的祖训走上社会大战场时，我们其实并没有铠甲，当然，很快我们就被撞得伤痕累累，败下阵来。于是，我们回来，给自己的心套上一层层厚厚的铠甲，诸如虚伪、做作、世故、圆滑、自私、逢迎、逃避……且美其名曰“成熟”。

身披这些铠甲，我们征战于商场、职场、情场。有时是单打独斗，有时结成同盟，为理想、为事业、为生活、为荣誉、为地位，当然，也为自己所爱的人。

铠甲其实都是自己给自己套上的，像财富、名誉、地位、爱情、婚姻，也有社会附加给我们的重重的责任、义务，越来越厚，越来越重。野心在欲望的驱使下一天天膨胀。

心一旦背上贪欲的铠甲，就再无法放松自己，陷入欲望的深渊，无论是金钱、财物、名誉，都会让我们失去控制。

对财富的渴望让我们努力工作，拼命付出，甚至不惜尔虞我诈，不惜泯灭天良，腰包渐渐鼓起来，形象渐渐“酷”起来，但快乐却好像离我们越来越远了。即使花再多的金钱，也无法买来快乐和幸福，相反，金钱带给我们的是更多的烦恼，我们需要花费更大的代价护卫财富，于是，财富成为我们的主人，统治着我们的一举一动。

历来功名都与现实的“好处”相随，虽然它虚无缥缈、若有若无，但深谙其滋味的我们，在这根无形的指挥棒下，不敢稍有懈怠，整日忙着包装自己。忙着迎来送往，忙着揣摩上司，忙着爬上更高的地位，得到更多的荣誉。

成功、收获、奋斗、再奋斗，我们整日在欲望的海洋中大战，却没有因为欲望的实现而满足，而是不停地向着下一个目标前进、前进。直到不堪重负，我们倒下为止。记得有个故事，说有一只驴子，总是看见什么都拿来背上。开始它很高兴，自己背的东西总比别的驴子多，但后来，它终于被自己所背的东西压死了。

人也是这样。功名利禄，得失成败，虽然看不见、摸不着，但同样可以压垮一个人。人总需要有所放弃。别以为只有脸蛋需要精心的呵护，也别以为到手的都可以负担得起。懂得放弃，你才能拥有更多。放弃功名的羁绊，我们不用强装笑脸，委曲求全，也不用蝇营狗苟，战战兢兢。

放弃功名的心，也放弃了与人之间无休止的猜疑、算计。从而拥有自然，拥有快乐，少了功名的脸上，一定充满真诚。

真诚不仅使我们坦率，更让我们相互理解，相互尊重。真诚面对自己，真诚面对他人，不仅会得到一种洒脱，无拘无束，而且能得到同样真诚的心。真诚地帮助他人，除却功名但并不放弃上进，生命在自身的奋斗中得到升华。

俗话说，“人为财死，鸟为食亡”，这话一点不假，想想终日奔波，起早贪黑不就是为了多赚点钱吗？你听过有人嫌自己的钱太多了吗？话说回来，真钻进钱眼，像葛朗台那样以数自己的银币为生命支柱，也就成了金钱的奴隶了。

只有拿得起、放得下，才能真正拥有，而不被其统治。卸掉心灵的铠甲，也许会显得“窝囊”，会失去往日的光彩，但你获得了解脱，获得了自己。

就说现在的所谓养生健身之术，林林总总，不可胜数，什么气功啦、武术啦、健身健美舞、健身体操等等，虽然形式不同，但其根本都在于去掉人心灵的种种压力，使心灵得到解放，从而达到使你身体健康的目的，其诀窍就在养心。

卸下心灵的铠甲，随时随地创造并享受浪漫。浪漫与财富的多少无关，整日把目光聚集在财富上的人，哪里懂得风的歌、雪的梦、鸟的语、花的香。浪漫要用纯洁、年轻的心来呵护，浪漫的心不会变老，浪漫的人享受优雅生命，生活在浪漫当中，我们便能随时看见美丽。

放开得失成败的束缚，让心回归自然，自由呼吸。去掉贪欲，满足于现在，满足于自己所拥有的一切，不必强求付出汗水，就一定会得到果实，付出智慧，就一定得到圆满，付出真爱，就一定能获得真爱。

人生感悟

只要付出了，就别太在意得失，用心去做，而不强求成功。这才是生活的真谛。

用品格树立自己的旗帜

富兰克林指出："品格，是人生的桂冠和荣耀。它是一个人最高贵的财产，它构成了人的地位和身份本身，它是一个人在信誉方面的全部财产。它比财富更具威力，它使所有的荣誉都毫无偏见地得到保障。一个人的品格比其他任何东西都更显著地影响别人对他的信任和尊敬。"要想成为一个真正的成功者，必须摆脱"投机"的心理，注重自己的品格。

道德就是一种力量。这种力量，是个体对自我、他人、社会、人类、大自然、宇宙以及存在本身的态度是否真诚的一种体验能力,以及关于这种体验的表达能力。一个人对自己、他人、人类、自然以及整个宇宙本身的态度越是真诚，以及对这种真诚态度的体验能力和表达能力越强，他的道德力量也就越强。

"品格可能在重大的时刻中表现出来，但它却是在无关紧要的时刻形成的。"品格不是天生的，也不是不变的。优秀的品格，可以培养，可以树立，可以锻造，并且这种锻造大多不是在波澜壮阔的运动中，不是在惊天动地的事业里，也并非在崇高伟大的实践中，而是在平凡的生活里、寻常的交往中，甚至是索然寡味的日子里。从日常生活一些司空见惯的小事中就可以看出一个人的品格，车夫的一件小事，使其形象在鲁迅先生心中马上高大起来……所以平淡无奇的小事，习以为常的言行，都会成为培植人的生命亮点的因子，决不可有半点忽视，忽视了它，就是忽视了习惯，忽视了品格，忽视了生命。果真忽视了它，不管你的理想是多么远大，志向是多么崇高，你都不会登上可饱览无限风光的顶峰。

英国《泰晤士报》上曾登过这样一段关于品格的文字："品格，使人富于魅力，使人产生道德影响，也使人赢得世人的尊重。一个人的品格，能使整个民族为之感到振奋和自豪，成为国民行动的强大力量。品格是一个人征服他人的武器，是使他走上崇高地位的基础，是人生真正的桂冠和荣耀。贵族的派头不是来自贵族的血统和生活方式，也不只来自贵族的才华，而是来自于一个贵族的品格。品格是一个人的真正的徽标。"

那么现在再来看看这样一个让人难忘的故事：

1914年的一个冬天，美国的一个小镇接待了一群饥饿的逃难者。当他们接到饭食之时，一个个连一句感激话都来不及说,就开始狼吞虎咽。只有一个年轻人例外。他对送饭的人说："您有什么需要我干的活吗？"送饭的人说："没有什么。"年轻人说："我不能随便白吃别人的东西，我要经过自己的劳动。"这送饭的人恰好是镇长，他看了看这骨瘦如柴的逃难者，想了一想说："我的确有事情需要您帮忙，不过，您还是先吃饭吧！"年轻人摇摇头，说："我想先干了活，再吃饭。"镇长没有办法，只好让步："那您愿意给我捶背吗？"于是，年轻人就开始给他捶背。捶了几分钟，镇长的脸上露出了笑容："好了，您捶得好极了！"于是就把饭递给这位年轻人……后来，这年轻人被留在了镇上工作。这位镇长还把自己女儿嫁给了他，并且预言，这年轻人将成为百万富翁。20年后，这年轻人成为了亿万富翁，他就是著名的石油大王哈默。

哈默在这件小事情上表现出队了的品质，正是他超人的道德力量和道德魅力为他赢得了事业起步的良机，最终也为他的事业奠定了坚实的基础。

道德就是一种力量。这种力量，是个体对自我、他人、社会、人类、大自然、宇宙以及存在本身的态度是否真诚的一种体验能力，以及关于这种体验的表达能力。一个人对于自己、他人、人类、自然以及整个宇宙本身的态度越是真诚，以及对这种真诚态度的体验能力和表达能力越强，他的道德力量也就越强。

从自己对他人的真诚来看，一个人对另外的人越是真诚，就越是能够做到将心比心、设身处地，把对方看成是和自己同等地位的人。这也意味着他具有越强的爱的能力……

在人格力量中，人们往往只重视智慧力量，意志力量次之，最不重视的是道德力量。为什么会造成这种情况？摆脱自我、战胜自我，需要更多能量，人有避苦趋乐的天性，总是习惯于做容易的。四川人的俗话："半夜吃桃子，捏着软就行。"这也是人类长期形成的一种自我保护本能。

其实，道德力量的作用是很大的，它对于我们的身心都有好处。自我实现的人为什么比一般的人能更充分地发挥自己的潜能，这正是由于他们有比一般人更强大的道德力量。

道德力量的主要功能在协调，个人通过道德力量的调节，可以减少内耗。所谓潜能“充分发挥”的实质就在于使内耗减少到尽可能少的状态。不只是个人自身的内耗，个人与他人的关系，个人与社会的关系，个人与环境，乃至个人与宇宙、存在本身都可以通过道德力量调整到合适的状态。

通过道德力量，人可以建立一种关联性，产生一种认同感或者同一感。人通过对与自我以外的事物的关联性的体验，可以获得意义感。这种意义感可以给人以行为的动力，即产生意志。

人生感悟

道德力量不能够孤立地发挥，必须与其他两种人格力量联系起来，否则就会产生一定的问题。前面所谈的哈默，他在发挥道德力量的时候，就有意志力量和智慧力量作为辅助人格力量，特别是意志力量。没有意志力量，他根本无法忍受饥饿。

“身体好”才是真的好

成功的人深谙“身体是革命的本钱”这一道理。曾记得有一位名人说过，一个人要想工作好，就要有一个好的身体。

TOM网的CEO王雷雷就是一个热爱体育、珍视健康的成功的人。大约是在王雷雷上初二的时候，电影《少林寺》在大江南北热映，少林和尚成了年轻人的超级偶像。“那时候觉得像少林武僧一样能奔会跳，神气得很，最能吸引大家的关注！”到了在清华读大学以后，爱体育的王雷雷更是如鱼得水。

1996年，年轻的王雷雷从清华电气工程专业毕业后，一下子就跑到了上海滩去做期货。期货公司大开大合的资金出入，每天都刺激着他的神经与意志。两年后，王雷雷回到了北京和几个同学创办了一家系统集成公司，后来因为这家公司被TOM合并，王雷雷与TOM相识，由于他拥有着金融和IT业的双重背景，自然被TOM公司所赏识，而对于TOM来说他正需要一位具有实干性的人来统领未来的TOM帝国，于是王雷雷也没有多想，便加入了TOM。

创建TOM在线之后，运动也成了他管理企业的一个特色项目。每年夏天，他都会带领员工骑车赶往北戴河开年会，300公里的路程需要30个小时才能到达，几辆大巴跟在自行车队后面，掉队了就上车休息，休息够了继续骑。除此之外，平时的爬山、拉练活动更不鲜见。“一方面可以锻炼身体，提倡运动，一方面还能够减轻工作压力，增进团队了解，效果非常好。”王雷雷说。

2005年4月16日，TOM在线的员工没有休息，上千人被CEO王雷雷带到京郊十三陵附近的森林公园开展“千人登山闯关”。对他们来说，这样的野外拉练，已经不是第一次，也绝对不是最后一次，只要他们还继续跟随王雷雷干下去。

因为他们跟随的是王雷雷，他每天睡觉四五个小时，运动也是四五个小时；他带着属下两天两夜开工作会议，领着员工30多个小时骑车拉练；他感叹，只要国家需要，他随时准备上战场。

关于体育锻炼，王雷雷有自己的见解，他认为在今天这个发展日新月异的社会里，随着时代的发展，人们越来越面临巨大的压力和挑战。除了知识技能，健全的体魄也是非常重要的。一个身体孱弱，手不能提篮，肩不能担担的人，每天除了病魔缠身之外，他只有做好随时去见上帝的准备了。这样的人，即使他想思考问题，想工作，都是不可能的，更何况实现什么理想与抱负呢？时代的发展要求我们拥有一个强健的体魄。只有这样，时代的先行者们才可能在前进的道路上战胜艰难险阻，克服困难，打败疾病和孱弱，站在浪尖上搏击风雨，走向成功。

“我每早上七八点起床，在家里进行一个多小时的健身，9点多开始一天的工作，晚上七八点吃晚饭，然后来到专业健身场所跑步、打球，夜里12点重新回到办公室或者家里，开始第二轮工作直到凌晨3点，剩下四五个小时睡觉，”这就是王雷雷一天的作息表。“因为不喜欢应酬，这个程序很少被打乱。睡觉是被动休息，运动是主动休息。”按照王雷雷的算法，每天有近10个小时的休息，足够了！

俄罗斯有个关于健康的谚语：“一切好事都是‘0’，唯独健康是‘1’。”由此可见健康的重要性，所以大家都更珍惜自己的“1”，并在此基础上争取更多的“0”。所有成功的人都认识到了这一点，在他们的学习、工作和生活中，不会忘记身体的锻炼，因为他们知道生命在于运动，健康在于锻炼，体育运动是身心健康的最重要的保证之一。

人生感悟

成功的人也正是凭着健康的身体，走过了无数的风雨历程，最终成为了顶天立地之人。

独辟蹊径表现自己

有内涵的人，因为对内在的自我充满信心，所以做起事来就敢于打破条条框框，独出心裁地走自己的路。

他们明白款式新颖，造型独特的物体常常是市场上的畅销货；见解与众不同，构思新奇的著作往往供不应求。独特、新颖便是价值。物如此，人亦然。他人不修边幅，你则不妨稍加改变和修饰；他人好信口开河，你最好学会沉默，保持神秘感，时间越长，你的魅力越大；他人总是扬长避短，你可试着公开自己的某些弱点，以博得人们的理解与谅解；他人自命清高，孤陋寡闻，你应该尽力地建立一个可以信赖的关系网；他人虚伪做作，你要光明磊落，待人坦诚；他人只求可以，你则应全力以赴，创第一流业绩；他人对上司阿谀奉承，你却以信取胜。倘若你愿意试试以上方法来表现自己，就一定可以收到异乎寻常的效果。

在一次选“香港小姐”的决赛中，为了测试参赛小姐的思维速度和应对技巧，主持人提出了这样一个难题：

“假如你必须在肖邦和希特勒两个人中间，选择一个作为终身伴侣的话，你会选择哪一个呢？”

其中有一位参赛小姐是这样回答的：“我会选择希特勒。如果嫁给希特勒的话，我相信我能够感化他，那么第二次世界大战就不会发生了，也不会有那么多的人家破人亡。”

这位小姐的巧妙回答赢得了人们的掌声，因为这个问题难度较大。如果回答“选择肖邦”，则答案没有特色，显得平淡；如果回答“选择希特勒”，则很难给予合理的解释。那位小姐选择了出人意料的答案，又给出了合理而又充满正义的回答，从而成功地推销了自己的特色，以幽默、机智给观众和评委留下了深刻印象。

作为社会中人，只有努力避免平淡，追求特色，才能够在现代世界里脱颖而出。

有一位从美术系刚毕业的女生，对于设计服装的布料和花样非常有兴趣，她决定要涉足这一行。只是，刚开始进入这个行业非常困难，因为无论是使用布料的服装设计师，或者是制造服装的工厂都有自己已经很习惯的供应商。对于一个完全陌生，甚至还只是初出茅庐的布料设计者，他们根本就没什么兴趣。

女生拿着一堆自己呕心沥血设计的作品，来到一个著名服装设计师的公司。助理设计师本想打发她走，可是见她一副渴求的模样，便于心不忍地对她说：“好吧！我拿进去给我们的设计师看一下。”

过了一会儿，助理设计师出来对女生说："设计师说，我们的设计图太多了，根本没时间看。"

这位女生又跑到制造服装的工厂，结果也是一样。她四处碰壁，心情十分沮丧，但心想一定要坚持下去。她想，只要方法用对了，不断地尝试，她一定能打开僵局。

有一天，这位女生来到一位名歌星的签名会上，大名鼎鼎的名歌星拥有许多歌迷。女生挤在一堆歌迷里面，也以一副十分崇拜的样子望着歌星。好不容易轮到她和歌星握手时，女生由背包里拿出一些布样和自己的设计图，对歌星说："我好崇拜你哟！真想为你设计漂亮的服饰。请您在这几块布上为我签名。"女生摆出崇拜的模样。

歌星看了这些布料和设计图说："哇！好漂亮哟！请你和我的服装设计师联络，我想用这些布料做衣服。这是她的电话，就说我叫你去找她的。"

女生开心地说："好啊！我明天就去。"

第二天一大早，女生就来到先前泼了她一头冷水的著名设计师的公司。

女生拿出有女歌星签名的布料来，对助理设计师说："是她叫我来找你们的，她说要用这些布料做衣服。"

助理设计师进办公室不到几分钟，名设计师就带着满脸的笑容走出来见她。女生就这么走进了这个行业，而且愈来愈受客户的欢迎。

灵活用脑，借助名人的力量推销自己，这就是聪明人的成功捷径。

人生感悟

有内涵的人是拥有大智慧的人。正是大智慧使他们在处于困境的时候，不沮丧、不落泪，反而积极地用头脑去想尽各种办法，从而在芸芸众生中脱颖而出。

多些坦诚，多些轻松

儒家思想博大精深、源远流长，其理论贯穿了整个中国古代历史，并继续影响着我们的现代生活。久而久之，甚至形成了特有的"面子文化"。对于很多人来说最为痛心的事，莫过于失去"面子"。

所以有些人总是千方百计地维护自己的面子，而正是在这一过程当中，他们失去了许多更为有价值的东西。更不可思议的是自己的正当利益受到损害或面临威胁时，有些人却害怕丢面子，束手无策，不敢站出来据理力争，结果只能看着本应属于自己的那份利益被他人拿走，真是哑巴吃黄连——有苦说不出。

把有些人爱面子的现象总结在一块儿，我们就会发现它们具有一个共同的特征，那就是：在面子与利益的权衡上，采取一种务虚而不务实的态度，把面子放在绝对不可动摇的第一位置，自动承受由此带来的利益上的巨大损失。很显然，有些人也是平凡人，也是饮食男女，有着种种现实的需要和理想的设计，利益的获取肯定有助于他们改善自己的生活，但是，心理认识上的偏差迫使他们为保面子而舍利益，忍受许多常人不会忍受的损失。

一个人一旦被辱及了"面子"，那真比杀了他还让他难受。所以，与人相处，一定要给对方"面子"。因为，如果你伤了对方面子，那么你将会遭受最猛烈的回击。一位外国学者说："为了保持体面，在中国人中产生出外国人无论如何也体会不出来的'面子'经。'好面子'是一种抬高体面；'失面子'是一种失去体面，失去面子就等于精神上的死；不要面子就是不去构筑体面。不论什么样温顺善良病弱的中国人，为了'面子'可以同任何强者搏斗。"

"面子"也是不能被撕破的。撕破"面子"，就意味着抛弃了一切做人的尊严。我们常常听到这样的话："这个家伙，真是撕破了脸了，什么事都干得出来。"意思是说，一些人已经连做人的起码要求都不要了，做什么事情都是不会感到惭愧的。所以，骂人最解恨的要数骂"不要脸"，被骂的人也最怕被别人骂"不要脸"。

可见，人不能不要"面子"，否则他就难以生存在社会当中，然而，人也不能将"面子"

作为一个“包袱”来背着，这样的生活过于沉重、压抑甚至痛苦。

其实，很多时候，我们大可不必过于计较面子，让我们看一位小提琴家是如何对待自己的面子的。

有位世界级的小提琴家在为人指导演奏时，从来都不说话。

每当学生拉完一首曲子之后，他会亲自再将这首曲子演奏一遍，让学生们从聆听中学习自己的拉琴技巧。

他总是说：“琴声是最好的教育。”

这位小提琴家在收新学生时，会要求学生当场表演一首曲子，算是给自己的见面礼，而他也先听听学生的底子，再给予分级。

这天，他收了一位新学生，琴音一起，每个人都听得目瞪口呆，因为这位学生表演得非常好，出神入化的琴声有如天籁。

学生演奏完毕，老师照例拿着琴上前，但是，这一次他却把琴放在肩上，久久不动。

最后，小提琴家把琴从肩上拿了下来，并深深地吸了一口气，接着满脸笑容地走下台。

这个举动令所有人都感到诧异，没有人知道发生了什么事。

小提琴家说：“你们知道吗？这个孩子拉得太好了，我恐怕没有资格指导他。最起码在这首曲子上，我的表演将会是一种误导。”

这时大家都明白了他宽阔的胸襟，顿时响起一阵热烈的掌声，送给学生，更送给这位小提琴家。

很多时候，我们并不是不知道自己的不足，而是丧失了承认自己不足的勇气。这是因为我们都是热爱“面子”的族群。“面子”的重要维护力量是“理”，无论如何，你要显得自己是占理的，而不是亏理的。

当我们不能正确面对面子问题的时候，其实，我们也已经失去了自己想要维护的面子。

有容乃大，当小提琴家能接受学生更优于他的事实之时，在他身上也正体现出令人赞叹的大师风采。

人生感悟

因为爱面子，也怕没面子，所以有些人总是千方百计地维护自己的面子，而正是在这一过程当中，他们失去了许多更为有价值的东西。

好形象的真谛是秀外慧中

美丽不是漂亮。漂亮会随着时光的流逝渐渐暗淡；而美丽则会随着生活的历练与自我修养而永远散发着崭新的气息。

就如居里夫人说的：17 岁时，你不漂亮，你可以怪罪于你的母亲，她没有遗传给你好的容貌；但是，30 岁了你依然不漂亮，你就只能责怪你自己了，因为在那么漫长的日子里，你没有往你的生命里注入新的东西。

姣好的容貌远远没有气质有吸引力，而气质是知识与修养的结合，自然而然地散发出魅力。一个没修养的美女，大家都称之为花瓶；而一个满腹经纶的女子，即便她很丑，她的人格魅力也会令许多人折服。生活中，比美丽的容貌重要的东西还有很多很多。容貌并不是女人出门的通行证，男人也不是你生活的唯一体验。真正的美丽是在漫长的岁月里不断修炼出来的。

美丽是坚持追求美丽这个好习惯得到的结果，修炼的美才会越来越光彩焕发。

开阔的胸怀、绝顶的聪明、出众的才华、丰富的阅历、岁月的磨砺，这样一股内在的精神画卷，才是一种大家的从容、宁静、谐和之气，一种不怕红颜褪尽，可以穿越岁月磨蚀的圣洁之美。

修炼过后的美丽，是怎样的？

它不仅仅是高贵的出身，不仅仅是时髦的妆饰，不仅仅是优雅的言行，不仅仅是华丽的背景，也不仅仅是以上一切的相加。都不是的。那么这种美丽究竟是什么？

这种美丽是一种朴素的教养和宽容，一种恬淡的向往和行走。它是自心灵深处生发出来的光辉，透过骨骼、肌肤，不仅映照着自己身上的每一个细节，还照耀着外面的世界。这种光辉不必精彩四射、艳惊四座，它只是那么柔和，柔和得近乎微弱，不须惊动谁。美丽，从不追求喧哗。

这种美丽还在于恬静，不为外界的诱惑所动，任风生水起，依然和煦淡远；在于淳朴，清水出芙蓉，天然去雕饰，一篱野花要远远胜过花篮里的九百九十九朵玫瑰；在于专一，心无旁骛，自能返璞归真，一朵美丽的花，它的开放不是为了赞美，不是为了飞舞不定的蜂和蝶，而是为了平平静静地萌芽、生长和绽放；美丽，在于热爱，热爱生活，热爱世界，犹如一棵草绿着大地，一滴水润了嫩芽。这种美丽，是内心的需要。反过来也可以说，这种美丽，需要内心。

这种美丽如林徽因，她有着美丽的容貌、优雅的气质、过人的胆识、超群的智慧。她是学者，是诗人，是作家；她可以跟着丈夫到穷乡僻壤像其他男士一样爬梁上柱进行精确的测绘；可以和徐志摩一起用英语讨论英国古典小说和中国新诗；可以和金岳霖做哲学的思辨和理论，她是一个会令所有女人都汗颜的女人。她死去数十年后，我们还记得在那暗淡的时代背景下，她清俊的面容和恬淡、坚定而深远的眼神。

这种美丽还如戴安娜，她魂归天国之后，在遥远的国度，还有很多人难以忘记她在非洲贫民面前真挚的微笑，和向艾滋病患者毫不犹豫地伸去的纤纤玉手。

让自己的美丽得到一些修炼吧。只有修炼过后的美丽才能独树一帜，永远是花样年华、月样精神，是令人向往的大美女人。

都说女人的美丽常常是需要其他东西来点缀的，就像大街上时尚女孩子各式各样的手机饰物。晶莹的珠宝、亮丽的衣服、娇媚的笑容都可以把一个女子装点得楚楚动人。殊不知，这世界上最能使一个女子越过年龄的羁绊而呈现出一种大方、典雅、谐和之美的，却是她的气质。一种内在精神修养充溢于外表的柔和之光。这东西可不是美容师用高科技能做出来的，她依赖于岁月磨砺中的修炼。

人生感悟

人类的审美趣味总是在变化之中。一会儿是燕瘦，一会儿是环肥；一会儿是绝艳，一会儿是清纯。但对灵魂的要求却始终不变纯净、热情而坚贞，因此美丽需要从容的心情。如玉石一样静默，只有在别人细细欣赏的时候，它才透出内在的光辉来；如草叶一样恬静，无论雨雪风霜，青绿枯黄，它总等得到春风来的时候。

第六章 变通豁达的人生才快乐

“我一定行！”这是成功人士的成功宣言，他们或许出自最贫困的家庭，或许有着不为人知的辛酸童年，或许当初也曾有过懦弱的一面，但最终成功的人都是用超然的心态和豁达的心胸来对待人生，因此，才能够快乐地生活。

每一小步都能创造奇迹

每个人获得成功的那一秒，事实上是经由无数亿次秒针的走动、累积，最后才达成的。

只要我们保持开阔的胸襟，眼光看得远一点，得失看得淡一点，患得患失的情况就可以减轻一些。

1983年，伯森·汉克徒手攀上纽约的帝国大厦，不仅创造了新的世界纪录，也赢得了“蜘蛛人”的美誉。

美国恐高症康复协会得知这项消息，立即致电“蜘蛛人”，表示想要聘请汉克做康复协会的顾问。

伯森·汉克接到聘书时，立即回电给该协会的主席诺曼斯，请他查一查第1042号会员。

这位会员的资料很快地被查了出来，他的名字就叫伯森·汉克，原来他们要聘来担任顾问的“蜘蛛人”，本身就是一位恐高症患者。

诺曼斯知道这个事实后非常惊讶，因为一般恐高症患者，只要一站上阳台，即使只有一楼高，心跳也会加速，然而汉克居然能够徒手攀上400多米高的大楼，这无疑是件不可思议的事。

诺曼斯决定要亲自拜访这位创造奇迹的“蜘蛛人”。

诺曼斯来到汉克居住于费城郊外的住所，正巧遇上一个庆祝会，现场有十几位记者正围着一位老太太拍照。

这位老太太是伯森·汉克的曾祖母，她为了庆祝汉克的纪录，特地从100公里外的慕拉斯堡，徒步走到这里。

没想到，老奶奶这个举动，无意间也创造了另一项“老人徒步百里”的世界纪录。《纽约时报》记者问她：“当你开始徒步走来的时候，有没有任何放弃的念头？”

94岁高龄的老奶奶精神抖擞地说：“小伙子，虽然以我这把年纪，要一口气跑完100公里需要很大的勇气与耐力，但是‘走一步’路就不需要太多勇气与耐力了，只要我走一步，停一步，再走一步，一步步地接上，那么这100公里不就完成了吗？”

恐高症康复协会的主席诺曼斯，这时才明白了伯森·汉克登上帝国大厦的秘诀，正是那“一步步”登天的勇气。

只要像老奶奶一样，不放弃，一步一步地累积起来，即使要付出比别人多的时间和精力来到终点，我们一样都能成为成功之士。

许多看似微不足道的小事，都是成功金字塔上的一块块小砖头，不加以积累，又如何造就出成功？

清代中兴名臣曾国藩曾说过一句名言："坚其志，苦其心，劳其力，则事无大小，必有所成。"

人生感悟

法国作家夏尔说："为了换取灿烂的光华，你必须去吹动那些微弱的火花。"耕耘贵在脚踏实地，而非幻想着一步登天，大多数人的成功，都是建立在务实的基础上，一步一个脚印，路，就是这么走出来的。

变通豁达的人生才快乐

有一天，东郭先生派了三个弟子到襄阳去。

当东郭先生送他们到路口时，说道："从这儿往南走，全是畅通的大道，你们沿着这条道路走就对了，别走岔路啊！"

这三个弟子分别是左野、焦茗和南宫无忌，他们三个人向南走了五十多里时，却遇上了一条大河流，横在老师指示的正前方。他们左右观察了一下，发现沿河走半里左右，便有一座桥可行。

这时，南宫无忌说："那儿有座桥，我们从那儿过河吧！"

但是，左野这时却皱着眉头说："这怎么行？老师要我们一直往南走啊！我们怎么能走弯路呢？这不过是个水流罢了，没什么可怕的。"

说完之后，三个人互相扶持，一起涉河而过，由于水流相当湍急，好几次他们都险些葬身河底。

虽然全身都湿透了，但也总算安全地过河了，他们继续赶路，又往南走了一百多里时，再次遇上了阻碍。

这回，他们遇到一堵墙，挡住了前进的道路。

这次，南宫无忌不再听其他两个人的意见了，他坚持地说："我们还是绕道走吧！"

但是，左野和焦茗却固执地说："不行，我们要遵循老师的教导，绝不违背，因为我们一定能无往不利。"

于是，焦茗和左野朝着墙面撞去，只听见"碰"地一声，两个人猛烈地弹倒在地上。

南宫无忌恼怒地说："才多走半里路而已，你们干吗不考虑呢？"

东野说："不，我就算死在这里也不后悔，与其违背师命而苟且偷生，不如因为遵从师命而死！"

焦茗也附和地说："我也是，如果违背老师的话，就是背叛者。"

两个人话一说完，便相互搀扶，奋力地往墙面撞了上去，南宫无忌想挡也挡不住，于是他们两个人就这么撞死在墙下了。

在人际交往的过程中，思维不能变通与转弯的人，只会陷在死胡同中，永远找不到自己的出路。

不知变通的人，不仅无法宽容别人，更糟糕的是还会害人又害己。现实生活中的进退之道也是如此，若不想让故事中的蠢事发生，那么面对难缠的人的时候就多绕几个圈，别老是钻牛角尖。

别把自己的脑子加上了大锁，多以开放的心来接纳外界的讯息，才能彼此互动，激荡出创意的火花。

这个世界上还有一种人，不会花言巧语，不懂得运用计谋，只知道直线思考。

很多人表面上说他们单纯、天真，其实内心多半在嘲笑他们是"白痴"，然而，他们真的是白痴吗？真的一无是处吗？难道那些嘲笑他们的人，就真的胜过他们吗？

有这么一个有趣的故事，可以让我们检讨一下，这种不经意就会流露出来的优越感有多么可笑。

某日，一位被众人视为白痴的人对天才说："你猜，我的牙齿能咬住我的左眼睛吗？"

天才盯着白痴看了几眼，笃定地说："绝对不可能啊！"

白痴说："那，我们来打个赌！"

天才认为这绝对是不可能的事，于是同意打赌，但只见白痴将左眼窝里的假眼球取出丢进口中，用上下牙齿咬着。

天才吓了一跳，说道："没想到，真的可以呀！"

白痴又说："那你信不信，我的牙齿也能咬住我的右眼睛？"

天才说："不可能的！"他心想，难道这个家伙两只眼睛都是假的？这绝对不可能，否则他就看不见东西了。

于是，两人再次打赌，只见白痴轻易地把假牙拿下，往右眼一扣。

天才再度吃惊了，说："没想到，真的可以呀！"

你说，到底谁才是白痴呢？

其实，白痴和天才有很多相同之处：一是他们的人数不多，二是他们都异于常人，三是有时候所谓的天才想法，在没试成功之前，其实看来都很白痴；反之，很多白痴单纯执著的举动，最后却能激发出天才的灵感。

像爱迪生小时候就曾被视为白痴，还让家人担忧了好一阵子，可见天才和白痴只有一线之隔。

所谓天才的想法，有时候因为太过惊世骇俗，超过凡人的想象太多，所以根本无法被接受，甚至遭到排斥，但究竟谁才是真的白痴呢？

无法被人接受的点子，或是被人视为天真、愚蠢的想法，真的毫无用处吗？

恐怕并不是如此吧。

保持一颗纯真无染的心，以单纯与开放的态度来面对生活难题，并不丢脸。别把自己的脑子加上了大锁，人类就是需要扬弃自己脑中食古不化的观念，多以开放的心来接纳外界的讯息，才能彼此良好互动，激荡出创意的火花。

蠢人都很固执，固执的人都是蠢人，这种人越是观点错误，越要执迷不悟。

固执有时也会成为一种习惯，当别人破坏这种习惯时，就会使人产生不愉快、不舒服，甚至恼怒的情绪，从而引发攻击性行为，表现出强烈的固执。这种固执容易给自己和他人造成伤害，对人际关系和事业都会产生不良的影响，甚至造成悲剧。先看下面的这则寓言：

有一头驴，它从来不按照主人吩咐去做事情。主人要它往东走，它偏往西走；主人要它往南走，它偏往北走。实际上它总是跟主人对着干。

有一天，主人赶着这头驴沿着一条小路向颇高的山腰走去。这头驴突然决定不再在这条路上走，就尽快地向路边跑去，那边是陡峭的山崖。驴眼看就要从山崖边上栽下去了，主人一把揪住驴的尾巴。"你这头蠢驴。不想活了？"主人说着拽住他的尾巴，往山坡上的小路拉，"赶紧走这边，不然就摔下去了。""就往这边走，就往这边走。"驴顽固地说，想从主人的手中挣脱，驴的劲儿太大，主人拽不住，终于松了手，一个趔趄坐在地上。

驴欢呼着从悬崖边上冲下去了。

过于固执就有可能像这头愚蠢的驴一样，头破血流，粉身碎骨。固执的人，总凭情绪做事，一意孤行，最终酿成苦果。

人生感悟

在人生的每一个关键时刻，我们都要审慎地运用智慧，作最正确的判断，选择正确方向，同时别忘了及时检视选择的角度，适时调整。放下无谓的固执，冷静地用开放的心胸作正确抉择。每次正确无误的抉择将指引你走向成功。

用笑声解除忧愁

有一次，在火车的餐车上，有位太太身上穿着名贵的毛皮大衣，上头缀着璀璨夺目的钻石，然而不知是什么原因，她的外表看起来却总是一副不悦的样子，她几乎对于任何事都表示抱怨，一会儿说“这列车上的服务实在差劲，窗没关严，风不断地吹进来”，一会儿又大发牢骚“服务水准太低，菜又做得难吃……”。

不过，她的丈夫却与她截然不同，看上去是一位和蔼亲切、温文尔雅且宽宏大量的人，他对太太的举止言行似乎有一种难以应付而又无可奈何的感受，也似乎相当后悔偕她旅行。

他礼貌地向沉默的同车人打了个招呼，并询问其所从事的行业，同时做了一番自我介绍。他表示自己是一名法律专家，又说：“我内人是一名制造商。”此时，他脸上有一种奇怪的微笑。

听完他所说的话，那位同车人感到相当疑惑，因为他的太太看起来一点也不像个实业家或经营者之类的人物。于是，那个同车人不禁疑惑地问：“不知尊夫人是从事哪方面的制造业呢？”

“就是‘不幸’啊，”他接着说明，“她是在制造自己的不幸。”

在我们的四周充满了这些正在为自己制造不幸的人。严格说来，这种情况实在值得关注，因为，那些足以破坏我们幸福的外在条件或因素已经太多，如果我们还在自己的心中制造不幸的话，那么，真可以说是不幸之极。

法国作家拉伯雷说过这样的话：“生活是一面镜子，你对它笑，它就对你笑，你对它哭，它就对你哭。”如果我们整日愁眉苦脸地看生活，生活肯定愁眉不展；如果我们爽朗乐观地看生活，生活肯定阳光灿烂。既然现实无法改变，当我们面对困惑、无奈时，不妨给自己一个笑脸，一笑解千愁。

笑声不仅可以解除忧愁，而且可以治疗各种病痛。微笑能加快肺部呼吸，增加肺活量，能促进血液循环，使血液获得更多的氧，从而更好地抵御各种病菌的入侵。

生理学家巴甫洛夫说过：“忧愁悲伤能损坏身体，从而为各种疾病打开方便之门，可是愉快能使你肉体上和精神上的每一现象敏感活跃，能使你的体质增强。药物中最好的就是愉快和欢笑。”

笑声还可以治疗心理疾病。印度有位医生在国内开设了多家“欢笑诊所”，专门用各种各样的笑：“哈哈”、“开怀大笑”、“吃吃”抿嘴偷笑、抱着胳膊会心地微笑等等来治疗心情压抑等各种疾病。在美国的一些公园里都开辟有欢笑乐园。每天有许多男女老少在那里站成一圈，一遍遍地哈哈大笑，进行“欢笑晨练”。

笑不仅具有医疗作用，而且生活中它还能产生人们意想不到的用途。有个王子，一天吃饭时，喉咙里卡了一根鱼刺，医生们束手无策。这时一位农民走过来，一个劲地扮鬼脸，逗得王子止不住地笑，终于吐出了鱼刺。

雪莱说过：“笑实在是仁爱的表现、快乐的源泉、亲近别人的桥梁。有了笑，人类的感情就沟通了。”笑能化解生活中的尴尬，能缓解工作中的紧张气氛，也能淡化忧郁。一对夫妻因为一点生活琐事吵了半天，最后丈夫低头喝闷酒，不再搭理妻子。吵过之后，妻子先想通了，便想和丈夫和好，但又感到没有台阶可下，于是她便灵机一动，炒了一盘菜端给丈夫说：“吃吧，吃饱了我们接着吵。”一句话把正在生闷气的丈夫给逗乐了，见丈夫真心地笑了，她自己也乐开了。就这样，一场矛盾在笑声中化解开来。

既然笑声有这么多的好处，我们有什么理由不让生活充满笑声呢？不妨给自己一个笑脸，让自己拥有一份坦然；还生活一片笑声，让自己勇敢地面对艰难，这是怎样的一种调解，怎样的一种豁达，怎样的一种鼓励啊！

赫尔岑有句名言说："不仅学会在欢乐时微笑，也要学会在困难中微笑。"人生的道路上难免遇到这样那样的困难，时而让人举步维艰，时而让人悲观绝望；漫漫人生路有时让人看不到一点希望。这时，不妨给自己一个笑脸，让来自于心底的那份执著，鼓舞自己插上理想的翅膀，飞向最终的成功；让微笑激励自己产生前行的信心和动力，去战胜困难，闯过难关。

人生感悟

清新、健康的笑，犹如夏天的一阵大雨，荡涤了人们心灵上的污泥、灰尘及所有的污垢，显露出善良与光明。笑是生活的开心果，是无价之宝，但却不需花一分钱。所以，每个人都应学会以微笑面对生活。

缺陷也是一种美

司芬克斯的鼻子胜过嘴，维纳斯的断臂胜过腿。你是否一直都在追求完美无缺，追求完美的生活，完美的人格，完美的生命。其实缺陷也是一种美，但往往被人们忽视了。在人们心中无缺口的富士山是完美的，假如你绕"富士山"一圈，认识它的全貌以后，你就会发现有缺口的富士山更美丽些。

卡丝·黛莉颇有音乐天赋，然而她却长了一口龅牙。第一次上台演出的时候，为了掩饰自己的缺陷，她一直想方设法把上唇向下撇着，好盖住龅出的门牙，结果她的表情看起来十分好笑。

她下台后一位观众对她说："我看了你的表演，知道你想掩饰什么。其实这又有什么呢？龅牙并不可怕，尽管张开你的嘴好了，只要你自己不引以为耻，投入地表演，观众就会喜欢你。"

卡丝·黛莉接受了这个人的建议，不再去想那口牙齿。从那以后，她关心的只是听众，像一切都没有发生那样张大了嘴巴尽情歌唱，最后成为了一位非常优秀的歌手。

一口龅牙并没有给她带来任何不良影响，相反还成了她形象的一大特色。人们接受甚至喜欢上了她的龅牙，就像喜欢她的歌声一样。从某种意义上说，外露的牙齿和她的歌声一起，才构成了一个完整的卡丝·黛莉。

著名的维纳斯雕像，就是因为"断臂"才魅力无穷的。曾有好心人将她的手臂根据自己的想象作了修补，可看见的人却都说这不是维纳斯了，因为失去了她那种"残缺的美"。

法国著名雕塑家罗丹在完成巴尔扎克雕像后，一群学生看到那极富魅力的双手称赞道："这双手太美了！"罗丹听罢，沉思许久，最后拿起斧子，砍掉了那双"太美的手"。他解释说，有了这双完美但又显得"过于突出"的手，有损于人物全貌，从而失去了"本质的人"。可见，残缺而真实的神韵，往往胜过完整无缺的外表华美；为求全而补上残缺，有时反弄巧成拙，破坏了真实的美感。

很多人也都看过谢尔·希尔弗斯坦创作的名为《缺失的一角》的寓言。

有一个圆由于缺了一角，它总是不快乐，于是动身去寻找那失落的一角。它唱着歌向前滚动，其间有苦有乐。它因为缺了一角，不能滚得太快，它和小虫说话，闻花香，蝴蝶还站在它头上跳舞。它经历了很多，也碰到很多失落的一角，可是有的太小，有的太大，有的太尖，有的太钝……终于它找到了恰到好处的一角，太合适了！它高兴极了，因为再也不缺一角了，它滚得很快，快得都不能停下来了，它不能和小虫说话，也不能闻花香，蝴蝶也站不到它头上了……它累了，于是把那一角轻轻放下了，从容地向前滚动着……

我们每个人都是缺少了一角的，那缺失的一角，也许不够可爱，但那也是生命的一部分，我们要正视它的存在。正因为我们缺失了那一角，我们必须去认识、去找寻、去完善，那样才会丰富多彩。如果我们生下来就很完美，没有缺失一角，那我们还真的不知道自己怎么发展，怎么完善，那一生都不会有什么太大改变，也就没有多彩的人生了。

在生活中，很多人对一些缺憾不能正确地理解和认识，反而给以轻视甚至嘲讽，认为残疾是一种缺憾。2005 年央视电视台春节联欢晚会上，21 个聋哑演员将舞蹈《千手观音》演绎得天衣无缝，震撼了所有观众，在中央电视台的元宵晚会上，《千手观音》被评为“我最喜爱的春节晚会节目歌舞类一等奖”。由无声世界里的人们带来的舞蹈《千手观音》，引发了长久的赞誉和惊叹。这又说明了什么，他们用自己的行动证明，残疾并不意味着生活不完美，而残缺也是一种美。

无论你存在哪种缺陷，无论你是否完美，当你处在人生的低谷，因自己某方面的缺陷而自卑时，不妨对自己说：“相信自己明天就会有所作为！”因为，残缺并不是一种遗憾，而是一种耐人寻味的美。你会突破残缺的障碍，让你的生命迸发出更强烈的声响。

如果你能够认识到自己生活在一个有缺陷的世界中，并不断地追求进步，不断地克服缺陷，不断地超越缺陷，那才是真正认识自己的生命价值。

人生感悟

我们常常抱怨自己时运不济，觉得自己不能脱颖而出。把眼光低下来，看看自己的平庸之处，甚至有缺陷的部分——说不定在那里，我们也会发现那些一直深藏着而有价值的东西。沙里淘金，你自身的优势就会被一点一点挖掘出来。

破除你的固有模式

一位教授在上心理咨询课时听到一位妇女这样的报告：“每当我丈夫挤牙膏从中间压挤时，我就会抓狂！每个人都知道，应该从尾巴向前面开口处挤嘛！”

这个现象引起教授的注意，为此，教授在全班做了一次调查，看看牙膏该怎么挤。基本上，似乎大家都明白，牙膏应由尾端挤向开口处；然而调查结果显示，只约有一半的同学知道应由尾端先挤；而其他一半的同学竟认为，挤牙膏应从中间开始挤压！

当然，重点并不是你从牙膏的什么地方开始挤，而是你应该将牙膏挤到牙刷上面，至于牙膏是如何附着到牙刷上的，事实上并不太重要。假使真的有问题，那应是从我们内心制造出来的！

教授称这种一成不变的行为方式为“模式”。“我们脑子里塞满了一堆惯性的动作和行为模式。”她解释道，“假使我们无法跳脱自己的固有的思考及行为模式，在与别人相处，他人又希望来点不同的处境时，我们便会被激怒，且会变得跟周遭的人、事、物格格不入。”当教授跟班上的同学们分享“模式”的概念时，同学们皆承认了自己一些荒唐好笑刻板思考的模式，一位妇女竟为了卫生纸纸卷的方向“错误”而郁闷了半天，她只在卫生纸卷的方向是由墙边向外转时，才会感到满意；另外一位男士则说，每天早上他都会将车停在火车站的某一“特定”停车位，假使有一天别人无意中停了那个车位，他就会有种想法——“今天一定是个倒霉日”。还有一位同学说，只要他的慢跑长袜折叠的方式“错误”，他就会冒出无名火。

教授告诉我们道：“真正的解脱之道，就是找出你的模式，然后破除它。找一天开车上班时，挑些不同的路走走；给自己换个新发型；将房子里的家具换换风水，……做任何可防止自己落入停滞不前的新鲜事。”

因此，教授建议那位寻找特定停车位的男士给自己一星期，每天都故意不停那“幸运停车位”，看看会发生什么事。第二个星期他再次来上课时，脸上充满闪亮的笑意，说：“我照着你的建议去做了！不但没有倒霉事发生，我甚至过了好几天的幸运日！”

“现在我们明白，自己以往皆被固有的想法绑住，如今我已解脱，高兴停哪就停哪！”

另一位叫唐娜的学员吃麦片粥时有个模式，那就是，每天早晨她都会拿起同一个蓝色的碗，吃着同样的早餐——麦片、牛奶和一条香蕉，这成了她每天的例行事项，也成为了一种模式。有一天，唐娜同样走到橱柜前想取出“我的”蓝色碗时，却发现它不见了，这简直太可怕了！“我四处搜寻，结果发现别人正拿着那只碗取用早餐，”唐娜说道，“我有些恼怒并想着，‘他真大胆，竟敢用我的碗来吃早餐！’我成了那只蓝碗的奴隶（假使不是因为我感觉受到侵犯，也许到现在我仍不自知）。非常幸运地，我突然想起教授曾上过的这么一课，念头一转，我告诉自己：‘好吧！这是一个让我从模式中解脱出来的机会……我可以同样轻松的心情去使用另一个碗。’

“我做到了！而且很神奇地，我完全能如从前使用那个蓝色碗一般享受早餐。从此之后，我从碗的桎梏中解放出来了。”

其实，我们全部拥有自由的心灵，而且不会被任何事物所绑住，除非我们自己认为会；我们全都享有自由，不论汽车停在哪一个停车位，不论使用哪一个餐碗。

活着——真实地活着——我们必须让自己跟周遭的人、事、物融合在一起。我们不能将自己局限于某种不变的形象下，或者认定每件事情只有单一的解决方案。

一位东方的哲学家说过：“快乐的秘诀在于‘停止坚持自己的主张’。”

人生感悟

我们必须分辨清楚，到底是生活圈住了我们，还是我们自身狭隘的思想限制了自己。能实现快乐的唯一方式是不被任何事物所约束；而不受约束的唯一方式则是——管理好自己的思想。

敢于表现自我

有这么一个问题：“一万个人一字排开，你希望被人认识，怎么办？”

答案有很多，“穿上色彩鲜艳的衣服”、“大声地介绍自己”、“做出令人注意的动作”……其实，有更简单的方法，“向前一步走，勇敢地跨出队列”。

是的，表现自己就是这么简单。我们社会中存在着默默无闻的那一群人。虽然他们中间，许多人也取得了一定的成就，具备了相当的名望和地位，但是其实际所发挥出来的影响力与所应该、所能够发挥出来的影响力往往相去甚远。而对绝大多数的人来说，则生活得平平常常、普普通通，让人放心却不受重视，让人尊敬却不受欢迎。他们本来可以生活得更好，本来可以使自己的事业更加顺利通达，可是总是出现“好人没有好梦”和“好心不得好报”这些怪现象。

为什么呢？答案有多种，但关键原因还是要从自己身上找。可以说，不善于得体地表现自我，是这些人受埋没、遭冷落、遇挫折、被误解的根本原因之所在。

我们经常看到生活中的这类人，谦逊而沉默。他们甘于做平凡人，羞于表达自我，给人的印象似乎很平庸很冷漠，他们的生活也很平常，生活中朋友也似乎不多，在事业上更是鲜有成为风云人物者。可是，如果你有机会去接近他们、了解他们，你会发现，他们中的许多人都有着丰富的内心世界，并且不乏才华和技艺。但是，由于他们不善于表达自我、推销自我，因此往往被这个世界所遗忘，成为命运的弃儿。

这些人为什么总是以一种消极和被动的态度来处理自我被社会认知的问题？这与其根深蒂固的传统道德观念不无关系。毫无疑问，这些人是传统观念的最忠实的维护者，因为这些传统观念往往代表了一种道德标准，这在中国就表现得更为明显。中国传统文化是主张泯灭个人而张扬集体的，展现自我往往要被视为是出风头，而且可能会被别人怀疑为别有用心。这些人总把自己看做是本分人，不愿突破常规，不愿被人视为异类，在这种传统文化的压力和心理惯性的作用下，从众、谦逊、收敛自我，就成了一种自然而然的行为方式。显然，他们只是从道德伦理这个角度而不是从利害得失这个角度来考虑表现自我这一问题的。

有些人不善于表现自己的优势和成绩，这带来了一系列的不良后果。虽然他们可能很有才干，但是由于他们不善于主动展现这种才干，因此便很难引起他人特别是组织和领导的重视，从而丧失了许多发展的机遇。而且，即使他们默默地做了许多工作，因为不为人知，也得不到相应的社会承认，甚至是给他人做“嫁衣裳”。

我们已开始走向一个推销时代。所谓的推销，其含义就是指主动地向别人介绍自己的某种东西，并使其获得对方的认可。商品需要通过广告来扩大销量，我们也同样需要通过自我宣传，展示自己的优点，去争取发展的机遇。在“酒香不怕巷子深”已成为陈年皇历的今天，在人才竞争日趋激烈、制胜良机稍纵即逝的情况下，我们要有危机感和紧迫感，要放下包袱、除掉枷锁，要学会运用各种各样的手段和技巧来表现自我、展示自我，使自己尽快地脱颖而出，早结硕果。我们每个人都应该做自己形象的推销员，把自己的优势和成绩推向市场、推向舞台，“守株待兔”的做法不仅在古代是一个蠢举，在今天更加会让你一事无成。

是的，你有才华，但是领导都没有看到，有什么用呢？

莎士比亚说：“人生如舞台。”这句话是朴实的，也是真实的。人生是一个大舞台，你是舞者。生命是否精彩，你的表现很重要。

日子一天天地过去，生命在延展。总有一些让你扬眉吐气的事情，在我们生命的长河里激起阵阵涟漪，撞开朵朵浪花，这样的幸福或长或短，或多或少，总是能够在我们的生命里留下一些鲜亮的印记，留下一些美好回忆。

课堂里，我们鼓了半天勇气，举起了自己的小手，说出了自己酝酿了良久的话语，获得了老师满意的笑容，肯定的眼神。在一本自己喜爱的杂志里面，发现居然刊登了自己半年或者一年以前写的文字，你却掩饰内心的雀跃，把杂志往书包里一放，抱在胸前，只有你一个人知道，你的怀抱里有一个明媚的春天，有一个让你兴奋得彻夜难眠的理由。一天，你发现你桌前的那位清高的姑娘给你一个善意的微笑，似乎微笑的内涵还包括一些只有你们懂得的东西，于是，在给你温柔微笑和对别人的淡淡冷酷的对比中，你感受到重视的甜蜜和阳光的灿烂。

总有一些事情，让我们感觉是那样的尴尬，那样的无奈，那样的心痛。你的心情总是沉沉地，脑海里总是上演着那些不愉快的事情，天空总是那样的阴沉，父母、老师、同学还有朋友的心灵距离总是那样的遥远。于是，你有了出走的想法。

其实，人生就是这样，一个大杂烩，一个五味瓶。

如果乐观些，你会认为生活是五彩缤纷的，有滋有味的。

如果悲观些，情况就不一样了。阴沉的天空，阴沉的心境，阴沉的人生……

莎士比亚说：“人生如舞台。”这句话是朴实的，也是真实的。

人生是一个大舞台，你是舞者。有精彩的时候，也有败笔。有前台，也有后台。

生命是否精彩，你的表现最重要。前台，为了精彩，为了更加精彩，为了台下阵阵的掌声，我们粉墨登场，费尽心思，化好了妆，穿好了衣服，准备好了台词，端好了架势，调匀了呼吸，一步步踱出去，使出浑身解数。该唱的，唱得五音不乱；该说的，说得字正腔圆；该演的，演得淋漓尽致。于是博得满堂彩，兴尽而意满。

然而，总要有回到后台的时候，脱下戏服，卸下妆彩，露出疲累的双眼，也许你竟没有一个朋友在等待，和你说上一句真心话，道一声辛苦和感谢，或默默交换一个眼色。

在这一热一冷的过程中，我们的人生还在继续。

其实有时候，既然你已经获得了许多喝彩，已经得到了许多认同，已经成功了或者至少局部成功了，你就应该有勇气面对成功背后的种种下一次的失败。总是成功的人生，是许多人所理想的愿望，事实上却从来不是这样。

所以，有享受成功的时候，你也得面对现实：失败、沮丧同样源源不断地向你靠拢。

生活给了你许多幸福，同时也不断让你接受种种磨砺。

人生感悟

岁月犹如一把犁刀，迟早要在我们的生活中刻下许许多多的痕迹。在岁月犁刀的舞动下，我们将是一个什么样子，那就要看我们的表现了。

酸甜苦辣皆人生

月有阴晴圆缺，人生也是如此。情场失意、朋友失和、亲人反目、工作不得志……类似的事情总会不经意纠缠你，此时你的情绪可能已经跌至低谷。其实，生活中的低谷就像是行走在马路上遇到的红灯一样，不妨把它看做是为了维持我们人生的某种秩序，不妨利用这段时间来做个短暂的休息，放松绷紧的神经，为绿灯时更好地行走打下基础。没有这样的红绿灯，或许某个时候，人生的道路会突然堵车，给你一个措手不及，让你无所适从。

古人说“人生得意须尽欢”，而人生失意时也不能停下脚步，也应该积极进取。条条大路通罗马，此路不通，不妨换条路试试，不妨来个情场失意工作补。处在人生的低谷，悲观、痛苦、怨天尤人都没有用，只会让自己越陷越深。越是逆境，我们越应该保持清醒的头脑和理智，全面认识自己的优点和不足。不妨利用这个机会反省一下，重新认识自己。看到自己的优点，可以抚慰自己那颗受伤的心．让心情归于平静，重新鼓起勇气，走出低谷；发现自己的弱点与缺点，是一种进步，是一种智慧，是一种超越。

历史上许多伟人，许多有成就者，都有过失意的时候，但他们都能失意不失志，都能做到胜不骄，败不馁。司马迁因李陵一案而官场失意，但他没有被打垮，反而成就了他“史家之绝唱，无韵之离骚”的传世之作。蒲松龄一生梦想为官，可最终也没能如意，但他是幸运的，因为他能及时反省，能及时调转人生的航向。如果他不能及时省悟，便不会有后世流芳的《聊斋志异》问世，他的大名也不会永载史册。美国最伟大的总统林肯曾有两次经商失败，两次竞选议员失利的经历。但他最终还是得到了成功女神的垂青，成为美国历史上与华盛顿齐名的伟人。试想，如果他在经商失意时不能及时省悟，不能及时易辙，那他可能连成功的门都摸不着。

失意并不可怕，只要及时醒悟，可能你会从此踏上另外一条通往成功的大道。失意时最忌情绪低落，最忌破罐子破摔的思想。一定想着做点什么帮助自己渡过难关。失意时可以先大哭一场，把失败的苦痛尽快彻底释放出来。痛苦之后必轻松，哭过以后，一定要及时反思，思考自己错在何处，如果还有挽救的余地，那不可轻言放弃，如果实在是无药可救，自己在这一方面没有什么优势和天赋，那就到了下一步：痛下决心，改弦更张，重新绘制人生的宏伟蓝图。

朋友，失意并不可怕，只要不失志。学会善待失意，才能走出人生的低谷，赢得属于自己的一片天空。人生在世，虽然只有短短几十年，却要经历各种好事、坏事，尝尽酸甜苦辣。

生活是美好而沉重的。人生是有苦又有乐的，是丰富多彩又艰难曲折的，就像白天与黑夜的互相交替一般。快乐时“春风得意马蹄疾，一日看尽长安花”，快乐的人连路边的鸟儿都在为他歌唱，花儿都似专为他开放。痛苦时，落日西风，万念俱灰，睡梦中也在滴泪。

人总是避苦求乐的，都希望快乐度过每一天，但生活本身就充满酸甜苦辣，快乐和痛苦本是同根生。当你快乐时，不妨留一片空间，以接纳苦难；当你痛苦，不妨想到往昔的快乐。

心往好处想，才能帮我们冲破环境的黑暗，打开光明的出路，才能获得更多更大的人生乐趣。在困顿、苦难面前，一味哭丧着脸，除了磨掉自己的锐气外，是不会赚到任何同情的眼泪的。只有颤抖于寒冷中的人，最能感受到太阳的温暖；也只有从痛苦的环境中摆脱出来，才会深深感觉到这个世界的美好。就像火车过隧道，即使在黑暗中，也要看到前方的光明。

曾经有两个囚犯，从狱中望窗外，一个看到的是满目泥土，一个看到的是万点星光。而对同样的遭遇，前者心中悲苦，看到的自然是满目苍凉、了无生气；而后者心往好处想，看到的自然是星光满天，一片光明。

人生的道路虽然不同，但命运对每个人都是公平的。窗外有土也有星，有快乐也有痛苦，就看你能不能抱定青山不放松，心往好处想。

西方哲学家蓝姆·达斯讲过这样一个故事：

一个因病入膏肓，仅剩数周生命的妇人，整天思考死亡的恐怖，心情坏到了极点。蓝姆·达斯去安慰她说："你是不是可以不要花那么多时间去想死，而把这些时间用来考虑如何快乐度过剩下的时间呢？"

她刚对妇人说时，妇人显得十分恼火，但当她看出蓝姆·达斯眼中的真诚时，便慢慢地领悟着他话中的诚意。"说得对，我一直都在想着怎么死，完全忘了该怎么活了。"她略显高兴地说。

一个星期之后，那妇人还是去世了，她在死前充满感激地对蓝姆·达斯说："这一个星期，我活得比前一阵子幸福多了。"

"苦乐无二境，迷悟非两心"，妇人学会了心往好处想，所以便能离开人世前仍能感到一丝幸福，快乐地合上双眼，相信她死后能进入天堂；如果她仍像以前一样，一味想死，那只能是痛苦地离开人世，死后只能进入地狱。

心往好处想，不论何时，不论何事，只要仍在人间，就要心往好处想，天堂和地狱就在人心中。人生可以没有名利、金钱，但必须拥有美好心情。

心往好处想，会让人在寒冷的冬天感到温暖。

人生感悟

人生的航船，并非一帆风顺，有风平浪静，也有大浪淘天。风平浪静时，不喜形于色，风吹浪打时，不悲观失望，我自岿然不动。只有这样，人生的大船，才能顺利的驶向成功的彼岸。

告诉自己"我一定行"

许多人之所以失败，究其原因，不是因为无能，而是因为不自信。自信，使不可能成为可能，使可能成为现实。不自信，使可能变成不可能，使不可能变成毫无希望。俗语说得好：一分自信，一分成功；十分自信，十分成功。

面对现实，成功的人会大声宣称："我一定行！"

著名的桥梁专家茅以升的家乡，坐落在古老的秦淮河边，河上有一座文德桥，每年端午节，河两岸的人就聚在桥上桥下，观看龙舟比赛。在茅以升 11 岁那年，快到端午节了，他每天都跑到秦淮河边，想象着桥下龙舟飞舞，人声鼎沸的场景。

可是，端午节那天，他偏偏生病了，母亲说什么也不让他出门。正在他憋闷得难受的时候，听到从河岸方向传来好多人的号哭声，一会儿，几个小伙伴大惊失色地跑来："不好了，看龙舟比赛的人太多了，把文德桥压塌了，伤了好多人呢。"一场热闹的龙舟比赛，成了一场桥塌人亡的灾难。

这件事对茅以升刺激很大。他病好后，站在断桥旁，大声地向同伴宣布：我长大了，一定要造一座又高又结实的大桥，决不能再发生这种桥塌人亡的事故！然而，除了惹来同伴的一阵哄笑之外，他什么也没获得。但是茅以升并不在意，而是把自己的誓言深深地烙在脑中。

从这天起，茅以升真的琢磨起造桥的事情来。只要他出门看到桥，总要爬上爬下地看个究竟，不管石桥还是木桥，从桥面到桥墩、桥桩，都要仔仔细细地琢磨几遍。特别是当他看到满载货物的车辆和匆忙赶路的行人，借助一道道桥梁，跨过水深流急的江河时，更是激动不已。他希望：有一天，自己能亲手设计一座大桥，来为人们造福。

茅以升一见到有关桥梁的图画和照片，他就珍藏起来。他还将古诗词和古散文中描绘桥梁的诗句、段落，摘记在本子上，汇集在一起，作为珍贵的资料来保存。

茅以升还懂得，要实现造桥的理想，就要学好各门课程，因此，他学习非常刻苦努力。他为了锻炼自己的记忆力，经常练习背诵圆周率小数点后面的位数，经过一段时间的练习，他竟能把圆周率小数点后面一百位数字一字不差地背诵下来。他还经常到河边去背诵古诗文，来培养自己的毅力。尽管河边人声嘈杂，河边景色气象万千，他也决不受一丝干扰，专心致志地学习，如入无人之境。

1917年，茅以升在美国纽约的康奈尔大学取得硕士学位，拒绝了学校的聘请，毅然回国，最后终于实现了为人民造桥的理想。

大家可能都有过这样的经验，如果你手上握着一手好牌，你就可以一边嗑着瓜子，一边得意扬扬地看着牌桌上另外几个人愁眉苦脸地盯着自己手中的牌，可往往这个时候，我们输的可能比较大。但是如果你手上握着一手普普通通或许是奇差无比的牌，你可能就会充分利用计谋，竭尽所能，将手中的牌发挥出最大的功效。那么很多时候你就可以成功，而手中握有一手好牌的人可能就是你的手下败将。

人生最大的幸福不在于拿着一手好牌赢得胜利，而在于能将一把普通的牌打好。如愿以偿固然令人欣喜，然而在奋斗的过程中，眼看着自己一步一步离目的地更近，这一点一点聚集起来的喜悦才最为动人。

所有的成功者，都是自我品质提升的结果，而其动力都是心中那股不服输不认命的信念。信念是一种能激发起大量灵感的神奇力量，是一种促使人们完成伟大事业的力量。信念支撑你走向胜利。信念的力量在于即使身处逆境，也能帮助你扬起前进的风帆；信念的伟大在于即使遭遇不幸，也能召唤你鼓起生活的勇气。

人生感悟

“我一定行！”这是成功人士的成功宣言，他们或许出自最贫困的家庭，或许有着不为人知的辛酸童年，或许当初也曾有过懦弱的一面，但最终成功的人都是一群用超然的自信和不服输的精神坚持梦想的人。

平静是生活的主题

钱镛书先生说：“世界就像个围城，城里的人往外挤，城外的人往里挤。”生活中的确如此，身居繁华都市的人，往往追求寂寞平静的田园生活；而身在穷乡僻壤的人，却又很是向往灯红酒绿的都市生活。

其实，平静是福，真正生活在喧嚣吵闹的都市中的人们，可能更懂得平静的弥足珍贵。与平静的生活相比，追逐名利的生活是多么不值得一提。平静的生活是在真理的海洋中，在争流波涛之下，不受风暴的侵扰，保持永恒的安宁。

心灵的平静是智慧美丽的珍宝，它来自于长期、耐心的自我控制，意味着一种成熟的经历以及对于事物规律的不同寻常的了解。

人人向往平静，然而，生活的海洋里因为有名誉、金钱、房子等在兴风作浪而难得宁静。许多人整日被自己的欲望所驱使，好像胸中燃烧着熊熊烈火一样。一旦受到挫折，一旦得不到满足，便好似掉入寒冷的冰窑中一般。生命如此大喜大悲，哪里有平静可言？人们因为毫无节制的狂热而骚动不安，因为不加控制欲望而浮沉波动。只有明智之人，才能够控制和引导自己的思想与行为，才能够控制心灵所经历的风风雨雨。

是的，环境影响心态，快节奏的生活、无节制的对环境的污染和破坏，以及令人难以承受的噪声等等都让人难以平静，环境的搅拌机随时都在把人们心中的平静撕个粉碎，让人遭受浮躁、烦恼之苦。然而，生命的本身是宁静的，只有内心不为外物所惑，不为环境所扰，才能做到像陶渊明那样身在闹市而无车马之喧。

一个人如果能丢开杂念，就能在喧闹的环境中体会到内心的平静。

有一个小和尚，每次坐禅时都幻觉有一只大蜘蛛在他眼前织网，无论怎么赶都不走，他只好求助于师父。师父就让他坐禅时拿一支笔，等蜘蛛来了就在它身上画个记号，看它来自何方。小和尚照师父交代的去做，当蜘蛛来时他就在它身上画了个圆圈，蜘蛛走后，他便安然入定了。

当小和尚做完功一看，却发现那个圆圈在自己的肚子上。原来困扰小和尚的不是蜘蛛，而是他自己，蜘蛛就在他心里，因为他心不静，所以才感到难以入定，正像佛家所说："心地不空，不空所以不灵。"

平静是一种心态，是生命盛开的鲜花，是灵魂成熟的果实。平静在心，在于修身养性，平静无处不在，只要有一颗平静之心。追求平静者，便能心胸开阔，不为外物诱惑，坦荡自然。

平静是一种幸福，它和智慧一样宝贵，其价值胜于黄金。真正的平静是心理的平衡，是心灵的安静，是稳定的情绪。

如果你你每天骑着单车上下班，回家到菜市场购物一番，之后做几盘可口的家常菜，和家人孩子一起享受天伦之乐。庆幸吧，你平淡的生活充满着无比的幸福！

这个世界有太多的诱惑，因此有太多的欲望。一个人需要以清醒的心智和从容的步履走过岁月，他的精神中必定不能缺少淡泊。虽然我们渴望成功，渴望生命能在有生之年划过优美的轨迹，但我们更需要的是一种平平淡淡的快乐生活，一份实实在在的成功。这种成功，不必努力苛求轰轰烈烈，不一定要有那种揭天地之奥秘，救万民于水火的豪情。只是一份平平淡淡的追求，但这足矣！

生活，并不是只有功和利。尽管我们大家必须去奔波赚钱才可以生存，尽管生活中有许多无奈和烦恼，然而，只要我们拥有一份淡泊之心，量力而行，从容而后进，坦然自若地去追求属于自己的真实。能做到宠亦泰然，辱亦淡然，如淡月清风一样来去不觉，如此，生活不是要轻松得多吗？

有了这份平淡的处世心态，你就会在简简单单的生活中快乐地生活。当你忙里偷闲与爱人、孩子一同去逛公园、去看场电影、去搞一次野炊时，就都会懂得，生活其实有很多内容。我们大可不必为了一个出国名额而彻夜不眠，大可不必为一次职位的晋升而寝食难安。在平日忙碌而充实的生活中，你忙便有所收获；你岗位平凡但你乐在其中；你斗室而居，但衣食自足，你普通，普普通通如一棵草；你平凡，平平凡凡如一朵花，但你同样可以骄傲，默默绽放的花朵也会芳香宜人！

也许，你没有辉煌的业绩可以炫耀，没有大把的钞票可以挥霍，但你拥有淡泊，这就是人生求之难得的幸福了。诸葛亮有言："非淡泊无以明志，非宁静无以致远。"淡泊是一种真我，是英雄本色。追求淡泊者，生活的道路上永远开满鲜花，永远芳香四溢；追求名利者，生活的道路上会遍布陷阱，只能在生命终结的一刹那体会到稍众即逝的一丝快乐。

人生的大戏不可能永远处于高潮，平平淡淡才是真，拥有淡泊之心，便能拨云见日，体会到生活的真正内涵，否则，只能在生活的边缘徘徊，只能是舍本逐末。

人生感悟

学会淡泊，拥有淡泊，你就能在当今社会愈演愈烈的物欲和令人目迷神惑的世相百态面前神宁气静，你就会抛开一切名缰利索的束缚，在人生的大道上迈出自信与豪迈的步伐，让心灵回归到本真状态，从而获得心灵的充实、丰富、自由、纯净！

生活因“不幸”而多彩

人们都希望自己的生活中能够多一些快乐，少一些痛苦，多些顺利少些挫折，可是命运却似乎总爱捉弄人、折磨人，总是给人以更多的失落、痛苦和挫折。

人生在世，谁都会遇到挫折，适度的挫折具有一定的积极意义，它可以帮助人们驱走惰性，促使人奋进。因此挫折又是一种挑战和考验。我们的生活因挫折变得丰富而多彩，我们的性格因坎坷而锤炼得成熟。挫折来临——与挫折挑战——在战斗中升华自己，这就是逆境与挫折的意义所在。

人生重要的不是拥有什么，而是经历了什么，任何坎坷的经历都是一种宝贵的人生财富。

英国哲学家培根说过："超越自然的奇迹多是在对逆境的征服中出现的。"关键的问题是应该如何面对挫折与不幸。

纵观古今，许多著名的科学家、文学家和政治家大都是在逆境中坎坷中磨砺过来的，人类创造文明与进步的事业，无不经过挫折与失败。正所谓“宝剑锋从磨砺出，梅花香自苦寒来”。

我国古代科学家张衡发明地动仪时，曾遭到当时朝廷政治上的打击，对他降职使用。别人也嘲笑他搞科学是不务正业。但他不为功名利禄和嘲笑讽刺所动摇。世界著名科学家、大西洋海底第一条电缆的设计者威廉·汤姆逊教授曾说过："有两个字最能代表我 50 岁前在科学进步上的奋斗，这就是‘失败’。……失败当然会产生忧虑的，可是，对于从事科学的人，天赋的才能常会带来一种特别的兴致，借此使他不致十分失望，也许反会使他的日常生活格外快乐。"有人专门研究过国外 293 个著名文艺家的传记，发现有 127 人在生活中遭遇过重大的挫折。

任何成功的人在达到成功之前，没有不遭遇失败的。爱迪生在经历了一万多次失败后才发明了灯泡，而沙克也是在试用了无数介质之后，才培养出小儿麻痹疫苗。

“你应把挫折当做是使你发现你思想的特质，以及你的思想和你明确目标之间关系的测试机会。”如果你真能理解这句话，它就能调整你对逆境的反应，并且能使你继续为目标努力，挫折绝对不等于失败，除非你自己这么认为。

爱默生说过："我们的力量来自我们的软弱，直到我们被戳、被刺，甚至被伤害到疼痛的程度时，才会唤醒包藏着神秘力量的愤怒。伟大的人物总是愿意被当成小人物看待，当他坐在占有优势的椅子中时会昏昏睡去，当他被摇醒、被折磨、被击败时，便有机会可以学习一些东西了；此时他必须运用自己的智慧，发挥他的刚毅精神，他会了解事实真相，从他的无知中学习经验，治疗好他的自负精神病。最后，他会调整自己并且学到真正的技巧。"

然而，挫折并不保证你会得到完全绽开的利益花朵，它只提供利益的种子。你必须找出这颗种子，并且以明确的目标给它养分并栽培它；否则它不可能开花结果。上帝正冷眼旁观那些企图不劳而获的人。

人生之路充满坎坷，一个人不可能永远一帆风顺，难免遇到挫折。遇到挫折并不可怕，重要的是你如何面对它。有的人会灰心，会气馁；而有的人会调整心态，重整旗鼓……不愿面对失败的人，永远都是失败的；敢于面对失败的人，即使最后失败了，也仍然是胜利的，因为他懂得如何对待挫折。不敢面对挫折的人，不是一个自信的人，因为一个自信的人是不会那么介意自己的失败的，他对自己充满信心，他知道自己最终会胜利。人只要多一分自信，就会坦然地面对挫折。

美国成人教育家卡耐基经过调查研究认为，一个人事业上的成功，只有 15% 在于其学识和专业技术，而 85% 靠的是心理素质和善于处理人际关系。1976 年奥运会十项全能冠军的获得者詹纳，曾从体育比赛角度作了类似的论述，他说："奥林匹克水平的比赛，对运动员来说，20% 是身体方面的竞技，80% 是心理上人格上的挑战。"事实上，每个人都有充分发展自己，使自己取得巨大成就的智慧，可惜不少人却忽视了自我开发的巨大潜力。

小时候，我们都是从跌倒中学会走路的，即使长大成人，这样的生命方式也不会改变，我们仍然得“从跌倒中学会走路”。

每一个困难与挫折，都只是生活中必然的跌跤动作，我们不必太过惊慌或难过，只要心里牢牢记得小时候那种不怕跌倒的勇敢精神，鼓励自己站起来，拍拍灰尘，然后继续前进，或许下一步，我们就能踏着沉稳的步伐，朝着人生的新目标前进。

每个人都有自己的特点，每个人都有适合自己的道路，不管你适合哪条道路，都要专心致志地走下去。不要看着某个人付出巨大的努力而终于得到了事业上应得的回报，受其感动自己也想出去走一走吃点苦头，从而走向成功。也不必想着某个人因茫茫人海结人缘而平步青云，就想着自己也去碰一个能拉自己一把的人，使自己的人生早日走向坦途。因为每个人都有适合自己的道路，所以切勿朝三暮四，见异思迁。

人生感悟

世界本不浮躁，只因自己的心没有固定的地方所以浮躁。去掉了浮躁，一心向着理想专心努力，就能迎来成功。

先做人，后做事

第一章　做事先做人

做大事必先做人

只有先做人才能成大事，这是一个古训，先人早已强调了“做人为先”的重要性。中国儒家学说代表人物孔子告诉我们“子欲为事，先为人圣”，“德才兼备，以德为首”，“德若水之源，才若水之波”。中华民族历来讲究做人的道理。关于如何做人，其重要内容之一就是讲究信用。在这一方面，晚清胡雪岩是典型的代表。

胡雪岩在人们心目中，最大的特点就是“官商”，就是所谓的“红顶商人”。这“红顶”是朝廷赏发的，戴上它意味着受到了皇帝的恩宠。

胡雪岩做生意极为讲信用，而且不用封建势力的干预。照胡雪岩的看法，就是商人对客户讲信用，官府对朝廷讲良心。商人只管自己是否说了话算数，是对自己的服务对象——客户——来讲的；官府只管自己做事是否对得起朝廷。两者对象不同，原则不同，假如各行其是，各司其职，整个社会便井然有序。否则就只会增加混乱，而于事无补。

重要的是，胡雪岩意识到，如果钱只集存在富人手中，市面就活不起来；况且，过富必遭人妒。在两极分化严重、饥民四起的情况下，富人谈何有安宁日子。

胡雪岩认为自己有义务关心社会问题，一方面表明了他“富好行其德”的良好品质；另一方面，表明了依靠商人如滴水般渗漏财富而支撑的是一个健康稳固的社会。这就需要商人行善举，以感化社会。

胡雪岩当初创办庆余堂，并没有打算赚钱，后来因为药材地道、成药灵验、营业鼎盛，大为赚钱。但盈余除了转为资本、扩大规模以外，全都用于平时对贫民的施药施衣，以及历次水旱灾荒、时疫流行时捐出的大批成药。胡雪岩本人却从来没有用过庆余堂的一文钱。

精明的商人致富后，多“富好行其德”，其中之一便是富后周济贫民。陶朱公弃政从商“十九年之中三致千金，再分散与贫交疏昆弟”；西汉商人卜式曾捐款 20 万，赈济灾民。

胡雪岩历年在帮朝廷平靖天下和为社会赈济灾荒方面，做出了大量贡献。胡雪岩正是因为有这种利人济世的天性，加上他的超凡的悟性，从而使他在官商两道如鱼得水。

胡雪岩这些过人的素质，使他成为一个传统文化意义上的哲商，并在经商的过程中不断感悟、不断升华，他的智慧和商业活动也就不断通向一个炉火纯青的境界。而这一切正是他对人性深刻认识、善于做人的结果。胡雪岩的做人成功，使自己成为最大的赢家。

人生感悟

无论从事任何职业，最重要的是做人，做人成功了，财富、荣誉也就源源不断且不再那么重要了。

人品比才华重要

人品不能直接当饭吃，但毫无疑问的是人品是立身之本，对人生成败、事业兴衰影响颇大。一个人品欠佳的人，很难想象他会是一个名垂史册、高风亮节的人物。

美国当代著名投资家索罗斯极为重视人品的高下，认为一个人仅仅才华出众是不够的，还要有上等的人品。他喜欢诚实的人，对那些做事自私、不够诚实的人，尽管他们十分聪明，也会请他走人。正如他的朋友沙卡洛夫说：“他是我所见过的最诚实的人，他根本不能忍受说谎。”这是对索罗斯的客观评价。索罗斯始终认为，许多投机商，包括一些很成功的投机商，并没有很严肃地对待自己的事业，他们只是在投机，一味地投机。

索罗斯说：“对那些才气纵横的赚钱高手，如果我不信任他们，觉得这些人的人品不可靠，我就绝不希望他们当我的合伙人。”

一次，垃圾债券大王麦克·米尔被起诉后，垃圾债券业务出现真空，索罗斯很想进入这一黄金领域。为此他约谈了好多位曾在米尔手下做过事的人，想请他们做合伙人。但是，索罗斯发现这些人有某种忽视道德的态度，最后放弃了这些人。他觉得他的团队有这些人参与他会很不舒服，尽管他们积极进取又聪明能干，也很有投资天分。

索罗斯的团队里曾经有一个人私自在一处债券上投资了100万美元，结果投资虽然赢了利，但索罗斯认为，这个人对自己的行为不负责任。索罗斯后来解雇了这个人品欠佳的合伙人。他认为，投资作风完全不同的人在他的团队里都可发挥作用，但人品一定要可靠。

索罗斯之所以如此看重合伙人的人品，是因为他认为，金融投资需要冒很大的风险，而不道德的人不愿意承担风险。这样的人不适宜从事负责、高风险的投资事业。他说：“冒险是很辛苦的事，不是你自己愿意承担风险，就是你设法把风险转嫁到别人身上。任何从事冒险业务却不能面对后果的人，都不是好手。”

品行不佳，不仅害人，也会使人在世界上丧失很多机会。

管理学上有一种“中庸”理论，意思是任何一个想要稳步发展的企业，用人要划分出3个档次，首先是德才兼备，其次是德高才中，最后才是德才中等，唯一不可用的是有才无德的人，因为这样的人极其危险。

正如《三国演义》中的吕布，能征善战，英勇无敌，但品格低下，先认丁原做义父然后杀丁原，后认董卓做义父然后杀董卓，最后被曹操抓起来，再也不敢用他，只得把他杀掉。

人生感悟

人生道路，不管你是用人还是为人做事，都要牢记“最重要的是人品”这句箴言，这有助于你走上成功之道。

做人从良心开始

做事必先做人，做人从良心开始，这不是空话、套话，而是被很多成功人士证明了的。

保文高考落榜后就随表哥去沿海的一个港口城市打工。

保文和表哥在码头的一个仓库给别人缝补篷布。保文很能干，做的活儿精细，看到丢弃的线头碎布也拾起来，留做备用。

那夜突起暴风雨，保文从床上爬起来，冲到雨中。表哥劝不住他，骂他是个憨蛋。

在露天仓垛里，保文察看了一垛又一垛的货物，加固了被掀动的篷布。待老板驾车过来，他已成了个水人儿。老板见所储物资丝毫未损，当场要给他加薪，他谢绝了，说他只是看看自己修补的篷布牢不牢。老板见他如此诚实，就想把另一个公司交给他，让他当经理。保文说，他不行，让文化水平高的人干吧。老板却说相信他一定行。保文就这样当上了经理。

公司刚开张，需要招聘几个大专以上文化程度的年轻人当业务员，就在报纸上做了广告。

表哥闻讯跑来，要谋个美差，被保文拒绝了。为此，表哥骂保文没良心。公司进了几个有文凭的年轻人，业务红红火火地开展起来。过了些日子，那几个受过高等教育的年轻人知道了他的底细，心里不平衡，于是便说："就凭我们的学历，怎能窝在他手下？"保文知道了并不恼火，说："我们既然在一块儿共事，就把事办好吧。我这个经理的帽子谁都可以戴，可有价值的并不在这顶帽子上。"

那几个大学生听后面面相觑，不吭声了。

好运总是不期而至，外商听说这个公司很有发展前途，想洽谈一项合作项目。外商是位外籍华人，随行还有翻译、秘书。谈判完毕，外商应保文的邀请共进晚餐。晚餐很简单，但很有特色。所有的饭菜都吃完了，只剩下两个南瓜饼。保文很自然地打了包。

虽说这很自然，但他的助手却紧张起来，不住地看那外商。那外商站起，抓住保文的手紧紧握着，说："OK，明天我们就签合同！"

事成之后，老板设宴款待外商，保文和他的助手都去了。席间，外商轻声问保文："你受过什么教育？为什么能做得这么好？"保文说："我家很穷，父母不识字。他们对我的教育是从一粒米、一根线开始的。后来我父亲去世，母亲辛辛苦苦地供我上学。她说不指望你高人一等，你能做好你自个儿的事就行。"

在一旁的老板眼里含着泪。他端起一杯酒说："我提议敬她老人家一杯——你受过人生最好的教育——请把母亲接来吧！"

真正感动人心、成就大事的往往是心灵最深处的力量。没有歪门邪道，没有钩心斗角，没有大讲排场，一切都是自然天成，这就是凭良心做人的力量。

现在很多人已经习惯于不诚实，弄虚作假，也没有意识到这种不当；很多人已经变得习惯性地轻率和浮躁，不再诚实认真地对待自己的生活。整天拿自己是小人物人微言轻为借口而放任自己，但谁能保证小事上放任自己的人大事上就能守规矩呢?

老子的《道德经》中也说："天道好还。"所以凡事从良心先行才是处事之上策。

因为一切背离良心的谎言终会被拆穿，只是时间早晚的问题。若被拆穿得早，就是人们所说的"现时报"来得快，而报应大小视谎言危害的轻重而定；若一时未被拆穿，日后还得处处陪着小心，一切谨言慎行，用越来越多的谎言去堵住原来的谎言漏洞。把自己弄得个身心俱疲不说，还免不了最终的"不是不报，时间未到；时候一到，报应立现"。

人生感悟

做人只有讲良心，才能获得可靠的幸福。因为做人只有做到让别人对你事事放心，别人才会愿意和你打交道，愿意在你困难的时候帮助你，甚至愿意把身家性命都托付给你。生活在这种人人互助、真诚关爱的环境之中，人生才是幸福的。

太过聪明让文豪遗憾终生

曾被欧阳修称之为"嬉笑怒骂，皆成文章"的宋代大文豪苏轼，他在诗词、散文创作上的成就，在中国文学史上是占有重要地位的。苏轼在总结自己坎坷一生的教训时，很懊丧地叹息说："人皆养子望聪明，我被聪明误一生。"苏轼何出此言?

苏轼在政治上、官场上的表现应该说是失败的。史书上记载，苏轼有一天下朝后，两手抚摸着自己的便便大腹问家人："这里面是什么呢？"有的说是满腹文章，有的说是满腹机关，只有他的爱妾王朝云一语中的："一肚子不合时宜。"苏轼长叹一声："知我者，朝云也。"就是说，连他自己也明白，"不合时宜"是他一生坎坷的主要症结。

常言道"识时务者为俊杰"。苏轼在政治上可谓是一辈子都不识时务，他一贯自恃聪明，谁当权他就反对谁，不分主次，不分环境，不管上下，只要不符合他的意思，就坚决反对。王安石推行变法，他反对；司马光上台复旧，他也反对；程颐、程颢提出新的理学观念，他也反对……不可否认，他的反对意见也有对的。然而，不分青红皂白，为表现自己与众不同、有独到的见解，钻牛角尖，便积怨众多、四处树敌，导致一生多有波折和磨难。尽管他为国为民的出发点是好的，但往往因为方法上过于简单直白，则欲速不达，甚至适得其反。他后来遭人嫉妒、陷害，几度入朝，反复被贬，都与此很有关系。

历史上类似苏轼的不乏其人。古今中外一些有点才气的人物，所以怀才不遇、其志难展，除了客观原因之外，很大的因素在于其自身的问题。他们有的恃才傲物，唯我独尊；有的脱离实际，脱离人民，“世人皆醉我独醒”；有的自以为满腹才学，其实只会纸上谈兵。苏轼的才气如果能得到赏识，并运用到政治上，更多地为国民服务，可谓是一件幸事。千年之后我们也只能替苏文豪遗憾，一腔抱负遗失在做人的失败上。

人生感悟

做事失败可以重来，做人失败却不可重来。这也是令多少仁人志士遗憾终生、临近入土才悟到的道理。

做人不败在小节上

顾全大局的人，不拘泥于区区的小节；要做大事的人，不追究一些细碎的小事；观赏大玉圭的人，不细考察它的小疵；得巨材的人，不为其上的蠹蛀而怏怏不乐。因为一点瑕疵就扔掉玉圭，还是得不到完美的美玉；因为一点蠹蛀就扔掉巨材，天下还是没有完美的良材。

北宋名将狄青和猛士刘易之间有一段这样的故事：有一年，狄青要出守边塞，他的好朋友韩将军向他推荐了一名猛士，这名猛士叫刘易。刘易熟知兵法，善打恶仗，对狄青守卫的那段边境的情况非常熟悉，狄青带他一起到边境去十分必要。但是刘易有个不良嗜好，就是特别爱吃苦荬菜，一顿饭吃不到苦荬菜就会呼天喊地，骂不绝口，甚至还会动手打人，士兵、将领都有点怕他。

刘易和狄青一起到边塞后，忙于军务，每天早起晚睡，从内地带的苦荬菜很快就吃完了，而边塞又见不到这种野菜。这天，士兵送来的菜里缺少了苦荬菜，刘易便把盛饭菜的器皿扔到地上，并在军营中大闹不止。士兵将此事情报告给狄青，狄青听了非常生气。

就这种情况而言，刘易这样的人是绝不能留在戍边军队中的，但刘易又确实与众不同。狄青考虑，与这种性格刚烈的人发生正面冲突，不仅破坏了自己与韩将军的朋友关系，而且会影响刘易的情绪；如果放任不管，势必会动摇其他士兵的军心，影响戍边大业。

于是，狄青出面好言安抚刘易，并立即派人回内地去取苦荬菜。一部分将领见这种情况，非常不服气，说狄将军骁勇善战，屡建奇功，而刘易何德何能，却要狄将军放下军务派人去给他弄苦荬菜吃。特别气盛的将领还想去与刘易比一比武艺，杀一杀刘易的威风。狄将军急忙劝阻众将说：“刘易原来不是我的部下，如果你们与他计较，争强斗胜，传出去势必会给敌人以可乘之机。我们现在要加强团结，绝不能争一时之短长。”

当这些话传到刘易的耳中时，他非常感动。狄将军派人专程去弄苦荬菜，刘易觉得自己获得了同情和理解；狄将军劝阻将领勿争强斗胜，刘易觉得他是真正顾全大局，宽宏大量。在这种情况下，自己不该再给非常忙碌的狄将军添麻烦。

过了几天，刘易懊悔地去找狄青，说：“狄将军，您治军严整，我在韩将军手下时就有耳闻。这次我因这么点小事就大闹，您不仅不责怪我，还原谅了我，我一定会报答您。”从此，刘易再也没为苦荬菜闹过事，并且逢人便夸狄将军的宽阔胸怀。

有句古话说得好：“木秀于林，风必摧之。”这句话的意思，就是告诫人们不要过于逞强。争强好胜、得理不饶人，往往容易激怒对方。表面上看，你似乎比别人强，而实际上是缺少智慧，把对方推到了与你完全对立的位置上。这样，你做事就会遇到比别人更多的困难。而善于处世的人，他们常常更多地体谅别人，巧妙地表达自己的思想，并给人留有余地，不与别人计较一时之短长，这样就可以团结大多数的人，在大家的帮助下实现自己的目标。狄青在这方面的智慧体现得淋漓尽致。不仅仅收服了刘易，而且收服了其他将领、士兵。以狄青的处世方法，不管是谁，都会被他宽容的胸怀所折服。

狄青这样做是他的做人原则所主导的，做人即使不能使刘易折服，他仍然是一个成功者：第一，他问心无愧；第二，树立了自己做人的品牌，不怕以后没人相助，无人合作。从这个意义上讲，做人是为自己，尤其注重自己小节上的做人，往往可以打动周围的人。

人生感悟

要做成大事，须统观全局，不可纠缠在小事之中，摆脱不出。

给失败留存有余地

人生如同下一盘棋，黑白之间蕴藏着无限的玄机。如果你想成功，如果你想做这盘棋中的胜者，那么，希望你花点时间，想想自己的这盘棋该怎样下，你打算怎样过完一生。

下棋，需要精心谋划，否则，“一着不慎，全盘皆输”。世事如棋，人生更需要进行战略谋划，否则，一失足而成千古恨；一步走错，便会落得个失败的下场！ 重要的是一盘棋下输了，还可以从头再来，而做人一旦一败涂地，东山再起谈何容易！

所以，遇事留有余地，给自己留条退路，也能给人生留白，这至关重要！

留有余地也可称做是一种修养，是完善自我的一种方式。把话讲得有些弹性，让别人听起来感到舒服；做起事来有一个灵活的安排，进退空间更大。如果能做到这些，大家心里就都不会为沉重的负担所累，从而能轻松地、坦诚地同别人相处。

做人为自己留点余地，也是解脱自己的一种方式。有些时候，为了一件毫无意义的小事，双方争论得面红耳赤，这个时候，只要有一个人先退让，说一句：“开个玩笑嘛，何必当真？”这就完全可以熄灭“战火”，从进攻的路上撤退下来。最后，谁也不会因此而受到伤害，大家依旧可以和以前一样友好。

面前横着的一座大山，或是流着的一条大河，阻挡了我们的路，但如果只要退一步就能够使自己更快地前进的话，就应该当机立断。如若碰到南墙也不回头，那只能算是愚蠢的执著，只能说是笨拙地执迷不悟，是一种极其危险的行为。

书画家进行创作，必须要懂得“留白”；编辑进行版式设计，要懂得“留白”；印刷书籍，也要留有相应的空白。留白，也就是为后面的路留出余地，给观赏者或者读者留“想象”的余地。

民间有很多俗语，养儿防老，囤谷防饥，晴带雨具，饱带干粮等。说的都是为明天留出一点后路，留出一些余地。闽南话中也有一句俗语：人情留一线，日后好相处。意思是说与人相处，凡事不可做绝，要记得彼此留有余地，以后不管在什么场合见面，都不会难堪，不会陷入尴尬境地。

韩非子的《说林·下篇》中有这样一句话：“刻削之道，鼻莫如大，目莫如小，鼻小不可大也，目大不可小也。举事亦然。”

此段话的意思就是说，工艺木雕所需要注意的要领，首先在于鼻子要大，眼睛要小。鼻子雕刻大了，还可以改小，如果一开始便给刻得小了，那么以后就没有什么办法补救了。同样的道理，初刻眼睛的时候要小，小了还可以加大，如果刚开始雕刻时，就把眼睛弄得很大，那么后面也就无法缩小了。为人做事，也是同样的道理，凡事要留有余地，留有后路。只有做到如此，才不至于使自己遭遇大的失败。

狡兔三窟，留有余地逃生；得势不忘失势，留有后退的余地；强盛而不忘衰败，富有而不忘破落；甚至人情世故、恩怨是非，都需要留有余地。树与树之间，留有间隔，才能长得茂盛粗壮；人与人之间，保持一定的距离，才能避免双方之间的摩擦与纠纷；制定计划，须留出点余地；享受人生，也要留出点余地……还是俗话说得好：家有余粮，日子好过；日有余用，生活安逸。

人生感悟

人在社会，无论是做人还是做事，都要学会留有余地。这也是做人的智慧、做事的聪明所在。话不可说满，事不能做绝。留出一定的余地，才有足够的回旋空间。所谓天无绝人之路，就是说上天都会为每个人留有一定的转机，留有选择的余地，为日后的做事留有空间与机会。

不为小钱而失德

内心有德行的人从不刻意去追求，从不蝇营狗苟，谋求己之私利，凡事都为他人着想。

刘广东是成都一家私营空调厂的普通工人，他们所在的工厂老板以代销风扇的商场拖欠了货款为由，一个夏天都没有给员工发工资。中秋节的时候，他总算是领回了一半的工资，但工厂也停产了。夏天过去了，空调也进入了淡季，况且，仓库里还积压了一大堆的货。

有一天，儿时伙伴欧阳富找上门来，刘广东这才知道欧阳富已经发财了。欧阳富高中毕业后到深圳打工，在那里经过几番周折后开了酒楼，赚了不少钱，好多年都没有回家乡了。离家越久，条件越好，就越思念家乡和儿时的伙伴。这一次来成都，他一打听到刘广东的地址就来了。欧阳富说这次回来他发现家乡变化也很大，他想在成都开一个分店，正好刘广东没有事做，又很熟悉这里的环境，就让他带自己四处走走，查看一下行情。他们终于看中了繁华地段的一个门面，那里原来是个粮油店，面积有200多平方米，一个月的房租是8000元，欧阳富说这在深圳起码要3万元。他打算把它装修成酒楼，成都人爱吃辣的，就打算搞个重庆火锅。欧阳富画了一张装修的设计图，规定了材料，留下了15万元的现金存折给刘广东搞装修和买设备，就赶回深圳去照看他在深圳的两个分店。欧阳富投资出主意，刘广东负责操办，一个出钱一个出力，利润是对半分。刘广东做梦都没有想到会有这么好的机会，还一下子做了火锅城的经理。

欧阳富走后，刘广东就开始到处联系装修队，比较质量，讨价还价，几个装修队都想抓住这个业务。那天，刘广东一回到家里，妻子就很高兴地告诉他，有个装修队姓刘的经理下午来放了1万块钱，还留下了一张名片和一句话“多多关照”。

刘广东说：“这个钱不能收。”而妻子却劝他说：“没关系，没有人会知道的，即使知道了也不是贪污公家的钱，不会犯法的。”刘广东还是坚持说：“人家欧阳富对我这么信任，我绝不能做对不起人家的事，我要对得起自己的良心。”妻子说：“无商不奸，奸商奸商，不奸赚不了钱的。”

刘广东还是拿上钱去找刘经理了，并很快敲定了一个报价比刘经理低3万多元，施工质量也更好的装修队。装修完毕又忙着买厨房用具、桌子、凳子和汽炉火锅，每一次写发票的时候，他也总是实事求是，从不弄虚作假。

人品不能当饭吃，但人品是立身之本。一个人品欠佳的人，轻则伤害合作双方，重则身败名裂，最主要的是内心充满矛盾和不安。老老实实做人、踏踏实实做事。努力使自己成为一个有道德的人、一个纯粹的人。这是品格高尚的人立身处世的法宝，也是人生常胜不败的正途。遵循这个道理行事，你就能成为一个举足轻重、魅力与实力并存的人物。

人生感悟

为一点小钱，要了一点小聪明、小智术，表面上看是尝到了一点甜头，实际上却丢失了人格，且容易背负恶名，让自己臭名昭著，最后身陷困境，寸步难行。

修身赢长远

“做事先做人”不仅是一个处事原则问题，更是一个道德问题。道德是调整人们之间关系的行为规范的总称。人们生活环境中存在着两种“法”，第一种是国家的法律法规，第二种就是思想道德。当一个人缺乏道德观念的时候，就会做出不道德的行为。不道德行为的积累，最后引起的质变，无疑将受法律的制裁，由此可得出结论：一个不会做人的人，永远不会完成任何高尚的理想和事业。“怎么做好人”和“怎么做一个有道德的人”是一致的。

一个人如果缺“德”，无论他有多渊博的知识，多强的能力，多高的水平，都不能称得上是一个完善的人。一个人的形象是由无数的人生小事组成的，一件小事透露的是一个人的整体素养和道德水平。中国传统文化强调“人”与“事”联系的必然性，认为“什么样的人就会做出什么样的事”。

瑞士有一家钟表店门庭冷落，不甚景气。一天，店员贴出了一张广告，上面说：“本店有一批手表，走时不太精确，24 小时慢 24 秒，望君看准择表。”

广告一经打出，很多人都迷惑不解，更有店主的好友打电话询问。店主坦率地说：“诚实是我开店的原则，我不会为了个人私利而损害大家的利益。”正是因为店主有着非同一般的品格，他才能做出这样的决定。

出人意料的是，在广告打出不久，表店的生意开始好转，门庭若市，生意兴隆，很快销完了库存积压的手表。很多顾客正是被店主诚实的做人态度所感动的。俗话说，做人要美，做事要精，立业先立德，做事先做人。做任何事情，都是从学做人开始的。如果连人都做不好，还谈何事业。

修身就是要使人品正。正则“品”端，直则“人”立。人们择友要看人品，考察干部要看人品，聘员工要看人品，娶妻嫁夫要看人品，选合作伙伴要看人品，帮助人也要看人品。试想一个人品不正的人，谁会帮助你，即使你求人办事，也不会有人理你。

正直是做人的根本，正直的人品表现为襟怀坦荡、秉公持正、坚持原则、刚正不阿。正直是做人、做事的一种态度。这种态度是人们所崇敬的。有了正直做人、做事的态度，还会给你带来意想不到的机会，它是成就人生必不可少的一种特质。

保持正直无疑是对自身的一种挑战，是一种灵魂上的超越。面对名利的诱惑、生活的压力、难以名状的虚荣心，以正直直立于人世间并非易事。然而，正直不是入乡随俗的无奈，也不是寄人篱下的感伤，更不是随遇而安的过客，而是一种渗透在为人立世方方面面的行为。

办事的方法和技巧是可以学的，而一颗正直的心却是无价的。《麦肯锡方法》讲的核心问题就是三条基本原则：第一条是以事实为基础，第二条是逻辑性的思维，第三条就是正直。正直做事在犹如战场的商场上也是应该提倡的。

人生感悟

我们的祖先在几千年前就讲过“修身、齐家、治国、平天下”的古训，为什么把修身放在第一位呢？那就是不论你是找人办事，还是做任何事，修身是前提，没有修身的铺垫，一切都无异于空中楼阁。不学好做人，越想做好的事，越好似海市蜃楼遥不可及。

盖住老板心中的痛

朱勇被公司炒了鱿鱼。很多人不理解，因为他的销售业绩一直不错。他的一个好朋友问他，他才道出了其中的缘由。

有一次，朱勇陪同老板参加一个高新技术产品洽谈会。在餐厅就餐的时候，有一个人阴沉着脸冲他们走过来。朱勇认出他曾经是公司的竞争对手，因为在一次商战中被打败，而且败得很惨，使其所在公司蒙受了巨大的损失，所以被炒了鱿鱼。他从此对朱勇的老板怀恨在心，从对手变成了敌人。这次忽然在洽谈会上遇见，他扬言让朱勇的老板等着瞧。朱勇情不自禁地看了一眼老板，老板很紧张地说：“小心他。”

那个人走到老板对面，倒了一杯葡萄酒，冲老板阴险地一笑，突然将葡萄酒向老板的脸泼去。老板没来得及做出反应，被泼了个正着，红色的葡萄酒顺着脸向下淌，仿佛满脸鲜血。老板摸起餐桌上的纸巾擦拭的时候，那个人已经潇洒地走了。朱勇当时愣在那儿了，他醒过神来的时候，老板已经转身离开了餐桌。周围的人都好奇地冲他们张望着，有的人还窃窃私语。

从此，老板就不再给朱勇好脸色看。朱勇明白，老板恨死他了。

老板肯定是这样想的："我已经提醒你了，你应该挡住那杯酒，或者在对方还没泼出酒的时候，先把矛盾化解了，至少也不能让对方那么潇洒地离开，怎么也该冲上去理论一番。"

事情虽然已经过去了，朱勇也想通过努力工作，为公司多创造效益来弥补对老板的歉意，但是老板根本不领情。在年底的裁员中，他理所当然地被裁掉了。人事部在他的解聘通知书上写的辞退理由是："缺乏灵活处理问题的能力。"

朱勇明白这是给老板抓住了把柄，也只好走人，但他也明白，在这样的老板手下干，永无出头之日。

在职场中，当你同老板在一起的时候，老板一旦处于丢丑的边缘，你一定要积极应对，而不是做一个冷漠的看客。如果不能避免老板丢面子，你应赶快躲开，而不是目击老板受辱。如果有一丝可能保全老板的面子，就要冲上去挽救，即使保全不了老板的面子，老板也会理解你。如果你在危机面前无动于衷、束手无策，甚至幸灾乐祸地看老板的笑话，老板一定不会给你好果子吃。

人生感悟

做人是道，做事是术。道合理地用在术上才能取得理想的效果；术不断地积累才能总结为道。没有术的运用，没有术的经验，就谈不上道了。

大智若愚是一种高明智谋

"大智若愚"从字面上理解，大智亦即最高的智慧接近于没有智慧，接近于木讷，接近于愚。智慧（尤其指的是智术）如果过于外露，仍然称不上高级的智慧，"聪明反被聪明误"，"多智则谋"，一个人过分地精于算计反而会被人算计。

"大智若愚"，重在一个"若"字，"若"设计了巨大的假象与骗局，掩饰了真实的野心、权欲、才华、声望、感情。

从做人的原则来看，"大智若愚"体现为以静制动、以暗处明、以柔克刚、以反处正之道，表现为降格以待的智慧。如果要克敌制胜，那么可以在不受干扰、不被戒惧的条件下，暗中积极准备，以奇制胜，以有备胜无备；如果意图在于获得外界的赏识，愚钝的外表可以降低外界对自己的期待，而实际的表现却又超出外界对自己的期待，这样的智慧表现就能出其不意，引人重视。

美国第9任总统威廉·亨利·哈里逊出生在一个小镇上。他小时候是个文静怕羞的孩子，人们都把他看做傻瓜，常喜欢捉弄他。他们把1枚5分硬币和1枚1角的硬币扔在他的面前，让他任意捡一个，威廉总是捡那个5分的，于是大家都嘲笑他。

有一天，一位好心人问他："难道你不知道1角比5分值钱吗？"

"当然知道，"威廉慢条斯理地说，"不过，如果我捡了那个1角的，恐怕他们就再也没有兴趣扔钱给我了。"

愚、拙、屈、讷都给人以消极、低下、委屈、无能的感觉，完全是一副弱者的表现，使人难以产生良好的第一印象，使人放弃戒惧或者与之竞争的心理，使人对它加以轻视和忽视。但愚、拙、屈、讷有时却是为了迷惑外界而人为制造的假象，目的正是为了减少外界的压力，松懈对方的警惕，或使对方降低对自己的要求，而使自己轻松获益。

塔克文是罗马的最后一代国王，他残暴地杀害了布鲁图斯的父亲和哥哥。布鲁图斯装成傻子才得以幸免。

布鲁图斯装傻子装得极为逼真，以至于国王认为他可以作为笑料被留在宫中任意行走。国王经常把他当做开心的玩物。

罗马有个美女圣瑟雷提亚，她已经嫁了人，却被国王抢进了宫，但她拒不从命，为了贞洁和自由而自杀了。

这时，布鲁图斯去找这个美女的丈夫和父亲，要他们发誓为她报仇。他揭去了傻子的伪装，用慷慨激昂的演说动员起人民，又赢得了军队的支持，终于推翻并驱逐了国王，结束了罗马的专制时代，建立了罗马共和国。布鲁图斯和他的战友考拉提督斯当选为首席执政官。

这种甘为愚钝、甘为弱者的做人之术实际上是精于算计的渊薮，使自己不露真相，从而达到麻痹和迷惑敌人，取得最后成功的目的。

做人有做人的法则和技巧，做事有做事的规律和窍门。作为一个现代人，只有熟练掌握这些法则、规律、技巧和窍门，才能步入成功者的行列。

做人的成败与做事成败密切相关。美国哈佛大学著名行为学家皮鲁克斯曾有一句名言："做人是做事的开始，做事是做人的结果。把握不住这两点的人，永远都是边缘人！"的确，只有精通做人的道理，经受做人的历练，才能胸怀大智、心装大事，才能通过健全的心智、充沛的精力、正确的行动，求得事业的成功。

成功之道，在以德而不以术，以道而不以谋，以礼而不以权。成大事的人往往都有一颗谦虚谨慎的心，都是不把自己的真正实力暴露出来的人。做人做事不锋芒毕露，不狂妄，不骄不躁，韬光养晦，大智若愚，大巧若拙。俗话说，饭要一口一口地吃，事要一件一件地做。做人踏实本分，才能获得别人的尊重，自己也能够问心无愧。

所谓成就感并非是一步登天，而是在一步一步走过后，回头再看来路时那发自内心的欣慰与愉悦之情。一步步走来，切勿急切行事，用心急躁，急功近利的人是做不了什么大事的。

因此，要求我们每一个人，要做好事，要好好做事，做有益之事；做人，要做好人，要好好做人，做优秀之人。做事先从做人开始，利人利己的事多做，损人利己的事不做。既损人又不利己的事绝对不做，这是做人的基本准则，也是成就大事的必要前提。

人生感悟

"大智若愚"是在平凡中表现不平凡，在消极中表现积极，在无备中表现有备，在静中观察动，在暗中分析明，因此它比积极、比有备、比动、比明更具优势，更能保护自己。

做人与做事的互动双赢

"做人"是"做事"的前提，也可以说，"做人"是"做事"的舵手、风向标，只有方向正确了，所做的事情才能发挥它的正面价值，否则，不仅可能产生不了预期效果，甚至可能适得其反。

做事先做人是为人处世、工作生活中的一条金科玉律，我们要取得成功，首先要修炼内功，提高自己的品质修为，人做好了，事才有可能做好。只把眼睛盯在事上，无视或轻视做人，最终也是不能把事做好的。

每一个人生活在现实社会中，都渴望着成功，而且很多有志之士为了心中的梦想，付出了很多，得到的却很少。这个问题不能不引起人们的深思：你不能说他们不够努力，不够勤劳，可为什么偏偏落得个一事无成的结局呢？这值得我们每一个人去认真思考。

从表面上看，做人做事似乎很简单，有谁不会呢？其实不然，比如说你当一名教师，你的主观愿望是当好教师，但事实上却不受学生欢迎；你去经商，你的主观愿望是赚大钱，可偏偏就赔了本。抛开这些表层现象，去发掘问题的症结，你就会发现做人做事的确是一门很难掌握的学问。

做事先做人，是因为人格的空间决定了做事的空间；做人先做事，是因为人的各种素质，只能在做事中才能形成；人的本质，只能在做事中才能展开；人的潜能，只能在做事中才能开发；人的能力，只有做事中才能发挥；人的成就，只能在做事中才能取得；人的梦想，只有做事中才能实现。做事即做人，做人即做事，是因为做事和做人二者是内在统一的，没有先后之分。

没有先后之分，并不是说没有高下之别。做人是主导，做事是基础。

有一位华侨，在国外事业做得很大，但思乡情重，想出资在家乡办厂。消息传开后，很多人纷纷与他联系，愿意与他合作在家乡开办工厂，因为大家都看到此事有利可图。这让老华侨在挑选合作者上面犯了难。

最后，他在众人之中挑了两个比较合适的人选，想在他们二人中挑出来一个与自己合作，并把他在国内投资的所有经营都交给他管理。有一天，他叫来那两个人说："我本人没有什么爱好，唯独酷爱下棋，今天，你们谁下棋赢了我，我就会与谁合作。"

那两个人也是下棋高手，棋都下得极好。第一个人与老华侨下了起来。最后老华侨以微弱的优势战胜了那个人。

第二个人很精明，在下棋当中，老华侨转身去倒了一杯水，第二个人以为他不在意，偷偷换了一个棋子，其实这一切全被老华侨从玻璃的影像上看到了。最后，第二个人获得了胜利。

后来，老华侨选择了下输了棋的那个人来管理自己在国内的事业。

他说，第一个人虽然没有赢我，但是他却是凭着自己的实力没有想着去耍小计谋，诚心诚意地与我对弈。这也是一个人的人生态度问题，从中可以看出他是可信的。而第二个人却偷换了一个棋子，虽然这是一个小事情，但是却可以看出他的品质低下、为人不诚，与这样的人合作是不能让我放心的。

没有做事，做人没有根基，做事是我们立身成人之本。我们懂得做事，就永远有可以付出的资本。做事越多，付出越多，收获越大；懒惰越多，收获越小。人生就是由这样一种惯性趋势操纵着，我们用什么样的态度对待做事，这种惯性趋势就会像滚雪球似的，越滚越大。

人生的价值通过他所完成的事显现出来，事情的意义通过人的自动呈现效果。在理想的界面，做人与做事是一致的；做人的直接目的就是做事，人以此为生存手段，并以此充实自己；做事是实践自己的现实能力，也是达到做人成功的唯一途径。

人生感悟

一个人不管有多聪明、多能干，背景条件有多好，如果不懂得如何去做人、做事，那么他最终的结局肯定是失败。做人做事是一门艺术，更是一门学问。很多人之所以一辈子都碌碌无为，那是因为他活了一辈子都没有弄明白该怎样去做人做事。

以人为本是做人做事的基本点

一个人如何走向成功，有很多原因和方法，不过，有一条原则是很重要的，那就是应该学会以人为本，时刻把"人"放在心上。

我国沿海某大城市一家酒店懂得把"人"时刻放在心上。人们在酒店请客往往不免铺张，点的菜经常吃不完。该酒店推出了一项服务，每当顾客点菜超过一定数量，服务员就会善意地提醒消费者："本酒店的菜分量很足，据测算，您点的菜已足够消费，请酌情点菜，以免浪费。"酒店一般都是按顾客的消费量收钱的，顾客消费得越多，酒店的利润越大，然而，这家酒店却不谋求眼前的这点利益，而是主动为顾客着想。

时刻把"人"放在心上，可以给我们事业的成功带来很大的好处。你对别人付出关心，才可能去想别人拥有什么，缺少什么，可以为他们做什么，从而发现做类似事情的人没有发现的空白点，找到实现辉煌人生的机会。世界永远是人的世界，人的需要是社会最基本的需要，只有以人为本，你的工作才算是找到了入门钥匙。

日本NHK广播技术研究所的做法可以给我们一些启示。由于生理原因，老年人听广播，往往因为播音员语速太快，难以理解全部内容。NHK广播技术研究所开发了一种装置，其特点是变换广播中播音员的语速，保证老年听众能“慢慢听”。慢速收音机不仅可让老人安心地“慢慢听”，还可保证下一个节目仍能照常开始。收音机里安装了一种具有记忆广播声音和变换广播语速等功能的小型电脑，它能自动缩短广播时句与句的“间隔”，在收到广播信号后，将其转换成数码信号，以缓慢速度播放出声音；如果放慢得太多，又会稍稍加快，以免耽误后面的节目。这种慢速收音机一上市，就深受日本老人的欢迎。据悉，此项技术除了用来听广播，还可广泛应用于助听器、步话机、电话、手机，从而极大地方便了老年人。

正是这种把“人”放在心上的经营观念使他们一方面赢得了“关爱消费者”的社会美誉，另一方面又获得了巨额经济回报。

把“人”放在心上，从中寻找商机，也要讲究点方法。

首先你要学会从人的基本需要入手。人的基本需要潜藏着无限商机，只要你认真地去挖掘，它们也许就是一个金矿。慢速收音机和酒店的提醒服务其实就是这种理念的具体实践。

其次，我们得有第一个吃螃蟹的精神。一般的人都有这样一种思维：没人做过的事，无经验可以借鉴，无教训可以吸取，是风险最大的。但我们唯独很少想到事情的另一面。没人做过，它的好处也没有人得过，你第一个去，什么样的宝贝都可能入你囊中，事业成功的机会无形中便大了许多。人生的风险总是与它的收益成正比的，否则，这世上的冒险者就不可能像现在这样野草般地“钻”出来。

人生感悟

征服别人的方法有许多种，比如动听的话、强硬的手段，但没有哪一种力量比征服别人的心灵更起作用。商场亦如人生，最强大的力量也在心中，那就是让自己的工作与别人内心的渴望完美结合。

做事与做人是硬币的两面

一个人只懂得如何做事是不够的，还要学会如何做人，因为做人与做事本来就密不可分。每个人都需要在业绩上做出类拔萃的明星，但是以明星自居、摆明星谱的人是不受人欢迎的。

在一个团队里面，决定人的升迁和命运的，是他所做出的业绩。业绩是实实在在的东西，做了多少，做得如何，别人都看得清清楚楚。到处显摆自己的成绩，和别人抢功劳，喜欢出风头，也许可以争取到短期的利益，但是从长期来看，实在是不明智的举动。人心都是很微妙的，对于一个四处炫耀自己的人，大家都会不由自主地产生排斥心理：“他的那点成绩算什么呀！”“没有我们的帮助，他能做到这一步吗？”各种抵制和不满的情绪就会扩散开来。而对于一个低调做人的人，大家反而会经常记得他的成就。

你可能没把摔跤看做一个团体项目，但通用电气最年轻的经理人汤姆·席勒曾经给别人解释过这个道理：“我中学时参加过摔跤队，从中学到了很重要的一课。”

“摔跤看起来就像越野或投掷什么的，但摔跤真的是团体运动。因为你在赛场上的表现取决于你的平时训练，而你平时训练的好坏，又取决于跟你一块训练的人的水平。看看一些好的摔跤队，你会注意到，多项国家冠军往往是同时取得的。一个拥有145级国家冠军的队，往往在138级、155级上也有很好的表现，这是注定的。我们队一开始糟糕透了，2 ∶ 14惨败，连教练都不想待下去了。可是我们团结得像一个人，整个队一起跑阶梯，一起训练，第二年就变成16 ∶ 0了。那时候我就懂得个人离开团队将一事无成。”

作为一个会做人的员工，都知道应该把聚光灯打到自己的上司和所处的团队上，而不是使自己引人注目。他清楚地知道，没有别人的支持，他将什么也不是。

但生活中就有一部分人，认为只有高调做人、大开大阖，才能担当重任；而畏首畏尾、不敢得罪人就会沦于平庸、有负公司的厚望，因此，他们认为保持高调，认真做事就可以了，其他的可以不用太在乎。他们在工作中和生活中总是显得趾高气扬，对人满不在乎，总是与人争执不休，因而失去了同事和上司的信任与好感，并且人际冲突不断，最终并没有对公司起到积极作用。

一个低调、谦虚、不骄不躁的人才是团队中真正受到欢迎的人，只有这样的人才会得到大家的信任和支持。而大家的信任和支持是一个员工在团队中有所发展并对公司有所贡献的前提。

做人就应该在内心充满了对自己的工作和团队的热爱，充满了对工作胜利的信心。在别人还在犹豫争吵的时候，他已经开始默不作声地思考着如何能够最好地完成这件事情。

人生感悟

做事与做人，是硬币的两面。做事者，必须同时追求人际关系的和谐；做人，也必须学会不避嫌怨，高调做事。

第二章　诚信是做人的根本

诚信是立身之本

诚信就是诚实守信，用更通俗的话说诚信就是实在，不虚假。自古以来，诚实守信就是一种永恒的人性之美。可以说，诚信的品格是要获得成功人生的第一要素，历来被伟人们所尊崇。

美国伟大的总统之一林肯，在年轻时就是一个诚信哲学的忠实拥护者。

林肯作为一个小职员时，他诚实而勤快。一天，一位妇女来商店买了一些小物品，结算的结果是应付 2 美元 6.25 美分，林肯认为应该收这么多钱。

付完款后，那位妇女高高兴兴地走了。但是林肯对自己的计算结果感到没有把握，又算了一遍，结果让他大吃一惊，他发现各种款额加起来后应该是 2 美元。

“而我却让她多付了 6.25 美分。”林肯不安地想。

钱不多，许多店员不会把它当回事儿，但是林肯却非常尽责。

“必须把多收的钱还回去。”他决定。

如果那位女顾客就住在附近，把钱还给她轻而易举，但她住在两三千米之外的地方。然而这并没有动摇林肯的决心。天已经黑了，他锁好店门，步行来到那位女顾客的住处。到那儿后，他把事情讲述了一遍，将多收的钱如数奉还，然后心满意足地回了家。

诚信是一种品格，同时是我们立身的根本。诚信的人，任何时候都值得我们去信赖，而他们高尚的情操和纯洁的品质也注定铭刻在人类的荣誉丰碑之上，并闪耀着永远的人性之光。

人生感悟

诚信是一个人的美德，有了“诚信”二字，一个人就会表现出坦荡从容的气度，焕发出人格的光彩。

诚信是获得回报的资本

从前，有一个贤明而受人爱戴的老国王，他没有子嗣，眼看王位无人可继，他便昭告天下：“我要亲自在国内挑选一名诚实的孩子做我的义子。”

他拿出许多花的种子，分发给每个孩子，说：“谁用这种子培养出最美丽的花朵，那孩子就是我的继承人。”

所有的孩子都在大人的帮助下，播种、浇水、施肥、松土，照顾得十分细心。其中有一个叫雄日的男孩子，他整天用心培育花种。但是，10 天过去了，半个月过去了……花盆里的种子并没有发芽。雄日很纳闷，就去问母亲。他母亲说：“你把花盆里的土壤换一换，看看行不行？”雄日换了新的土壤，又播下了种子，但仍不见发芽。

国王规定献花的日子到了，其他孩子都捧着盛开鲜花的花盆涌上街头，等待国王的奖赏。只有雄日站在店铺的旁边，双手捧着没有花的花盆，站在一旁流泪。

国王见了，便把他叫到面前，问道：“你为什么端着空花盆呢？”雄日诚实地将他如何用心培育，而种子却不发芽的经过告诉了国王。

国王听完，满心欢喜地拉着雄日的双手说：“你就是我忠实的儿子。因为我发给大家的种子都是煮熟了的，根本就发不了芽，开不了花。”

因为诚实，雄日成了国王的继承人。

雄日能得到王位，在于他的诚实。诚实不仅有道德价值，而且还蕴涵着巨大的经济价值和社会价值。一个人失去诚实，就失去了一切成功的机会。一个不诚实的人，将会失去朋友，失去客户，失去工作，因为谁也不愿意与一个不诚实的人共事，打交道。

一群印第安人围住一家新开的店铺，只看不买。酋长来了，他对店主说：“我要买一条毯子，给我妻子买一块印花布。我的毯子需要付 3 块貂皮，印花布需要付一块貂皮。这样吧，貂皮我明天给你。”

第二天，酋长带着貂皮来到店里。他拿出 4 块貂皮，稍稍犹豫了一会儿，他又抽出第 5 块貂皮一起放在柜台上。最后 1 块貂皮特别珍贵，特别稀有。

“已经够了，”店主把它推回去，“你只欠我 4 块貂皮，我只能收下我应得的。”他们为 4 块还是 5 块的事推让了半天，然后酋长的脸上露出了满意的神色。

酋长把第 5 块貂皮收了回去，看了看店主，然后跨出门去，朝他的族人喊道：“跟他做买卖吧，他不会欺骗我们印第安人的，他不是个贪心的人！”

酋长又转身对店主说：“如果你刚才收下最后 1 块貂皮，我就会叫他们不要跟你打交道，我们还会赶走其他的顾客。但是现在，你已经是印第安人的朋友了。”

天黑之前，这家店铺里就堆满了毛皮，店主的抽屉里也塞满了现金。

还有一个关于诚信的故事。

阿瑟·项伯拉托里是一家大型航运公司的董事长。他 10 岁的那个夏天，正值经济大萧条的 1935 年，他跟着一辆密封式运货小卡车，每天向 100 多家商店送特制食品。在炎热的天气里，干几个小时的报酬只是一块腊肉三明治、一瓶饮料和 50 美分的现金。由于这是他的第一份工作，所以他认为辛苦一些也是正常的。

在不送货的日子里，他便到一家偏僻的糖果店干活。一次扫地时，他看见桌子下有 15 美分，便捡起来交给店主。店主拍拍他的肩膀说，他是有意将钱扔在那儿，要试试他是否诚实。阿瑟·项伯拉托里在整个高中阶段都为这位老板干活。他绝不会忘记，是诚实让他保住了当时非常难找的那份工作，也正是诚实成为他后来创办事业且兴旺发达的关键。

一个言行诚实的人，因为有正义公理作为后盾，所以能够毫不畏缩地面对世界。而一个充满欺骗的人，却会在内心听到这种声音：“我在说谎话，我不是一个诚实的人；我是一个卑污者，一个戴假面具的人。”试想，一个连自己都无法面对的人，又怎么能获得生活的回报呢？

人生感悟

诚实很重要，和做正确的事一样重要。不管是什么时候，也不管是在什么情况下，诚实都能让你赢得他人的信任和回报。

擦亮做人的“牌子”

正如巴甫洛夫所指出的：“永远不要企图掩饰自己知识上的缺陷，即便用最大胆的推测和假设去掩饰，也是要不得的。不论这种肥皂泡的色彩多么使你们炫目，但肥皂泡必然是要破裂的，于是你们除了惭愧以外，是会毫无所得的。”做学问时如此，为人处世更应该如此。我国古代一个“陈策追骡”的故事，再次揭示了做人要诚信的道理。

一天，陈策去集市上买回了一匹骡子。这骡子精壮精壮的，毛色发亮，走起路来四只蹄儿像翻花，喜得陈策连声说：“好骡好骡。”

第一次用这骡子，是要从西域的恒顺运一些丝绸到他的铺子。伙计将鞍放上骡子的背，想不到骡子突然暴怒起来，上蹿下跳，连鞍都摔在地上，把几个伙计吓了一跳。这骡怎么啦？伙计把骡捉住，又试了几次。只要鞍一上骡背，它就发怒一般暴躁蹦跳。

“这是一匹伤鞍的骡，老主人养成的。”陈策说。

“骡子不能负重，就是废物。”邻居说，“快把它送还给原来的主人，或者卖掉吧！”

可陈策不忍心这样做。受了欺骗，他就这样认了，他叫伙计把骡子关到城外闲置的老屋子里，每天供给它一些简单的草料。他说：“就等它慢慢地老死吧。对畜生这样狠的主人，就是畜生！”他对骡子的前主人依然耿耿于怀。

他的儿子对父亲的做法很有些想法，他还是想把骡子卖掉。但这个念头他不敢跟父亲说，他有点怕父亲。所以后来做的事他都是瞒着父亲干的。

他找到平时比较熟的一个马贩子，说：“你想法把我这头骡子卖了，我多给你中介费。”

马贩子说：“谁都知道你父亲的脾气，他会说我们的。你父亲知道了，气得要冒烟的。”

“没事，一切后果我负责！”

机会终于来了。有一个路过南城的官人的马死了，便来到骡马市场，想再买一匹。马贩子瞄见了他，上前说：“有一匹上好的骡子，因为负重时受了点伤，把背磨破了，主人要赶生意，急着就把它卖了，你要不要看看？”

官人就随他过去，见到一匹精壮精壮的骡子，毛色发亮。官人连声夸：“好骡好骡。”

马贩子说：“就是背上有些伤，稍养一养就好了。”

骡子的背上有一些新鲜的擦伤，是陈策的儿子和马贩子磨出来的，脱毛，破皮，见血。

官人和当时的陈策一样，毫不犹豫就买下了。他说：“我的日程宽裕，暂不用它，只与我随行即可。”

陈策还是知道了这件事——可当时已经晚了，那官人早已离开南城五天了。陈策骑上马，沿官道追。晓行夜宿，沿路打问。他花了两天时间，追上了那个官人。那骡子见了他，不走了，挨挨蹭蹭要靠近他。想说什么说不出来，只知道犟着不走。

陈策向官人行礼，说：“这是一匹伤鞍的骡子，不能负重。”

官人疑心他舍不得这精壮的骡子，要反悔，就说：“伤鞍的骡子我也要。”

陈策解下自己的马鞍，递给官人，说：“不信，你试试。”

官人说：“我不试。”

陈策叹一口气：“我以诚待你，你却疑我欺诈，既如此，我在家等你。”说完，策马回家了。不久，官人返回了南城。他找到了陈策，说：“我来并不是为了讨回银两，而是特为谢罪而来。你待我以至诚，竟受我怀疑。哎，惭愧呀！”

陈策追骡的故事给人们留下了一个“利他”的典范。故事本身告诉我们，在任何时候，都不能为了个人利益而放弃诚实。那些常为一己之利表现不诚实的人不会获得真正的成功。陈策的行为给儿子上了一堂生动的教育课：一个人对别人表现出完全的不诚实时，可能会获得暂时的回报，但你不可能终生活在自欺欺人的阴影之中。

在生活中要做一个诚信的人不容易，因为它来不得半点虚假和功利，需要实实在在地付出、奉献。真诚待人、克己为人的人，也许偶尔会被欺诈，但他们会真正时时受人欢迎。

对一个处处为他人着想，绝不为个人利益放弃诚实的人，人人都会真诚接纳他，愿意和他交往。

人生感悟

“别人怎样对待你，你就怎样对待别人”的原则是不足取的——尤其是当别人欺骗或辜负了你的时候；想让别人如何对待你，你就如何去对待别人吧。

声誉如生命

品格是导引一个人行动的航标，拥有良好的品质，我们才不至于在人性的丛林中迷失方向。对此，邓肯说：“有德行的人之所以有德行，只不过受到的诱惑不足而已；这不是因为他们生活单调刻板，而是因为他们专心致志奔向一个目标而无暇旁顾。”的确如此，一个执著于追求诚信品质的人，绝不会轻易受到不良心性的影响，去做出有损声誉的事情。坚守诚信品质的人，绝对能经得起岁月的考验，并随着时光的流逝，历久弥香。

在武汉市鄱阳街有一座建于1917年的6层楼房，该楼的设计者是英国的一家建筑设计事务所。20世纪末，那座叫做“景明大楼”的楼宇在漫漫岁月中度过了80个春秋后的某一天，它的设计者远隔万里，给这一大楼的业主寄来一份函件。函件告知：景明大楼为本事务所在1917年所设计，设计年限为80年，现已超期服役，敬请业主注意。

真是闻所未闻！80年前盖的楼房，不要说设计者，连当年施工的人，也不会有一个在世了吧？然而，至今竟然还有人为它的安危操心！操这份心的，竟然是它最初的设计者，一个异国的建筑设计事务所！是怎样的一种因素使一个人、一群人、一个在时空中更新换代了数茬人的机构，经近一个世纪的变迁，仍然守着一份诚意、一份承诺？这不能不引人深思！

培根说：“美德有如名香，经燃烧或压榨而其香愈烈，盖幸运最能显露恶德而厄运最能显露美德也。”在面对生死考验的问题上，上述故事中的工程师用自行决断的方式为自己的声誉做了最后的祭奠，他爱声誉胜过爱自己的生命，他用死亡的方式悲壮地叙说了他对事业的挚诚，产生了震撼人心的力量！

当然，我们并非以为死亡才是最好的表达方式，但在任何时候，坚守一份诚信，无异于给自己一个可靠的“护身符”。

人生感悟

“把‘德性’教给你们的孩子使人幸福的是德性而非金钱。这是我的经验之谈。在患难中支持我的是道德，使我不曾自杀的，除了艺术以外也是道德。”乐圣贝多芬充满哲理的感慨，恰好从另一个角度阐释了坚守声誉与诚信对于人生的重大意义！

诚信是做人的灵魂

一个在日本的中国留学生课余为日本餐馆洗盘子以赚取学费。日本的餐饮业有一个不成文的行规，即餐馆的盘子必须用水洗上6遍。洗盘子的工作是按件计酬的，这位留学生便在洗盘子时少洗一两遍。果然，这样一来，劳动效率大大提高，工钱自然也迅速增加。一起洗盘子的日本学生向他请教技巧，他毫不避讳，说：“少洗一遍嘛。洗了6遍的盘子和洗了5遍的有什么区别吗？”日本的学生听了，都与他渐渐疏远了。

餐馆老板偶尔会抽查一下盘子清洗的情况。一次抽查中，老板用专用的试纸测出洗的遍数不够的盘子，并责问他时，他却振振有词：“洗5遍和洗6遍不是一样干净吗？”老板只是淡淡地说：“你是一个不诚实的人，你间接地欺骗了顾客对你的信任，践踏了顾客对你的忠诚，请你离开。”

他到另一家餐馆应聘洗盘子。这位老板打量了他半天说："你就是那位只洗5遍盘子的中国留学生吧。对不起，我们不需要！"第二家、第三家……他屡屡碰壁。后来，他的房东也要求他退房，原因是他的"名声"对其他住户（多是留学生）的工作产生了不良影响。而且，他就读的学校也希望他能转到其他学校去，因为他影响了学校的生源……万般无奈，他只好收拾行李搬到另一座城市，一切重新开始。他痛心疾首地告诉准备到日本留学的中国学生："在日本洗盘子，一定要洗6遍呀！"

在现实生活中，许多人都认为欺骗、不诚实是一种有利可图的勾当。他们以为欺骗的手段是很值得使用的，却不知在工作的过程中，欺骗了顾客，将会付出多么巨大的代价。

与人做事，本来是心灵互换的一个过程，在这个过程中，只要一个环节出现了"脱节"的情况，换来的结果不会是双赢，也不会单赢，只会是心灵结盟的彻底溃散。故事里中国学生间接地欺骗了顾客，就被众人"敬而远之"。

马登先生是一家商店的老板，他曾经向一个职员询问某种新款商品的销售情况。职员告诉他："这种商品设计不太好，某些方面还相当差。"那个年轻人还拿着样品对马登先生详细地描述了它的缺陷。这时，一个客户走进店里问："你今天有没有好的新东西推荐给我呢？"年轻的职员马上说："是的，先生，我们刚刚有一批很适合您需要的产品。"一边说一边把那个有问题的样品递给顾客。他对这种产品的赞赏听起来诚心诚意，于是顾客马上决定订购一大批。一直默默旁观的马登先生插话了，他告诫顾客不要急于订货，再好好检查一下，然后让职员到财务处去结算工资，因为从现在开始，他不再是商店的员工了。

商业领域有个信条："顾客就是上帝，满意的顾客是最好的广告。"那些得到良好服务的顾客，会乐意向别人推荐这家商店，做人同样如此。因为诚实是立业之本、做人之本。

人生感悟

如果你想成为行业的翘楚，就应该让诚信这样的品质融入自己的服务之中，并让它保持着常鲜的活力，不受欺骗思想和行为的引诱。因为，一旦你欺骗了顾客，便损伤了做人的灵魂！

人格是最高学位

"品格"在英语中的定义是："一个人生命过程中建立的稳定和特殊的品质，使他无论在什么环境中都有同样的反应。"好品格源自一个人的内心深处，它不受地位、财富、环境等的限制。"没有关系，大家都是这样的"，这就是道德败坏对我们的试探，而想拥有良好品格的人必须战胜这些试探。

很多很多年前，有一位学大提琴的年轻人去向20世纪最伟大的大提琴家卡萨尔斯讨教："我怎样才能成为一名优秀的大提琴家？"

卡萨尔斯面对雄心勃勃的年轻人，意味深长地回答："先成为优秀而大写的人，然后成为一名优秀和大写的音乐人，再然后就会成为一名优秀的大提琴家。"

一位大学教授在上课的时候，拿出一个玻璃瓶子，把石头装在瓶子里，当不能再装石头的时候，他就问他的学生："满了吗？"学生几乎异口同声地说："满了。"然后，他又把沙子放在瓶子里，当不能再放沙子的时候，他又问："满了吗？"这次学生就说："还没有。"教授笑了笑，说："对！"接着又把水灌进瓶子里，然后就问："今天，你们从这个实验想到了什么？"有一位学生说："我知道了，无论一个人的时间是多么紧张，他都有空去学其他知识。"而另一位学生说："无论你的知识多么丰富，你都能容下别人的建议。"而教授笑了笑说："你们说的只是它的一部分意思而已。大家想一想，如果我刚才先放沙，再放石头，那么，石头还能全部装下去吗？先放石头，还是先放沙，其中包含了我们人生一个很重要的道理，那么，什么才是人生这块石头呢？”

“地位。”一位学生说。

“学历。”另一位学生说。学生们纷纷发表自己的意见。而教授说：“人格，人格就是这块石头，人格才是人生最高的学位。无论在什么时候，我们都要把别人放在第一位，先人后己，这是我们中华民族的一项美德，也是全世界人民都要继承和发扬的。”

史蒂芬·柯维博士，他曾被美国《时代》杂志誉为“人类潜能的导师”，并入选为全美25位最有影响力的人物之一。他在《高效能人士的7个习惯》一书开篇就写道：

“我潜心研究自1776年以来，美国所有讨论成功因素的文献。我阅读或浏览过的论著不下数百，主题遍及自我完善、大众心理学以及自我帮助等。对于爱好自由民主的美国人民所公认的种种成功之论，已算得上了如指掌。

“从这200年来的作品中，我注意到一个令人诧异的趋势。那就是过去50年来讨论成功的著作都很肤浅，谈的都是如何运用社会形象的技巧与如何成功的捷径。但往往是头痛医头、脚痛医脚的特效药，治标而不治本。

“比较而言，前150年的作品则有很大不同。这些早期论著强调‘品德’为成功之本，诸如像正直、谦虚、诚信、勤勉、朴实、耐心、勇气、公正和一些称得上是金科玉律的品德。富兰克林的自传就是这个时期的代表作，内容主要描述一个人如何努力进行品德修养。

“品德成功论强调，圆满的生活与基本品德是不可分的。唯有修养自己具备品德，才能享受真正的成功与恒久的快乐。”

完善的人格魅力，其基本点就是忠诚守信，而忠诚对人、恪守信义亦是赢得人心、产生吸引力的必要前提。

人生感悟

对人忠诚一点、守信一点，能更多地获得他人的信赖、理解，能得到更多的支持、合作。

承诺是用全部力量去做的事

孔子说：“言而无信，不知其可也。”言而有信，是做人的最基本的道德要求，对于忠诚的员工，我们一再强调信守承诺的重要。

惠普公司所大力颂扬的“惠普之道”包括：信任员工、提供最高质量的产品和服务、对客户需求富有激情、彼此信任和遵守职业道德、重视团队合作、创建丰富而融洽的组织。

微软公司的核心价值观是：诚实和守信；公开交流，尊重他人，与他人共同进步；勇于面对重大挑战；对客户、合作伙伴和技术充满激情；信守对客户、投资人、合作伙伴和雇员的承诺，对结果负责；善于自我批评和自我改进、永不自满等。

Google公司的核心价值观是坚决不做邪恶的事情，无论有多大的商机；专注解决用户问题，赚钱和其他问题以后再说；坚决以网络群体利益为首，无论自身利益如何；坚持“最好还不足够好”的标准，永远提升自己，寻找更好的解决方案。

在现代商业运营中，有人说“无商不奸”，其实，“奸商”的行径是遭人唾弃的，只有诚实守信才能取得真正意义上的成功。

信守承诺，这样才能得到和赢得人心，踏上事业的第一个台阶。

美国IBM公司发展迅速，正是靠公司服务人员在产品的售后服务中，具有高度的责任心、持之以恒的辛勤工作以及他们信守诺言的作风。

一天，菲尼克斯城的一个用户急需重建多功能数据的计算机配件。公司得知后，立刻派两位女职员送去。谁知途中遇倾盆大雨，河水猛涨，封闭了沿途的14座桥，交通阻塞，汽车已无法行驶。按常理遇到这种特殊情况，女职员完全有充分的理由返回，但她们并没有被中途的艰险吓倒，仍勇往直前，巧妙地利用原来存放在汽车里的一双旱冰鞋，滑向目的地，平时只有二十几分钟的汽车路程，却变成了4个小时的跋涉。女职员到达用户所在地后，又不顾旅途的疲劳，及时解决了用户的问题。

IBM公司正是以工作人员认真负责的工作态度和感人的行动，赢得了广大用户的赞誉。其计算机产品成了用户争相购买的俏货，很快，这个公司的用户就遍布世界。

遵守承诺为君子，诚信待人才显人品。一个信守自己承诺的人，是一个有人格魅力的人；而一个视承诺为儿戏的人，自然不会得到别人的信赖。

曾有一位知名的成功人士，他小时候居住在一个小城镇，他的父亲开了一个饭店。有一次，某建筑公司经理出差经过此地，他乘坐的小汽车发生故障，抛锚在路边饭店门前。时值中午，他的爸爸热情招呼，这些人于是一边点菜吃饭，一边在他爸爸的帮助下忙着找人修车。可找遍附近所有维修点，都说这位经理的车是原装进口车，缺少配件，修不了。无奈之下，他们只好把车托付给他的爸爸照看，租车回去购买配件。他非常喜欢车，爸爸却不允许他靠近，爸爸告诉他：这位经理将这车托付给他照看，他就应该将车照看好，做人应该信守承诺。他将爸爸的这些话深深地印在脑子里，不但自己不靠近车，还守在车的旁边，不让那些淘气的小孩子靠近车。

也许是那个经理很不放心将这么贵重的车放在这里，第二天，那些人就风尘仆仆地赶回来了。当那个经理看到这个守在车边的小孩子护卫着车，不让别的孩子靠近时，大为感动，就要给他看车费。他爸爸连连摆手："咱这又不是看车的，收什么看车费！谁出门不会遇上个难事，你在我这里吃饭，是我的顾客，我帮你看车是应该的。再说了，我已经允诺替你看车，我就会将车保护好，否则我就是失信，你再给我看车费不是小看我了吗？"那个经理感激得不得了。后来，这个经理就决定在他们家乡那里投资1500万元，他的家乡一下子变成一个富裕的城镇。

信家承诺是做人的基本准则，是没有任何附加条件的。

人生感悟

诚信是一个人的做人之本我们应该将诚信贯穿在自己的所有行为中，用诚信要求自己，让诚信成为自己的习惯。当这种习惯形成的时候，也就是人格魅力增加的时候，也是我们无形资产增加的时候。

诚实是一笔财富

下面这则故事中，"蓝月亮"装饰公司老板丹尼尔舍小利赢大利的做法，让我们明白：能够看到别人所看不到的，这是成功者最大的特征；目光长远，不以小利损大利的企业，也必定会走得更远！

约翰所在的"蓝月亮"装饰公司已经好几个月没有工程可做了。就在大家为公司的前途焦虑的时候，老板丹尼尔拿来了一份海滨别墅的装修合同，并委派约翰负责这个工程。

约翰喜出望外，3天后便拿出了设计方案和效果图，经客户审阅后很快付诸实施。在接下来的日子里，约翰一心扑在工程上，从选料到施工严格把关，生怕出现不必要的质量问题。

5个月后，工程即将完工，老板丹尼尔来到工地检查。当丹尼尔走过回廊，准备穿过客厅去花园时，突然停在了一面玻璃墙前。他用视线量了量角度，又用手敲了敲墙体，然后转身过来，将一把铁锤猛地朝玻璃墙砸去。只听"轰"的一声，玻璃墙成了一地碎片。"老板，你为什么要砸这面墙？"约翰被老板的举动惊呆了。"玻璃墙偏了5度，抗冲击力不够。这令我不满意。""你不满意，也犯不着一锤子就砸碎1万元呀！""我宁可一锤子砸碎眼前这1万元，也不愿意让这面墙影响了整个工程的质量而失去市场，失去日后的100万，甚至1000万！”

约翰极不情愿地重新选料，并赶在交工前重新装修好了那面玻璃墙。交工那天，精美的装修赢得了客户的高度评价，而且还为他们推荐了几个新的客户。公司由此渡过了困难的时期，业务量开始大幅攀升。

在公司举行的庆功酒会上，老板丹尼尔深情地对约翰说：“1万元是能看得到的，而100万元、1000万元则是看不到的。看得到的永远是那么一点点，看不到的才是一大片。年轻人，不被眼前的利益所诱惑，你的脚步才会走得更远。”

诚实真的是一笔值得珍惜的财富。为什么成千上万的商人在芝加哥大火中失去了所有的财富，却仍能够迅速东山再起呢？有人甚至还成了规模更大的批发商。他们并没有创业资本，然而，诚实守信就是他们的银行账户。商业机构认为他们是正直的人，从不拖欠，也很勤奋，对所有的人都讲信用，这种声誉就是东山再起的资本。这种声誉让一个身无分文的人可以买到数万美元的货物。大火毁掉了商店，却毁不掉正直诚实的声誉。

服务中不诚实的个人或企业，必将在恐惧的阴影中早早收场，唯有那些本着公正服务、诚信为本的集体和个人，才能品尝到诚信服务顾客所收获到的甜蜜的果实！

于是，我们很容易就会想明白：为什么很多公司要沿用数十年甚至数百年前的名字呢？因为这些名字就是质量可靠的象征，是最好的广告，它暗示着正直的品格，表明可靠的信用。而人们在谈到这些名字的时候，总是带着敬意。

人生感悟

在这个时代，声誉是一个人自身最宝贵的无形资产，是每个人的立身之本。

忠诚是诚信的一种高度

莎士比亚说：“忠诚你的所爱，你就会得到忠诚的爱。”

恺撒大帝说：“我忠诚我的臣民，因为我的臣民对我忠诚。”

杰克·韦尔奇说：“我忠诚我的员工，这是我对他们负有的责任。忠诚是相互的。如果缺乏对别人的忠诚，就别指望得到别人对你的忠诚。”

做到忠诚必须有所坚持有所放弃。你所坚持的东西是你认为值得你珍惜的东西，而你所放弃的可能是对你诱惑最大的东西。并不是所有的人都能禁得住诱惑，也并不是所有的人都能分清哪些东西是值得珍惜的，哪些东西只是一种诱惑。

所以，做到忠诚就不是件容易的事，很少有人愿意放弃丰厚的诱惑，也很少有人对忠诚还能做到如此的坚持，尽管那是人性的光辉和亮点。所以，忠诚在今天显得弥足珍贵。不过，正如我们所说，忠诚更多意味的是对正确和真理或者是信念的一种坚持，这样的忠诚才是真正意义上的忠诚。因为，你所坚持的东西是值得你珍惜的东西。

面对利益的诱惑，脆弱的人性就会断裂、扭曲。忠诚却是无声的宣言，对一些人来说，它是不变的信条，是一种品质和良心，或是处世为人的原则；但对有些人来说，则是浅薄的游戏，是在脚底下任意蹂躏的人性之花。所以说，谁能坚持住忠诚，谁就坚持住了人生最宝贵、最值得珍惜的东西。

任何人都有责任去信守和维护忠诚，这是对自己所爱的人和所坚持的信念最大的保护。丧失忠诚，就是对责任最大的伤害，也是对自己品行和操守最大的亵渎。

为坚守忠诚所付出的代价，得到的是荣誉。

为丧失忠诚所付出的代价，得到的是耻辱。

而诱惑——无论什么样的诱惑——则是对忠诚最大的陷阱，也是对忠诚最大的考验。面对诱惑，有多少人禁不住考验而丧失忠诚，昧着良知出卖了一切。其实，当他在出卖一切的时候，也出卖了自己。

某公司销售部刘经理和董事会发生意见冲突，双方一直未能妥善处理，为此，刘经理耿耿于怀，准备跳槽到另一家竞争对手公司。

刘经理一方面是为了泄私愤，另一方面是为了向未来的“主子”表忠，想尽一切办法把公司的机密文件和客户电话全部透露给各市场经销商，使得市场乱成一团麻，并引发了很多市场纠纷，各地市场上的电话几乎将公司电话打爆。

这还不算，他还打电话给当地工商、税务部门，说原公司的账目有问题，虽然最后查证没有问题，但毕竟给公司带来了很大的伤害。

刘经理带着满意的“成果”去向竞争对手公司邀功请赏，没想到遭受了一番冷遇，新老板见刘经理如此对待老东家，谁知道他以后会不会如法炮制，同样对待自己的公司呢？身边有这样的一个人，不就像是埋下了一个随时会爆炸的定时炸弹吗？自然不敢录用他。

忠诚变质的后果是摧毁自己诚信的防护墙，最终搬起石头砸自己的脚。一个出卖诚信的人，不会得到别人忠诚的回报。当你忠诚于你所做的一切时，你所得到的不仅仅是别人对你的更大的信任，有时你的所作所为还会使企图诱惑你的人感觉到你的人格力量。

克里丹·斯特是美国一家电子公司很出名的工程师。这家电子公司只是一个小公司，时刻面临着规模较大的比利孚电子公司的压力，处境很艰难。

有一天，比利孚电子公司的技术部经理邀斯特共进晚餐。在饭桌上，这位经理问斯特：“只要你把公司里最新产品的数据资料给我，我会给你很好的回报，怎么样？”

一向温和的斯特一下子就愤怒了：“不要再说了！我的公司虽然效益不好，处境艰难，但我绝不会出卖我的良心做这种见不得人的事，我不会答应你的任何要求。”

“好，好，好。”这位经理不但没生气，反而颇为欣赏地拍拍斯特的肩膀，“这事儿当我没说过。来，干杯！”

不久，发生了令斯特很难过的事，他所在的公司因经营不善而破产。斯特失业了，一时又很难找到工作，只好在家里等待机会。没过几天，他突然接到比利孚公司总裁的电话，让他去一趟总裁办公室。

斯特百思不得其解，不知“老对手”公司找他什么事。他疑惑地来到比利孚公司，出乎意料的是，比利孚公司总裁热情地接待了他，并且拿出一张非常正规的大红聘书——请斯特去公司做“技术部经理”。

斯特惊呆了，喃喃地问：“你为什么这样相信我？”

总裁哈哈一笑说：“原来的技术部经理退休了，他向我说起了那件事并特别推荐你。小伙子，你的技术水平是出了名的，你的正直更让我佩服，你是值得我信任的那种人！”

斯特一下子醒悟过来。后来，他凭着自己的技术和管理水平，成为一流的职业经理人。

一个不为诱惑所动、能够经得住考验的人，不仅不会让他失去机会，相反会让他赢得机会。此外，他还能赢得别人对他的尊重。

人生感悟

忠诚是一种义务。忠诚是一种操守。忠诚是一种职业良心。忠诚是一种美德。忠诚还是一种品格。忠诚更是一种风骨。

信誉是运行资本

有一个年轻人大学毕业之后，和几个同学开办了一家电脑耗材公司。经过两年多的打拼，他成为一个拥有80余万元资产的小老板。

可是天有不测风云，就在他事业蒸蒸日上的时候，一个皮包公司利用一份假合同骗走他们公司很大一笔钱。由于资金周转困难，他们的公司在坚持了不到半年之后，便被迫宣布破产了。当他和那几个合伙人商量今后的出路时，他们纷纷表示要到外地发展，离开这个让他们伤心的地方。但是，他却选择留下来，为此他要承担公司30万元的债务。

尽管在这个艰难时刻，那些债权人并没有找上门来逼债，但是几天后，十几位债权人都惊讶地接到他打来的电话，他诚恳地表示：在半月之内，会把所有的债务偿清。

然后，他毅然决定将自己一处位于黄金地段，且极具升值潜力的房产低价卖了出去。果然，在不到半个月的时间里，他偿清了 30 万元的债务。

他讲究信用、一言九鼎的行动，深深打动了那些债权人，他们都把他视为真诚可交的朋友。在那一段布满阴霾的日子里，他几乎每天都能接到那些朋友给他打来的电话，有找他吃饭散心的，也有人给他介绍一些朋友，并为他以后的创业出谋划策的。

第二年，国内一家有名的企业管理软件公司的一位主管人，听到他卖房还债的事情后，非常感动，找到他，要求他代理自己的产品，但前提是需要 60 万元的启动资金。而在当时，他全部财产加起来还不到 8 万元。

当他那些朋友得知此消息之后，在不到 2 天的时间里，竟凑齐 70 万元，全力支援他。很快，他的事业开始有了转机，并一步步获得了成功，他始终坚持诚信的原则，为公司带来了更大的收益。

为什么诚信有这么大的魅力呢？因为诚信能使商品和公司人格化，征服人心。海尔形象、麦当劳大叔形象、万宝路牛仔形象等都是靠诚信和品牌树立起来的。产品质量是一种“死”物，而诚信是一种活的有灵魂、有文化的“神”物，公司效益也会因此呈裂变式增长。为此，精明的商人信奉“利润诚可贵，诚信价更高”这样的为商之道。

最著名的交易网站 eBay 在网络商务领域取得了惊人的成功。作为最大的网上交易社区，eBay 从成立到销售额超过 5 亿美元只花了 5 年，接下来，eBay 又以销售额每年增加 5 亿美元的速度增长，并在创业的第 8 个年头突破了 20 亿美元。

eBay 的成功在很大程度上依赖于它的电子信誉制度。eBay 要求每一个买家对卖家做一个信誉评分，每一个卖家也对买家做出信誉评分。eBay 上的每一个卖家都特别重视自己的信誉，如果其他人对他的评价不好，例如有 2% 以上的不满意，就会影响他未来的生意。如果不满意率达到 5%以上，就不会有什么人愿意和他做合作了。

eBay 的卖家为了自己的信誉，在交易中总是提供特别好的服务，甚至比许多实体的商店还要好。

eBay 的首席执行官梅格·惠特曼认为，网上购物公司的成功，最基本的原因是，交换和买卖商品的人必须坚持诚信的原则，他们往往在交易完成后仍然在网上交流心得体会，形成了一个强大的、相互监督的信誉网。eBay 的所有战略都围绕这一点展开，无论业务扩展到多大，都始终强调对用户的诚信，强调用户的参与和交流，并通过制定规则和用户参与，建立起“虚拟社区的诚信体系”。

守信更是市场经济的必要条件和内在要求，市场经济从某种意义上说也是契约经济。在市场经济的运转链条中，无论是生产、交换，还是分配、消费，哪一个环节都离不开信用。

人生感悟

富兰克林在《对一个年轻商人的忠告》一信中说过两句至理名言“时间就是金钱。”“信誉也是金钱。”如今熟知前一句的人不少，对后一句有人则不以为然，其实，在人与人之间的交往和共处过程中，规定和秩序往往是靠守信来坚守的。

诚信带来成功

诚信带来成功。下面事例中，主人公的成功均是因为自身守信而赢得的，值得我们品味。

美国著名的百万富翁、慈善家安德鲁·卡耐基曾经说过：“世界上很少有伟大的企业，如果有，那就一定是建立在最严格的诚信标准之上的。”

20 年前，弗朗西斯开了一家小小的印刷厂。今天，弗朗西斯已经非常富有，并且有一个美满的家庭，还拥有一家很大的印刷公司。他在同行之间很受敬重，最重要的一点是他恪守诚信。

有一个星期六下午，他跟朋友一起去钓鱼，当友人问起他的成功之道时，弗朗西斯很谦虚地说："我生长在一个很保守的家庭，每个礼拜天全家都要去做礼拜，然后回家吃饭，听父亲为我们解说《圣经》上的故事。

"父亲很通俗地为我们讲解牧师所说的每一个道理，用很多生活上的实例来说明，为什么偷窃和说谎是不道德的。从父亲的谈话中，可以得知父亲非常强调守信用的重要性。言行要一致，是父亲最常说的话。

"我上大学时家境不好，所以我就到一家印刷厂去打杂，从清扫房间到送货，什么事都干过。6年的大学生活，我都是在半工半读的情况下度过的。毕业时，我决定开一家印刷厂，当时我身边的2000美元足够我开业。虽然我的厂子是在很偏僻的郊外，但是从创业初期，我就一直遵循父亲所给予我的教诲。我将父亲的话应用到实际生活中，对每位顾客都坚守信用——这是忠诚于他们的最根本的方式。

"如果成品不够精美，我就免费重做一次（直至今日，弗朗西斯还信守这个原则）。此外，我交货也很准时，即使有时连续两三天没睡，我还是信守承诺。就这样，我开始赚钱了，并在3年后拓展了我的事业，使我有能力购置更大的厂房和复杂的设备。但就在这时，我遇到了考验。有一个周末，一场大火把我的厂子燃烧殆尽。保险公司只负责一半的损失，此时我负债累累。我的律师、会计师和主办都劝我宣告破产，但我没有这样做，因为我要勇敢地面对我的问题。那时实在是不容易，但是我还是偿清了所欠的债务，并且重新开始。由于我的承诺，赢得了所有债权人和厂商的信赖。

"他们简直不敢相信，我真的偿还了所有的债务。从那次火灾以后，我的事业一帆风顺。过去的5年间，我的业务增长率高达25%～35%。言归正传，你问我的成功之道是什么，我的回答是：信守承诺。如果没有父亲昔日的教诲，我是不会有今天的。"

香港著名实业家李嘉诚先生也曾经就自己多年经营长江实业的经验总结道："做事先做人，一个人无论成就多大的事业，人品永远是第一位的，而人品的要素就是诚信。"

虽然"不诚实"、"欺骗"、"诡诈"被有些人推崇，也会带来一定的近期利益，但最终的后果是负面的；诚信，亏掉的可能只是一时的金钱，赚下的却是一生的信誉。信誉就是财富，而重信誉的人，往往会在众人的帮助中站起来，不会陷入孤立的绝境。

人生感悟

诚信是一种"长期投资"，唯有长期遵守诚信的原则，才能建立和维护你的信誉、品牌和忠诚度，也才有可能得到可持续的成功。

信用打开成功局面

熊鑫和朋友李敏前往一家外资公司应聘。那家公司待遇优厚，参与应聘的人不少。面试结束后，主试者说还要试用一下，叫他们5天后去报到。

5天后，他们早早地到了公司。公司老总亲自为他们安排了当天的工作，给他们每人一大捆宣传单，让他们到指定的街道各自发放。

熊鑫抱着传单，来到了划定的地盘，见人就发给一张。有的人接，有的人理都不理，有的接过去就随手扔在地上，他只好捡起来重发。忙碌了一整天，可手上的传单还剩厚厚的一叠。

下午5点，熊鑫拖着满身的疲惫回公司交差。走进公司办公室，看见其他人都已经回来了。李敏一看到他就说："你怎么还留那么多传单在手中？"熊鑫一看大家手上都是空的，心里慌了。

老总问熊鑫发了多少。他涨红着脸，把剩下的传单交给了他，难为情地说："我干得不好，请原谅！"在回住地的路上，李敏一个劲儿地怨他憨、骂他傻，并告诉熊鑫自己的传单也没发完，剩下的全都扔进了垃圾桶，其他人想必也是如此。熊鑫这才恍然大悟。

结果却大出意料。在那次招聘中，熊鑫成了唯一的被录用者，让人感到很纳闷。

半年后，熊鑫因为业绩突出升任部门经理。在庆典的晚宴上，他询问老总当初为何选择了他。老总说："一个人一天能发放多少传单，我们早就测试过。那天我给你们的传单，用一天时间肯定是发不完的。但其他人都发完了，只有你没有。答案就这么简单！"

熊鑫感慨地对人说："那一次求职经历令我始终不能忘记，它让我明白了一个受用一生的道理：诚实是金，别人对你的信任，首先来自你对别人的诚实。"

在许许多多成就大事的人物当中，诚实守信总是和他们成功的事业交错在一起。要取得成功就必须得到他人的支持，而要得到他人的支持首先要得到他人的信任，而信任必然来自你自己是否"诚实守信"，它是做大事的前提，是你最终获得成功的立业之基。

反过来，从个人择业求职的角度讲，优秀的、诚信的人会选择把自己的才华和汗水贡献给拥有诚信价值观的公司，因为一个正直的人在充满欺骗的公司环境中是难于生存的。

老锁匠一生修锁无数，技艺高超，收费合理，深受人们敬重。更主要的是老锁匠为人正直，每修一把锁他都告诉别人他的姓名和地址，说："如果你家发生了盗窃，只要是用钥匙打开家门的，你就来找我！"

老锁匠老了，为了不让他的技艺失传，人们帮他物色徒弟。最后老锁匠挑中了两个年轻人，准备将一身技艺传给他们。

一段时间以后，两个年轻人都学会了不少技术。但两个人当中只能有一个得到真传，老锁匠决定对他们进行一次考试。

老锁匠准备了两个保险柜，分别放在两个房间，让两个徒弟去打开，谁花的时间短谁就是胜者。

结果大徒弟只用了不到 10 分钟就打开了保险柜，而二徒弟却用了半个小时，众人都以为大徒弟必胜无疑。

老锁匠问大徒弟："保险柜里有什么？"大徒弟眼中放出了光亮："师傅，里面有很多钱，全是百元大钞。"问二徒弟同样的问题，二徒弟支吾了半天说："师傅，我没看见里面有什么，您只让我打开锁，我就打开了锁。"

老锁匠十分高兴，郑重宣布二徒弟为他的正式接班人。大徒弟不服，众人不解。

老锁匠微微一笑说："不管干什么行业都要讲一个'信'字，尤其是干我们这一行，要有更高的职业道德。我收徒弟是要把他培养成一个高超的锁匠，他必须做到心中只有锁而无其他，对钱财视而不见。否则，心有私念，稍有贪心，登门入室或打开保险柜取钱易如反掌，最终只能害人害己。我们修锁的人，每个人心上都要有一把不能打开的锁。"

不论在生活上还是工作上，一个人的信用越好，就越能成功地打开局面，反之亦然。

微软公司前副总裁李开复曾面试过一位求职者。这个人在技术、管理方面都相当出色。但是，在谈论之余，他表示如果李开复录用他，他甚至可以把在原来公司工作时的一项发明带过来。随后他似乎觉察到这样说有些不妥，特别声明：那些工作是他在下班之后做的，他的老板并不知道。这一番谈话之后，李开复就再也不肯录用他。

事后李开复说："不论他的能力和工作水平怎样，我都不会录用他，这种人缺乏最起码的职业道德。如果雇用这种不讲信用的人，谁能保证他不会在这里工作一段时间后，把在这里的成果也当作所谓'业余之作'而变成向其他公司讨好的'贡品'呢？"

人生感悟

信用不仅仅是一种素质，同时也是一种潜在资本，如很多时候，它能帮你打开成功的局面。

第三章　自制、自助、自信

无法管好自己的人也无法管好别人

一个不能控制自己的人，往往情绪激动，指手画脚，使本来可以办成的事办不成。这是成事一大戒，成大事者的习惯是：先控制自己，再控制别人。

世界上，唯有自己最可怕，也唯有自己最难以对付。

自制是自己管理自己、自己尊重自己、自己塑造自己。一个能自我管理的人，是一个成熟的人，是一个为自己负责任的人。

一个成功的人既要受别人的监督，又要受自己的监督。别人的监督可以发现自己发现不了的事情，自己的监督就是自制。

自制，就是自己给自己一个纪律。"纪律"这个词来源于信徒，也就是跟随者的意思。所以，当你把自己放在信徒之前，那就是说自己是自己的老师，是一个自我推动者、自我塑造者，是自己的跟随者。你必须在思想上认定没有人能够比你更好地教你自己，没有人比你自己更值得你去跟随，没有人能比你更好地改正你自己。你要愿意做这些事情，你要愿意教育自己，你要愿意跟随自己，你要愿意在必要的时候惩罚自己。

服务于英国警界30多年的尼格尔·柏加，在日内瓦举行的一次国际退役警员协会周年大会上，荣获"世界最诚实警察"的美誉。

尼格尔·柏加时年54岁，未婚。有一次，他到英格兰风景如画的湖泊区度假，发现自己在限速30千米区域内以时速33千米驾驶之后，给自己开了一张违例驾驶传票。他回忆道："由于当时见不到其他警员在场，无人抄牌，而最简单的办法莫过于把车停在路旁，走下车来，写一张传票给自己。"

驶抵市区后，他立刻把这件事报告交通当局。主管违例驾车案件的法官起初大感意外，继而大受感动，他说："我当了多年法官，从未遇到过这样的案件。"结果，他判罚尼格尔25英镑。

尼格尔的自律是一以贯之的。无论是在工作上，还是在生活上，他都是一个严于律己的人。有一次，他的母亲在公园散步时擅自摘取花朵作为帽饰，当他发现后毫不留情地把母亲拘控了。不过，罚款定了以后，他立刻替母亲交付那笔罚款。他解释说："她是我母亲，我爱她，但她犯了法，我有责任像拘控任何犯法的人一样拘控她。"

一生的时间，有的人能够成就一番事业，有的人却一事无成。除了机遇不同外，有的人勤奋，有的人懒惰。有些人虽然勤奋，注意力却不集中，老是漫不经心，朝秦暮楚。漫不经心是人最大的弊病，它使得人蹉跎一生，无所成就。要克服漫不经心，就必须有一定的意志力来约束自己，让自己一次只完成一件事。控制好自己，养成这样的习惯，循序渐进，慢慢培养自己的性格，也就获得了通向成功大门的钥匙。

人生感悟

人们常说以身作则，只有自己做好了，才能让别人信服。同样，只有具有自制力的人，才能很好地控制其他的人。

凡成功者无不懂得自制

全球华人中的首富李嘉诚说："自制是修身立志成大事者必须具备的能力和条件，希望每个人都能做到自制！"

从本质上讲，自制就是你被迫行动前，有勇气自动去做你必须做的事情。自制往往和你不愿做或懒于去做，但却不得不做的事情相联系。比如，刷牙洗脸是每天必须要做的事情，但是有一天你回到家筋疲力尽，如果你倒床就睡，就是在放纵自己的行为；如果你克服身体上的疲惫，坚持进行洗漱，这是你自制的表现。人们往往会遇到一些让自己讨厌或使行动受阻挠的事情，而在这种情况下，你就应该克服对情绪的干扰，接受考验。

自制的方式，一般来说有两种：一是去做应该做而不愿或不想做的事情；一是不做不能做、不应做而自己想做的事情。比如，你每天早晨坚持锻炼身体，某一天天气特别寒冷，你不想冒着寒冷继续坚持，但是你最终走出家门，继续锻炼，这就属于前者。后者的表现也较多，你喜欢抽烟，但到了无烟室，你必须强忍住内心的欲望不抽烟。

一般情况下，自制和意志是紧密相连的，意志薄弱者，自制能力较差；意志顽强者，自制能力较强。加强自制也就是磨炼意志的过程。

自制对于个人的事业来讲，具有重要的作用，加强自制有助于磨砺心志，有助于良好品性的形成，能使人走向成功。自制是在行动中形成的，也只能在行动中体现，除此之外，再没有别的途径。梦想自己变成一个自制的人就会变成一个自制的人吗？靠读几本关于自制的书就能成为一个自制的人吗？只是不停地自我检讨就能成为一个自制的人吗？答案都是否定的。

自制的养成是一个长期的过程，不是一朝一夕的事情。因此，要自制首先就得勇敢面对来自各方面的一次次对自我的挑战，不要轻易地放纵自己，哪怕它只是一件微不足道的事情。

自制，同时也需要主动，它不是受迫于环境或他人而采取的行为；而是在被迫之前就采取的行为。前提条件是自觉自愿地去做。在日常生活中，时时提醒自己要自制，同时你也可以有意识地培养自制精神。比如，针对你自身性格上的某一缺点或不良习惯，限定一个时间期限，集中纠正，效果比较好。

自制是人们获得成功所必备的素质之一。

自制不仅仅是在物质上克制欲望，对于一个想要取得成功的人来说，精神上的自制也是重要的。衣食住行毕竟是身外之物，不少人都能克制，但精神上的、意志力上的自制却非人人都能做到。

如果你今天计划做某件事，但早上起床后，因昨晚休息得太晚而困倦，你是否还能坚持着离开那温暖舒适的床呢？如果你要远行，但身体乏力，你是否会停止旅行计划？如果你正在做的一件事遇到了极大的、难以克服的困难，你是继续做呢，还是停下来等等看？

诸如此类的问题，一定要处理得干脆利落，不要因为不能控制自己而影响一生的事业。

人生感悟

千万不要纵容自己，给自己找借口。对自己严格一点儿，时间长了，自制便成为一种习惯、一种生活方式，你的人格和智慧也会因此变得更完美。

没有规则难成方圆

有位母亲准备带着她的家人到海边旅游。前一天晚上，她召集孩子们说："明天到海边去玩，我们先定一些注意事项和分配工作的规则。" 14 岁的儿子安安嘟着嘴说："妈妈真讨厌，一天到晚定什么规则，连到海边玩水也要来这一套。" 母亲的家庭会议，在儿女们的反对声浪中狼狈地结束。

第二天早上，全家人到了海边，当时有不少人在冲浪。孩子们到车子里拿泳衣，想要下海畅游一番。他们翻遍了行李箱，找不到泳衣。他们生气地对妈妈说："你怎么忘了交代我们带泳衣出门呢？害我们不能尽兴地玩水。" 悠闲地躺在沙滩上晒太阳的母亲慢条斯理地回答说："我昨天的家庭会议，就是要提醒大家带必备的东西，是你们拒绝我规定注意事项，不喜欢我约束你们的。"

没有规则，难成方圆。比赛因为有了规则的约束，胜负的判定才会显得公平；交通因为有了规则的约束，马路上人车才会各行其道；买卖因为有了规则的约束，交易双方才会合作愉快。做人也有规则，遵守做人的规则，才能更好地自律自制，才能实现完整的人格，才能实现对人生价值的追求。

从社会的各个方面来看，人人都必须遵循生活的规则。比如，在家庭里如果妈妈不定时煮饭，爸爸不肯安分工作，孩子不愿上学读书，家庭一定杂乱无章，毫无秩序可言。小至家庭，大到一个公司、一个国家，都必须共同遵守规则，彼此分工协作，守住职责，像机器上的大小零件组合完好，才能轮转不休。

人生感悟

给自己定出计划以及纪律，严格要求自己，看似委屈了自己，强迫自己放弃很多生活的乐趣，不能够随意地生活。但眼前的这种严格自制，正是养成良好习惯，克服种种惰性，从而享受高质量生活的前提。

自我克制是成功的基本要素

克制自己是成功的基本要素之一。太多的人不能克制自己，不能把自己的精力全部投入到他们的工作中，完成自己伟大的使命。这可以解释成功者和失败者之间的区别。即使天掉下来，你也要克制住自己。要学会自我克制，这是指品格的力量。能够驾驭自己的人，比征服了一座城池的人还要伟大。是"意志"造就伟人，造就机遇，造就成功。

自我克制能够造就 1 个天才，而自我放纵却能毁灭 10 个天才。

公元 14 世纪，有个名叫罗纳德三世的贵族，是祖传封地的正统公爵，他弟弟反对他，把他推翻了。弟弟需要摆脱这位公爵，但又不想杀死他，便想了个办法。罗纳德三世被关进牢房后，弟弟命人把牢房的门改得比以前窄一些。罗纳德三世身高体胖，胖得出不了牢门。弟弟许诺，只要罗纳德能减肥并自己走出牢门，就不仅让他能获得自由，连爵位也能给他恢复。可惜罗纳德不是那种有自制能力的人，他无法抵挡弟弟每天派人送来的美食的诱惑，结果不但没有减肥，反而更胖了。结果他到死也没出得了这个牢门。

一个没有自控力的人，就像被关在铁栅栏中的囚犯。任何一个优秀的人都明白：如果没有自控力，就永远不可能成功。勇者勇于接受精神上和肉体上的磨炼；他们愿意接受超出自己想象的任务，并全身心投入其中完成它；他们经常让大脑保持活跃，考虑一些有挑战性的问题，不断地思索需要认真对待的事情，以期训练自己的自控力。而这种自控力决定了人们在关键时候的所作所为。传记作家兼教育家托马斯·赫克斯利说："教育最有价值的成果，就是培养了自控力，不管是否喜欢，只要需要就去做。"

自控使人充满自信，也赢得别人信任。在商人中间自控能产生信用。一个人可能在缺乏教育和健康的条件下成功，但绝不可能在没有自控力的情况下成功！

自控是刚毅的本质，也是性格的灵魂。

亚伯拉罕·林肯刚成年的时候，是一个性急易怒的人。但后来，他学会了自控，成为一个富有同情心、说服力和耐心的人。他曾经对陆军上校福尼说："我从黑鹰战役开始养成了控制脾气的好习惯，并且一直保持下来，这给了我很大的好处。"

人生感悟

自我克制，不急不躁、不怨天尤人、不轻易发怒是良好的品质，具有自我克制能力的人比焦虑万分的人更容易应付种种困难，解决种种矛盾。一个做事克制、光明磊落、生气蓬勃、令人愉悦的人，到处受欢迎，同时也容易成功。

求人先求己

人是有惰性的，总相信有一种外在的力量可以依靠，而不愿充分利用自己的优势，通过自己的努力去获得成功。

一个年轻人向著名哲学家德雷斯请教成功的方法，德雷斯给他讲了这么一个故事：从前，有个人在屋檐下躲雨，看见天神正撑伞走过。这人说："天神，普度一下众生吧，带我一段如何？"天神说："我在雨里，你在檐下，而檐下无雨，你不需要我度。"这人立刻跳出檐下，站在雨中："现在我也在雨中了，该度我了吧？"天神说："你在雨中，我也在雨中，我不被淋，因为有伞；你被雨淋，因为无伞。所以不是我度自己，而是伞度我。你要想度，不必找我，请自找伞去！"说完便走了。第二天，这人遇到了难事，便去向天神祈祷。走进神殿里，才发现天神的像前也有一个人在拜，那个人长得和天神一模一样，丝毫不差。这人问："你是观音吗？"那人答道："我正是天神。"这人又问："那你为何还拜自己？"天神笑道："我也遇到了难事，但我知道，求人不如求己。"

求人不如求己，根本就不存在外在的、可靠又强大的力量可以依赖，即使是法力无边的观音也是通过自己的苦修才能"位列仙班"，成仙之后也不是无所不能。从下面的故事中，我们能得到深刻的认同感。

有一只小蜗牛问妈妈："为什么我们从生下来，就要背负这个又硬又重的壳呢？"妈妈说："因为我们的身体没有骨骼的支撑，只能爬，又爬不快。所以要这个壳的保护！"小蜗牛很不解："毛虫姐姐没有骨头，也爬不快，为什么她却不用背这个又硬又重的壳呢？"妈妈说："因为毛虫姐姐能变成蝴蝶，天空会保护她啊。"小蜗牛追问："可是蚯蚓弟弟也没骨头又爬不快，也不会变成蝴蝶，他为什么不背这个又硬又重的壳呢？"妈妈回答："因为蚯蚓弟弟会钻土，大地会保护他啊。"小蜗牛哭了起来："我们好可怜，天空不保护，大地也不保护。"蜗牛妈妈安慰他："所以我们有壳啊！"

人生感悟

人是生来就有优、缺点的，或许上天分配给每个人的东西不是那么均匀，但是上天的给予却足以让人自己救自己。

天助自助者

把"置身绝境"看成是"以身体验"的珍贵的机会。明白这点，面临艰难时则能勇气百倍、精力充沛。唯有如此，才能涌出新的智慧，转祸为福。心中有这种认识，就像一道阳光，照射黑暗的地方，引领人鼓起勇气，勇往直前。

被誉为"经营之神"的松下幸之助并不是一个社会的幸运儿，不幸的生活却促使他成为一个永远的抗争者。家道中落的松下幸之助9岁起就去大阪做一个小伙计，父亲的过早去世使得15岁的他不得不担负起全家的重担，寄人篱下的生活使他过早地体验了做人的艰辛。

1910年，松下幸之助独立来到大阪电灯公司做一名室内安装电线练习工，一切从头学起。不久，他诚实的品格和上乘的服务赢得了公司的信任。22岁那年，他晋升为公司最年轻的检察员。就在这时，他第一次遇到了人生最大的挑战。

松下幸之助发现自己得了家族病，已经有9位家人在30岁前因为家族病离开了人世，这其中包括他的父亲和哥哥。当时的境况使他不可能按照医生的吩咐去休养，只能边工作边治疗。他没了退路，反而对可能发生的事情有了充分的精神准备，这也使他形成了一套与疾病作斗争的办法：不断调整自己的心态，以平常之心面对疾病，调动机体自身的免疫力、抵抗力与病魔斗争，使自己保持旺盛的精力。这样的过程持续一年，他的身体也变得结实起来，内心也越来越坚强，这种心态也影响了他的一生。

患病一年来的苦苦思索，希望改良插座得到公司采用的愿望受挫，使他下决心辞去公司的工作，开始独立经营，做插座生意。

松下电器公司不是一个一夜之间成功的公司，创业之初，正逢第一次世界大战，物价飞涨，而松下幸之助手里的所有资金还不到100元，困难可想而知。公司成立后，最初的产品是插座和灯头，然而当千辛万苦才生产出来的产品遇到棘手的销售问题时，工厂竟到了难以为继的地步，员工相继离去，松下幸之助的境况变得很糟糕。

但他把这一切都看成是创业的必然经历，他对自己说："再下点工夫，总会成功的！已有更接近成功的把握了。"他相信：坚持下去取得成功，就是对自己最好的报答。工夫不负有心人，生意逐渐有了转机，直到6年后拿出第一个像样的产品也就是自行车前灯时，公司才慢慢走出了困境。

走出困境的松下电器公司所面对的也并不是一帆风顺的坦途，而是一系列汹涌波涛的开始。1929年经济危机席卷全球，日本也未能幸免，销量锐减，库存激增。日本的战败使得松下幸之助变得几乎一无所有，剩下的是到1949年时高达10亿元的巨额债务。为抗议把公司定为财阀，松下幸之助不下50次去美军司令部进行交涉，其中辛苦自不必言。

一次又一次的打击并没有击垮松下幸之助，他享年94岁高龄，这也向人们表明，一个人只有从心理上、道德上成长起来时，他才可以长寿。他之所以能够走出遗传病的阴影，安然渡过企业经营中的一个个惊涛骇浪，得益于他永葆一颗年轻的心，并能坦然应对生活中的挫折和磨难。松下幸之助说过："你只要有一颗谦虚和开放的心，你就可以在任何时候从任何人身上学到很多东西。无论是逆境或顺境，坦然的处世态度，往往会使人更聪明。"

在黑暗中徘徊时，阳光可以指引你前行的路，而在悲叹之中，才能领略人生真义。广阔的世界、漫长的人生，未必都充满称心如意的事情。倘若可以没有任何苦恼和忧虑，安安静静地享受太平，就是求之不得了。然而，事实往往并非如此，有时候日坐愁城，有时候一筹莫展，陷于进退维谷的绝境。

人生感悟

人往往在悲叹之中，才能领略到人生的深奥；置身绝境，才可以体验到生活的真味。

帮助别人有助于个人成功

在西部印第安部落，流传着这样一个寓言：

一个一贫如洗的汉子，到庙里祈求女神赐他好运。女神赐给他一根稻草，他就带着稻草上路了。路上飞来一只蜻蜓，停在稻草上，远远看去，就像一只小小的风筝。一会儿，他遇见了卖花女和她的儿子，他把蜻蜓送给了小男孩，卖花女回赠给他一枝玫瑰。他又碰到一个青年，他把玫瑰给了青年，青年把这枝玫瑰送给了情人，并给了他3个橘子。接着他又遇见一位干渴的商贩，商贩吃了他的橘子，送了他一捆丝绸。然后，他遇到了一位公主，公主把他的绸缎绣成皇袍送给她的父亲，皇帝于是赐给他一把珠宝。他把这些珠宝卖掉，换了一大片稻田，这样他就成为富翁了。也许你给别人提供的帮助，只是举手之劳。但是对于那些急需帮助的人来讲，你就是上帝派来的天使。

一个酷寒的冬日，母亲因为感冒不能出门，小金沙英只好自己上下学。回家的路上，她匆匆穿越满是冰的街口时，不小心跌倒在街上。刚好有一辆车疾驶而来，直到她眼前几厘米才终于刹住车，她吓坏了。

第二天早上，结冰的道路更滑。小金沙英独自来到十字路口，心中相当害怕，站在街口不敢穿越马路。这时候，一位老妇人走过来，对她说："我眼睛花了，看不太清楚，你能牵我过街吗？"小金沙英高兴地回答："当然。"于是老妇人牵着她的手穿越马路。

老妇人向小金沙英道谢。小金沙英走了一小段，回头看看老妇人，发现她正穿越刚才他们牵手走过的十字路口，而且步伐比刚才快多了。小金沙英这时才明白，老妇人装做看不清楚，其实是想帮她过马路。从此，小金沙英就明白一个道理：帮助他人可以克服自身恐惧。

一位登山客在山中突遇暴风雪，在风雪茫茫中迷失了方向。这场暴风雪突如其来，他的御寒装备严重不足。他知道自己除非尽快找到避寒处，否则非冻死不可。可是他没走多远，四肢已冻得开始麻痹，他知道自己时间已不多了。

就在这时候，他在路上遇到另外一个人，那个人躺在地上，一动不动，原来他已经快冻僵了。登山客停下来，他发现自己面临了一个困难的抉择：他应该继续赶路以求拯救自己，还是设法救助雪中生命垂危的陌生人呢？

转瞬之间，他就下定了决心，设法救助陌生人。他迅速脱下湿手套，跪在那个生命垂危的人身边，按摩他的手臂和双腿。那个人终于血脉流通，四肢能够活动了。他们两人相互支持，患难与共，最后终于得到了救援，他们生还了。

登山客事后回忆说："一个人在帮助别人的同时，事实上也是在帮助自己。"

只要你帮助别人得到他们需要的事物，你就会得到自己需要的事物。

按照古人所说，即"投之以木瓜，报之以桃李"。在日常生活中，有许多偶然的事情将会决定你的未来命运，但前提是你必须助人和受助。下面这个故事，已经成为这方面的经典。历史上有很多获得成功的人，都曾受到一个心爱的人或一个真诚的朋友的鼓励。

如果没有一个自信十足的妻子苏菲亚，我们在伟大的文学家中就找不到霍桑的名字。当他伤心地回家告诉她，他在海关的工作丢了，他是一个大失败者时，她却很高兴地说："现在，你可以写你的书了！"

"不错，"霍桑说，"可是我写作时，我们怎样维持生存？"

她打开抽屉，拿出一堆钱来。

"钱从哪里来的？"他嚷道。

"我知道你是天才，"她回答道，"我知道有朝一日你会写出一本名著来，所以我每周从家用中省下一笔钱，这些钱足够我们用一年的。"

由于苏菲亚的帮助，美国文学史上最伟大的一本小说——《红字》在霍桑笔下诞生了。难怪霍桑后来说："人与人之间的互助是绝对重要的，可以关系到一个人是凡人还是巨人。"

人生感悟

帮助别人成功，是追求个人成功最保险的方式。每个人都有能力帮助别人，一个能够为别人付出时间和心力的人，才是真正富足的人。

自信是成功的第一秘诀

真正的自信不是孤芳自赏，也不是夜郎自大，更不是得意忘形、自以为是和盲目乐观；真正的自信就是看到自己的强项或者说好的一面来加以肯定、展示或表达。它是内在实力和实际能力的一种体现，能够清楚地预见并把握事情的正确性和发展趋势，引导自己做得最好或更好。

汤姆·邓普西生下来的时候只有半只左脚和一只畸形的右手，父母从不让他因为自己的残疾而感到自卑。结果，他能做到任何健全男孩所能做的事：如果童子军团行军 10 千米，汤姆也同样可以走完 10 千米。

后来他学踢橄榄球，他发现，自己能把球踢得比在一起玩的男孩子都远。他请人为他专门设计了一只鞋子，参加了踢球测验，并且得到了冲锋队的一份合约。但是教练却尽量婉转地告诉他，说他"不具备做职业橄榄球员的条件"，劝他去试试其他的事业。最后他申请加入新奥尔良圣徒球队，并且请求教练给他一次机会。教练虽然心存怀疑，但是看到这个男子这么自信，对他有了好感，因此就留下了他。

两个星期之后，教练对他的好感加深了，因为他在一次友谊赛中踢出了 55 码（约为 50.30 米）并且为本队得了分。这使他获得了专为圣徒队踢球的工作，而且在那一季中他的球队得了 99 分。

他一生中最伟大的时刻到来了。那天，球场上坐了 6.6 万名球迷。球是在 28 码（约为 25.48 米）线上，比赛只剩下几秒钟。这时球队把球推进到 45 码（约为 40.95 米）线上。"邓普西，进场踢球！"教练大声说。

当汤姆进场时，他知道他的队距离得分线有 54 码（约为 49.48 米）远。球传接得很好，邓普西全力一脚踢在球身上，球笔直地向前飞去。但是踢得够远吗？ 6.6 万名球迷屏住气观看，球在球门横杆之上几厘米的地方越过，接着终端得分线上的裁判举起了双手，表示得了 3 分，汤姆的球队以 19 ∶ 7 获胜。球迷狂呼高叫，为踢得最远的一球而兴奋，因为这是只有半只左脚和一只畸形的手的球员踢出来的！

"真令人难以相信！"有人感叹道，但是邓普西只是微笑。他想起他的父母，他们一直告诉他的是他能做什么，而不是他不能做什么。他之所以创造这么了不起的纪录，正如他自己说的："他们从来没有告诉我，我有什么不能做的。"

这就是自信。

自信是每一个成功人士最为重要的特质之一。信心是我们获得财富、争取自由的出发点。有句谚语说得好："必须具有信心，才能真正拥有。"

世界酒店大王希尔顿用 200 美元创业起家，有人问他成功的秘诀，他说："信心。"拿破仑·希尔说："有方向感的自信心，令我们每一个意念都充满力量。当你有强大的自信心去推动你的致富巨轮时，你就可以平步青云。"

美国前总统里根在接受《成功》杂志采访时说："创业者若抱有无比的信心，就可以缔造一个美好的未来。"

自信可以让我们成为我们所希望的那样，自信可以让我们心想事成。

只有先相信自己，别人才会相信你。多诺阿索说："你需要推销的首先就是你的自信，你越是自信，就越能表现出自信的品质。"一个人一旦在自己心中把自己的形象提升之后，其走路的姿势、言谈、举止，无不显示出自信、轻松和愉快，从气势上表现出可以自己做主并且冲劲十足、热情高涨、热心助人。

一个冲劲十足、热情高涨、热心助人的人绝对拥有成功的资本。

"信者"为"储"，不信者即无储，不自信就自卑，自卑就会恐惧……

所以缺乏自信带来的后果是非常可怕的。

如果没有坚定的自信去勇于面对责难和嘲讽，去不断地尝试着动摇传统和挑战权威，那么爱迪生不可能发明电灯，莫尔斯不可能发明电报，贝尔不可能发明电话……居里夫人说：

"我们的生活都不容易，但是，那有什么关系？我们必须有恒心，尤其要有自信心，我们的天赋是用来做某件事情的，无论代价多么大，这种事情必须做到。"

所以，每个人都要树立自信心，要相信自己、信任自己，要确信自己是聪明的，是有能力的，相信自己能干好事情，对生活、学习中遇到的困难和挫折，要有坚定的信心，要相信自己能够战胜困难和挫折而获得成功。

人生感悟

有人说，除了人格以外，人生最大的损失莫过于丧失自信心。失去自信，所有的一切事情都将不会再有成功的希望和可能，正如一个没有脊骨的人永远不可能挺起腰来一般。

真正的乐观源于自信

在这个世界上，人会碰到很多麻烦、很多悲伤与苦恼，乐观的人会自信地面对这一切，从而走过去，寻找另一片天空；相反，自认为"丑小鸭"的人，正是悲观而失落的人。只有养成了乐观自信的好习惯，才能使自己在事业之途的跋涉中勇于面对困难，并战胜它们。只有乐观自信，在人生的考验面前，才能从容不迫、轻松应对。北大教授吴福辉先生正是这样的榜样。

在考入北大之后，吴福辉格外珍惜来之不易的机会，满怀感激地踏上这条布满荆棘却是钟情已久的文学研究之路。对于一个40多岁才起步的研究者而言，他所承受的信心、学识、精力上的压力可想而知。想到已是人到中年，他便有"一万年太久，只争朝夕"的冲动。然而，光有冲动是不够的，内心根深蒂固的空虚感使他在研究初期也曾举步维艰。而对自我的超越，是一个研究者必备的基本素质，保持优胜的研究心理，比研究本身更重要。由"我怎么赶得上别人"到"你也不比别人差多少"，获得这个认识，吴福辉身上的能量似乎有了新的释放口。他外表温和，甚至有些柔弱，而内在的浙东先民遗留给他的倔强需要激发和调动。过去，他习惯于顺从接纳他人的观点。如今，他却常起反叛之心，这给他带来从未有过的"独立"的畅快。他天性豁达，现在更加小心地维护它，在众多英才行列中奋争才会不使自己萎缩，他不再相信"宁为牛头，不为凤尾"的虚假的自信哲学。"我珍视健全的学术自信心。"他说。也正是这种自信，使他稳住阵脚，埋头苦干，终于打出一方天地，做出一番不逊于同侪的成绩。也正是缘于这种自信，才奠定了他独特的学术风格、独树一帜的学术追求和学术理想。

诚然，一个人成长的环境往往会对他产生某种程度的影响。但这并不代表全部，只要你稍微改变自己的想法，随时都会有一条大道展现在你面前。因此，你要学习适时纠正自己的想法与观念。

所以，只要能够改变观念和想法，你的立场和情况自然就有天壤之别。乐观的人是自信的，自信的人才是成功的。

人生感悟

成大事者在自己人生的辞典上镌刻着两个字——乐观，因为他们需要用乐观的心态去面对各种各样的困境。

自信与自觉相得益彰

在追求成功的时候，也不要成为自傲、自负的人。自信的态度与自我偏执、不允许自己犯错、以自我为中心、失去客观立场等做法是绝不能画等号的。

有个绝顶聪明的E先生，他一生认准了"我永远不会错"这句"真理"，但也为此付出了沉重的代价。

E先生在工作中表现得无比自信，一旦证明他某句话是对的，他就会提醒所有人，几个月前他早就说过这句话了。E先生几乎是为了自信而活着。有时，一件事发生了，他会硬说是他早有预料的，其实，他以前说的根本不是那么回事。更糟的是，一旦证明他某句话是错的，他就会顾左右而言他，或根本否认此事。

虽然E先生绝顶聪明，他的正确率可能高达95%，但5%的错误让他失去了自己的信誉和他人的尊敬。最后，他在无法得到下属信服的情况下，郁郁寡欢地离开了自己的工作岗位。

这个例子告诉我们，带有自傲倾向的自信或是不自觉的自信甚至比不自信更加危险。在有勇气尝试新事物的同时，也必须有勇气面对失败。

当你畏惧失败时，不妨仔细想一想，你最怕失去什么？如果失败，最坏的下场是什么？这样的下场是你不能接受的吗？

自觉的人会从失败中学习，认识到自己不适合做什么事情，并以此提升自己的自觉。因此，不要畏惧失败，只要曾经尽了力，只要愿意向自己的极限挑战，就应为自己的勇气而自豪。

当你开始感觉到自信时，无论多么小的成功，都会特别期望再一次得到自己或别人的肯定。这时，需要有足够的毅力。只要有毅力，那么，“无论什么事情只要我肯干，就一定可以干好”。

你能学会你想学会的任何东西——这不是能不能学会的问题，而是想不想学会的问题。如果对某件事有强烈的欲望，就会在做这件事的时候具备坚韧不拔的精神，就能用自信克服前进道路上的所有困难。

欧阳富刚加入微软公司时，在工作中与同事进行一般的沟通没有问题，但到了比尔·盖茨面前就总是不敢讲话，因为他非常担心自己说错话。

有一天，公司要进行改组，比尔·盖茨召集10多个人开会，要求每个人轮流发言。欧阳富当时想，既然一定要讲，那不如把心里话都讲出来。于是，欧阳富鼓足勇气说：“在我们这个公司里，员工的智商比谁都高，但是我们的效率比谁都差，因为我们整天改组，而不顾及员工的感受和想法。在别的公司，员工的智商是相加的关系，但当我们整天陷在改组‘斗争’里的时候，我们员工的智商其实是相减的关系……”

欧阳富说完后，整个会议室鸦雀无声。会后，很多同事给他发电子邮件说：“你说得真好，真希望我也有你的胆量这么说。”结果，比尔·盖茨不但接受了他的建议，改变了公司这次的改组方案，并在与公司副总裁开会时引用他的话，劝大家开始改变公司的文化，不要总是陷在改组“斗争”里，造成公司的智商相减。

从此，欧阳富再也不惧怕在任何人面前发言了。这件事充分印证了“你没有试过，怎么知道你不能”这句话。

人生感悟

一个自信和自觉的人，能勇敢地尝试新的事物，并有毅力把它做好，会从成功中获得自信，从失败中增加自觉。

第四章　做人要方，做事要圆

“方”是做人之本

武打小说之所以备受欢迎，其中一个重要原因，也正在于它歌颂了一种侠义精神，大丈夫有所不为，有所必为。没有“方”之灵魂的人，有悖于社会伦理，只会遭到大众的唾弃，永远无法取得最辉煌的成功。但人仅仅依靠“方”是不够的，还需要有“圆”的包裹，需要掌握为人处世的技巧，才能无往不胜。

我们从小在家庭、学校受的教育都是做人要善良、正直，可当我们走上社会后却发现世态炎凉，我们纯真的梦想开始在现实无情的墙壁前碰得粉碎，于是我们犹豫、彷徨，怀疑我们所接受的教育，怀疑做人之方是不是一种傻气。

而单纯的技巧是低级的，做人如果只是一味地宣扬技巧，而不注重内在品质，便是失败的。我们不能为技巧而技巧，学习技巧的目的既是为了掌握方法，更是为了升华品质。

人的外在是内在的一种反映。内心没有的东西，外表就无法显露；内心有了，外在自然就能表现出来。人的心灵杰出，行为才可能卓越；人的内心美好，气质才会美好。人的气质、能力在很大程度上正是由人的内在品质决定的。正如军队，做参谋的，只需要有计谋，但起决定作用的司令官，却要有威望、魄力，具备优秀的品质。对人生而言，技巧只是方法和手段，而决定人生成败的却是品质。

伟人与凡人实际上并无多大差别，只是因为他们具备伟人的品质。李白说：“天生我才必有用。”这个“才”，不是才华，而是品质。一个具备优秀品质的人，无论在何种环境下，都会超越他的同类，环境、条件只能制约成功的大小，但绝无法阻止他最终取得成功。

一个人要干出一番事业，要真正懂得为人处世，要取得生活快乐，最重要的，就是要具备优秀的品质。实际上我们谁不向往品质优秀呢？我们都想气质美好，都想富有魅力，都想心理成熟，而这些在很大程度上却是由品质决定的。

人生感悟

“方”确是做人之本，是堂堂正正做人的精神脊梁。那些世界上最受欢迎、最受爱戴的人物无不具有“方”之灵魂。

让人格成为一生的守护

人格是个人的道德品质，也是个人的性格、气质、能力等特征的总和。不可否认，具有高尚人格的人也可能遭遇厄运和不幸，但是，具有高尚人格的人宁可遭遇厄运和不幸，也绝不会放弃高尚的人格，因为他们并不是为了得到回报才保持高尚的人格。正因为如此，一个人的人格魅力才会在困境的砥砺中焕发出迷人的魅力，并激发出感染别人的力量。

品格是世界上最强大的动力之一。高尚的品格，是人性的最高形式的体现，能最大限度地展现出人的价值。

每一种真正的美德，如勤劳、正直、自律、诚实，都自然而然地得到了人类的崇敬。具备这些美德的人值得信赖、信任和效仿，这也是自然的事情。在这个世界上，他们弘扬了正气，他们的出现使世界变得更美好、更可爱。

人格就是力量，在一种更高的意义上说，这句话比知识就是力量更为正确。诚实、正直和仁慈，这些品质与每个人的生命息息相关，已成为一个人品格的最重要方面。正如一位古人所说的："即使缺衣少食，品格也先天地忠实于自己的德行。"具有这种品质的人，一旦和坚定的目标融为一体，那么他的力量便惊天动地，势不可当。

小到一个人，大到一个国家，都应该把人格作为一种最根本的品质去追求和守护。

1970 年 12 月 6 日，波兰的首都华沙寒气逼人。来访的联邦德国前总理勃兰特向华沙无名烈士墓献完花圈之后，来到华沙犹太人殉难者纪念碑前的广场。突然，他双膝着地，跪在了纪念碑前！他是向二战中被德国纳粹屠杀的 510 万犹太人表示沉痛哀悼，为纳粹时代德国所犯下的罪孽深感负疚，虔诚地认罪赎罪。勃兰特此举震惊了世界，尤其震撼了德国人的灵魂。

当时的民意调查显示，有 80%的德国人非常赞赏此举，认为这种出乎意料的方式更充分地表达了德国人悔罪的诚意。此举也赢得了波兰人民的理解和信任，认为它为"结束一段充满痛楚与牺牲的罪恶历史"迈出了重要的一步。1971 年的诺贝尔和平奖授予了勃兰特。

阿根廷政府曾做出一项特别决定，向在第二次世界大战期间做出过重要贡献的辛德勒遗孀埃米莉·辛德勒夫人每月提供 1000 美元的生活补贴，以使这位老人安度晚年。埃米莉·辛德勒夫人在第二次世界大战期间，曾与丈夫一起冒着生命危险从德国法西斯集中营里救出 1200 名犹太难民。他们的这段传奇经历，后来被美国导演斯皮尔伯格搬上银幕。电影《辛德勒的名单》真实、成功地再现了这段历史，辛德勒夫妇的事迹也因此被世人广泛传颂。二战结束后，辛德勒夫妇于 1949 年来到阿根廷首都布宜诺斯艾利斯的圣维森特区定居。1974 年丈夫去世后，独居此地的埃米莉因缺少收入来源，经济拮据，生活困难。阿根廷的前内政部长科拉奇在总统府接见了埃米莉·辛德勒夫人，并向她宣布了这项由前总统梅内姆特批的决定。

在重大的历史事件面前，在尖锐的意见分歧面前，是什么有如神助的力量保护了人的命运？甚至保护了民族、保护了国家的命运？是什么有如神助的力量能够使不同语言、不同肤色、不同民族、不同国家的人民消除隔阂、形成统一的思想和意志？是善良的力量，是正义的力量，是进步的力量，是推动历史车轮向前发展的人民群众的力量。而人格的力量，就是这些力量的集中体现。

人生感悟

每个人都应该把拥有崇高的人格作为人生的最高目标之一，并竭尽全力去赢得这种非凡的力量，让人生因得到高尚人格的照耀而焕发独特的光辉。

圆通做人是一种必要

人生像大海，处处有风浪，时时有阻力。做人是与所有阻力进行较量，拼个你死我活，还是积极地排除万难，去争取最后的胜利？有些人面对人生疑问时，总是消极地逃避。

做人就要实际一点，为了绚丽的人生，必须学会忍受许多痛苦，向一些强大的势力妥协。必要而合理的妥协，便是这里所说的"圆"。不会"圆"，就相当于没有驾驭感情的意志，往往会碰得焦头烂额，甚至一败涂地。

旧中国，在封建高压之下，为了维护人格的独立，许多正直而又明智的知识分子，在复杂多变的环境中，逐渐形成了外圆内方的性格。当然，在今天的社会条件下，人们有时也同样要来点"外圆内方"。也许某些人是可恶的，他是这样的小家子气，如此的自私，这般的狂妄，出奇的愚昧，让人无法忍受的独断专行等。或许你是一个很高尚的人，有知识、有修养、长得也漂亮，可人无完人，与人相处必须能容忍他人的怪癖甚至丑陋。

人的觉悟程度，是人生经历的结果。改变他人就像改变自己一样，是一个艰难的过程。人们固然需要对他人的劣根性进行批判，然而，更需要做的是对他人施以诚挚的厚爱。

愤恨他人的人，其内耗是极大的。这是否也是一种自我的丧失？丧失在自己偏激的怒海之中。内心坚定的人，没有工夫叹息，没有时间愤恨，他把别人品头论足的时光，都花在对事业的辛勤耕耘上！

古语云：取象于钱，外圆内方。这不是老于世故，实际上，圆是为了减少阻力；方是立世之本，是实质，也是为人处世之道。

人生感悟

圆，是一种豁达，是宽厚，是善解人意，是与人为善，是心胸的宽阔，是生活的轻松，是人生经历和智慧的优越感，是对自我的征服，是通往成功的坦荡大道。

要适当地隐藏自己的情绪

喜怒哀乐是人的基本情绪，这世界上应该没有心如止水的人，没有喜怒哀乐的人只能是“植物人”。

没有喜怒哀乐，这种人其实是很可怕的，因为你不知道他对某件事的看法，对某个人的观感，当人面对他时会有不知如何应对的慌乱。但在复杂的人际交往中，喜怒不形于色，做到这一点是很重要的。

楚汉战争期间，刘邦屡败于项羽，最后兵困荥阳，处境危在旦夕。正在这时，刘邦的部下韩信在北线却捷报频传。

随着军事上的节节胜利，韩信的政治野心也逐渐膨胀起来。他派人面见刘邦，要求封自己为假齐王。刘邦一听，便怒不可遏，当着信使的面斥责道：“我久困于此，日夜盼望韩信前来相助，想不到他竟要自立为王。”

此时，张良正坐在刘邦身边，急忙附耳说道：“汉军刚刚失利，大王有力量阻止韩信称王吗？不如顺水推舟答应他，否则将会产生意外之变。”

刘邦立即心领神会，话锋一转，改口骂道：“大丈夫要做就做个像样的王，做什么假齐王，我封他为真齐王！”刘邦原本爱骂人，这一骂不足为奇，况且前后两语衔接不错，竟也没露出什么破绽。

不久，刘邦派张良作为专使，为韩信授印册封。

就这样，刘邦不动声色稳住了韩信，为汉军日后十面埋伏、击败项羽做了组织准备。如果当时就为此事与韩信闹翻，后果将不堪设想。以当时韩信的实力，独自称王逐鹿中原也并非没有可能。

喜怒不形于色，这是多少人追求的一种境界。在实际生活当中，这种以静制动的工夫被称为“深藏不露”、“绵里藏针”，这也是一种为人处世的“心计”。

不过深藏不露、喜怒不形于色如果做得过了头，也会引起别人的逆反心理，结果适得其反。

老奸巨猾的袁世凯向来喜欢让部下猜测自己的心思，由于城府过深，连心腹大将有时也难以领会他的真实意图。冯国璋自恃跟随袁世凯多年，他把袁世凯的一番假话当成了肺腑之言。

民国初年，袁世凯一心想登上皇帝的宝座。他指使党羽大造舆论，一时间谣言四起，劝进者络绎不绝。袁世凯心中暗自高兴，但一有机会就向别人表白自己是拥护共和忠于民国的。即使在他的心腹大将冯国璋、段祺瑞面前也是如此。

据说，冯国璋曾专程赶到北京向袁世凯探听虚实。袁世凯装得一本正经：“华甫，你我是自己人，难道你不懂得我的心事！不妨对你明说，总统的权力和责任已经与皇帝没有区别，除非为儿孙打算，实在没有做皇帝的必要。我的大儿子身带残废，老二想做名士，我给他们排长做都不放心，能够放心让他们承担重任吗？而且，中国的任何一部历史，帝王家总是没有好结果的，即使为儿子打算，我更不忍把灾害给他们。当然皇帝还可以传贤不传子，但总统同样可以传贤，在这个问题上总统与皇帝不就是一样的吗？"

冯国璋听后插言道："总统说的是肺腑之言。可是，将来总统功德巍巍，到了天与人归的时候，只怕要推也推不掉哪！"

袁世凯好像很生气的样子，坚定地说："不，我绝不干这种傻事！我有一个孩子在伦敦读书，我叫他在那里置了一点产业。如果有人一定要逼迫我，我就出国到伦敦，从此不问国事。"冯国璋听了袁世凯如此诚恳和坚实的表白，自然也就不存在任何疑心了。

然而，冯国璋刚刚离开袁府，袁世凯就气冲冲地回到书房，大骂冯国璋忘恩负义，连声说："冯华甫真是岂有此理！岂有此理！"

但纸是包不住火的，冯国璋回南京不久就听到袁世凯称帝的消息，不禁跳起脚来发火说："老头子真会做戏！他哪里还把我当做自己人。"从此与袁世凯分道扬镳。

就像故事讲述的那样，你的喜怒哀乐表达失当，有时会召来无端之祸。因此，高明的掌权者一般都不随便表现自己的情绪，以免被人窥破弱点，给人以可乘之机。越是精于此术的人，城府便越深。

人生感悟

不轻易表露自己的观点、见解和喜怒哀乐，这种方法称为"大智若愚"、"大动若静"。有"心计"的人会把自己的思想感情隐藏起来，不让别人窥出自己的底细和想法，这样别人就难以钻空子，就会对自己感到神秘莫测，就会产生畏惧感，也不容易暴露自己的真实面目。

退一步自有妙处

现实生活中，如果不能看清形势，该退的时候就退，而是时时逞强，只会使自己陷入孤独的处境；做事如果不能量力而行，退让一步，可能会错误地投资，使损失惨重，那么，种下的苦果只能由自己来吞食。

有一年，香港特区政府因财政拮据，便想出了一个办法：把中环海边康乐大厦所在的那块土地拍卖。这块土地面积大，属于黄金地段，是非常有利可图的地方。消息传出后，有资产的人纷纷披挂上阵，连远在港外的富商们也都赶来参加投标。一时间，香港码头机场人满为患，饭店老板个个眉开眼笑。

不过觊觎者虽多，有资格的就那么几个，真正打这块地皮主意的，在香港只有李嘉诚的长江实业有限公司和英国的渣打银行。香港特区政府为了不让港外人士购地，有意让这两家中的一个获胜，便采取了暗中投标的方式，谁也不知道别人所投价格为多少。

李嘉诚心里有打算，地皮虽好，也有个底限，否则买回来也是亏本，而渣打银行必然拼命抬价，以扳回前几次败北丢的老面子，李嘉诚报上 28 亿港元。那渣打银行则显出活脱脱的英国绅士脾气，底气不足却要打肿脸充胖子，又认为李嘉诚必定拼命抬价，于是豁出了老本，报出了 42 亿港元的价格。结果当然是渣打银行获胜。正当银行上下举杯欢庆时，打听消息的探子回来报告说，李嘉诚的报价比他们少 14 亿港元，顿时一个个脸色变得死灰，总裁吃惊得连酒杯都掉在地上摔得粉碎，连连说，英国绅士上了中国商人的大当。

李嘉诚精打细算，经受住了黄金地段的巨大诱惑，果断地抽身而退，把烫手的山芋甩给了渣打银行。如果忍不住，把自己的老本全部押上，有可能落个失败的"威风"，又有何价值。这就显示了"退一步海阔天空"的妙处，凡事能够量力而行，这样才可以保持长久的成功。

做人也是如此，不要事事处处争强好胜，不要遇事就和人硬顶，应该明白"退一步海阔天空"的道理。处处和人硬来，最终可能双方都头破血流，要懂得退让并非是示弱的行为，而是智慧的表现。

南方的河里有一条豚鱼，游到一座桥下，撞在桥柱上。它不怪自己不小心，也不想绕过桥柱，反而生气起来，认为是桥柱撞了自己。它气得张开嘴，竖起颚旁的鳍，胀起肚子，漂在水面上，很长时间一动也不动。飞过的老鹰看见它，一把抓起来，把它的肚子撕裂。这条豚鱼就这样成了老鹰的食物。苏东坡就此议论说："世上有的人在不应该发怒的时候发怒，结果遭到了不幸。就像这条河豚，'因游而触物，不知罪己'，不去改正自己的错误，却妄肆其忿，以至于磔腹而死，真是可悲！"

事情发生后总是责备别人，当然会有很多气受了。豚鱼错就错在不会退避，不能退一步想一想。

大海里有一种马嘉鱼，其肉质鲜美，甚为渔人所爱。马嘉鱼常潜藏于深海之中，不易捕捉，但是在春夏两季生产幼鱼时，会随着潮水浮现于水面，这是渔人捕捉的好机会。

马嘉鱼行动敏捷，聪明异常，若有一点风吹草动，它会立刻逃之夭夭。但马嘉鱼有个致命的弱点，便是生性倔强，不知进退。渔人深知马嘉鱼的弱点，就将其赶往一面网中。

马嘉鱼游过来，一旦碰到网，就愈朝着网往前行；愈陷愈深，就愈恼怒，于是鳃也张开了，鳍也展开了。就这样，它被挂在网的眼孔上，无法挣脱，只得束手就擒。

生活中每时每刻都在面临着选择，进和退、利和弊、远和近、好和坏、得和失，是经常挂在人们心头的难题。聪明的人，能够以独特的思维方式，见人所未见，知人所未知，随机而动，适时进退，总能立于不败之地。

人为万物之灵。人和动物一个最大的区别，是具有智慧。然而，同属于智慧之列的人，彼此之间的差距又非常大。中国有两句老话，一为"鼠目寸光"，一为"远见卓识"，就是对这一差距的反映。有的人似乎天生的短视，他们一叶障目，不知泰山之大，常常在生活上跌跟斗。与此相比，另一类人则能由小见大，由近知远，知人所未知，见人所未见。他们能够不被眼前暂时的、局部的现象所迷惑，他们能洞察事物发展的动向，预测未来的趋势，调整自己的行为，该进的时候进，该退的时候就退。

一个懂得生活的人，并不代表就需要一味地争强好胜。在必要的时候，宁可退后一步，做出必要的自我牺牲来成就自己。退一步海阔天空，凡事不要意气用事。三思而后行，不但是一种自保的方法，也是一种很好的生存策略。"进"固然重要，但"退"有时亦是方略。

人生感悟

"退"一步是为了"进"十步。有道是"手把青秧插满田，低头便见水中天；心地清净方为道，退步原来是向前。"如果每个人都能为他人多想一些，都能相互退让一步，世界将会变得更加广阔！

"退一步"也是做人境界

生活不可能处处都是鲜花，成功之路也不可能一帆风顺，我们也不可能事事如愿。

那么，在我们的人生出现一些挫折的时候，在我们的面前不都是鲜花的时候，不妨后退一步，你会发现海阔天空，人生照样美好，天空依然晴朗，世界仍是那么美丽，你会得到很多东西，而不是失去。

1. 做生意

原本想肯定能赚 100 万，你最后只有 10 万到手。这样的时候，你后退一步想想：毕竟没有赔钱。当然了，退不是逃，你得总结一下，那 90 万是怎么未到手的。

2. 做股票

这只股票本来可以赚 5 万元，却只赚了 5000 元。后退一步：毕竟还赚了 5000 元，而不是赔了 5000 元。下次谨慎就是了。要是这次赔了 5000 元，也后退一步：毕竟只赔了 5000 元，而不是全赔了进去，下次不犯类似的错误，再赚回他 5 万元就得。

3. 生病

已经生病了，心情肯定不会很好，但心情不好对你身体的恢复只有坏处没有好处，因而尽量使自己不要沉迷在生病中不能自拔，后退一步：毕竟只是生病，那就趁这个机会好好休息一阵，平时难得有这样的机会。

4. 公司里人事调整

你觉得自己能够升职，可宣布各部门人选的时候，你侧着耳朵听也没听到老板念你的名字。这样的时候，你先别生气，后退一步：毕竟没有被炒鱿鱼。然后想自己为什么没有被提拔，如果的确不是你的错，那就是老板没长一双慧眼，没发现你这颗珍珠，那损失的是老板而不是你。让他遗憾去吧！

5. 单位里职称评定

你差一点就评上了。这样的时候，你后退一步：这次差一点，下次就一点不差了。再努力一年吧。这一年，你的成绩可能会大大令人惊讶。

6. 被公司老板炒了

这肯定不如你炒他心里那么痛快，老板炒你肯定有他的理由。分析你工作的得失，找出炒你的理由，还怕找不到下一个工作？

人生在世，不如意的事情十之八九，还是以一颗平常心对待一些不顺，毕竟偶尔的不顺在所难免，我们能做的只有调整心情、继续上路。

不能拥有就不要强求，退一步不是消极，而是为了更积极地进取。古人有云："临渊羡鱼，不如退而结网。"真正的"退"就是为"进"做准备。

人生感悟

退一步去看待人生的不顺和挫折，并非是一种消极的心态。有时候，你后退一步，就可以寻找到一种海阔天空的人生境界，这也是一种积极的心态，也是做人的一种境界。

放下身段等成功时机

历史往往是最有说服力的。能放下身段的人是聪明人，他们能够通过忍耐和等待获得机会，这也是他们能够成就一番事业的重要素质之一。"放下身段，夹着尾巴找机会"的聪明招法不仅被现代人使用，古代的很多名人都曾使用过。如三国时期的刘备就是使用这一招保住了性命，而最终成就了"三分天下占其一"的霸业。

刘备投奔曹操后，两位乱世英雄都各自打着算盘。刘备在住所后院辟了一块菜地，每日亲自浇灌，让外人觉得："我不过凡夫俗子，没有野心，您曹操还是不要算计我了吧！"关羽、张飞两位诚实直爽之人，哪里懂得刘备的思想。所以当二人劝说主公应当留心天下大事而不应该干种菜这种下贱的活时，刘备总是说："这不是两位兄弟所知道的。"

一天，关羽和张飞都不在，曹操派人来请刘备过去。刘备大吃一惊，但又没有办法，只得随来人入府拜见曹操。曹操绵里藏针地说："您种菜可真不容易呀！"刘备说："没有事消遣消遣罢了！"曹操就邀刘备来到小亭里，只见里面诸物齐备，盘置青梅，一樽煮酒，于是二人对坐，开怀畅饮。

酒喝到半醉时，忽然阴云密布，骤雨将至。随从说天边挂着长龙，并指给二人看，曹操借题发挥，便问："您知道龙的变化吗？"刘备说："知道得不太详细。"曹操说："龙能大能小，能升能隐，大则兴云吐雾，小则隐身藏形；升则飞腾于宇宙之间，隐则潜伏于波涛之内。现在正是深春时节，龙能够顺应时节而变化，就好像人得志了纵横四海一样。龙作为动物，可用世上的英雄来做比方。您长期以来，游历四方，一定知道当世英雄。请您试着说说吧！"刘备说："我是肉眼凡胎，哪里能认得英雄呢？"曹操说："您就不要太谦虚了吧！"刘备仍然装糊涂："我得到您的庇护，做了朝廷官员。天下英雄，真的不知道啊。"曹操说："那么，既然您不知道他们的长相，也应该听到他们的名字吧。"再装糊涂是没有办法了，这条路堵死了，于是，刘备举出淮南袁术，河北袁绍、刘表，江东孙策，益州刘璋、张绣、张鲁、韩遂等人，都一一被曹操否定。刘备只好说："除这些人之外，我实在不知。"

曹操说："所谓英雄，是指胸怀大志，腹有良谋，有包藏宇宙之机，吞吐天地之志的人啊！"刘备说："那么，谁能称做这样的英雄呢？"

曹操用手指了指刘备，又指指自己，说："今天下英雄，只有您与我罢了！"

曹操看似不经意的话，其实不仅是一种试探，更包藏着杀机，且不说刘备正在曹操的府上，即使在外边，如果证实了曹操的推测，他也不会放过刘备的。这真是箭在弦上，一触即发啊！

刘备听后大吃一惊，到底被曹操识破真面目了。那么，自己"放下身段"的招法是不是没有瞒过奸雄曹操呢？如果这时默认或辩解，都将无济于事，慌乱之中，手中的汤匙和筷子掉到地上。恰在此时，大雨将至，雷声隆隆，刘备随即从从容容、不动声色地俯下身子，捡起了汤匙和筷子，又不紧不慢地说："雷声一震竟有如此大的威力，我的匙筷都掉了。"

曹操笑着说："男子汉大丈夫也害怕雷吗？"刘备说："圣人见到迅雷烈风还变色哪，我怎么能不害怕呢？"一句话就把自己因听到曹操的话而吃惊落匙的原因轻轻掩饰过去。曹操果然相信了刘备的话，认为他听到打雷还要害怕，可见不是真英雄了，也就不再怀疑刘备了。

刘备放下身段的言行免除了曹操的猜忌，保住了身家性命。不久，刘备便逃走了，最后，建立了一番大功业。

人生感悟

我们无论是做大事还是做小事，如果情况对自己不利，都应该学会放下自己的身段，积蓄成功的力量，并努力寻找一切有利于自己成功的机会。

得志便猖狂要不得

人生大致有两个状态难以把握，一个是失败甚至是惨败的时候，一个是成功得有一点儿张扬的时候，前一种好理解，而后一种尤为重要。因为这种"大意"很可能让你转胜为败。

小人得志便猖狂，枪打出头的鸟，猖狂就得挨打，还是做一只夹着尾巴的鸟安全。

今天所拥有的一切都是因为自己过去的奋斗，这里面夹杂着别人的不少心血。因此，名人的尾巴夹得很紧，他们和别人的差距不在于他们是名人，而在于他们知道人这一辈子不容易，得活自己的，更要尊重别人的。无论怎么样，都不能招人烦，动不动就跟人家吆五喝六的，谁有功夫搭理你呀。学会这一点比什么都重要。这就是魅力，内容千变万变，形式却是经久不变的时尚。

夹紧尾巴是一种道德选择，因为这不仅代表着你的清醒，还代表着你对以往朋友帮助的感谢。如果你是一个忘恩负义的人，必然把尾巴翘得高高的，殊不知，一部人类史，正是人在道德目标的引导下不断前进上升的历史。抑制不良的欲望，就要保持一颗平常之心，赶走狂妄的情绪。正如《菜根谭》所说："冷眼观人，冷耳听语，冷情当感，冷心思理。"因为"性躁心粗者一事无成，心平气和者百福自集"。

趾高气扬的人要获得人生的增长点，就应该向一切尊重人类生命的道德力量鞠躬，包括面对年轻人，不要担心自己表现出愚蠢的样子。人要全面地发展，就得质朴谨慎求实。按照常理来说，鞠躬的时候是不应该翘尾巴的，因为那样会露出不该暴露的部位，如同是公园里的猴子，在这个意义上讲，我们时刻都应该注意到自己尾巴的位置，要不然，想瞻前顾后也找不着方位。

有一点需要特别指出：尾巴绝不是旗帜。我们衡量一个人有多么成功，从来不看它的尾巴有多么高，要看的是他脚踏实地的能量。而且，以另一个角度考虑，他只要投入，就很难有翘尾巴的时间，翘尾巴是闲人的专利，因为他们"无事"，所以总想表露自我，从而生出些"非"来。而奋斗者恰恰从另一个角度思考问题，他们考虑的是如何更上一层楼，坐在冷板凳上不知疲倦的他们没把尾巴露出来，所以，他们一直受到别人的尊重。

人生感悟

在这个世界上，无论你怎样标榜自己，充其量都是个普通人，取得点成绩，便不可一世，这样的人多是小人得志。

退让是成功的加速器

人们在滑雪的时候，最大的体会就是不知道如何停下来。刚开始学滑雪的人，看着别人滑雪，觉得很容易，不就是从山顶滑到山下吗？当自己穿上滑雪板，从山上滑到山下，结果实际上是滚到山下，会摔许多个跟斗。滑雪的人就会发现根本不知道怎么停止、怎么去保持平衡。热爱滑雪的人都会反复练习怎么在雪地上、斜坡上停下来。练习一段时间，将会学会在任何坡上停止、滑行、再停止。这个时候滑雪者就会发现自己会滑雪了，就敢从山顶高速地往山下冲。因为滑雪者知道只要想停，一转身就能停下来。只要能停下来，就不会撞上树、撞上石头、撞上人，就不会被撞死。因此，只有知道如何停止的人，才知道如何高速前进。

经常开车的人都有这样的体会，越是好车，开得越快。比如像宝马和法拉利这一类好车，它们的高质量不仅体现在发动机系统上，更体现在刹车系统上。开这些车的时候，就敢于高速行驶，因为开车的人知道，只要踩刹车，车就能稳稳地停下来，不至于翻车或跑到马路外面去。但当我们开夏利车的时候，我们一定不会开得和法拉利一样快，因为开车的人知道如果让它跑得太快了，就很难刹住车了，说不定会撞栏杆或者翻了。所以说，没有把握停下来的车是跑不快的，人也一样，有“心机”的人，做事时会适时而止，以便更好地前进。

据说在阿尔卑斯山口立着这样的标牌，提醒人们留意两侧的风景：“慢慢走，欣赏啊！”慢慢，也就接近停止了。只有停下来才能欣赏到、读懂一些好的东西。

吴王阖闾打败楚国，成了南方霸主。吴国跟附近的越国（都城在今浙江绍兴）素来不和。公元前496年，越国国王勾践即位。吴王趁越国刚刚遭到丧事，就发兵攻打越国。吴越两国在携李之间发生一场大战。吴王阖闾满以为可以打赢，没想到打了个败仗，自己又中箭受了重伤，加上上了年纪，回到吴国，就咽了气。

吴王阖闾死后，儿子夫差即位。阖闾临死时对夫差说：“不要忘记报越国的仇。”夫差记住这个嘱咐，叫人经常提醒他。他经过宫门，手下的人就扯开了嗓子喊：“夫差！你忘了越王杀你父亲的仇吗？”夫差流着眼泪说：“不，不敢忘。”他叫伍子胥和另一个大臣伯嚭操练兵马，准备攻打越国。过了两年，吴王夫差亲自率领大军攻打越国。

越国有两个很能干的大夫，一个叫文种，一个叫范蠡。范蠡对勾践说：“吴国练兵快3年了。这回决心报仇，来势凶猛。咱们不如守住城，不要跟他们作战。”勾践不同意，也发大军去跟吴国人拼个死活。两国的军队在太湖一带打上了。越军果然大败。越王勾践带了5000名残兵败将逃到会稽，被吴军围困起来。勾践一点办法都没有了。他跟范蠡说：“懊悔没有听你的话，弄到这步田地。现在该怎么办？”范蠡说：“咱们赶快去求和吧。”勾践派文种到吴王营里去求和。文种在夫差面前把勾践愿意投降的意思说了一遍。吴王夫差想同意，可是伍子胥坚决反对。文种回去后，打听到吴国的伯嚭是个贪财好色的小人，就把一批美女和珍宝，私下送给伯嚭，请伯嚭在夫差面前讲好话。经过伯嚭在夫差面前一番劝说，吴王夫差不顾伍子胥的反对，答应了越国的求和，但是要勾践亲自到吴国去。文种回去向勾践报告了。勾践把国家大事托付给文种，自己带着夫人和范蠡到吴国去。勾践到了吴国，夫差让他们夫妇俩住在阖闾大坟旁边的一间石屋里，叫勾践给他喂马，范蠡跟着做奴仆的工作。夫差每次坐车出去，勾践就给他拉马。这样过了两年，夫差认为勾践真心归顺了他，就放勾践回国。勾践回到越国后，立志报仇雪耻。他唯恐眼前的安逸消磨了志气，在吃饭的地方挂上一个苦胆，每逢吃饭的时候，就先尝一尝苦味，还自己问：“你忘了会稽的耻辱吗？”他还把席子撤去，用柴草当做褥子。

勾践决定要使越国富强起来，他亲自参加耕种，叫他的夫人自己织布，来鼓励生产。在他的努力之下，越国终于日益强大，最终打败了吴国。

人们常常把退让和失败、放弃、躲避等这些词联系在一起，似乎退让总带有某种贬义和消极的色彩。然而退让却是人世间的节奏。退让包含了很多层意义，我们可以把它看做是当下生活的停止，是个积聚能量的过程，在这样的停止中具有快速生长的可能。

人生感悟

退让并不是从此以后就不再前进，相反，退让是为了在积蓄了足够的力量以后更好地前进。

以柔克刚看对象

刚柔相济的一层含义就是批评与表扬相结合。

某高中女生受不良风气影响有了早恋倾向，和同班一个男生频繁约会，上课时也眉目传情，以致经常完不成作业。一次测验，她只做了一小半题目便扬长而去。班主任把她留下来，一开口就问她为什么不做完题，她回答："没心思做。"班主任听后厉声呵斥："你的心思都干什么去了？你为什么如此执迷不悟？告诉你，中学生绝不允许谈情说爱。再过一年，你就会明白，他上了重点大学后，就绝不会跟你往来了——因为你这种人太浅薄了，太虚浮了，太没有价值了！"那女生一听，不觉泪水扑簌簌流了下来，眼里流露出记恨的目光，但心里却受到极大震动。待她哭过后，老师才温和地说："请你原谅，我的话可能不够礼貌，其实我只是出于无奈，是害怕你堕落到那步田地。"那女学生终于领会了老师初始严厉继而温和的言谈方式的真实用意。因此，一面接受批评，一面暗下决心洗刷掉"浅薄"的耻辱。班主任"软硬兼施"、"刚柔并济"的谈话法也就取得了应有的效果。

正像美国著名企业家玛丽·凯·阿什在《用人之道》一书中所说的那样："绝不可只批评不表扬，这是我严格遵循的一个原则。你无论批评什么事情，都必须找点值得表扬的事情留在批评前和批评后说。这叫做'先表扬，后批评，再表扬'。"当然这种做法不是绝对的，有时可以先批评后表扬，或者先表扬后批评。总之，要有批评，也要有表扬，这样批评就容易被接受了。

一天，处长对一位女打字员说："你打的字真整齐，就像你这人一样整洁、美丽。"那位打字员听到处长的表扬非常高兴，喜形于色。处长抓住时机，接下去说："但你以后对标点要特别注意一些，怎么样？"女打字员很爽快地答应："行，没问题。"处长用的就是刚柔相济的方法。试想，如果处长直接批评女打字员打的材料标点符号有很多错误，以后要特别注意，女打字员可能因受领导批评，而几天不愉快；也可能起来为自己辩护，说自己是很小心的，标点符号的错误是原稿件上的，自己不负这个责任。这样，就达不到批评的目的。

因此，在人际交往中，无论表现"刚"与"柔"，都应把握好分寸，因人而异，摸清对方心理。切记"刚"不是为了要威风，把矛盾激化，而是为了缓和冲突，转化矛盾，解决矛盾。要注意不讲蛮话、过激的话、脏话，如果硬过了头，就会激化矛盾，产生危险后果。"刚"到好处为硬而不脆、威而不逼，火候一到就要给人以台阶，叫人家体面地下台，使矛盾圆满解决。而"柔"呢，虽然感化力强，但局限性大。对于那些失去良心、失去理智的人，对于"吃硬不吃软的人"是无济于事的。对这些人用柔的策略，无异对牛弹琴，会被认为你是软弱胆小，反而会助长其嚣张气焰。因此，"柔"的运用也要看对象、分场合，不能一概而论。如此这般，方能达到刚柔互补、刚柔并济的效果。

人生感悟

做事有时候就需要一些手段，一些技巧，当然这些手段不是损人的，而是做人的计谋与方略。

第五章　学会吃亏，懂得糊涂

悟透“聪明反被聪明误”之理

古今中外，耍小聪明误事的、甚至丢掉性命的人比比皆是。和珅是有才，若无才，他何以由一名当差的升为户部郎兼军机大臣，官至文华殿大学士，封一等公？固然，献媚逢迎是其才之“专长”，但诚如鲁迅所说：“帮闲也得有才。”他在狱中作的诗，即可作证。和珅为官，弄权耍奸，朝野骂声不绝。故而当他的靠山乾隆帝（即诗中的“九重仁”）死后不久，就被新皇帝嘉庆宣布二十条罪状，令其自杀。抄没家产约值八亿两，相当于朝廷一年的收入。这“八亿两”乃种种祸国殃民、巧言令色的诸般“前事”的积累和“物化”。因为机关算尽太聪明，反误了卿卿性命，到头来“八亿两”还不是入了国库？“百年原是梦，卅载枉劳神”，总结得何等正确。

恋生惧死，人之常情，和珅“伤感”于“前事”，他身陷囹圄之际，终究还明白是他的那种以权谋私的“才”，“误了自身，罪该应得，没啥冤枉”。

《红楼梦》中凤姐才智过人，手腕灵活，权术机变，口才出众，大权独揽，营私舞弊，并且纵欲、自恃与狠毒，结果是聪明反被聪明误，送上了卿卿性命。

观古可以鉴今。到头来感伤嗟叹，恨“才”误身，那份欲说还休的复杂心绪，是何等的悲哀与无奈。

和珅聪明吗？聪明；凤姐聪明吗？聪明。但是为什么反被聪明误呢？

第一，自视高人一等。聪明人总是比一般人多知道些事情，因此很容易就以为自己无所不知。

第二，孤立无援。一个人如果特别聪明，那么他从小就容易离群孤立，因为他觉得自己和其他儿童格格不入，对思维比他们慢的人不耐烦，于是很自然地会物以类聚，只和别的聪明少年交往。成年后如果继续保持这种习惯，“天马行空，独往独来”，不屑与人合作，并用自己的聪明排斥他人的经验，拒绝接受他人的意见，那就大事不妙了。

第三，盲目自信，不计后果。聪明人总是在想“我的下一高招是……”，由于他们老是觉得自己无所不能，他们都喜欢行险招，结果往往是聪明反被聪明害。

第四，过分的好胜心。许多聪明人都不了解一个简单的事实：强中更有强中手，那山更比这山高。即使你站在某一领域的顶点，你在这方面胜人一筹，也并不等于在另一方面也一定能成功。

做人必须要吃透很多学问，例如“聪明反被聪明误”，即为其一。“聪明”是一个带有限定性的词，处理不好，即会被聪明误，因为物极必反，任何事情都有一个限度。对深藏不露的意图可利用，却不可滥用，尤其不可泄露。一切智术都须加以掩盖，因为它们招人猜忌；对深藏不露的意图更应如此，因为它们惹人厌恨。欺诈行为十分常见，所以你务必小心防范。但你却又不能让人知道你的防范心理，否则有可能使人对你产生不信任。人们若知道你有防范心，就会感到自己受了伤害，反会寻机报复，弄出意料不到的祸患。凡事三思而行，总会得益良多。此事最宜深加反省。

人生感悟

天赋聪明，你就拥有了令人羡慕和成功的资本，但聪明也应审慎用之，聪明用于邪则误入歧途，机关算尽也会必有一失。有才是好事，但也别“身死因才误”。

再狡猾的狐狸总会遇到猎手

狡猾恐怕是太聪明的最突出的一种表现形式。

培根指出：“狡猾与机智虽然有所貌似，却又很不相同——不仅是在品格方面，而且是在作用方面。例如有人赢牌靠的是在配牌时捣鬼，但牌技终归不高。还有人虽然很善于呼朋引类、结党钻营，可是真做起事来却身无一技。”“人情练达与理解人性并不完全是一回事。有许多很世故很会揣摩人的脾气性格的人，却并不是真正有学问的人。这种人所擅长的是阴谋而不是研究。”

培根认为，“狡猾的人正像那种只会做小买卖的杂货贩”，家底并不是很足，但可以抖搂的东西倒也不少。这些聪明招式不外乎这些：

第一，他们察言观色，捕风捉影。世上许多诚实的人，都有一颗深情的心和一张无掩饰的脸。狡猾者一面窥视你，一面却假装恭顺地瞧着地面，如果发现点什么，就马上进行密告。许多“耶稣会员”（专门为教会监视人们思想的密探）就是这样干的。

第二，把真正目的掩盖在东拉西扯的闲谈中。例如有一名官员，当他想促使女王签署某笔账单时，每一次都先谈一些其他的事务，以转移女王的注意力，结果使女王不留意正要她签字的那个账单，而爽快地签字了。

第三，搞突然袭击。在对方毫无思想准备的情势下，突然提出你的一项建议，让他来不及思考就做出仓促的答复。猛然提出一个大胆的、出其不意的问题，常能使被问者大吃一惊，从而袒露其心中的机密。这就好像一个改名换姓的人，在没想到的情况下突然被人呼叫真名，必然会出于本能地有所反应一样。

第四，欲抑故扬和欲扬后止。当一个人试图阻挠一件可能被别人提出的好事时，最好的办法就是首先由自己把它提出来，但提出来的方式又要恰好足以引起人们的反感，因而使之得不到通过。

装做正想说出一句话却突然中止，仿佛制止自己去说似的。这正是刺激别人加倍地想知道你要说的东西的妙法。

如果你能使人感到一件事是他从你这里追问出来的，并非你乐意告诉他的，这件事往往更能使他相信。例如，你可以先做出满面愁容，引人询问原因何在。波斯国的大臣尼业米斯就曾对他的君主采取这种做法。有一次他故意地对他的国王说：“我过去在陛下面前从没有过愁容。可是现在……”

第五，利用说反话。

第六，借托。如果你不想对一种说法负责任的话，你就不妨借用别人的名义，例如“听人家说……”或“据别人说……”等。

第七，欲盖弥彰。一位先生，他总是把最想托别人办的事情写在信的附言里，使用“随便提及”这一种格式，好像这只是偶然想起的小事似的。

第八，还有一种影射的狡术，比如当着某人面故意暗示对别人说：“我不会干某种事的。”言外之意那个人却这样干。罗马人提林纳在皇帝面前影射巴罗斯将军，就采用了这个办法。

第九，利用暗示。有的人搜集了许多奇闻轶事。当他要向你暗示一种东西时，便讲给你听一个有趣的故事。这方法既保护了自己，又可以借人之口去传播你的话。有人故意在谈话中设问，然后暗示对方做出他所期待的回答。这种狡术，会使人把一个被他人授意的想法，认为是自己想出来的。

防范狡猾，即防范小聪明。培根认为："狡猾的小聪明并非真正的明智。他们虽能登堂却不能入室，虽能取巧并无大智。靠这些小术要得逞于世，最终还是行不通的。

人生感悟

正如所罗门所说："愚者玩小聪明，智者深思熟虑。"狐狸与猎手的关系不是通过猎枪表现出来的，而是通过猎手的眼力表现出来的。

不能一味锋芒毕露

崭露锋芒是正常的，但应认清形势，不要不分场合、地点及其他客观形势一味锋芒毕露，要懂得适时隐藏。

美国南北战争时期，有一位名叫高尔顿的将军，很有军事才干，可是他毫无城府，爱放大炮，不但使上司颇为难堪，自己也失去了不少人缘，被同事们称为"军队内部的战争贩子"。

有一年，高尔顿到斯科菲尔德军营观看演习，他对这次演习非常不满，就直接向指挥官递交了一份措辞激烈的意见书。他的这种做法是纪律所不允许的，因为他只是一名少将，无权指责一名中将指挥官。这样一来，他便招致了上司的非议和怨恨。

但高尔顿并未吸取教训。第二年，在观看了一场战术演习后，他又一次递交意见书指责指挥官和其他人员训练无素、准备不足，没有达到预定的目的。虽然这次他很明智地请副官代替自己签了名，但其他军官心里很清楚，知道这又是他搞的鬼，所以联合起来一致声讨他。

众怒难犯，司令官没有办法，只好把这位爱放大炮的高尔顿从少将的位置上撤下来。

如果仔细看看周围那些有人缘的人，你就会发现，他们毫无棱角，言语如此，行动也一样。他们各自深藏不露，表面上看好像个个都很讷言，其实都是颇有雄才大略而不愿久居人下者。但是他们却不肯在言谈举止上露锋芒，不肯做出众人物，其道理何在呢？因为他们有所顾忌，锋芒太露，很容易得罪他人，为自己前进制造阻力。而且，这种阻力会来自方方面面，令你防不胜防，你又如何能达到出人头地的目的呢？

有一个人在年轻时代以有"三头"自负，即笔头写得过人，舌头说得过人，拳头打得过人。在学校读书时，他已是一员猛将，他不怕同学，不怕师长，以为他们都不及他。初入社会还和在校时一样的锋芒毕露，结果得罪了许多人。所幸觉悟得快，一经好友提醒便连忙负荆请罪，倒也消除了不少的嫌怨，但是无心之过仍然难免，结果终究还是遭受了不少挫折。

当然，你也许会说，那样不就永远没有表现自己的机会了吗？其实不然，这里所说的隐藏锋芒，只是要求在不适合展现的时候，要注意隐藏，适时隐藏，而非永远隐藏，要看准时机，展现自己的才华。

人生感悟

心直口快有时往往使自己陷入不利之地。一个人即使是天才，如丝毫不懂收敛，也是很难立足的，而且有可能给自己带来厄运。

不要轻易暴露自己的"底牌"

在现实生活当中，你也许会有某些"志向"或"企图"，即使是正当的，而一经在你身上得到表现的时候，总会有人感觉受到了威胁。他们可能会对你进行打击，使你过去的一切努力都化为泡影。因此，你如果真的怀有某种“野心”的话，可千万要谨慎点，切莫轻易外露，否则，你可能会因此而自毁前程。

刘得志是一名刚毕业的大学生，他到一家大公司去应聘，被录用了。而后，他主动找到公司人事主管，说自己不怕苦累，只是希望能到挣钱多的岗位上工作，原因是，自己是农村来的大学生，几年大学下来，花光了家里的所有积蓄不算，还欠着外债。人事主管很同情他，把他分配到了营销部当推销员。因为这家公司生产的健身器材很畅销，推销员都是按销售业绩计算收入，因此尽管刘得志是个新手，可几个月下来，他得到的薪金却比其他部门的员工多，由此，他也就下定决心在营销部干下去。

刘得志毕竟是大学生，头脑灵活，爱思考，时间长了，他就发现了营销部里一些工作上的疏漏，管理也不规范。因此，他除了不断加强与客户的联系外，还把心思用到了营销部的管理上，并且经常向经理提出一些意见。对此，经理总是回答说：“你提出的意见很好，可我忙不过来呀，改进工作慢慢来吧。”经过几次和经理谈话，刘得志发现一个秘密，那就是营销部墙上的组织结构图表中有副经理一名，可他到营销部已近半年，却从未见过副经理，难怪部里有些工作无人管理呢？

刘得志通过打听了解到，营销部经理的薪金有时高过公司副总经理，副经理的薪金也高过推销员的几倍，于是，他萌发了竞争营销部副经理一职的想法。想了就干，就在一次营销部全体员工会议上，他坦陈了自己的想法，经理当众表扬了他。

可没想到，自那次会议后，刘得志的处境就越来越被动了。他初来乍到，并不知道那个副经理之职，已有许多人在暗中等待和争夺，迟迟没有定下来的原因就在于此。而刘得志的到来，开始并未引起人们的关注，因他只是个小雏，羽翼未丰，不值一提。但时间一长，他频频问鼎此事，又加之他有学历，人们便感到他的威胁了。这次他又公然地要争这个职位，无疑是惹了马蜂窝，一时间，控告他的材料堆满了经理的办公桌，什么刘得志不讲内部规定踩了别人客户的点；他泄漏了公司的价格底线；他抢了别人正在谈判中的生意……这些控告中的任何一项都是超过一个推销员所承受的极限。

人们为了维持社会或团体的某一现状，常常不允许个人欲望的恣情喷发和左冲右突，对有悖于这一现状的任何奇思异想都可能被视为“野心”。而事实上，在追逐个人成功的道路上，每个人都有一些不安于室的心灵躁动。这种躁动，在自己看来可能是雄心壮志，在别人看来则可能是野心勃勃。

人生感悟

聪明的人绝不会轻易暴露自己的心理底牌，在志向尚未实现之前，绝不会让人看出自己的行踪和去向，否则，便可能会授人以柄，甚至遭到对手的暗算。

小事糊涂，大事清楚

俗语说：“吕端大事不糊涂。”就是告诉人们在小事上不妨糊涂些，而真正遇到大事还需要保持清醒的头脑，关键时刻表现出大智慧。

说起来容易做起来难，大凡能够做到“糊涂”的人还真的非常有限，因为他们无法达到超然的境界。因此，生活包袱里装满了大事小情，往往思想还要被那些小事情所缠绕。有这样一句人生格言：“小事多糊涂，大事不含糊。”这最适合这种人了。

鲁迅先生曾专门揭示了“难得糊涂”的真正含义，他说：“糊涂主义，唯无是非观等——本来是中国的高尚道德。你说他是解脱、达观罢，也未必。他其实在固执着什么，坚持着什么……”

正如鲁迅先生所说的“在坚持着什么”。其实难得糊涂的人实际上是再清醒不过了。之所以要“糊涂”，是因为将世上的一些事情看得太明白、太清楚、太透彻，因为有某种无以言表的原因，所以不得不糊涂起来。当人们想起这 4 个字时，在小事上不妨也糊涂一把，索性放下包袱，轻松、潇洒一回。

糊涂看世界，留一半清醒，留一半醉。这就要求人们在观察社会上的大事小情时，对一些不打紧的事情糊涂处之，而涉及至关重要的原则性问题时要清醒对待。如个人的名利，该糊涂时糊涂，该聪明时聪明，在糊涂的同时不能丧失原则和人格。

如果能做到大肚弥勒佛那样“笑天下可笑之人，容天下难容之事”，说明你已经进入了忘我的境界。纵观古今，达到这种境界，拥有这种智慧的人还是有很多的。晋代的裴遐就是其中之一。

有一次，裴遐到东平将军周馥的家里作客。周馥命家人设宴款待裴遐，他的司马负责劝酒。由于裴遐与人下围棋正在兴头上，对司马递过来的酒没有及时喝，为此司马非常生气，以为裴遐是故意怠慢他，顺手便拖了裴遐一下。不料裴遐没有留意被拖倒在地，其他人见状都吓了一跳，以为裴遐会难忍这种“羞辱”而对司马勃然大怒。谁知裴遐慢条斯理地爬起来，举止不变，表情安详，好像什么事情都没有发生一样，继续与人下棋。

后来王衍问起裴遐，当时为什么还能镇定自如、举止安详。裴遐回答说：“仅仅是因为我当时很糊涂。”

现实中极少有人能达到像裴遐一样的境界，很多人常常因为一点小事就要剑拔弩张、恶言相向，即使在公共场合遇到这种情况也不感到意外。

人际交往过程中，没必要将事事分析得滴水不漏，小事上糊涂一些，别太在意计较，这样，不但可以增加彼此间的信任，还可以增进感情，加快相互交往的速度。人一生要经历的事情数也数不完，如果事事都要认真盘算，势必会使自己筋疲力尽。所以，在一些小事上最好装得糊涂点，得过且过就是了，尤其是面对个人的名利问题，更应该如此。要做到该清醒时清醒，该糊涂时糊涂，有时稀里糊涂地度日也不失为一件乐事。当然，遇到大事不但不能糊涂，而且要铆足精神、开动脑筋思考解决之道。

大智若愚，即小事愚、大事明。这是一种很高的修养。愚，并非自我欺骗或自我麻醉，而是有意糊涂。由聪明而转糊涂，由糊涂而转聪明，则必左右逢源，不为烦恼所扰，不为人事所累。

宋代宰相韩琦以品性端庄著称，遵循着得饶人处且饶人的生活准则，从来不曾因为有胆量而被人称许过，可是在下面两件事上的神通广大，实在是没有第二个人可比，这才是“真人不露相”的注脚。

当宋英宗刚死的时候，朝臣急忙召太子进宫，太子还没到，英宗的手又动了一下，宰相曾公亮吓了一跳，急忙告诉宰相韩琦，想停下来不再去召太子进宫。韩琦拒绝说：“先帝要是再活过来，就是一位太上皇。”韩琦越发催促人们召太子，从而避免了权力之争。

担任入内都知职务的任守忠很奸邪，在皇帝和太后间进行挑拨离间。有一天韩琦出了一道空头敕书，参政欧阳修已经签了字，参政赵概感到很为难，不知怎么办才好。欧阳修说：“只要写出来，韩公一定有自己的说法。”韩琦坐在政事堂，用未经中书省而直接下达的文书把任守忠传来，指责他说：“你的罪过应当判死刑，现在贬官为蕲州团练副使，由蕲州安置。”韩琦拿出了空头敕书填写上，派人当天就把任守忠押走了。要是换上另外的爱耍弄权术的人，任守忠会轻易就范吗？显然不会，因为他也相信一贯诚实的韩琦，不会怀疑其中有诈。这样，韩琦轻易除去了蠹虫。

现实生活中，确实有许多事不能太认真、太较劲。特别是涉及人际关系，错综复杂，盘根错节，太认真，不是扯了胳膊，就是动了筋骨，越搞越复杂。

顺其自然，装一次糊涂，不丧失原则和人格；或为了公众为了长远，暂时忍一忍，受点委屈也值得，“心中有数（树），就不是荒山”。有时候，事情逼到那个份上，就玩一次智慧，表面上给他个“模糊数学”，让他丈二和尚摸不着头脑。人一生不应对什么事都斤斤计较，该糊涂时就糊涂，不计较，糊涂处置一些不关大局的小事情；但对重要问题、原则问题，就不能糊涂，该聪明时就得聪明。

人生感悟

真正有“心计”的人，并非时时处处都工于“心计”，他们看问题能抓住主要环节，对主要环节能全力以赴，精明待之；而对于无关的次要环节，则又能糊涂为之。

“难得糊涂”之理

做人、做事不要过于精明，只顾眼前利益，往往会因小失大，得不偿失；糊涂一下，也许会出现另外一番景象。

人生其实是不必太计较的。太过斤斤计较的人，人们往往对其敬而远之，自然他做事也不会有什么好的结果。反而是那些难得糊涂的人，因为其忠厚而受人欢迎，做事一般也比较容易成功。下面的这个事例就说明了这一点。

在某小区门口的菜市场，有两个豆腐摊，一位是中年妇女，很精明的样子，斤斤计较，不肯吃一点亏，少一分钱也不卖；隔着不远，另一位是个 20 多岁的小伙子，一副憨厚、朴实、傻傻的样子，他的豆腐不论斤，1 元钱 1 块，用刀拉一块就得，而且保证比那位女摊主的 1.2 元 1 斤的豆腐分量还要足得多，既利索，又实在。于是人们都喜欢买小伙子的豆腐，一天能卖好多屉，而那位精明的女摊主一天最多卖 1 屉，有时还得剩下不少。

商务谈判有一句经典：会买卖的称赞对方，不会买卖的挑剔对方。小伙子的憨厚朴实，吃小亏而赢大利，正是摸准了顾客不在乎那两角钱，需要的是卖主的信任和亲切感，从而赢得了众多的回头客，其总体收益可想而知；而那位精明的女摊主，只顾眼前利益，不懂顾客心理，舍不得，也不会以情感人，如果她不改变方式方法的话，就可能很快从这个市场消失。

人活在世上，谁不愿意自己活得自然、自由、自在呢？谁不愿意自己过得潇洒、愉快、轻松呢？谁不愿意自己的事业蓬勃、财运亨通呢？谁不愿意成为别人羡慕的人呢？这就需要我们学会培养自己的“糊涂”意识。

难得糊涂，该糊涂时不妨糊涂一下吧。

综观人类发展的全过程，可以用“返璞归真”一词来形容。从糊涂开始，又归于糊涂，只是中间经历了数字和精确。总之，从最终的意义上而言，人类还是处于糊涂之中。

自从清朝的书画家郑板桥写下“难得糊涂”这一至理名言后，“难得糊涂”就成了人们做人处事的准则和行动指南。

人生感悟

糊涂是一种心态、一种做人的智慧。既然世上许多事，分清对错不容易，或者说根本没有搞清楚的必要，那么还是得过且过、难得糊涂比较明智。

小事糊涂的三大好处

举个简单明了的例子：某单位的小两口吵架了，该单位的规章中有一条“家庭要和睦”，按照规章中的这一条确实需要认真处理。但此事传到领导者的耳朵里时，已是前一天的事了，“两口子吵架不记仇”，他们现在已经重归于好、和睦如初了。这样的事情如果机械地认真处理，不是重新挑起矛盾吗？当然是不处理的好。对于这类问题，应当学会小事糊涂。

小事糊涂至少有如下三个方面的好处：

第一，可以减少不必要的烦恼。一个单位，少则十来人、几十人，多则几百人、几千人、几万人，不可避免地要发生许多不顺意、不合情理的事情。对这些问题，单位领导者如果都认真去处理，是怎么也处理不好的。而且，有些问题，处理后又出现新的问题，怎么也处理不完。本来，这些问题无关大局，你不去处理，有的就自然消失了，有的由于社会舆论的压力被制止了。你若不去插手，你就可以减少许多烦恼，又不影响你所管辖的工作，何乐而不为呢？

第二，有利于运筹全局的大事。有不少这样的人，整天忙于处理各种鸡毛蒜皮的小事。处理这些问题，费时费力，但对全局的工作并没有多大的好处。一个人的精力和时间都是有限的，忙于处理这类问题，也就没有多少精力和时间去做运筹全局的大事了。这叫做"捡了芝麻，丢了西瓜"，有时甚至费力不讨好，连芝麻也没捡着。那些有经验的领导者，他的办法就是"大事抓透抓紧，小事不闻不问"。

第三，有利于搞好与朋友之间的关系。细观某些人人缘不好的原因，主要是他们处理一些小是小非的问题有错或者不够全面导致的。如果干脆不去处理，不就不存在这个问题了吗？当然，属于非追究不可的，应当认真追究，以挽回或者减少损失。能带得过的就要带过，别人就会觉得你是一个能理解和容忍别人有缺点、错误的人，你就会受到他们的感激与尊重。

人生感悟

糊涂反而难得，似乎不难理解。其实，要做到糊涂很不容易呢，不仅要有一定的修养，还要有一定的雅量。对于人际关系中的小是小非问题，同样不要认真，糊糊涂涂让它过去就行了。

装糊涂的两个方法

本来，领导者的头脑并不糊涂，但要表现出糊涂，这就得装糊涂。要使糊涂装得好、装得像，不弄巧成拙，可以采用以下两种装法：

第一，装做不知道。

有个工厂的一位省劳动模范与本单位一个关系很好的同事，在私人交往中有两万元人民币的往来，发生了麻烦事，省劳模说是亲手交给他的，同事说根本没有这回事。两人都说了些不好听的话，这事恰恰被厂长助理知道了。厂长助理知道了，不等于厂长知道了吗？要是厂长公开出面来处理，多难为情，两人都很紧张。那位省劳模很爱面子，生怕张扬出去有失自己的身份；那位同事也很爱面子，张扬出去，肯定大家都会相信省劳模而不相信自己。的确，厂长助理很快就向厂长汇报了，并认为要认真处理，若是省劳模的问题，应该教育他，这是对他的爱护；若是那位同事的问题，更要教育，不能往省劳模脸上抹黑。但厂长认为，这不是什么了不起的问题，不需要厂长出面处理，况且情况还不清楚，不好去教育谁。因此，他装做根本不知道有这回事。与这两人见面、布置工作时都从不提及这件事，同过去一样表示信任。后来，这件事两人慢慢弄清楚了，原来是一场误会：省劳模并没有把钱亲手交给那位同事，而是交给同事的儿子，他记错了；那位同事已收到儿子转交的两万元钱，但他错听为是另一个朋友还来的钱。厂长要是急于处理这件事，肯定要生出许多波折来。

有不少的领导者，对于下属的一些小是小非的问题最感兴趣，最爱打听，也最爱处理。他们不知道，下属在领导者面前，普遍存在着一种压抑感和被动感。他们的缺点错误，他们身上发生不光彩的事情，最怕领导者知道。他们的一些问题被领导知道了，本来是小事，但他们不知道领导者当不当小事看，上不上纲，老担着心。所以，对那些鸡毛蒜皮的小事，要运用一个"懒"字，懒得去听，懒得去看，就是请你也不要去。不去听，就能耳不听，心不烦。如果听见了就装做耳聋，没听见；看见了，就装眼瞎，没看见。而且在思想上要真心当做一点不知道那样泰然处之，在嘴巴上真正当做一点不知道那样从不谈及。

第二，装不懂。

对于那些因风俗习惯引起的一些问题，或者妇女们、青年们、老人们之间发生的一些无伤大雅、无关大局的问题，领导者最好不去过问，知道了也应装做不知道。如果下属已经发现你知道了，不能采用“装不知”的办法了，则可以采取“装不懂”的办法来应付，摇摇手，说声：“这个我不懂。”并不再追问。装做不知，运用的是一个“懒”字；装不懂，则要运用一个“傻”字。七十二行，行行有“行话”，许多人中间互相有“暗话”，某些“行话”、“暗话”，下属最忌领导者知道，因为这些是用来互相取笑、互相诮骂的。对于这样的“行话”、“暗话”，就是你听到了，又知道了其中的意思，也要装不懂，即使自己被骂上两句也要装傻，甚至还要傻笑几声。这样彼此间会出现一种热闹而有趣的气氛。如果认真去分析，严肃去教育，倒会使大家索然，一点好处也没有。在这类问题上，装聋卖傻，并不失声望。

人生感悟

说“糊涂”难得，除了要有一定的修养和雅量以外，还要有一定的技巧和艺术。不然，“糊涂”得不好，也会生发出事来，使人不快。糊涂的技巧是一种成功之道，当然这是指小事情的小糊涂。如果一切皆明白于心，恐怕会心生烦乱，干扰工作。

从聪明中入，从糊涂中出

生活中，诸如功名、利益、事业、地位和家庭的成就，都是每一个人梦寐以求的东西。每个人几乎都会将自己一生的精力集中于这些方面。精打细算虽然有助于事业的经营，有助于提高做事的效率，然而一个精明干练的人，却难以获得大多数人的喜爱。尤其是在为人处世方面，往往会遭遇一些无法预料的阻力，这也是做人的最难处。所以说，对于有些人和事，应该学会糊涂。

春秋时期，有一天楚庄王请了很多臣子们来喝酒吃饭，席间歌舞妙曼，美酒佳肴，烛光摇曳。同时，楚庄王还命令两位他最宠爱的美人许姬和麦姬轮流向各位大臣敬酒。忽然一阵狂风刮来，吹灭了所有的蜡烛，漆黑一片，席上一位官员乘机揩油，摸了许姬的玉手。许姬一甩手，扯了他的帽带，匆匆回到座位上并在楚庄王耳边悄声说：“刚才有人乘机调戏我，我扯断了他的帽带，你赶快叫人点起蜡烛来，看谁没有帽带，就知道是谁了。”

楚庄王听了，连忙命令手下先不要点燃蜡烛，却大声向各位臣子说：“我今天晚上，一定要与各位一醉方休，来，大家都把帽子脱了痛快饮一场。”

众人都没有戴帽子，也就看不出是谁的帽带断了。

后来，楚庄王攻打郑国，有一猛独自率领几百人，为三军开路，斩将过关，直通郑国的首都，而此人就是当年揩许姬油的那一位。他因楚庄王施恩于他，而发誓毕生效忠于楚庄王。

楚庄王具备豁达大度、不拘小节的素质。当有人调戏自己的妃子时，他却做出了令那位调戏者也没有想到的决定。楚庄王之所以能够顺利地平定内乱，夺取霸业，后来成为春秋“五霸”之一，这与他的宽容大度、小事糊涂、善于笼络部属是紧密相连的。

曹操焚烧他的下属私通袁绍书信的故事，在中国历史上就是非常有名的一个“糊涂事”。公元200年，袁绍在官渡之战中被曹操打得大败。曹操在收缴袁绍往来书信中，得到自己军中有些将领写给袁绍的信。在别人看来，这正是一个查明内部有什么人是不稳定因素的最佳时机。但是如果查出了这一点，对曹操的事业来说又没有任何的好处。袁绍被击败了，那些不稳定的因素也已经断掉了想法和希望，而此时的曹操正处于开始阶段，很是需要人手。如果要查的话，肯定会引起这些人的惊慌和恐惧，内部会更加的不稳定。所以，曹操在这个问题上表现得非常的“糊涂”，他把收缴来的信全部都付之一炬，说：“当绍之强，孤犹不能自保，况众人乎！”对不稳定的人，表示理解。事实证明，不知道不需要知道的事，下属会因此而感到受信任，原本摇摆不定的人很可能因受到信任而忠心耿耿，一心一意为事业服务。

在人生的旅途中，每一个人都希望赶快到达人生旅途的目的地，因为路途的艰难使人心情烦躁，心情烦躁便觉路途艰难。但是如果静下心来，不把终点作为唯一的目的地，我们就不会感到疲惫，就会有闲暇去欣赏大自然的鬼斧神工，去欣赏路边不知名的野花。珍惜每一天，把每一天当做好日子去过，充分体验伴随你的每一分每一秒，牢牢地把握住现在，这才是生活的智者。

人生感悟

到底什么时候应该糊涂？什么时候不该糊涂？什么事可以糊涂？什么事不能糊涂？糊涂到什么程度才算恰到好处？说起来都是一门很深的学问，在什么时机应当“从糊涂中入，从聪明中出”，或在什么时机应该“从聪明中入，从糊涂中出”，如此出出入入，由聪明而转糊涂，由糊涂而转聪明。能够掌握其中的要领，也就成为一个真正的智者了。

关键时候要敢于吃亏

做事有长远计划的人，应该懂得“吃亏是福”的道理，这对荡涤名利思想、平和浮躁心态会大有裨益。

“吃亏是福”不是简单的阿Q精神，而是福祸相依的生活辩证法，是一种深刻的人生哲学。相信“吃亏是福”，可以使心胸变得宽阔，心态更加乐观、积极，而且当自己遇到困难时，也能得到更多人的真心帮助。

清代画家郑板桥做知县时，就写过“吃亏是福”的条幅。相传他的叔叔因一宅墙要与邻居打官司时找他帮忙，他却说“让他一墙又何妨”。叔父听了他的劝告，也觉得即使赢了官司也会伤害邻里感情，便放弃了告状的念头。后来，这位板桥先生因“开仓济民”的思想，得罪了好多官员，被罢了官，只好以卖画为生。他吃了“亏”，却因此更受到世人的尊敬。

英国哈利斯食品加工工业公司总经理亨利，有一次突然从化验室的报告单上发现，他们生产食品的配方中，起保鲜作用的添加剂有毒，虽然毒性不大，但长期服用对身体有害。如果不用添加剂，则又会影响食品的保鲜度。

亨利考虑了一下，他认为应以诚对待顾客，他毅然把这一有损销量的事情告诉了每位顾客，随之又向社会宣布，防腐剂有毒，对身体有害。

他做出这样的举措之后，使他自己承受了很大的压力，食品销售锐减不说，所有从事食品加工的老板都联合起来，用一切手段向他攻击，指责他别有用心，打击别人，抬高自己。他们一起抵制亨利的公司的产品，亨利的公司一下子跌到了濒临倒闭的边缘。苦苦挣扎了4年之后，亨利的食品加工公司已经无以为继，但他的名声却家喻户晓。

这时候，政府站出来支持亨利了。哈利斯公司的产品又成了人们放心满意的热门货。哈利斯公司在很短时间内便恢复了元气，规模扩大了2倍。哈利斯食品加工公司一举成了英国食品加工业的“龙头公司”。

吃亏并非是损失，吃亏是一种谦让的精神，一种成全他人的品德。

深圳有一个农村来的没什么文化的妇女，起初给人当保姆，后来在街头摆小摊儿，卖一个胶卷赚1角钱。她认死理，一个胶卷永远只赚1角。现在她开了一家摄影器材店，门面越做越大，还是一个胶卷赚1角；市场上一个柯达胶卷卖23元，她卖16元1角，批发量大得惊人，深圳搞摄影的没有不知道她的。外地人的钱包丢在她那儿了，她花了很多长途电话费才找到失主；有时候算错账多收了人家的钱，她心急火燎找到人家还钱。听起来像傻子，可赚的钱不得了，在深圳，再牛气的摄影商，也得乖乖地去她那儿拿货。

“吃亏是福”道出的是一种潇洒的生活态度，也是一种做事的方法。

据说有个砂石老板，没有文化，也绝对没有背景，但生意却出奇的好，而且历经多年，长盛不衰。说起来他的秘诀也很简单，就是与每个合作者分利的时候，他都只拿小头，把大头让给对方。如此一来，凡是与他合作过一次的人，都愿意与他继续合作，而且还会介绍一些朋友，再扩大到朋友的朋友，也都成了他的客户。人人都说他好，因为他只拿小头，但所有人的小头集中起来，就成了最大的大头，他才是真正的赢家。

人生感悟

“吃亏是福”不是句套话，尤其是关键时候要有敢于吃亏的气量，这不仅体现你大度的胸怀，同时也是做大事业的必要素质。把关键时候的亏吃得淋漓尽致，才是真正的赢家。

做人不要在乎吃眼前亏

在幸福与灾祸这对矛盾关系上，我国的古人就已发现了他们的辩证关系，“塞翁失马，焉知非福”就是最好的例证。

古时有一老翁，住在两国的边境上。一天他由于不小心丢了一匹马，邻居们都认为是件坏事，替他惋惜。老翁却说：“你们怎么知道这不是件好事呢？”众人听了之后大笑，认为老翁丢马后急疯了。几天以后，老翁丢的马又自己跑了回来，而且还带回来一群马。邻居们看了，都十分羡慕，纷纷前来祝贺这件从天而降的大好事。老翁却板着脸说：“你们怎么知道这不是件坏事呢？”大伙听了，哈哈大笑，都认为老翁是被好事乐疯了，连好事坏事都分不出来。过了几天，老翁的儿子骑新来的马玩，一不小心把腿摔断了。众人都劝老翁不要太难过，老翁却笑着说：“你们怎么知道这不是件好事呢？”邻居们都糊涂了，不知老翁是什么意思。事过不久，发生战争，所有身体好的年轻人都被拉去当了兵，派到最危险的第一线去打仗。而老翁的儿子因为腿摔断了未被征用，他在家乡大后方安全幸福地生活。

这就是老子的《道德经》所宣扬的一种辩证思想。正是基于这种辩证关系，你就可以明白，即使是看起来很坏的“吃亏”，也能为你带来想不到的好处。

生活中总是有一些聪明的人，能从吃亏当中学到智慧，“吃亏是福”也是一种哲学的思路。其前提有两个，一个是“知足”，另一个就是“安分”。“知足”则会对一切都感到满意，对所得到的一切，内心充满感激之情；“安分”则使人从来不奢望那些根本就不可能得到的或者根本就不存在的东西。没有妄想，也就不会有邪念。所以，表面上看来“吃亏是福”以及“知足”、“安分”会给人以不思进取之嫌，但是，这些思想也是在教导人们能成为对自己有清醒认识的人。

没有“手腕”的人都怕便宜了别人，吃亏的却往往是自己。

生活中总有这样的人，他们做事时一门心思只考虑不能便宜了别人，但却忽视了于自己是否有利。不便宜别人就得自己吃亏，所以做事要有“手腕”，不要怕便宜了别人，“便宜”别人又“得益”自己，何乐而不为呢？

怕便宜别人，就是怕自己吃亏。不妨放开心胸，给别人点甜头，对自己的将来是有好处的。

人非圣贤，谁都无法抛开七情六欲。但是，要成就大业，就得分清轻重缓急，该舍的就得忍痛割爱，该忍的就得从长计议。

人生感悟

不要因为吃一点亏而斤斤计较，开始时吃点亏，是为以后的不吃亏打基础，不计较眼前的得失是为了着眼于长远的目标。

第六章　做人要有大格局

有容德乃大，无求品自高

每个渴望成功的人都应当修炼自己的德操，开阔自己的心胸，以容载万物。此外，还应该善于审时度势，把握人与自然、人与社会、人与人之间的关系，做到宠辱不惊、置得失于度外。这样，在待人接物的时候，就可以表现出较高的涵养，可以将人际与事理中的种种问题处置得更为妥当。比尔·盖茨在招贤纳士中就充分体现了涵养的重要性。

微软公司平台部门的副总裁吉姆·埃尔勤是微软公司中最为重要的角色之一。但大家也许不会想到，当年比尔·盖茨请吉姆加入微软公司的时候，颇费周折。

当时，比尔·盖茨通过朋友多次联系吉姆，但吉姆都置之不理。后来，经过比尔再三邀请，吉姆终于答应来微软公司见比尔一面。结果，吉姆一见到比尔，就直截了当地说："微软的软件是世界上最烂的，实在不懂你请我来做什么。"

令吉姆惊讶的是，比尔·盖茨不但不介意他的话，反而对他说："正是因为微软的软件存在各种缺陷，微软才需要你这样的人才。"

比尔·盖茨的涵养和诚意感动了吉姆·埃尔勤，他接受了比尔的邀请，加入了微软公司，而吉姆也为微软的发展做出了重大的贡献。他带领的团队开发出了前后三代 Windows 操作系统，并把两个相互分离的开发团队整合到了一起。

试想一下，如果比尔·盖茨和吉姆见面时不能克制住自己的情绪，吉姆就不会到微软工作，微软也许就无法在操作系统领域取得如此的成就。从这个意义上说，正是比尔·盖茨的涵养拯救了微软公司。

涵养指的是一个人在待人处世方面的修养，特指控制个人情绪的能力。有涵养的人在任何时候都可以表现出一种从容不迫、宠辱不惊的修养来。

从本质上说，人的涵养是一种强大的心灵力量，是另一种形式的智慧。《周易》有语云："天行健，君子以自强不息；地势坤，君子以厚德载物。"只要有足够的涵养、宽广的胸怀，就一定可以应对各种难题。宽容克制并不是软弱、怯懦的表现，相反，它可以很好地体现自己的风度和尊严，可以有助于建立良好的人际关系，赢得更多的支持。

有句话叫"有容德乃大，无求品自高"，描写的其实就是宽广的胸怀和足够的涵养。

一位慈善家的行为充分阐释了涵养的内涵。当时，他要捐巨款创办一个慈善机构。在多数人的印象里，许多慈善家都是为了自己"留名"而捐赠钱物的，但是，这位慈善家不但不要求该慈善机构以他的名字命名，甚至还告诉慈善机构，以后如果哪一天经费不足，而他又不在世了，可以向别的富人募捐，并按对方的意愿修改机构的名称。

这样的胸怀、这样的品德，让人悟出了"无求品自高"这 5 个字的真谛。这 5 个字不是说不可以有欲望，而是说品德最高的人往往是那些欲望最少的人，也往往是那些胸怀最宽广的人。

人生感悟

有容德乃大，无求品自高！如果人人都可以用这句话来陶冶自己的情操，规范自己的行为，如果人人都可以在生活和工作中拥有宽广的胸怀，这个世界将增加多少幸福和欢笑！

胸襟广度决定成功高度

有的人可以在风云变幻的政治舞台上纵横捭阖、运筹帷幄；有的人可以在跨国企业的领导岗位上指挥若定、谈笑风生；有的人能够用十年磨一剑的执著精神探索未知的科学世界；有的人则甘愿在书香琴韵的天地里品味艺术的恬淡、幽远……成功的人有很多种，但无论是哪一种人，我们只要细心观察就不难发现，他们的成功总是和他们宽广的胸怀、坦荡的气度形影相随、寸步不离。

做人的关键在于胸怀，胸襟开阔、雍容大度是中华民族的优良传统。古人说："君子坦荡荡，小人长戚戚。"成大事者就是要有那种拿得起、放得下的豁达胸襟；如果事事工于心计、器量狭小，处处流露出小家子气，那么，不但不会取得真正的成功，也不会体验到任何属于自己的满足和快乐。

有胸怀才会有成功——人生天地间，何事足萦怀？在纷繁的世事面前，在复杂的人际关系网中，在略显残酷的竞争氛围里，为什么不能表现出几分超然、几分大度，为什么不能将眼前的利害得失置于自己的心胸之外呢？

在海尔公司，有一个广为流传的故事：

一次，一名新员工开车上班，不小心撞了张瑞敏停在路边的新车。当她得知自己撞到的是张瑞敏的汽车时，吓得不知道该怎么办才好。情急之下，她向自己的上司求助。没想到，上司竟心平气和地对她说："不要紧，你发一封电子邮件，向他道歉就是了。"结果当她怀着忐忑不安的心情发出道歉信后不到1小时，就收到了张瑞敏的回信。张瑞敏不但在信中告诉她别为汽车担心，只要没伤到人就好，还对她加入公司表示欢迎。张瑞敏的宽容与坦诚打动了这位新员工，她立刻明白海尔公司为什么可以拥有自由、开放的企业文化，为什么可以吸引到那么多不同个性、不同风格的杰出人才。

从本质上看，与其说这个故事反映的是海尔公司为员工营造的良好氛围，还不如说它反映了海纳百川、有容乃大的胸怀对于现代企业及其领导者的重要性——张瑞敏可以用宽广的胸襟对待公司的新员工，当然也可以用同样宽广的胸襟对待新的技术、新的产品、新的合作伙伴乃至新的竞争对手。有了这样的胸襟和气魄，在成功的道路上还有什么困难无法克服呢？

有胸怀才会有成功——一旦拥有了宽广的胸怀，就会发现，原来这个世界并不像原先想象的那样充满矛盾，身边的人也并不像原先想象的那么不怀好意；只要拥有了宽广的胸怀，就会体验到"退一步海阔天空"的轻松和愉悦，就能体会到成功带来的无限愉悦。

人生感悟

胸宽则能容、能容则众归、众归则才聚、才聚则业兴——这样的道理其实并不难懂，但真要落实起来就不那么容易了。

感恩来自于生活中的爱与希望

有一次，罗斯福的家中被盗了，他的一位朋友赶忙写信安慰他，罗斯福给他的朋友写了一封这样的回信：

"亲爱的朋友，谢谢你来信安慰我，我现在很平安。感谢上帝，因为第一，贼偷去的是我的东西，而没有伤害我的生命；第二，贼只偷去我部分东西，而不是全部；第三，最值得庆幸的是，做贼的是他，而不是我。”

对任何一个人来说，失盗绝对是一件让人恼火的事情，而罗斯福却找出了值得庆幸的三条理由。

在一个古老偏僻的小镇上，有一个据说很灵验的水泉，可以医治百病。有一天，一个少了一条腿、拄着拐杖的军人很吃力地走过镇上的马路。旁边的镇民看到他，不禁说道：“可怜的人啊，难道他想祈求上帝再给他一条腿吗？”恰巧这句话让退伍军人听到了，他对镇民说：“我并不是想祈求上帝再给我一条腿，而是请他帮助我，告诉我在没有了一条腿的情况下如何生活。”生活总是现实的。那个军人之所以没有绝望，是因为他知道自己并没有失去一切，他怀有一颗感恩的心。别以为自己是不幸的，其实幸与不幸以不同的方式存在于我们之间。如果在你拥有时认为那是理所应当，那么在你失去之后也应该平静接受。

在现实生活中，我们经常可以见到一些人不停埋怨，“真不幸，今天的天气怎么这样不好”，“今天真倒霉，碰见一个乞丐”，“真惨啊，丢了钱包，自行车又坏了”，“唉，股票又被套上了”……这个世界对他们来说，永远没有快乐的事情，高兴的事被抛在了脑后，不顺心的事却总挂在嘴边。每时每刻，他们都有许多不开心的事，把自己搞得很烦躁，把别人搞得很不安。其实，他们所抱怨的事并不是什么大不了的事，不过是日常生活中经常发生的一些小事情。但是，明智的人一笑置之，因为有些事情是不可避免的，有些事是无力改变的，有些事情是无法预测的。能补救的则需要尽力去挽回，无法转变的只能坦然受之，最重要的是要做好目前应该做的事情。

有些人把自己拥有的东西视为理所当然，因此心中毫无感恩之念。既然是当然的，何必感恩？一切都是如此，他们应该有权力得到的。其实正是因为有这样的心态，这些人才会过得一点也不快乐。

有些人说：“我讨厌我的生活，我讨厌我生活中的一切，我必须做一点改变。”其实，这些人必须改变的是他们不知感恩的态度。如果我们不懂得享受我们已有的，那么，我们很难获得更多，即使我们得到我们想要的，我们到时也不会享受到真正的乐趣。

在现实生活中，我们常自认为怎么样才是最好的，但往往会事与愿违，使我们不能平静。我们必须相信：目前我们所拥有的，不论顺境、逆境，都是对我们最好的安排。若能如此，我们才能在顺境中感恩，在逆境中依旧心存喜乐。

其实活着就值得庆幸。

一天，一位乡下汉子在过桥时不慎连人带小四轮拖拉机一头栽进3米多深的河中。谁知，眨眼工夫，这位汉子像游泳时扎了一个猛子般从水里冒了出来，围观的人将他拉了上来。上岸后那汉子竟没有半丝悲哀，却哈哈大笑起来。

人们惊奇，以为他吓疯了。有人好奇地问他：“你笑什么？”

“笑什么？”汉子停住笑反问，“我还活着，而且连皮毛都没伤着，难道不值得笑？”

世上再没有比活着更值得庆幸的了。明白了这个道理，人生才会充满感恩，才会充满欢乐。

英国作家萨克雷说：“生活就是一面镜子，你笑，它也笑；你哭，它也哭。”感恩不纯粹是一种心理安慰，也不是对现实的逃避，更不是阿Q的精神胜利法。感恩，是一种歌唱生活的方式，它来自对生活的爱与希望。如果在我们的心中树立一种感恩的思想，则可以沉淀许多的浮躁、不安，消融许多的不满与不幸。

人生感悟

感恩是一种处世哲学，是生活中的大智慧。人生在世，不可能一帆风顺，种种失败、无奈都需要我们勇敢地面对、豁达地处理。这时，是一味地埋怨生活，从此变得消沉、萎靡不振，还是对生活满怀感恩，跌倒了再爬起来？

不为虚名拖累

虚名不是虚荣，虚荣是一种内心的虚幻荣耀感，会使人脱离现实看世界；而虚名是别人加的一种名誉。一般来说，名与实是相符的，一个人的名声和他实际所作出的贡献是相等的。但是，有些人获得了名誉之后，就不再发展自己的才能，也不再作出自己的贡献，这种名誉就和实际渐渐地不相符合了，也就成了虚名。中国古代有一个伤仲永的故事，说的就是被虚名所误的人生教训。

仲永小时候是个神童，过目不忘，能吟诗做赋，被人称颂，成为一时的名人。可是仲永成名之后，沉醉在虚名之下，不再刻苦努力学习，在他长大成人之后，就和一般人一样了，他的那些天赋、才能也都离他而去了，他一生无所作为。这就是虚名可以毁掉人生的例子。

还有一些人取得名誉之后，就不顾自己的实际情况，拼死拼活地要维护自己的名誉，结果，早早地就被名誉累死了，这实际上是得不偿失的。

名誉毕竟是人的身外之物，为了追求身外之物的名誉，而影响、损害甚至送掉性命，就是舍本逐末。社会上有很多先进人物，他们常常在这种名誉下，生活得很苦很累，失去了常人生活的乐趣，总是想着自己的一言一行、一举一动都要符合自己的身份，这就像给自己带上了名誉的枷锁，失去了生活的自由，也失去了生命的本真。

不为虚名所累，追求自己的人生目标，就不要被眼前的花环、桂冠挡住了前面的道路，应该毫不犹豫地抛开这一切身外之物，走自己的路，干自己的事，不因小成就妨碍自己的大成功，这样，才能获得真正的荣誉。

刘洁像许多留学生一样，在日本留学期间找到的第一份工作是在帝国酒店当保洁员。从小娇生惯养的刘洁从来没有干过这样的活，在第一次触及马桶的时候，她差一点吐出来。

刘洁明白，要当白领丽人，就必须从最基层的粗活开始干起。她每天强迫自己打扫厕所，把马桶擦得干净光洁，她觉得自己做得很像一回事，应该是无可挑剔的。

有一天，一件刘洁从未料到的事情使她的身心受到了强烈的震撼。刘洁打扫干净自己负责的厕所以后，偶然走进另一个厕所。负责打扫这间厕所的是一个蓝领清洁工。从外表看，刘洁觉得这位蓝领清洁工打扫的厕所和自己打扫的没有什么两样。但清洁工打扫完厕所以后，从容地从马桶里舀了一杯马桶水，当着刘洁的面“咕噜咕噜”地喝了下去。刘洁看呆了，她简直不敢相信自己的眼睛。然而这一切都是真的！

清洁工以她的行动表明，她负责打扫的厕所有多么干净，干净到连马桶里的水也可以喝。

心灵受到震撼的刘洁感到十分惭愧，与清洁工打扫的厕所相比，她打扫的厕所的清洁度还差得远呢。她自己对自己说，连厕所也打扫不干净的人，将来是没有资格在社会上承担起重要责任的。如果让自己一辈子打扫厕所，也要做个打扫厕所最出色的人。

从此，刘洁打扫厕所异常认真。有一天，在打扫完厕所以后，她也很坦然地从马桶里舀了一杯水“咕噜咕噜”地喝了下去。

喝马桶里的水的经历使刘洁终身难忘，正是这次经历成为她今后为人处世的精神力量，她一步一步地走向成熟，走向成功。后来，刘洁成为日本著名主持人。

对于一个年轻爱美的姑娘来说，喝马桶里的水真是不可思议。然而，对刘洁来说，正是喝马桶里的水这件事培养了她自强不息的精神和强烈的社会责任感，从而使她走向了辉煌。

人生感悟

虚名会使人放弃努力，沉睡在他已经取得的名誉上，不思进取，最后一事无成。

别人渴望着你的宽容

富勒说：“不肯宽恕的人是最坏的人。”生活中，谅解可以产生奇迹，谅解可以挽回感情上的损失，谅解犹如一个火把能照亮由焦躁、怨恨、复仇心理铺就的道路。当你宽容别人的时候，你就不会感到自己和别人站在敌对的位置。

一个善于做人的人，总是会宽恕别人。当与别人发生矛盾时，你是一个耿耿于怀，永远视别人为对手的人，还是一个宽容大度，化干戈为玉帛的人呢？

杨洁经人介绍认识了艳利，两人一见钟情，不久就坠入了爱河。谁知艳利得陇望蜀，不久又结识一位花花公子。由于对方甜言蜜语很会讨好女人，再加上家境超过杨洁，于是，艳利便向杨洁提出分手。杨洁此时正沉醉在爱情的甜蜜与幸福之中，听到这一消息后顿时如五雷轰顶，一下子陷入失恋的痛苦之中。他异常苦闷，彻夜难眠。但杨洁是个理智的人，他很快就从痛苦中走了出来，把全部精力倾注在事业上。工夫不负苦心人，杨洁不久即小有成就。

正在此时，艳利突然又找到杨洁，痛哭流涕地要求恢复关系。原来，在她与那位花花公子相处了一段时间后，很快发现此人品行不端，于是果断地与他断绝了来往。想起过去与杨洁相处的那些幸福时光，艳利追悔莫及。经再三考虑之后，艳利决定向杨洁说明一切，并恳求杨洁原谅她。

杨洁颇感犹豫，当时他身边不少朋友劝他不要和艳利这种女孩子再交往。有的甚至说：好马不吃回头草！三条腿的蛤蟆不好找，两条腿的活人有的是，天下有的是靓女子，天涯何处无芳草，大丈夫又何患无妻呢？可是杨洁是位重感情的人，他想起过去自己与艳利相处的那段日子，艳利身上的诸多优点是自己所赞赏的，尤其是艳利在自己面前流下的悔过眼泪表明她认识到了自己所犯的错误。这种时候，她是多么渴望别人的理解和原谅啊！

这样想过之后，杨洁原谅了艳利，重新接纳了她，两人很快便结婚了。事实证明，艳利果然是一位贤内助，聪明贤惠，令杨洁周围的朋友羡慕不已。

多年后，杨洁谈起这段往事时不无感慨地说："人，在自己的人生长河中，有时会误入泥沼，甚至做出不可饶恕的行为，但只要他的本质未变，作为一个有血性的人，就应该接纳他、宽容他！"

当别人不小心犯了错误，在他的内心深处总是渴望得到别人的宽容。因为宽容能使对方的心理得到安慰，不会再为一些错事整天坐立不安，心情会一天一天地好起来。

人生感悟

一颗心能包容一个家庭，就能成为家长；能包容一个城市，就能成为市长；能包容一个国家，就能成为总统、领袖。世界上，凡是尊贵的人，被他人敬仰的人，都是从宽容中来！

忘记惹你生气的人

写过不少美妙幻想儿童故事的英国学者路易斯，小时候常受凶恶的老师侮辱，心灵深受创伤。他几乎一生不能宽恕这位伤害过自己的老师，且又因为自己的不能宽恕而感到困扰。然而在他去世前不久，他写信告诉朋友道："3 星期前，我忽然醒悟，终于宽恕了那位使我童年极不愉快的老师。多年来我一直努力想做到这一点，每次以为自己已经做到，却发觉还需再度努力一试。可是这次我觉得我的确做到了。"这真是大彻大悟啊！

真的，仇恨的习惯是难以破除的。和其他许多坏习惯一样，我们通常要把它粉碎很多次，才能最后把它完全消灭。伤害愈深，心理调整所需要的时间就愈长。可是久而久之，总会慢慢地把它消灭。

斯宾诺莎说："心不是靠武力征服，而是靠爱和宽容大度征服。"如果一个人能原谅、宽容别人的冒犯，就证明他的心灵乃是超越了一切伤害的。做人要心胸开阔，对事要思想开明。世界上最长存的东西能存在的日子也很有限，又何必拿这些小事当真呢？宽恕人家所不能宽恕的，是一种高贵的行为。

人们在受到伤害的时候，最容易产生两种不同的反应：一种是憎恨，一种是宽恕。

憎恨的情绪，使人一再地浸泡在痛苦的深渊里。如果憎恨的情绪持续在心里发酵，可能会使生活逐渐失去秩序，行为越来越极端，最后一发不可收拾。

而宽恕就不同了。宽恕必须随被伤害的事实从“怨怒伤痛”到“我认了”这样的情绪转折，最后认识到不宽恕的坏处，从而积极地去思考如何原谅对方。

有一个人问艾森豪威尔将军的儿子约翰：“你父亲会不会一直怀恨别人？”“不会，”他回答，“我爸爸从来不浪费一分钟，去想那些不喜欢的人。”

有句老话说：不能生气的人是笨蛋，而不去生气的人才是聪明人。

这也是前纽约州长盖诺所抱定的政策。他被一份内幕小报攻击得体无完肤之后，又被一个疯子打了一枪几乎送命。当他躺在医院为他的生命挣扎的时候，他说：“每天晚上我都原谅所有的事情和每一个人，这样，我才能很快乐。”

有一次，一个人问巴鲁曲——他曾经做过威尔逊、哈定、柯立芝、胡佛、罗斯福和杜鲁门6位总统的顾问——他会不会因为他的敌人攻击他而难过。“没有一个人能够羞辱我或者干扰我，”他回答说，“我不让自己这样做。”

也没有人能够羞辱或困扰你——除非你让自己这样做。

棍子和石头也许能打断我们的骨头，可是言语永远也不能伤害我们，我们会生活得很快乐。忘记惹你生气的人，这样做才是聪明的。

当看到别人“犯错”时你最好这样：

首先告诉自己，“未必如此”。别人的做法也许未必是错误的，或者，也许自己还没有理解别人的真实用意。每个人对别人的判断都会受到自己主观因素的影响，不一定完全公正，武断地得出结论很容易引起误会甚至冲突。所以，在做出决定前，一定要弄清楚所有事实。

其次，如果你确定对方犯了错，那就告诉自己：“人难免会……”人非圣贤，孰能无过，自己应当设法宽恕对方的过错，这样才能将谈话或工作进行下去，也可以让你赢得更多的朋友。

再次，如果你为此苦恼甚至动怒，那就问问自己，值得为了别人的过失而付出自己不快乐的代价吗？

此外，还要通过培养自律、自控的能力，避免自己陷入失控的泥潭。

人生感悟

宽恕是文明的责罚。只有在有权力责罚时而不责罚，才是宽恕；只有在有能力报复时而不报复，才是宽恕。做人做事应当拥有这种宽恕的德行。不具备邀请伤害自己的魔鬼吃樱桃的德行，是很难取得更大的成就的。

让气量成为你的修养

唐代娄师德，器量超人，当遇到无知的人指名辱骂时，就装做没有听到。有人转告他，他却说：“恐怕是骂别人吧！”那人又说：“他明明喊你的名字骂！”他说：“天下难道没有同姓同名的人？”有人还是不平，仍替他说话，他说：“他们骂我而你叙述，等于重骂我，我真不想劳驾你来告诉我。”有一天入朝时，他因身体肥胖行动缓慢，同行的人说他：“好似老农田舍翁！”娄师德笑着说：“我不当田舍翁，谁当呢？”

能否拥有雅量，关键靠三点：一是平等的待人态度。不自认为高人一等，保持一颗平常心，平视他人，尊重他人。二是宽阔的胸襟。心胸坦荡，虚怀若谷，闻过则喜，有错就改。三是宽容的美德。能够仁厚待人，容人之过，“宰相肚里能撑船”，而不是斤斤计较，睚眦必报。由此看来，在雅量的背后，实际上反映的是一个人的素养和品行。如今的一些人之所以难有雅量，除了外部环境的影响外，更主要的原因恐怕还是在于以上几个方面的修炼不到家，素养与品行尚欠火候。

要心怀坦荡，宽容他人，就必须做到互谅、互让、互敬、互爱。互谅就是彼此谅解，不计较个人恩怨。人都是有感情和尊严的，既需要他人的体谅，又有义务体谅他人。有了互相之间的谅解，就能清心降火，在任何情况下，都能保持平静的心境和宽厚的品格。互让，就是彼此谦让，不计较个人名利得失。心底无私天地宽，淡泊名利，摒弃私心杂念，自觉做到以整体利益为重，把好处让给别人，把困难留给自己，相互之间的矛盾就容易化解；争名于朝，争利于市，一事当前先替自己打算，对个人得失斤斤计较，是难以与他人和睦相处的。互敬，就是彼此尊重，不计较谁高谁低。尊重别人是一种美德，尊重别人，自然会获得别人的好感和尊重。如果无视他人的存在，不尊重他人的人格，就不会有知心朋友。互爱，就是彼此关心，不计较品格气质的差异。爱能包容大千世界，使千差万别、迥然不同的人和谐地融为一个整体；爱能熔化隔膜的坚冰、抹去尊卑的界线，使人们变得亲密无间；爱能化解矛盾芥蒂，消除猜疑、嫉妒和憎恨，使人间变得更加美好。

人生感悟

气量是一种高尚的人格修养，一种宰相胸襟，一种大将风度。

不是原则问题，就不要太较真

怎样做人是一门学问，甚至是一门用毕生精力也未必能看破个中因果的大学问，多少不甘寂寞的人穷究原委，试图领悟人生真谛，塑造辉煌的人生。然而人生的复杂性使人们不可能在有限的时间里洞明人生的全部内涵，但人们对人生的理解和感悟又总是局限在事件的启迪上。比如，处事不能太较真便是其中一理，这正是有人活得潇洒，有人活得累的原因之所在。

镜子很平，但在高倍放大镜下，就成了凹凸不平的山峦；肉眼看很干净的东西，拿到显微镜下，满目都是细菌。试想，如果我们“戴”着放大镜、显微镜生活，恐怕连饭都不敢吃了；如果用放大镜去看别人的缺点，恐怕那家伙罪不容恕、无可救药了。

与人相处就要互相谅解，经常以“难得糊涂”自勉，求大同存小异，有度量，能容人，你就会有许多朋友，且左右逢源，诸事遂愿；相反，“明察秋毫”，眼里揉不得半粒沙子，过分挑剔，什么鸡毛蒜皮的小事都要论个是非曲直，容不得人，人家也会躲你远远的，最后你只能关起门来“称孤道寡”，成为使人避之唯恐不及的异己之徒。古今中外，凡是能成大事的人都具有一种优秀的品质，就是能容人所不能容，忍人所不能忍，善于求大同存小异，团结大多数人。他们胸怀豁达而不拘小节，大处着眼而不会鼠目寸光，并且从不斤斤计较，纠缠于非原则的琐事，所以他们才能成大事、立大业，使自己成为不平凡的伟人。

但是，如果要一个人真正做到不较真、能容人，也不是简单的事，需要有良好的修养、善解人意的思维方法，并且要从对方的角度设身处地考虑和处理问题，多一些体谅和理解，就会多一些宽容、多一些和谐、多一些友谊。比如，有些人一旦做了官，便容不得下属的缺点，动辄横眉竖目，使属下畏之如虎，时间久了，必积怨成仇。想一想天下的事并不是你一人所能包揽的，何必因一点点毛病便与人生气呢？调换一下位置，挨训的人也许就理解了上司的急躁情绪。

宋朝的范仲淹是一个有远见卓识的人。他在用人的时候，主要是取人的气节而不计较人的细微不足。范仲淹做元帅的时候，招纳的幕僚，有些是犯了罪过被朝廷贬官的，有些是因为犯了罪被流放的，这些人被任用后，有的人不理解的。范仲淹则认为：“有才能没有过错的人，朝廷自然要重用他们。但世界上没有完人，如果有人确实是有用人才，仅仅因为他的一点小毛病，或是因为做官议论朝政而遭祸，不看其主要方面，不靠一些特殊手段起用他们，他们就成了废人了。”尽管有些人有这样或那样的问题，但范仲淹只看其主流，他所使用的人大多是有用之才。

人非圣贤，孰能无过？有道德修养的人不在于不犯错误，而在于有过能改，不再犯过。所以用人，用有过之人也是常事，应该看到他的过错只不过是偶然的，他的大方向是好的。《尚书·伊训》中有“与人不求备，检身若不及”的话，是说我们与人相处的时候，不要求全责备，检查约束自己的时候，也许还不如别人。要求别人怎么去做的时候，应该先问一下自己能否做到。推己及人，严于律己，宽以待人，才能团结能够团结的人，共同做好工作。一味地苛求，就什么事情也办不好。

哲人说，宽容和忍让的痛苦，能换来甜蜜的结果。

忍让和宽容说起来简单，可做起来并不容易。因为任何忍让和宽容都是要付出代价的，甚至是痛苦的代价。人的一生谁都会碰到个人的利益受到他人有意或无意的侵害，为了培养和锻炼良好的心理素质，你要勇于接受忍让和宽容的考验。即使感情无法控制时，也要紧闭住自己的嘴巴，管住自己的大脑，忍一忍，就能抵御急躁和鲁莽，控制冲动的行为。

在公共场所遇到不顺心的事，实在不值得生气。素不相识的人冒犯你肯定是别有原因的，不知哪一件烦心事使他这一天情绪恶劣、行为失控，正巧让你赶上了，只要不是侮辱了人格，我们就应宽大为怀，不必介意，或以柔克刚，晓之以理。假如较起真来，大动肝火，刀对刀、枪对枪地干起来，酿出个不好的后果，那就犯不上了。跟萍水相逢的陌路人较真，实在不是聪明人做的事。假如对方没有文化，一较真就等于把自己降低到对方的水平，很没面子。另外，对方的触犯从某种程度上是发泄和转嫁痛苦，虽说我们没有分摊的义务，但客观上确实帮助了他，无形之中做了件善事。这样一想，也就容他了。

世上有很多事只要不是原则、立场的大是大非问题，就不必非分出对和错来不可。人们在单位、在社会上充当着各种各样的规范化角色，恪尽职守的国家公务员、精明体面的商人，还有广大工人、职员，但一回到家里，脱去西装革履，也就是脱掉了你所扮演的这一角色的“行头”。

曾经有一位好莱坞的女演员，失恋后，怨恨和报复心使她的面孔变得僵硬而多皱，她去找一位最有名的化妆师为她美容。这位化妆师深知她的心理状态，中肯地告诉她：“你如果不消除心中的怨和恨，我敢说全世界任何美容师也无法美化你的容貌。”

心理学研究证实，报复心理非常有碍健康，高血压、心脏病、胃溃疡等疾病就是长期积怨和过度紧张造成的。

《增广贤文》是我国民间流传甚广的一本关于做人的小册子，里面收集了许多久经验证的富有哲理的民谚俗语，其中的一条就是：“饶人不是痴汉，痴汉不会饶人。”也有把这句话说成“得饶人处且饶人”的。这条哲理告诉人们，凡事都应适可而止，给自己留下一条后路。

有位智者说，大街上有人骂他，他连头都不回，他根本不想知道骂他的人是谁。因为人生如此短暂和宝贵，要做的事情太多，何必为这种令人不愉快的事情浪费时间呢？这位先生的确修炼得颇有涵养了，知道该干什么和不该干什么，知道什么事情应该认真，什么事情可以不屑一顾。要真正做到这一点是很不容易的，需要经过长期的磨炼。如果我们明确了哪些事情可以不认真，可以敷衍了事，我们就能腾出时间和精力，全力以赴认真地去做该做的事，我们成功的机会和希望就会大大增加。与此同时，由于我们变得宽宏大量，人们就会乐于同我们交往，我们的朋友就会越来越多。事业的成功伴随着社交的成功，应该是人生的一大幸事。

人生感悟

做人固然不能玩世不恭、游戏人生，但也不能太较真，认死理。“水至清则无鱼，人至察则无徒”，太认真了，就会对什么都看不惯，连一个朋友都容不下，把自己同社会隔绝开。

有容乃大

人活一天就得做一天人、尽一天责，就得讲一天修养。只要一息尚存，修养就一刻也不能放松。做人不但是大难事，也是大艺术。从普通平凡提升到不普通不平凡，从不普通不平凡提升到超凡脱俗，再从超凡脱俗提升到鹤立鸡群、卓尔不群，这就达到了“做人”

的最高标准、最高境界。

做人首先是要有一颗宽容的心，这颗心的容量要大。心的容量有多大，人生的成就才有多大。不是有“海纳百川，有容乃大”这句话吗？这句话被许多人看成自己做人的准则，著名美籍华人陈香梅女士就是其中之一。

陈女士尽管人生经历坎坷不平，但她靠着坚强的性格和超人的才智，集作家、政治家及社会活动家于一身，被评为全美国70位最有影响的人物之一。她对“有容乃大”的自我注释是：如果什么是非都去计较的话，你一辈子就没有办法生活了。在我们生活的社会里，许多事情，尤其是小事情，如果看开一些，自己的心胸就宽大。

宽容，不仅是一种社交的艺术，更是一种做人的度量和人格的伟大。明代朱衮在《观微子》中说过：“君子忍人所不能忍，容人所不能容，处人所不能处。”法国作家雨果说：“世界上最大的是海洋，比海洋大的是天空，比天空大的是胸怀。”可见，以肚量襟怀比喻人的宽容，歌颂人的气度，中外尽然。这里有一则美国总统麦金利的故事：

麦金利任美国总统时，特派某人为税务主任，但为许多政客所反对，他们派遣代表进谒总统，要求总统说出派那个人为税务主任的理由。为首的是一国会议员，他身材矮小，脾气暴躁，说话粗声恶气，开口就给总统一顿难堪的讥骂。如果当时总统换成别人，也许早已气得暴跳如雷，但是麦金利却视若无睹，不吭一声，任凭他骂得声嘶力竭，然后才用极温和的口气说：“你现在怒气应该可以平和了吧？照理你是没有权力这样责骂我的，但是，现在我仍愿详细解释给你听。”

这几句话把那位议员说得羞惭万分，但是总统不等他道歉，便和颜悦色地说：“其实我也不能怪你。因为我想任何不明究竟的人，都会大怒若狂。”接着他把任命理由解释清楚了。

不等麦金利总统解释完，那位议员已被他的大度所折服。他心里懊悔刚才不该用这样恶劣的态度责备一位和善的总统，他满脑子都在想自己的错。因此，当他回去报告抗议的经过时，他只摇摇头说：“我记不清总统的全盘解释，但有一点可以报告，那就是——总统并没有错。”

无疑，在这次交锋中，麦金利占了上风。为什么他能占上风？就是因为他的宽宏大量。

在事业上建功立业、取得成就的，绝非是那些胸襟狭窄、小肚鸡肠、谨小慎微之人，而是那些如麦金利般襟怀坦荡、宽宏大量、豁达大度者。

人生感悟

只要有一种看透一切的胸怀，就能做到豁达大度；把一切都看做“没什么”，才能在慌乱时从容自如；忧愁时，增添几许欢乐；艰难时，顽强拼搏；得意时，言行如常；胜利时，不醉不昏。只有如此放得开的人，才是豁达大度之人。

人往高处走

后主刘禅是蜀汉先主刘备的骨肉，小名阿斗，以软弱无能、丢失祖业而在中国历史上闻名。刘禅生于三国乱世，长于血光剑影之中，长坂坡刘备为曹操追杀，将阿斗弃在乱军之中。常山赵子龙血战长坂坡，战袍尽被血染才救下阿斗小命一条。有着这样的父子血脉和豪悲身世，本应该蒙难励坚，矢志成才，可这阿斗偏偏不成人形，在皇帝刘备的溺爱中，虚长年华，愧为太子。

刘备老年，亦失才志，且蜀汉气数也日薄西山。由于刘备结义兄弟关羽、张飞相继死于非命，让刘备情令智昏，因兄弟义气忘了社稷江山，挥举国之兵，为情役使，长途劳军征战东吴。结果却被东吴少将军陆逊火烧七百里连营，彻底断了刘备的命脉。刘备命数罄尽，白帝城托孤，阿斗成了蜀汉后主。阿斗当了皇帝，仍然不当帝任，整日吃喝玩乐，国家大事则放任于太监手中。光复汉室的北伐征战仍由蜀相诸葛亮一人担当。诸葛亮六出祁山，北伐无功，最后命竭五丈原。诸葛亮北伐无功，虽与蜀汉气数及曹魏军力有关，但阿斗昏聩无能也是一个重要原因。六出祁山中，诸葛亮曾多有小胜，蜀军士气一度振奋，这时，阿斗听信太监黄皓之言，担心诸葛亮掌兵在外，权柄太盛而功大欺君，以“思念”丞相为由，十万火急催促诸葛亮返蜀。诸葛亮回到成都，弄明白是太监作怪后，气得七窍生烟。后虽复出继战，但战机和士气都稍纵即逝了。诸葛亮一死，蜀汉更是夕阳垂暮，将帅离心，帅才乏人，诸葛亮苦心物色的继任者姜维也回天乏术。魏将邓艾千里奇兵，越险而临，亡了西蜀王朝。一片降幡出成都。

蜀汉灭亡之后，阿斗被押解至魏都洛阳，司马昭为消解阿斗的帝王之志，整日酒舞为乐。谁想这正合了阿斗的习性。以至作为亡国之君，阿斗竟全无亡国之悲。当司马昭问及阿斗可否思蜀时，阿斗竟然回答：此地乐，不思蜀。说得司马昭也乐了。

这便是“乐不思蜀”成语的出处。阿斗这种人，就是典型的因天生高高在上和平空获得荣华富贵，而毫不知晓社会和人生，最后因养尊处优而变成了废物和低能儿。低能的另一种意思，便是被生活断然地淘汰和被他人任意地宰割。因此，处在富贵位置上的人，更要警钟长鸣，居安知危。纸醉金迷时，养尊处优时，要独处常想：它们来之不易，守之不易。如果没有吃苦耐劳的优良品质，如果没有蒙苦受难的创业斗志，而白享非分之富，实是离祸不远了。当然，在这种时候，一个人往往没有这样的清醒。

人生其实就是战场，几乎是你死我活的。就是在文明的社会，竞争也是恼人的和不留情面的。历史上因为富贵和安逸而得到祸害的人很多，三国时的蜀汉后主刘禅是一个典型的例子。俗语云：人往高处走，水往低处流。人往高处走，要攀龙附凤；水往低处流，为的是百川归海。这都是要为自己寻找更好的去处。凡人，都有为自己争取更好的生存环境和生活方式的愿望，也都安于在优越的环境中生活。人争取优越的生活环境和安于在这种环境中生活，这都不是坏事，反而有益于社会的竞争和进步。但是反过来，一个人如果因为安于优越的生存环境而把自己变成了废物和低能儿，那就十分地不可取了。以创业君主和守成君主来打个比方，比较能说明这种现象。创业君主，个个都有真本事、真能耐，知道人生的艰辛、命运的风险，且历尽磨难，最后赢得社稷江山，成为高高在上的人尖子。而守成君主就不然了，他们大多都是别人送给他们的江山，爹娘送给他们的荣华富贵，因此他们大多只知道占有和享乐，不知道尊贵和富有来之不易。结果沉醉在纸醉金迷的享乐中，最后断送了自己的前程。

人生感悟

水往低处流，人往高处走，所谓的不进则退。你原地踏步，甚至沉湎路边所谓的风景而误了正途，那么你就可能失去你现在所拥有的。

不让失败成为人格的试验品

科学家爱默生曾经说过：“伟大的高贵人物最明显的标志，就是他们坚定的意志，不管所处环境变化到何种恶劣地步，他们的初衷与希望仍然不会有一丝一毫的改变，他们最终会克服层层障碍，达到自己所希望的成功目标。”

一个人如果没有遭遇过一次、两次甚至更多次的失败，就不会发现自己真正的能力；若不曾经历过很大的挫折，没有碰到过对他们生命本质的打击，就不可能知道怎么样去焕发自己内在贮藏的巨大能量。

如果要测验一个人的人格，最好的方法就是看他在失败后的情绪、态度及如何进一步去采取行动。在失败以后，能否激发他更多的计谋与全新的智慧？能否激发他还没有发挥出来的潜在的能力？失败是增加了他的坚强毅力，还是使他心灰意冷从此一蹶不振呢？

细数历代伟人的成功足迹，就会发现他们往往都会跌倒了再勇敢地爬起来，在失败中寻求胜利的到来。

有人问一个小孩子，他是如何学会滑冰的，那个小孩子很简单地回答道："哦，没什么大道理，就是跌倒了再爬起来，爬起来再跌倒，然后再爬起来，这样周而复始慢慢地就学会了。"实际上，使得个人成功和军队胜利的，就是这样的一种精神。跌倒不算最终的失败，跌倒了站不起来，才是最后的、永远的失败。

也许过去的一切，对一些人来说是一部痛苦和失望的伤心历史。所以，有的人在回想过去时，会觉得自己处处失败、始终碌碌无为，他们竟然在衷心希望成功的事情上失败了，或许他们所至亲至爱的亲属朋友竟然离他而去，也许他们曾经失去了职位，或是事业一无所成，或是因为某种原因而不能使自己的家庭得以维持。在这些人的眼中，自己的人生前途似乎不会有阳光与欢乐的出现。

或许有人会说，我已经失败了无数次，所以再试着努力也是徒劳无用的，这种想法真是太自暴自弃了，是不可取的。对意志坚强的人来说，没有所谓的失败，无论成功是多么的遥远，失败的次数是多么的频繁，最后的胜利仍然控制在他的期待之中。狄更斯在他的小说中讲到了一个守财奴斯克鲁奇的故事。他最初是个爱财如命、一毛不拔、残酷无情的家伙，他甚至把所有的心思都钻进了钱眼里。可是到了后来，他竟然变成了一个慷慨善良的慈善家、一个宽宏大量的人、一个真诚爱别人的人。狄更斯的这部小说并非完全虚构，世界上也真有这样的活生生的事实。人的本性都可以由恶劣变为善良，人的事业又何尝不能由失败演变为成功呢?

然而，付出总有回报，即使你有上述的种种不幸，只要你不肯屈服，去奋力争取，胜利就会在不远处向你招手。

现实生活中这样的例子举不胜举，许多人失败了再摆脱失败的阴影重新站起来，抱着一种不屈不挠的无畏精神，一路向前奋进，最终真的收获了成功的果实。

世界上有很多人，虽然已经失去了他们所拥有的一切东西，然而还不能把他们称做一个失败者，因为他们仍然有着令人不可小觑的坚强意志，有着一种坚忍不拔的超人精神。

人世间真正伟大的人，对于世间的种种失败并不会去介意。所谓"不以物喜，不以己悲"的人，无论是面对多么大的悲观失望，还是面对多么让人仰慕的成就，也绝不会失去应有的镇静。他们的自信精神和泰然处之的气质，永远不会消失，这种精神使得他们能够克服外在的一切艰难境遇，去获得最后的成功。而那些心灵脆弱的人们，在狂风暴雨的袭击之下唯有束手无策。

通常意义上说，失败是人格的试验场，会给勇敢者以果断和决心，并借此种决心走出失败的阴影，从而为自己赢得光辉灿烂的胜利。如果一个人除了自己的生命以外，一切都已经丧失了，再没有勇气去继续奋斗，而且自认为已经失败，那么他所有的能力就会全部与之消失殆尽。只有毫无畏惧、勇往直前、永不放弃人生追求的人，才会在自己的生命里有伟大的进步和发展。

人生感悟

温特·菲力说："失败，是一个人走上更高位置的开始。"许多人之所以获得最后的胜利，只是得益于他们屡败屡战的难得品质。对于没有遇到过重大失败的人，反而不知道什么是大胜利，更不知道如何去赢得大胜利了。

尊贵不因曾经的卑微而掉价

人生就是一方舞台，你出身的贫寒永远不会成为你扮演出色主角的绊脚石。也许最初的演出没有掌声，相反的，批评、讪笑、毁谤的语言会像石头一样向你砸来，但是，只要我们能像林肯一样坚信自己职业的崇高，坚信任何行业都是值得尊敬的，人没有贵贱之分，只有分工的不同，更不要妄自菲薄，用自信、胆识与才华勇敢地把那些讥讽踩在脚下，创造自己事业的辉煌，那么，这反而会成为我们向上迈进的台阶。

被公认为美国历史上最伟大总统的林肯，当选总统的那一刻，令整个参议院的议员都感到尴尬，因为林肯的父亲是鞋匠。

当时美国的参议员大部分出身贵族，自认为是上流、优越的人，从未料到要面对一个卑微的鞋匠儿子总统，于是，林肯首度在参议院演说之前，就有议员设计羞辱他。

在林肯站上演讲台的时候，有一位态度傲慢的参议员站起来说："林肯先生，在你开始演说之前，我希望你记住，你是一个鞋匠的儿子。"

所有议员都大笑起来，为自己虽然不能打败却能羞辱他而开怀不已。

林肯等到大家的笑声停止，他说："我非常感谢你使我想起我的父亲，他已经过世了，我一定会记住你的忠告，我永远是鞋匠的儿子，我知道我做总统永远无法像我的父亲做鞋匠那样好。"

参议院陷入一片静默，林肯转头对那个傲慢的参议员说："就我所知，我父亲以前也为你的家人做鞋子，如果你的鞋子不合脚，我可以帮你改正它，虽然我不是伟大的鞋匠，但是我从小跟随我父亲学会了做鞋子的技术。"

然后他对所有的参议员说："对参议院的任何人都一样，如果你们穿的那双鞋是我父亲做的，而它需要修理，我一定尽可能帮忙，但是有一件事是可以确定的，我无法像他那么伟大，他的手艺是无人能比的。"说到这里，林肯流下了眼泪，所有的嘲笑声全部化成了赞叹的掌声。

事业中的亮点需要寻找，即使上苍给了你一片贫瘠的土地，只要有雨水、阳光，你就没有理由不长出拥抱蓝天苍劲的傲骨！即使你的前途被黑暗笼罩，只要前方还有一丝光亮，你就没有理由给自己借口，用沮丧浇灭为事业奋斗的火种。让我们也学一下林肯总统的胸怀吧！就这样相信人生在任何环境下都会青葱，无论面对什么样的观众，只要苦心排练、精心演出，就会有热烈的掌声响起来。

尊贵不会因曾经的卑微而丢脸或掉价，相反卑微出身会给迟来的尊贵镀上一层更加耀眼的光芒。任何人都不必为卑微而羞愧和懊恼，重要的是能否潜心修炼，走出卑微。只有不甘于卑微者，才能有幸走上人生的前台，找到开启尊贵之门的金钥匙。

在人生的舞台上，每个人都希望获得掌声。但对那些身处卑微之境、从未走上人生前台的人，要想获得掌声实在是太难了！世界上有人为尊贵者献花，却没有人为卑微者喝彩。要想获得这难能可贵的掌声，必须经历痛苦的排练，献上精彩的演出，方能听到赞叹的掌声雷鸣般响起。

人生感悟

做人绝不能甘于做一名欣赏别人演出的观众，而要力求做一名为观众所欣赏的演员！这样，你的人生才能走出卑微，走出泥泞，走出一路风采。

第七章　心态对了，你的世界就对了

心态塑造未来

在人的一生中，积极的心态是一种有效的心理工具，是你能够看透自己的必备素质。如果你认为自己能够发挥潜能，那么积极的心态便会使你产生直觉，从而使你如愿以偿。

善于描写美国社会尤其是纽约百姓生活的欧·亨利曾写过这样的诗句："我是命运的主人，我主宰自己的心灵。"

是的，只有你才是自己命运的主人，只有你才能把握自己的心态，而你的心态塑造着自己的未来，这是一条普遍规律。我们能够把扎根于人的心灵中的思想和态度转化成有形的现实，不管这种思想和态度是什么。我们能很快把贫穷的思想变成现实，也同样能很快把富裕的思想变成现实。

人的一生，就像一趟旅行，沿途中有数不尽的坎坷泥泞，但也有看不完的风花雪月。如果我们的一颗心总是被灰暗的风尘所覆盖，干涸了心泉、黯淡了目光、失去了生机、丧失了斗志，我们的人生轨迹岂能美好？而如果我们能保持一种健康向上的心态，即使我们身处逆境、四面楚歌，也一定会有"山重水复疑无路，柳暗花明又一村"的那一天。

而且就现实的情形而言，悲观失望者一时的呻吟与哀号，虽然能使他得到短暂的同情与怜悯，但最终的结果是别人的鄙夷与厌烦；而乐观上进的人，经过长久的忍耐与奋争、努力与开拓，最终赢得的将不仅仅是鲜花与掌声，还有那饱含敬意的目光。

虽然每个人的人生际遇不尽相同，但命运对每一个人都是公平的。因为窗外有土也有星，就看你能不能磨砺一颗坚强的心、一双智慧的眼，透过岁月的风尘寻觅到辉煌灿烂的星星。先不要说生活怎样对待你，而是应该问一问，你怎样对待生活。

一位射击世界冠军的成功在很大程度上取决于他的心态。每次射击，他都会举起他的弓，眼睛锁定30米外的靶心。此时此刻，除了红心以外，没有任何事可以吸引他的注意力。他拉紧了弦，眼睛注视目标，沉静而迅速地审视一遍自己的身心状态，若感觉有一点儿不对，他就放下弓，放松，再重新拉一次。假如一切都检视无误，他只要瞄准靶心，放心地让箭飞出去，就有信心正中红心。

这种冷静的信心十足的状态，是否仅为体坛的超级巨星所特有？倒也不尽然。只是当体坛明星处于这种最佳竞技心态时，他才可能赢得胜利。而当心态不佳时，他则一扫平日的威风，甚至会输给名不见经传的小字辈。同样，即使一位平时成绩平平的运动员，当他处于最佳心态时，他也可能取得惊人的成绩，打败那些技术水平虽高但状态不佳的明星们。事实上我们人人都有这种心态，只不过自己有时意识不到罢了。

人生感悟

事实上，心态在很大程度上决定了我们人生的成败，并塑造着我们的未来。

不同的心态导致不同的人生

同一件事抱有两种不同的心态，其结果则相反，心态决定人的命运。其实，人与人之间并没有多大的区别。但为什么有些人就是比其他的人更成功，赚更多的钱，拥有不错的工作、良好的人际关系、健康的身体，整天快快乐乐，拥有高品质的人生，似乎他们的生活就是比别人过得好，而许多人忙忙碌碌地劳作却只能维持生计？为什么有许多人能够获得成功，能够克服万难去建功立业，有些人却不行？

不少心理学专家发现，这个秘密就是人的"心态"。一位哲人说："你的心态就是你真正的主人。"一位伟人说："要么你去驾驭生命，要么是生命驾驭你。你的心态决定谁是坐骑，谁是骑师。"

有两位年届70岁的老太太，一位认为到了这个年纪可算是人生的尽头，于是便开始料理后事；另一位却认为一个人能做什么事不在于年龄的大小，而在于有什么样的想法。后者在70岁高龄之际开始学习登山，其中几座还是世界上有名的山。她还以95岁高龄登上了日本的富士山，打破攀登此山年龄最高者的纪录。她就是著名的胡达·克鲁斯。

70岁开始学习登山，这乃是一大奇迹，但奇迹是人创造出来的。成功人士的首要标志，是他思考问题的方法。一个人如果是个积极思维者，实行积极思维、喜欢接受挑战和应对麻烦事，那他就成功了一半。胡达·克鲁斯老太太的壮举正验证了这一点。

积极的心态是人生取胜的法宝，是走向成功的关键；而消极的心态则是通向目标或希望的最大障碍。有道是："物随心转，境由心选，烦恼皆由心生。"说的就是一个人有什么样的心态就会产生什么样的生活现实。所以心态左右着人们的情感，决定着人们事业的成败。如果一个人从心理上对自己的能力与向往的目标缺乏信心，自卑迷茫，那么即使客观条件再好，他也无法使自己获得成功。故而，要想获得成功，就得改变自己，改变自己的最好方法就是拥有积极的心态。

人生感悟

只要善于培养和拥有良好的心态，整个生命就会变得欢乐、坚强，就不会被任何难题所控制、阻挠，就一定能发挥巨大的潜能，从而谱写出最绚丽的画卷。

人究竟需要什么样的心态

我们每一个人的心态都是由积极和消极这两方面构成的。西方一位著名心理学家说：我们每个人都随身携带着一种看不见的法宝，它的一面写着"积极心态"，另一面写着"消极心态"。积极心态可以使你达到人生的顶峰，消极心态则会使你一生被困苦与不幸缠身。

这位心理学家的观点无疑是深刻的，因为积极心态能充分调动出心灵的巨大能量和智慧，使你的事业、身体和婚姻等都达到一种完美的境地；相反，消极心态则阻碍了心灵能量和智慧的发挥，它会让你像双目失明的瞎子一样，四处乱撞，会让你的人生变得暗淡无光。然而，我们每一个人的实际心态并不能简单地划分为积极的和消极的两种，而往往是积极心态中有消极的成分，而消极心态中又有积极的成分。积极心态与消极心态几乎是一对孪生兄弟，密不可分，而我们所要做的，只不过是要掌握好彼此的分寸，控制好它们各自的比重。

人是有思维、有情感、有复杂心理活动的高等动物。面对外界的刺激，人会做出生理和心理的应激反应。当亲人亡故之时，人会悲伤地流下热泪。在这里，流泪是生理反应，悲伤则是心理反应，而心理的这种反应就形成了人的心态。

有血有肉、有思想有感情的人，在受到外界刺激时，不可能无动于衷、麻木不仁，总会在心理上有所反应，产生某种心态，或几种心态的混合。然而，人是伟大而神秘的，心态也不是简单地处在被动的位置上，它常常栖息在心灵的深处，悄无声息地左右着人的思想和判断，控制着人们的情感和行动。所以，尽管许许多多的人都漠视自己的心态，然而，心态却从来不会漠视他们。心态时时刻刻都在支配着他们的一言一行，决定着他们的命运。

我们这个世界上最理想的心态，既不是纯粹的积极心态，也不是纯粹的消极心态，而恰恰是这二者的和谐统一。平衡的心态才是最理想的心态，它的特征就是平和、平淡、平心静气、气定神闲。这种心态里没有浮躁、也没有忧郁，没有兴奋、也没有悲伤，没有狂妄、也没有自卑，一切都恰到好处。人一旦拥有了这样的心态，他就能打开心灵宝藏的大门，心灵的巨大潜能就会被释放出来；他就能静如止水、动如奔洪，既能够去应对人生的一切艰难险阻，也能够去承受人生的一切成功。

人生感悟

我们每个人的心灵都处在不同的状态之中。心灵的智慧和力量虽然无穷无尽，但心灵是否能发挥出力量，能发挥出多大的力量，这完完全全取决于心灵的状态，即心态。

不要被逆境打垮

这是一位成功训练专家的真实故事。如果“不要被逆境打垮”这句话出自其他人之口还有些说教、理论的意味，那么对于这位专家来说，它就是生命旅程的印证。

1992年，南下海南特区1年的他走上了创业之路，他参与创立的公司的房地产项目投资规模一度达1亿元人民币。但是碰上国家宏观调控，未能顺利度过“房地产泡沫潮”的公司于1995年宣告破产，他也一下子背上了一大笔债。

经过对形势的分析比较，他决定到深圳去开始新的创业。初到一个陌生的地方，且身无分文，想打下一片天地谈何容易。两年中他先后遭遇了三次大的失败，穷困潦倒时经常口袋里拿不出钱来吃饭，因为身上只剩5角钱而不得不走一两个小时回家……困境中的他这时想起了自己曾在海南听过的成功训练课，身无分文的他将此作为新的创业起点。他走上了自由职业讲师之路，讲授的就是对他影响颇深的成功学。他也不断用这些方法来激励和调整自己：从每天出门前照镜子给自己以鼓励，到进行自我训练来改变思维习惯；从订立并付诸实施3年成为百万富翁的目标计划，到通过增加做俯卧撑的次数来强化自己的意志力……

由于融合了自己的亲身经历，他的课很受学员的欢迎。开始时，他只能靠每晚1小时30元的讲课费糊口；到了第二个月，他一天能得到2500元的讲课费；再后来，他每小时讲课费达到了8000元。这离他失意地告别海南只有4年左右的时间。

现在，他成立了自己的主要从事成功训练的咨询公司，手下有50多个员工，这在咨询公司中已属于中等偏上的规模了。

究竟是什么使他能够很快走出困境并实现了自己的目标呢？他在讲课时告诉学员两个字：积极。

当我们遭遇挫折、陷入困境时，往往容易感叹世事不公，或者抱怨，或者等待。然而，总有那么一些人不会被逆境打垮，他们即使是在最艰难的时刻都能鼓励自己，并且会尽量用自己的积极情绪感染周围的同伴；永远积极乐观、从不抱怨，总是积极地思考、积极地准备、积极地寻求解决问题的方法、积极地行动，因此他们总能让希望之火重新点燃；从不自我设限，因而能激发自身无限的潜能；整天都生活在正面情绪当中，时刻都在享受人生的乐趣。

一位屡受挫折的青年人去向一位颇有成就的老者请教，他们聊起了命运。青年人问老者世界上到底有没有命运，对方答道当然有。青年说，既然有命中注定，那奋斗还有什么用？老者笑而不答，他抓起青年的左手，先说了手上有生命线、事业线之类的话，然后他让青年举起左手并攥成拳头。当青年的拳头攥紧之后，老者问他：“命运线在哪里？”青年机械地答道：“在我的手中啊。”老者再次追问：“你的命运线到底在哪里？”青年这时恍然大悟：原来命运其实一直就在自己的手中。后来每当遇到挫折时，青年就会暗暗攥紧拳头对自己说：“命运就在我自己的手中。”就这样，几十年后，这位屡受挫折的青年人成为一位颇有成就的人。

人生漫长，没有谁能够一帆风顺、事事顺心。陷入逆境时，首先要相信自己：是金子总要发光的。其次是要告诉自己，逆境只是磨炼你的意志、增长你的才干的人生必修课，是走向成功的必然阶段。最后是要积极寻找克服困难、战胜障碍、摆脱挫折的途径。

人生感悟

俄国诗人普希金说：“冬天已经来了，春天还会远吗？”咬咬牙，翻过最后一座山，前头就是绿色的森林。

苦难是人生的必修课

苦难是人生的沃土，是磨炼意志的试金石。不经三九苦寒，哪来傲雪梅香？苦难从古至今都是人生的一笔宝贵财富。勇者在苦难面前永远都不会低下高贵的头。

深山里有两块石头，第一块石头对第二块石头说：

“去经一经路途的艰险坎坷和世事的磕磕碰碰吧，能够搏一搏，不枉来此世一遭。”

“不，何苦呢，”第二块石头嗤之以鼻，“安坐高处一览众山小，周围花团锦簇，谁会那么愚蠢地在享乐和磨难之间选择后者。再说，那路途的艰险会让我粉身碎骨的！”

于是，第一块石头随山溪滚涌而下，历尽了风雨和大自然的磨难，它依然执著地在自己的路途上奔波。第二块石头讥讽地笑了，它在高山上享受着安逸和幸福，享受着周围花草簇拥的畅意抒怀，享受着盘古开天辟地时留下的那些美好景观。

许多年以后，饱经风霜、历尽尘世之千锤百炼的第一块石头和它的家族已经成了世间的珍品、石艺的奇葩，被千万人赞美称颂，享尽了人间的富贵荣华。第二块石头知道后，有些后悔当初，现在它也想投入世间风尘的洗礼中，然后得到像第一块石头那样的成功和高贵，可是一想到要经历那么多的坎坷和磨难，甚至满目疮痍、伤痕累累，还有粉身碎骨的危险，便又退缩了。

一天，人们为了更好地珍存那石艺的奇葩，准备修建一座精美别致、气势雄伟的博物馆，建造材料全部用石头。于是，他们来到高山上，把第二块石头粉了身碎了骨，给第一块石头盖起了房子。

孟子云：“生于忧患，死于安乐。”忧患和安逸同样是一种生活方式，但一个可以培育信念，一个只能播种平庸。

动物学家的实验表明，狼群的存在使羚羊变得强健，而没有狼群的威胁，羚羊在舒适的环境下变得弱不禁风，一旦遭遇狼群，只有被吃掉。这一现象同样适用于人类，真正的人生需要磨难。遇到逆境就一味消沉的人，是肤浅的；有不顺心的事就惶惶不可终日的人，是脆弱的。一个人不懂得人生的艰辛，就容易傲慢和骄纵。未尝过人生苦难的人，也往往难当重任。

俄国作家列夫·托尔斯泰说：“人生不是一种享乐，而是一桩十分沉重的工作。”月有阴晴圆缺，人有旦夕祸福。人生不可能永远一帆风顺，人生旅程中，如同穿越崇山峻岭。时而风吹雨打，困顿难行，时而雨过天晴，鸟语花香。当苦难当道时，有的人自怨自艾，意志消沉，从此一蹶不振；而有的人则不屈不挠，与苦难作斗争，他们是生活的强者。

上苍是公平的，他在把苦难撒向人间的时候，往往准备好了厚重的回报等着勇士去拿。当苦难不期而至时，我们要视苦难为财富、为机遇，向它宣战。当你成功地征服它之后，就能拿到上帝的回报，捧起金灿灿的奖杯，真切地感受到生活的甘甜、人生的价值。

人生感悟

苦难是人生的必修课，强者视它为垫脚石，视它为一笔财富，他们的成绩是优秀；弱者视苦难为绊脚石、万丈深渊，被它压垮，他们的成绩是不及格。

把困难当机遇

对于你所遭遇的困难，你愿意努力去尝试，而且不止一次地尝试吗？只试一次是绝对不够的，需要多次尝试，那样你会发现自己心中蕴藏着巨大的能量。许多人之所以失败，只是因为未能竭尽所能去尝试，而这些努力正是成功的必备条件。

克服困难的一个步骤是学会真正思考，认真积极地思考。任何失败、任何问题均能通过积极思考来解决。

有一个男孩在报上看到招聘启事，正好有适合他的工作。第二天早上，当他准时前往招聘地点时，发现应聘队伍已排了 20 个男孩。

如果换成另一个意志薄弱、不太聪明的男孩，可能会因此而打退堂鼓。但是这个小伙子却完全不一样。他认为自己应该动动脑筋，运用自身的智慧想办法解决困难。他不往消极面思考，而是认真用脑子去想，看看是否有办法解决。

他拿出一张纸，写了几行字，然后走出行列，并要求后面的男孩为他保留位子。他走到负责招聘的女秘书面前，很有礼貌地说："小姐，请你把这张纸交给老板，这件事很重要。谢谢你！"

这位秘书对他的印象很深刻。因为他看起来神情愉悦，文质彬彬，有一股强烈的吸引力，令人难以忘记。所以，她将这张纸交给了老板。

老板打开纸条，见上面写着这样一句话：

"先生，我是排在第 21 号的男孩。请不要在见到我之前做出任何决定。"

你想他得到这份工作了吗？但这并不重要，像他这样会思考的男孩，无论到什么地方一定会有所作为。虽然他年纪很轻，但是他知道如何去想，懂得认真思考。他已经有能力在短时间内抓住问题核心，然后全力解决它，并尽力做好。

实际上，人在一生中会遇到很多诸如此类的问题。当遇到问题时，一旦认真进行思考，便很容易找到解决办法。在遇到困难时，你应把自己当成强者，并把困难当做机遇，在心里把自己当成冠军。

几乎没有人考虑过自己在诞生之前就赢得了许多战役。遗传进化学家谢菲尔德说："停下来考虑你自己的事吧。在整个世界史中，没有任何别的人会跟你一模一样。在将要到来的全部无限的时间中，也绝不会有像你一样的另一个人。"

把自己视为一个成功的形象，有助于打破自我怀疑和自我失败的习惯，这种习惯是消极的心态经过若干年在一种性格内逐渐形成的。另一个同等重要的、能帮助你改变你的世界的成功技巧是，把困难视做机遇。

人生感悟

困难，特别吸引坚强的人。因为他只有在拥抱困难时，才会真正认识自己。

挣脱心灵的枷锁

一个小孩在看完马戏团精彩的表演后，随着父亲到帐篷外拿干草喂养表演完的动物。

小孩注意到一旁的大象群，问父亲："爸，大象那么有力气，为什么它们的脚上只系着一条小小的铁链，难道它无法挣开那条铁链逃脱吗？"

父亲笑了笑，耐心为孩子解释："没错，大象是挣不开那条细细的铁链。在大象还小的时候，驯兽师就是用同样的铁链来系住小象，那时候的小象，力气还不够大，小象起初也想挣开铁链的束缚，可是试过几次之后，知道自己的力气不足以挣开铁链，也就放弃了挣脱的念头。等小象长成大象后，它就甘心受那条铁链的限制，而不再想逃脱了。"

正当父亲解说之际，马戏团里失火了，大火点着草料、帐篷等物，燃烧得十分迅速，蔓延到了动物的休息区。

动物们受火势所逼，十分焦躁不安，而大象更是频频跺脚，仍是挣不开脚上的铁链。

迅猛的火势终于逼近大象，只见一只大象已被火烧着，灼痛之下，猛然一抬脚，竟轻易将脚上铁链挣断，迅速奔逃至安全的地带。

其余的大象，有一两只见同伴挣断铁链逃脱，立刻也模仿它的动作，用力挣断铁链。但其他的大象却不肯去尝试，只顾不断地焦急转圈跺脚，进而遭大火席卷，无一幸存。

在大象成长的过程中，人类聪明地利用一条铁链限制了它，虽然那样的铁链根本系不住有力的大象。

就这样，我们独特的创意被自己抹杀，认为自己无法成功；告诉自己，难以成为配偶心目中理想的另一半，无法成为孩子心目中理想的父母、父母心目中理想的孩子。然后，开始向环境低头，甚至于开始认命、怨天尤人。

这一切都是我们心中那条系住自我的铁链在作祟罢了。或许，你必须耐心静候生命中来一场大火，逼得你非得选择挣断链条或甘心遭大火席卷。或许，你将幸运地选对了前者，在挣脱困境之后，语重心长地告诫后人，人必须经苦难磨炼方能得以成长。

除了这些人生习以为常的方式之外，你还有一种不同的选择。你可以当机立断，运用我们内在的能力，当下立即挣开消极习惯的捆绑，改变自己所处的环境，投入另一个崭新的积极领域中，使自己的潜能得以发挥。

人生感悟

在我们成长的环境中，有许多肉眼看不见的链条在系住我们，而我们也就自然将这些铁条当成习惯，视为理所当然。

打破心中的瓶颈

举重项目之一的挺举，有一种“500 磅（约 227 千克）瓶颈”的说法，也就是说，以人体的体力极限而言，500 磅是很难超越的瓶颈。499 磅（约 226 千克）的纪录保持者巴雷里，比赛时所用的杠铃，由于工作人员的失误，实际上超过了 500 磅。这个消息发布之后不久，世界上就有 6 位举重好手举起了一直未能突破的 500 磅杠铃。

有一位撑杆跳的选手，一直苦练都无法越过某一个高度。他失望地对教练说：“我实在是跳不过去。”

教练问：“你心里在想什么？”

他说：“我一冲到起跳线时，看到那个高度，就觉得我跳不过去。”

教练告诉他：“你一定可以跳过去。让你的心从竿上跳过去，你的身子也一定会跟着过去。”

他撑起杆又跳了一次，果然跃过。

心，可以超越困难，可以突破阻挠；心，可以粉碎障碍；心，最终必然会达成你的期望。

一个人的生活罗盘经常失灵，日复一日，有多少人在迷宫般的、无法预测也无人指引的茫茫职场中失去了方向。他们不断触礁，可是别人却技高一筹地继续航行，安然度过每天的挑战，平安抵达成功的彼岸。为了维持正确的航线，为了不被沿路上意想不到的障碍和陷阱困住或吞噬，你需要一个可靠的内部导引系统，一个有用的罗盘，为你在职场困境中指引出一条通往成功的康庄大道。可悲的是，太多人从未抵达终点，因为他们借助失灵的罗盘来航行。这坏掉的罗盘可能是扭曲的是非感，或蒙蔽的价值观，或自私自利的意图，或是未能设定目标，或是无法分辨轻重缓急，简直不胜枚举。聪明人利用罗盘，可以获得恒久的成功；有智慧的卓越人士，选择可靠的路线，坚定地向前行进，可以度过周围的危险，平安抵达终点。

晓芬是从一般的会计一步一步做到现在的财务经理位置的。但是自从结婚以后，她对工作就不像从前那样积极了，工作内容也再没有变动。最近公司将另一家公司合并，人员也要重组，原来两家公司的3个财务经理只需要一个，一直安于现状的晓芬这才发现自己的竞争力跟别人比起来不强，工作也有一种力不从心的感觉。

像晓芬的处境，就是“瓶颈”状态。一般而言，一个人在初步踏入工作岗位后，需要花1～2年的时间来适应环境。这1～2年，这是一个比较平稳、发展得也比较快的时期。但是到了第3～5年，他们会面临事业的第二个关键期，就是“瓶颈”时期，在这个时期，可能连她自己都没有意识到。但正是这种变化使她对工作不再积极向上，也因此而遭遇“瓶颈”时期。

“瓶颈”状态是坏事吗?

其实人的一生中有很多时候是需要你静下来思考何去何从的。表面上看，“瓶颈”状态的出现表明事业进行得不是很顺利，但是“瓶颈”期恰恰给你提供了一个最好的反思自己的机会。人的一生就像大海一样有波峰和浪谷，如果一直都很顺利，没有任何挫折，一旦掀起一个大浪跌下来，会是更大的危险。瓶颈时期正是二者的衔接处，它让你有时间去反思自己对事业的选择是不是正确，自己追求事业的方式是不是得当。从这个角度来讲，出现“瓶颈”状态不但是正常的，而且如果处理好的话，对你今后的事业会有很大的帮助。

人生感悟

所谓瓶颈，其实只是心理作用。打破心中的瓶颈，就可以排除一切障碍。

清扫心灵垃圾

一个人，在尘世间走得太久了，心灵不可避免地会沾染上尘埃，使原来洁净的心灵受到污染和蒙蔽。心理学家曾说过：“人是最会制造垃圾污染自己的动物之一。”的确，清洁工每天早上都要清理人们制造的成堆的垃圾，这些有形的垃圾容易清理，而人们内心诸如烦恼、欲望、忧愁、痛苦等无形的垃圾却不那么容易清理了。因为，这些真正的垃圾常被人们忽视，或者，出于种种的担心与阻碍不愿去扫。譬如，太忙、太累，或者担心扫完之后，必须面对一个未知的开始，而你又不确定哪些是你想要的。万一现在丢掉的，将来想要时却又捡不回来，怎么办?

有位僧人曾作一偈:“身是菩提树，心如明镜台。时时勤拂拭，勿使惹尘埃。”心如明镜，纤毫毕现，洞若观火，那身无疑就是“菩提”了。但前提是“时时勤拂拭”，否则，尘埃厚厚，似茧封裹，心定不会澄碧，眼定不会明亮了。

的确，清扫心灵不像日常生活中扫地那样简单，它充满着心灵的挣扎与奋斗。不过，你可以告诉自己：每天扫一点，每一次的清扫，并不表示这就是最后一次。而且没有人规定你一次必须扫完。但你至少要经常清扫，及时丢弃或扫掉拖累你心灵的东西。

每个人都有清扫心灵的任务，对于这一点，古代的圣者先贤看得很清楚。圣者认为，“无欲之谓圣，寡欲之谓贤，多欲之谓凡，得欲之谓狂”。圣人之所以为圣人，就在于他心灵的纯净和一尘不染，凡人之所以是凡人，就在于他心中的杂念太多，而他自己还蒙昧不知。所以，圣人了悟生死，看透名利，继而清除心中的杂质，让自己纯净的心灵重新显现。

我们都有清理打扫房间的体会吧，每当整理完好自己最爱的书籍、资料、照片、唱片、影碟、画册、衣物后，你会发现：房间原来这么大，这么清亮明朗！自己的家更可爱了！

其实，心灵的房间也是如此，如果不把污染心灵的废物一块一块清除，势必会造成心灵垃圾成堆，而原来纯净无污染的内心世界，亦将变成满池污水，让你变得更贪婪、更腐朽、更不可救药。

人生感悟

如果我们能“时时勤拂拭”，勤于清扫自己的“心地”，勤于掸净自己的灵魂，我们也一定会有“山重水复疑无路，柳暗花明又一村”的那一天。

不良情绪是随时点燃的导火线

有这么一则古代的笑话：有一个人被官府抓去坐牢，家人大惊失色，问他到底犯了什么事，他很委屈地说："我就是在地上捡了一根草绳啊。"家人气坏了，心想这官府也不知道是怎么搞的，没有王法了，就是捡了一根草绳也要抓去坐牢啊。家人们揪住官差的衣领，问他要个说法。官差气急败坏地大叫："他要是捡了一根草绳还好，主要是草绳的那头是一头牛啊！"

绳子不重要，关键的是后面所牵引的东西，不良情绪就如这根绳子，不过它更厉害，是牵引着炸弹的绳子，换句话说就是：导火线！

我们在生活中会遇到这样的人：遇事非大喜则大悲，他们容易因小事而大发脾气；不过，同样的，也极容易因喜乐而手舞足蹈。他们快乐时的天真烂漫，让很多人为之开心；但是，他们愤怒时的火暴脾气，却也令人避之不及——周遭的人，很难适应这种大起大落的情绪发泄，纷纷敬而远之，故使他们的人际关系很难维持。

情绪是一种很短暂爆发的力量，在情绪激烈的时候，人根本就找不到自己的方向，他的脑海里只会有一个念头，再也容不下别的想法。在情绪的左右下做出冲动行为的人往往在事后非常懊恼，或者是百思不得其解：我为什么会做出那样的事情呢？

乐乐和男朋友一起去逛街，一路上开着玩笑，车上虽然很拥挤，但是两个人也觉得非常开心。

乐乐一边和朋友聊天，一边想着马上就可以看到自己朝思暮想的那件衣服，心里觉得很高兴。可能是自己想得太专注了，在准备下车的时候，不小心踩了一个中年男子一脚。

乐乐的"对不起"还没有说出口，这个男人就大声训斥起来。刚开始，乐乐觉得是自己的错，就没有顶撞他，可是这个男人越说越来劲，得理不饶人了，嘴里边的话也越来越难听。

忽然，乐乐还没有看清楚，男朋友一个巴掌上去，给了那个男的一下。乐乐简直都惊呆了，男朋友可是很绅士、很有风度的人，今天怎么就这么厉害，敢打人了呢。岂止乐乐愣住了，那个男人也住声了，竟然不知道怎么反应了。

正好车停靠站了，乐乐拉着男朋友赶紧冲了下去，一溜烟跑了。跑到安静的地方，乐乐一看，男朋友的脸还是红红的，手也在不停地发抖，嘴里边还一个劲地嘀咕："我竟然打了别人一巴掌。"

情绪的产生就是这么悄无声息，在乐乐甚至都没有意识到的时候，男朋友居然做出了如此过激的行为，内心的愤怒情绪使平时绅士十足的男孩子愤而出手，可见情绪的力量是多么地巨大！

虽然不良情绪很容易引起过激的行为，但是，我们要知道，一切的情绪都来源于自身，只有自己是一切情绪的创造者。任何时候你都可以选择所想要的感受，去体验所希望的情绪。

人生感悟

不良情绪这根导火线虽然可怕，但是只要我们及时发现、小心行事，爆炸的可能性就会为零！

操纵好情绪的"转换器"

在荷兰阿姆斯特丹，有一座15世纪的寺院，寺院的废墟里有一个石碑，石碑上刻着："既已成为事实，只能如此。"

天有不测风云，人有旦夕祸福。人活在世，谁都难免要遇上几次灾难或许多难以改变的事情，有些事是可以抗拒的，有些事是无法抗拒的。既已成为事实，你只能接受它、适应它，否则忧闷、悲伤、焦虑、失眠会接踵而来，最后的结局是，你不能改变这些无法抗拒的事实，而是让无法抗拒的事实改变了你。

有一位马老太太，她有一只祖传三代的玉镯子，每天擦了又擦，看了又看，真是爱不释手。一天不小心掉在地上摔碎了，老太太心痛万分，从此茶饭不思，人变得越来越憔悴。时隔1年，她离开了人世。最后咽气时，手里还紧紧攥着那只破碎的玉镯子。

巴甫洛夫说："忧悒和焦虑，足以给各种疾病大开方便之门。"许多名医的医疗实验证明，癫狂症、胃肠疾病、高血压症、冠心病及乳腺癌等，都与人的情绪有着直接的关系，有的则完全是由于强烈的情绪波动所引起的。

覆水难收，徒悔无益。一位很有名气的心理学教师，一天给学生上课时拿出一只十分精美的咖啡杯，当学生们正在赞美这只杯子的独特造型时，教师故意装出失手的样子，咖啡杯掉在水泥地上成了碎片，这时学生中不断发出了惋惜声。教师指着咖啡杯的碎片说："你们一定对这只杯子感到惋惜，可是这种惋惜也无法使咖啡杯再恢复原形。如果今后在你们生活中发生了无可挽回的事时，请记住这破碎的咖啡杯。"这是一堂很成功的素质教育课。学生们通过摔碎的咖啡杯懂得了，人在无法改变失败和不幸的厄运时，要学会接受它，适应它。

被称为世界剧坛女王的拉莎·贝纳尔，在一次横渡大西洋途中，突遇风暴，不幸从甲板上滚落，足部受了重伤。当她被推进手术室，面临锯腿的厄运时，突然念起自己所演过的一段台词。记者们以为她是为了缓和一下自己的紧张情绪，可她说："不是的！是为了给医生和护士们打气。你瞧，他们不是太严肃了吗？"

威廉·詹姆斯说："完全接受已经发生的事，这是克服不幸的第一步。"接受无法抗拒的事实，既然是第一步，那么有没有第二步？拉莎手术圆满成功后，她虽然不能再演戏了，但她还能讲演。她的讲演，使她的戏迷再次为她而鼓掌。

拉莎·贝纳尔在面对无法抗拒的灾难时，能跳出焦虑、悲伤的圈子，又踏上一个新的里程，这就是她的情绪"转换器"在起作用。

任何人遇上灾难，情绪都会受到影响，这时一定要操纵好情绪的转换器。面对无法改变的不幸或无能为力的事，就抬起头来，对天大喊："这没有什么了不起，它不可能打败我。"或者耸耸肩，默默地告诉自己："忘掉它吧，这一切都会过去！"

紧接着就要往头脑里补充新东西，因为头脑每时每刻都需要东西补充，这种补充就能使情绪"转换器"发生积极作用。最好的办法是用繁忙的工作去补充、去转换，也可以通过参加有兴趣的活动去补充、去转换。如果这时有新的思想、新的意识闪现出来，那就是最佳的补充和最佳的转换。

人生感悟

控制好自己的情绪，才能解救自己。

不为错过的太阳流泪

生活是极不愉快的玩笑，不过要使它美好却也不很难。为了做到这点，光是中头彩赢了20万卢布、得了"白鹰"勋章、娶个漂亮女人、以好人出名，还是不够的——这些福分都是无常的，而且也很容易习惯。为了不断地感到幸福，甚至在苦恼和愁闷的时候也感到幸福，那就需要：善于满足现状并很高兴地感到"事情原来可能更糟呢"。这是不难的：

要是火柴在你的衣袋里燃起来了，那你应当高兴，而且感谢上帝：多亏你的衣袋不是火药库。

要是有穷亲戚上别墅来找你，那你不要脸色苍白，而要喜气洋洋地叫道："挺好，幸亏来的不是警察！"

如果你的妻子或者小姨练钢琴，那你不要发脾气，而要感谢这份福气：你是在听音乐，而不是听狼嗥或者猫的音乐会。

你该高兴，因为你不是拉长途马车的马，不是旋毛虫，不是猪，不是驴，不是茨冈人牵的熊，不是臭虫。

你要高兴，因为眼下你没有坐在被告席上，也没有看见债主在你面前。

如果你不是住在边远的地方，那你一想到命运总算没有把你送到边远的地方去，你岂不觉着幸福？

要是你有一颗牙痛起来，那你就该高兴：幸亏不是满口的牙痛起来。

你该高兴，因为你居然可以不必读《公民报》，不必坐在垃圾车上，不必一下子跟3个人结婚。

要是你给送到警察局去了，那就该乐得跳起来，因为多亏没有把你送到地狱的大火里去。

要是你挨了一顿桦木棍子的打，那就该蹦蹦跳跳地叫道："我多么运气，人家总算没有拿带刺的棒子打我！"

要是你的妻子对你变了心，那就该高兴，多亏她背叛的是你，不是国家。

依此类推……朋友，照着我的劝告去做吧，你的生活就会欢乐无穷了。

契诃夫这篇短文摘自《外国名家随笔金库》，原本是契诃夫对企图自杀者的劝告。幽默诙谐当中的确蕴含了丰富的哲理，寄寓了他对真诚生活的向往。

如果刮风下雨的时候，我们正在街上，把雨伞打开就够了，犯不着去说："该死的天，又下雨了！"这样说对于雨滴、对于云和风都不起作用。我们不如说："多好的一场雨啊！"这句话对雨滴同样不起作用，但是它对我们自己有好处，同时也可以把快乐传递给别人。

人生感悟

如果虚度了今天，那么就暗自庆幸，还有明天，可以重新开始。

如果错过了太阳，不要流泪，不然就要错过群星了。

欲望使自由的翅膀负重

伟大的作家托尔斯泰曾讲过这样一个故事：

有一个人想得到一块土地，地主就对他说："清早，你从这里往外跑，跑一段就插个旗杆，只要你在太阳落山前赶回来，插上旗杆的地都归你。"那人就不要命地跑，太阳偏西了还不知足。太阳落山前，他是跑回来了，但已筋疲力尽，摔了个跟头就再没起来。于是有人挖了个坑，就地埋了他。牧师在给这个人做祈祷的时候说："一个人需要多少土地呢？就这么大。"

人生的许多沮丧都是因为你得不到想要的东西。其实，我们辛辛苦苦地奔波劳碌，最终的结局不都是只剩下埋葬我们身体的那点土地吗？伊索说得好："许多人想得到更多的东西，却把现在所拥有的也失去了。"这可以说是对得不偿失最好的诠释了。

其实，人人都有欲望，都想过美满幸福的生活，都希望丰衣足食，这是人之常情。但是，如果把这种欲望变成不正当的欲求，变成无止境的贪婪，那我们就无形中成了欲望的奴隶了。我们常常感到自己非常累，但是仍觉得不满足，因为在我们看来，很多人比自己的生活更富足，很多人的权力比自己大。所以我们别无出路，只能硬着头皮往前冲，在无奈中透支着体力、精力与生命。

扪心自问，这样的生活，能不累吗！被欲望沉沉地压着，能不筋疲力尽吗！静下心来想一想：有什么目标真的非让我们实现不可，又有什么东西值得我们用宝贵的生命去换取？朋友，让我们斩除过多的欲望吧，将一切欲望减少再减少，从而让真实的欲求浮现。

古人云："达亦不足贵，穷亦不足悲。"当年陶渊明荷锄自种，嵇叔康树下苦修，两位虽为贫寒之士，但他们能于利不趋，于色不近，于失不馁，于得不骄。这样的生活，也不失为人生的一种极高境界！

古希腊的《伊索寓言》里告诉我们，“贪婪往往是祸患的根源”，“那些因贪图更大的利益而把手中的东西丢弃的人，是愚蠢的”。

欲望是人前进的动力。可是我们在欲望的驱使下，在前进的同时，也要知道量力而为、适可而止。不然，欲望发展至贪婪成性，人就会在欲望中沉沦，迷失方向，走向绝境。

对于我们来说，有些欲望是自然的，另一些欲望则是无益的；在自然的欲望之中，有些是必需的，而另一些纯属自然而已；在必需的欲望之中，有些是幸福之所需，有些是身体安康之所需，而另一些只在维持生计……

人生感悟

贪婪是一切祸乱的根源，不论做人还是处世，都必须控制贪欲。欲望是没有止境的，如果你不放弃一些东西，你的身上和心灵一定越来越沉重，快乐就真的离你而去了，因此要学会自我放弃、自我解脱，保持一颗平常心。少一点欲望，就会多一些快乐。

活得坦然，给生活松绑

人无完人，没有人会不犯错误，有时甚至还一错再错。既然错误是不可避免的，那么可怕的并不是错误本身，而是怕知错而不肯改，错了也不悔过。

一个人要想有面子，就要不怕丢面子。孔子说：过而不改，斯谓过矣。意思是说：犯了一回错不算什么，错了不知悔改，才算真的错了。

其实，如果能坦诚面对自己的弱点和错误，再拿出足够的勇气去承认它、面对它，不仅能弥补错误所带来的不良后果，在今后的工作中更加谨慎小心，而且能加深领导和同事对你的良好印象，从而很痛快地原谅你的错误。这不但不是“失”，反是最大的“得”。

事实上，一个有勇气承认自己错误的人，他也可以获得某种程度的满足感，这不仅可以消除罪恶感和自我保护，而且有助于解决这项错误所制造的问题。卡耐基告诉我们，即使傻瓜也会为自己的错误辩护，但能承认自己错误的人，就会获得他人的尊重，而且令人有一种高贵诚信的感觉。

如果你总是害怕承认自己曾经犯错，那么，请接受以下这些建议：

假若你必须向别人交代，与其替自己找借口逃避责难，不如勇于认错，在别人没有机会把你的错到处宣扬之前，对自己的行为负起一切的责任。

如果你在工作上出错，要立即向领导汇报自己的失误，这样当然有可能会被大骂一顿。可是上司的心中却会认为你是一个诚实的人，将来也许对你更加倚重，你所得到的可能比你失去的还多。

如果你所犯的错误可能会影响到其他同事的工作成绩或进度时，无论同事是否已发现这些不利影响，都要赶在同事找你“兴师问罪”之前主动向他道歉、解释。千万不要企图自我辩护、推卸责任，否则只会火上浇油，令对方更感愤怒。

每个人都会犯错误，尤其是当你精神不佳、工作过重、承受太沉重的生活压力时。偶尔不小心犯错是很普通的事情，关键是犯错后要用正确的态度对待它。犯错误不算什么罪大难饶的事，“有则改之，无则加勉”，只有放下了面子，不再固守所谓的自尊，人才能坦诚地面对自己、面对别人。

喜欢听赞美是每个人的天性。忠言逆耳，当有人、尤其是和自己平起平坐的同事对着自己狠狠数落一番时，不管那些批评如何正确，大多数人都会感到不舒服，有些人更会拂袖而去，连表面的礼貌也不会做，常常令提意见的人尴尬万分。下一次就算你犯更大的错误，相信也没有人敢劝告你了，其实这是你做人的一大损失。

人生感悟

当我们错了——若是我们对自己诚实，这种情形十分普遍——就要迅速而真诚地承认。这种技巧不但能产生惊人的效果，而且比为自己争辩还有用得多。

快乐如此简单

现代人越来越重视对金钱、权势的追求和对物质的占有，殊不知金钱和权力固然可以换取许多享受的东西，可不一定能获取真正的快乐。

真正的快乐，不是用金钱和权势换来的，有钱有权的富贵们，不一定人人都快乐，个个都会享受生活的乐趣。

过去有个大富翁，家有良田万顷，身边妻妾成群，可日子过得并不开心。而挨着他家高墙的外面，住着一户穷铁匠，夫妻俩整天有说有笑，日子过得很开心。

一天，富翁的小老婆听见隔壁夫妻俩唱歌，便对富翁说："我们虽然有万贯家产，但是还不如穷铁匠开心！"富翁想了想笑着说："我能叫他们明天唱不出声来！"于是拿了家里所有的金条，从墙头上扔过去。打铁的夫妻俩第二天打扫院子时发现不明不白的金条，心里又高兴又紧张，为了这些金条，他们连炉子上的活也丢下不干了。男的说："咱们用金条置些好田地。"女的说："不行！金条让人发现，会怀疑我们是偷来的。"男的说："你先把金条藏在炕洞里。"女的摇头说："藏在炕洞里会叫贼娃子偷去。"他俩商量来，讨论去，谁也想不出好办法。从此，夫妻俩吃饭不香，觉也睡不安稳，当然再也听不到他俩的欢笑和歌声了。富翁对他小老婆说："你看，他们不再说笑，不再唱歌了吧？"而富翁却因家里再也没有金条，不用防备盗贼，心里变得轻松起来，他们夫妻倒能每天都有好心情唱歌了。看，开心就是如此简单。

铁匠夫妻俩之所以失去了往日的开心，是因为得了不明不白的金条，为了这不义之财，他们既怕被人发现怀疑，又怕被人偷去，有了金条不知如何处置，所以终日寝食难安。

现实生活中也是如此，有些大款虽然守着一堆花花绿绿的票子，守着一幢豪华的洋房，守着一位貌合神离的天仙，但未必就能咀嚼到人生的真趣味。

是的，我们虽然无法改变我们的境况，但我们可以改变自己的心态。没了工作不要紧，但不能没有快乐，如果连快乐都失去了，那活着还有什么意义。因为快乐是人的天性的追求，开心是生命中最顽强、最执著的律动。

人生感悟

寻求人生乐趣的法则是知道你在生活中会遇到困难、悲伤和恶劣的情形，但深信自己可以克服它们。这种快乐是无价的，这便是人生的真正的快乐。

影由心生

我们遇到怀疑的事，不宜过早下结论，要客观、理智地去分析，才能够了解真相。尤其是在生气的时候，更要冷静地思考分析，不要被嫉妒心冲昏了头脑而伤了和气。

有一对夫妻心胸很狭窄，总爱为一点小事争吵不休。有一天，妻子做了几样好菜，想到如果再来点酒助兴就更好了。于是她就拿着瓢去酒缸舀酒。

妻子探头朝缸里一看，瞧见了酒中倒映着自己的影子，她以为是丈夫对自己不忠，把女人带回家来藏在缸里，就大声喊起来："喂，你这个死鬼，竟然敢瞒着我偷偷把女人藏在缸里面。如今看你还有什么话说？"

丈夫听了糊里糊涂的，赶紧跑过来往缸里瞧，他一见是个男人，也不由分说地骂起来："你这个坏婆娘，明明是你领了别的男人回家，暗地里把他藏在酒缸里面，反而诬陷我！"

"好哇，你还有理了！"妻子又探头往缸里看，见还是先前的那个女人，以为是丈夫故意戏弄她，不由勃然大怒，指着丈夫说，"你以为我是什么人，任凭你哄骗的吗？你，你太对不起我了……"妻子越骂越气，举起手中的水瓢就向丈夫扔过去。丈夫侧身一闪躲开了，见妻子不仅无理取闹还要打自己，也不甘示弱，还了妻子一个耳光。这下可不得了，两人打成一团，又扯又咬，简直闹得不可开交。

最后闹到了官府，官老爷听完夫妻二人的话，心里顿时明白了大半，就吩咐手下把缸打破。

一锤下去，只见那些酒汩汩地流了出来。不一会儿，一缸酒流光了，缸里也没看见半个男人或女人的影子。夫妻二人这才明白他们嫉妒的只不过是自己的影子而已，心中很是羞惭，于是就互相道歉，和好如初了。

在我们周围，总有一些人有着比我们更漂亮的容颜、更优秀的才华、更丰厚的财产，或者更高的官职权力。对此，我们无法做到无动于衷，我们的反应大约有三种：其一是羡慕。欣赏别人的这种优势，赞美它、夸耀它。其二是奋起直追。别人的优势激发我们的创造力，驱使我们通过自身的努力去获取成功。其三是愤怒与怨恨。面对别人的优势，心理失去平衡，非破坏别人不足以让自己的心灵宁静，这种反应即为嫉妒。

嫉妒实在是一把双刃剑，伤人也害己。一个人若有一点嫉妒心，本属正常，它或许还是自己前进的动力、奋发的源泉。可这种情绪犹如野草，稍一放纵便蔓生滋长，遍布整个心灵，同时也给自己的生活蒙上了一层阴影。很多时候，我们需要给自己的生命留一点空隙，就像两辆车之间的安全距离—留一点缓冲的余地，可以随时调整自己。

如果你手中有一副牌，这牌不论好坏你都要把它打完。人也是这样，但唯一不同的是人生可以改变，而牌不行。还有，如果你打牌时输了，后果可以草草结束，但生命不可以，输了一次，就要悔恨终生。

这一生我们可以一直生活在嫉妒别人的阴影里，我们也可以转身面向阳光。

人生感悟

当我们把花送给别人时，首先闻到花香的是我们自己；当我们抓起泥巴抛向别人时，首先弄脏的是自己的手。因此，我们要时时怀有一颗宽容心，以善良唤醉善良，以真心换取真心。

别让心智老去

人的一生总会遭遇许多意外的挫折与失败。对于许多人来说，挫折并不足畏，可怕的是你的心灵被彻底打败了，而又未能体会真正的“教训”，反而一再重蹈覆辙，以致最后落得无可救药。我们常说：“胜败乃兵家常事，因此要胜勿骄，败勿馁。”更重要的是要经得起挫折，重整旗鼓，开辟人生另一个战场。

一天夜里，一场雷电引发的山火烧毁了美丽的“万木庄园”，这座庄园的主人迈克陷入了一筹莫展的境地。面对如此大的打击，他痛苦万分，闭门不出，茶饭不思，夜不能寝。

转眼间，一个多月过去了，年已古稀的外祖母见他还陷在悲痛之中不能自拔，就意味深长地对他说：“孩子，庄园成了废墟并不可怕，可怕的是，你的眼睛失去了光泽，一天一天地老去。一双老去的眼睛，怎么能看得见希望呢？”

迈克在外祖母的劝说下，决定出去转转。他一个人走出庄园，漫无目的地闲逛。在一条街道的拐弯处，他看到一家店铺门前人头攒动。原来是一些家庭主妇正在排队购买木炭。那一块块躺在纸箱里的木炭让迈克的眼睛一亮，他看到了一线希望，急忙兴冲冲地向家走去。

在接下来的两个星期里，迈克雇了几名烧炭工，将庄园里烧焦的树木加工成优质的木炭，然后送到集市上的木炭经销店里。

很快，木炭就被抢购一空，他因此得到了一笔不菲的收入。他用这笔收入购买了一大批新树苗，一个新的庄园初具规模了。

几年以后，“万木庄园”再度绿意盎然。

“山重水复疑无路，柳暗花明又一村。”世间没有死胡同，就看你如何去寻找出路。不让心智老去，才不会让心灵荒芜，才不会无路可走。

一扇门关上，另一扇门会打开。没有过不去的坎，除非你自己不愿过去。面对挫折，只是沮丧地待在屋子里，便会有禁锢的感觉，自然找不到新的出路。不妨离开屋子，享受一下新鲜的空气、阳光，你的心绪会豁然开朗，精神为之振奋，对走出困境，你将会有积极的想法、果敢的行动。人，只有在良好的心境中才能更好地发挥自己的才智。

日本的松下幸之助对此理念阐述得最透彻，他说："跌倒了就要站起来，而且更要往前走。跌倒了站起来只是半个人，站起来后再往前走才是完整的人。"

日本三洋电器公司顾问后藤清一，曾在松下电器公司担任厂长，当时松下幸之助提供给他最好的教育机会。有一天，日本遭逢有史以来最狂暴的台风，虽无人员伤亡，但工厂却接近全毁。后藤心想："好不容易迁到新厂，正想要全力生产、大干特干时，却遭此打击，老板心理上一定很沮丧吧！"

松下是在台风即将停止之前赶到工厂的，此时不巧松下夫人亦身体不适而住院，他是探病后再赶来的。

"报告老板，不得了啦，工厂遭逢巨变，损失惨重，我来当向导，请您巡视工厂一趟吧！"

"不必了，不要紧，不要紧。"

"……"（彼此无语。）

松下手中握着纸扇，仔细地端详它，横看、纵看，神情异常地冷静。

"不要紧，不要紧。后藤君啊！跌倒就应爬起来。婴儿若不跌倒也就永远学不会走路。孩子也是，跌倒了就应立即站起来，嚎哭是没有用的，不是吗？"

松下说完掉头就走，对工厂的灾难毫无惊恐失色之态，快速离去。

人生感悟

俗话说："山不转，路转；路不转，人转。"我国古书《易经》上也说："穷则变，变则通。"的确，天无绝人之路，上天总会给有心人一个反败为胜的机会，只是，在遭遇逆境时，千万别让心智老去。

让不幸赋予你生命的动力

面对自己的不幸，屈服于命运，并企图以此博取别人的同情，这样的人永远只能躺在自己的不幸上哀鸣，不会有站起来的一天。失败并不意味着失去一切，靠自己的奋斗一样可以消除缺憾的阴影，赢得尊重。

同是不幸的遭遇或失败，有人只能以乞讨混日子为生，有人却能出人头地，这绝非命运的安排，而在于个人的奋斗与否。

凡是伟大的人物从来不承认生活是命中注定的，他也许会对他当时所处的环境不满意，不过他的不满意不但不会使他抱怨和不快乐，反而使他充满热忱，想闯出一番事业来。

所以，无论遇到什么不公平——不管它是先天的缺陷还是后天的挫折，都不要怜惜自己，而要咬紧牙根挺住，然后像狮子一样勇猛向前。

辩证地去看，苦难很多人都可能会碰到，有的人退缩了，有的人克服了。退缩的人就此沉没，克服的人成了天才。

小提琴家帕格尼尼就是一位同时接受两种馈赠又善于用苦难的琴弦把音乐演奏到极致的人。

他首先是一位苦难者。4 岁时一场麻疹和强直昏厥症，险些使他白布裹尸装入棺材；7 岁险死于猩红热；13 岁患上严重肺炎，不得不大量放血治疗；40 岁牙床突然长满脓疮，只好拔掉大部分的牙齿；牙病刚愈，又染上了可怕的眼疾，幼小的儿子成了手中拐杖；50 岁后，关节炎、肠道炎、喉结核等多种疾病吞噬着他的肌体；后来声带也坏了，靠儿子按口型翻译他的说话。他仅活到 57 岁，就口吐鲜血而亡。死后尸体也备受磨难，先后搬迁了 8 次。

但帕格尼尼似乎觉得这还不够深重，又给自己设置了各种障碍和漩涡。他长期把自己幽闭起来，每天练琴 10 ～ 12 个小时，忘记饥饿和死亡。13 岁起，他就周游各地，过着流浪生活。他一生和5个女人发生过感情纠葛，其中有拿破仑的遗孀和两个妹妹。姑嫂间为他展开激烈的争夺。但他不齿于上流社会生活，认定人就该受苦受难。在他眼中这也不是爱情，而只是他练琴的教场和获得唯一一个儿子的公平交易。除了儿子和小提琴，他几乎没有一个家和其他亲人。

他其次才是一位天才。3岁学琴，12岁就举办首场音乐会，并一举成功，轰动音乐界。之后他的琴声遍及法、意、奥、德、英、捷等国。他的演奏使帕尔玛首席提琴家罗拉惊异得从病榻上跳下来，木然而立，无颜收他为徒。他的琴声使卢卡观众欣喜若狂，宣布他为共和国首席小提琴家。在意大利巡回演出产生神奇效果，人们到处传说他的琴弦是用情妇的肠子制作的，魔鬼又暗授妖术，所以他的琴声才魔力无穷。歌德评价他“在琴弦上展现了火一样的灵魂”。李斯特大喊:“天啊，在这4根琴弦中包含着多少苦难、痛苦和受到残害的生灵啊！”

人们不禁问：是苦难成就了天才，还是天才特别热爱苦难?

这问题一时难以说清。但弥尔顿、贝多芬和帕格尼尼，西方文艺史上的三大怪杰，居然一个成了瞎子、一个成了聋子、一个成了哑巴！

人生感悟

厄运不可怕，它应当成为一种促使我们向上的激励，而不是一种让我们自我宽恕和自甘沉沦的理由。厄运来临的时候，一定又是上帝在给我们恩赐新的旨意。

撕掉心灵标签，实现人生跨越

自卑是一种心理暗示，给你这种暗示的正是你自己。你给自己贴了失败者的标签，就注定自己的一生是失败的！

湖南有一位大学生，毕业后被分配在一个偏远闭塞的小镇任教。看着昔日的同窗有的分配到大城市，有的分配到大企业，有的投身商海。而他充满梦想的象牙塔坍塌了，烦琐的现实使他好似从天堂掉进了地狱，自卑和不平衡油然而生，从此不愿与同学或朋友见面，不参加公开的社交活动。为了改变自己的现实处境，他寄希望于报考研究生，并将此看做唯一的出路。但是，强烈的自卑与自尊交织的心理让他无法平静，在路上或商店偶然遇到一个同学，都会好几天无法安心，他痛苦极了。为了考试，为了将来，他勉强端起书本，却又因极度的厌倦而毫无成效。据他自己说:“一看到书就头疼。一个英语单词记不住两分钟。读完一篇文章，头脑仍是一片空白。最后连一些学过的常识也记不住了。我的智力已经不行了，这可恶的环境让我无法安心，我恨我自己，我恨每一个人。”几次失败以后他停止努力，荒废了学业，当年的同学再遇到他，他已因过度酗酒而让人认不出他了。他彻底崩溃了。短短的几年却成了他一生的终结。

也许自卑没有自己想象的那么可怕，那么不可逾越。有时，别人的一句赞扬和肯定就能改变一个人的一生。

露西觉得自己长得不够漂亮，很自卑，走路都是低着头的。有一天，她到饰物店去买了只绿色蝴蝶结，店主不断赞美她戴上蝴蝶结很漂亮，露西虽不信，但是挺高兴，不由昂起了头，急于让大家看看，出门与人撞了一下都没在意。

露西走进教室，迎面碰上了她的老师。“露西，你抬起头来真美！”老师高兴地拍拍她的肩说。

那一天，她得到了许多人的赞美。她想一定是蝴蝶结的功劳，可在镜前一照，头上根本就没有蝴蝶结，一定是出饰物店时与人一碰弄丢了。

不过，露西知道，以后她再也不需要蝴蝶结了。

这是一个真实的故事，这位叫露西的小女孩现在已经是HBO的著名主持人了。其实你我的身边也有很多类似的故事。

自卑的人往往碰到一些困难，便觉得自己一无是处，其实他们可以在关键的时刻发出光彩，他们能改变自己的一生，也能影响别人。

十几年前，白岩松从一个北方的小城市考进了北京广播学院。上学的第一天，有女生问他从哪儿来的，而他却因此一个学期不敢和女同学讲话。小城市让他感到了自卑，小城市意味着没见过世面，没见过世面的他真的就生出了些许的压抑感。他说："我一直自卑着，有点自卑才会付出更大的努力。如果采访一个人让你感到忐忑不安，感到自卑，你就一定会去做更多的准备。其实，每个人都或多或少地有着自卑，即使到了一个很高的位置，比如一些大学者。老教授说，啊呀，跟王国维比，我们这些人又能算得了什么呢？这就是说，人总会往前走，他总会有一个他的理想值与他的期望状态。"

人生感悟

自卑，是自己给心灵贴的标签，一个很没有必要的标签，别人可以帮助你，提醒撕掉标签，但意识到标签的没有必要还需自己把握，自己撕掉，只有撕掉，才能战胜自己，实现跨越。

追求一种叫做梦想的欲望

作家林语堂曾勉励我们："人生有梦，筑梦踏实。"

海伦14岁时就梦想成为作家，但沉重的经济压力使她像一般人一样，过着劳碌奔波的生活，从来没有创作过一部作品。

到了50岁时，好不容易卸下生活的重担，她才有机会对自己的人生做出新的规划。

海伦加入一个写作团体，开始尝试写作，并将自己的第一部悬疑小说寄给3家出版社。

结果，她收到3份退件。海伦仍不死心，又将书稿寄给33家代理商，只是这33家代理商同样寄了33份退件给她。

他们客套地称赞海伦颇具创意，但要从事写作，光有创意是不够的。言下之意，他们认为海伦除了创意之外，一无可取。

海伦并不为此感到沮丧，她很高兴听到来自四面八方的意见，并虚心地把这一切都看成是学习的机会，让自己知道在哪些方面比较缺乏，在哪些部分需要加强。

凭着对写作的热情，她参加了一个犯罪调查和辩论技巧的研习班，开始收集有关犯罪事件的文章，并经常请教犯罪专家，从中汲取各种经验。

经验使人成长，海伦内心积累的能量越来越多，也受到许多启发，并把各种零星事件串联起来，开始构思故事。后来，海伦带着完成好的前半部作品参加一个作家会议，与会之前，海伦用心调查每位代理商的背景，并决定把书稿交给其中最具潜力的一家。

这一次，代理商没有支支吾吾，看完海伦的小说，只问了一个问题："你想要多少稿酬？"

海伦想了片刻，大胆提出足以令她安心写作两年的价钱："12万美元。"

代理商欣然同意。于是，海伦出版了她的第一部小说《盐的世界》，当时她已经52岁了。

人只要还有梦想，无论到了什么年纪，都还有圆梦的希望。

在这个世界上，有阳光，就必定有乌云；有晴天，就必定有风雨。从乌云中解脱出来的阳光比从前更加灿烂，经历过风雨的天空才能绽放出美丽的彩虹。人们都希望自己的生活中能够多一些快乐，少一些痛苦，多一些顺利，少一些挫折。可是命运却似乎总爱捉弄人、折磨人，总是给人以更多的失落、痛苦和挫折。此时，我们要相信，只要拥有梦想，就有成功的机会。

人生感悟

每个人都有自己的梦想，只是到头来，许多人都只会被生活磨蚀了梦想，却从不责怪自己为何不踏实筑梦。"美梦成真"这句话，也许听起来很遥远，但永远不会嫌迟，晚来总比不来好，成功是没有时间表的。

第八章　低调做人，高标做事

志当存高远

成功人士都是靠超前一步而取得成功的。奥运会金牌得主不光靠技术，而且还靠远见的巨大推动力。商界领袖也一样。远见就是推动前进的梦想。正如道格拉斯·勒顿说的：“你决定人生追求什么之后，就做出了人生最重大的选择。要想如愿，首先要弄清你的愿望是什么。”有了志向，你就看清了自己的目标。有了志向，你就有一股无论顺境逆境都勇往直前的动力。

维斯卡亚公司是20世纪80年代美国最为著名的机械制造公司，其产品销往全世界，并代表着当今重型机械制造业的最高水平。许多人毕业后到该公司求职均遭拒绝，原因很简单：该公司的高技术人员爆满，不再需要各种高技术人才。但是令人垂涎的待遇和足以自豪、炫耀的地位仍然向那些有志的求职者闪烁着诱人的光环。

史蒂芬是哈佛大学机械制造业的高才生。和许多人的命运一样，在该公司每年一次的用人测试会上被拒绝。史蒂芬并没有死心，他发誓一定要进入维斯卡亚重型机械制造公司。于是，他采取了一个特殊的策略——假装自己一无所长。

他先找到公司人事部，提出为该公司无偿提供劳动力，请求公司分派给他任何工作，他都不计任何报酬来完成。公司起初觉得这简直不可思议，但考虑到不用任何花费，也用不着操心，于是便分派他去打扫车间里的废铁屑。

一年来，史蒂芬勤勤恳恳地重复着这种简单却劳累的工作。为了糊口，下班后他还要去酒吧打工。这样，虽然得到老板及工人们的好感，但是仍然没有一个人提到录用他的问题。

20世纪90年代初，公司的许多订单纷纷被退回，理由均是产品质量问题，为此公司蒙受了巨大的损失。公司董事会为了挽救颓势，紧急召开会议商议对策。当会议进行很长时间却未见眉目时，史蒂芬闯入会议室，提出要见总经理。

在会上，史蒂芬对这一问题出现的原因做了令人信服的解释，并且就工程技术上的问题提出了自己的看法，随后拿出了自己对产品的改造设计图。这个设计非常先进，恰到好处地保留了原来机械的优点，同时克服了已出现的弊病。

总经理及董事会的董事见到这个编外清洁工如此精明在行，便询问了他的背景以及现状。尔后，史蒂芬被聘为公司负责生产技术问题的副总经理。

原来，史蒂芬在做清扫工时，利用清扫工到处走动的特点，细心察看了整个公司各部门的生产情况，并一一做了详细记录，发现了所存在的技术性问题并想出了解决的办法。为此，他花了近1年的时间搞设计，获得了大量的统计数据，为最后一展雄姿奠定了基础。

“志当存高远”这是一句千古流传的名言，古人很重视人生志向的确立，志存高远，就会自我激励，奋发向上，有所成就；志向远大，才能克服眼前的困难和自身的弱点，去实现宏伟的志愿！人人都要认真地审视自我，感知理想实现路程的艰辛，要有远大的抱负，但不能偏执自负；要志存高远，但不能好高骛远。

自古以来，凡成大事者，无不是立高远之志，以勤为径、以苦作舟去实现自己的理想抱负的。

昔时少年项羽因为看到秦始皇出游的赫赫声势，就有取而代之的念头，才有历史上的楚汉相争；诸葛亮躬耕南阳，因为常“好为梁父吟，自比管仲乐毅”，才有魏晋时期的三国鼎立；霍去病因为有“匈奴未死，何以家为”的壮志，才演绎出一代英雄赞歌；周恩来因为从小便有“为中华之崛起而读书”的豪气而成为开国总理，成就了新中国；巴尔扎克因为年轻时的挥笔豪言“拿破仑用剑无法实现的，我可以用笔完成”，才有350部鸿篇巨制的源远流传；苏步青教授因为少年时有“读书不忘救国，救国不忘读书”的志向而成为国际公认的几何学权威。

人生感悟

做人应当有远大志向，才可能成为杰出人物。但要成为杰出人物，光是心高气盛还远远不够，必须从最低级的事情学习做起。

坚守信念，拥有希望

拿破仑·希尔在讲述信念之前，要求人们大声朗诵以下文字，以此实行自我暗示引发信心：

信心是“永恒的万灵丹”。

信心能赋予思考的动力、生命力和行动力！

信心是所有累聚财富途径的起跑点。

信心是所有“奇迹”的根底，也是所有科学法则分析不来的玄妙神迹的发源地。

信心是失意落魄的唯一解毒良方。

信心一旦结合了祈祷，便成了一个人与宇宙大智直接沟通的触媒。

信心是人类有限心智所创造的寻常思考的悸动，能够化为精神力量的主要因素。

信心是人类运用和驾驭宇宙无穷大智的唯一管道。

任何人冲破人生的难关，都需要信念的支撑。信念是什么？数千年来，人类一直认为要在4分钟内跑完1英里（1.6093千米）是件不可能的事。但是在1945年，罗杰·班纳斯特就打破了这个信念的障碍。他之所以能创造这项佳绩，一是得益于体能上的苦练，二是归功于精神的突破。在此之前，他曾在脑海里多次模拟4分钟跑完1英里（1.6093千米），长久下来便形成极为强烈的信念，因而对神经系统有如下了一道绝对命令，必须完成这项使命。他果然做到了大家都认为不可能的事。谁也没想到，在班纳斯特打破纪录后的两年里，竟然有近400人进榜。

刘易斯5岁的儿子汤姆坚信他收集来的石头可以卖出，来赚自己的零用钱，便在大街旁将自己的石头一溜摆开，举着“今天售价一块钱”的告示牌开始了他的生意。虽然没人问津，但他仍然不动摇自己的信念。最终，竟真的有人买走了一块。他骄傲地说：“我跟你说过，一个石头可以卖一块钱——如果你相信自己，你就可能做任何事。”

11岁的安琪拉患了一种神经系统的疾病，无法走路，甚至举手投足也受到诸多限制，医生预测她的余生将在轮椅上度过。但是，安琪拉并不畏惧，躺在医院病床上，向任何一个愿意倾听的人发誓，有一天她绝对会站起来走路。后来她被转到旧金山湾区的复健专科医院，治疗师深为她不屈的意志所折服，便教她运用想象力去看到自己在走路，医疗师认为这至少能给安琪拉以希望，使她能在长期卧床中有些积极的想法。但是，安琪拉却做得非常认真。

有一天，她再度使尽全力想象自己的双腿在行动时，床真的动了，并开始向房间外移动。她兴奋地大叫：“看看我！看啊！看啊！我动了！我可以动了。”医生隐瞒了地震的事实，让安琪拉相信是她真的动了。结果，几年后，安琪拉真的又回到了学校，不用拐杖，不用轮椅，而是用她的双脚。

“我不能”死了，信心才能诞生。

唐娜是一位即将退休的小学四年级的老师，一天她要求班上的学生和她一起在纸上认真填写自己认为“做不到”的事情。每个人都在纸上写下他们所不能做的事，诸如“我没法做 10 次仰卧起坐”，“我不能吃一块饼干就停止”。唐娜则写下“我无法让约翰的母亲来参加母子会”，“我没办法让黛比喜欢我”，“我无法不用体罚好好管教亚伦”。然后大家将纸张投入了一个空盒内，将盒子埋在了运动场的一个角落里。唐娜为这个埋葬仪式致词：“各位朋友，今天很荣幸能邀请各位来参加‘我不能’先生的葬礼。他在世的时候，参与我们的生命，甚至比任何人影响我们还深……现在，希望‘我不能’先生平静安息……希望您的兄弟姊妹‘我可以’、‘我愿意’能继承您的事业。虽然他们不如您来得有名，有影响力。愿‘我不能’先生安息，也希望他的死能鼓励更多人站起来，向前迈进。阿门！”

之后，唐娜将“我不能”纸墓碑挂在教室中，每当有学生无意说出：“我不能……”这句话时，她便指向这个象征死亡的标志，孩子们就立刻想起“我不能”已经死了，进而想出积极的解决方法。

唐娜对孩子们的训练，实际上是我们每个人必修的功课。

人生感悟

如果我们经常有意无意地暗示自己“我不能”，那么，这种坏的信念就会摧毁我们的一切，而“我可以”、“我愿意”等积极的暗示，则可以调动起我们积极的潜意识，使我们踏上冲破人生难关之路。

放低自己，抬高别人

怎么才能要别人喜欢你？因为你在他面前，能让他感到很舒服、很自在、很优越、很有成就、很有自信……周星驰深深地了解这一点，所以——他成功了！

周星驰的票房之所以会高，不是因为他善于演喜剧片，而是因为他是一个“心理学专家”，他懂得真正的成功道理是——把别人垫高了，把自己放低，让别人有了“安全感”；让别人有了“快乐”；让别人有了“自信”；让别人有了“希望”，这样别人才会喜欢自己，让他顺顺利利地成功。

陈安之在《看电影学成功》中是这么说的：“一般人是如何获得自信的？是通过比较：你比较好，所以我就没有自信；我比较好，就变成你没有自信。而每一个人都希望得到认同、得到自信。所以，周星驰演的角色，10 部片子有 9 部都是演一个常被嘲笑常被欺辱的人，演一个最被人看不起的人，能让所有人都觉得：‘我一定会赢过你’的人，结果影片最后，周星驰一定会一反弱态，战胜强敌，扬眉吐气……”

这就叫“Tee-up 法则”——Tee 是打高尔夫球用的小支球托，up 就是把它垫高起来的意思。所有人打高尔夫球，在开杆的时候，他都必须插下那个 Tee，才有办法把球打飞起来。

这就是 Tee 的作用——把自己放低了（像没有价值），再把对方垫高了（对方显得高大而有价值），结果自己就成了对方离不开的，最有价值的“Tee”。

柯南道尔很少给别人签名留念。

有一次，他收到一封从巴西寄来的信，信中说：

“我很希望得到一张您亲笔签名的照片，然后，我会将它放在我的房间里。这样的话，我不仅天天可以看见您，而且我坚信，若有贼进来，一看到您的照片，肯定会吓得屁滚尿流，逃之夭夭！”

收到信的当天，柯南道尔就很爽快地给对方寄去了一张亲笔签名的照片。

结交朋友，发展关系，不光要抬高别人，还要放低自己。福特公司的创始人福特就是一个很会放低自己的人：

1923 年，美国福特公司有一台大型发电机不能正常运转，公司里的几位工程技术人员百般努力都无济于事。福特焦急万分，只好请来德国籍科学家斯特罗斯。

斯特罗斯来到福特公司后，爬上爬下地在电机的各个地方倾听空转的声音，然后用粉笔在电机的左边一个长条地方画了两道线。

“毛病出在这儿，”科学家对福特说，“多了 16 圈线圈，拆掉多余的线圈就行了。”

技术人员照此一试，电机果真奇迹般运转了。

大家对斯特罗斯表示非常的感谢。

“不用谢了，给我 1 万美元就行了！”斯特罗斯说。

“天哪！画条线就要 1 万美元？”技术人员大吃一惊。

“是的！”斯特罗斯傲慢地说，“粉笔画一条线不值 1 美元，但知道该在哪里画线的技术超过 9999 美元！”

看着傲慢的科学家，福特不仅愉快地付了 1 万美元酬金，并且表示愿用高薪聘请他。谁料，科学家毫不心动，他说现在的公司对他有恩，他不可能见利忘义去背叛公司。

福特一听，干脆花巨资把斯特罗斯所在的公司整个买了下来。以福特的地位和财势，竟敢于“丢下面子”忍受斯特罗斯的傲慢和冷嘲热讽，这是因为福特清楚成大事者必须以人为本，而斯特罗斯就是他取得更多财富的无价之“宝藏”。为了留下这座“宝藏”，福特竟然花巨资买下了他所属的公司。看来，要想求人必须放下身段。

刘备为求得千古难遇的人才，三顾茅庐，感动得诸葛亮忠心耿耿，为了蜀国的发展，鞠躬尽瘁，死而后已；张良为学到失传的兵书，三次起早摸黑去桥边等候，才得到了运筹帷幄、克敌制胜的《太公兵法》。因此，要想让别人喜欢你，就要放下架子，以诚恳平易的心态对待他人，才能够为自己打造融洽的人际关系，赢得好人缘。

人生感悟

俗话说：地低成海，人低成王。真正能成大事业的人都懂得放低自己，抬高别人，这样才能让人心归顺，为己所用。

接受你无法改变的

有些人仅仅因为打翻了一杯牛奶或轮胎漏气就神情沮丧，失去控制。这不值得，甚至有些愚蠢，但这种事不是天天在我们身边发生吗？

人们总是为不期而来的意外烦恼不已，他们悲观失望，结果让自己的生活变得更糟糕。这样做真的很愚蠢，我们既然不能改变既成事实，为什么不改变面对事实，尤其是面对坏事的态度呢？

这里有一个美国旅行者在苏格兰北部过节的故事。这个人问一位坐在墙边的老人：“明天天气怎么样？”老人看也没看天空就回答说：“是我喜欢的天气。”旅行者又问：“会出太阳吗？”“我不知道。”他回答道。“那么，会下雨吗？”“我不想知道。”这时旅行者已经完全被搞糊涂了。“好吧，”他说，“如果是你喜欢的那种天气的话，那会是什么天气呢？”老人看着美国人，说：“很久以前我就知道我没法控制天气了，所以不管天气怎样，我都会喜欢。”

别为你无法控制的事情烦恼，你有能力决定自己对事件的态度。如果你不控制它们，它们就会控制你。

所以别把牛奶洒了当做生死大事来对待，也别为一只瘪了的轮胎苦恼万分；既然已经发生了，就当它们是你的挫折。但它们只是小挫折，每个人都会遇到，你对待它的态度才是重要的。不管此时你想取得什么样的成绩，不管是创建公司还是为好友准备一顿简单的晚餐，事情都有可能会弄砸了。如果面包放错了位置，如果你失去一次升职的机会，预先把它们考虑在内吧。否则的话，它会毁了你取胜的信心。

当你遭遇了挫折，就当是付了一次学费好了。

1985年，17岁的鲍里斯·贝克作为非种子选手赢得了温布尔登网球公开赛冠军，震惊了世界。1年以后他卷土重来，成功卫冕。又过了1年，在一场室外比赛中，19岁的他在第二轮输给了名不见经传的对手，被杀出局。在后来的新闻发布会上人们问他有何感受。他以在他那个年龄少有的机智，答道："你们看，没人死去——我只不过输了一场网球赛而已。"

他的看法是正确的：这只不过是场比赛。当然，这是温布尔登网球公开赛；当然，奖金很丰厚。但这不是生死攸关的事。

如果你发生了不幸的事——爱情受阻，或者是银行突然要你还贷款——你就能够，如果你愿意的话，用这个经验来应付它们。你可以把它们记在心里，就好像带着一件没用的行李。但如果你真要保留这些不快的回忆，记住它们带给你的痛苦感情，并让它们影响你的自我意识的话，你就会阻碍自己的发展。选择权在你自己手中：只把坏事当做经验教训，把它抛在脑后吧。换句话说，丢掉让自己情绪变坏的包袱。

人生感悟

当自己已经尽力，可因为个人无法控制的所谓"天命"而使事情变糟时，恐慌、着急、悔恨都无济于事，不如坦然面对——清除看似天经地义的坏心情，保持自己的轻松心态。

不要把自己当做大人物

有一位将军，在大军撤退时总是断后，回到京城后，人们都称赞他的勇敢，将军却说："并非吾勇，马不进也。"将军把自己断后的无畏行为说成是由于马走得太慢。其实，在人们心目中，"马走得太慢"绝对无法抵消将军的英雄形象。

何晶是新加坡总理李显龙的夫人，随着李显龙的宣誓就职，何晶也开始走到了新加坡的政治前台。何晶是位精明能干却始终保持低调，尤其不愿被媒体曝光的商业女强人，因此对于她的身世和成就，在新加坡鲜为人知。如今，随着夫君正式宣誓就职，何晶不得不开始在媒体面前"曝光"。

不过，如果稍加留意就不难发现，在美国《财富》杂志首次选出亚洲25位最具影响力的企业家排行榜上，何晶排名第18位，与索尼集团行政总裁出井伸之、日本丰田汽车社长张富士夫及香港富商李嘉诚齐名。只是当时并没有多少人将她与李显龙联系在一起。

身为新加坡官方最重要的投资控股公司——淡马锡控股公司执行董事的何晶，目前掌管着新加坡遍布全球各地的数百亿美元资产。淡马锡控股公司成立于1974年，辖下大型企业包括新加坡航空公司、新加坡电信、新加坡发展银行和世界有名的新加坡动物园等。

她在一次接受媒体的采访时曾说："我和他（李显龙）时常意见相左，但我们在这些问题上常做有益的辩论。李显龙（当时）虽然是财政部长，但他不能做任何片面决策，他只是一个团队的一分子而已。"

新加坡虽然是一个小国，但在亚洲却是一个经济强国，作为新加坡的第一夫人，何晶却喜欢朴素装扮，她经常留着一头短发。喜欢舒适朴素装扮的何晶，曾在美国接受电子工程教育，因此她也是一位出色的政府学者。在1985年嫁给李显龙时，何晶正在新加坡国防部任职，当时李显龙刚以准将一职自军中退役。

接受记者采访时，何晶给记者讲了一个寓言故事：

两只大雁与一只青蛙结成了朋友。秋天来了，大雁要飞回南方，3个朋友舍不得分开。大雁对青蛙说："要是你也能飞上天多好呀，我们可以经常在一起了。"青蛙灵机一动，它让两个大雁衔住一根树枝，然后它自己用嘴衔在树枝中间，3个朋友一起飞上了天。地上的青蛙们都羡慕地拍手叫绝。这时有人问："是谁这么聪明？"那只青蛙生怕错过了表现自己的机会，于是大声说："这是我想出来的……"话还没说完，它便从空中掉下来了。

越是真正的强者，越懂得低调行事。那些刻意在人面前显示自己是大人物的人，其实内心十分虚弱。

人生感悟

不把自己当做大人物，坦诚而平淡地生活，没有人把你看成是卑微、怯懦和无能的。如果你老是把自己当做珍珠，那么就时时有被埋没的危险。

仰头走路势必被撞

谦虚而豁达的做人方式能使事情做起来更顺利。反之，那种妄自尊大、自以为是的做法必然会引起别人的反感。

1860年，林肯作为美国共和党候选人参加总统竞选，他的对手是大富翁道格拉斯。

当时，道格拉斯租用了一辆豪华富丽的竞选列车，车后安放了一门大炮，每到一站，就鸣炮30响，加上乐队奏乐，气派不凡，声势浩大。道格拉斯得意扬扬地对大家说："我要让林肯这个乡下佬闻闻我的贵族气味。"

林肯面对此情此景，一点也不在乎，他照样买票乘车，每到一站，就登上朋友们为他准备的耕田用的马拉车，发表这样的竞选演说："有许多人写信问我有多少财产。其实我只有一个妻子和3个儿子，不过他们都是无价之宝。此外，我还租有一个办公室，室内有办公桌1张，椅子3把，墙角还有1个大书架，架上的书值得我们每个人一读。我自己既穷又瘦，脸也很长，又不会发福，我实在没有什么可以依靠的，唯一可以信赖的就是你们。"

选举结果大出道格拉斯所料，竟是林肯获胜，当选为美国总统。

做事还是谦虚一些好，谦虚往往能得到别人的信赖。谦虚，别人才不会认为你会对他构成威胁。谦虚不仅是人们应该具备的美德，从某种意义上说，谦虚也是获胜的力量。尤其是在对峙双方地域不同、文化背景各异的情况下，偶然一句"我不太明白"、"我没有理解你的意思"、"请再说一遍"之类谦恭的言语，会使对方觉得你富有涵养和人情味，真诚可亲，从而提高成功的可能性。

越是有成就的人，态度越谦虚，相反，只有那些浅薄地自以为有所成就的人才会骄傲。美国石油大王洛克菲勒就说："当我从事的石油事业蒸蒸日上时，我晚上睡前总会拍拍自己的额角说：'如今你的成就还是微乎其微！以后路途仍多险阻，若稍一失足，就会前功尽弃，切勿让自满的意念侵吞你的脑袋，当心！当心！'"这就是告诫人们要谦虚，尤其是稍有成就时应格外小心，不要骄傲。

越是谦逊的人，你越是喜欢找出他的优点；越是把自己看得了不起，孤傲自大的人，你越会瞧不起他，喜欢找出他的缺点。这就是谦逊的效能。所以，平时你要谦逊地对待别人，这样才能博得人家的支持，为你的事业奠定基础。

人生感悟

当你以谦逊的态度来表达自己的观点或做事时，就能减少一些冲突，还容易被他人接受。即使你发现自己有错时，也很少会出现难堪的局面。正如柴斯特·菲尔德所说的："如果你想受到赞美，就用谦逊去作诱饵吧。"

低调为人，创造辉煌

在现实生活中用“藏巧于拙，用晦而明，聪明不露，才华不逞”等韬略来隐蔽自己的行动，可以达到出奇制胜的目的。表现低调些，做事情过于张扬就会泄漏“事机”，就会让对手警觉，就会过早地把目标暴露出来，成为对手攻击和围剿的“靶子”。保护自己的最好方式就是不暴露，尽管这样做会有损失，却能避免更多不可预知的风险。任正非就是这样一个人。

1998年，华为以80多亿元的年营业额，雄踞当时声名显赫的国产通信设备四巨头之首，势头正猛。而华为的首领任正非不但没有从此加入到明星企业家的行列中，反而对各种采访、会议、评选唯恐避之不及，对直接有利于华为形象宣传的活动甚至政府的活动也一概坚拒，并给华为高层下了死命令：“除非重要客户或合作伙伴，其他活动一律免谈，谁来游说我就撤谁的职！”整个华为由此上行下效，全体以近乎本能的封闭和防御姿态面对外界。

2002年的北京国际电信展上，华为总裁任正非正在公司展台前接待客户。一位上了年纪的男子走过来问他：“华为总裁任正非有没有来？”任正非问：“你找他有事吗？”那人回答：“也没什么事，就是想见见这位能带领华为走到今天的传奇人物究竟是个什么样子。”任正非说：“实在不凑巧，他今天没有过来，但我一定会把你的意思转达给他。”

关于任正非还有很多故事。有人去华为办事，晕头转向地换了一圈名片，坐定之后才发现自己手里居然有一张是任正非的，急忙环顾左右，斯人已踪影不见。有人在出差去美国的飞机上，与一位和气的老者天南地北地聊了一路，事后才被告知那就是任正非，于是懊悔不迭。这些多少有点传奇的故事，说明想认识任正非的人太多，而真能认识任正非的人却很少。

近两年来，华为的壁垒有所松动，出于打开国外市场的需要，华为与境外媒体来往密切，和国内媒体的接触也灵活不少，华为的一些高层也开始谨慎露面。唯一没有任何解禁迹象的，是任正非本人。

在《我的父亲母亲》这篇文章中，又展现了任正非理性和激情背后温情的一面。他在文中总结说：“由于家庭原因，‘文革’中，无论我如何努力，一切立功、受奖的机会均与我无缘。在我领导的集体中，战士们立三等功、二等功、集体二等功，几乎每年都大批涌出，唯我这个领导者从未受过嘉奖。我已习惯了我不应得奖的平静生活，这也培养了我今天不争荣誉的心理素质。”

正是由于任正非的低调做人，才使得他有更多的时间和精力打理公司，每年花大量时间游历全球，在各个发达市场与发展中市场上寻觅机会，在通信设备国际列强间合纵连横，寻觅可用的力量与资源。深刻领悟西式规则的同时，充分发挥东方的智慧，带领着华为再创辉煌。

人生感悟

古人云：木秀于林，风必摧；行高于人，众必非之。为人处世，过于张扬和显露，不仅显出自己的无知和浅薄，也在不知不觉间伤害了他人的尊严，招致他人的嫉恨、诋毁和攻击，处处碰壁，使自己的事业和人生陷入困境。

穷困是成就大业的资本

俗话说：“穷不灭志，富不癫狂。”这句话说的就是高调做事、低调做人的道理。有些人经常感叹道：“我怎么没有本事呢？”事实上，本事就是你所渴望的长处，就是你在困境中磨砺出来的经验。无数事实说明，逆境有时正隐含着更大的成功因素，只要你用自己的毅力和精神加以克服，不利的因素就能转化为成功的种子。如果你精心培育，就会随之开花结果。但在现实生活中，有些人一旦陷入贫穷，或遇到困境，他们要么哀叹命运不公，消沉懈怠；要么羡慕他人，或是嫉妒他人；要么自怜自卑，缺乏自信，在他人面前抬不起头，说不出话。

在宁夏固原山区一带，那些无情的尘暴经常摧毁并不肥沃的田地、破坏人的生计，有一个自小生活在沙尘阴影下的男孩叫占喜，双亲终其一生都在为生存而与风暴及干旱作斗争。

自从双亲过世之后，年轻人便担负起家庭的重担。直到有一天，他实在到了山穷水尽的地步——没有农作物可以收割，粮仓里一无所有，他就要饿肚子了——占喜眼望着农舍屋顶上面的落尘，只能一筹莫展地坐着发愁。忽然，他 8 岁的小妹妹开门走进来，身旁还跟着一个她的好朋友。

"哥哥，你可以给我 1 角钱吗？"她渴切地问道，"我们想到店里去买些饼干，我们每个人都需要 1 角钱。"

占喜久久说不出话来，因为他想不出一个很好理由来拒绝。但他又没有 1 角钱，搜遍了全身的口袋也没找到。

"妹妹，非常对不起。"他温和地说道，"我没有 1 角钱。"当天晚上，占喜翻来覆去睡不着觉，因为他永远也忘不了妹妹脸上失望的表情。有生以来，他经历过不少打击—双亲去世、沙尘暴的袭击……但没有一次像今天这样—他居然没有 1 角钱可以满足自己年幼的小妹妹这么微小的要求！难道自己连这么一点要求也无法满足她吗？占喜想了许久，决心要采取一些行动。就在天色将亮的时候，他终于下定了决心，并想好了整个计划。

占喜一直想当一名教师。但是自从双亲过世之后，他认为自己最好留在家里，以担负起家庭的重任。但是，眼见田地一再受到沙尘风暴的摧残，使他不得不考虑从事其他的工作。于是第二天，占喜到镇上找了一份临时工作，从那时起，他借来许多书，每天都认真研读到深夜，准备有朝一日能得到他真正想要的工作——当一名教师。果然，他后来终于在一间乡村学校找到教职。由于他努力不懈，不但如愿以偿，还赢得了邻居的赞美与尊敬。

穷困也许还是你成就大业的一种资本呢！而这种资本并非人人都有。贫穷困苦能够磨炼一个人的心志和能力。有的人生来贫穷，他自己也无法选择，但有一点可以相信：凡是在困苦的环境中没被击倒，并且更加奋发自强者，都会有百折不挠的韧性和坚持到底的毅力。恶劣环境的一再磨炼，提升和强化了他的能力与意志。这正是一个人担负重大责任的必要条件！所以一个人只要从困苦中走出来，他就能承担大任，这就是成功的本钱！相反，一个生来富贵优越者是很难体验到这些的。

人生感悟

困苦与逆境并非完全不利，许多成就大业者都成长于一个贫穷困苦的环境之中，但他们还是克服和改变了自己的处境，最终获得了成功。

规避风头，走顺畅人生路

老子认为"兵强则灭，木强则折"，"强梁者不得其死"。老子这种与世无争的谋略思想，深刻体现了事物的内在运动规律，已为无数事实所证明，成为广为流传的哲理名言。

一个有才华的人，在必要的时候，要善于审时度势，隐匿自己。"大成若缺，其用不解，大盈若亏，其用不穷，大辩若讷，大方无隅，大器晚成，大音希声，大象无形"，说的就是要善于藏而不露，以待时机。

唐代的顺宗在做太子时，亦豪言壮语，慨然以天下为己任。在中国古代太子有能力、服人心，自然也是顺利当上皇帝的一个条件。但如果太子能力超过父皇，又往往有逼父退位的举动，就非常危险了，往往会遭父皇的猜忌而被废黜。聪明的太子因此必须不能表现出太强的才干，造成太响的名气。顺宗做太子时，曾对东宫僚属说："我要竭尽全力，向父皇进言革除弊政的计划！”他的幕僚告诫他：“作为太子，首先要尽孝道，多向父皇请安，问起居饮食冷暖之事，不宜多言国事，况且改革一事又属当前的敏感问题，如若过分热心，别人会以为你邀名邀利，招揽人心。如果陛下因此而疑忌于你，你将何以自明？”太子听得如雷贯耳，于是立刻闭嘴黜音。德宗晚年荒淫而又专制，太子始终不声不响，直至熬到继位，方有唐后期著名的顺宗改革。而隋炀帝的太子就没有那么好的涵养了，一次父子同猎，炀帝一无所获，太子却满载而归，炀帝本来就感到太子对自己不够尊重，这一下被儿子比得抬不起头，于是寻了个罪名把太子名号给废了。同为太子，顺宗明时度势终登皇帝之位，而隋炀帝太子却到处炫耀，处处表现自我，功高盖主，后被废黜，可见锋芒能否适时显露，事关一人的前途命运。

即使是对有大志向的人来说，低调做人也并不是苟且偷生，而是一种以退为进的谋略。老子主张“无为而民自化，我好静而民自主，我无事而民自富，我无欲而民自朴”。又说“上善若水，水善利万物而不争”。水因为安于卑下，不争地位，善利万物，终归大海，所以才能保全自己。溪流和江海一样，成为众水的统领。

唐朝李泌曾以与世无争的谋略，几度出山匡扶唐廷，力挽狂澜，立下卓著功勋。李泌自幼聪敏，博涉经史，精研《易象》，善为文，常游于嵩、华、终南诸山间。当时他的名声很大，唐玄宗赏识他，夸他为“神童”。宰相张九龄器重李泌胆识，呼他为“小友”。唐玄宗欲授李泌官职，李泌固辞不受。玄宗命他与太子游，结为布衣交。太子常称其先生而不称名。

天宝年间，李泌看到天下的危机形势，赴朝廷论当世时务，但为杨国忠所忌，于是他又潜遁名山。后安史之乱发生，太子唐肃宗即位于灵武，特地召见李泌，李泌陈述天下成败之事，堪称肃宗之意。但李泌固辞官职。李泌说：“陛下屈尊待臣，视如宾友，比宰相显贵多了。”最后被授以散官拜银青光禄大夫，使掌枢务，凡四方表奏，将相迁除，皆得参与。李泌虽不是宰相但权逾宰相，李泌劝唐肃宗俭约示人，不念宿怨，选贤任能，收揽天下人心，终于收复长安、洛阳。李泌见唐廷转危为安，立即要辞归山林。唐肃宗坚决不同意，说：“朕与先生同忧，应与先生同乐，奈何思去？”李泌说：“臣有四不可留：臣遇陛下太早，陛下任臣太重，宠臣太深，臣功太高，所以不可复留。”后来终于说服唐肃宗，归隐衡山。

唐代宗时，时局艰难，藩镇割据，又特召李泌出山，命他为相，李泌一再固辞。代宗只好在宫中另筑一书院，让李泌居住，军国之事无不咨商，李泌又成了实际上的宰相。后来当时局好转后，李泌又辞归山林。李泌一生，好谈神仙，颇尚诡诞，实际上是个幌子，他危时出山辅佐朝政，不争权位，安则归山养性，与世无争。

老子说:“功遂身退，天之道也。”李泌世乱则出，世安则隐，不贪恋禄位，可谓善处身者。

人生感悟

在行动上不前不后，保持中庸，在社会生活中就不会成为众枪围攻的“出头鸟”，这样的生存哲学虽然有点保守，但这样做，却大有可取之处。

主动做事，就是自我创造

观察那些不论领导是否在办公室都会努力做事的人，这种人永远不会被解雇，也永远不必为了加薪而罢工。阿尔伯特在《致加西亚的信》一文中如此写道：“在这里我们依旧要强调这一点。那些成大事者和平庸的人之间最大的区别就在于，成大事者总是自动自发地去做事，而且愿意为自己所做的一切承担责任。要想获得成功，你就必须敢于对自己的行为负责，没有人会给你成功的动力，同样也没有人可以阻挠你实现成功的愿望。”

像无数的美国年轻人一样，詹姆斯在青少年时期和大学时代做过许多的事。修理过自行车，卖过词典，做过家教，当过书店收银员、出纳。大学期间，为了换取学费，他还给别人打扫过院子，整理过房间和船舱。

由于这些事都简单，他曾说它们都是下贱而廉价的。他后来发现自己的想法完全错了。事实上做这些事默默地给了他许多珍贵的教诲，不管做什么样的事，他其实都从中学到了不少的经验。

詹姆斯变成了一位管理者，他依旧像原来那样去发现那些需要做的事—哪怕那不是他的事。无论从事什么职业，只要你这么做你就可以超越别人，这不仅让你与众不同，也会为你的成功铺平一条道路。任何一个在公司里做事的职员都应该相信这一点。只要你主动一些，一切就会变得美好起来。

主动是什么？主动就是不用别人告诉你，你就可以出色地完成一件事。一个优秀的人应该是一个自动地做事的人。而一个优秀的管理者则更应该努力培养人的主动性。

主动地去做好一切吧！千万不要等你的领导来催促你。不要做一个墨守成规的人，不要害怕犯错，勇敢一点吧！领导没让你做的事你也一样可以发挥自己的能力，成功地完成任务。要尽力改善，争当领头羊。当你看到什么事情不如意时，要积极主动去做好。你是否觉得你的公司应该制造一种新产品？如果要，就赶快想办法尽量改善吧。你孩子的学校里要不要增添一些新教材？如果要，就立刻发动募捐，以便你的小孩可以使用。你应相信：即便开始时是一个人孤军奋战，只要这个构想真的很好，对众人都有利，很快就会赢得支持。你一定要使自己成为主动去尽力改善的改革者。

要主动地参加义务活动。你一定有想参加某些活动却又不敢去的经验，为什么呢？因为你害怕。你不是怕能力不足，就是怕别人的批评与破坏。你害怕被人嘲笑，被人说成巴结奉承，被人指为贪功躁进，因此你裹足不前，不敢向前迈进一步。那些能干又肯干的人，都是主动做事的人，而那些站在场外袖手旁观的人，永远只能是看客。大家都信任脚踏实地的人，人们一致相信：这个人敢说敢做，绝对知道怎么做最好。我们还没听过有人因为没有打扰别人、没有采取行动、要等别人下令才做事而受到称赞的。

成功人士和平庸之辈，是两种截然不同类型的人。成功人士凡事都主动，我们不妨称他为积极主动做事的人；那些庸庸碌碌的普通人凡事都被动，我们不妨称他为消极被动的人。你只要仔细研究这两种人的行为，就可以找到一个成功原理：积极主动做事的人都是不断做事的人，他凡事现在就去做，直到完成为止。消极被动的人，都是懒惰散漫的人，他们会找借口偷懒，直到最后他证明这件事不应该做、没有能力去做，或已经来不及了为止。

积极主动做事的人和消极被动的人之间的差异，从很小的地方就能看得出来。前者计划好一个假期，就真的会去度假；后者也计划好一个假期，却拖延到明年再打算。前者认为应该定期听成功讲座，结果他真的做到了；后者也认为应该定期听成功讲座，但他会找出各种办法来拖延。前者认为应该发一封 E-mail 给一个人来恭贺他的成就，他真的敲起了电脑键盘；后者却找了一个好理由来延后，结果一直不去行动。

积极主动做事的人和消极被动的人之间的差异，也会在大事上表现出来。前者想要自己创业，结果他说做就做;后者也想创业，但他总在最后关头发现为什么不该去做的好理由。前者已经 40 岁了，他很想换一个新事做，结果他真的去做;后者也一样，但他一直犹豫不决，结果什么事也没有做成。

积极主动做事的人和消极被动的人之间的差异，也会在各种行为上表现出来。前者想做就做，因而获得安全感以及更多的收入；后者不会想做就做，因为他不想行动，结果丧失了机会，因而永远度日如年。积极主动做事的人会成就许多事情，消极被动的人很想做事但不会真的去做。

人生感悟

一个人成功的原因是自动自发地做事，失败的原因是被动地接受做事。

抓住知识带给我们的生存权

想在这个社会上赢得一席之地，就必须居安思危。如果做一份什么人都可以做的工作而又不思进取，那么说不定什么时候就被人淘汰了。

人皆有惰性，一旦条件优越，就难免不思进取。然而，一个人要想在异常激烈的社会竞争中不被淘汰，还是要有一点危机意识，这样就可以未雨绸缪，主动出击。

数十年前，高中毕业下乡插队的伟宁顶替父职到了某企业工作，先后当过工人、车间调度、总公司办公室收发兼档案管理，饱经风霜的她任劳任怨。近年来，企业经营不景气，单位进行机构改革与调整，此时此刻，她猛然意识到自己年龄大、学历低，又无专长，下岗的忧患，时刻威胁着她。她思虑再三，决心在短期内掌握一技之长。

平常在工作中她帮打字员校对文稿，发现那位打字员不仅打字速度慢，而且错漏百出，校对后还要耗时修改，工作效率很低。公司里的几位老总都对其不满。看来，换人是迟早的事。于是，伟宁利用空闲时间苦练电脑打字技术，这对40多岁的女士来说确实不容易。经过大半年时间的刻苦练习，她的录入速度提高到每分钟50字，而且准确率相当高，几乎可以免除校对了。文稿排版美观大方、文字摆放疏密有致，令人赞不绝口。

不久，一位学档案管理专业的大学生接替了她的工作，她则被聘为办公室打字员，而那位比她年轻10多岁的前任则无可奈何地下了岗。

有人说：“过去的时代是资本时代，由资本决定社会的发展；而现在则是知本时代，知识就是资本。”知识经济时代，就需我们改变观念，掌握知识，依靠知识，创造财富，终身学习，这已成为这个时代的主旋律，也成为每个人生活的主要内容。科技与经济的竞争，说到底还是人才的竞争、素质的竞争。学不到新知识，就等于失去了社会的生存竞争力。如果你是一个有“心眼”的人，就不要中断学习知识，要知道知识多了路好走。

世界知识经济大潮，也冲击着中华大地的各个角落，荡涤着那些不适应生产力发展的旧体制、旧观念，给我国经济、文化、科学技术的发展带来了无限生机，同时也为生长在这一历史环境中的青年一代带来了巨大压力，使他们普遍产生一种危机感、紧迫感。

自从高考招生制度恢复以后，每年都有成千上万的青年进入高等学府，还有不少人被选派出国学习。由于目前我国国力有限，仅仅依靠正规学习远不能使广大青年接受教育，特别是高等教育的需要，那些没有机会进入高等院校的大批青年并未因此而颓废自弃，他们通过电视大学、广播大学、函授大学、夜大、高等教育自学考试等多种途径自学，走上了自学成才的道路。20世纪80年代，工人、农民、干部、知识分子无不为国家、民族的命运担忧，为自己知识的饥渴苦恼。他们把学习视为关系到国家生死存亡的一场全民性的总动员，因而也就形成了前所未有的学习热潮。

北京市电话局某工程师是20世纪50年代的大学毕业生。多年来，工作岗位变换过多次，他的面前总是摆着没有穷尽的新课题，他说：“学不过来啊！”60多岁的人要像40岁的人那样工作，像20岁的人那样学习。自己支配的时间太少，只能学些皮毛，应付工作，太落伍了，又来不及学。学不到新知识，就等于失去了在现代社会中的生存竞争权力。北京市电子计算机中心的某技术人员，1979年被选送去美国留学时已是30多岁的人了，明明已经步入中年，还得像青年一样地苦读，他在美国的老师只有25岁，聪明能干，但我们也不笨啊！只不过我们被耽误了10年。可在国外，跟谁去解释？

夺回逝去时间的唯一办法只能是：人家睡的时候我们少睡，人家玩的时候我们不玩。在美国，中国留学生住的公寓比较舒适，但他们除了吃饭睡觉很少停留在公寓里。他们知道，国家百废待兴，用钱来送他们留学，必须紧紧抓住这个学习机会。老师让他们每天晚上听完一盘磁带，扩大词汇量，听磁带又没有文字材料，老师为了增加难度，故意在每盘磁带上录进一些风马牛不相及的词，他们只好把一个个单词中的一个个字母先分解出来，然后再翻字典，每晚啃下一盘磁带，不亚于服苦役。他们熬夜都熬惯了，大伙都累得麻木了，好像失去了知觉。以后想起那段啃磁带的强化学习的日子都觉得害怕。所以，这些留学生回国后，他们完成了美国专家没有完成的项目，取得了不小的成绩。

现在，我们国家很多科研项目都是由这些学成归来的留学生承担，他们就是因为掌握了世界的最新知识，也就具有一定的竞争力和生存能力，而没有机会出国留学的人与他们相比就很难做出成绩。经历了锻炼，就容易成熟。

人生感悟

多一点生存的技能与智慧，未来就多几分机会与把握。

行动决定一切

一个渴望成功的人，应当具有一种见别人之未见、行别人之未行的精神，成功离不开别具一格的创意，离不开独辟蹊径的能力，思路独特，你才能早日成功，如果只懂得随大流做事，那你注定要落在人后。

伊夫·洛列另辟蹊径，打破常规，积极创新，利用花卉来制造美容霜，而且采取当时闻所未闻的邮购方式，从而使自己的事业取得了不同凡响的成绩。

法国著名美容品制造商伊夫·洛列靠经营花卉发家，从1960年开始生产美容化妆品，到如今他在全世界的分店已逾千家，他的产品在世界各地深受人们的喜爱。伊夫·洛列原先对花卉抱有极大的兴趣，经营着一家自己的花卉店，一个偶然的机会，他从一位医生那里得到了一种专治痔疮的特效药膏秘方。

他对这个秘方产生了浓厚的兴趣。他想：能不能使花卉的香味深入一种药膏，使之成为芬芳扑鼻的香脂呢？说干就干，凭着浓厚的兴趣和对于花卉的充分了解，不久之后，伊夫·洛列果然研制成了一个香味独特的植物香脂。他十分兴奋，于是便带上他的产品去挨家挨户地推销，取得了意想不到的成绩，几百瓶试制品不大工夫就卖得一干二净。

由此，伊夫·洛列想到了利用花卉和植物来制造化妆品。他认为，利用花卉原有的香味来制造化妆品，能给人以自然清新的感觉，而且原材料来源广泛，所能变换的香型种类也非常多，前途一定会大好。

他开始去游说美容品制造商实施他的计划。但在当时，人们对于利用植物来制造化妆品是抱否定态度的。几乎每个制造商都没有听完伊夫·洛列的建议便摇摇头、挥挥手，对他下了逐客令。但是伊夫·洛列坚信自己的新颖想法没错。于是，他自己向银行贷款，建起了自己的工厂。

1960年，洛列的第一批花卉美容霜研制出来了，便开始小批量的生产。结果在市面上引起了轰动。在极短的时间内，就顺利卖出了70多万瓶美容霜，这对于洛列来说，不啻是个巨大的鼓舞。

伊夫·洛列利用花卉来制造美容产品，可以说是一次大胆的尝试，那么，他利用邮购的方式来推销产品，便可以说是一种创举了。

伊夫·洛列开创了自己的公司之后，曾在报刊上刊登过广告，不过效果不太好，金钱花费较大，而反应也并不强烈。有一天，他突然有了一个想法，在广告上附上邮购优惠单，那么一定会引起许多人的注意。

他在《这儿是巴黎》杂志上刊登了一则广告，上面附载了邮购优惠单。《这儿是巴黎》是一份发行量较大的杂志，结果其中40%以上的邮购优惠单给寄了回来，伊夫·洛列成功了。一时间，他这种独特的邮购方式使他的美容品源源不断地卖了出去。

1969年，伊夫·洛列扩建了他的工厂，并且在巴黎的奥斯曼大街上设了一个专卖店，开始大量的生产和销售化妆品了。

做任何事情绝不能只在一棵树上吊死，因循守旧、墨守成规只会导致事业的失败。如果只是踩着前人制定好了的路线，跟在别人后面，慢慢地前行，是绝不可能闯出一片属于自己的天地的。

生活中，有的人有主见、有个性，思路新颖，绝不盲从别人，这种人往往比较容易获得成功，独到的眼光、见解，迅速的行动，雷厉风行的执行速度，就是他们成功的秘诀。不墨守成规、有独特的思路，这不仅是做事成功的保证，也是我们做人处世不可缺少的精神。

因为布莱克早就说过："只思考不行动的人只能生产思想垃圾。"他说，"成功是一把梯子，双手插在口袋里的人是爬不上去的。"

从前，有一位满脑子都是智慧的教授与一位文盲相邻而居。尽管两人地位悬殊，知识水平、性格有天壤之别，可两人有一个共同的目标：如何尽快富裕起来。每天，教授跷着二郎腿大谈特谈他的致富经，文盲在旁虔诚地听着，他非常钦佩教授的学识与智慧，并且开始依着教授的致富设想去实现。

若干年后，文盲成了一位百万富翁，而教授还在空谈他的致富理论。

思想固然重要，但行动往往更重要。我们的本性是主动行动而不是消极等待。这一本性不仅能使我们选择对某种特定环境的反应，而且能使我们创造环境。采取主动并不意味着紧催硬逼、令人生厌或寻衅好斗。它的真正含义是承认我们有责任使事情发生。

那些发挥主动性的人和那些不发挥主动性的人有着天壤之别。我们指的不是效力上的25%～50%的差别，而是500%。以上的差别，如果那些发挥主动性的人是聪明、有见地和反应敏锐的人，那就更是这样了。

人生感悟

许多人等待着事情发生，或等待着别人照顾他们。但那些最终获得好职位的人都是那些解决了问题而不是为问题所困住的能动型的人，这些人按照正确的原则掌握主动，做了需要做的事件，完成了工作。

成功，不需要借口

美国成功学家格兰特纳说过这样一段话：如果你有自己系鞋带的能力，你就有上天摘星的机会！让我们改变对借口的态度，把寻找借口的时间和精力用到人生奋斗上来。因为生活中没有借口，人生中没有借口，失败没有借口，成功也不属于那些寻找借口的人！

年龄借口——有一次张某在街上偶然碰见一位少年时代的同乡，十几年未见面，大家都大为感慨，于是亲切地聊起来。然而，使他惊愕的是，老乡竟说自己已经"老"了。"现在只是为了孩子赚钱，还有十几年就要退休养老了，没有其他想法了。"

老天，他才35岁！怎么就等待退休养老呢？

怪不得我们这个社会有那么多失败者，他们不努力去追求成功，却随意找借口，迎接和等待人生的失败。要知道，35岁是人生中最有作为、精力最旺盛的时候。因为这个时候，人们因吸收广泛的生活养料而比较成熟，比较容易认识和把握自己与社会。

据拿破仑·希尔对500人的分析反映，很少有人在40岁以前取得事业上的大成功。美国著名的汽车大王福特，40岁还没有迈出成功的重要步伐。美国钢铁大王安德鲁·卡耐基在取得巨大成功之时，已过40岁。希尔本人出版第一本成功学著作时已是45岁，之后他为成功事业还奋斗了42年，当他80岁的时候还在出书。

当然，现代社会发展比较迅速，40岁之前成功的例子已比比皆是（这也说明"我还年轻"的借口同样站不住脚）。由于各人的条件、目标、成功的内容和起点不同，40岁后成功的例子仍然相当普遍。

年龄，绝不能成为不成功的借口。

教育和文凭的借口——“我没有受过良好的教育”，“我没有文凭”，这是不少人常用的借口。

事实上学习知识的途径多种多样，学校教育、文凭教育，仅仅是千万条求知途径中的一种。其实，从学校的书本上学东西，常常有很大的局限性，真正的教育来自社会和自学。

我们来看看那些成功人物的教育与学历情况：美国钢铁大王安德鲁·卡内基13岁开始工作，几乎没接受什么正规教育；美国石油大王洛克菲勒高中辍学；日本松下幸之助小学四年级的学历；香港富商李嘉诚初中两年的学历……这些成功者的知识与能力全靠自学而来。

工作中的借口——在工作中，我们经常会听到这样或那样的借口。

借口在我们的耳畔窃窃私语，告诉我们不能做某事或做不好某事的理由，它们好像是“理智的声音”、“合情合理的解释”，冠冕而堂皇。上班迟到了，会有“路上堵车”、“手表停了”、“今天家里事太多”等借口；业务拓展不开、工作无业绩，会有“制度不行”、“政策不好”或“我已经尽力了”等借口；事情做砸了有借口，任务没完成有借口。只要有心去找，借口无处不在。做不好一件事情，完不成一项任务，有成千上万条借口在那儿响应你、声援你、支持你，抱怨、推诿、迁怒、愤世嫉俗成了最好的解脱。借口就是一块敷衍别人、原谅自己的“挡箭牌”，就是一副掩饰弱点、推卸责任的“万能器”。有多少人把宝贵的时间和精力放在了如何寻找一个合适的借口上，而忘记了自己的职责和责任啊！

资金借口——“我没有资金，所以我不能成功……”

事实是，有资金可以帮助我们成功，但没有资金，只要想办法同样可以创业赚钱，同样可以成功。当代中国百万富翁、亿万富翁，几乎全是白手起家的。国外白手起家的富翁也到处可见。其实，资金来源途径很多：积少成多地积累，大雪球是从小雪球滚成的；向亲朋好友借钱集资；寻找一个能生财的门路；或抓住机会找银行贷款；或找有钱单位和个人合伙；集资入股……许多做大事的人，都不是靠自己个人的资金，而是充分利用了银行、信用社以及社会闲散资金。

富兰克林·罗斯福因患小儿麻痹症而下身瘫痪，他是最有资格找借口的。可是他从来不找任何借口，而是以信心、勇气和顽强的意志向一切困难挑战，居然冲破美国传统束缚，连任4届美国总统。他以病残之躯在美国历史上，也在人类历史上写下了辉煌的成功篇章。

看看别人，再审视自己，难道我们不应找出自己身上失败的因素，加以克服和改正么？为了更好地摒弃“借口症”带来的不良影响，你可以自己检讨，也请别人检讨。自己检讨是主观的，有正确的，也有不正确的；别人检讨是客观的，当然也有正确的和不正确的，互相对照比较，差不多就可找出失败的真正原因了，这些原因一定和你的个性、智慧、能力有关。你不必辩白，应该好好看待这些分析，诚实地加以面对，并自我修正。

人生感悟

失败者大都喜欢找借口，成功者却大都拒绝找借口，向一切可以作为借口的原因或困难挑战。

在不显不露中出头

低调做人，用俗话说就是“不显山不露水”，面对功名利禄顺其自然，淡泊处之。

唐朝大将郭子仪一生活得像模像样，有头有脸，其实就得益于这4个字：“低调做人。”

功高权重的郭子仪，被宦官们视为眼中钉。代宗大历二年十月，正当郭子仪领兵在灵州前线与吐蕃军拼杀的时候，鱼朝恩却偷偷派人掘了他父亲的坟墓。当郭子仪从泾阳班师回朝时，朝中君臣都捏了一把汗，怕他回来不肯和鱼朝恩善罢甘休，会闹得上下不安。郭子仪入朝的那一天，代宗主动提了这件事，郭子仪却躬身自责，说：“臣长期带兵打仗，治军不严，未能制止军士盗坟的行为。现在，家父的坟被盗，说明臣的不忠不孝已得罪天地。”

君臣们听了，都由衷地佩服郭子仪坦荡的胸怀。

郭子仪心里明白，自己功劳越大，麻烦就越大，就是当朝皇帝代宗，也会对自己有所顾忌。所以他处处谨慎小心，以求自保。每次代宗给他加官晋爵，他都恳辞再三，实在推辞不掉，才勉强接受。广德二年，代宗要授他“尚书令”，他死也不肯，说：“臣实在不敢当！当年太宗皇帝即位前，曾担任过这个职务，后来几位先皇，为了表示对太宗皇帝的尊敬，从来没有把这个官衔授给臣子，皇上怎能因为偏爱老臣而乱了祖上规矩呢？况且，臣才疏德浅，已累受皇恩，怎敢再受此重封呢？”代宗没法，只得另行重赏。

郭子仪以豁达大度和深谋远虑，得以保全自己。他位极人臣，满堂儿孙，享尽了人间荣华富贵。

人往高处走，水往低处流，想出人头地，无论何时，无论从什么角度来评论，都是一种向上的姿态，其积极意义不可小觑。

在一个团队当中，急于出头、急于想让自己冒出来的人有很多，大家互为制约，互为掣肘。在有些团队当中急于出头的竞争是很激烈的，这时低调做人更是一种理智的做法，它既不妨碍别人出头的视线，也免得自己首先成为众矢之的，成为先烂的“椽子”。

社会上处处充满竞争，官场有竞争，职场有竞争，商场有竞争，情场有竞争。任何竞争都需要勇气，也更需要策略，而其中最大的策略就是像郭子仪那样在残酷无情的竞争中保持低调做人的本分。

低调做人既是一种处世哲学，也是一种处世姿态，更是一种理智的人生选择。一般而言，生而高贵的人只占人群中一个极小的比例，芸芸众生中的绝大多数人却没有这般好命。所以，小百姓们只能正视这个现实，从卑微处起步，历经艰辛坎坷才能由卑而尊。

但是要从为人处世这个大概念来讲，“欲做尊贵人，先做卑微事”也包括那些原本就是尊贵的人，要做到与自己的身份名副其实的话，也不能看轻自己所做的一些卑微之事或鄙夷做卑微之事的人，真正的尊贵之人是不惜做卑微之事的人。

1917年1月4日，一辆四轮马车驶进了北京大学的校门，徐徐穿过校园内的马路。

这时，早有两排工友恭恭敬敬地站在两侧，向蔡元培——这位刚刚被任命为北大校长的传奇人物鞠躬致敬。只见新校长缓缓地走下马车，摘下自己的礼帽，向这些校园里的杂工们鞠躬回礼。

在场的人都惊呆了，这在北京大学可是从未有过的事情，那时的北大是一所等级森严的官办大学。校长享受内阁大臣的待遇，从来就不把这些工友放在眼里。但是，今天的这位新校长是怎么了？

像蔡元培这样地位显赫的人向身份卑微的工友行礼，在当时的北大乃至中国都是罕见的现象，这不是件小事，而蔡元培先生由此变得卑微了么？没有，恰好相反，北大的新生由此开始，树起了一面如何做人的旗帜。

保华是通过奋斗由卑微到尊贵的典型。

保华现在是堪斯亚建筑工程公司的执行副总裁，几年前他是作为一名送水工被堪斯亚的一支建筑队招聘进来的。保华并不像其他的送水工那样，把水桶搬进来之后就一面抱怨工资太少一面躲在墙角抽烟，他给每一个工人的水壶倒满水，并在工人休息时缠着他们讲解关于建筑的各项工作。很快，这个勤奋好学的人引起了建筑队长的注意。两周后，保华当上了计时员。

当上计时员的保华依然勤勤恳恳地工作，他总是早上第一个来，晚上最后一个离开。由于他对所有的建筑工作比如打地基、垒砖、刷泥浆等非常熟悉，当建筑队的负责人不在时，工人们总喜欢问他。一次，负责人看到保华把旧的红色法兰绒撕开包在日光灯上，以解决施工时没有足够的红灯来照明的困难，负责人决定让这个勤恳又能干的年轻人做自己的助理。

现在保华已经成了公司的副总，但他依然特别专注于工作，从不说闲话，也不参与到任何纷争中去。他鼓励大家学习和运用新知识，还常常拟计划、画草图，向大家提出各种好的建议。只要给他时间，他可以把客户希望他做的所有的事做好。

保华没有什么惊世骇俗的才华，他只是一个穷苦的孩子，一个普普通通的送水工，但是凭着勤奋工作的美德，他幸运地被赏识，并一步一步地成长，成为一个受人尊敬的人。

人生感悟

水往低处流，人往高处走。由卑微而至尊贵，这是一个人走向成功与卓越的正向逻辑。因此，开始时的卑微并不是低贱和耻辱，而是抵达尊贵的必要过程。

实在做事，畅达成功

曾经听过这样一个故事：

在毕业 20 周年之际，南京某校的同学组织了一场同学联谊会。

联谊会上，大家把一直还住在乡间的原班主任用专车接了来。老人已年过古稀，头发全白了，腿脚都已不便。同学们仿照原来教室的模样布置了聚会的会场，要求各位同学按 20 年前的座次坐好，将老师请到讲台前。

轮到同学座谈了。大家讲话中都先感谢老师的栽培。班主任听了也不说话，直到临近结束，才站了起来，说："今天我来收作业了。有谁还记得毕业前的最后一节课吗？"

那天是个晴天，班主任把大家带到操场上，说："这是最后一节课了。我布置一个作业，说易不易，说难不难。请大家绕着 500 米操场跑两圈儿，并记下跑的时间、速度以及感受。"说完便走了。

20 年后老师说话了："我离开操场后，在教室走廊上观看了同学们作业的完成情况。现在，20 年后的今天，我对作业讲评一下。跑完两圈儿的有 4 人，时间在 15 分 20 秒之内。1 人扭伤了脚，1 人因为跑得太快摔了跤，有 23 人跑过 1 圈儿后觉得无趣，退出后在跑道外聊天儿。其余的嫌事小，没有起步。"

大家惊异于老师记得如此清楚，一下子看到了老师昔日的风采，纷纷鼓掌。掌声落下，老师继续说："我就这次作业，并结合 70 余年人生体验，送给各位 4 句话：其一，成功只垂青有准备的人；其二，身边的小蘑菇不捡的人，捡不到大蘑菇；其三，跑得快，还需跑得稳；其四，有了起点并不意味就有了终点。你们现在都是 36 岁左右的年纪，又处在世纪之交，尚不是对老师说感谢的时候。请多说说自己的人生作业。"教室里顿时鸦雀无声。

人们常常抱怨命运的不公，常常感叹世道的不平，并总是在幻想着成功之花在一夜之间绽放，然而天下哪有免费的午餐，要成功就得付出努力，即使如跑跑步这么简单的事。

成功也没有别的捷径，只能是脚踏实地，一环扣一环地前进，也就是人们经常说的"一步一个脚印"。再精巧的木匠也造不出没有根基的空中楼阁，任何伟大的事业也都是由无数具体的、微小的、平凡的工作积累的，不愿意干平凡工作的人，很难成大事，世间没有突然的成功，成功的诀窍就是脚踏实地、实实在在地做事。

人生感悟

成功与我们的距离并不遥远，只要你肯静下心来做好手边的事，不要想一下子就取得成功。路是一步步走出来的，想好现在该做什么，然后努力地去完成，你就会离成功越来越近。

第九章 扩大自己的影响力

品读影响力

有影响力的人既能做出工作成绩，又能给人鲜明的印象。在我们的生活当中，一个管理者做事要想充分地去影响他人，首先做事必须有效能。“效能”有两个含义：切实地达到目标或产生所要求的绩效，以及创造一个鲜明印象的能力。就长期而言，有效管理者追求的是，用适当的方法做适当的事。

很多人认为，高效能就代表了成功。我们需要对成功再下一个定义。如果成功仅属于晋升到组织顶峰的总裁、领导，则成功的机会简直太少了。有很多管理者没有这种机会，完全是因为金字塔的顶端太狭窄了，当大家争先恐后朝上挤的时候，总要有人被挤下来。当然也有很多人在某些特殊领域中可以有所成就，在这种情况下他们也就不再以谋取高位的方式去追求成功。我们应该承认这种人同样表现出了效能,因此他们也是成功的。实际上，处于企业组织中的每一个阶层的每一个人，都曾经在某个阶段表现出了他们在自己工作领域内的效能。应该说他们在这个阶段表现了出色的工作绩效，也就是说创造了一种鲜明的印象。

成功地影响别人意味着：得到的结果能满足对方正当的需求。这里“正当”这个词非常重要。如果你遇到一个武装劫机分子，他以乘客作为人质，要挟飞机飞往另一机场降落，这就是一个不正当的要求。如果一个团队成员要求你批准他 8 月份休假——因为他的孩子那时放假，对他来说这是正当的要求。但你可能认为这不是一个正当的要求，因为其他的团队成员可能会效仿他的做法，都会提出这样的要求。

同时，要把成果维持下去，一件事情看上去在一段时间内达到了一个好的结果，但却不能维持下去的影响不是有效的影响。比如，你和一个团队成员达成了协议，她同意重做一项工作，但后来又反悔了，你只能算是个失败的影响者。

在影响他人的过程中，把“强权就是公理”作为影响别人的手段注定是要失败的。人们表面上同意或是赞许，但时间一长，麻烦就会出现。总是强迫员工执行命令的老板短期内可能会取得效益，但时间一长，雇员只会有一种反应—抱怨，或是某种程度地搞破坏。当一方强迫另一方做事时，双方间的信任关系就毁了，而且很难恢复。

所以影响别人不是强迫别人接受你的观点、不断地唠叨直到别人同意、讨价还价、明知别人有错但却屈从、争论等。影响别人的方式可以是给予对方建议，施加影响和提建议非常容易混淆。

当给予建议时，大家的出发点是想要避免触及问题的本质而给别人带来痛苦。大家觉得自己是明智的，对别人是有帮助的，但实际上都不是。给予建议会有好坏两方面的动机，积极的动机是大家希望帮助别人，消极的动机是大家想通过建议来控制别人。

其实这种事情并不少见，它广泛存在于各大公司之中。不仅如此，还广泛存在于日常的人际交往当中，通过上述分析，我们应该对影响力有初步了解了。

人生感悟

影响力是一种独特的魅力，时时刻刻影响着周围的人，并且给予对方一种神奇的力量，甚至可以影响身边人的终生。拥有影响力的人，往往也是社会中最具成功素质的人士。

谁都需要影响力

有这样一个笑话：

柳勇是个农民，从来没有出过远门。攒了半辈子的钱，终于参加一个旅游团出了国。国外的一切都是非常新鲜的，关键是柳勇参加的是豪华团，一个人住一个标准间，这让他新奇不已。早晨，服务生来敲门送早餐时大声说道："Good morning，Sir！"

柳勇愣住了。这是什么意思呢？在自己的家乡，一般陌生人见面都会问："你贵姓？"

于是，柳勇大声叫道："我叫柳勇！"

如是这般，连着3天，都是那个服务生来敲门，每天都大声说："Good morning，Sir！"

而柳勇亦大声回道："我叫柳勇！"

但他非常的生气。这个服务生也太笨了，天天问自己叫什么，告诉他又记不住，很烦的。终于他忍不住去问导游，"Good morning,Sir！"是什么意思，导游告诉了他答案，他不禁叹道：天啊！真是丢死人了。

柳勇反复练习"Good morning，Sir！"这句话，以便能体面地应对服务生。

又一天的早晨，服务生照常来敲门，门一开柳勇就大声叫道："Good morning，Sir！"

与此同时，服务生叫的是："我是柳勇！"

这个笑话告诉我们，人与人交往，常常是意志力与意志力的较量。而我们要想成功，一定要培养自己的影响力，只有影响力大的人才可以成为最强者。

八百里水泊梁山，一百单八位英雄好汉，坐头把交椅的是又黑又瘦的宋江。论武艺，他比不上林冲、武松、鲁智深等人；论文采，他比不上会写苏、黄、米、蔡四家字体的"圣手书生"萧让；论计谋，他比不上"智多星"吴用、"神机军师"朱武。就算是依照前首领晁天王晁盖的遗言，也应该是由活捉了史文恭的卢俊义接任。不管怎么说，都轮不到又黑又矮、出身卑微、武艺稀松的宋江。可是众英雄就是只服他一个人，言听计从。就算后来对他的招安路线心怀不满，也没有人弃之而去，还跟着他南征北讨。到最后马革裹尸，断臂出家，毒酒穿肠，也没有一个人对他心怀仇怨。

宋江能坐第一把交椅，靠的就是他的影响力。想当年，早在山东郓城做衙司的时候，他就声名在外。提起"及时雨"宋公明，走江湖的豪杰好汉哪个不知，谁人不晓。等到他在江州问斩时，许多英雄前去劫法场相救，其影响力之大可见一斑。

这就是影响力的威力。有人说，影响力本质上就是一种控制力。更准确地说，影响力是一种让人乐于接受的控制力。它与权力不同，影响力不是强制性的。它发挥作用是一个很微妙的过程，它以一种潜意识的方式来改变他人的行为、态度和信念。没有人能够抗拒它，因为它来的悄无声息，等你察觉时，早已经被它虏获了。

人生感悟

人与人的交往不仅仅是沟通与沟通的交际，有的时候就是意志力与意志力的对抗，不是你影响别人，就是你被别人影响。拿破仑·希尔曾经说过："在别人的影响下生活着，就等于被别人意志给俘虏了，这样的人即使再优秀，也不会登上一把手的宝座。"。

好形象是影响力的潜在资本

生活经验告诉我们，每个人都想追求完美的人生，但很少有人真正去注意自己在社会交往中的形象。这种形象不仅仅是仪容仪表的刻意修饰，更是温和的性格、积极的心态、文雅的修养带给人的影响力。

古代哲人穆格发说：“良好的形象是美丽生活的代言人，是我们走向更高阶梯的扶手，是进入爱的神圣殿堂的敲门砖。”

同是人生，有人过得潇洒，人见人爱，有人却哀叹自己满腹才学，无人赏识；有人展现真我，活出精彩，也有人却怨苍天无眼，命运不济。为什么同样是人，却有着不同的境遇、不同的结果呢？

好形象是人生的一种资本，充分利用它不仅能给你的日常生活添色加彩，更有助于提升你的影响力。

由于我们都是这个世界上独一无二的人，所以我们每个人的形象，无论好坏，也都是充满着独特影响力的。因此，形象是每个人向世界展示自我的窗口，向社会宣传自我的广告，向别人介绍自我的名片。别人从我们的形象中获取对我们的印象，而这个印象又影响着他们对我们的态度和行为。同时，每个人都在这个最基本的互动过程中追逐着自己人生的梦想，实现着生命的价值。

同时，良好的形象有助于建立良好的人际关系，营造和谐气氛，令你在社会中左右逢源，无往不利，从而促进你的成功。

红顶商人胡雪岩有一次面临经商上的一个很大危机。他在上海新开业的商行遭到当地商人的联合挤兑，不久就波及大本营杭州。一些大客户生怕胡雪岩垮台，闻风而动，都准备中止和他的往来。

一天胡雪岩从上海回来了，他们悄悄躲在暗处观看，估计会看到胡雪岩灰头土脸的样子。结果他们失望了，他们却看到了一个衣甲鲜亮、精神抖擞的胡雪岩。

他们还不放心，又跟踪胡雪岩到他的商行去。他们认为胡雪岩会暂停生意进行整顿。可是胡雪岩的商行不仅没有关闭，而且他还亲自坐镇，在柜台上悠然自得地喝起茶来。这一下子令他们糊涂了：一个人遭受这么大的打击，竟然还能够如此的镇定从容？最终，胡雪岩的气度征服了他们，他们又对胡雪岩恢复了信心。

其实，当时胡雪岩的处境已是山穷水尽，就是凭他那坚如磐石的好形象，才稳住了糟糕的局面。

每个人都应该明白：好形象如果能够充分运用，将有助于提升你的影响力，促进你的成功。

有人说：“形象是一个人的招牌，坏形象会毁了你一生，而好形象会令你的影响力迅速提升。”这句话一点不错，尤其是在今天这样竞争日益激烈的社会里，每个人都承受着巨大的压力，同时又被利益驱使着，犹如急流中团团旋转的浮萍。而在此时此刻，如果我们能静下心来，认真地树立起自己的好形象，那就好比给自己的人生打造了一块金招牌，能令你在风高浪险的生命历程中从容地经营人生，从容地成就人生。

人生感悟

一个注意形象并自觉保持好形象的人，总能在人群中得到信任，总能在逆境中得到帮助，也必定能在人生的旅途中不断找到发挥才干的机会，最终做到时刻用自己的风采魅力影响别人，活出自己真正精彩的人生。

优雅助你脱颖而出

劳格娅从香港总公司到北京分公司出差，在国贸大厦里等电梯，待电梯停下，她正要进门，一个头发油亮、穿着西服的男人一个箭步抢到她的前面。等进了电梯，她看清楚了，那是一个外表英俊的男人，他坦然、自信，根本不知道他的举动留下了什么印象。劳格娅说：“如果没有这个猴子般的举动，我会认为他是一个有影响力的男人，但是我真为他的外表可惜，为他作为一个穿西装的男人而可怜。”今天，劳格娅已经定居内地，工作在现代化的大厦里，她对于这种现象已经是司空见惯。她说：“过去出门时，我以为前面的男士会像海外的绅士一样为我开门，结果我常常被门撞到鼻子。现在我已经培养起了绅士风度，习惯地为在身后的男士拉开门，不过，我很少得到‘谢谢’的回报。”

有的人的穿戴和外表包装是世界一流的，可是他的行为、举止和修养却不能反映他外表的质量。有很多人把形象设计的概念理解为外表包装和视觉感官上的提升，而根本不注重自身内在的修养，这不是形象设计的全部内容。形象设计的包装是简单的，而提高和改善人的修养和内在内容却是复杂的、深刻的、全面的、长期的。个人的修养包含自身文化素质的提高、情操的升华，它还包括对人类心理的理解，对人们行为动机的理解和对基本人性、人格、社会、文化等的理解，以及对此做出的相应的反应。它需要你有能力理解他人的心理反应，预测产生的结果及你的行为可能会留下什么样的后果。有人说：“只有琢磨墨香之后，才能成为真正的人。”当你有了优雅的举止，会让你从平凡中脱颖而出，与此同时，你的影响力也会随之提升。

很多有影响力的男人会认为，这看起来是一个无关紧要的细节，却让人上纲上线到“修养”的问题上，未免有些小题大做了。但是，仔细地想一想，我们生活中大部分的快乐都是通过有修养的行为得到回报的。我们每时每刻都在从内心里判断、评价一个人。陌生人的一个微笑，一句真诚的感谢，立刻会赢得我们由衷的赞赏：“真有修养，真懂得礼貌。”同样的道理，无论你是什么人，你在做什么，每一个场合，每一分钟，只要有人存在，你的一举一动、一言一行都在表现着自己的修养，人们根据你的举动来判断：“他，是不是有修养和影响力？”其结果再简单不过了：有修养和影响力，人们就喜欢你；没有修养和影响力，人们就厌恶你。

在任何场合下，不要以为穿戴世界名牌服饰就能够表现出卓越的修养，就能够展现出迷人的形象。优秀的外表包装是能够引人注目的，但是，相应的举止和修养才能真正让我们脱颖而出。然而，很多外表“卓越不凡”的人的举止却对不起他昂贵的外装，他们留给别人的影响并不是杰出的外表、有修养的举止，而是自私的、缺乏教养的、让人反感和憎恶的低劣举动。

修养常常不在大事上，而是反映在那些你从来都漫不经心的小节上。你以为没人在意，但是这只是自己在掩耳盗铃。

修养体现在我们的一举一动之中，有标准的社交举止的人并不一定就有修养。这让很多有影响力的人很困惑，一些人幼稚地以为强势、敢干、尖刻的做事方法就会获得别人的重视和尊重，“据理力争”、“得理不饶人”、“痛打落水狗”的行为和咄咄逼人、气势汹汹的态度，并不会强化你的影响力的形象。在文明社会里，一个优雅高尚让人尊重的形象，绝不会来自强暴、争斗、金钱的堆积和权力的掌握。因而，有位朋友总结道：“有钱买不来影响力。”宽容、大度、得理依然饶人的处世态度，比你懂得如何欣赏战国时代的古董更让人尊重。

我们应该念念不忘，我们的生活是由各种微小的细节组成的，细小的事物总能够引发出伟大的结果。恶劣的小节，也会导致恶性的影响，留下恶劣的印象。小事不为者，大事难成。对于修养小节视而不见，疏而忽之，久而久之，就会自然而然地养成恶性的习惯，而习惯又会渗透到思想意识之中，它不但会导致恶性的、愚蠢的、堕落的思维方式，还会污染一个人的灵魂。

到底什么才是优雅的、有修养的举止呢？优雅绝不是矫揉造作，对于很多没有良好的内在修养的人来说，刻意地寻求优雅的举止，确实会显得装腔作势、东施效颦。修养是一种忘我的境界，在这个境界中，你自然、朴实无华的举止会处处流露出高雅。真正良好的修养并不是体现在外表上，人们只看见一个有教养的人举止高雅，却没有看到内在的实质。

有修养的举止，是利用外在的一举一动来传达我们内心对别人的尊重和影响力的一种方式，它源于对事理、人情的通达。有修养的举止能够影响到我们的外表。修养的培养来自于不断的实践和观察，就像其他良好的习惯一样，要养成这样的影响力，你必须要不断地实践。

人生感悟

有很多事情看起来和书上讲的礼仪、礼貌好像没有太大的关系，似乎是一件不足以挂齿的小事，但是，这些并不引人注目的小节却反映了一个人的修养，没有修养的举止会摧毁生活中的一些快乐，彻底改变人们对你毫无瑕疵的外表的看法。

让别人追随你的思想

1. 从思路开始

要改变他人的想法，让对方按照你的思路来思考问题，这不能靠强制的命令来实现，而需要一些有效的技巧来一步步地影响他们。下面有几种方法值得参考：

（1）问封闭式问题。封闭式问题是与开放式问题相对的一类问题，这类问题的答案往往是“是”或“不是”，“有”或“没有”，等等，答案只是有限的几个选择。封闭式问题与开放式问题有不一样的作用，封闭式问题可以用来得到你预先设想的答案，例如，你问对方“你结婚了吗？”对方的回答可能是“已婚”或是“未婚”，这两个答案都是你事先可以预见的，你可以事先就想好如果他回答“已婚”，你如何继续提问；如果他回答的是“未婚”，你又该怎么继续提问。预先设计好的一系列的封闭式问题，可以非常有效地引导对方的思路。

（2）6+1 法则。在沟通心理学上有一个重要的“6+1 法则”，用来说明这样一种现象：一个人在被连续问到 6 个做肯定回答的问题之后，那么第 7 个问题他也会习惯性地做肯定回答；而如果前面 6 个问题都做否定回答，第 7 个问题也会习惯性地做否定回答，这是人脑的思维习惯。利用这个法则，你如果需要引导对方的思路，希望对方顺从你的想法，你可以预先设计好 6 个非常简单、容易让对方点头说“是”的问题，先问这 6 个问题作为铺垫，最后再问一个最重要和关键的问题，这样对方往往会自然地点头说“是”。

（3）目的架构。目的架构式谈话就是在一开始就与对方明确这次谈话双方共同的目的，这会很快地将对方的思路引向真正有价值、有利于解决问题的地方。例如，两辆车发生追尾事故，车子都有了破损，两辆车的司机都很气愤，往往一下车就吵架。如果其中一位能使用目的架构，问对方：“这位先生，你觉得我们现在最重要的是解决问题呢，还是要吵架呢？”这个问题指出了两名司机重要的不是要吵架，而是要解决问题，然后继续各自的行程。那么双方的争吵可能会立即终止，因为目的架构谈话将对方的思路完全从争吵的状态引到了解决问题上面来。

（4）提示引导法。提示引导是一种语言模式，用来影响对方的潜意识，使对方不知不觉地转移思路。这种语言模式的基本思路是：先用语言描述对方的身心状态，然后用语言引导对方的思考或是生理状态。例如，你可以说“当你开始听我介绍这个房子的时候，你就会觉得住在这个房间里会很舒服”，“当你考虑买这辆车的时候，你就会想到带着你的太太和孩子开这辆车兜风是多么开心的事情”，等等，这些都是提示引导的语言模式，其中“当……你就会……”是标准的句式，“当”后面是描述对方的身心状态，“你就会”后面是你引导对方进入的状态或思路。

让对方顺从你的思路，重要的在于引导。改变别人之前，先改变自己的策略去接纳别人，再把对方引向你所希望的地方。这就是影响他人的一种策略。

2. 引导别人的注意力

即使是一个没有野心、最保守的人，也希望自己能够受人尊重，因为世界上没有一个人不想成为一个有影响力的人物。

对于这种感觉第一次对自己的内心造成的震撼，迈克逊至今还历历在目。

9岁那一年，迈克逊第一次去看现场篮球赛。迈克逊和这群朋友坐在体育馆的看台上。

迈克逊记得最清楚的不是比赛的本身，而是比赛开始时宣布选手阵容的场景。他们把所有的灯关掉，然后以彩光灯照亮那些选手。当主持人宣布开赛第一场的球员时，他们依次跑到球场地板的中央，接受群众的欢呼。

那天，四年级的迈克逊在看台上张望，对自己说："有一天我也要跟他们一样。"事实上，在结束球员介绍之后，迈克逊对着他的朋友波比说："波比，当我上高中时，他们也要这样宣布我的名字。我会跑到彩光灯下、篮球场的中央。大家会为我欢呼，因为我要变成一个有影响力的人物。"

那晚，迈克逊回家告诉父亲："我要成为篮球选手。"没多久，父亲就给了他一个名牌篮球，在车库前装了篮球球网。他常铲掉车道前的积雪来练球，梦想成为一个有影响力的人物。

他现在想起来有点可笑，这样的梦想竟会影响自己的生命。还记得在读六年级时，他们参加全市校际篮球赛。他们的队伍已经赢了好几场球赛，所以他们得以去俄亥俄州恩科菲尔市的老磨坊街运动场比赛，也就是他四年级看那场篮球赛的所在地。当他们进入运动场时，他没有像其他球员一样跑进球场做热身运动，而是跑到两年前高中篮球赛球员坐的椅子上。他就坐在他们的位置上，闭起双眼（就像球场的灯全关起来那样）。然后，在他脑海中，听到喊叫他的姓名，他应声跑到球场的中央。

在想象中，迈克逊仿佛听到观众的掌声，感觉真好！他渴望再做一次！他连续做了三次才满意。突然间，他发现队友都停止玩球，他们用难以置信的眼光望着他。他才不在乎！他已向梦想更靠近了一步。

每个人都想受敬重。换句话说，每个人都想成为一个有影响力的人物。一旦这种信息植入你的思想，你会深刻地理解人为什么会做出某些事的原因。如果你把每一位自己所遇见的人，都当做全世界最重要的人物来看待，那么你就会把对方当做是你心中最有影响力的人物来与他沟通。

如果要做一个有影响力的人，在领导他们之前，你首先要爱他们。人们一旦了解你对他们是真心的关怀，他们对你的感受就会改变。

向别人表达关怀不总是容易做到的一件事。人们会为你带来最伟大、最甜蜜的时刻，也会为你带来最困难、最伤痛、最悲恸的时刻。人情是你能拥有的最大的资产，也是你最大的负债。无论何时都保持对人的关怀，是一大挑战。

如果你想要帮助其他人，成为一位有影响力的人，就要保持笑容、分享、给予。倘若有人打你脸颊一巴掌，你还得把另一边脸颊让他来一巴掌，这是正确的待人态度。更何况，你不清楚在你自己影响力的范围之内有谁会站起来，改变你和其他人的命运。

3. 了解别人思考的内容

每个人在不同的时刻所思考的内容是千差万别的，了解他人的所思所想，才能更好地了解他的需求和问题，从而引导他的思考方向，并且影响其行为。了解他人思考内容有以下几种方法：

（1）保持空杯心态。它是一种理智和尊重对方的沟通状态。无论对方告诉你他的想法是什么，都要用最为冷静的态度去耐心地倾听，既不打断，也不做任何评论。把自己杯子里的水倒光，使自己的杯子空下来，才能更好地去装别人要给你的东西。因为每个人的想法都值得尊重，即使他们的想法是错误的，也可能为你提供一些有价值的东西。所以，保持空杯这一谦虚的心态，才能吸收到对方更多的思想和把握影响他人的方法。

（2）耐心地复述确认。在耐心地倾听完对方的话之后，简单复述一遍对方所说的重点。这是为了防止误解或曲解对方的意思。歧义经常会使我们无法很好地理解对方的意思，用自己的话去复述确认既能够表示你对对方的尊重，同时也使术语、省略语、方言等所造成的语言障碍得以解除，使你所接收到的信息更为准确和完整。例如，你可以说："你说的意思是……对吗？"或者"让我来重复一下你的意思，你看看对不对？你的意思是……是吗？"等等。复述确认应该成为谈话中的一种习惯，它会大大增加沟通的效率，同时，也为影响他人奠定了良好的基础。

（3）开放式的问题是吸收对方信息的最好方法。好的问题往往能掌控一个人的思考，因为思考本身就是一种问答过程。开放式的问题可以有很多种，像“你为什么这么想？”“你喜欢什么运动？”等等，这些问题的共同点是它们能打开对方的思路，使对方告诉你更多的想法；同时，这样的问题可以令对方更多地谈论他们自己，说一些他们感兴趣的事情，或是去思考一些他们可能很少去考虑的问题。其实，这也是影响他人的一种方法。

（4）不要臆测对方的想法。语言是沟通的桥梁，有时也是沟通的障碍。如果我们仅仅根据对方的话来直接做判断，或者连对方的话都没有听完就做判断，那么误解对方的可能性就会非常大。随意猜测对方话语的意思，以自己的观点去理解对方的意思，很有可能造成沟通障碍。因此，时刻牢记不要去臆测对方的想法。

了解对方思考的内容需要的是耐心和细致，这是引导他人思考必不可少的步骤。同时，了解对方的思考内容，可以为影响他人奠定基础，这样也可以更好把握对方的心理。

人生感悟

只要调整好思路，用某种方式吸引别人的注意，并及时准确把了别人思考的内容，你就能自如地引导别人的思想，让他追随你。

卓越的品质绽放气质芳香

1. 忠诚是一种影响力

忠诚，是一种真心待人，忠于人、勤于事的奉献情操，它是发自内心的，包含着付出、责任，甚至牺牲的精神。当一个人失掉忠诚时，连此一起失去的还有一个人的影响力、尊严、诚信、荣誉以及前程，反过来也一样。

小林是一家公司的主管，学历高、水平高，人也灵活，老板很看重他。由于公司规模小，很多杂务都由职员兼顾着做了。老板经常派小林去采购一些办公用品，这时候，小林发现了工作中隐藏着为自己增加收入的机会，在感受着“上帝”滋味的同时，时不时还能拿点回扣得点“好处”。

有一次，公司的宣传彩报设计好后，老板很满意，吩咐小林马上找印刷厂印出来。和印刷厂的业务员讲好价后，小林提出了一个要求，开票时多开了200元钱放入自己的口袋。

公司业务不断发展，老板扩大了公司规模，租用了一幢6层楼房作为公司办公场地。老板领大家看楼时，边说着自己的计划边请大家当参谋。小林在一旁喜不自禁，心想，如此大批量购置办公设备，那“好处”……

半个月后，小林终于等到了老板召见的时刻，心想正是新办公楼购置设备的日子，高兴得一步三跳地进了老板的办公室。老板请他坐下后，微微笑着说：“小林，我记得你是第一个进入公司的，这两年公司发展到今天，你功不可没啊。”

小林谦虚地应着，觉得老板今天特别“啰唆”。老板继续说：“公司马上就要鸟枪换炮了，其实你是个很能干的人，老实说我还有点舍不得。”小林感觉不对，果然，老板递给他一个装有结清他工资的信封。

“为什么？”小林大声责问。当老板说出理由时，小林无话可说了。老板说：“公司发展了，完善管理是必须的，对那些有贡献的员工也该升职加薪了，对你的去留，我充满矛盾。留，要给个高位，但我又担心你的可靠性，所以……”

小林万没料到，平日里忙得不可开交的老板竟然对他占公司便宜的事情了如指掌。小林在公司最辉煌的时候被炒了，离开公司那天，他后悔不已。

一个不为诱惑所动、能够经得住考验的人，不仅不会让他失去机会，相反会让他赢得更多机会。此外，他还能赢得别人对他的尊重。

莎士比亚说："忠诚你的所爱，你就会得到忠诚的爱。"

付出总有回报，忠诚于别人的同时，你会获得别人对你的忠诚。忠诚的人容易获得别人的信任和支持，也值得对他委以重任，因此忠诚的人更容易获得提升自己影响力的机会。

著名管理大师艾柯卡，受命于福特汽车公司面临重重危机之时，他大刀阔斧进行改革，使福特汽车公司走出危机。但是，福特汽车公司董事长小福特却排挤艾柯卡，这使艾柯卡处于一种两难的境地。此时，艾柯卡却说："只要我在这里一天，我就有义务忠诚于我的企业，我就应该为我的企业尽心竭力地工作。"尽管后来艾柯卡离开了福特汽车公司，但他对于福特公司的影响还是很大。

艾柯卡说："无论我为哪一家公司服务，忠诚都是一大准则。我有义务忠诚于我的企业和员工，到任何时候都是如此。"正因为如此，艾柯卡不仅以他的管理能力更以他的人格魅力征服了别人。

无论一个人在企业中是以什么样的身份出现，对企业的忠诚都应该是一样的。一个成功学家说："如果你是忠诚的，你就是成功的。"作为一名员工，你的忠诚对于你自己而言，是你成功的通行证。

忠诚，不仅会让一个人获得更多的提升影响力的机会，而且它也使一个人获得了弥足珍贵的美德。在任何时候，美德都是永远不会贬值的。如果你渴望影响力，那就要保持忠诚的美德，让它成为你工作的一个准则，并在此基础上逐步培养正确的道德观，形成好的品格。

2. 宽容豁达，是提升影响力的奥秘

宽容豁达是一种超脱，是自我精神的解放，人要是整天被名利缠得牢牢的，得失算得精精的，那还谈何宽容豁达，宽容豁达就要有点豪气，乍暖还寒寻常事，淡妆浓抹总相宜。凡事到了淡，就到了最高境界，天高云淡，一片光明。人肯定要有追求，追求是一回事，结果是一回事。你就记住一句话：事物的发生发展都必须符合时空条件，如果条件不符，那你就得认了。人活得累，是心累，常唠叨这几句话就会轻松得多，"功名利禄四道墙，人人翻滚跑得忙；若是你能看得穿，一生快活不嫌长"。与其悲悲戚戚地过一辈子，不如痛痛快快、潇潇洒洒地活一生，难道这不好吗？

宽容豁达代表的是一种自信。人要是没有精神支撑，剩下的就只是一具皮囊。人的这个精神就是自信，自信就是力量，自信给人智慧和勇气，自信可以使人消除烦恼，自信可以使人摆脱困境，有了自信，就充满了光明。宽容豁达的人，必是有影响力的汉子，而绝不是那种佝偻着腰杆、委曲求全的"君子"。

宽容豁达不是盲目的自我表露，它是一种修养，一种理念，是一种至高的精神境界，说到底是对待人世的一种态度。沈从文也好，马寅初也好，一些人生跌宕起伏有影响力的人也好，对于人生的种种不平、不幸，都被其博大胸襟和知识学问所涵盖，以及由善良忠直道义所孕育的不屈不挠的生命力所战胜！"卒然临之而不惊，无故加之而不怒。"如此的生命，还会有什么样的火焰山过不去呢！

宽容豁达是一种博大的胸怀、超然洒脱的态度，也是有影响力的人的个性最高的境界之一，也是一种"德"。一般说来，豁达开朗之人比较宽容，能够对别人不同的看法、思想、言论、行为以至他们的宗教信仰、种族观念等都给予理解和尊重，不轻易把自己认为"正确"或者"错误"的东西强加于别人。他们也有不同意别人的观点或做法的时候，但他们会尊重别人的选择，给予别人自由思考和生存的权力，他们会以德服人。有时候，往往是豁达产生宽容，宽容导致自由。记得胡适先生说过，如果大家希望享有自由的话，每个人均应采取两种态度：在道德方面，大家都应有谦虚的美德，每人都必须持有自己的看法，不一定是对的态度；在心理方面，每人都应有开阔的胸襟与兼容并蓄的雅量来宽容与自己不同甚至相反的意见。换句话说，采取了这两种态度以后，你会容忍我的意见，我也会容忍你的意见，这样大家便都享有自由了。这不仅是自由，更是开阔了我们的生存空间。

当然，宽容并非等于无限度地容忍别人，开朗并不等于对已构成危害的犯罪行为加以接受或姑息。但对于个人而言，宽容往往会有更好的人际关系、提升自己的影响力，自己在心理上也会减少仇恨和不健康的情感；对于一个群体而言，宽容开朗，无疑是创造一种和谐气氛的调节剂。因此，宽容是提升影响力的一大法宝，以德服人是你有凝聚力的重要武器。只有用“德”去治人、治你的事业，你才会信心百倍地走向成功，同时也是完善个性的一种体现。

宽容是能够让人品德高尚的习惯，要想成为有影响力的人，就应该拥有这个习惯，从现在开始，让宽容、豁达主宰你的品行，开创有影响力的人生。

3. 勤奋是最好的资本

职业人士取得影响力的最大秘笈和最可靠的保障就是勤奋。

勤奋是一种可以吸引一切美好事物的天然磁石。在日常生活中，靠天才做到的事情，靠勤奋同样能做到；靠天才做不到的事，靠勤奋也能做到。俗语说：“勤奋是金。”

现实生活告诉我们：天道酬勤，命运掌握在那些勤勤恳恳地工作的人手中。富兰克林在《穷理查德历书》中说：“个人的奋发工作和勤劳实干，是取得杰出成就的必然，与好逸恶劳的懒惰品行无缘。正是辛勤的双手和大脑才使得人们富裕起来——在自我教养，在智慧的生长，在商业的兴旺等方面。事实上，任何事业追求中的优秀成就都只能通过辛勤的实干才能取得。”

牛顿是世界上非常具有影响力的科学家，当时有人问他到底是通过什么方式得到那些非同一般的发现时，他诚实地回答道：“总是思考着它们。”还有一次，牛顿这样表达他的研究方法：“我总是把研究的课题置之心头，反复思考，慢慢地，起初的点点星光终于一点一点地变成了阳光一片。”正如其他有影响力的人一样，牛顿也是靠勤奋、专心致志和持之以恒才取得巨大成就的。他的盛名也是这样换来的，放下手头的这一课题紧接着从事另一课题的研究，这就是他的娱乐和休息。牛顿曾说过：“如果说我对公众有什么贡献的话，这要归功于勤奋和善于思考。”

从事文学的人，有许多也具有非凡的毅力和百折不挠的品质。瓦尔特·司各脱先生就是一个这样的人，他在一个律师事务所工作，一连几年他仅仅是从事抄写工作，司各脱白天埋头苦抄，夜晚用心看书、写作。他认为作为一个文人所必需的扎实、坚定而不浮躁的勤奋品格，正是在他从事抄写这一工作中逐渐养成的。

司各脱每天 5 点起床，自己生好火，洗漱之后，很认真地穿好衣服。6 点钟，他准时坐在桌子前，开始写作。文件都井井有条地摆在桌前，各种参考文献也整齐地摆在地面上，这时他才思泉涌，完成了许多知名的作品，当八九点钟家人围起来吃饭时，他已完成了这一天工作中的最难部分。尽管他学富五车、知识渊博，尽管他由于辛勤工作取得了惊人的成就，但每当谈到自己的成绩和能力时，他总是很谦虚，认为这算不了什么。

有一次他说：“在我这一生中，我无数次因自己的无知和浅陋而苦恼，常常有‘书到用时方恨少’的感觉。我觉得我是靠勤奋来弥补自己的不足的。”

一点一点的进步都是来之不易的，任何成功都不可能唾手可得。许多有影响力的科学家和发明家的一生就是顽强拼搏、勤奋刻苦的一生。

对于想拥有影响力的人来说，勤奋是最好的资本。谁能不停止勤奋的脚步，谁就能向成功靠近。勤奋工作是成功之路、幸福之源。

每一个有影响力的人士都是在勤奋的基础上加上专业的能力，还有良好的人际关系走向成功的。每一个职业人士也是靠勤奋追求影响力的。

勤奋是金。勤奋是有影响力的人士必备的品质，也是有影响力的人士必须养成的习惯。

4. 热情是影响力的催化剂

一个心存渴望的人看见的是成功的一面，而悲观失望的人看见的则是失败的一面；积极向上的人觉得生活中总是阳光普照，而失望沮丧的人见到的只是阴影和暴风雨。

热忱和积极心态以及你提升影响力的过程之间的关系，就好像汽油和汽车引擎之间的关系一样：热忱是提升影响力行动的动力。

你可运用积极心态来控制你的思想，同样，你也可以运用积极心态来控制你的热忱，以使它能不断地注入到你心灵引擎的气缸中，并在气缸内被明确目标发出的火花点燃并爆炸，继而推动信心和个人进取心的活塞。

热忱是一股力量，它和信心一起将逆境、失败和暂时的挫折转变成为行动。然而此变化的关键，在于你控制思维的能力，因为稍有不慎，你的思绪就会从积极转变成消极。借着控制热忱，你可以将任何消极表现和经验转变成积极表现和经验。

热忱对你潜意识的激励程度和积极心态的激励程度是一样的。当你的意识中充满热忱时，你的潜意识也同时烙上一个印象，那么你的强烈欲望和为达到欲望所拟定的计划是坚定不移的；当你对热忱的认识变得模糊不清，你的潜意识中仍然留存着对成功的丰富想象，并会再次点燃残存在意识中的热忱火花。

没有热忱的人，就好像没有发条的手表一样缺乏动力。一位神学教授说："成功、效率和能力的一项绝对必要条件就是热忱。"热忱这个词源于希腊文，是"神在你心中"的意思，一个缺乏热忱的人别想赢得任何胜利。

为了使你对目标产生热忱，你应该每天都将思想集中在这个目标上，如此日复一日，你就会对目标产生高度的热忱，并愿意为它奉献。有位名人说："情绪未必会受理性的控制，但是必然会受到行动的控制。"积极心态和积极的行动可升高热忱的程度，你必须为你的热忱制定一个值得追求的目标，一旦你将你的热忱导向成功的方向，它便会使你朝着目标前进。

真正的热忱是发自内心的，发掘热忱就好像是从井中取水一样，你必须操作抽水机才能使水流出来，接着水便不断地自动流出。你可以对于你所知道或所做的任何事情都付出热忱，它是积极心态的一种象征，会自然地从思想、感情和情绪中发展出来，但更重要的是：你可以随心所欲地从内心唤起热忱。

热忱的力量真的很大！当这股力量被释放出来支持明确目标，并不断用信心补充它的能量时，它便会形成一股不可抗拒的力量，并足以克服一切贫穷和不如意，你可以将这股力量传给任何需要它的人。这恐怕是你能够动用热忱所做的最伟大工作了，激发他人的想象力，激励他们的创造力，激发他人的影响力，帮助他们和无穷智慧发生联系。

人生感悟

忠诚、宽容、勤奋、热情是铸就卓越人生不可或缺的品质，是成功者的最大人生资本。

提升你的人气指数

在生活的舞台上，我们每天都在与形形色色的人打交道。有的人，初次见面就会给你留下很好的印象，让你很长时间都不会忘记；也有的人，即使你见过几次也记不住。我们会发现，那些总是容易给人留下好印象的人，在交往中也总是得心应手，从不会因为缺少朋友而烦恼。这是为什么呢？心理学家的研究表明，人际吸引是人们成功交往的开端，一切良好的人际关系，无不是以人际吸引为契机的。

人际吸引也就是人与人之间的相互接纳和喜欢。怎样才能被人接纳和喜欢，这是一个古老而又永恒的话题。

以下是影响人际吸引的因素：

1. 美感

古希腊的哲学家亚里士多德曾经说过："美丽比一封介绍信更具有推荐力。"也许亚里士多德的所谓美丽只是针对外貌美而言的，不过他的话确实没有说错。在交往中，外貌美丽对人际吸引的作用确实是不可低估的，人们在交往中对外貌有一种特别的注意力，并且容易使人产生好的印象。

2. 才能

人人都愿意与有能力的人交往。在一定限度内，才能与被人喜欢的程度成正比关系。

但是，才能太高也不行。心理学的研究发现，在一个群体中最有能力、最能出好主意的成员往往不是最受人喜爱的人。这是因为，当身边的人的才能使自己可望而不可及时，人们就会产生一种压力，这种压力驱使人们对高才能的人敬而远之。现实生活中，这样的事情屡见不鲜。在某些单位中，有才能的人经常会受到排挤，而人们却总是错误地倾向于用嫉妒来解释这个现象。其实，这种事情的发生是很正常的。

因此，在现实生活中，不要苛求自己做一个完美的人，因为完美不但不会增加你的吸引力，反而会使人们对你敬而远之。如果你是一个很有才能却不受欢迎的人，那么不妨犯一点可以原谅的小错误，也许会收到意想不到的效果。

3. 个性品质

一个人的个性品质无疑会影响别人对他的喜爱程度。有人做过研究，将用来描绘人的个性品质的形容词按照喜欢程度由高到低进行排序，其中，排在最前面的是高度受人喜欢的品质，位于序列中间的是中性品质，排在最后的是高度被人厌恶的品质。

人生感悟

有了吸引，才有真挚的友谊；有了吸引，才有美丽的爱情。有人比喻，人际吸引就像一个无形的磁场，将人与人“吸”到了一起，使我们的生活丰富多彩。

储蓄你的人脉

人是感情动物。你在感情的账户上储蓄，就会赢得对方的信任，那么当你遇到困难或求人办事、需要对方帮助的时候，就可以得到这种信任换来的鼎力相助。

日本麦当劳社社长藤田田著有一本畅销书《我是最会赚钱的人物》。他将他的所有投资回报率进行分类研究，发现感情投资在所有投资中，花费最少，回报率最高。进行感情投资不仅仅是金钱上的付出，也包括对人的面子的照顾。

心理学研究表明，正常的人都是很重视面子的，懂得这个道理，求朋友办事就方便了许多，只要你能放下自己的面子，给朋友一个面子，相信你会获益匪浅。

朋友相交，要善于利用面子，往朋友脸上贴金，朋友就会高兴，就会感激你。比方说，你有喜事临门，朋友来向你道贺，你要说：“沾你的光，托你的福。”这样一说，就使你自己的光彩暗些，朋友的面上则亮些。

即使朋友的所作所为，你有意见，说的时候也要给朋友面子。你就得先说，“你的某某事做得挺好，效果、反应都不错”，然后，你再用“就是”、“但是”、“不过”等来做文章。谁都知道“但是”后面的才是真正要说的话，但前面的话一定要说，因为在中国它不是假话，也不是废话，而是为营造一种和谐气氛的客气话。你若直来直去，对方必然会觉得你扫了他的面子，心中大起反感。所以，“曲线救国”，拐弯抹角的话少不了。

给面子要给得恰当，不恰当就是不给面子。如果被请之人面子很大，而又未受到应有的待遇，则成了极伤面子的事情。

假如你在提升影响力的过程中，不仅没能让朋友欠你个情，反而伤了人家的面子，那么，你还得学会补偿。

面子像人的衣服一样，可以遮掩身价。面子可以作伪，但情感却是真实的。面子有大有小，情感也有深有浅，但情感的大小不以面子的大小为转移，只以内心的体验为依据，因而比面子更真实。出于面子而为人办事，难免敷衍，或尽力不尽心；出于情感而为人办事，则会尽心尽力，两肋插刀。所以善用面子，是为了让朋友欠你个人情，如果这人情是真实的东西，就不怕他办事不尽心、不尽力。

如果你帮助他人获得他所需要的东西，你也会因此而得到你所想要的东西，而且你帮助的人越多，你得到的越多。

人与人之间没有互信互助，则没有互惠互利；没有较深的感情，则没有彼此的信任。在平时与人交往中重视感情投资，不断充实感情，就是堆积信任度，保持和加强亲密互惠的关系。

藤田田非常善于感情投资。他每年支付巨资给医院，作为保留病床的基金。当职工或其家属生病、发生意外，可立刻住院接受治疗。即使在星期天有了急病，也能马上送入指定的医院，避免在多次转院途中因来不及施救而丧命。有人曾问藤田田，如果他的员工几年不生病，那这笔钱岂不是白花了？藤田田回答："只要能让职工安心工作，对麦当劳来说就不吃亏。"

藤田田还有一项创举，就是把从业人员的生日定为个人的公休日。让每位职工在自己生日当天和家人一同庆祝。对麦当劳的职员来说，生日是自己的喜庆日，也是休息的日子。在生日当天，该职员和家人尽情欢度美好的一天，养足了精神，第二天又精力充沛地投入工作当中。

藤田田的信条是：为职工多花一点钱进行感情投资，绝对值得。感情投资花费不多，但换来员工的积极性所产生的巨大创造力，是任何一项投资都无法比拟的。

乐于助人，多主动帮助别人，你才能不断增加感情账户的储蓄。在工作上，在交际时，对别人多一份相知，多一分关心，多一份相助，当你需要别人帮忙时，谁还会拒你于千里之外呢？

人生感悟

人人都有爱的需要，感情投资正是通过满足别人人性的需要、感情的饥渴而进行投资，迎合了人内心的渴盼，因而也就是一种最有效的投资。

使你受欢迎的四大途径

1. 以友好的方式开始

对别人表示关心和善意，比任何礼物都能产生更多的效果。

对别人友好首先要无害人之心，这是最起码的要求和准则，是底线。它要求我们不歧视他人，不欺负、不伤害人，不占人便宜。其次就是与人为善，它要求我们尊重他人的人格、情感，有礼貌，讲信用，知恩图报，凡事行善，先人后己。再次是要成人之美，己所不欲，勿施于人，设身处地，尽力助人。能做到这些，我们就真正做到了友好。

如果你对他人有兴趣，并认真倾听，尽力去真正理解他们，你就能更好地体会他们的感受。你们的感受可能不会永远一致，但当你能体谅并理解他们的感受时，才能真正设身处地为他们着想。当朋友犯了错误，不要动不动就横加指责、大声呵斥，要知道"人非圣贤，孰能无过"，我们要多看到朋友的长处，凡事多站在别人的立场上考虑，这样我们就可以更好地理解朋友的所作所为。要真正做到随时调整好自己的心态，多看别人的长处，原谅别人的过错，这样你的友谊之树才会常青。

如果你被人激怒并向对方进行反击，也许在一段时间里会感觉好受一些。但其他人会怎样想呢？他们会分享你的快乐吗？你愤怒的语调、敌对的态度能让他们认同你的观点吗？你是否想过，在你"反唇相讥"获得心理平衡的一瞬间，你给他人的印象已大打折扣，甚至以后你对他人的影响力也随之大打折扣了呢？

"如果你握着拳头来找我，"伍德罗·威尔逊说过，"我敢肯定自己的拳头也会马上握紧。但是如果你说：'让我们坐下来一起商量吧。如果意见不同，我们就找出原因，看看到底哪里发生了问题。'我们立刻就会发现彼此的距离并不遥远，分歧的方面很少，相同的方面很多。如果我们有足够的耐心，并且能开诚布公，就能够做到一致。"

正如太阳可以比风更快地令你脱下衣服，亲切、友好和赞美能比世界上所有的狂怒和咆哮更轻易地令人们改变观点。记住林肯的话吧："一滴蜂蜜比一加仑胆汁招引的苍蝇还要多。"

2. 谈论他人感兴趣的话题

在我们的生活中，为什么有的人外表形象并不出众，但是却让我们如此的喜欢，以至于我们称之为"朋友"和"知己"？而有的人貌似出众，但是我们却不愿意接近他们呢？其实，正是“我们喜欢那些喜欢我们的人”的原则，让他们成为我们的朋友。是他们对我们的欣赏和认可，让我们感到他们有眼力，就像一个发现了千里马的伯乐。在我们的眼中，他们也就显得如此的美好、特殊，我们愿意与他们接近，也愿意帮助他们。其实，表现出喜爱我们的人，才真正掌握了我们人性的弱点。他们不仅让我们体验到了当时愉快的情绪，还让人类最强烈的渴望——“受人尊敬”得到了满足，他们对我们的喜欢、欣赏、赞扬，让我们认为自己的社会价值得到了承认。和他们在一起相处，我们拥有的是快乐，我们也回报他们以同样的友好与热诚。如此的简单，不需要任何努力和代价，仅仅是由于展示出对我们的喜爱，我们就把同样的桂冠也戴在他们的头上了。有影响力的名流都在有意运用这个原则，这也是为什么他们受到公众喜爱的缘故。

谈论对方感兴趣的话题，对方肯定愉悦。投其所好，其实也是有技巧的，这要求你必须会察言观色，知道对方内心真正感兴趣的事。

尤其是和人初次见面很难知道对方在想什么，所以要善用机会，寻找话题。

3. 爱人者，人恒爱之

卡耐基在他的《影响力的本质》一书中写道：“不管是屠夫，或是面包师，乃至宝座上的皇帝，统统都喜欢他人对自己表示好意。拿德国皇帝来说，当第一次世界大战结束时，他成了万恶不赦的罪人。在愤怒的人民中，却有个寡妇的小孩子写了一封非常单纯的信给他。这个孩子说，不管别人怎么样想，他会爱戴他的皇上。德皇深受感动，邀请这个孩子去做客。小孩去了，她母亲也同行，德皇与孩子的母亲竟然成婚了。”

已故维也纳著名心理学家阿德勒，写过一本叫做《人生对你的意义》的书。在那本书中，他说：“不对别人感兴趣的人，别人也不会对他感兴趣。所以人类的失败，都出自这种人。”著名魔术家哲斯顿最后一次在百老汇上台的时候，《创富学》作者希尔花了一个晚上待在他的化妆室里。为什么呢？因为哲斯顿，这位被公认为魔术师中的魔术师，前后 40 年，曾到世界各地一再地创造幻象，迷惑观众，使大家吃惊得喘不过气来。共有 6000 万人买票看过他的表演，而他赚了近 200 万美元的利润。

希尔请哲斯顿先生告诉他成功的秘诀。哲斯顿说他的成功与学校教育没有什么关系，因为他很小的时候就离家出走，成为一名流浪者，搭货车，睡谷堆，沿街乞讨，他是靠坐火车中向外看铁道沿线上的标志而认识了字。

他告诉希尔，关于魔术手法的书已经有好几百本，而且有几十个人跟他懂得一样多。但他有两样东西，是其他人没有的。一是哲斯顿能在舞台上把他的个性展现出来。他是一个表演大师，了解人类的天性。他的所作所为、每一个手势、每一个语气、每一个眉毛上扬的动作，都在事先很仔细地练习过，而他的动作也配合得分秒不差。二是哲斯顿对别人真诚地感兴趣。他告诉希尔，许多魔术师会看着观众，对自己说：“坐在底下的那些人是一群傻子，一群笨蛋，我可以把他们骗得团团转。”但哲斯顿的方式完全不同。他每次一走上台，就对自己说：“我很感激，因为这些人来看我的表演，他们使我能够过一种很美好的生活。我要把他们当做朋友，并把我最高明的手法，表演给他们看。”

他宣称，他没有一次在走下台时，不是一再地对自己说：“我爱我的观众，我爱我的观众。”希尔听完后总结说，哲斯顿成功的秘诀是如此简单，那就是对他人感兴趣，这就是一位有史以来最著名的魔术师所拥有的秘诀。

4. 展现你的亲和力

亲和力是人们说话时一种让人易于接受的态度。这种方式的优点是易于消减人与人之间的隔膜，进而使传达者有效地把自己的思想传递给被传达者。因此，学会并运用好亲和力，我们就可以使自己的想法更易于被人接受。

我们可以把亲和力比作盛装佳肴的器具，而把我们所要表达给别人的思想比作佳肴。如果这器具是脏兮兮且令人讨厌的，恐怕也不会有人愿意品尝盛在其中的佳肴。

人生感悟

我们每个人都希望自己受别人的欢迎，其实要做到这一点，还是有法可循的。

如何赢得长久影响力

1. 配合对方的作风

如果对方是个身陷法网的犯人，你可以用法官般庄严的语气对其讲话；如果对方是学生，你可以用理论性的口气和他讨论；如果对方是公务员，你不妨用客气一点的辞令来访问他。以不同的态度来采访不同的对象，就能够打动被访问者的心，使其娓娓道出你所需要的信息，这名记者就是用这个方法听到那个犯人的反省的。当一名新闻记者，就该以不同的姿态来努力达到收集资料的目的。

曾有一位资深记者提起他辛苦收集资料的经验，他说："印象最深的一次是去采访一个重要的犯罪新闻。一个人在犯了滔天大罪后逃逸，逃亡途中被地方警察捕获。在押解的路上，我和犯人面对面坐着，我想访问他当时的过程与心境，然后火速送到报馆，当做头条新闻发布。眼看着截稿的时间分分秒秒地逼近，而这名犯人却始终不开口，我绞尽脑汁，最后终于使他说出来了。"这名记者究竟是用什么方法能够成功地采访各个不同的对象？他说，必须按照对方的年龄和职业，而改变自己访问的态度，否则就无法得到你所要的资料。

这也许有点言过其实，但是作为一个要想提升自己影响力的人必须明白，一个人如果能够配合对方的言行而做巧妙地应对，那么无论什么事情都能应付得很顺利，这就是懂得巧妙运用生活技术的人。实际上和人会面的时候，如果不能配合对方的作风而改变自己的行动，就无法和他谈得来，更说不上一见如故了，到最后只能找和自己类似的人交往，非但交友范围缩小，而且自己的人际关系也呈现出一种封闭的状态，无法再跨出一步了。

2. 站在他人角度看问题

当自己在工作、学习或生活中遇到烦恼、困难时，或有心里话要倾诉时，我们一般不会找父母，而是去找知心的朋友商量、倾诉。朋友会给你许多同情和安慰，或者提供给你不少好的建议。但不要忘了，别把什么都寄托在朋友身上。朋友如果在力所能及的范围内帮你，你当然得好好感谢，但是当他们或者迫于自己经济实力，或者一时烦事缠身脱不开时，你也不要抱怨你的朋友，或在心里嘀咕：

"看，真正要帮忙的时候就不吱声了。"

"瞧！看样子，他考虑的只是他自己。"

这样想时，你就要检讨一下自己了。暂时忘记自己的处境和角色，设想你就是你的朋友，站在朋友当时的处境，对于你提出的困难，你会怎么对待呢？这时你可能很快会明白了："嗯，他确实有难处；嗯，他实在是无能为力。"现实生活中的许多事情，在自己看来不可思议、难以理解，当我们把立足点放在当事人那一端时，我们可能很快就会想通了："嗯，换上我也会那么做的。"在公司里，如果受到上司的呵斥，当然很不愉快。如果你一时控制不住自己，耐不住性子而跟他"翻"脸的话，当然没有好处，这时有必要站到对方的立场上去想想："如果我是公司的上司，我会允许我的员工上班迟到和随便聊天吗？"这样很快就可以理解上司发怒的原因，使你很快冷静下来；另一方面，你也可以很好地反省一下自己。

站在对方立场上使自己的想法和对方一致是一种很好的方法，如果进一步考虑到对方所思、所望，即使是让人生气的事也会对自己有利。根据对方的希望，尽力使自己的行动与之一致，一定会得到他的赞赏。

"这小子考虑得真周到！"

"他真懂我的心，是个可靠的人。"

这样，对方自然而然会信任你，反而把你当做一个贴心的朋友来对待。

我们在生活、工作中的许多误解、争执，其实就是因为不能设身处地为他人着想所致。

因此，要想提升自己的影响力，不管是在生活中还是工作中，都要设身处地为别人着想，这也是提升影响力的一个好办法。

3. 不要自私自利

在没有对号入座的教室里、自由参加的演讲厅里，或是免费观赏的电影欣赏会场，占位置的情形十分严重。而占位置的人或许会理直气壮地认为，替家人、朋友、同学占几个位置有何不对？殊不知这种行为不但会严重损害他人的权益，同时也会使自己的形象受到贬损。值得庆幸的是，各种交通工具、公共场所几乎皆已实行对号入座，占位置的不良情形或许可以从此大为减少。

不守秩序和占位置一样糟糕。当大家都按顺序排队买票的时候，他却蛮横插队，只顾自己的方便，完全漠视别人的利益，别人越是愤愤不平，他越是沾沾自喜，还以为自己的行为勇不可当、胆识过人，觉得自己干的是聪明事，别人都是笨蛋。不论在什么样的社会里，总是有人为了自己的利益而不择手段，这种人到任何地方都不受欢迎。人们一旦发现这种人以后，就会对他加以防范，以免自己的利益受到侵犯，当然更谈不上与之交朋友。

因此，一个人要想提升自己的影响力，就要注意自己的行为举止，不要过于自私自利，适当地退让，这种行为自然也会给他人带来影响。

4. 讨人喜欢的原则

学会聆听；

不要向朋友借钱；

尊敬不喜欢你的人；

打球时不要一直赢；

不必什么都用“我”做主语；

不要把过去的事全告诉别人；

为每一位上台唱歌的人鼓掌；

对事不对人，对事无情，对人要有情，做人第一，做事其次；

不要期望所有人都喜欢你，那是不可能的，让大多数人喜欢就是成功；

自己开小车，不要特地停下来和一个骑自行车的同事打招呼，人家会以为你在炫耀；

有时要明知故问：“你的钻戒很贵吧！”有时，即使想问也不能问，比如“你多大了？”

把未出口的“不”改成“这需要时间”，“我尽力”，“我不确定”，“当我决定后，会给你打电话”；

没有谁比对手更能提高你的保龄球的成绩了，所以，平常不要吝惜你的喝彩声；

同事生病时，去探望他，很自然地坐在他的病床上，回家再认真洗手；

坚持在背后说别人好话，别担心这样的好话传不到当事人耳朵里；

如果你接到停电、停水通知，请通知你的邻居或同事；

不要把别人的好意视为理所当然，要知道感恩；

气质很关键，如果时尚学不好，宁愿淳朴；

自我批评总能让人相信，自我表扬则不然；

把“讨厌”解读为“讨人喜欢，百看不厌”；

有人在你面前说某人坏话时，你只微笑；

与人握手时，可多握一会儿，真诚是宝；

当着客人的面，用开水把杯子烫一遍；

尊重传达室的师傅及搞卫生的阿姨；

与人同打出租车时，请抢先坐在司机旁；

说话的时候记得常用“我们”开头；

言多必失，人多的场合少说话。

从以上27个原则可以了解到，如果想要提升自己的影响力，不妨可以试试这些原则，这些原则会为你提升影响力带来一些帮助。

人生感悟

要在人群中赢得长久的影响力，你必须懂得如何站在他人的角度看问题，让他人真心喜欢你、尊重你。

用“西施”效应提升你在爱人心中的影响力

想做个有影响力的人，并不是一朝一夕就可以培养出来的，不仅要在工作中树立自己的影响力，更要重视家庭的影响力。在家庭中，你的一举一动很可能给家人造成很大影响，特别是孩子的成长。如果你觉得自己在工作中出类拔萃，有一定的影响力，但是在家庭中，你却是一个一无是处的人，那么可以说你缺乏影响力，或者你根本就是个没有影响力的平庸之辈。

环境对一个人的人格形成的影响在许多方面都能得到证实，5 ~ 6 岁是人格形成的基础时期，因而早期经验和养育态度就成为一个重要问题，帕金森把家庭称为“制造人格的工厂”。家庭对人格的影响主要体现在以下这些方面。

赞美是同批评、反对、厌恶等相对立的一种积极的处世态度和提高影响力的行为。一个人不管是通过语言还是通过行为，只要表达出对别人的优点和特长真诚的肯定和喜爱，都可以说是赞美，赞美是一种堂堂正正、正大光明的影响力处世艺术。

人们对赞美并不陌生，然而，真正善于赞美别人的行家毕竟是少数，大部分人还需要学习怎样赞美别人，以更好地工作、生活、发展。

在生活中也是一样，通过赞美你的爱人，你可以永远地获得爱人的关心和照顾以及家庭的温暖，并且提高你在爱人心中的影响力。

夫妻之间的交谈艺术十分微妙，需要用爱心去建筑。为了建设幸福的家庭，为了使爱情永葆青春，亲爱的朋友，你要想在家庭中提升自己的影响力，那么你就要学会关心夫妻之间的言谈问题，下面就向你推荐几个原则：

1. 情感与理智是生活的支柱

夫妻之间同样需要情感与理智同时并存。情感靠理智保证，理智又靠情感催化，不然生活就会失色，言谈就会极端，矛盾就会产生。因此，不论是丈夫还是妻子，言谈用词必须十分重视有礼有节，并从严于责己出发，努力避免矛盾的产生，保证夫妻生活的和谐。

2. 互相尊重，态度温和

平等，是一条人格原则，谦和则体现人的精神风貌。夫妻之间的言谈，同样需要体现这种原则，体现这种风貌。讲话的双方，谁也不能凌驾于对方之上，如果谁想凌驾于对方之上，谁就会自食其果。具有高尚素养的、懂得爱情价值的夫妻，他们是非常明白这种简单道理的。在他们日常生活的交谈中，从来不以主宰的面目出现，从来不讲究你高我低、你多我少，而总是采取平等的原则，谦和的态度，商量的口吻，时时处处，片言只语，总有一种平等的气氛。

3. 关心对方，体贴入微

蝶恋花，蜂爱蜜，这是生灵间相互吸引的磁力，而夫妻间相互尊重、娓娓动听的体贴话，无疑是爱情的巨大磁场。因此，大凡生活美满的夫妻，他们的言谈举止，总是充满柔情蜜意、慰藉爱恋的。

人生感悟

夫妻要生活在爱里，甜蜜、文雅的言谈是爱的甘露。反之，粗俗、刻薄的言语，死板、冷漠的声调，会使生活与爱情之花枯萎。

危机中，学会做自己的公关人

决策和处理问题，当然是一个有影响力的人的活动的重要内容。然而，超常规出现的突发事件，毕竟是突然的、难于完全把握的，因而处理起来比较棘手。对于这类突然发生的问题，若想获得满意的处理结果，避免损失或把损失减少到最低程度，并且同时使自己的影响力也得到提升的话，一个有影响力的人应该有正确的态度和科学的处理原则。

1. 临危不惧

一个有影响力的人应对突发事件时的正确的态度和原则应该是临危而不惧，遇事而不乱，顶住各种压力，慎重而果断地处理问题。一方面，一个有影响力的领导者要有大无畏的革命精神，既不要惧怕，又勇于面对现实，敢于战而胜之。有了这样的思想基础和精神准备，就能冷静地思考问题，谨慎地做出决策，不失时机地解决问题。天灾人祸是谁也不愿发生的，但是天灾人祸又总要发生。面对突如其来的洪水灾害，领导者如果六神无主，乱了方寸，不知所措，就很难镇定地指挥抗洪抢险工作，更不可能用最佳方法和最小代价去取得最大的胜利。所以，只有不怕困难和险阻，才能最终克服困难，冲破难关。另一方面，一个有影响力的领导者要有宽阔的胸怀和过人的胆略，在战略上藐视突发事件，在战术上重视突发事件。只有敢于迎着困难前进，敢于战胜困难，才能使自己坚定信心，增强周围的人克服困难的决心。

2. 快刀斩乱麻

突发事件之所以突然发生，原因是极为复杂的。既有直接的、现实的缘由，也有间接的、历史的根源。正因为如此，突发事件来势猛，发展速度快，把握变化趋势难度大。处理得好，事件能够得到妥善解决；处理不好，则易于激化矛盾，使事件升级，造成更加严重的损失。因此，遇到突发事件，必须在理智冷静的基础上，迅速查清事件的真正缘由，据此提出解决问题的最佳方法。

（1）必须总览事件的全局，通过精细快速的调查了解，尽快地摸清事件的全貌和各种因由。

（2）对各种现象和原因进行分析梳理，透过现象的表面，准确地弄清事件的性质、趋势及发展后果。

（3）根据对事件的原因及性质的把握，找出解决事件诸问题的办法，果断地做出决策，不能犹豫不决，贻误时机。

要做到快刀斩乱麻，一个有影响力的领导者还须有魄力，有主见，既广泛地听取各方面意见，集中多数人的智慧进行决策，又不能纠缠于细枝末节，被一些现象和闲言碎语所左右；既要雷厉风行，抢时间争主动，不使事态进一步扩大，又要慎重从事，周密分析，不能有丝毫的粗心大意。

3. 机动灵活

构成和引发突发事件的原因复杂多样，对周围的人心理产生的冲击是多种多样的。在这种情况下，采用常规性的工作机制和决策程序，是很难及时判断并解决问题的。因此，处理突发事件，必须采取机动灵活、超乎常规的程序和办法。

（1）实行现场决策。由于突发事件的现象和原因交错复杂，随机性比较大，使得决策具有很大的不确定性和风险性。同时，决策本身和对信息要求的时间性都特别强，所以要求一个有影响力的领导者必须采取超常规决策方法，把决策权最大限度地放到现场，根据现场情况的变化、运行，随时决策。

（2）措施留有余地。既然突发事件原因复杂，变化无常，偶然性的因素比较多，一个有影响力的领导者采取措施时，就要想得多一些、远一些，留有周旋的余地。不论是物资的准备，抑或条件的许诺，都不能一下子就达到极限，再没有调度和协调的余地。

4. 控制务必彻底

突发事件的紧迫性和破坏性，要求一个有影响力的领导者必须采取积极果断的措施，把事件控制、解决在损失的最低程度。在此基础上，从根本上杜绝突发事件的社会影响和触发契机，确保不再发生类似的事件。这不仅是党和人民对领导者的希望与要求，而且是一个有影响力的领导自身应有的职责和义务。控制务必彻底，首先应该有一种务求全胜的标准和意识。

另外，还要做好下属的思想政治工作，理顺各种思想情绪，消除不安定因素；同时找出领导工作中的缺点和不足，认真地进行纠正和改进，防止被坏人利用。

人生感悟

一场危机可以让一个人一下陷入舆论包围之中，在这种情况下，有魄力、敢于采取果断措施的人，才能够使危机得以妥善处理，与此同时，他的个人形象和影响力也在危机中迅速得到提升。

打造威信的影响力

领导，是引导和影响个人或组织在一定条件下实现目标的行为过程。领导的本质是一种影响力，领导要发挥主导作用，在于拥有控制改变人的心理、行为的影响力。领导影响力是由权力性影响力和非权力性影响力组成的。权力性影响力主要是由职位、资历等因素构成，带有一定强制性；非权力性影响力取决于一个人的魅力，主要由品格、知识、才能和感情等因素构成，是一种自然影响力。

魅力是润滑剂。没有魅力的权力管理，如同一架缺油的机器，会到处受到摩擦，产生阻力。

魅力是黏合剂。它能产生凝聚力，也能激发积极的进取精神，让一个组织中的所有成员同舟共济，以产生不可战胜的力量。

人格魅力属于非权力性影响力，在所有影响力中，人格魅力最富有吸引和感召的力量。在大多数人眼里，人格魅力是最不可捉摸的神秘因子，是一种神秘得近乎神奇的事业推进剂。它是一种迷人的气质和个性魅力，并能让你成为杰出的领导者。

作为一个有影响力的管理者，必须要坚持己见，坚持己见不同于盛气凌人，它是指维护自己的观点和立场，而不是靠争斗来解决问题。坚持己见的人会通过与人们进行诚实、公正、非对抗性的交流来表达自己的需要。

重视自己的需求，提高自尊感。当你坚持己见时，你会自我感觉良好，因为你意识到自己对遇到的境况和挫折做出了正确反应。

学会辨认坚持己见和盛气凌人之间的区别，不要盛气凌人。把精力集中在使你产生挫折感的事情上，而不是某个人身上。

学会问心无愧地拒绝，你有权力维护自己的感情和需要。

也许你会发现自己的心怦怦直跳，双手也在发抖，但是不要让自己失控，因为只有这样才能更好地坚持己见。

说话时要强调自我，这是坚持己见的真正本质，做到这一点你就能清楚地表达自己的愿望和期待，同时还不必把下属置于敌对的立场上。例如，你可以采用“我想”、“我感觉”、“我愿意”等句式来表达自己的意愿。

在阐明自己的观点时，不要把与主题无关的细枝末节混合在一起。如果谈话的局面暂时失控，你可以对自己的下属说：“我理解你的感受，但是我觉得应该首先解决问题。”从而回到原来的话题上去。

如果你感到部下在敷衍你或者有意拖延时间，你可以使用“重复播放”的技巧，尽可能多地重复自己的观点。例如，你可以不断地说：“这件事我们下次再谈。刚才我们正在谈的问题是……”

要清楚地知道自己的目的，不要泛泛而论。例如，说“这些报告要在6月份之前完成”比“我手中的全部工作都得尽快完成”更有效。

说明如果不照你说的话去做，会给双方造成什么样的后果。

在你必须拒绝部下某项请求时，不要一开口就先说对不起。如果你对一件事情不觉得抱歉就不必非得表示歉意。要斩钉截铁而不是彬彬有礼地表示拒绝，并辅以简短明白的解释，冗长的解释会使事情复杂化。

如果你们的讨论毫无进展，你可以对交谈的过程做简单的回顾。例如，你可以说：“我觉得我们在兜圈子，这真让人泄气。你却根本不能理解领导的苦衷。”

要想提升自己的影响力，就坚定地说出自己的观点，但也不要忽视下属的观点中有价值的因素。做好倾听以及尊重其他见解的准备，乐于对任何有道理的观点表示赞同，但对那些仍然令你无法接受的观点要坚持己见。如果你和下属不能达成一致，就需要采取折中的办法，你可以说：“我们还是保留各自的意见吧。”然后继续进行自己的工作。

人生感悟

作为领导者，除了拥有权力之外，必须注重提高自己的魅力，才能打造威信的光环和产生广泛的影响力。

第十章　为卓越建立良好的习惯

习惯影响一生

有专家指出，一个人的日常活动，90%已通过不断地重复某个动作，在潜意识中，转化为程序化的惯性，也就是不用思考，便自动运作。这种自动运作的力量，即习惯的力量。一个动作，一个行为，多次重复，就能进入人的潜意识，变成习惯性动作。人的知识积累和才能增长、极限突破，等等，都是习惯性动作、行为不断重复的结果。

在我们的身上，好习惯与坏习惯并存，我们要改变自己的命运，走向成功，最重要的在于改变不良的习惯，培养并凭借好习惯的力量去搏击风浪。

养成一个好习惯，会使人受益终生；而形成一个不好的习惯，则可能会在不经意间害了自己一生。其实不论是大事还是小事都是如此，小问题在某种程度上说，有时确实还没有导致大问题的形成，"千里之堤，溃于蚁穴"，应是这个道理。

烦恼难断，而去除习气更难。坏的习惯使我们终生受患无穷。譬如，一个人脾气暴躁，出口伤人，习以为常，没有人缘，做事也就得不到帮助，成功的希望自然减少了。有的人养成吃喝嫖赌的恶习，倾家荡产、妻离子散，把幸福的人生断送在自己的手中。更有一些人招摇撞骗、背信弃义，结果虽然骗得一时的享受，但是却把自己孤立于众人之外，让大家对他失去了信任。

现在有些不良的青少年，虽然家境颇为富裕，但是却染上坏习惯，以偷窃为乐趣，进而做出杀人抢劫的恶事，不但伤害了别人，也毁了自己。

坏习惯如同麻醉药，在不知不觉中会腐蚀我们的心灵，蚕食我们的生命，毁灭我们的幸福，怎么能够不谨慎戒备！

习惯的形成会导致良性循环与恶性循环，好习惯多了自然形成良性循环；而坏习惯多了会渐渐形成恶性循环。

人的一生都受日常习惯的影响，好的习惯、积极的习惯，会造就一个人好的结局。

有些人过于在意那些优秀的强者表现出来的天赋、智商、魅力和工作热情，实际上我们把那些表现归纳分析，就会发现实际上存在一个简单的要点：那就是习惯。

无论我们是否愿意，习惯总是无孔不入，渗透在我们生活的方方面面。很少有人能够意识到，习惯的影响力竟如此之大。

人们日常活动的90%源自习惯和惯性。想想看，我们大多数的日常活动都只是习惯而已。我们几点钟起床，怎么洗澡、刷牙、穿衣、读报、吃早餐、驾车上班，等等，一天之内上演着几百种习惯。然而，习惯还并不仅仅是日常惯例那么简单，它的影响十分深远。如果不加控制，习惯将影响我们生活的所有方面。

小到啃指甲、挠头、握笔姿势以及双臂交叉等微不足道的事，大到一些关系到身体健康的事，比如，吃什么，吃多少，何时吃，运动项目是什么，锻炼时间长短，多久锻炼一次，等等。甚至我们与朋友交往，与家人和同事如何相处都是基于我们的习惯。再说得深一点，甚至连我们的性格都是习惯使然。既然习惯影响人的一生，我们就应该静下来思考一下，把自己身上的习惯进行归纳分类，发扬好的，抛弃坏的，使习惯成为我们成功路上的正力量。

人生感悟

习惯是一种长期形成的思维方式、处事态度。习惯具有很强的惯性，像车轮一样。人们往往会不自觉地服从自己的这些习惯，不论是好习惯还是坏习惯，都是如此。习惯的力量，不经意间会影响人的一生。

习惯能成就一个人，也能毁灭一个人

成功者之所以成功，不是因为他们有着多么高的天赋和超常的才能，而是因为他们有着良好的习惯，并善于用良好的习惯来提高自己的工作效率，进而提高自己的生活品质。他们发现，好习惯能改变命运，使自己过上充实的生活；好习惯能使身心健康，邻里和睦，家庭幸福美满。这一切都来源于好习惯的力量。

一家大图书馆被烧之后，只有一本书被保存了下来，但并不是一本很有价值的书。一个识得几个字的穷人用几个铜板买下了这本书。这本书并不怎么有趣，但这里面却有一个非常有趣的东西，那是窄窄的一条羊皮纸，上面写着“点金石”的秘密。

点金石是一块小小的石子，它能将任何一种普通金属变成纯金。羊皮纸上的文字解释说，点金石就在黑海的海滩上，和成千上万的与它看起来一模一样的小石子混在一起，但秘密就在这儿。真正的点金石摸上去很温暖，而普通的石子摸上去是冰凉的。然后，这个人变卖了他为数不多的财产，买了一些简单的装备，在海边扎起帐篷，开始检验那些石子。这就是他的计划。

他知道，捡起一块普通的石子并且因为它摸上去冰凉就将其扔掉，他有可能几百次地捡拾起同一种石子。所以，当他摸着石子冰凉的时候，就将它扔进大海里。他这样干了一整天，却没有捡到一块是点金石的石子。然后他又这样干了1个星期、1个月、1年、3年……他还是没有找到点金石。然而他继续这样干下去，捡起一块石子，是凉的，将它扔进海里，又去捡起另一块，还是凉的，再把它扔进海里，又一块……

但是有一天上午他捡起了一块石子，而且这块石子是温暖的……他把它随手就扔进了海里。他已经形成了一种习惯——把他捡到的石子扔进海里。他已经如此习惯于做扔石子的动作，以至于当他真正想要的那一个到来时，他也还是将其扔进了海里。

习惯是一种顽强的力量，它可以主宰人的一生。因此，我们每个人都要养成良好的习惯，无论从学习到工作，从为人到处事，在我们生活的各个方面，如果养成良好的习惯，你就会受益终生。或许你习惯了懒懒散散、心灰意冷地过日子，或许你对抽烟、酗酒、拖延、懒惰等坏习惯熟视无睹，那么你就不要再慨叹生活对你的不公，你就不要说梦想很难实现，更不要说你的经历都很倒霉。归根到底这一切都是你的坏习惯在作祟。如果你永远抱着这种坏习惯不放，却还在想着成功，那真是难于上青天。

人生感悟

拿破仑·希尔说：“习惯能成就一个人，也能摧毁一个人。”习惯有时会成为你成功的障碍，让你扔掉握在手里的机会——坏的习惯尤其如此。

习惯的力量

人确实在按习惯做事，习惯的力量已经形成一种惯性。成功是一种习惯，失败也是一种习惯。所以习惯有好坏之分，好的习惯助人成功，坏的习惯使人受挫。必须建立好习惯，克服坏习惯。

1873 年，美国发明家克利斯托弗发明了世界上第一台打字机，键盘完全是按照英文字母的顺序排列的。慢慢地，他发现打字的速度一旦加快，键槌就很容易被卡住。他的弟弟给他出了一个主意，建议他把常用字的键符分开布局，这样每次击键的时候，就不会因为连续击打同一块区域而卡死。经过这样不规则的排列后，卡键的次数果然大大减少，但同时打字速度也减慢了。在推销打字机的时候，在利润的驱动下，克利斯托弗对客户说，这样的排列，可以大大提高打字速度，结果所有人都相信了他的说法。现在，人们已经习惯了这样的键盘布局，并始终认为这的确能提高打字速度。

国外一些数学家经过研究得出结论，目前的排列是最笨拙的一种，凭借目前的技术，已经解决了卡键问题，可现在出现第二种排列的键盘似乎不太可能，因为人们都习惯了。在强大的习惯面前，科学有时也会变得束手无策。

可见，习惯虽小，却影响深远。习惯对我们的生活有很大的影响，因为它是一贯的。在不知不觉中，经年累月影响着我们的品德，暴露出我们的本性，左右着我们的成败。看看我们自己，看看我们周围，好习惯造就了多少辉煌成果，而坏习惯又毁掉了多少美好的人生！

人生感悟

习惯一旦形成，就极具稳定性。生理上的习惯左右着我们的行为方式，决定我们的生活起居；心理上的习惯左右着我们的思维方式，决定我们的待人接物方式。当我们的命运面临抉择时，是习惯帮我们做出了决定。

别踏着别人的脚印走

生活中很多人会告诉你，做事要有恒心，要有韧劲，这没错。但是，很多时候你会因此而固执己见，不知不觉中，一条道儿走到黑。事实上，坚持一个方向走到底是不太现实的，就像你开车，不可能总是方向不变，而是需要不时地调整方向。有时候，环境变化得太厉害，你不得不另辟新路，不然，你一定会栽跟头。

美国人布曼和巴克先生同在一家广告公司工作，负责调查业务。由于不愿长期寄人篱下，他们俩商量自己做老板，开一家饮食店，专营汉堡包。

当时出售汉堡包的商店鳞次栉比，竞争激烈，如何才能在竞争中立于不败之地呢？他们开始做市场调查，结果发现，大多数饮食店为争取顾客，均争相出售大型汉堡包。而美国人近年流行减肥和健美，一些怕肥胖的人不敢多吃，常常将吃剩的汉堡包扔掉，造成极大的浪费。一些店想通过制作多种口味的面包来争取顾客，效果也不理想。

于是，布曼和巴克决定改变汉堡包的规格来赢得顾客，结果他们一举成功。原来他们生产的汉堡包，体积仅有其他大汉堡包的 1/6，称之为迷你型汉堡包。这种汉堡包适应了人们少吃减肥的需要，一时成为热销食品，使他们二人获得丰厚的利润，5 年后，饮食店已扩展为饮食公司，有 10 家分店。

踏在别人的脚印里走，你永远都不会走快、走远，因而失败的人应该多多思考，走出旧框框，创出新特点。

美国纽约国际银行在刚开张之时，为迅速打开知名度，曾做过这样的广告：

一天晚上，全纽约的广播电台正在播放节目，突然间，全市的所有广播都在同一时刻向听众播放一则通知：听众朋友，从现在开始，播放的是由本市国际银行向你提供的沉默时间。紧接着，整个纽约市的电台就同时中断了 10 秒钟，不播放任何节目。一时间，纽约市民对这个莫名其妙的 10 秒钟议论纷纷，于是“沉默时间”成了全纽约市民最热门的话题，国际银行的知名度迅速提高，很快家喻户晓。

国际银行的广告策略的巧妙之处在于，它一反一般广告手法，没有在广告中播放任何信息，而以全市电台在同一时刻的10秒“沉默”，引起了市民的好奇心理，从而在不知不觉中使国际银行的名字人人皆知，达到了出奇制胜的效果。

人生感悟

人生就像开车，需要不断调整方向，才能到达自己的目的地，如果一条路走到黑，很可能会事与愿违。

不让习惯成偏见

世俗的目光是永远看不见自己的模样的。

有一位老妇人，一直不喜欢她家对面的那位年轻妇女。老妇人抱怨说：“我没见过比她更邋遢、更懒惰的人了。她的衣服永远都洗不干净。你看看她晾在院子里的衣服，你就会发现，那上面总是有斑点，她怎么会连洗衣服都洗成那个样子呢？”

有一天，一个朋友到这位老妇人家，当老妇人又开始抱怨的时候，这位细心的朋友向对面院子仔细看了一下，才发现事情的症结所在。这位朋友拿了一块抹布，把老妇人家窗户上的玻璃擦了擦，将玻璃上面的灰渍抹掉了，然后拉着她再去看对面年轻妇人的衣服，说：“你看，她的衣服现在怎么样？”这位老妇人再一看，发现对面年轻妇人的衣服是干净的——原来是自己家里的玻璃脏了。

老妇人因为自己不了解真实情况，想当然地认为年轻妇女太懒惰，这时候，偏见就产生了。很多人都不了解自己，原因就在于我们把目光总是放在别人身上，而没有看到自己存在的问题。

所谓“人无完人”，我们每一个人都或多或少地存在一些缺点。在面对自己的优点与缺点时，要扬长避短，充分发挥自身优势。但是，怎样面对别人的缺点呢？宽容与理解是必不可少的。如果你总是对别人的缺点十分苛刻，就会引起别人的反感，甚至“以恶为仇，以厌为敌”。

容忍别人的缺点是尊重别人，同时，你也将赢得别人的尊重。相反的，一个不能容忍别人缺点的人，不可能拥有真正的朋友，而他的人生也难以成功。要改变人生，就要赢得朋友的支持。所以，在面对别人的缺点时，要尽量多一份容忍与理解。

我们都有缺点，我们可以设身处地地想一想，假如自己的缺点不能被别人容忍会有什么样的结果，对自己的影响有多大。这样，我们就能找到容忍别人缺点的理由。曾经有一位非常出色的外交家说：“以前社交圈比较狭窄，只知道别人有很多缺点。现在随着社交圈的扩大，接触了形形色色的人后，才有知心朋友告诉我，其实我自己也有类似的缺点。我希望别人能够容忍我的缺点，所以我也常常容忍别人的缺点。”

人生感悟

一个能够容忍别人缺点的人，必定是胸怀宽广、受人尊敬的人，而且也是拥有辉煌人生与成就的人。

敢于向权威挑战

科学理论是相对的，它们具有先进性，也有自己的局限性。有些人虽然知识不足，但初生牛犊不怕虎，思想活跃，敢于奋力拼搏，反而增加了成功的希望。权威人士常因为头脑中有了定型的见解和习惯，甚至是自己苦心研究得到的有效成果，因而紧紧抱住不放，遇到同类事项总是以习惯为标准去衡量，而不愿去参考别人的意见，哪怕是更好更有效的办法。故而曾经先进过的东西有时反而会成为创新的障碍。

19世纪末，一些科技人员开始探讨人类上天的可能，着手研制飞机，可是，反对的力量十分强大，他们都是当时世界上的科技名流。最有代表性的有：法国著名天文学家勒让德，这位最早用三角方法测量地球与月亮之间距离的科学大师认为，企图制造一种比空气重的东西去空中飞行是永远不可能的。这一观点得到德国大发明家西门子的支持。西门子认为，飞机根本上不了天。能量守恒定律的发明者之一德国物理学家赫尔姆霍茨也大泼冷水，认为要将沉重的机械送上天纯属空谈。美国天文学家纽康经过对各种科学数据的反复计算，也得出权威的结论：飞机根本无法离开地面。由于众多科学大师与学术权威的坚决反对，金融界、工业界对飞机的研制也持不合作态度，飞机研制陷入重重困难之中。

后来，没有上过大学的美国人莱特兄弟却首次将飞机送上了天，当时是1903年。莱特兄弟学历不高，有关知识都是自学得到的。他们如初生牛犊，不惧虎狼，不在乎权威的反对。他们细心观察鸟类的身体结构及翅膀的动作，从中受到启发，再运用科学原理反复试制、修改，终于取得突破性成功。

著名物理学家杨振宁谈到科学家的胆魄时曾说："当你老了，你会变得越来越胆小……因为一旦有了新想法，马上会想到一大堆永无休止的争论。而当你年轻力壮的时候，却可以到处寻找新的观念，大胆地面对挑战。"为什么有些大人物成名之后辉煌难再？其重要原因之一恐怕就在这里。反对研制飞机的那些科学大师们就是这样。因此，我们应该学习莱特兄弟，不向习惯低头，敢于挑战权威。

人生感悟

人要想有所建树，就要向权威挑战，敢于大胆创新，突破惯性思维的束缚。

不为工作而工作

为工作而工作会成为一种麻木的习惯，使人陷于盲目、忙碌而无序的状态。

一个人的工作态度如果是受冲动支使，驱使自己不停地工作，拼命追求成就和别人的赞美，就会成为工作的奴隶，而不是生活的主人，他的心理压力就会很大。心理学家把这种人叫做"工作狂"。"工作狂"的生活烦恼重重，他们没有欢乐，除了工作之外没有娱乐。

你一天平均工作时间是10个小时，还是12个小时？对大多数人来说，现在拼命工作，是为了将来可以"少干活"或"不必工作"，希望有朝一日能整天游山玩水，过着享乐的日子，所以现在才努力工作。但对某些人来说，他们之所以工作，因为他们无法从工作中自拔，离不开工作，他们就像一台高速运转的机器一样，完全无法让自己停下来。

如果你属于前者，那说明你还正常；但如果是后者，恐怕你已经对工作着魔，并犯了工作上瘾的毛病。换句话说，你已经变成了一位"工作狂"。

无论从事哪种职业，都应有"敬业精神"，而所谓的"敬业精神"是指以认真负责的态度做工作，而不是日复一日、年复一年地超负荷工作。要分清是"你"在做"事"，还是"事"在做"你"，"热爱工作"与"工作上瘾"是截然不同的。

工作的态度是过犹不及的，强烈驱使和消极倦怠同样对自己无益。因此，人不应逃避工作，而要找到适合自己能力和兴趣的工作，这样就不必承担过重的心理压力。让自己适应工作情境，才能使自己的能力得到较好的发挥。

生物学家达尔文每当研究与写作时，就告诉家人别来吵他，因为他要工作赚钱养家糊口。有一天，他4岁的孩子捧着一个储蓄罐，来到达尔文的书房说："爸爸！你不要工作赚钱了，请陪我玩，我把罐子里的钱都送给你。"达尔文听了孩子天真的话后，非常感动，赶紧放下工作陪孩子玩。

达尔文是热爱工作的，但他知道除了努力工作之外，还有更重要的事——生活。

工作是生活的一部分，爱工作的人当然也会喜欢生活，使生活变得有情趣。“工作狂”则不然，他们依赖工作，把工作当做麻醉自己的手段，或者被工作驱使宰割。他们看起来勤奋不已，然而，一旦不工作他们就会觉得自己的生活顿失重心，无所适从，甚至崩溃。

人生感悟

工作与成就有关，但工作的态度却决定你的人生是否成功，生活是否幸福。人当然要努力工作，但必须是热爱工作的人，而不是做一位“工作狂”。为工作而工作实在不是一个好习惯。

不要自我设限

有个农夫在农场展览会上展出一个形同水瓶的南瓜，参观的人见了都啧啧称奇，追问是用什么方法种的。农夫解释说：“当南瓜拇指般大小时，我便用水瓶罩着它，一旦它把瓶里的空间占满，便停止生长了。”

人也是这样，自我设限，就是把自己关在心中的樊笼里，就像被水瓶罩住的南瓜一样，等于是放弃自我成长的机会，成长当然有限。

一对夫妻，他们相处存在许多问题，太太经常抱怨丈夫自私、不负责任，从来没有关心过她。

当问及丈夫“为什么你不好好跟妻子沟通”时，他回答：“哦！我的本性就是这样”，“没办法，我就是大男人”。

丈夫对他行为的解释，是他的自我定义。这源于过去他一直如此，其实是在说：“我在这方面已经定型了。”“我要继续成为长久以来的那个样子。”人生若抱持这种态度，根本就是在扼杀可能的机会，从而给自己留下永远而无可改变的问题。

标定自己是何种人——“我一向都是这样，那就是我的本性”，这种态度会加强你的惰性，阻碍成长。因为我们容易把“自我描述”当做自己不求改变的辩护理由，更重要的是，它帮助你固持一个荒谬的观念：如果做不好，就不要做。

丹麦哲学家齐克果说：“一旦你标定了自己是什么样的人，你就是否认自我。”一个人必须去遵守标签上的自我定义时，自我就不存在了。他们不去向这些借口以及其背后的自毁性想法挑战，却只是接受它们，承认自己一直是如此，终将带来自毁。

有一则寓言说，一只青蛙和一只蝎子同时来到河边，望着滚滚河水，正思索着如何渡过河去。

这时蝎子开口向青蛙说：“青蛙老弟，不如你背着我，而我也可以辅助你指引方向，我们就可以到达对岸。”

青蛙说：“我才不傻，背你，搞不好你毒针乱刺，我就会一命呜呼。”

蝎子说：“不会，不会，在河中如果你溺水，那我不也完了吗？”

青蛙一想有道理，就背着蝎子向对岸游去。在河中央青蛙忽感身上一阵刺痛，破口大骂蝎子：“你不是承诺不刺我的吗，为什么背叛诺言？”

蝎子脸不红气不喘、毫无悔意地说：“没有办法，这是我的本性啊。”

这则寓言，不正是印证了许多人总是用“我没办法，我一直就是这样”来掩饰自己行为的过错，而不去注意约束自己吗？

没错，描述自己比改变自己容易多了。无论什么时候你要逃避某些事，或掩饰人格上的缺陷，总可以用“我怎样怎样”来为自己辩解。事实上，这些定义用了多次以后，经由心智进入潜意识，你也开始相信自己就是这样，到那时候，你似乎定了型，以后的日子好像就是这样了。

记住，无论何时，你一旦出现那些“逃避”的用语，马上大声纠正自己。把“那就是我”改成“那是以前的我”；把“我没办法”改成“如果我努力，我就能改变”；把“我一向是这样”改成“我要力求改变”；把“那是我的本性”改成“我以前认为那是我的本性”。任何妨碍成长的“我怎样怎样”，均可改为“我选择怎样怎样”。

人生感悟

人成功的门是虚掩着，人生中很多限帛都是自己设定的，只要敢于去推，成功之门会应手而开。

莫跟着习惯老化

有一只小牛，见母牛在农民的鞭下汗流浃背地耕田，感到很难过，就问：“妈妈，既然世界这么大，为什么我们一定要在这里受苦，受人折磨呢？”

母牛一边挥汗如雨，一边无可奈何地回答说：“孩子，没办法呀，自从咱们吃了人家的东西，就身不由己了，祖祖辈辈都这样啊！”

世界虽大，但被奴役惯了的牛，却只能终身劳作于田间。

有一个伐木工人在一家木材厂找到了工作，报酬不错，工作条件也好，他很珍惜，下决心要好好干。

第一天，老板给他一把利斧，并给他划定了伐木的范围。这一天，工人砍了 18 棵树。老板说：“不错，就这么干！”工人很受鼓舞，第二天，他干得更加起劲，但是他只砍了 15 棵树。第三天，他加倍努力，可是仅砍了 10 棵。

工人觉得很惭愧，跑到老板那儿道歉，说自己也不知道怎么了，好像力气越来越小了。

老板问他：“你上一次磨斧子是什么时候？”

“磨斧子？”工人诧异地说，“我天天忙着砍树，哪里有工夫磨斧子！”

这个工人很可爱，他以为越卖力工作成果就会越大，殊不知，“磨刀不误砍柴工”，没有锋利的工具，又怎么能干出有效率的工作。这个工人的失误就在于思维习惯束缚了他。

还有一则笑话，说的是有一天，某局长突然接到一封加急电报，电文是：“母去世，父病危，望速回。”阅毕，局长痛不欲生，边哭边在电报回单上签字，邮递员接过回单一看，那上面写的竟是“同意”二字。原来局长已经习惯写“同意”了。

许多人大笑过后，不禁陷入了沉思，确实，习惯的影响对个人及集体实在太大了。

好习惯可以助人成长，坏习惯则可以毁人一生。

朋友，如果你不想搞出像那位局长这样的笑话，就请警惕你的老习惯吧！

一只大雁和一只狐狸都落入猎人设下的陷阱。它们都在思考如何逃过猎人的“魔掌”死里逃生。不久，猎人来了。

飞遍大江南北、见多识广的大雁知道，既然成为猎物，求饶是没用的，于是它赶快躺在地上装死。猎人以为大雁是被狐狸咬死的，就抓了出来，扔在地上。

狐狸想，民间有“不打笑脸人”一说，于是就嬉笑着说：“大哥，咱们是好兄弟，你就饶了我吧。”但猎人根本不予理睬：“狡猾的东西，我不会上你的当。”一棍子就打死了狐狸，再回头找大雁，谁知，大雁早拍拍翅膀飞了。

有的人习惯于遵循老传统，恪守老经验，宁愿平平淡淡做事，安安稳稳生活，日复一日、年复一年地从事别人为他们安排的重复性劳动，他们的生活毫无波澜，更无创造。这种人思想守旧，循规蹈矩，心不敢乱想，脚不敢乱走，手不敢乱动，凡事小心翼翼，中规中矩，虽然办事稳妥，但一般不会有多大出息。

人生感悟

时代在不断发展，仅靠小聪明，死守老一套的习惯，已经不能适应社会的要求。在如今的社会里，只有那些敢于大胆创新，勇于挑战社会和挑战自我的人，才能成为时代的先行者。

不让习惯老化

世界上绝顶聪明的人很少，绝对愚笨的人也不多，大多数人的能力与智慧都处于同等的水平线上。但是，为什么有的人能获得成功，有的人却碌碌无为呢？

世界上到处都是一些看来很有希望成功的人——在很多人的眼里，他们能够成为而且应该成为各种非凡人物，但是，他们最终并没有成功，原因何在？

一个最重要的原因在于他们习惯于避重就轻，不愿意付出与成功相应的努力。他们希望到达辉煌的巅峰，却不愿意经过艰难的道路；他们渴望取得胜利，却不愿意做出牺牲。避重就轻是一种普遍的老习惯，成功者的秘诀就在于他们能够超越这种习惯。

在工作中避重就轻也许能让你获得一时的便利，但却在心灵中埋下了隐患，从长远来看，是有百害而无一利的。

古罗马人有两座圣殿：一座是勤奋的圣殿；另一座是荣誉的圣殿。他们在安排座位时有一个秩序，就是必须经过前者，才能达到后者。勤奋是通往荣誉的必经之路，那些试图绕过勤奋，寻找荣誉的人，总是被排斥在荣誉的大门之外。

避重就轻会使人堕落，无所事事会令人退化，只有勤奋踏实地工作才是最高尚的，才能给人带来真正的幸福和乐趣。

有些人本来具有出众的才华，很有发展前途，但因为在做学生时没有养成脚踏实地的好习惯，后来也就无法谋取一个较好的职位。生活中的各种实例生动地证明了这样一个道理：无论事情大小，如果总是试图避重就轻，可能表面上看来会节约一些时间和精力，但结果往往是浪费更多的时间、精力和钱财。

一旦养成避重就轻的习惯，一个人的品格就会大打折扣。做事也不能善始善终，其心灵亦缺乏相同的特质。他因为不会培养自己的个性，意志无法坚定，因此无法实现自己的任何追求。一面贪图享乐，一面又想修道，自以为可以左右逢源的人，不但享乐与修道两头落空，还会悔不当初。

从某种意义上说，在一个方向上一丝不苟，比草率分心、在多个方向发展可取。因为做事一丝不苟能够迅速培养品格、获得智慧，加速进步与成长，尤其是它能带领人往好的方向前进，鼓舞人不断追求进步。

一位先哲说过："如果有事情必须去做，便积极投入去做吧！"另一位名师则道："不论你手边有何工作，都要尽心尽力地去做！"

人生感悟

事无大小，不畏艰难险阻，竭尽全力，是成功者的标记。但凡有所作为之人，都是那些踏踏实实的人，他们为世界创立新标准、新理想，肩负着人类进步的旗帜。

别让眼高手低害了你

有人说："无知与眼高手低是人们最容易形成的习惯，也是导致频繁失败的原因。"许多人内心充满了激情和理想，然而一旦面对平凡的生活和琐碎的工作，却变得无可奈何了。他们常常聚在一起高谈阔论，然而一旦面对具体问题，就会不知所措。

在日常生活中，许多年轻人在求职时念念不忘高位、高薪，并且对自己说：英雄须有用武之地。然而当他们走上工作岗位时，就会对自己说："如此枯燥、单调的工作，如此毫无前途的职业，根本不值得自己付出心血！”当他们陷入困境时，通常会说：“这种平庸的工作，做得再好又有什么意义呢？”渐渐地，他们开始轻视自己的工作，开始厌倦生活。

在商业社会中，公司经营需要有战略思考和整体规划，但更需要的是将种种构想付诸实施的执行能力。对于年轻人来说，无论未来发展的前途怎么样，这种执行能力都是必备的。只有那些对寻常工作能够忠实地加以执行的人，未来才有可能走上重要的职位。

然而，那些在事业上取得一定成就的人，无一不是在简单的工作和低微的职位上一步一步走上来的。他们总能在一些细小的事情中找到个人成长的支点，不断调整自己的心态，用恒久的努力打破困境，走向卓越与伟大。

那些在公司里身居高位，肩负要职的人，他们忠实地履行日常工作职责。年轻人应该像哥伦布一样，努力去发现自己的新大陆，沉湎于过去或者深陷于对未来的空想都是没有前途的。你正在从事的职业和手边的工作，是你成功之花的土壤，只有将这些工作做得比别人更完美、更正确、更专注，才有可能将寻常变成非凡。因此，无论薪水多么微薄，无论工作是多么普通平凡，都不要轻视和鄙弃它。

一个年轻人去鱼摊买鱼，他蹲在一个捞鱼的摊子前，用网捞鱼。可是渔网太不结实了，鱼一碰就破，破了3只渔网，却一条鱼也没有捞到。摊主是一位老人，对年轻人说：“你总是想捞那些又大又漂亮的鱼，渔网自然无法承受，你当然捞不到啦！”

许多年轻人也曾有过伟大的理想，但是却总是摇摆不定。仅仅有理想是不够的，如果没有行动你将永远停留在起点上。尽管行动并不一定会带来理想的结果，但是不行动则一定不会带来任何结果。不要让眼高手低束缚住了你的手脚，工作中的每一件事，不论大小都值得用心去做，而且对于那些小事更应该如此。

人生感悟

年轻人在心中总想得到最好的，但在实际生活中又必须脚踏实地，衡量自己的实力，不断调整自己的方向，才能一步一步达到自己的目标。

整洁有序，从整理办公桌开始

有些人没有养成整理办公桌的习惯，他们总能为自己找到借口，说自己是多么的忙，无暇分心在这些小事上，或是怕清理东西时，把需要的或是有价值的文件也一起清理掉了，所以，他们总是把那些有用的以及过时的记录都堆在案头，让自己埋首其中。

其实，这是一种忙而无序的表现，不仅会加重你的工作负担，还会影响你的工作质量。

走进办公室，一抬眼便看到你的办公桌上堆满了信件、报告、备忘录之类的东西，很容易使人感到混乱、紧张和焦虑，给人留下一个不好的印象。

有一位研究所的研究员，经过无数个日日夜夜的攻关苦战，终于解决了研究中的一个难题。这位研究员把攻克这一难题的资料和办公桌上其他的资料放在一起，就带着满足的笑容入睡了。他睡得很香，第二天上午醒来时，却找不到攻克难关的资料了。原来，这个研究员的孙子进入他的办公室，为了扎一个风筝，正巧拿走了那些有用的资料。当这个风筝带着小孙子的幻想，在天空中越飞越高、越飞越远，最后变成一个看不见的小黑点时，老研究员的心血也化作了泡影。

这真是人生中的一大憾事。如果研究员的办公桌是井井有条的，不把那些无用的东西放在桌上，并告知小孙子办公桌上的东西都是有用的，不能乱动，这样的事情还会发生吗？

此外，办公桌上杂乱无章会让你觉得自己有堆积如山的工作要做，可又毫无头绪，好像根本没时间或做不完一样。面对大量的繁杂工作，再大的工作热情也被冲淡了。

很多时候，让你感到疲惫不堪的往往不是因为工作中的大量劳动，而是因为你没有良好的工作习惯——不能保持办公桌的整洁、有序，从而降低了办公室生活的质量。也就是说，是这种不良的工作习惯加重了你的工作任务，从而影响了你的工作热情。

从另一方面来看，如果你的办公桌老是弄得乱糟糟的，上司也许就会觉得你这个人的工作大概就像你的办公桌一样杂乱无章，交给你的任务怕你做不好，你的上司还会因此对你不放心、不信任，进而你在办公室的地位就不稳固，那又谈何成功呢？

从办公桌的整洁状况，也能够反映出一个人的能力和修养，因此，对待办公桌也要像呵护自己的内心一样，不但要纤尘不染，而且要脉络清晰。

美国西北铁路公司前董事长罗兰·威廉姆斯曾经说过："那些桌子上老是堆满乱七八糟东西的人会发现，如果你把桌子清理一下，留下手边待处理的一些，会使你的工作进行得更顺利，而且不容易出错。这是提高工作效率和办公室生活质量的第一步。"

著名心理学专家理查·卡尔森有一个被命名为"快乐总部"的办公室。那里的一切，包括办公桌是那样整洁、有序，处处给人以明亮、宁静之感。去拜访他的人都喜欢他的办公室，而且在离去时心情总是比来时要好得多。

整理办公桌的过程实际上也是整理你的思路的过程，不管你有多么忙，也要把办公桌收拾得像你的内心一样，保持办公桌的整洁、有序。

由此，你可以遵守"3个月原则"。任何在你办公桌上放了3个月而没有被使用的东西，就该毫不犹豫地处理掉。在每天下班之前，要养成整理办公桌的习惯，把明天必用的、稍后再用的或不再用的文件都按顺序放置并保持桌面的整洁，这会使你从中受益无穷。

人生感悟

不管你有多忙，也不管你能找出什么借口，都一定要在平时养成整理办公桌的习惯。这种习惯养成之后，就会赢得别人的信赖，就会给你带来平和积极的工作态度，也会使你繁重的工作变得有条不紊，充满乐趣。

适当的时候，把"不"字说出口

很多时候，我们常被别人支配。他们最常挂在嘴边的是："你应当……"、"你不应该……"一般人碰到这类要求，通常都很难回绝，尤其是提出要求的人是你最亲密的伙伴，"不"字就更难开口了。日子一久，这种互动关系定型后，就形成了一种默契或是彼此的承诺。

万一哪一天对方又要你做这个做那个，而你却坚持己见时，那会发生什么事呢？一方面，对方一定会勃然大怒，认为你违背了双方的承诺；另一方面，如果你坚持不做这些"应该"做的事，你会心生愧疚。

你可知道为什么会有愧疚感？这是因为双方过度的情感乞求所致。你之所以会顺从对方的要求，说穿了，就是想通过这种顺从的表现来得到对方赞许、关爱的眼神，甚至取悦对方。

当这种取悦方法成了你行事的模式以后，拒绝对方的要求一定会让他很不高兴，而你也会觉得很对不起他。愧疚的感觉很像忧惧，而忧惧就好像是坐在一张摇摇椅上，你就只能这么晃荡着，看起来好像能将你摇向什么地方，但却只是在原地摆荡，让你什么地方也去不了。

不要忘了，我们有权力决定生活中该做些什么事，不应由别人来代做决定，更不能让别人来左右我们的意志，让自己成为傀儡。况且，他人并不见得比我们更了解情况，也不会比我们聪明到哪里去，所以，他们所提出的这类"理所当然"的事很可能不是我们的最佳抉择。你的最佳抉择还是应该经由自己深入分析、思考之后，再做独立判断来取舍。

特别是在职场中，学会说"不"是办公室政治中的重要策略，这关系到你是否做得顺心如意。然而有些人几乎是到了鞠躬尽瘁的地步。主管交给他的任务，他从来不打马虎眼，要求他额外超时加班，他也毫无怨言，同事拜托他的事，不管是不是他分内的职责，他总是不忍拒绝。其实，他早已忙得焦头烂额，但他还是强打精神说："没事！没事！"没有人知道他累得半死，但是，他就是不愿开口对人说"不！"

大多数时候，我们碍于情面而不敢说"不"，或者因为不好意思说"不"，结果很多原本明明不该是自己的事,却统统落在自己头上。要不就是所做的事大大超过自己的能力负荷，让自己面临崩溃的边缘。

做老板的都喜欢卖命工作的员工，但你可知道，如果你一心讲求牺牲奉献，处处想讨好别人，做一般人心目中的模范员工，最后你可能会丧失自我。

最明显的现象莫过于，你总是被强迫做一些你并不想做的事，即使有不满的情绪，你也强忍去做。你认为别人把这些事情交给你做，是因为看得起你，信任你的能力。如果你一旦拒绝，别人就会怪罪你，批评你不善于与人合作，使你产生一种罪恶感。总而言之，你不希望自己的拒绝恶化了你在别人眼中的形象，影响自己的前程。

事实上，我们常常过度在乎自己对别人的重要性。就好像我们常常听到调侃别人的一句话："没有你，地球照样在转动。"这句话的意思是说，没有什么人是不能被取代的。如果你把每一件事都看成是你的责任，妄想完成每一件事，这无异于自找苦吃。你真正该尽的责任是，对你自己负责，而不是对别人负责。

你首先应该认清自己的需求，重新排列价值观的优先顺序，确定究竟哪些价值观对你才是真正重要的。把自己摆在第一位，这绝不是自私，而是表明你对自己道德意识的认同。

你虽然赞成这种说法，可是你觉得还是有些为难，你不知道该如何开口说"不"。真有那么困难吗？其实那是我们的本能。心理学家说,人类所学的第一个抽象概念就是用"摇头"来说"不",譬如,1岁多的幼儿就会用摇头来拒绝大人的要求或者命令,这个象征性的动作,就是"自我"概念的起步。

"不"固然代表"拒绝"，但也代表"选择"，一个人通过不断的选择来形成自我，界定自己。因此，当你说"不"的时候，就等于说"是"，你"是"一个不想成为什么样子的人。

勇敢说"不",并不一定会给你带来麻烦,反而会替你减轻压力。如果你现在不愿说"不",继续积压你的不快，有一天忍耐到了极限，你失控地大吼"不"，面对难以收拾的残局，别人可能会反过头来不谅解地问你："你为什么不早说？"

人生感悟

如果你想活得自在一点，请勇敢地站出来说"不"。记住，你不必内疚，因为那是你的基本权力。

站在竞争的潮头

在人生的旅途中，每个人都要积极开发自己的潜力，养成创新习惯，用先人一步的智慧来获得一生的不断成功。许多人、许多企业有一个共同的苦恼：好容易想出一个好主意、好办法、好点子，可没过多久，就让人家偷走了，模仿的、克隆的、假冒的，无所不用其极。纵然是专利保护，也难得安宁，打假更是颇为辛苦。

为此，我们应该认识到，法律保护是必要的，也是明智的，但要长期保密，永远独有，也是不可能的。最可靠的办法只有一个，那就是思维永远快人一步，习惯永远高人一筹。虽然别人可以偷走你现在的成果,却永远偷不走你的智慧。因此,我们要永远开创新的路子,永远拥有独到的智慧，最终将创新变成自己的日常习惯，使自己永远立于竞争的潮头。

有一个缺水的边远小镇，居民要到5000米外的地方去挑水吃。

脑瓜灵活的村民甲看到其中的商机，他挑起水桶，以挑水、卖水为业，每担水卖两角钱，虽然辛苦点，还算是一条不错的路子。村民乙看了，觉得钱为什么只让他一个人赚呢？也走上挑水、卖水之路，并且将两个儿子也动员起来，当然荷包也鼓了。甲想，你家劳动力强，我比不过，索性买来了20副水桶，请了20个闲散劳动力，由他们挑水，自己坐镇卖水，每担水抽成5分钱。这样，既省了力气，又多赚了钱。可时间一长，这些闲散劳动力熟悉了门道，不再愿意被抽成，纷纷单干去了。于是，甲一下子成了光杆司令。

略加思索，甲请人做了两个大水柜车，并租来两头牛，用牛拉车运水，每次40担，效率又提高了，成本却降低了，因此赚头更大了。这让其他人看得直眼红。

人们很快看到"规模经营"的优势，于是纷纷联合起来，或用牛拉车，或用马拉车，参与到竞争中。

然而，正当竞争日益激烈时，人们突然发现，自己的水竟然卖不出去了——原来，甲买来水管，安装了管道，让水从水源地直接流到村子里，自己只要坐在家里卖水就行了，且价格大幅度下降，一下子垄断了全部市场。

朋友，社会就是这样，善于动脑筋的人走在前头，其他人则在后面跟着走。如果你是走在前边的人，你也会成为佼佼者。如果人人能够在竞争中共同前进，社会也就进步了。

人生感悟

培养新习惯就要变换新思路，遇事脑子多转几个弯，寻找习惯的空隙，用智慧创造奇迹，这样才能永远走在别人的面前。同时，要冷静思考，触类旁通，借他山之石以攻玉，弃人之短，取人之长。

跳出你的习惯

旧的习惯被破除，新的习惯又在产生，只是我们深信："创新是创新者的通行证，习惯是习惯者的墓志铭。"

习惯是一种思维定式，习惯是一种行动的本能。我们习惯在早已习惯的轨道上滑行，我们习惯在习惯的人与事中穿梭。这种轻车熟路的感觉让人安逸舒适，这种美好愉悦的心境让人一路上看到的净是良辰美景。

我们不想改变，因为我们曾经成功过；我们不想改变，因为我们曾经受益于这些宝贵的经验。我们在习惯中自我陶醉，在习惯中慢慢老去……

但有一天，当掌声越来越稀少、鲜花越来越暗淡，在行走的道路上出现了不可逾越的高墙时，你才蓦然发现，你曾经的骄傲早已荡然无存。

曾经的经验变成了桎梏，昔日的模式已经过时。检讨自己，你会发现很多的失误源自你的习惯、你的固守。

我们曾经习惯靠指标生产，习惯靠粮票吃饭，习惯"一张报纸一支烟，一杯浓茶耗半天"的悠闲岁月。但"社会主义市场经济"的概念，促使我们彻底改变了旧有的习惯，我们开始学会在竞争中生存，开始学会在市场中觅食。我们的命运因此而改变。

我们曾经习惯用狂轰滥炸的广告打开市场销路，习惯在酒桌上赢得订单，习惯个人英雄主义式的决策与决断，习惯身先士卒，事无巨细的工作作风……不可否认的是，这些习惯并没有妨碍你企业的成长。但是，当这些习惯不再与社会的发展产生共振，当这些习惯越来越成为你企业发展的"肠梗阻"时，你必须跳出你的习惯，避免在一条道上走到黑的困境和尴尬。

尽管改变我们的习惯有困难甚至是痛苦，你也别再为自己的习惯堆砌无数的理由和美妙的词句。因为，在习惯与创新的碰撞面前，你别无选择。

人生感悟

跳出你的习惯，有时候你会发现眼前豁然开朗，如巨蟒蜕皮般呈现出一种鲜活的生命；跳出你的习惯，你会发现很多难解的结一下子松动，人生又开始了新的征程。

耐心是一种习惯

著名的推销大师即将告别他的推销生涯，应行业协会和社会各界的邀请，他将在该城中最大的体育馆，做告别职业生涯的演说。

那天，会场座无虚席，人们在热切地、焦急地等待着那位当代最伟大的推销员做精彩的演讲。当大幕徐徐拉开，舞台的正中央吊着一个巨大的铁球。为了这个铁球，台上搭起了高大的铁架。

一位老者在人们热烈的掌声中，走了上来，站在铁架的一边。他穿着一件红色的运动服，脚下是一双白色胶鞋。

人们惊奇地望着他，不知道他要做出什么举动。

这时两位工作人员，抬着一个大铁锤，放在老者的面前。主持人这时对观众讲：请两位身体强壮的人，到台上来。好多年轻人站起来，转眼间已有两名动作快的跑到台上。

老人这时开口和他们讲规则，请他们用这个大铁锤，去敲打那个吊着的铁球，直到把它荡起来。

一个年轻人抢着拿起铁锤，拉开架势，抡起大锤，全力向那吊着的铁球砸去，一声震耳的响声，那吊球动也没动。他就用大铁锤接二连三地砸向吊球，很快他就气喘吁吁。另一个人也不示弱，接过大铁锤把吊球打得很响，可是铁球仍旧一动不动。

台下逐渐没了呐喊声，观众好像认定那是没用的，就等着老人如何做出解释。

会场恢复了平静，老人从上衣口袋里掏出一个小锤，然后认真地面对着那个巨大的铁球。他用小锤对着铁球“咚”敲了一下，然后停顿一下，再一次用小锤“咚”敲了一下。人们奇怪地看着，老人就那样“咚”敲一下，然后停顿一下，就这样持续地做。

10分钟过去了，20分钟过去了，会场开始骚动起来，有的人干脆叫骂起来，人们用各种声音和动作发泄着他们的不满。老人仍然一小锤一小锤地工作着，他好像根本没有听见人们在喊叫什么。人们开始愤然离去，会场上出现了大块大块的空缺。留下来的人们好像也喊累了，会场渐渐地安静下来。

大概在老人进行到40分钟的时候，坐在前面的一个妇女突然尖叫一声：“球动了！”霎时间会场立即鸦雀无声，人们聚精会神地看着那个铁球。那球以很小的摆度动了起来，不仔细看很难察觉。老人仍旧一小锤一小锤地敲着，人们好像都听到了那小锤敲打吊球的声响。吊球在老人一锤一锤的敲打中越荡越高，它拉动着那个铁架子“哐、哐”作响，它的巨大威力强烈地震撼着在场的每一个人。终于场上爆发出一阵阵热烈的掌声，在掌声中，老人转过身来，慢慢地把那把小锤揣进兜里。

老人开口讲话了，他只说了一句话：“在成功的道路上，你没有耐心去等待成功的到来，那么，你只好用一生的耐心去面对失败。”

成功者要像棋坛高手一样，要沉得住气。既然知道这是一盘永远也下不完的棋，那么就让我们耐心一些，耐心是一种成熟的标志。耐心最好的伙伴，是信心和决心。人类的决心就像魔术师一样，你想要什么，就一定能得到什么。在有效付出的保障下，有决心和耐心的人一定会得到回报。

人生感悟

耐心是一种习惯，更是一种素质，我们头脑中充满着太多的急功近利，太多的浮躁之气，总嫌得到的回报来得太慢。“没有耐心等待成功来临，只好用一生的耐心等待失败。”这句话无疑值得我们仔细品味。

成功从良好的习惯开始

孔子说：“性相近也，习相远也。”“少成若天性，习惯成自然。”意思是说，人的本性是很接近的，但由于习惯不同便相去甚远；小时候培养的品格就好像是天生就有的，长期养成的习惯就仿佛呼吸一般自然。

成功是从良好的习惯开始的，习惯成自然，从小养成的习惯可以比较轻松、毫不费力地做得到。

富兰克林在他27岁的时候就为自己写下了13条生命中必须具备的美德作为座右铭。每天，他都拿出1条来评价自己的行为，而且一星期连续7天都力行同一条美德，以作为人生准则。13条美德分别在13周完成一个轮回，就这样日复一日，他扎扎实实执行了50年。在77岁的时候，富兰克林回顾一生，认为在57岁时就与自己列的美德比较接近了。

富兰克林真正智慧的地方不是他的13条美德，而是他意识到良好习惯的养成绝非一朝一夕，只要将人生美德或者人生方向变成习惯性的动作就会成为自己理想中的成功之人。舞蹈皇后杨丽萍从小喜欢舞蹈，每次在学习之后都要求自己重复练习10次以上。日复一日，年复一年，这种习惯伴随她10年，10年之后她成功了。

美国NBA篮球巨星迈克·乔丹，连续7年每天坚持练习500次基本动作，这种习惯使他成为空中飞人。

如果有条有理是一种成功的表现的话，那么，只要养成物归原位的习惯，成功自然就会水到渠成。

如果待人以诚是拓展人际关系的最佳策略，那么，把真诚变成自己的习惯，在与人交往中自然流露出真诚，人际关系就会越来越融洽。

例如，礼貌是一种好习惯，走到哪里都能够彬彬有礼、以礼相待的人一定会深受欢迎，拥有这种习惯的人则容易成功，相反，无礼就是一种坏习惯。

微笑是一种习惯，可以预先消除许多不必要的怨气，化解许多不必要的争执，而老是板起面孔的人走到哪里都会制造紧张气氛。

人生感悟

成功是一种习惯，拥有良好的习惯，定能创造出美好的人生。

让积极思考成为习惯力量

积极思考是现代成功学非常强调的一种智慧力量，如果做一件事不经过思考就去做，那肯定是鲁莽的，也是会撞墙的，除非是特别地幸运。但幸运并不是时时光顾的，所以，最保险的办法是三思而后行。但“思”也并不是件简单的事，思考也有它的特点和方法。成大事者都有自己良好的思考方法。

思考习惯一旦形成，就会产生巨大的力量，19世纪美国著名诗人及文艺批评家洛威尔曾经说过：“真知灼见，首先来自多思善疑。”

爱因斯坦非常重视独立思考，他说：“高等教育必须重视培养学生思考、探索的本领。人们解决世上所有问题用的是人脑的思维本领，而不是照搬书本的理论。”

正确的思考方法不是天生就有，它需要后天的训练和个人有意的培养。青年人只要努力，就会有所收获。

下面介绍几种思考方法，仅供参考：

1. 正确认识自己

西方有句话说：“性格即命运。”意思是命运是掌握在每个人自己手中的，因此个人的性格与心态就关系到个人的人生命运。

我们怎样对待生活，生活就怎样对待我们，我们怎样对待别人，别人就怎样对待我们。如果我们把自己的境况归咎于他人或环境，就等于把自己的命运交给了冥冥之主。如果我们始终对自己说“我能行”，并积极行动，我们也许就无所不能。

2. 专注——“成功的第一要素”

思考，是一件需要聚精会神的事情，也就是“专注”。

《成功》杂志庆祝创刊100周年时，编辑们节录了一些早期杂志中的优秀文章，其中有一篇关于爱迪生的访谈给读者们留下了十分深刻的印象，这篇访谈的作者奥多·瑞瑟在爱迪生的实验室外安营扎寨了3周，才获得了访问这位伟大发明家的机会。以下就是访谈的部分内容：

瑞瑟："成功的第一要素是什么？"

爱迪生："能够将你身体与心智的能量锲而不舍地运用在同一个问题上而不会厌倦的本领……可以说，我们每个人每天都做了不少的事。假如你早上7点起床，晚上11点睡觉，你就能做整整16个小时的工作，唯一的问题是，你们能做很多很多事，而我只能做一件。假如你们将这些时间运用在一个方向、一个目的上，你就会成功。"

由此可见，只有选准目标，并且专注于其上，才可能获得成功。

专注就是把意识集中在某个特定的欲望上的行为，并一直集中到找到办法并付之实际行动为止。专注有两个重点：让你的头脑冷静下来；把握住现在。这也恰恰是一个成功者必备的素质之一。青年人要从这些成功人士的身上学习优秀的习惯与作风，从而为自己的事业增添成功的动力。

3. 构建合理的知识结构

青年人要明白这样的道理，什么事情都要有一个合理的结构，才能成立。这样的结构只有通过思考才能建立，反过来，只有合理的知识结构，才能促进你在事业中更好的思考。所以，青年人要成大事，就要有自己的知识结构，从而使知识化为成功的动力。

知识结构具有全球普遍价值和意义。任何民族、任何国家都有自己独特的知识结构，而且，任何巨星、任何伟人、任何大师，甚至每一个人都有自己独特的知识结构。知识结构是一个人、一个民族、一个国家进行伟大的创新、创造的基础，是人类文明巨厦的基石。就个人而言，知识结构更是其创造的支柱，是成功的保障。

经验丰富的菜农，懂得在同一块园田中种植黄瓜、辣椒和茄子。它们都把自己的根伸到土壤中吸收各自所需的营养，但各自吸收营养成分不同。正是因为他们思考过这个问题，所以不同的植物才能结出同样丰硕的果实来。植物的成长过程和结果是如此，知识结构的建立和形成也很相似。人们在知识海洋中吸取营养也是紧紧围绕着自己所从事的事业目标。凡是与自己创造目标关系极为密切的，或关系比较大的知识要统统吸收；而无关的知识，就应该果断地放弃，以免浪费了有限的时间。

在知识经济的背景下，具有合理知识结构和应用本领并积极思考的人，将成为时代的主人，而这一切都来源于强大的学习思考本领。这是未来社会对人才的基本要求，在未来社会每个人都必须做到"无所不能"。在这个信息纷繁复杂、科技日新月异的时代里，青年人如果没有高超的学习及思考的本领，没有及时学习新的理论、技能，不能及时更新观念，结果必然是被淘汰出局。

"行成于思"，没有思考就不会有行动，当然就不会有成功。

人生感悟

人成大事之"行"要成于独立之"思"。所以，人要养成思考的习惯，掌握正确的思考方法。

微笑是最好的习惯

史密斯是韩国一家小有名气的公司总裁，十分年轻。他几乎具备了成功男人应该具备的所有优点：他有明确的人生目标，有不断克服困难、超越自己和别人的毅力与信心；他大步流星、雷厉风行，办事干脆利索、从不拖沓；他的嗓音深沉圆润，讲话切中要害；而且他总是显得雄心勃勃，富有朝气。他对于生活的认真与投入是有口皆碑的，而且，他对待同事们也很真诚，讲求公平对待，与他深交的人都为拥有这样一个好朋友而自豪。

但初次见到他的人却对他少有好感，这令熟知他的人大为吃惊。为什么呢？仔细观察后才发现，原来他几乎没有笑容。

他深沉严峻的脸上永远是炯炯的目光、紧闭的嘴唇和紧咬的牙关，即便在轻松的社交场合也是如此。他在舞池中优美的舞姿几乎令所有的女士心动，但却很少有人同他跳舞。公司的女员工见了他更是畏如虎豹，男员工对他的支持与认同也不是很多。而事实上他只是缺少了一样东西，一样足以致命的东西——一副动人的微笑的面孔。

一个人的面部表情亲切、温和、充满喜气，远比他穿着一套高档、华丽的衣服更吸引人注意，也更容易受人欢迎。

现实的工作、生活中，一个人对你满面冰霜、横眉冷对，另一个人对你面带笑容、温暖如春，他们同时向你请教一个工作上的问题，你更欢迎哪一个？当然是后者，你会毫不犹豫地对他知无不言，言无不尽，问一答十；而对前者，恐怕就恰恰相反了。

下面的这个例子就充分体现了微笑的力量。

“我为了替公司找一个电脑博士几乎伤透脑筋，最后我找到一个非常好的人选，刚刚从名牌大学毕业。几次电话交谈后，我知道还有几家公司也希望他去，而且都比我的公司大，比我的公司有名。当他表示接受这份工作时，我真的是非常高兴也非常意外。他开始上班后，我问他，为什么放弃其他更优厚的条件而选择我们公司？他停了一下，然后说：‘我想是因为其他公司的经理在电话里是冷冰冰的，商业味很重，那使我觉得好像只是一次生意上的往来而已。但你的声音，听起来似乎真的希望我能成为你们公司的一员。因为我似乎看到，电话的那一边，你正在微笑着与我交谈。你可以相信，我在听电话的时候也是笑着的。’”

说话的是史密斯公司的总经理。

的确，如果说行动比语言更具有力量，那么微笑就是无声的行动，它所表示的是：我很满意你、你使我快乐、我很高兴见到你。“笑容是结束说话的最佳‘句号’。”这话真是不假。

对人微笑是一种文明的表现，它显示出一种力量、涵养和暗示。一个刚刚学会微笑的中年领导干部说：“自从我开始坚持对同事微笑之后，起初大家非常迷惑、惊异，后来就是欣喜、赞许，两个月来，我得到的快乐比过去一年中得到的满足感与成就感还要多。现在，我已养成了微笑的习惯，而且我发现人人都对我微笑，过去冷若冰霜的人，现在也热情友好起来。上周单位搞民主评议，我几乎获得了全票，这是我参加工作这么多年来从未有过的大喜事！”

有微笑面孔的人，就会有希望。因为一个人的笑容就是他好意的信使，他的笑容可以照亮所有看到它的人。没有人喜欢帮助那些整天皱着眉头、愁容满面的人，更不会信任他们。而对于那些承受着上司、同事、客户或家庭的压力的人，一个笑容却能帮助他们了解一切都是有希望的，也就是世界是有欢乐的。只要活着、忙着、工作着，就不能不微笑。

人生感悟

微笑是一种宽容、一种接纳，它缩短了彼此的距离，使人与人之间心心相通。喜欢微笑着面对他人的人，往往更容易让对方渴望亲近。难怪有人说微笑是成功者的先锋。

凡事做到尽善尽美

失败最大的祸根，就是从小没养成好习惯。而成功的最好方法，就是把任何事都做得精益求精，尽善尽美。

快些下决心吧，不要管别人做得怎么样，事情一到了你的手里，就非要将它做得完美无缺不可。千万不要再让那些偷闲、取巧、拖拉、不整、不洁的坏习惯来阻碍你！做到了尽善尽美，你由弱而强的日子就会即将到来。

1965 年，一个四年级小学生到西雅图景岭学校图书馆帮忙，管理员让他把已归还图书馆却放错了位的书放回原处。小学生问："像是当侦探吗？"管理员说："那当然。"小学生便不遗余力地干起来。第一天，他已经找出3本放错地方的书。第二天，他来得更早，而且更卖力气。过了两个星期，小学生的父母要搬家，小学生担心地说："我走了，谁来整理那些站错队的书呢？"没过多久，小学生又来了，高兴地对管理员说，那边的图书馆不让学生干，妈妈把他转回这边上学，由他爸爸用车接送。"如果爸爸不带我，我就走路来。"

这个小学生竟是如此敬业。图书馆的管理员没有想到的是，这个小学生后来成了信息时代的天才、微软电脑公司总裁，他就是比尔·盖茨。

司特莱底·瓦留斯先生是一位著名的小提琴制造师，他制成一把小提琴，往往要经过不少时间。但是你可不要以为他太痴了，他所制造的成品现在已成稀有宝贵的珍物，每件价值万金。可见世上任何宝贵的东西，你如果不付出全部精力，不畏千辛万苦地去做是不可能成功的。

无论到哪里，一位工作得完美无缺的人，总是受人欢迎的。所以你应该努力把任何事处理得至善至美。对于任何事，你都要倾注全部精力去做。

人生感悟

做事尽善尽美，不但能够使你迅速进步，并且还将大大地影响你的性格、品行和自尊心。任何人如果要想成功，就非得秉持这种精神去做事不可。

甩掉"轻易放弃"的想法

天下事最难的不过1/10，能做成的有9/10。要想成就大事大业，尤其要有恒心，要以坚忍不拔的毅力、百折不挠的精神、排除纷繁复杂的耐性、坚贞不屈的气质，作为涵养恒心的要素。

一个人之所以成功，不是上天赐给的，而是自己长期努力的结果，千万不能存有侥幸的心理。幸运、成功永远只会属于辛劳的人、有恒心不轻言放弃的人、能坚持到底的人。事业如此，德业同样如此。

"冰冻三尺，非一日之寒。"从这个自然现象中就能体现出恒心来，一日曝之，十日寒之；一日而作，十日所辍，成功的概率，几乎等于零。

现在有一种流行病，就是浮躁。许多人总想一夜成名、一夜暴富。比如，投资赚钱，不是先从小生意做起，慢慢积累资金和经验，再把生意做大，而是如赌徒一般，借钱做大投资、大生意，结果往往惨败。网络经济一度充满了泡沫。有人并没有认真研究市场，也没有认真考虑它的巨大风险性，只觉得这是一个发财成名的"大馅饼"，一口吞下去，最后没撑多久，草草倒闭，白白"烧"掉了许多钞票。

俗话说得好：滚石不生苔，坚持不懈的乌龟能快过灵巧敏捷的野兔。如果能每天学习1小时，并坚持12年，所学到的东西，一定远比坐在教室里接受4年高等教育所学到的多。正如布尔沃所说的："恒心与忍耐力是征服者的灵魂，它是人类反抗命运、个人反抗世界、灵魂反抗物质的最有力支持，它也是福音书的精髓。从社会的角度看，考虑到它对种族问题和社会制度的影响，其重要性无论怎样强调也不为过。"

大发明家爱迪生也说："我从来不做投机取巧的事情。我的发明除了照相术，没有一项是由于幸运之神的光顾而完成的。一旦我下定决心，知道应该往哪个方向努力，我就会勇往直前，一遍一遍地试验，直到产生最终的结果。"

凡事不能持之以恒，正是很多人失败的根源。所以，培养不轻言放弃的习惯对于一个渴望成功的人尤为重要。

下面的一些步骤应该对培养你的恒心有一定的帮助。

（1）合理的计划是你坚持下去的动力表。如果没计划，东一榔头西一锤子，是做不好工作的。设计合理的计划表，不仅可以理顺工作的轻重缓急，提高效率，而且可以在无形之中督促自己努力工作，按时或超额完成计划。

制定可行的工作计划和执行计划时要注意，也许你愿意用硬性的东西约束自己，或希望有充分的灵活性，甚至等自己有了灵感的时候才动工。可是万一你正好没有灵感，整个礼拜都没兴致工作的话，怎么办呢？这样下去，你就可能失去坚持下去的耐心，对自己的创造能力产生怀疑。

至少开始的时候，你可以为自己安排一段单独的时间，试验自己的专长。按照进度你会做更多的工作——如果你想出类拔萃的话；如果你给自己安排的进度并不过分，可是你还是抗拒它的话，譬如，找借口拖延工作进度，那么你就得研究一下自己的动机了。

计划的制定，将迫使你自问这个严酷的问题：我真的想做这件事吗？即使进行得不太顺利，我还是按部就班地做吗？如果答案是“是”，那么你是真的想得到成功，合理的计划表可以帮助你坚持下去。

（2）拥有越挫越勇的劲头。有的失败会转眼被我们忘记，有些挫折却会给我们留下深深的伤痛。但是，无论如何，我们都不应该因为挫折而停止前进的步伐。每个人都必须为目标奋斗。如果你不继续为一个目标奋斗，你不仅会失去信心，还会逐渐忘记自己有个目标。如果你不再继续坚持的话，就会开始怀疑自己是否能成功地实现计划所定的目标。

有时你也许会因为目前完不成一个小的目标，而改做其他的尝试，这种随便的做法是一种变相的放弃。千万不要拿困难做借口而改作另一个计划。

（3）既然有计划，就要实现它。当你坚持完成计划的要求，实现成功的目标后，你会更加坚定地做完以后的工作，这对培养你的不轻言放弃的习惯会有很大的帮助。不把事情做完的话，你会觉得自己像个没有志气的懒虫。以后如果你不敢肯定是不是能把工作完成的话，就很难再开始做一件新的事情。这是非常重要的一点，因为从事的工作可以只花几个小时，也可能花许多年工夫。不管花多少时间，你都得面临这个问题：完成这件工作呢，还是放弃它？你最好从开始就搞清楚，自己是不是真的想完成它，要不然你何必花这些心力呢？

如果你是某一领域的专业人员，你的成功目标就是成为这一领域的翘楚，那么就不能单是把计划完成，你必须把作品展示出来，接受别人的批评。不要把你的小说只给一家出版社看，如果这一家不接受的话，不要全盘放弃。你必须再接再厉，给很多家出版社看，一定要给自己的作品充分的机会。

如果你为了完成这个计划已经付出了很多，那就坚持下去，也许最艰难的时候，也是离成功最近的时候。

人生感悟

俗语说：世上无难事，只怕有心人。这个有心，就是有恒心，有了恒心，不轻言放弃，再难的事也能成功。没有恒心，遇到困难就中途放弃，则一事无成，再容易的事也会成为困难的事。

不要恐惧承担太多责任

我们在生活、工作中，总要承担一定的责任。责任的增加往往意味着你的权力和义务也在相应的增加。有的人会因为担心自己承担不了太多的责任而拖延工作，不肯鞭策自己做到最好。其实，更多的责任是你对自己能力的一次次考验，你可以从中发掘自己的潜力，从而更好地提升自己。

人们害怕承担太多的责任是因为担心自己做不好，但正是这种负面的思维方式才让人们放弃了很多发现自己更多能力的机会。林洁常常谈起她的理想是做一名专栏作家，但她又担心，一旦她发表了第一篇，接下来却写不出来了，或者是无法长期继续写下去时该怎么办。结果她在过去的3年中，什么也没写。等到她终于克服了自己的恐惧，开始动笔时，报社就增加了一个很有天赋、热爱写作的专栏作家，她的专栏大受欢迎。她也因此实现了自己梦寐以求的理想。要知道，责任并不仅仅是我们生活中的包袱，它还意味着你可以找到发挥自己能力的另一片天地，你还有更多的能力，你能够用另一种方式证明你自己。

有时候，我们有一些来自于自身的消极语言，这些如枷锁一样的消极语言让我们恐惧承担更多的责任。这些消极语言可能是我们从小就接受的根深蒂固的教育。例如，如果我们被认为是内向的人，我们就不敢当众讲话。这样，我们当众讲演的天分就会一点点丧失，我们对自己内向的观点深信不疑。我们每一次要发表自己观点的时候，这个观点就出现在我们的脑海中，于是，我们一次又一次错过了当众讲演的机会。有时候这样的消极语言就像传家宝一样被我们秘密收藏，我们甚至会一遍又一遍自言自语地加深自己的印象。

要想克服这样的恐惧感，就要有勇气迈出前行的第一步。哪怕是试着在小型的会议上做一个有关自己部门业绩的工作汇报，也是一次好的开始。这样，你就会开始表达自己的意见，而不是因为性格内向就不敢当众讲话。当你的这个限制被你自己打破时，你就不会再回复到不敢表达自己的从前。

人生感悟

如果你不相信自己能做某事，不肯为它承担责任，你就会渐渐失去做这件事的能力。只有相信自己能做某事，并勇于承担起自己的责任，才能给你以巨大的力量，帮助你战胜一切。

让理性代替易怒

当一个人对自己有了正确地、全面地了解时，他也同时能以一种理性的方式去思考别人和周围的事物。环境的突变，事件的突变，他都能理智分析，泰然处之。理性的人善于控制自己，他能够很快适应周围的人。由于良好的自控能力，别人会更加尊重他。遇到可怒之事时，不妨冷静下来，平息自己的愤怒。尝试一下以下方法，也许对你有用。

（1）深呼吸。从生理上看，愤怒需要消耗大量的能量，你的头脑此时处于一种极度兴奋的状态，心跳加快，血液流动加速，这一切都要求有大量的氧气补充。深呼吸后，氧气的补充会使你的躯体处于一种平衡的状态，情绪会得到一定程度的抑制。虽然你仍然处在兴奋状态，但你已有了一定的自控能力，数次深呼吸可使你逐渐平静下来。

（2）理智分析。你将要发怒时，心里快速想一下：对方的目的何在？他也许是无意中说错了话，也许是存心想激怒你。无论哪种情况，你都不能发怒。如是前者，发怒会失去一位好朋友；如是后者，发怒正是对方所希望的，他就是要故意毁坏你的形象，你偏偏不能让他得逞！这样分析，你就会很快控制自己。

（3）寻找共同点。虽然对方在这个问题上与你意见不同，但在别的方面你们是有共同点的。你可搁置争议，先就共同点与对方进行合作。

（4）回想美好时光。想一想你们过去亲密合作时的愉快时光，也可回忆自己的得意之事，使自己心情松弛下来。如果你仅仅是因为一个信仰上的差异而想动怒，你不妨把思绪带到一个令人快意的天地里：美丽的海滩，柔和的阳光，广阔的大海……你会觉得，人生是如此的美好，大自然是如此的广袤宽阔，人也应该有它那样的博大胸怀，不能执著于蝇头小利……想到这些，你就容易克制自己的怒气了。

（5）想想发怒后的后果。我们也许看到过交通拥挤的十字路口红绿灯失控时的“惨状”，整个路面成了车的海洋，不耐烦的司机在车里面鸣笛叫喊，喇叭声充斥于耳，整个交通处于瘫痪混乱状态，如果没有交警的管理疏导，不知道会拖延到什么时候，造成什么后果。同样，如果一个人的情绪失控，这世界又会怎么样呢？

假如你发起脾气来，对人家发作一阵，你固然非常痛快地发泄了你的情感。但那又能怎样？他能分担你的发泄吗？你争斗的声调、仇视的态度，能使他同情你吗？

“假如你握紧双拳找上我，我想我也会不甘示弱的。”威尔逊说道，“我的拳头会握得和你一样紧。但是，假如你对我说：‘让我们坐下来讨论讨论，如果我们意见不同，不同之处在哪里，问题的症结在哪里？’那么我是可以接受的。我们也许只在部分观点上不同，但大部分还是一致的。只要彼此有耐心，开诚布公，还是可以达到步调一致的。”

所以，当别人对你的缺点提出批评甚至指责时，当你和朋友为某件小事“斗嘴”时，当你一时感到生活压抑时，你一定要学会克制自己的愤怒，让你的大脑“冷却”下来，让你胸中的“惊涛骇浪”平息下来，把你的粗嗓门压下来，把你要伸出的拳头收回来……

人生感悟

人，最大的坏习惯就是易怒，遇到不耐烦的事，遇到看不惯的人，没有耐心疏导事由，而是大发雷霆，这样于人于己实无一益。理性的控制自己，不仅是一种修养，也是一种能力。

水满则溢，谦虚更胜一筹

爱因斯坦是个名满天下的科学家，据说有一次他的学生问他说：“老师的知识那么渊博，为何还能做到学而不厌呢？”爱因斯坦很幽默地解释道：“假如把人的已知部分比作一个圆的话，圆外便是人的未知部分，所以说圆越大，其周长就越长，他所接触的未知部分就越多。现在，我这个圆比你的圆大，所以，我发现自己尚未掌握的知识自然是比你多，这样的话，我怎么还懈怠得下来呢？”

为了启发人们谦虚处世，俄国作家列夫·托尔斯泰也做了一个很有意义的比方：“一个人就好像是一个分数，他的实际才能好比分子，而他对自己的估价好比分母，分母越大，则分数的值越小。”一个人不管有多丰富的知识，取得多大的成绩，推而广之，不论有了何等显赫的地位，都要谦虚谨慎，不能自视过高。应心胸宽广，博采众长，不断地丰富自己的知识，增强自己的本领，进而创出更大的业绩。如能这样，则于己、于人、于社会都有益处。

所以，不论你的目标为何，如果你想要获得成功，谦虚都是必要的个性。在你到达成功的顶峰之后，你会发现谦虚更重要。只有谦虚的人才能得到智慧。聪明的人最大的特征是，能够坦然地说：“我错了。”真正的谦虚，是自己毫无成见，思想完全解放，不受任何束缚，对一切事物都能做到具体问题具体分析，采取实事求是的态度，正确对待；对于来自任何方面的意见，都能听得进去，并加以考虑。这样的人能做到在成绩面前不居功，不重名利；在困难面前敢于迎刃而上，主动进取。他们的谦虚并不是卑己尊人，而是既自尊，也尊人。

既自尊，他们就不会像古代茶馆里的“茶博士”那样，见人便低头哈腰、满脸堆笑。

既尊人，他们也不会见了谁都像一只饱食归来的公鹅。与人相遇，表情矜持，面目冷峻，即使近在咫尺，硬是挺得住。他傲视对方，但绝不会主动地与人打一声招呼，他非逼得人家跟他打招呼不可。其实，有这种个性的人并非一定是个什么大人物，有的人身份地位并不高，但却人为地拔高了自己，小人物摆出大模样，善良随和的人遇到这类人，往往成了他精神的奴隶，不得不礼让他三分。

为人处世，前者太卑微，后者太倨傲，两者都走向了极端。其实，做人应该既不失礼于人，也不卑躬屈膝；既要自尊自重，也不要傲慢无礼；既不可心无定性，抢着跟人打招呼，也不要打定主意，专等人家打招呼。与人相处时，对随和的人你要礼貌，使人感受到你的友善；对傲慢的人你要不屈从，使人能正视你的尊严。遇有支配性强的人，你不妨巧妙地顶他几次，以打乱他的心理定式，破坏他的行为惯性，免得自己老是生活在对方霸气的阴影下。这就是真正的谦虚：既自尊，又尊人。

人生感悟

一个容器若装满了水，稍一晃动，水便溢了出来。一个人若心里装满了骄傲，便再也容纳不了新知识、新经验和别人的忠言了。长此以往，事业或者止步不前，或者猝然受挫，故古人云：“满招损，谦受益。”

打破自我怀疑

你生来便是一名冠军，现在无论有什么障碍和困难出现在你的道路上，它们都不及你在成功时所克服的障碍和困难的1/10那么大！让我们看看伊尔文·本·库柏的情况吧。他是美国最受尊敬的法官之一，但这个形象与库柏年轻时自卑的形象大相径庭。

库柏在密苏里州圣约瑟夫城一个难贫民窟里长大。他的父亲是一个移民，以裁缝为生，收入微薄。为了家里取暖，库柏常常拿着一个煤桶，到附近的铁路去拾煤块。库柏为必须这样做而感到困窘。他常常从后街溜出溜进，以免被放学的孩子们看到。

但是，那些孩子时常看见他。特别是有一伙孩子常埋伏在库柏从铁路回家的路上，袭击他，以此取乐。他们常把他的煤渣撒遍街上，使他回家时一直流着眼泪。这样，库柏总是生活在恐惧和自卑中。

有一件事发生了，这种事在我们打破失败的生活方式时总是会发生的。库柏因为读了一本书，内心受到了鼓舞，从而在生活中采取了积极的行动。这本书是荷拉修·阿尔杰著的《罗伯特的奋斗》。

在这本书里，库柏读到了一个像他那样的少年奋斗的故事。那个少年遭遇了巨大的不幸，但是他以勇气和道德的力量战胜了这些不幸，库柏也希望具有这种勇气和力量。

库柏读了他所能借到的每一本荷拉修的书。当他读书的时候，他就进入了主人公的角色。整个冬天他都坐在寒冷的厨房里阅读勇敢和成功的故事，不知不觉地吸取了积极的心态。在库柏读了第一本荷拉修的书之后几个月，他又到铁路去拣煤块。过了一会儿，3个人在一个房子的后面朝他飞奔而来。他最初的想法是转身就跑，但很快他记起了他所钦佩的书中主人公的勇敢精神，于是他把煤桶握得更紧，一直向前大步走去，他犹如荷拉修书中的一个英雄。

这是一场恶战。3个男孩一起冲向库柏。库柏丢开铁桶，坚强地挥动双臂，进行抵抗，使得这3个恃强凌弱的孩子大吃一惊。库柏的右手猛击到一个孩子的嘴唇和鼻子上，左手猛击到这个孩子的胃部。这个孩子便停止打架，转身跑了，这也使库柏大吃一惊。这时，另外两个孩子正在对他进行拳打脚踢。库柏设法推开一个孩子，把另一个打倒，用膝部猛击他，而且发疯似的连击他的胃部和下颏。现在只剩下一个孩子了，他是领袖。他突然袭击库柏的头部，库柏设法站稳脚跟，把他拖到一边。这两个孩子站着，相互凝视了一会儿。

然后，这个领袖一点一点地向后退，也跑了。库柏拾起一块煤，投向那个退却者，以表示他的愤怒。

直到那时库柏才发现他的鼻子在流血，他的周身由于受到拳打脚踢，已变得青一块紫一块了。这是值得的啊！在库柏的一生中，这一天是一个重大的日子，因为他克服了恐惧。

库柏并不比一年前强壮了多少，攻击他的人也并不是不如以前那样强壮。前后不同的地方在于库柏自身的心态，他已经不再恐惧。他决定不再听凭那些恃强凌弱者的摆布。从现在起，他要改变他的世界了，他后来也的确是这样做的。

库柏给自己定下了一种身份。当他在街上痛打那3个恃强凌弱者的时候，他并不是作为受惊吓的、营养不良的库柏在战斗，而是作为荷拉修书中的人物罗伯特·卡佛代尔那样的大胆而勇敢的英雄在战斗。

把自己视为一个成功的人物，有助于打破自我怀疑和自我失败的习惯，这种习惯是自卑的心态经过若干年后在一种性格内逐渐形成的。另一个同等重要的、能帮助你改变你的世界的成功技巧是，把你视为会激励你做出正确决定的某一形象。这种形象可以是一条标语、一幅图画或者任何别的对你有意义的象征。

人生感悟

一个人要取得成功，首先要相信自己就是一个成功者，对此不能有丝毫的怀疑自己。

给不良习惯找个“天敌”

意识产生动机，动机产生行为，这需要有动力。改变习惯同样需要有动力，动力来自哪里？动力有哪几种呢？

一个智者把3个胆量不同的人领到了山涧的旁边，跟他们说：“谁能够跳过这个山涧，我承认谁胆子大。”第一大胆的人跳了过去，得到了智者的赞美。其他两个人不跳，这时智者拿出一块金子，说谁能够跳过去他承认谁胆子大，第二大胆的人跳了过去。第三大胆的人还是不跳，这时此人后面出现了一头狮子，此人发现如果不跳会没命，一用力，也跳了过来。这3个人都能够跳过来，但使得他们能够跳过来的动力不同。

使人的行为发生的动力有两类：恐惧和诱因。行为发生了，是因为诱因足够；行为没有发生，是因为恐惧不够。如果一种习惯改变了，是因为诱因足够;如果一种习惯没有改变，则是因为恐惧不足。

恐惧比诱因具有更大的动力。你可以不为金钱利益所动，但是你害怕失去：害怕失去自由、害怕失去健康、害怕失去爱。所以马基雅维利说：“恐惧比感激更能够维系忠诚。”

改变习惯需要动力，动力分为诱因或恐惧。不管是国外还是国内，在古代的时候，君主都是以武力来实现统治，即利用臣民对自己的恐惧达到统治的目的，而不是对臣民好一点，让他们产生感激来维系忠诚。因为感激是不可靠的，出于感激，人们只会在满足自己的情况下，再考虑对方。而恐惧就不一样了，它甚至可以让你先满足对方的要求，再考虑自己。

一个人要改变习惯真的很难，一个不喜欢学习的人要让他每天都去学习，他会觉得很不舒服。但是到了快要考试的时候，他就有了压力，考试不及格怎么办？如果考得好的话可以拿奖学金，对以后的推荐上研究生、出国、找工作都很有好处。面对恐惧和诱惑双重影响，他就会逼着自己改变习惯，因为他有了动力。

森林公园为了保护鹿，把狼赶走了。但是一些鹿却得病而死。得病的原因是缺少运动，为什么缺少运动？因为没有了天敌——狼，所以不用奔跑了。后来森林管理人员又把狼引进了公园，这样鹿们又恢复了健康。

人生感悟

给自己一点“恐惧感”和“诱因”，你的不良习惯也许就遇到了“天敌”。

时间管理混乱

时间最公平，所有的人，不论富贵还是贫贱，每个人每一天都有24小时；时间也最不公平，有的人不但功成名就，而且生活得从容潇洒，而有的人忙忙碌碌，却一事无成。那么，你是怎样安排你的时间的呢？你会不会觉得时间多得无处打发，或者时间太少，根本不够用呢？当你回想自己的一天，你是觉得时间安排得井井有条，还是根本对自己做过什么一点印象也没有呢？有的人可能会一天做好几项工作，却一项也没有完成，还有的人终日无所事事。

你出门旅行收拾行李的时候，有没有注意过，如果你把衣服叠得整整齐齐，放得有条有理，会比把衣服胡乱塞在箱子里的时候装下更多的东西？同样的箱子和同样的一堆衣服，看上去很令人吃惊是吗？你的生活也同样如此。如果你让你的时间更有条理，你就会有更多的空余时间，就像你精心整理的箱子留出的空间一样。

一般情况下，人们如果是在非常有规律的时间安排中生活，就会发现自己的生活十分有序，每件事情都有其具体的时间。你会清楚地知道自己几点起床，什么时候吃饭，上班的具体时间，以及何时下班，几点睡觉。但是如果你度过的是全无规律的一天呢？你的时间没有安排，没有计划，你不知道自己起床后要干什么，所以几点起床都无所谓了，你没有什么需要集中精力去认真对待的事，所以你无需紧张，你也不用穿戴整齐出去等车。你懒洋洋地吃早餐、看报纸，甚至不知道自己要做什么，你开始盼望有某个不速之客来拜访或电话突然响起来，好消磨你的时间。你全无安排，只好等待别人来安排你的时间。

当然我们大多数人不会时时处于这种漂泊的状态，但我们却往往会在两种状态之间摇摆，在工作的时候，生活十分有序，而一旦到了休息时间，就成为一个毫无规律的人。只要稍加留意就能发现，在全无时间规律的休息时间里，人更容易变得拖拉。当然，也有一些人无论时间安排得是否有规律都运行得很好，但大多数人的状况是在有规律的安排下要好得多。

有些工作本身就特别没有时间规律，例如，保险代理人、推销员和自由撰稿人等，这些人都不得不应付那些没有规律的时间。一不留神，他们的生活很容易陷入漂泊的状态，他们会花费大量的时间在低效率的工作上。有时候，人们借助紧急情况和最后期限来提高自己的效率，在时间安排上会醒目地标注出自己完成工作的时间，但如果是没有时间规律的工作，他们就往往不再花费心思设立目标期限、制定计划，于是就会使自己变得低效率。其实，没有时间规律的工作更需要花费时间来计算时间、列表，安排出工作先后顺序，也就是要采取更多的措施防止拖拉。自由工作的人比那些朝九晚五的上班族更需要提高自制力。

如果你因为没有安排好时间而没有完成工作，那你没完成的工作会带给你更多的工作。有时候，你还需要重复工作。这不但造成你的低效率，还会给你带来失败感。例如，你是一家报社的记者，你千辛万苦联系了一位名人接受访问，但因为时间安排的问题，你错过了和他会面的时间，你不但需要重新花费大量的时间和他预约时间，而且你的工作会全部被打乱。你所有的其他安排都需要调整，来配合这一工作。当你再次克服种种障碍约到你的采访对象时，你不但筋疲力尽，而且充满挫败感，你甚至会错过报纸的印刷时间。

人生感悟

如果你的生活没有规律，就很可能使自己的时间浪费在无所事事的漂泊状态中，而且这样的漂泊会使我们感觉自己做事缺乏条理性，破坏我们本该取得的成就。

多用“我们”，少用“我”

新婚燕尔，新娘对新郎说：“从此以后，就不能说‘你的’、‘我的’，要说‘我们的’。”新郎点头称是。一会儿，新娘问新郎：“亲爱的，我们今天去哪儿啊？”新郎说：“去我表姐家。”新娘就不乐意了，纠正说：“是去我们表姐家。”新郎去洗手间，很久了还不出来。新娘问：“亲爱的，你在里面干什么呢？”新郎答道：“我在刮我们的胡子。”

这虽然只是一则笑话，可是它体现了一个问题，即“我们”这个词可以制造彼此间的共同意识，拉近双方的距离，对促进人际关系将会有很大的帮助。

曾经有一位心理学家，做了一项有名的实验，就是选编了3个小团体，并且分派3人饰演专制型、放任型、民主型的3位领导人，然后对这3个团体进行意识调查。

结果，民主型领导人所带领的这个团体，表现了最强烈的同伴意识。而其中最有趣的，就是这个团体中的成员大都使用“我们”一词来说话。

经常听演讲的人，大概都有过这样的经验，就是演讲者说“我们这么想”比“我是否应该这样”更能使你觉得和对方的距离接近。因为“我们”这个字眼，也就是要表现“你也参与其中”的意思，所以会令对方心中产生一种参与意识，按照心理学的说法，这种情形是“卷入效果”。

小孩子在玩耍时，经常会说“这是我的东西”或“我要这样做”，这种说法是因为小孩子的自我显示欲直接表现所造成的。但有时在成人世界中，也会出现如此说法，而这种人不仅无法令对方有好印象，可能在人际关系方面也会受阻，甚至在自己所属的团体中，形成被孤立的局面。

人心是很微妙的，同样是与人交谈，但有的说话方式会令对方反感，而有的说话方式却会令对方不由自主地产生妥协之心。

事实上，我们在听别人说话时，对方说“我”、“我认为……”带给我们的感受，将远不如他采用“我们……”的说法，因为这种说法可以让人产生团结意识。

在开口说话时，我们要注意这样的细节，多说“我们”。用“我们”来做主语，以此来制造彼此间的共同意识，对促进我们的人际关系将会有很大的帮助。

“我”在英文里是最小的字母，千万别把它变成你语汇中最大的字。

一次聚会，有位先生在讲话的前3分钟内，一共用了36个“我”。他不是说“我”，就是说“我的”，如“我的公司”、“我的花园”，等等。随后一位熟人走上前去对他说：“真遗憾，你失去了你的所有员工。”

那个人怔了怔说：“我失去了所有员工？没有呀，他们都好好地在公司上班呢！”

“哦，难道你的这些员工与公司没有任何关系吗？”

亨利·福特二世描述令人厌烦的行为时说：“一个满嘴‘我’的人，一个独占‘我’字、随时随地说‘我’的人，是一个不受欢迎的人。”

在人际交往中，“我”字讲得太多并过分强调，会给人突出自我、标榜自我的印象，这会在对方与你之间筑起一道防线，形成障碍，影响别人对你的认同。

因此，会说话的人，在语言传播中，总会避开“我”字，而用“我们”开头。下面的几点建议可供借鉴：

1. 尽量用“我们”代替“我”

很多情况下，你可以用“我们”一词代替“我”，这可以缩短你与大家的心理距离，促进彼此之间的感情交流。

例如，“我建议，今天下午……”可以改成：“今天下午，我们……好吗？”

2. 说话时应用“我们”开头

在员工大会上，你想说：“我最近做过一项调查，我发现40%的员工对公司有不满的情绪，我认为这些不满情绪……”

如果你将上面这段话的3个“我”字转化成“我们”，效果就会大不一样。说“我”有时只能代表你一个人，而说“我们”代表的是公司，代表的是大家，员工们自然更容易接受。

3. 非得用“我”字时，以平缓的语调淡化

不可避免地要讲到“我”时，你要做到语气平淡，既不把“我”读成重音，也不把语音拖长。同时，目光不要逼人，表情不要眉飞色舞，神态不要得意洋洋，你要把表述的重点放在事件的客观叙述上，不要突出“我”，以免使别人觉得你自认为高人一等，觉得你在吹嘘自己。

人生感悟

在你的语言中多用“我们”，少用“我”，可以让你的话语更具亲和力，让别人听起来更亲切，没有对立感。

要有改变坏习惯的自控力

我们虽有很多弱点，但我们不是弱者。积极心态的树立，将使我们很快地摆脱消极心理的阴影。要想成为一个快乐的强者，先从积极改变坏习惯开始吧。

本杰明·富兰克林是美国历史上最有影响力的伟人之一，他博学多才。他是科学家、作家、语言学家、发明家、画家、哲学家。他自修法文、西班牙文、意大利文、拉丁文，并引导美国走上独立之路。

但是，就连富兰克林也有不好的习惯，他自己很清楚这一点。与众不同的是，他会下

决心想方设法改变它们。他不愧是一个发明家，他为自己制定了一个戒除恶习的妙方。他首先列出获得成功必不可少的 13 个条件：节制、沉默、秩序、果断、节俭、勤奋、诚恳、公正、中庸、清洁、平静、纯洁、谦逊。

在那本不朽的自传中，他提及了使用这个妙方的方法。“我打算获得这 13 种美德，并养成习惯。为了不致分散精力，我不指望一下子全做到，而要逐一进行，直到我能拥有全部美德为止。”

他的秘方中，有一点借鉴了毕达哥拉斯的忠告，每个人应该每日反省。他设计了第一套成功记录表：

“我制作了一个小册子，每一个美德占去一页，画好格子，在反省时若发现有当天未达到的地方，就用笔作个记号。”

妙方对这位伟人起了什么样的作用呢？

当富兰克林 79 岁时，写了整整 15 页纸，特别记叙了他的这一项伟大“发明”，因为他认为自己的一切成功与幸福受益于此。

富兰克林在自传中写道：“我希望我的子孙后代能效仿这种方式，并有所收益。”

高山滑雪是人与环境以及时间的竞赛。每当我们看到输赢之间只差极短的时间时，就会不禁摇头同情那些输家。

第一名的时间是：1 分 37 秒 22。

第二名的时间是：1 分 37 秒 25。

也就是说，冠军与平庸之间，相差的时间只是眨眼的工夫。

到底冠军与输家之间有什么不同呢？运气？也许是。但也许冠军多下了一点点工夫，多花了一点点时间。也许冠军肯下工夫对付自己的坏习惯，直到把它从自己的行为中戒除掉。这样，他在高山滑雪时少用了一点点时间，而这就足以使他成功。

你是否也有一些坏习惯呢？它们是什么？是拖拉、放纵、懒惰、邋遢、坏脾气、缺乏毅力？还是……？

只要这些不良习惯存在，你就不可能有太大长进。

当你看到美元票面上的华盛顿的肖像时，看着他白色卷发映衬下那平静、自信、显示着自控能力的面庞时，你能想象出他年轻时曾有一头红发，脾气暴躁吗？

要是他没有学会靠自控力改变自己的坏习惯，那恐怕就无法成为叱咤风云、率领没有受过训练的民兵战胜乔治王军队的领袖，恐怕他也不会成为美国第一任总统。

人生感悟

坏习惯是一个顽固的敌人，消磨你的斗志，妨碍你的成功，阻碍前进的步伐，改变它，这是你走向成功的基础。